中国石油地质志

第二版·卷十四

滇黔桂探区（中国石油）

滇黔桂探区（中国石油）编纂委员会　编

石油工业出版社

图书在版编目（CIP）数据

中国石油地质志 . 卷十四，滇黔桂探区 . 中国石油 /
滇黔桂探区（中国石油）编纂委员会编 . —北京：石油
工业出版社，2023.6

　ISBN 978-7-5183-5185-5

　Ⅰ . ① 中… Ⅱ . ① 滇… Ⅲ . ① 石油天然气地质 – 概况
– 中国 ② 油气田开发 – 概况 – 贵州 ③ 油气田开发 – 概况 –
广西 Ⅳ . ① P618.13 ② TE3

　中国版本图书馆 CIP 数据核字（2021）第 275163 号

责任编辑：庞奇伟　孙　娟
责任校对：郭京平
封面设计：周　彦

审图号：GS 京（2023）0921 号

出版发行：石油工业出版社
　　　　　（北京安定门外安华里 2 区 1 号　　100011）
　　　　　网　　址：www.petropub.com
　　　　　编辑部：（010）64523543　图书营销中心：（010）64523633
经　　销：全国新华书店
印　　刷：北京中石油彩色印刷有限责任公司

2023 年 6 月第 1 版　　2023 年 6 月第 1 次印刷
787×1092 毫米　　开本：1/16　　印张：32.5
字数：890 千字

定价：375.00 元

《中国石油地质志》

（第二版）

总编纂委员会

《中国石油地质志》

第二版·卷十四

滇黔桂探区（中国石油）
编纂委员会

主　　任：斯春松

副主任：梁　兴

委　　员：（按姓氏笔画排序）

何　勇　沈　扬　张介辉　张建勇　陈子炓　倪　超

舒红林

编　写　组

组　　长：陈子炓

副组长：张介辉

成　　员：（按姓氏笔画排序）

马立桥　王高成　王鹏万　芮　昀　邹　辰　张润合

张跃平　张涵冰　罗瑀峰　郝　毅　姚秋昌　贺训云

徐政语　唐协华　黄　羚　梅　珏　蒋立伟　熊绍云

序

三十多年前，在广大石油地质工作者艰苦奋战、共同努力下，从中华人民共和国成立之前的"贫油国"，发展到可以生产超过 1 亿吨原油和几十亿立方米天然气的产油气大国，可以说是打了一个大大的"翻身仗"，获得丰硕成果，对我国油气资源有了更深的认识，广大石油职工充满无限信心、继续昂首前进。

在 1983 年全国油气勘探工作会议上，我和一些同志建议把过去三十年的勘探经历和成果做一系统总结，既可作为前一阶段勘探的历史记载，又可作为以后勘探工作的指引或经验借鉴。1985 年我到石油勘探开发科学研究院工作后，便开始组织编写《中国石油地质志》，当时材料分散、人员不足、资金缺乏，在这种困难的条件下，石油系统的很多勘探工作者投入了极大的热情，先后有五百余名油气勘探专家学者参与编写工作，历经十余年，陆续出版齐全，共十六卷 20 册。这是首次对中华人民共和国成立后石油勘探历程、勘探成果和实践经验的全面总结，也是重要的基础性史料和科技著作，得到业界广大读者的认可和引用，在油气地质勘探开发领域发挥了巨大的作用。我在油田现场调研过程中遇到很多青年同志，了解到他们在刚走出校门进入油田现场、研究部门或管理岗位时，都会有摸不着头脑的感觉，他们说《中国石油地质志》给予了很大的启迪和帮助，经常翻阅和参考。

又一个三十年过去了，面对国内极其复杂的地质条件，这三十年可以说是在过去的基础上，勘探工作又有了巨大的进步，相继开展的几轮油气资源评价，对中国油气资源实情有了更深刻的认识。无论是在烃源岩、油气储层、沉积岩序列、构造演化以及一系列随着时间推移的各种演化作用带来的复杂地质问题，还是在石油地质理论、勘探领域、勘探认识、勘探技术等方面都取得了许多新进展，不断发现新的油气区，探明的油气田数量逐渐增多、油气储量大幅增加，油气产量提升到一个新台阶。截至 2020 年底（与 1988 年相比），发现的油田由 332 个增至 773 个，气田由 102 个增至 286 个；30 年来累计探明石油地质储量增加 284 亿吨、天然气地质储量增加 17.73 万亿立方米；原油年产量由 1.37 亿吨增至 1.95 亿吨，天然气年产量由 139 亿立方米增至 1888 亿立方米。

油气勘探发现的过程既有成功时的喜悦，更有勘探失利带来的煎熬，其间积累的经验和教训是宝贵的、值得借鉴的。《中国石油地质志》不仅仅是一套学术著作，它既有对中国各大区地质史、构造史、油气发生史等方面的详尽阐述，又有对油气田发现历程的客观分析和判断；它既是各探区勘探理论、勘探经验、勘探技术的又一次系统回顾和总结，又是各探区下一步勘探领域和方向的指引。因此，本次修编的《中国石油地质志》对今后的油气勘探工作具有新的启迪和指导。

在编写首版《中国石油地质志》过程中，经过对各盆地、各地区勘探现状、潜力和领域的系统梳理，催生了"科学探索井"的想法，并在原石油工业部有关领导的支持下实施，取得了一批勘探新突破和成果。本次修编，其指导思想就是通过总结中国油气勘探的"第二个三十年"，全面梳理现阶段中国各油气区的现状和前景，旨在提出一批新的勘探领域和突破方向。所以，在 2016 年初本版编委会尚未完全成立之时，我就在中国工程院能源与矿业工程学部申请设立了 "中国大型油气田勘探的有利领域和方向" 咨询研究项目，全国有 32 个地区石油公司参与了研究实施，该项目引领各油气区在编写《中国石油地质志》过程中突出未来勘探潜力分析，指引了勘探方向，因此，在本次修编章节安排上，专门增加了"资源潜力与勘探方向"一章内容的编写。

本次修编本着实事求是的原则，在继承原版经典的基础上，基本框架延续原版章节脉络，体现学术性、承续性、创新性和指导性，着重充实近三十年来的勘探发展成果。《中国石油地质志》修编版分卷设置，较前一版进行了拆分和扩充，共 25 卷 32 册。补充了冀东油气区、华北油气区（下册·二连盆地）两个新卷，将原卷二"大庆、吉林油田"拆分为大庆油气区和吉林油气区两卷；将原卷七"中原、南阳油田"拆分为中原油气区和南阳油气区两卷；将原卷十四"青藏油气区"拆分为柴达木油气区和西藏探区两卷；将原卷十五"新疆油气区"拆分为塔里木油气区、准噶尔油气区和吐哈油气区三卷；将原卷十六"沿海大陆架及毗邻海域油气区"拆分为渤海油气区、东海—黄海探区、南海油气区三卷。另外，由于中国台湾地区资料有限，故本次修编不单独设卷，望以后修编再行补充和完善。

此外，自 1998 年原中国石油天然气总公司改组为中国石油天然气集团公司、中国石油化工集团公司和中国海洋石油总公司后，上游勘探部署明确以矿权为界，工作范围和内容发生了很大变化，尤其是陆上塔里木、准噶尔、四川、鄂尔多斯等四大盆地以及滇黔桂探区均呈现中国石油、中国石化在各自矿权同时开展勘探研究的情形，所处地质构造带、勘探程度、理论认识和勘探进展等难免存在差异，为尊重各探区勘探研究实际，便于总结分析，因此在上述探区又酌情设置分册加以处理。各分卷和分册按以下顺序排列：

卷次	卷名	卷次	卷名
卷一	总论	卷十四	滇黔桂探区（中国石化）
卷二	大庆油气区	卷十五	鄂尔多斯油气区（中国石油）
卷三	吉林油气区		鄂尔多斯油气区（中国石化）
卷四	辽河油气区	卷十六	延长油气区
卷五	大港油气区	卷十七	玉门油气区
卷六	冀东油气区	卷十八	柴达木油气区
卷七	华北油气区（上册）	卷十九	西藏探区
	华北油气区（下册）	卷二十	塔里木油气区（中国石油）
卷八	胜利油气区		塔里木油气区（中国石化）
卷九	中原油气区	卷二十一	准噶尔油气区（中国石油）
卷十	南阳油气区		准噶尔油气区（中国石化）
卷十一	苏浙皖闽探区	卷二十二	吐哈油气区
卷十二	江汉油气区	卷二十三	渤海油气区
卷十三	四川油气区（中国石油）	卷二十四	东海—黄海探区
	四川油气区（中国石化）	卷二十五	南海油气区（上册）
卷十四	滇黔桂探区（中国石油）		南海油气区（下册）

　　《中国石油地质志》是我国广大石油地质勘探工作者集体智慧的结晶。此次修编工作得到中国石油、中国石化、中国海油、延长石油等油公司领导的大力支持，是在相关油田公司及勘探开发研究院 1000 余名专家学者积极参与下完成的，得到一大批审稿专家的悉心指导，还得到石油工业出版社的鼎力相助。在此，谨向有关单位和专家表示衷心的感谢。

中国工程院院士　　翟光明

2022 年 1 月　北京

FOREWORD

Some 30 years ago, under the unremitting joint efforts of numerous petroleum geologists, China became a major oil and gas producing country with crude oil and gas producing capacity of over 100 million tons and billions of cubic meters respectively from an 'oil-poor country' before the founding of the People's Republic of China. It's indeed a big 'turnaround' which yielded substantial results, allowed us to have a better understanding of oil and gas resources in China, and gave great confidence and impetus to numerous petroleum workers.

At the National Oil and Gas Exploration Work Conference held in 1983, some of my comrades and I proposed to systematically summarize exploration experiences and results of the last three decades, which could serve as both historical records of previous explorations and guidance or references for future explorations. I organized the compilation of *Petroleum Geology of China* right after joining the Research Institute of Petroleum Exploration and Development (RIPED) in 1985. Though faced with the difficulties including scattered information, personnel shortage and insufficient funds, a great number of explorers in the petroleum industry showed overwhelming enthusiasm. Over five hundred experts and scholars in oil and gas exploration engaged in the compilation successively, and 16-volume set of 20 books were published in succession after over 10 years of efforts. It's not only the first comprehensive summary of the oil exploration journey, achievements and practical experiences after the founding of the People's Republic of China, but also a fundamental historical material and scientific work of great importance. Recognized and referred to by numerous readers in the industry, it has played an enormous role in geological exploration and development of oil and gas. I met many young men in the course of oilfield investigations, and learned their feeling of being lost during transition from school to oilfields, research departments or management positions. They all said they were greatly inspired and benefited from *Petroleum Geology of China* by often referring to it.

Another three decades have passed, and it can be said that though faced with extremely complicated geological conditions, we have made tremendous progress in exploration over the years based on previous works and acquisition of more profound knowledge on China's oil and gas resources after several rounds of successive evaluations. New achievements have been made in not only source rock, oil and gas reservoir, sedimentary development, tectonic evolution and a series of complicated geological issues caused by different evolutions over time, but also petroleum geology theories, exploration areas, exploration knowledge, exploration techniques and other aspects. New oil and gas provinces were found one after another, and with gradual increase in the number of proven oil and gas fields, oil and gas reserves grew significantly, and production was brought to a new level. By the end of 2020 (compared with 1988), the number of oilfields and gas fields had increased from 332 and 102 to 773 and 286 respectively, cumulative proved oil in place and gas in place had grown by 28.4 billion tons and 17.73 trillion cubic meters over the 30 years, and the annual output of crude oil and gas had increased from 137 million tons and 13.9 billion cubic meters to 195 million tons and 188.8 billion cubic meters respectively.

Oil and gas exploration process comes with both the joy of successful discoveries and the pain of failures, and experiences and lessons accumulated are both precious and worth learning. *Petroleum Geology of China*'s more than a set of academic works. It not only contains geologic history, tectonic history and oil and gas formation history of different major regions in China, but also covers objective analyses and judgments on discovery process of oil and gas fields, which serves as another systematic review and summary of exploration theories, experiences and techniques as well as guidance on future exploration areas and directions of different exploratory areas. Therefore, this revised edition of *Petroleum Geology of China* plays a new role of inspiring and guiding future oil and gas exploration works.

Systematic sorting of exploration statuses, potentials and domains of different basins and regions conducted during compilation of the first edition of *Petroleum Geology of China* gave rise to the idea of 'Scientific Exploration Well', which was implemented with supports from related leaders of the former Ministry of Petroleum Industry, and led to a batch of breakthroughs and results in exploration works. The guiding idea of this revision is to propose a batch of new exploration areas and breakthrough directions by summarizing 'the second 30 years' of China's oil and gas exploration works and comprehensively sorting out current statuses and prospects of different exploratory areas in China at the current stage. Therefore, before the editorial team was fully formed at the beginning of 2016, I applied to the Division of Energy and Mining Engineering, Chinese Academy of Engineering for the establishment of a consulting research project on 'Favorable Exploration Areas and Directions of Major Oil and Gas Fields in China'. A total of 32 regional oil companies throughout the country participated in the research project, which guided different exploratory areas in giving prominence to analysis on future exploration potentials in the course of compilation of *Petroleum Geology of China*, and pointed out exploration directions. Hence a new dedicated chapter of 'Exploration Potentials and Directions of Oil and Gas Resources' has been added in terms of chapter arrangement of this revised edition.

Based on the principles of seeking truth from facts and inheriting essence of original works, the basic framework of this revised edition has inherited the chapters and context of the original edition, reflected its academics, continuity, innovativeness and guiding function, and focused on supplementation of exploration and development related achievements made in the recent 30 years. This revised edition of *Petroleum Geology of China*, which consists of sub-volumes, has divided and supplemented the previous edition into 25-volume set of 32 books. Two new volumes of Jidong Oil and Gas Province and Huabei Oil and Gas Province (The Second Volume · Erlian Basin) have been added, and the original Volume 2 of 'Daqing and Jilin Oilfield' has been divided into two volumes of Daqing Oil and Gas Province and Jilin Oil and Gas Province. The original Volume 7 of 'Zhongyuan and Nanyang Oilfield' has been divided into two volumes of Zhongyuan Oil and Gas Province and Nanyang Oil and Gas Province. The original Volume 14 of 'Qinghai-Tibet Oil and Gas Province' has been divided into two volumes of Qaidam Oil and Gas Province and Tibet Exploratory Area. The original volume 15 of 'Xinjiang Oil and Gas Province' has been divided into three volumes of Tarim Oil and Gas Province, Junggar Oil and Gas Province and Turpan-Hami Oil and Gas Province. The original Volume 16 of 'Oil and Gas Province of Coastal Continental Shelf and Adjacent Sea Areas' has been divided into three volumes of Bohai Oil and Gas Province, East China Sea-Yellow Sea Exploratory Area and South China Sea Oil and Gas Province.

Besides, since the former China National Petroleum Company was reorganized into CNPC, SINOPEC and CNOOC in 1998, upstream explorations and deployments have been classified based on the scope of mining rights, which led to substantial changes in working range and contents. In particular, CNPC and SINOPEC conducted explorations and researches under their own mining rights simultaneously in the four major onshore basins of Tarim, Junggar, Sichuan and Erdos as well as Yunnan-Guizhou-Guangxi Exploratory Area, so differences in structural provinces of their locations, degree of exploration, theoretical knowledge and exploration progress were inevitable. To respect the realities of explorations and researches of different exploratory areas and facilitate summarization and analysis, fascicules have been added for aforesaid exploratory areas as appropriate. The sequence of sub-volumes and fascicules is as follows:

Volume	Volume name	Volume	Volume name
Volume 1	Overview	Volume 14	Yunnan-Guizhou-Guangxi Exploratory Area (SINOPEC)
Volume 2	Daqing Oil and Gas Province	Volume 15	Erdos Oil and Gas Province (CNPC)
Volume 3	Jilin Oil and Gas Province		Erdos Oil and Gas Province (SINOPEC)
Volume 4	Liaohe Oil and Gas Province	Volume 16	Yanchang Oil and Gas Province
Volume 5	Dagang Oil and Gas Province	Volume 17	Yumen Oil and Gas Province
Volume 6	Jidong Oil and Gas Province	Volume 18	Qaidam Oil and Gas Province
Volume 7	Huabei Oil and Gas Province (The First Volume)	Volume 19	Tibet Exploratory Area
	Huabei Oil and Gas Province (The Second Volume)	Volume 20	Tarim Oil and Gas Province (CNPC)
Volume 8	Shengli Oil and Gas Province		Tarim Oil and Gas Province (SINOPEC)
Volume 9	Zhongyuan Oil and Gas Province	Volume 21	Junggar Oil and Gas Province (CNPC)
Volume 10	Nanyang Oil and Gas Province		Junggar Oil and Gas Province (SINOPEC)
Volume 11	Jiangsu-Zhejiang-Anhui-Fujian Exploratory Area	Volume 22	Turpan-Hami Oil and Gas Province
Volume 12	Jianghan Oil and Gas Province	Volume 23	Bohai Oil and Gas Province
Volume 13	Sichuan Oil and Gas Province (CNPC)	Volume 24	East China Sea-Yellow Sea Exploratory Area
	Sichuan Oil and Gas Province (SINOPEC)	Volume 25	South China Sea Oil and Gas Province (The First Volume)
Volume 14	Yunnan-Guizhou-Guangxi Exploratory Area (CNPC)		South China Sea Oil and Gas Province (The Second Volume)

Petroleum Geology of China is the essence of collective intelligence of numerous petroleum geologists in China. The revision received vigorous supports from leaders of CNPC, SINOPEC, CNOOC, Yanchang Petroleum and other oil companies, and it was finished with active engagement of over 1,000 experts and scholars from related oilfield companies and RIPED, thoughtful guidance of a great number of reviewers as well as generous assistance from Petroleum Industry Press. I would like to express my sincere gratitude to relevant organizations and experts.

Zhai Guangming, Academician of Chinese Academy of Engineering

Jan. 2022, Beijing

前　言

　　滇黔桂地区的石油地质调查始于 20 世纪初。1916 年，发现了贵阳东郊倪儿关泡木冲（今属龙里县）三叠系晶洞油苗；1934 年发现了贵州省炉山县翁项志留系石灰岩裂缝油苗；1935 年在广西百色盆地内发现两处古近系和新近系含油砂岩，即田阳的那满油苗和田东的林逢油苗。滇黔桂地区系统的石油地质调查和勘探是从 1954 年逐步展开的。60 多年来，取得了大量的地质资料和勘探成果。如在广西百色盆地发现了油田；在贵州赤水地区发现了气田；在云南景谷盆地、曲靖盆地、陆良盆地和保山盆地发现了气田；在滇黔北坳陷发现了煤层气田和页岩气田。

　　1992 年出版的《中国石油地质志·卷十一　滇黔桂油气区》分为四篇：第一篇总论，包括概况、勘探历程、区域地层、区域构造共四章；第二篇上震旦统至中三叠统海相地层勘探区，包括沉积相，生油层、储集层及盖层，水文地质概况，重点区块含油气性评价与概述共四章；第三篇中生代沉积盆地，包括赤水地区、绥江地区、楚雄盆地、十万大山盆地、桂平盆地、兰坪思茅盆地共六章；第四篇新生代沉积，包括百色盆地、合浦盆地、景谷盆地、宁明及上思盆地、南宁盆地、昆明盆地共六章。

　　本次新编的《中国石油地质志（第二版）·卷十四　滇黔桂探区（中国石油）》是在 1992 年出版的《中国石油地质志·卷十一　滇黔桂油气区》的基础上，根据中国石油天然气总公司、地质矿产部、国土资源部、中国石油化工集团有限公司、中国石油天然气集团有限公司等单位 1992 年以来的勘探资料和研究成果进行整理编写。统筹考虑了滇黔桂地区地质、勘探情况及 1992 年以来的勘探成果和认识，重新划分为十章。系统总结了 1954 年以来滇黔桂地区的勘探历程、勘探成果和认识，本次编修主要涉及有以下内容：（1）新增 1992 年以来的勘探概况和勘探成果，特别是滇黔北的非常规天然气勘探；（2）按照《中国地层表（2014）》对地层进行修订，寒武系四分、志留系四分、石炭系二分、二叠系三分；（3）新增楚雄盆地乌龙 1 井、云参 1 井，十万大山盆地瑞参 1 井，南盘江坳陷秧 1 井、双 1 井，桂中坳陷桂中 1 井以及滇黔北坳陷宝 1 井、阳 1 井、川龙 1 井的钻探成果；（4）1994 年在陆良盆地发现大嘴子气田，1995 年在保山盆地发现永铸街气田，2004 年在曲靖盆地发现凤来村和陆家台子两个浅层生物气藏，新编了曲靖、陆良、保山三个盆地；（5）2011 年在滇黔北坳陷发现沐爱煤层气田，2013年在滇黔北坳陷发现黄金坝页岩气田，新编了滇黔北非常规天然气地质；（6）新编油气保存条件、油气资源评价、油气勘探技术进展等章节。

本卷是在《中国石油地质志》总编纂委员会、《中国石油地质志》滇黔桂探区（中国石油）编纂委员会的具体安排及指导下，由中国石油杭州地质研究院和中国石油天然气集团有限公司浙江油田分公司负责编写完成。编写的具体分工为：第一章由陈子炽、张朝、张跃平执笔，第二章由陈子炽、王高成、张跃平执笔，第三章由王鹏万、徐政语执笔，第四章由陈子炽、张跃平执笔，第五章由王鹏万、唐协华、黄羚、邹辰、马立桥、张东涛、郝毅执笔，第六章由陈子炽、王鹏万、熊绍云执笔，第七章由陈子炽、王鹏万、贺训云执笔，第八章由张介辉、尹开贵、张涵冰、梅珏、陈希执笔，第九章由黄羚、罗瑀峰、张润合执笔，第十章由姚秋昌、芮昀、李庆飞、蒋立伟、王高成执笔。前言、大事记由斯春松、梁兴执笔。全书经《中国石油地质志》滇黔桂探区（中国石油）编纂委员会审定，由陈子炽组织审查定稿。

中国石油勘探开发研究院陶士振、方向、邓胜徽、池英柳、赵长毅、贾进华等领导和专家在提纲拟定和修编过程中，给予了悉心指导和帮助；梁狄刚教授和乔德武教授对全书进行了认真审查并提出宝贵意见，在此一并表示感谢。并谨向在本志编写、审定、出版过程中做过工作的领导、专家和同志们致以诚挚的谢意。

由于资料多，编写人员经验少，加之水平所限，书中难免有误，敬请指正。

PREFACE

The petroleum geological survey in Yunnan, Guizhou and Guangxi began at the beginning of the 20th century. In 1916, the Triassic crystal cave oil seedlings were discovered in the eastern suburb of Guiyang, Nierguan Paomuchong (now Longli County); In 1934, the Silurian limestone fissure oil seedling in Wengxiang, Lushan County, Guizhou Province was discovered; In 1935, two Paleogene and Neogene oil-bearing sandstones were discovered in the Baise Basin of Guangxi, namely, Naman oil seedling in Tianyang and Linfeng oil seedling in Tiandong. The systematic petroleum geological survey and exploration in Yunnan–Guizhou–Guangxi region began gradually in 1954. Over the past 60 years, geological data and a large number of exploration results have been obtained. For example, oil fields were discovered in Baise Basin, Guangxi; Gas fields have been discovered in Chishui area, Guizhou; Gas fields have been discovered in Jinggu Basin, Qujing Basin, Luliang Basin and Baoshan Basin in Yunnan Province; Coalbed gas fields and shale gas fields have been discovered in the Dianqianbei Depression.

Petroleum Geology of China (*Volume 11, Yunnan–Guizhou–Guangxi Oil and Gas Province*) published in 1992 is divided into four parts: the first part is a general introduction, including four chapters: overview, exploration history, regional strata and regional structure. The second part is the exploration area of Upper Sinian to Middle Triassic marine strata, including sedimentary facies, source rocks, reservoirs and caprocks, hydrogeological overview, and evaluation and overview of oil and gas bearing capacity in key blocks. The third part is Mesozoic sedimentary basins, including six chapters: Chishui area, Suijiang area, Chuxiong basin, Shiwandashan basin, Guiping basin and Lanping Simao basin. The fourth part is the Cenozoic sedimentary basins, including six chapters: Baise basin, Hepu basin, Jinggu basin, Ningming and Shangsi basin, Nanning basin and Kunming basin.

The newly compiled *Petroleum Geology of China* (*Volume 14, Yunnan–Guizhou–Guangxi Exploratory Area, CNPC*) is based on the *Petroleum Geology of China*

(*Volume 11, Yunnan–Guizhou–Guangxi Oil and Gas Province*) published in 1992, and is compiled based on exploration data and research results from units such as China National Petroleum Corporation, Ministry of Geology and Mineral Resources, Ministry of Land and Resources, SINOPEC since 1992. After considering the geological and exploration conditions of the Yunnan–Guizhou–Guangxi region, as well as the exploration achievements and understanding since 1992, it has been reclassified into ten chapters. This book systematically summarizes the exploration history, exploration results and understanding of Yunnan, Guizhou and Guangxi since 1954. The following main contents have been added in this revision : (1) The exploration overview and exploration results since 1992 have been added, especially the unconventional natural gas exploration in northern Yunnan, Guizhou. (2) The strata are revised according to the China Stratigraphic Table (2014), including four parts of Cambrian, four parts of Silurian, two parts of Carboniferous and three parts of Permian. (3) The drilling results of Well Wulong 1 and Well Yuncan 1 in Chuxiong Basin, Well Ruican 1 in Shiwandashan Basin, Well Yang 1 and Well Shuang 1 in Nanpanjiang Depression, Well Guizhong 1 in Guizhong Depression and Well Bao 1, Well Yang 1 and Well Chuanlong 1 in Dianqianbei Depression are newly added. (4) In 1994, Dazuizi gas field was discovered in Luliang basin ; In 1995, Yongzhujie gas field was discovered in Baoshan basin ; In 2004, two shallow biogenic gas reservoirs, Fenglai Village and Lujiataizi, were discovered in Qujing Basin. Qujing, Luliang and Baoshan basins are newly compiled. (5) In 2011, Muai coalbed gas field was discovered in the Dianqianbei Depression ; In 2013, the Huangjinba shale gas field was discovered in the Dianqianbei Depression. The geology of unconventional natural gas in the north of Yunnan, Guizhou is newly compiled. (6) Newly compiled chapters on oil and gas preservation conditions, oil and gas resource evaluation, new progress in oil and gas exploration technology, etc.

Under the specific arrangement and guidance of the General Compilation Committee of the Petroleum Geology of China and the Compilation Committee of the Yunnan–Guizhou–Guangxi Exploratory Area (CNPC), this book was prepared by the Hangzhou Geological Research Institute of PetroChina and Zhejiang Oilfield Branch Company. The specific division of writing is as follows : the first chapter is written by Chen Ziliao, Zhang Chao, Zhang Yaoping, the second chapter is written by Chen Ziliao, Wang Gaocheng, Zhang Yaoping, the third chapter is written by Wang Pengwan and Xu Zhengyu, the fourth chapter is written by Chen Ziliao and Zhang Yaoping, the fifth chapter is written by Wang Pengwan, Tang Xiehua, Huang Ling, Zou Chen , Ma Liqiao, Zhang Dongtao and Hao Yi, the sixth chapter is written by Chen Ziliao, Wang Pengwan and Xiong Shaoyun, and the seventh chapter is written by Chen Ziliao, Wang Pengwan and He Xuyun, the eighth chapter is written by Zhang Jiehui, Yin Kaigui, Zhang Hanbing, Mei Jue and Chen Xi, the ninth chapter is written by Huang Ling, Luo Yufeng, Zhang Runhe , the tenth chapter is written by Yao Qiuchang, Rui Yun, li Qingfei, Jiang Liwei, and Wang Gaocheng. Preface and Main events are written by Si Chunsong, Liang Xing. The book was examined and approved by the Compilation Committee of the Yunnan–Guizhou–Guangxi Exploratory Area（CNPC）, and reviewed and finalized by Chen Ziliao.

The leaders and experts of the Research Institute of Petroleum Exploration and Development, such as Tao Shizhen, FangXiang, Deng Shenghui, Chi Yingliu, Zhao Changyi and Jia Jinhua, have given careful guidance and assistance in the process of drafting and revising the outline ; Liang Digang professor and Qiao Dewu professor have earnest reviewed the whole book and put forward valuable comments, and we would like to express our gratitude. I would like to express my sincere gratitude to the leaders, experts and comrades who have done their work in the preparation, approval and publication of this book.

Due to the large amount of data, the lack of experience of the chronicler, and the limited level, errors are inevitable in the book, please correct.

目 录

CONTENTS

第一章　概　况

第一节　地理概况

滇黔桂（云南、贵州、广西）地区，位于中国的西南部，地跨东经 97°31′—112°05′，北纬 21°08′—29°15′。北与西藏、四川、重庆相连；东与湖南、广东毗邻；南濒北部湾，并与越南、老挝两国交界；西与缅甸接壤。广西的大陆海岸线长 1595km，云南和广西的国界线长 4698km（其中云南 4061km，广西 637km）。滇黔桂地区的总面积约 $81 \times 10^4 \text{km}^2$。

一、自然地理

滇黔桂地区横跨我国地势的三级阶梯，可分为 3 种类型。

西缘为横断山脉，处于我国地势第一级阶梯的西南缘，自西向东由高黎贡山、怒江、怒山、澜沧江、云岭、金沙江、玉龙山组成。山势呈南北走向，海拔一般在 4000m 左右，北高南低，山高谷深，相对高差在 2000～3000m，形成著名的滇西纵谷区。

横断山、哀牢山以东，大娄山以南，雪峰山—都阳山以西，为我国的第三大高原——云贵高原，包括云南东部、贵州大部和广西的西北部。高原总的地势是西北高、东南低，海拔 1000～2000m，属我国地势的第二级阶梯区。这里碳酸盐岩（主要是石灰岩）的分布面积占三分之二，岩溶十分发育，地面有峰林、石林、石芽、漏斗、洼地，地下有溶洞、地下河，故有"青莲出水、碧莲玉笋世界"之称，风景优美，如久负盛名的云南石林、桂林山水和黄果树瀑布即位于本区。本区是世界上著名的岩溶地形区。云贵高原地表起伏大，崎岖不平，地形破碎，属山地性质的高原，其间有许多山间小盆地。高原西部和北部有牛栏江、乌江等长江水系分布，南部有南盘江、北盘江等珠江水系分布，河流多谷深水急，苗岭为两大水系的分水岭。

九万大山、都阳山的东南，逐渐过渡到我国地势的第三级阶梯区，包括广西的东南部，仍保持着西北高、东南低的总趋势，海拔多小于 500m。但桂南和桂东南有十万大山、大容山、云开大山，呈南西—北东走向，海拔 1000 多米。总的地形是山地、丘陵及平原三者犬牙交错。十万大山以南为滨海平原，伸入到北部湾海平面以下，构成我国大陆架的一部分。在广西境内，珠江干流红水河以及支流右江、柳江等水系几乎网织全区。

滇黔桂地区的气候大致以东经 104°（乌蒙山）为界，以西为云南高原部分，以东为贵州高原和"广西盆地"部分。

西部受印度洋季风的影响，属（亚）热带季风气候。由于纬度较低、地形高低悬殊，故气候垂直变化明显，尤其是横断山区，有"山顶雪，山谷热"的传说。一年"四季如春"，只有干季、雨季之分：11月至次年4月为干季，多晴朗温暖天气，气温2～17℃，入冬不冷；5—10月为雨季，湿度大，云量多，日照短，阵雨多，气温10～29℃。

东经104°以东，受太平洋季风的影响，属亚热带季风气候。云贵高原区冬无严寒，夏无酷暑，多阴雨，湿度大，四季不甚分明，俗有"天无三日晴"之说。至广西境内，仍属亚热带湿润季风气候，夏季长而热，雨量充沛，是我国降水量最多的省区之一，干、湿季节明显，气温日变化小，冬季气温6～16℃，夏季气温25～29℃。

北回归线自西向东横穿云南的双江—西畴，至广西的上林—龙圩。此线以南的地区，每年夏至之后为太阳直射区，夏季炎热而日照长，气温25～35℃，冬季不冷。

二、经济地理

1. 人口与民族

云南是我国少数民族最多的省份（有51个少数民族），少数民族约占总人口数量的三分之一。全省人口密度每平方千米为116人，西北边远的贡山县人口密度小，每平方千米仅9人。贵州也是我国多民族省份之一（有49个少数民族），全省人口密度每平方千米为235人。壮族是我国少数民族中人口最多的民族，90%以上聚居于广西，全区人口密度每平方千米为227人。三个省（区）总人口为13265万人（表1-1）。

2. 农业

滇黔桂地区的粮食以稻谷、玉米为主，农作物一年一熟、两熟、三熟者均有。经济作物以烤烟、茶叶驰名中外，蔗糖、香料、油料、橡胶在全国占重要地位，三七、当归、天麻、虫草、杜仲、鹿茸、麝香等名贵药材在国内外也久负盛名。

表1-1 滇黔桂地区人口分布状况表*

省份	云南	贵州	广西
面积 /10⁴km²	39.4	17.6	23.7
人口 /10⁴ 人	4800	3580	4885
世居民族	汉、彝、白、哈尼、壮、傣、苗、傈僳、回、拉祜、瓦、纳西、瑶、藏、景颇、布朗、普米、怒、阿昌、德昂、基诺、蒙古、布依、独龙、水、满等26个民族	汉、苗、布依、侗、土家、彝、仡佬、水、回、壮、瑶、满、白等13个民族	汉、壮、瑶、苗、侗、仡佬、毛南、回、京、彝、水、仡佬等12个民族

* 人口数量数据截至2017年。

3. 矿产资源及工业

滇黔桂地区的矿产资源十分丰富，云南有"有色金属王国"之称，云南的铅、锌、镉、铊、和广西的铟、锰、锡储量居全国首位，区内磷、汞、煤、铝、铜资源在全国也占重要地位。冶炼业、机械制造业、国防工业、轻纺工业、食品加工业也较发达。

4. 交通

铁路已成为交通运输的骨干，以昆明、贵阳、柳州为中心，有成昆、贵昆、南昆、黔桂、川黔、湘黔、湘桂、黎湛、枝柳、南广、云桂等干线，与邻省互相连接成网，通往全国各地。公路更是四通八达，高速有杭瑞、沪昆、广昆、渝昆、兰海等，国道、省道纵横交错，村村通已基本实现。航空线以昆明、贵阳、南宁、桂林为中心，直达北京、上海、广州、成都、武汉等大城市，与邻省皆有航班相通，省内也有航班通往边远城市。河运在广西比较发达，以梧州为总汇，联系区内各主要城镇。海运以北海、防城、钦州为主要港口，连通我国和海外各港口。

第二节　区域地质概况

滇黔桂地区在大地构造位置上，处于特提斯构造域及其毗邻区，沉积岩厚度巨大，分布广泛，分布面积达 $58 \times 10^4 \text{km}^2$，占全区总面积的74%。沉积岩在纵向上可分为4套，即震旦系至志留系、泥盆系至中三叠统、上三叠统至白垩系、古近系至第四系。前两套主要为海相沉积，以碳酸盐岩为主，面积 $44 \times 10^4 \text{km}^2$；后两套主要为陆相碎屑岩沉积。沉积地层累计厚度大于20km，形成中生界、古生界海相碳酸盐岩以及古近系、新近系小盆地等两大油气勘探领域。中—古生界勘探领域主要包括赤水、楚雄、十万大山、南盘江、兰坪—思茅、宁蒗、桂平、绥江、黔南、桂中等盆地或坳陷；古近系和新近系小盆地主要有百色、陆良、保山、景谷、合浦、南宁、曲靖等。可供勘探的区块面积 $28 \times 10^4 \text{km}^2$，尤其是叠置在海相原型盆地上的赤水、楚雄、兰坪—思茅、南盘江、十万大山等前陆盆地的面积达 $19.4 \times 10^4 \text{km}^2$，构成了我国南方重要的南前陆盆地带，成为滇黔桂地区油气勘探的主要工作区。

经过多年的努力，滇黔桂地区已在中—古生界领域发现和开发了赤水气田；在古近系和新近系小盆地发现和开发了百色、陆良、保山、曲靖和景谷等小型油气田；在已发现油气田的地区以外，发现了井下油气显示103处、地表油气苗及沥青显示422处、不同年代或不同类型的古油藏14处。与此同时，还开展了大量的油气地质综合研究，特别是20世纪90年代以来的石油地质综合评价与研究，使各油气勘探区块的石油地质特征、油气资源背景及重点勘探区带不同程度地得以明确。但是从整体上看，由于滇黔桂地区的地质条件较复杂、勘探程度低、勘探投入不足、装备及配套技术落后等原因，故该地区尚未取得重大突破。

一、区域地质背景

滇黔桂地区中—古生界海相地层油气地质的特点，总体可概括为"多、残、高、广"四个字。多，即构造发展演化具多旋回，有多种类型的含油气盆地，存在着多套生储盖组合，并发现了多种类型的圈闭；残，即后期经历多次强烈构造形变与改造，现今多为残留盆地（区块），其油气演化复杂，对油气保存条件要求严格，勘探目标隐蔽，故勘探手段与技术成为制约油气发现的"瓶颈"；高，即烃源岩演化程度高，以天然气为主，储层成岩程度高，成岩作用复杂，且地形地质条件复杂，勘探成本与风险较高；广，即勘探领域、勘探目的层、勘探对象广阔，资源潜力巨大，具有良好的发展空间，因而勘探目标的优选成了勘探成败的关键。

1. 构造演化特征

滇黔桂地区的构造演化主要受特提斯构造体系多旋回运动的控制，经历了6个重大的构造发展阶段。它们分别是：（1）前加里东期大陆裂解、被动大陆边缘沉降阶段；（2）加里东期原特提斯与被动大陆边缘沉积阶段；（3）海西期古特提斯发展、多岛洋与弧后扩张—弧后盆地阶段；（4）印支期中特提斯与前陆盆地形成阶段；（5）燕山期新特提斯形成与周缘前陆盆地转化阶段；（6）喜马拉雅期板内形变及推覆、走滑改造与定型阶段。

2. 沉积演化特征

滇黔桂地区的沉积演化主要受构造演化的控制。

早震旦世的裂谷作用，形成了较为统一、相对稳定、以大规模沉降—沉积作用为特征的被动大陆边缘沉积盆地。晚震旦世开始，除西部的滇中古陆、牛首山古岛外，均被海水淹没，海水东深西浅，为典型的陆表海碳酸盐岩沉积。晚震旦世末，海平面下降，灯影组受到不同程度的剥蚀。

寒武纪纽芬兰世（ϵ_1）和第二世（ϵ_2），地壳拉张，导致海平面上升。早期，沉积了厚度稳定、分布广泛的黑色碳质页岩；中期，西部是以碎屑岩为主的沙坪沉积，东部为深水环境下的复理石砂泥岩槽盆沉积；晚期，由于西部古陆平原化、陆源物供应少、主要以潮汐作用为主，碳酸盐岩台地初具雏形。寒武纪苗岭世（ϵ_3）和芙蓉世（ϵ_4），石阡—都匀—罗甸以西为台地沉积，铜仁—凯里—三都一线为台地边缘沉积，桂东南为槽盆沉积。

早奥陶世，较为稳定的碳酸盐岩台地边缘生物繁茂，常形成生物滩和生物礁。中—晚奥陶世，由于海域缩小，海盆仅分布于东南部及北部，碳酸盐岩台地边缘变缓，早奥陶世的礁滩环境消失，代之以发育潮下较深水的瘤状灰岩、泥灰岩。奥陶纪末，海平面下降，海域被闭塞的潟湖环境所代替。

志留纪，滇黔桂地区已发育相当规模的古大陆，仅贵阳—凯里一带发育海湾，且与黔东北志留纪海盆相通，具半封闭性，沉积了厚达千米以上的碎屑岩。

泥盆纪，滇黔桂海盆主要处于扬子地台区，为板内盆地。盆地内具"多槽围台"的沉积格局，且台地上发育浅水碳酸盐岩沉积、台地边缘浅滩及生物礁，台盆中则为硅质岩、泥页岩、泥灰岩等深水沉积。

石炭纪，扬子地台主体部位表现为稳定的浅海碳酸盐岩沉积。在黔桂海盆区，继承了泥盆纪古地理格局，基底同沉积断裂仍然控制了台地、盆地分布。滇西腾冲—保山地区，早石炭世为碳酸盐岩台地沉积。

二叠纪阳新世（P_2）栖霞组沉积期—茅口组沉积期，是滇黔桂海盆海侵最广泛的时期，除康滇古陆、马关隆起两小块陆地外，全区沦为海域。南盘江地区为滇黔桂海盆中的较深水陆棚盆地，并具"多槽围台、槽台相间"的沉积格局。滇东、黔北、桂东大部分地区为缓坡型陆表海碳酸盐岩沉积环境。阳新世末至乐平世（P_3）初的峨眉地裂运动，导致滇东地区地壳抬升，乐平世转变为陆相、海陆交互相沉积。南盘江—右江地区的沉积环境仍为槽台相间的格局。

三叠纪的印支运动期是滇黔桂地区板内活动的关键时期。随着古特提斯洋在中印支期—晚印支期相继关闭，兰坪—思茅、楚雄、南盘江和十万大山等沉降带先后发展为弧后—前陆盆地，并在盆地的不同演化条件下，沉积了厚逾万米的海相、海陆交互相及陆相沉积地层。

3. 油气地质特征

（1）烃源岩：滇黔桂地区的海相碳酸盐岩沉积可分为 14 次主要海侵期，形成了 14 套烃源岩，总厚度达 4353m，其中有 4 套主力烃源岩，分别为寒武系纽芬兰统、中—下泥盆统、二叠系、三叠系烃源岩。

（2）储层：从震旦系至三叠系，滇黔桂地区碳酸盐岩分布区存在 13 个层段的高位体系域沉积，成为该区重要的油气储层段。此外，在楚雄盆地及兰坪—思茅盆地的上三叠统—侏罗系中，存在三角洲及浅海、浅湖相砂体等重要的高位体系域碎屑岩储层。

（3）盖层：滇黔桂地区共发育 3 套主要的区域性盖层：① 中三叠统泥质岩（南盘江盆地）；② 侏罗系泥质岩（楚雄盆地、兰坪—思茅盆地、十万大山盆地）；③ 白垩系—新近系泥质岩和膏盐岩（楚雄盆地、兰坪—思茅盆地）。此外，寒武系纽芬兰统、中泥盆统、石炭系及二叠系泥质岩亦是较好的地区性盖层。

二、构造单元划分

滇黔桂地区的构造区划特点是具有众多重要构造单元边界，可划分出 5 个一级构造单元，32 个二级构造单元。主要的构造单元边界有 6 条板块缝合带、3 条岩浆岛弧带和 1 条重要拼接线，即：怒江缝合带、昌宁—双江缝合带、金沙江缝合带、理塘缝合带、哀牢山缝合带、博白—岑溪缝合带；维西岩浆岛弧带、澜沧江岩浆岛弧带、云开岩浆岛弧带；师宗—弥勒—垭紫罗断裂。可划分出上扬子、特提斯、华南、印度—喜马拉雅、东南等 5 大构造域，细分为 32 个二级构造单元。

第三节　油气勘探概况

一、勘探简况

1954 年，燃料工业部（石油工业部前身）所属 101、113 地质队，分别在广西百色盆地和贵州凯里、翁项等地进行 1:10 万石油地质填图，从而开始了滇黔桂地区系统的石油地质调查。从 1954 年至 1989 年 35 年间，地面石油地质普查面积 $13.8 \times 10^4 km^2$，详查、细测面积约 $9.7 \times 10^4 km^2$。

20 世纪 50 年代末至 60 年代初期，在该地区开展了 1:50 万航空磁测和重力测量。同时在黔南和滇东部分地区开展了 1:10 万重力详查，详查面积 $5000km^2$。70 年代早期，在广西十万大山、宁明和上思等盆地，进行了 1:10 万重力详查，详查面积 $7200km^2$。

滇黔桂地区的地震勘探起步较晚。20 世纪 60 年代初期，仅在黔南和云南楚雄盆地作了少量地震试验。70 年代开始逐步增加了地震工作量，在云南的楚雄盆地、景谷盆地、绥江地区、南盘江坳陷，贵州的赤水地区、凯里虎庄地区、安顺地区，广西的百色盆地、十万大山盆地以及合浦盆地等地开展了地震勘探。至 1989 年底，共完成地震测线长 12236km，其中多次覆盖地震测线长 9500km。

浅井钻探（井深<1200m）始于 20 世纪 50 年代。50 年代后期、60 年代早期和 70

年代早期，滇黔桂地区进行了大量浅井钻探。大部分浅井集中于广西百色盆地（247口），贵州凯里的虎庄、凯棠、翁项等地的奥陶系、志留系油苗集中分布地区（54口），广西柳城的石炭系油苗分布区（37口），云南景谷盆地（68口），昆明盆地（45口）。此外在广西合浦、南宁、宁明等盆地、贵阳倪儿关（今属龙里县）、平坝、安顺等地区以及一部分地面背斜构造上，亦进行过浅井钻探。1956年6月16日，地质部西南地质局548队在贵州凯里虎庄背斜轴部钻探的56/CK$_1$井，是滇黔桂地区第一口石油探井。该井于1956年8月20日完钻，完钻井深440.24m，开孔层位是志留系兰多维列统（S$_1$），钻遇下奥陶统（O$_1$），进入寒武系芙蓉统（$\in_4$）和苗岭统（$\in_3$）白云岩3.55m。完钻7天后井口冒气，火焰呈蓝色。钻井过程中曾有多处油气显示。经测试在井深81～95m（S$_{1-2}$），有微量天然气产出；在井深272～328m（O$_1$），日产水65m^3。

井深大于1200m的中深井钻探，始于1958年的安参井。安参井是滇黔桂地区最早的一口参数井。该井位于贵州安顺市市郊的安顺背斜上，于1958年8月15日开钻，1959年10月1日完钻，完钻井深2033.26m，井底层位为二叠系船山统底部砂岩。在钻遇下三叠统大冶组和二叠系时，有几处井漏，未见油气显示，也未进行试油。滇黔桂地区的中深井钻探至1989年底共完成216口，进尺41×10^{4}m（表1-2，图1-1），大多数集中于百色盆地（131口），其次分布于贵州赤水地区（25口），黔南坳陷有17口，南盘江坳陷11口，桂中坳陷及云南景谷盆地各6口，其余探井分布于滇东及滇东北地区、绥江地区、楚雄盆地、黔中及黔西南地区、十万大山盆地、合浦盆地及宁明盆地。

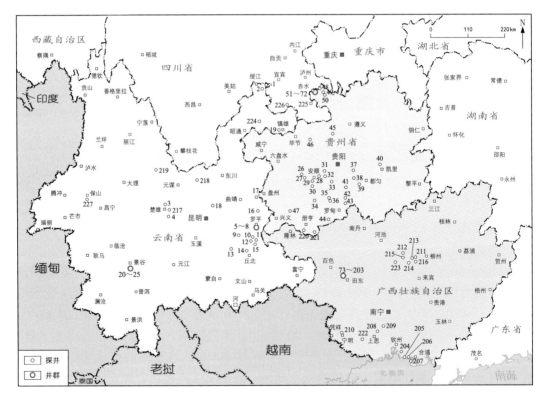

图1-1　滇黔桂地区中深探井（井深≥1200m）分布图
图中数字1～227表示井名，具体见表1-2

表 1-2 滇黔桂地区中深探井（井深≥1200m）简表

地区或盆地	钻井数/口	井名	开始钻井日期及井号	钻遇地层	油气显示井号	油气流井号
绥江地区	2	楼1井（1）、金1井（2）	1977年4月20日楼1井	P、S、O		
滇黔北坳陷	3	宝1井（224）、阳1井（225）、川龙1井（226）	2011年宝1井	S、O、Є、Z	宝1井、阳1井、川龙1井	阳1井
楚雄盆地	5	会1井（3）、乌1井（4）、楚参1井（217）、云参1井（218）、乌龙1井（219）	1971年3月30日会1井	J		
南盘江坳陷	13	罗1井（5）、罗2井（6）、罗3井（7）、罗4井（8）、杨1井（9）、花1井（10）、设1井（11）、坝1井（12）、拖1井（13）、塘2井（14）、盘参井（15）、秧1井（220）、双1井（221）	1970年9月20日罗1井	T、P、C	罗1井、罗3井、设1井	
滇东及滇东北地区	4	法1井（16）、白1井（17）、新1井（18）、芒1井（19）	1970年8月23日法1井	C、D、Є、Z、Pt		
景谷盆地	6	深1井（20）、深2井（21）、深3井（22）、深5井（23）、深6井（24）、深7井（25）	1971年3月31日深1井	N	深1井、深2井、深3井、深5井、深6井、深7井	
保山盆地	1	保参1井（227）	1994年11月10日保参1井	N_2、N_1	保参1井	
黔南坳陷	19	窑1井（26）、煤3井（27）、安参1井（28）、新59/N01（29）△、新60/N02（30）△、观1井（31）、羊深1井（32）△、谷超深1井（33）△、火参1井（34）、王深1井（35）、王参井（36）△、龙1井（37）、羊参井（38）、平参井（39）△、庄1井（40）、雅参井（41）△、雅超深井（42）△、黔雅2井（43）△、桑深1井（44）△	1958年8月15日安参井	T_2、T_1、P、D、S、O、Є	窑1井、谷超深1井、王参井、王深1井、庄1井、雅超深1井	

地区或盆地	钻井数/口	井名	开始钻井日期及井号	钻遇地层	油气显示井号	油气流井号
黔中隆起	2	底1井（45）、方深1井（46）△	1966年3月14日底1井	P、∈、Z	底1井	
黔西南坳陷	1	兴参（47）	1958年10月10日兴参井	P、C		
赤水凹陷	25	官1井（48）、官2井（49）、官3井（50）、太1井（51）、太2井（52）、太3井（53）、太4井（54）、太5井（55）、太6井（56）、太7井（57）、太8井（58）、太9井（59）、太10井（60）、太11井（61）、太12井（62）、太13井（63）、太14井（64）、太15井（65）、旺1井（66）、旺2井（67）、旺3井（68）、旺4井（69）、旺5井（70）、旺6井（71）、旺8井（72）	1966年4月15日太1井	J、T_3、T_2、T_1、P_2、P_1、S、O	各井均有气显示	太1井、太2井、太3井、太4井、太7井、太8井、太10井、太11井、太12井、旺1井、旺3井、旺4井、旺5井、旺8井
百色盆地	131	色5井（73）江1井（74）江3井（75）江4井（76）雷2井（77）雷3井（78）坤1井（79）坤2井（80）坤4井（81）仓5井（82）仓8井（83）新仓10井（84）仓10井（85）仓12-1井（86）仓12-4井（87）仓12-7井（88）仓13井（89）仓13-2井（90）仓13-3井（91）仓13-4井（92）仓15-2井（93）仓15-3井（94）仓15-4井（95）仓20井（96）仓22井（97）仓28井（98）仓29井（99）仓30井（100）仓33井（101）仓34井（102）仓35井（103）仓35-1井（104）仓35-2井（105）仓35-3井（106）仓35-4井（107）仓35-5井（108）仓35-6井（109）仓35-7井（110）仓35-9井（111）仓35-10井（112）百5井（113）百24井（114）百29井（115）百30井（116）百31井（117）百33井（118）百34井（119）百41井（120）百42井（121）百49井（122）	1971年8月9日百1井	N、E、T	色5井江1井、雷2井、雷3井、坤1井、坤2井、坤4井、仓5井、仓10井、仓12-4井、仓12-7井、仓13井、仓13-3井、仓13-4井、仓15-4井、仓22井、仓29井、仓33井、仓34井、仓35井、仓35-1井、仓35-2井、仓35-3井、仓35-4井、仓35-5井、仓35-6井、仓35-7井、仓35-9井、仓35-10井、百5井、百24井、百29井、百30井、百31井、百33井、百34井、百44井、百45井、百46井、百47井、百49井	江1井、江4井、坤2井、雷2井、雷3井、仓2井、仓13井、仓22井、仓34井、仓35井、仓35-2井、仓35-3井、仓35-4井、仓35-5井、仓35-6井、仓35-9井、百5井、百24井、百30井、百31井、百42井、百44井、百49-7井、百55井

地区或盆地	钻井数/口	井名	开始钻井日期及井号	钻遇地层	油气显示井号	油气流井号
百色盆地	131	百44井（123）、百45井（124）、百46井（125）、百47井（126）、百49井（127）、百49-5井（128）、百49-7井（129）、百51井（130）、百54井（131）、百55井（132）、百55-1井（133）、百55-2井（134）、百57井（135）、百60井（136）、百61井（137）、百61-1井（138）、百61-1井（139）、百62井（140）、百水1井（141）、花2井（142）、花3井（143）、花4井（144）、花5井（145）、花8井（146）、花8井（147）、新花8井（148）、百1井（149）、百2井（150）、百3井（151）、百4井（152）、百4-1井（153）、百4-2井（154）、百4-3井（155）、百4-5井（156）、百4-6井（157）、新百4-6井（158）、百4-7井（159）、百4-8井（160）、百4-9井（161）、百4-10井（162）、百6井（163）、百6补井（164）、百7井（165）、百8井（166）、百9井（167）、百10井（168）、百11井（169）、百16井（170）、百18井（171）、百19井（172）、百20井（173）、百22井（174）、百26井（175）、百28井（176）、百53井（177）、百58井（178）、法1井（179）、法2-1井（180）、法2井（181）、法3井（182）、法3-1井（183）、法3-2井（184）、法3-3井（185）、法3-6井（186）、法4井（187）、法5井（188）、法6井（189）、法9井（190）、法10井（191）、法11井（192）、法12井（193）、法13井（194）、法15井（195）、法16井（196）、法17井（197）、法19井（198）、法20井（199）、元1井（200）、坤7井（201）、坤9井（202）、平4井（203）	1971年8月9日百1井	N、E、T	百49-7井、百51井、百54井、百55井、百55-1井、百55-2井、百56井、百57井、百60井、百61井、百61-1井、百水1井、花1井、花2井、花3井、花5井、花8井、新花8井、百2井、百4井、百4-2井、百4-3井、百4-5井、百4-6井、新百4-6井、百4-9井、百4-10井、百6井、百7井、百9井、百10井、百11井、百16井、百20井、百22井、百26井、百58井、法2-1井、法2井、法3-3井、法3-6井、法3-2井、法3-3井、法5井、法6井、法10井、法12井、法13井、法20井、元1井、坤7井、坤9井、平4井	百55-2井、百57井、百60井、百61井、花1井、花3井、花8井、百4-2井、百4-3井、百4-5井、新百4-6井、百4-10井、百16井、法1井、法2井、法3-2井、法3-3井、坤9井

地区或盆地	钻井数/口	井名	开始钻井日期及井号	钻遇地层	油气显示井号	油气流井号
合浦盆地	4	西参2井（204）、西1井（205）、亚1井（206）、路1井（207）	1979年11月20日西参2井	N、E、S	西参2井、西1井、亚1井	
十万大山盆地	3	万参1井（208）、定1井（209）、瑞参1井（222）	1983年3月24日万参1井	J、T、P、D	万参1井	
宁明盆地	1	明1井（210）	1985年10月7日明1井	N、E、T	明1井	
桂中坳陷	7	柳深1井（211）、石深1井（212）、柳1井（213）、里高2井（214）、里1井（215）、桂1井（216）*、桂中1井（223）	1959年10月4日柳1井	D		

注：井名后括号内的数字为图1-1中的编号。

△ 贵州石油普查勘探大队钻井。

* 地质矿产部中南石油地质局钻井。

至 1989 年底，滇黔桂地区最深的探井是黔雅 2 井（地质矿产部第八普查勘探大队钻井）。该井位于黔南坳陷雅水背斜的南高点，井深 4509m，钻开层位为下石炭统底部，井底层位为下泥盆统下部。井深大于 4000m 的探井，尚有位于南盘江坳陷坝林背斜上的盘参井和位于贵州赤水太和背斜构造上的太 15 井。

1990 年以后，在楚雄盆地钻探了楚参 1 井（5287m）、云参 1 井（3501m）、乌龙 1 井（4620m），在南盘江坳陷钻探了秧 1 井（4450m）、双 1 井（5501m），在十万大山盆地钻探了瑞参 1 井（4810m），在桂中坳陷钻探了桂中 1 井（5152m），在滇黔北坳陷钻探了宝 1 井（3759m）、阳 1 井（3623m）和川龙 1 井（4200m？）。最深的探井是位于南盘江坳陷的双 1 井，井深 5500.55m。

二、主要认识与成果

滇黔桂地区有三个石油和天然气勘探领域，即新生界陆相地层勘探领域、中生界陆相地层勘探领域、上震旦统至中三叠统海相地层分布区勘探领域。

1. 新生界陆相地层勘探领域

滇黔桂地区分布有大小不等的新生界盆地近 200 个，大多数属山间或断陷中小型陆相沉积盆地。多数分布于云南及广西南部，面积大于 200km^2（或新生界沉积厚度大于 1000m）者，计有 36 个，总面积 23466km^2。经过不同程度勘探的新生界盆地，在广西有百色、合浦、南宁、宁明及上思盆地，在云南有景谷、昆明、越州等盆地。

广西百色盆地，自 1959 年发现林逢含油构造、新州含油构造及那满含油构造以来，已发现 7 个油气田。它们是：塘寨、仑圩、花茶、子寅、上法、雷公及那坤油田（表 1-3）。

滇西的景谷盆地，面积仅 92km^2，但新近系沉积厚度达 2500m，在钻探中发现多层含油砂岩。1971 年 3 月 31 日开始钻探的深 1 井，钻遇古近系 36m，完钻井深 1560m。通过对新近系的完井试油，共捞获原油 34m^3。

云南的曲靖、陆良、保山盆地，均属新近系残留型盆地，盆地面积分别为 213km^2、325km^2 和 245km^2，是云南较具代表性的新近系小盆地，面积小，地层新，埋深浅。盆地基底埋深小于 2000m，盆地形成演化时间短，有机质处于未成熟阶段，天然气类型为生物气，气藏类型为构造—岩性气藏。已发现 4 个生物气田（表 1-3）。

滇黔桂地区的新生界盆地，虽然都属中小型盆地，但数量多，具备生、储、盖组合条件，生油岩大多已进入成熟阶段，在勘探中已发现了一些油田和含油气构造。尚未进行勘探的重要的新生界盆地，主要分布在滇西，如陇川、盈江、瑞丽、潞西和耿马等盆地。新生界盆地是该地区寻找中小型油田和生物气的现实勘探领域。

2. 中生界陆相地层勘探领域

滇黔桂地区的中生界盆地，多叠覆于古生界至中三叠统海相地层之上，由上三叠统、侏罗系及白垩系组成，多为陆相碎屑岩，主要有楚雄盆地、十万大山盆地、桂平盆地、兰坪—思茅盆地，以及四川盆地南缘伸入云贵的绥江地区和赤水地区，总面积 107600km^2（表 1-4）。这些盆地的侏罗系和白垩系多系红色地层，生油条件较差，在这些盆地中的主要勘探对象乃是侏罗系覆盖下的海相地层以及上三叠统的煤系地层。各盆地中的烃源岩多已进入高成熟或过成熟阶段，因此，在勘探中应以找气为主。

表 1-3　滇黔桂地区已发现油气田基本情况表

盆地	油气田名称	探明储量		发现时间	发现井	油气层位	储层类型	主要圈闭类型	累计产量	
		油 /10⁴t	气 /10⁸m³						油 /10⁴t	气 /10⁸m³
百色盆地	雷公油田	154	0.017786	1989 年	雷 1 井	古近系那读组（E₂n）	砂岩	断块	24.66	0.002845
	那坤油田	147.27	0.017339	1990 年	坤 5 井	古近系那读组（E₂n）	砂岩	断块	5.8	0.000677
	花寨油田	354	0.040909	1978 年	仓 4 井	中三叠统（T₂）	石灰岩	断块	9.01	0.001042
	塘寨油田	314	0.035654	1974 年	百深 5 井	古近系百岗组（E₂b）	砂岩	断块	22.64	0.002565
	仓圩油田①	356.64	0.04147	1977 年	仓 2 井	古近系那读组（E₂n）	砂岩	断块	111.3	0.012942
	子黄油田	199	0.023015	1983 年	仓 16 井	古近系那读组（E₂n）	砂岩	断块	43.7	0.005067
	上法油田	229	0.026606	1979 年	百 4 井	中三叠统（T₂）	石灰岩	断块	33.5	0.003894
	雷公气田		0.55	2000 年	雷 2 井	古近系百岗组（E₂b）	砂岩	背斜		0.12
	花寨气田		1.71	2000 年		古近系百岗组（E₂b）	砂岩			0
	上法气田		4.74	2000 年		古近系百岗组（E₂b）	砂岩			0.39
赤水地区	太和气田②		7.04	1966 年	太 1 井	下三叠统嘉陵江组（T₁j）	石灰岩	背斜		5.22
	旺隆气田		14.52	1966 年	旺 1 井	下三叠统嘉陵江组（T₁j）	石灰岩	背斜		9.85
	宝元气田		13.19	1992 年	宝 1 井	下三叠统嘉陵江组（T₁j）	石灰岩	背斜		5.63
	官渡气田		10.16	2003 年	官 8 井	上三叠统须家河组（T₃x）	砂岩	背斜		0.67
景谷盆地	大牛圈油田	41	0.004607	1973 年	景深 1 井	新近系三号沟组（N₁s）	砂岩	断块	0.19	0.000021
曲靖盆地	凤来村气田③		0.25	2004 年	凤 1 井	新近系茨营组（N₂c）	砂岩	背斜		0.21
	陆家台子气田④			2004 年	曲 2 井	新近系茨营组（N₂c）	砂岩	岩性		

盆地	油气田名称	探明储量		发现时间	发现井	油气层位	储层类型	主要圈闭类型	累计产量	
		油 /10⁴t	气 /10⁸m³						油 /10⁴t	气 /10⁸m³
陆良盆地	大嘴子气田		3.94	1994 年	陆参 1 井	新近系茨营组（N₂c）	砂岩	断块		1.13
保山盆地	永铸街气田		4.54	1995 年	保参 1 井	新近系羊邑组（N₂y）	砂岩	背斜		1.27

资料来源：以上数据均来自自然资源部矿产资源储量管理部门，信息中心于 2018 年 5 月发布的《2017 年全国各油气田矿产探明储量通报》之附件《2017 年全国气田矿产储量表》。

① "仓圩油田" 原称 "田东油田仓圩开发区"，在《2017 年全国各油气田矿产探明储量表》中标示为 "田东油田"。

② "太和气田" 在《2017 年全国各油气田矿产探明储量表》中标示为 "太和场气田"。

③ "凤来村气田" 在《2017 年全国各油气田矿产探明储量表》中与 "陆家台子气田" 合并一起、标示为 "曲靖气田"，储量与产量均未再细分。

④ "陆家台子气田" 在《2017 年全国各油气田矿产探明储量表》中与 "凤来村气田" 合并一起、标示为 "曲靖气田"，储量与产量均未再细分。

表 1-4　滇黔桂地区中生界盆地简况表

盆地名称	面积 / km²	主要勘探目的层	背斜构造 / 个	已钻探井（井深≥1200m）/ 口	油气显示（层位）
赤水凹陷	3100	P、T	11	25	已发现气田 4 个（P、T）
绥江地区	2400	P、T	11	2	
楚雄盆地	36500	J、T₃	71	5	
十万大山盆地	11500	P、T	16	3	油迹、沥青（D？）
桂平盆地	2500	K₁	5		
兰坪—思茅盆地	51600	？	？		

贵州赤水地区已发现太和（场）、旺隆、宝元、官南（官渡）等 4 个气田（表 1-3），至 2005 年底已累计生产天然气 $19.95 \times 10^8 \text{m}^3$。太和、旺隆两气田是在背斜构造控制下的多储层、多气藏（多裂缝系统）气田，二叠系、三叠系储层均为碳酸盐岩，储层类型为裂缝—孔隙型和裂缝型。

滇黔桂地区的中生界盆地，面积大，有较好的区域盖层，各盆地中已发现地面背斜构造（或经地震证实的构造）114 个。

3. 上震旦统至中三叠统海相地层勘探领域

该勘探领域系指滇黔桂的金沙江—红河以东地区，面积 $57 \times 10^4 \text{km}^2$。各层系油气苗及沥青显示普遍；各层系均有厚度不等的泥质岩类或碳酸盐岩类烃源岩；存在多套生储盖组合；已证实的地面背斜构造有 228 个。在黔东南已发现凯里虎庄含油气构造和麻江志留系古油藏。二叠系及泥盆系的生物礁中已发现多处沥青显示。这些地区虽然还没有重要的油气流发现，但是它们仍是中国南方海相碳酸盐岩分布区内有含油气远景的地区之一。

该勘探领域的石油地质条件比较复杂，燕山期的褶皱和喜马拉雅期的褶皱抬升强烈。各层系暴露地表的面积较多：下古生界的各层系暴露地表面积占其分布面积的 6.5%～42%；上古生界的占其分布面积的 20%～56%，三叠系的占 75%。地面出露的碳酸盐岩面积约占全区面积的 40%～60%。各层系烃源岩有机质热演化程度高，大多数层系在大部分地区均已进入高成熟和过成熟阶段。因此，在以上震旦统至中三叠统为勘探目的层的油气勘探中，找气的领域大于找油的领域。

该勘探领域，共有 18 个一级构造单元，它们是该地区的基本含油气单元。其中黔南坳陷、南盘江坳陷、桂中坳陷、滇黔北坳陷，以及滇东—黔中隆起上的次级构造单元——梨子冲向斜带（表 1-5），含油气基本地质条件较好，是该领域开展油气勘探的有利构造单元。

滇黔北坳陷石油天然气勘探程度低，勘探工作始于 20 世纪 50 年代末，主要针对区域构造、地层和煤炭地质等方面，进行低精度的重力、磁力概查，仅实施 1 口石油钻井

（芒 1 井），油气资源状况尚不明确。1977 年，四川煤田地质公司在与云南交界的筠连地区开展煤炭勘探会战工作，截至 1979 年 10 月，共完成普查、详查钻孔 309 个，总进尺 $14.9 \times 10^4 m$。1980 年补充施工钻孔 72 个，进尺 $3.1 \times 10^4 m$。于 1981 年 9 月提交了该区的详查地质报告，获得 B+C+D 级无烟煤储量 $17.01 \times 10^8 t$，其中 B 级储量 $5.59 \times 10^8 t$，占总储量的 32.9%，B+C 级储量为 $15.63 \times 10^8 t$，占总储量的 91.9%。

表 1-5　滇黔桂海相地层分布区有利油气勘探构造单元简表

构造单元名称	面积 / km^2	主要勘探目的层	地面背斜构造 / 个	已钻探井（井深≥1200m）/ 口	油气显示（层位）
黔南坳陷	3000	D_2、O、S	51	17	含油气构造 1 个（O、S），古油藏 1 个（O、S），油气显示（O、S、D、P、T）
南盘江坳陷	59600	P	38	13	气显示（P_1）
桂中坳陷	42000	D_2、D_1	50	7	气显示（C、D_2）
滇黔北坳陷	43500	$\in$、S、P		47？	页岩气（$\in$、S），煤层气（P）
梨子冲向斜带（滇东—黔中隆起）	3360	Z	8		气显示（T_1）

中国南方海相页岩具有沉积厚度大、分布面积广、有机质含量及成熟度高等有利地质条件。进入 21 世纪，受北美页岩气革命的启示，中国南方的海相页岩也引起了国内外页岩气勘探评价者的极大关注。

自 2008 年以来，中国石油浙江油田公司在滇黔北坳陷中部开展了一系列区域地质调查、地震勘探、钻井及地质综合评价工作，在页岩气和煤层气两个领域取得了突破。截至 2015 年底，累计完成的主要工作量如下。

（1）地质调查：完成上万千米的地质路线踏勘与地质剖面调查。实测剖面 36 条，总长度 67.6km，总厚度 8933m，采集样品 1200 余个。钻探地质浅井 5 口，进尺 1525m，取心 1368m，完成分析化验约 1800 项（次）。

（2）地球物理勘探：完成二维地震 4762.54km，三维地震 526km²。

（3）钻井：完成钻井 392 口，总进尺 $42.6 \times 10^4 m$。其中页岩气井 47 口，进尺 $17.0 \times 10^4 m$；煤层气井 345 口，进尺 $25.6 \times 10^4 m$。

（4）产量：累计投产 317 口井，累计产气 $2.54 \times 10^8 m^3$。其中页岩气投产井 21 口，产量 $1.74 \times 10^8 m^3$；煤层气投产井 296 口，产量 $0.8 \times 10^8 m^3$。

基于上述工作，在资源评价、选区选层的基础上，重点开展了区内页岩气和煤层气勘探开发工作。在落实资源、技术配套、清洁生产、项目管理和队伍建设等方面均取得了一定进展，拉开了滇黔北坳陷非常规天然气勘探开发的序幕。主要勘探历程如下：

（1）中国石油天然气股份有限公司于 2009 年 7 月取得了国内首批页岩气专属勘查区块——滇黔北筠连—威信和镇雄—毕节天然气（页岩气）勘查许可证，矿权区面积

$15078km^2$。

（2）2012年3月，由国家发展和改革委员会、国家能源局批准，将滇黔北地区设立为首批国家级页岩气示范区之一，即滇黔北昭通国家级页岩气示范区。

（3）落实并明确了滇黔北坳陷页岩气开发主要目的层为寒武系筇竹寺组和志留系龙马溪组，煤层气目的层为二叠系乐平组。

（4）在示范区内优选（筠连）沐爱—（叙永）大寨、（彝良）小草坝—洛旺2个页岩气有利区，总面积$3328km^2$，地质资源量约$1.63 \times 10^{12}m^3$；落实建产区4个，面积$1070km^2$，地质资源量$0.4 \times 10^{12}m^3$；2015年8月提交新增页岩气探明储量$527.16 \times 10^8m^3$，新增探明含气面积$68.47km^2$。优选煤层气有利区$4760km^2$，预测资源量$7756 \times 10^8m^3$，2015年完成了筠连沐爱核心区煤层气探明储量计算工作，同年10月提交煤层气探明储量$82.33 \times 10^8m^3$。

（5）针对滇黔北坳陷地表、地下均高陡复杂的特征，中国石油浙江油田公司于2010年率先提出"山地页岩气"概念。通过勘探开发的探索和总结提升，在页岩气领域形成了综合地质评价技术、页岩气水平井钻井完井技术、页岩气水平井大型体积压裂技术、页岩气生产制度优化技术、页岩气地面工程集成化技术等五大技术系列；在煤层气领域形成了构造改造型山地煤层气富气高产优选评价技术、地面地下一体化部署与滚动优化设计实施技术、工厂化优快高效钻井压裂技术、智能化精细排采技术、山地煤层气连续生产综合管理技术等五大技术系列。这些技术系列保障了页岩气和煤层气的高效勘探及规模效益开发。

（6）在滇黔北坳陷黄金坝区块YS108井区开展了$5 \times 10^8m^3/a$的页岩气产能建设，2015年底达到生产能力。在筠连沐爱开展的勘探开发一体化试验区$2 \times 10^8m^3/a$的煤层气产能建设，也于2015年完成。

通过2008年以来的勘探开发，滇黔北坳陷石油天然气产业取得了巨大发展，地质认识及管理水平不断提升，针对性的工程技术不断创新，打开了滇黔北坳陷油气勘探开发的新局面，已形成了具有一定规模的页岩气、煤层气生产基地。

第二章　勘　探　历　程

　　滇黔桂地区的石油地质调查始于 20 世纪初。1916 年，发现了贵阳东郊倪儿关泡木冲（今属龙里县）三叠系晶洞油苗；1934 年发现了贵州省炉山县翁项志留系石灰岩裂缝油苗；1935 年在广西百色盆地内发现两处古近系和新近系含油砂岩，即田阳的那满油苗和田东的林逢油苗。1937—1943 年间，先后对云南的蒙化（今巍山彝族回族自治县和南涧彝族自治县）油母页岩、邱北（今丘北）油苗及兰坪油苗进行过调查。

　　滇黔桂地区系统的石油地质调查和勘探是从 1954 年逐步展开的。60 多年来，该地区的勘探历程大致可分为 6 个阶段：即全面石油地质调查和初探阶段（1954—1962 年）、勘探调整阶段（1963—1969 年）、勘探恢复和发展阶段（1970—1984 年）、重点勘探百色盆地阶段（1985—1990 年）、油气并举勘探阶段（1991—2008 年）和非常规天然气勘探阶段（2009—2020 年）。

第一节　全面石油地质调查和初探阶段（1954—1962 年）

　　1954 年，燃料工业部所属 101、113 地质队，分别在广西百色盆地和贵州炉山县（现改为凯里市）的虎庄、翁项油苗点周邻地区进行 1∶10 万地质填图。

　　1955 年，地质部中南地质局田阳普查队对百色盆地及桂西地区开展石油普查；1956 年该队扩大，更名为四八七队。

　　1956 年，地质部在贵州成立五四八队，在炉山、安顺、关岭间开展 1∶20 万石油普查，并在虎庄背斜上进行了名为"56/CK$_1$井"的浅井钻探。

　　1957 年，广西的四八七队更名为广西石油普查大队；贵州的五四八队扩建为贵州石油普查大队（后更名为地质部第八石油普查勘探大队）。1957 年 7 月，地质部石油局派出云南踏勘队，对滇东及楚雄盆地进行路线踏勘。1957 年 11 月，四川石油管理局在贵州组建石油勘探大队。

　　1959 年，贵州石油勘探局成立，下设黔东、黔西和云南三个勘探大队，统筹贵州、云南的石油勘探工作。同年，四川石油管理局组建广西石油勘探大队。至此，石油工业部和地质部两个系统的石油勘探队伍，在滇黔桂地区分别有了相对稳定的建制。从此，这两支石油勘探力量协同工作，在滇黔桂地区的丛山峻岭中，展开了全面的石油地质普查和勘探。

　　该勘探阶段，完成的石油勘探工作量及内容主要有如下三个方面。

一、地面石油地质调查

　　在初探阶段，为了尽快地认识滇黔桂地区的石油地质基本条件，开展了大规模的地面石油地质调查。共完成1∶20万石油地质普查面积143670km²；完成1∶10万～1∶2.5万详查、细测面积87900km²；完成1∶10万重（磁）力测量面积10900km²。发现地面背斜构造120多个。证实和发现了一批油气苗。滇黔桂地区大部分地面石油地质调查工作量是在该时期完成的。

1. 贵州地区

在黔南进行了连片地质详查和细测，对黔西南、黔西北的一部分地面背斜进行了构造细测。1∶5万地质详查面积计有54331km²，1∶2.5万构造细测面积959km²。详查、细测地面背斜构造60个。与此同时，还相应地开展了地层对比、构造对比、断裂细测、油气苗调查、区域地质大剖面及水文地质调查等工作。在黔南广顺、王佑等地开展了1∶10万重（磁）力详查，详查面积1000km²。局部地区进行了地面电法及重（磁）力剖面调查。在安顺、雅水等地的碳酸盐岩分布区做了极少量的地震试验。

2. 云南地区

石油地质调查主要在滇东、滇东南及楚雄盆地开展。1∶20万石油地质普查面积37453km²，同时在上述地区的地面背斜构造上进行了1∶5万构造细测，细测背斜构造20个，总面积10835km²。在滇东的师宗—泸西一带展开了1∶10万重（磁）力详查，面积达4010km²。在楚雄盆地进行了地震方法试验。在此期间还先后开展了岩石物性、地层含油性等专题研究和综合研究。

3. 广西地区

在桂中、桂西进行了1∶50万石油地质概查，面积4.7×10⁴km²。在桂中、桂西及十万大山盆地完成了1∶20万石油地质普查，普查面积85380km²。同时在上述地区开展1∶10万详查，详查面积1351km²。在百色、南宁、宁明、上思等古近系和新近系盆地，桂平盆地及桂中、桂西的一些地面背斜构造上进行了1∶5万详查，详查面积18713km²。详查地面背斜构造40个。在此期间，地质部航磁队、重力队配合滇黔桂地区的石油地质调查，做了1∶50万的航空重力、磁力测量。

二、浅井钻探

浅井指的是井深小于1200m的探井。勘探初期，为了尽快地在油气苗分布地区发现浅层油气藏，或者为了构造制图的目的，进行了大量的浅井钻探。该时期共完成浅井417口，进尺198955m。绝大多数浅井分布在广西及贵州的油气苗集中分布地区。

1. 广西地区

该勘探阶段，广西钻探浅井共224口，主要集中于百色盆地（176口）、桂中柳城地区（37口）及南宁盆地（11口），总进尺90067m。

1）百色盆地

该盆地是古近系和新近系沉积盆地，面积832km²。古近系和新近系厚度3000m左右。1958年9月28日，广西煤炭局103队在盆地东南部林逢地区进行煤田钻探中，于井深143m钻遇古近系那读组时发生天然气井喷。广西石油普查大队随即在林逢部署林1井，该井1959年2月18日开钻，3月12日完钻，完钻井深275m，于井深164.8～218.8m井段在古近系那读组发现3层含油层，总厚度5.3m，经测试，日出油0.4m³。之后在百色盆地田东凹陷进行了大量的浅井钻探，共完成浅井176口，进尺

$6.5×10^4m$，相继发现了那满、新州含油构造。含油层系除古近系的那读组、百岗组外，在平1井的钻探中，还发现盆地基岩的中三叠统石灰岩岩心中有油显示。

2）桂中柳城地区

桂中柳城地区是石炭系油苗集中分布地区。1959年9月，在柳城附近的洛崖背斜轴部钻探洛1井，钻至井深286m下石炭统泥质灰岩时，发现井口喷出天然气，完钻后未测试。1959—1961年，在柳城、宜山（今宜州）、柳州一带的14个背斜构造上，共钻探浅井37口，进尺18683m。

3）南宁盆地

南宁盆地共钻探浅井11口，进尺6384m。

2. 贵州地区

1956—1962年，贵州地区共钻探浅井190口，进尺107069m，主要分布在黔南坳陷的北部边缘油气苗分布地带、安顺地区以及坳陷中的一些背斜构造上。在黔西南坳陷、黔中隆起上的梨子冲向斜带亦有分布。现将浅井钻探主要地区情况叙述如下。

1）凯里的虎庄、凯棠、翁项地区

该地区位于黔南坳陷的东北部，是坳陷中的下古生界出露地区，志留系、奥陶系油苗集中分布。1956年，地质部五四八队在虎庄背斜轴部钻探56/CK_1井，钻探中发现志留系砂岩中产微量气（$2.7m^3/d$），在奥陶系石灰岩中产水（$65.29m^3/d$）。之后，贵州石油勘探局黔东大队继续在虎庄背斜上钻探浅井28口，进尺13630m，证实虎庄背斜志留系砂岩段含天然气。虎41井曾获日产天然气$5400m^3$。

1956—1959年，在虎庄背斜之东的翁项地区（野山向斜）钻浅井9口，进尺4371.27m；在凯棠向斜钻浅井4口，进尺1600.32m。钻井中在志留系均见油显示。凯1井还捞获少量原油。

2）贵阳倪儿关（今龙里倪儿关）及平坝羊昌河地区

这两个地区位于黔南坳陷北缘，三叠纪地层广泛出露，油气苗较多。1960—1961年，在倪儿关羊场司向斜共钻浅井16口，进尺5004.5m，在下三叠统石灰岩裂缝或晶洞中见到油显示。1960年，贵州石油普查大队在平坝羊昌河向斜中钻探浅井6口，进尺2896.61m，在中三叠统石灰岩及泥灰岩中均见有油迹。

3. 云南地区

该时期，在滇西景谷新近系盆地钻探浅井2口，进尺698.62m，发现新近系含油砂岩。在景1井中，提捞原油1t左右。云南省地质局在该盆地钻井38口，其中12口见到油显示。

三、中深探井

滇黔桂地区中深探井（井深≥1200m）的钻探，始于1958年的安参井。该时期的中深井，均部署在普查中发现的地面背斜轴部高点附近，共有14口，总进尺24612.27m，其中贵州有11口，广西3口。贵州的11口探井，有9口分布于黔南坳陷的安顺、雅水、王佑、大窑、龙里、新场、观音洞和大煤山背斜上，总进尺15943.25m；另外2口分别位于黔西南坳陷的兴仁背斜和火烘背斜，钻井进尺4351.39m。广西的3口井，分别位于桂中坳陷的柳江、里高和里苗背斜上，进尺4317.63m。

部分中深探井（表1-2，位置参见图1-1）情况如下。

1. 雅参井

位于黔南坳陷长顺凹陷中的雅水背斜坡脚高点。雅水背斜是长顺凹陷中最大、最完整的背斜之一，核部出露下石炭统下部及上泥盆统，以下石炭统大塘组底部砂岩顶为标准层，圈闭面积达491km²。雅参井的钻探目的是"探明雅水背斜地腹之志留系、奥陶系之存在与否以及含油气情况"。该井于1959年11月11日开钻，1961年8月29日完钻，井深2330.14m，井底层位为中泥盆统独山组宋家桥段（D_2d_s），未达设计目的层。钻井中未发现油气显示。

2. 王参井

位于黔南坳陷长顺凹陷中的王佑背斜翁赖高点上。该背斜呈穹隆状，核部出露中泥盆统独山组宋家桥段（D_2d_s）上部，以上泥盆统底为标准层，圈闭面积142.6km²。该井于1961年5月22日开钻，1962年2月钻至井深940.48m（层位仍属宋家桥段）时，因钻机调动而中途停钻，到1969年9月29日又在原孔位上继续钻进，至1974年8月钻达井深3946.21m，井底层位为中泥盆统下部，1975年1月8日完井，钻探历程长达13年又7个月，跨越了滇黔桂地区三个勘探阶段。60年代中期，在王参井的原孔位上曾两度竖立井架，但因种种原因，还未钻进即行"下马"。因此在王参井的钻探过程中有"四上三下"的特殊经历。钻井过程中有几处气测异常，完钻后未进行测试。

3. 兴参井

位于黔西南坳陷兴仁背斜上。兴仁背斜呈北东向，核部出露二叠系阳新统，地表地层圈闭面积1047km²，是石油勘探初期发现的地表最大背斜构造。设计的钻探目的层是泥盆系。该井于1958年10月10日开钻，1960年3月27日完钻，井深2934.02m，井底层位为下石炭统石灰岩。所钻遇的二叠系、石炭系几乎均为碳酸盐岩。钻探过程中有16次井漏，漏失总量大于884m³。在井深1065～1075m、1195～1200m、2204～2223m及2298.74～2316m井段，共有4个低压水层。于井深2204～2316m井段进行混合测试，取得水样为淡水，矿化度为899mg/L，水型为$NaHCO_3$型。初步分析认为其地层水淡化的基本原因是兴仁背斜地腹缺乏盖层，深部地层水与地表水连通。

四、主要认识和成果

1954—1962年，是滇黔桂地区石油勘探的初始时期。通过9年的地面石油地质调查和勘探，形成了该地区系统的石油地质资料，并对该地区的石油地质条件有了初步的认识。

（1）滇黔桂地区（金沙江—红河以东）有了1：100万和1：50万的地质图，部分地区有了1：20万地质图，许多地面背斜构造分布地区有了1：5万或1：2.5万的地质图，它们是认识该地区石油基本地质条件和指导油气勘探的基础资料。

（2）初步确立了自震旦系至三叠系海相地层分布区的地层系统、地层分布及地层间的接触关系。对上三叠统及其以上的中生界陆相地层的划分有了初步认识；对新生界的分布有了初步了解。

（3）基本上认识了滇黔桂地区沉积岩分布范围内主要褶皱、断裂的分布特征，初步划分了区域构造单元。对自震旦纪以来十数次构造运动的性质和规模有了不同程度的了解。

（4）证实和发现了大量油气苗、沥青点，在钻探中发现不少油气苗显示，了解了油气苗集中分布的层位和地区。对各层系的生储盖组合状况有了初步的认识，认识到该地区有多套生储盖组合。

（5）钻探过程中，虽在百色、景谷等新生界盆地发现了含油气构造或含油层系，但把寻找油气田的希望主要放在海相地层分布地区，认为大型油气田应在海相地层分布地区，并寄希望于黔南坳陷、桂中坳陷及滇东地区，中深井钻探的部署反映了这一思想。

第二节　勘探调整阶段（1963—1969 年）

为了执行国家"调整、巩固、充实、提高"的经济建设方针，该阶段在云南、广西的石油勘探基本上处于停滞状态。1961 年 9 月贵州石油勘探局缩编为云贵石油勘探大队，1963 年 5 月改名为云贵石油勘探处。1962 年 2 月王参井的钻探中途停钻后，贵州的石油勘探单位也处于留守状态。

1965 年之前，贵州的石油地质工作者以室内工作为主，进行了资料整理，编制了地层、构造、油气苗点、钻井等各类数据卡片、基础图幅以及石油地质图册等。与此同时还开展了专题研究工作，对黔南泥盆系、二叠系的地层划分、地层对比、含油性，以及贵州、滇东地区志留纪至石炭纪的古构造和沉积相进行了较系统的研究，并对黔南坳陷的构造特征进行了研究。开始了烃源岩有机质热演化资料的搜集。此外，对贵州地区的少量地震试验资料及地球物理资料进行了整理总结。

1965 年，四川威远震旦系中发现天然气流。在这一重大发现启迪下，开始对黔北地区进行石油地质调查和勘探。

1966 年，对黔北上震旦统及寒武系纽芬兰统（ϵ_1）和第二统（ϵ_2）的地层及生储盖条件开展研究。为准备钻探，选择了圈闭条件较好、震旦系保存好的安底、九坝、威信（在滇东北）、鱼洞、大方、沙厂等背斜构造，进行 1:5 万构造详查，详查面积 2136km^2。

1966 年 3 月，在安底构造上，开始"底 1 井"的钻探。底 1 井位于黔北金沙县安底背斜上，该背斜在区域构造位置上属黔中隆起大方背斜带，核部出露寒武系苗岭统（ϵ_3）和芙蓉统（ϵ_4）白云岩。底 1 井完钻井深 1282.32m，钻入震旦系灯影组白云岩 17m，经测试日产水 3300m^3，证明灯影组白云岩在安底背斜圈闭中为水层。

1966 年，四川石油管理局在贵州赤水地区（四川盆地伸入贵州部分）进行钻探。早在 20 世纪 50 年代，四川石油勘探局派出石油地质队在赤水地区进行石油地质调查，发现了太和、旺隆等背斜构造。1966 年 4 月 15 日，在太和背斜顶部钻探太 1 井，同年 8 月 21 日完钻，完钻井深 1384.11m，井底层位为下三叠统嘉陵江组三段三亚段（$T_1j_3^3$），经对嘉陵江组四段一亚段（$T_1j_4^1$）—嘉陵江组三段三亚段（$T_1j_3^3$）测试，日产天然气 25×10^4m^3，日产水 24m^3。1966 年 5 月 15 日，在旺隆构造顶部钻探旺 1 井，同年 12 月 29 日完钻，完钻井深 1531.95m，井底层位为嘉陵江组二段三亚段（$T_1j_2^3$），1967 年 1 月经对 $T_1j_2^3$ 测试，日产天然气 38×10^4m^3。四川石油管理局在太和、旺隆背斜上共钻探井

8 口，进尺 13208.23m，发现了太和、旺隆两个气田。

该时期的主要勘探成果，是在赤水地区发现了太和、旺隆气田。在后来的勘探中，逐步重视了对滇黔桂地区的中生界盆地开展研究和勘探。

第三节　勘探恢复和发展阶段（1970—1984 年）

这期间，广西、云南的石油勘探队伍相继恢复，贵州的石油勘探力量也有调整。

1969 年 8 月，地质部第八石油普查勘探大队组建了广西分队。1970 年 10 月，广西分队划归广西壮族自治区重工业公司，组成第十地质队，在广西进行石油普查。1972 年，第十地质队划归广西燃料化工局，改名广西石油普查大队，之后，更名为广西石油勘探开发指挥部。

1970 年 2 月，云南石油会战指挥部组成。1972 年指挥部划归云南省燃料化工局，之后更名为云南省燃料化工局云南石油勘探指挥部。

1970 年 10 月，原四川石油管理局云贵石油勘探处更名为贵州石油勘探指挥部。

1978 年 9 月，石油工业部滇黔桂石油勘探开发会战指挥部成立，后更名为滇黔桂油勘探局，统辖云南、贵州和广西的石油勘探指挥部。

该时期，对滇黔桂地区的中生界、新生界盆地加强了勘探，增加了地震勘探工作量，加强了区域探井的钻探和综合研究工作。

一、地面石油地质调查和地震勘探

1. 地面石油地质调查

该勘探阶段，多在中生界陆相盆地开展地面石油地质调查。

在广西十万大山盆地再次进行了 1：20 万石油地质普查，普查面积 11400km²；对广西桂平盆地作了 1：10 万石油地质调查，面积 2500km²。对上述地区的部分地面背斜构造进行了 1：5 万详查，总计详查面积 5344.5km²。

在云南的绥江地区（四川盆地伸入滇东北部分）完成地面详查，面积 1447km²。

2. 地震勘探

该时期共完成地震测线长 8528km。

在中生界盆地完成地震测线长 6306km，占地震测线总长度的四分之三。其中：在云南楚雄盆地完成了横贯全盆地东西向及南北向地震大剖面各一条，并对会基关背斜、乌浪岔河背斜进行了地震详查，总计测线长 1244km（其中多次覆盖剖面 634.8km）；在广西十万大山盆地完成多次覆盖剖面长 1647.5km；在贵州赤水地区完成 1255km；在云南绥江地区完成 533.4km；在广西百色新生界盆地完成地震测线长 1181km，多集中于田东凹陷；此外，在广西的宁明、上思、合浦、南宁等盆地及云南的景谷等盆地均有地震测线分布。

在上震旦统至中三叠统海相地层勘探区，地震勘探集中于南盘江坳陷。在该坳陷中共完成地震测线长 1833km，其中多次覆盖测线长 1480km，对坝林背斜（云南）、潞城背斜（广西）及秧坝背斜（贵州）进行了地震详查，证实了在三叠系砂泥岩覆盖下有古生界背斜或隆起；所测制的横贯坳陷的两条地震大剖面，为认识坳陷的结构提供了深层资料。此外在黔南坳陷的王佑背斜、虎庄背斜、安顺背斜及广顺背斜等地进行了地震试验勘探，共完成地震测线长389km。

除完成上述地震勘探工作量外，在广西的十万大山盆地、宁明盆地、上思盆地开展了1∶10万重力详查，详查面积7236km²。

二、区域钻探

1.浅井钻探

1970—1984年，滇黔桂地区共钻探浅井224口，总进尺141053.49m。浅井主要分布在云南、广西的古近系和新近系盆地，贵州地区亦有分布。

1）云南地区

该时期，云南地区的浅探井共完钻124口，总进尺57445.88m。景谷盆地有66口，进尺31295.23m。昆明盆地45口（仅指有天然气显示的井数），进尺21386.89m。越州盆地6口。程海盆地6口，进尺4190.4m。另外在滇东的罗平背斜上亦有浅探井。现将越州盆地和程海盆地的浅井钻探情况简述于下。

（1）越州盆地：该盆地位于滇东曲靖附近，属古近系和新近系盆地，面积696km²。在煤田钻井中有4口井冒天然气，可燃，火焰呈蓝色。1972年，据煤田调查及石油普查资料，认为盆地中有次级正向构造。1973年，在盆地正向构造上钻浅井6口，均钻穿古近系和新近系，进入基岩，未见任何油气显示。钻井证明盆地中心不存在背斜构造。

（2）程海盆地：该盆地位于滇西永胜县之南，属第四系小盆地。为了调查程海气苗，1978年进行了钻探，共钻探井6口，进尺4190.4m，有3口进入基岩二叠系石灰岩。对其中的2口井中途测试，证实产热水，含微量气，水温56～57℃，日产水量613～3700m³。

2）广西地区

该时期，广西地区的浅探井共有75口，进尺68694.48m。其中：百色盆地63口，进尺56338.55m；合浦盆地12口，进尺12355.93m。部分探井的情况如下。

仓2井：1977年3月16日在百色盆地田东凹陷北部的仓圩断块开钻，1977年6月13日完钻，完钻井深844.08m，井底层位为盆地基岩中三叠统。钻井过程中在古近系那读组砂岩中发现油显示，经测试获日产原油7t。仓2井是仓圩油田的发现井。

仓4井：1978年在田东凹陷花茶断块开钻，1978年7月6日完钻，完钻井深662.17m，井底层位为中三叠统石灰岩，在中三叠统石灰岩裂缝中发现油显示。1978年7月29日，在仓4井之南钻探仓22井，经测试，在中三叠统石灰岩中日初产原油33t。仓4井和仓22井是花茶油田的发现井。

仓16井：1983年在田东凹陷北部开钻，1983年7月11日完钻，完钻井深1070m，井底层位为中三叠统板纳组，在古近系那读组砂岩中发现油显示，经测试，日初产原油16t。1984年9月，在仓16井之东2km钻探仓35井，在那读组砂岩中有油浸，经测试，日初产原油48.96t。仓16井、仓35井分别是子寅油田东、西两断块的发现井。

3）贵州地区

1970 年至 1973 年，贵州共完成浅井 25 口，进尺 14913.13m。

贵州的浅探井主要分布在 20 世纪 60 年代初曾进行过浅井钻探的凯里虎庄、凯棠及平坝羊昌河地区。在虎庄背斜钻探浅井 7 口，主要分布在该背斜西北翼桐木树断层及鱼洞断层附近，虎 47 井在下奥陶统石灰岩中有油显示，经酸化压裂后，曾捞获原油 2.3t。

另外在黔北石阡志留系油苗附近及黔中隆起梨子冲向斜带亦有浅井分布。

2. 中深井钻探

1970—1984 年，滇黔桂地区共完成中深探井 115 口，进尺 248112.2m。其中：在新生界盆地有中深探井 66 口，占该类探井总数的二分之一强，主要分布在百色盆地；在中生界盆地中有中深探井 21 口；在上震旦统至中三叠统海相地层勘探区有中深探井 28 口，主要分布于南盘江坳陷、黔南坳陷、桂中坳陷及滇东地区，在这 28 口探井中，有 7 口是地质部第八石油普查勘探大队钻探的，它们主要分布在黔南坳陷，桂中坳陷的桂参 1 井系地质部中南石油地质局钻探。

各地区主要中深探井的钻探情况如下。

1）百色盆地

该时期，在百色盆地钻探中深探井共 58 口，总进尺 92679.98m。

百深 5 井：1973 年 8 月 17 日，根据地震成果在田东凹陷北部的南伍断块开钻，1974 年 2 月 14 日完钻，完钻井深 1886.31m，井底层位为古近系那读组，在井深 1674～1830.2m 古近系百岗组中发现 11 层油砂，总厚度 21.8m。经测试，日初产原油 0.4～1.4t。该井是塘寨油田的发现井。

百 4 井：1979 年 1 月 11 日，在田东凹陷南部斜坡带上法构造开钻，同年 9 月 28 日完钻，完钻井深 1645m，井底层位为盆地基岩中三叠统石灰岩，在石灰岩中发现油显示。经测试，日初产原油 2.3t。该井是上法油田的发现井。

2）赤水凹陷

四川石油管理局在赤水凹陷发现太和、旺隆两气田后，于 1973 年移交贵州石油勘探指挥部继续勘探、开发。在太和、旺隆两气田上共完成探井 13 口，在官渡构造上完成探井 3 口，发现官渡构造为一含气构造。

3）其他中—新生界盆地

1971—1974 年，在云南景谷盆地钻探中深探井 6 口，均钻入盆地基岩古近系。在新近系中均见到油砂或油迹。深 1 井经测试，日初产原油 0.8m³，日产水 4.9m³。

1979—1981 年，在合浦盆地钻 2 口中深探井。西 1 井钻入白垩系乌家组，西参 2 井钻入盆地基岩志留系，它们均在古近系酒席坑组砂岩中见到油迹和沥青。

1971—1979 年，在楚雄盆地会基关背斜和乌浪岔河背斜上完成探井 2 口，未见油气显示。

1977—1979 年，在滇东北绥江地区的楼东背斜和金塘背斜上各钻探井 1 口。楼 1 井在三叠系及二叠系中获 4 层水层，并见少量溶解气，日畅流水量为 3168m³。金 1 井在二叠系、三叠系中也是水层。

1983—1984 年，在十万大山盆地那琴凸起的上英—古律背斜上钻探万参 1 井，井深 3200.2m，井底层位为泥盆系。在井深 1817～1821m 的泥盆系（？）白云岩岩屑中，用荧光照射，发现含油斑岩屑 70 余粒，经测试未获油气。

4）上震旦统至中三叠统海相地层分布区

（1）南盘江坳陷：1970—1983 年，在坳陷中共完成中深探井 11 口，进尺 35494m。

盘参井：位于南盘江坳陷坝林宽向斜坝林背斜（地震证实的地下构造圈闭）范围内。1980 年 2 月 23 日开钻，1983 年 6 月 22 日完钻，完钻井深 4435m，进入石炭系 228m，在二叠系的乐平统玄武岩及阳新统茅口组石灰岩的岩心、岩屑中多次见到沥青和油迹。中途测试及完井测试皆产少量水。在水的溶解气中，含甲烷 5.48%，乙烷 0.019%。盘参井是滇黔桂地区井深大于 4000m 的三口深探井之一。

罗 4 井：位于南盘江坳陷师宗断阶的罗平构造上，该构造共钻探 4 口中深探井。罗 4 井于 1977 年 11 月 13 日开钻，1983 年 5 月 28 日完钻，完钻井深 3655.58m，钻入二叠系阳新统茅口组石灰岩 102.58m，对玄武岩及茅口组石灰岩的漏失层中途测试时，皆有气涌出。经分析，甲烷含量分别为 28.48% 和 17.8%，氮含量 0.16% 和 0.24%，但完井试油皆产水。

（2）黔南坳陷：1972—1984 年在黔南坳陷及其南邻的罗甸断坳共钻探井 9 口［其中 6 口系地质部（1982 年起改为地质矿产部）第八石油普查勘探大队钻井］。

庄 1 井：位于虎庄背斜顶部，1972 年 9 月 19 日开钻，1974 年 7 月 29 日完钻，完钻井深 2945m，井底层位为寒武系纽芬兰统牛蹄塘组，未钻达设计目的层上震旦统白云岩。在井深 2913.35～2915.82m 牛蹄塘组的石灰岩岩心中有 54 处冒气；同时在井深 2912m、2915m 两井段有气测异常，前者全烃由 0.11% 上升到 0.5%，重烃由 0.06% 上升到 0.11%，后者全烃由 0.1% 上升到 0.25%，重烃由 0.06% 上升到 0.07%。该井完钻后，至 1976 年 1 月 30 日进行测试，无油、气、水产出。

桑深 1 井：系地质部第八石油普查勘探大队所钻，位于罗甸断坳桑郎背斜顶部。该背斜核部出露中泥盆统深灰黑色泥岩、灰质泥岩及泥质粉砂岩，属盆地相沉积物。该井的钻探目的是：① 查探以下泥盆统塘丁组（D_1t）下部砂岩及下古生界顶部古侵蚀面为主要储集空间的可能油气藏；② 作为区域控制井。该井设计井深 3200m，设计终孔层位为寒武系苗岭统（ϵ_3）/ 芙蓉统（ϵ_4）。该井于 1978 年 4 月 23 日开钻，1979 年 10 月 25 日完钻，钻入 D_1t 泥岩、灰质泥岩 422m，完钻井深 2023m。井孔自上而下均为灰黑色泥岩，夹少量泥质粉砂岩及粉砂质泥岩。钻井过程中未见油气显示。

（3）其他地区：1970—1974 年，在滇东地区（属滇东—黔中隆起）完成中深探井 3 口，即位于白水背斜顶部的"白 1 井"、位于法本背斜顶部的"法 1 井"及"新 1 井"。其中白 1 井、新 1 井已钻入新元古界震旦系，法 1 井钻入中元古界昆阳群，经测试产少量水；在滇东北地区（属滇黔北坳陷）芒部背斜上钻探的"芒 1 井"，亦钻入震旦系，经测试日产水 74.6m³；桂中坳陷共完成中深探井 3 口，均在泥盆系中钻进，未见油气显示。此外地质部第八石油普查勘探大队在黔中隆起的大方背斜顶部，完成"方深 1 井"的钻探，该井完钻井深 2471.37m，钻入新元古界板溪群。

三、主要成果和认识

通过 1970—1984 年的勘探，有如下主要成果和认识：

（1）在百色新生界盆地发现了 6 个油田，即田东、塘寨、仑圩、花茶、子寅及上法油田。这些油田是在 20 世纪 50 年代石油普查中用浅井钻探所发现含油构造的基础上，开展地质、地震、钻井、测井及试油"五位一体"的综合勘探成果。

（2）勘探、建设和开发了贵州赤水地区的太和气田和旺隆气田，1978 年气田集输管线建成，两气田正式投入开发，1984 年，年产天然气 $2977 \times 10^4 \mathrm{m}^3$。

（3）勘探工作已向中生界、新生界盆地集中，钻井和地震工作量逐步增大；地震勘探的技术和装备有所提高和改善，地震成果的质量有提高。

（4）1980—1984 年，在石油工业部的统一部署下，较系统地总结了滇黔桂地区历年来的勘探和研究成果；对滇黔桂地区上震旦统至中三叠统海相地层勘探区的油气资源潜力及其分布进行了评价和预测，石油的资源潜力为 $1 \times 10^8 \sim 15 \times 10^8 \mathrm{t}$，天然气的资源潜力为 $3000 \times 10^8 \sim 9200 \times 10^8 \mathrm{m}^3$。

（5）对楚雄盆地的上三叠统和十万大山盆地分别进行了早期资源评价。

第四节　重点勘探百色盆地阶段（1985—1990 年）

1985—1990 年，滇黔桂地区大部分勘探力量集中于百色盆地，其他地区仅有少量勘探工作量。

一、百色盆地

该时期，在百色盆地共完成地震测线长 2240km，均为多次覆盖，其中三维地震测线长 162.15km。完钻探井 81 口，总进尺 130841m（其中：中深探井 73 口，进尺 128214.24m；浅井 8 口，进尺 2626.76m）。探井试油 73 口，试油层数共计 147 层。获工业油流井 22 口。控制含油面积总计 19km²。在盆地中的那笔凸起发现了雷公含油构造。在六塘凹陷中发现了江泽含油气构造。在田东凹陷的花茶油田中，发现了"花茶高断块""花茶断块""花 5 块"油藏。在仑圩油田中发现了"仑 16 块"油藏。

1987 年 5 月，通过研究分析，认识到百色盆地上法地区的基底石灰岩有一定的含油远景；认为含油的油井是由于钻井时钻井液的伤害以及石灰岩裂缝的连通性差而致使产量不高。为了解放油层、发挥油井潜力，在石油工业部勘探开发科学研究院和四川石油管理局的协助下，对上法地区百 4 井油层进行了大型酸化压裂，获得 241.45m³/d 的高产油流，百 4 井也因此成为百色盆地第一口百吨油井。1987 年 6 月 23 日，对完钻的法 1 井油层酸化压裂后，获得了 482.00m³/d 的工业油流。1987 年 7 月 12 日，人民日报以"广西百色盆地打出高产油气井"为题，在头版头条报道了百色盆地找油取得重要突破的消息。

1989 年，勘探向新区展开，在雷公地区先后钻探雷 1 井、雷 2 井、雷 3 井、雷 5 井，其中在雷 1 井、雷 2 井、雷 5 井发现古近系那读组油层，试油分别获得了日产 14.4t、13.3t、22.9t 的工业油流，从而发现了雷公油田。

1990 年，在盆地东部坳陷那坤地区钻探的坤 5 井、坤 10X 井均获得工业油流，从而发现了那坤油田。

至此，本阶段勘探评价了子寅、上法、塘寨、花茶等油田，新发现了雷公、那坤两油田，探明石油地质储量 $931.00 \times 10^4 t$，可采储量 $129.3 \times 10^4 t$，为滇黔桂石油勘探局的油田开发打下了一定的基础。

二、其他地区

1985—1990 年，在楚雄盆地完成地震多次覆盖测线长 340km；在贵州赤水地区完成地震测线长 503km；在太和气田上完成了"太 15 井"的钻探，完钻井深 4401.5m，井底层位为下奥陶统，三叠系、二叠系及志留均有天然气显示，1987 年 6 月 6 日至 7 月 29 日，对上奥陶统宝塔组石灰岩进行测试，日产水 $18m^3$。此外，在合浦盆地完成探井 2 口，进尺 3200m；在十万大山盆地及宁明盆地完成探井各 1 口。

通过 1954 年以来 30 多年的勘探，认识到滇黔桂地区有三大勘探领域：

（1）新生界盆地勘探领域，它是该地区寻找中小型油田的现实领域，在百色盆地中已发现油田。

（2）中生界盆地勘探领域，它们是该地区勘探天然气有前景的领域，在贵州赤水地区已发现气田。

（3）上震旦统至中三叠统海相地层分布区勘探领域，它是中国南方海相碳酸盐岩分布区中有含油气远景的地区之一。

第五节　油气并举勘探阶段（1991—2008 年）

百色盆地石油会战结束后，各类油藏进入正式开发阶段。该时期，贵州赤水，云南的陆良、保山和曲靖，广西百色的中—新生界陆相地层天然气勘探取得明显成效。同时，在楚雄、十万大山、南盘江、黔南、桂中等地区也断续开展二维地震勘探，并实施了深井钻探，取得了一批丰富的深部地质、地球物理资料，并见到了沥青和油气显示，为深化盆地的勘探与评价提供了新依据。

一、天然气勘探

1. 赤水凹陷

1990 年，滇黔桂石油勘探局决定在继续搞好百色盆地油田开发的同时，抽出力量恢复和加强赤水地区的勘探与开发。1991 年 12 月，滇黔桂石油勘探局根据赤水凹陷宝元地区的地震解释和地质分析研究成果，在宝元构造高点上部署钻探宝 1 井。该井于 1992 年 5 月 31 日完钻，完钻井深 2047.67m。6 月 2 日对 2043.0～2047.65m 井段下三叠统嘉陵江组三段一亚段（$T_1 j_3^1$）储层试气，获日产 $51.7 \times 10^4 m^3$，无阻流量为 $152.3 \times 10^4 m^3/d$，从而发现了宝元气田。

2002 年 9 月，中国石化南方勘探开发分公司根据赤水气田官南构造碎屑岩含气性评价成果，在官渡构造带的官南构造上部署钻探官 8 井。该井于 2002 年 9 月 26 日开钻，2003 年 1 月 23 日钻至上三叠统须家河组四段（$T_3 x_4$）储层段发生强烈气喷，测试产天然气 $9.92 \times 10^4 m^3/d$，从而发现了官渡气田。

2. 陆良盆地

1994 年，为了实现云南油气勘探的突破，滇黔桂石油勘探局依据云南陆良盆地二维地震勘探资料以及盆地油气勘探资料的综合分析成果，在盆地大嘴子背斜构造上部署钻探陆参 1 井。该井于 1994 年 6 月 1 日钻至 595.34m 处的新近系上新统茨营组时发生强烈天然气井喷，烧毁钻机，抢险 18 天，日喷气估计为 $100 \times 10^4 m^3$。随后钻探陆 2 井，获日产无阻流量 $105 \times 10^4 m^3$ 的高产气流，从而发现大嘴子气田，结束了云南没有工业性气流的历史。

3. 保山盆地

1994 年 11 月 10 日，滇黔桂石油勘探局在滇西保山盆地永铸街背斜钻探保参 1 井，同年 12 月 29 日完钻，完钻井深 1786m。该井综合解释气层 7 层共 34.7m。1995 年 2 月 13 日，对保参 1 井 595.0～599.5m 井段进行试气，获日产天然气 $1.0 \times 10^4 m^3$，从而发现了永铸街气田。

4. 曲靖盆地

2003 年，中国石化南方勘探开发分公司重新对前期二维地震资料进行处理和解释，深化了对曲靖盆地地质特征的认识。2004 年，钻探了凤 1 井、圩 1 井、凤 2 井、凤 3 井及曲 2 井。其中，凤 1 井和曲 2 井，分别获无阻流量为 $10.17 \times 10^4 m^3/d$ 和 $25 \times 10^4 m^3/d$ 的工业气流，相继发现了凤来村和陆家台子两个浅层生物气藏，取得了曲靖盆地油气勘探突破。

5. 百色盆地

2000—2002 年，百色盆地浅层天然气成为油气勘探开发的重点领域之一。通过开展针对老井浅层气的复查和新井钻探，相继发现了雷公、上法和花茶等 3 个浅层气田。

截至 2008 年，滇黔桂地区几代石油员工历经千辛万苦，克服各种困难，在滇黔桂地区复杂的地质构造区，发现了 18 个小油气田（不含地方管辖的仑圩油田），探明石油地质储量 $1780.00 \times 10^4 t$，天然气地质储量 $80.01 \times 10^8 m^3$。

二、深井钻探

该时期，楚雄盆地钻探了乌龙 1 井和云参 1 井，南盘江坳陷钻探了秧 1 井和双 1 井，十万大山盆地钻探了瑞参 1 井，桂中坳陷钻探了桂中 1 井（表 2-1）。

表 2-1　滇黔桂地区 1991—2008 年深井钻探一览表

盆地（坳陷）	井号	开钻日期	完钻日期	完钻层位	完钻井深 / m	油气显示
楚雄盆地	乌龙 1 井	1999 年 8 月 10 日	2000 年 11 月 28 日	T_3	4620.00	53m 沥青
	云参 1 井	1999 年 12 月 1 日	2000 年 12 月 5 日	ε_2	3500.60	油花、沥青
南盘江坳陷	秧 1 井	2000 年 5 月 15 日	2001 年 2 月 25 日	D_3	4450.00	CO_2
	双 1 井	2002 年 2 月 24 日	2003 年 2 月 21 日	D_3	5500.55	煤层气
十万大山盆地	瑞参 1 井	2007 年 1 月 28 日	2008 年 5 月 29 日	T_1	4810.01	未见
桂中坳陷	桂中 1 井	2006 年 10 月 28 日	2007 年 9 月 5 日	D_1	5151.86	709m 沥青

乌龙 1 井：位于楚雄盆地北部盐丰凹陷的乌龙口背斜高部位。1999 年 8 月 10 日开钻，开孔层位上侏罗统蛇店组（J_3s）；2000 年 11 月 28 日完钻，完钻井深 4620m，完钻层位上三叠统干海资组（T_3g）。钻遇上侏罗统蛇店组（J_3s）、中侏罗统张河组（J_2z）、下侏罗统冯家河组（J_1f），上三叠统舍资组（T_3s）和干海资组（T_3g）（未穿）。在上三叠统的舍资组和干海资组中，共发现 16 层 53m 沥青显示。

云参 1 井：位于楚雄盆地云龙凹陷的发窝构造上。1999 年 12 月 1 日开钻，开孔层位古近系始新统赵家店组（E_2z）；2000 年 12 月 5 日钻至井深 3500.6m 完钻，层位寒武系筇竹寺组（$\epsilon_{1-2}q$）。钻遇地层自上而下依次为：古近系始新统赵家店组（E_2z）、古新统元永井组（E_1y）；上白垩统江底河组（K_2j）、马头山组（K_2m）；下侏罗统冯家河组（J_1f）；上三叠统舍资组（T_3s）；中下泥盆统（D_{1-2}）；上奥陶统大箐组（O_3d）；中奥陶统巧家组（O_2q）；下奥陶统红石崖组（O_1h）、汤池组（O_1t）；寒武系二道水组（$\epsilon_{3-4}e$）、西王庙组（ϵ_3x）、陡坡寺组（ϵ_3d）、龙王庙组（ϵ_2l）、沧浪铺组（ϵ_2c）、筇竹寺组（$\epsilon_{1-2}q$）（未穿）。上三叠统舍资组与泥盆系界面附近，即 1220～1232m、1232～1258m 井段，存在一个油气显示密集带。

秧 1 井：位于南盘江坳陷秧坝凹陷中部的秧坝构造上。2000 年 5 月 15 日开钻，开孔层位中三叠统兰木组（T_2l）；2001 年 2 月 25 日钻至井深 4450.00m 完钻，完钻层位上泥盆统融县组（D_3r）。自上而下钻遇地层依次为：中三叠统兰木组（T_2l）；二叠系吴家坪组（P_3w）、茅口组（P_2m）、栖霞组（P_2q）；石炭系—二叠系马平组（C_2m+P_1m）；石炭系黄龙组（C_2h）、摆佐组（C_1b）；上泥盆统融县组（D_3r）（未穿）。钻井中未发现油气层，仅见 CO_2 和微弱烃类气测异常。

双 1 井：位于南盘江坳陷秧坝凹陷的双江构造高点。2002 年 2 月 24 日开钻，开孔层位中三叠统兰木组（T_2l）；2003 年 2 月 21 日钻至井深 5500.55m 完钻，完钻层位上泥盆统响水洞组（D_3x）。自上而下钻遇三叠系兰木组（T_2l）、板纳组（T_2b）、罗楼组（T_1l）；二叠系领薅组（P_3l）、四大寨组（P_2s）；石炭系—二叠系马平组（C_2m+P_1m）；上石炭统黄龙组（C_2h）和下石炭统（C_1）；泥盆系代化组（D_3d）和响水洞组（D_3x）（未穿）。钻井中见到较弱的、以煤层气为主的油气显示。

瑞参 1 井：位于十万大山盆地南部坳陷峙浪—百包凹陷带那瑞潜伏构造的高点。2007 年 1 月 28 日开钻，开孔层位中侏罗统那荡组（J_2n）；2008 年 5 月 29 日钻至井深 4810.01m 完钻，完钻层位为印支期花岗岩。自上而下钻遇地层依次为：中侏罗统那荡组（J_2n）（那二段、那一段）；下侏罗统百姓组（J_1b）（百三段、百二段、百一段）；上三叠统扶隆坳组（T_3f）（扶四段、扶三段、扶二段、扶一段）；燕山期英安岩；下三叠统（T_1）；印支期花岗岩（未穿）。钻井中未见油气显示。

桂中 1 井：位于桂中坳陷柳江低凸起的大塘背斜带上。2006 年 10 月 28 日开钻，开孔层位上石炭统南丹组（C_2n）；2007 年 9 月 5 日完钻，完钻井深 5151.86m，完钻层位下泥盆统那高岭组（D_1n）。自上而下钻遇地层依次为：上石炭统南丹组（C_2n）、黄龙组（C_2h）、大埔组（C_2d）；下石炭统都安组（C_1d）、英塘组（C_1yt）、尧云岭组（C_1y）；上泥盆统融县组（D_3r）、桂林组（D_3g）；中泥盆统东岗岭组（D_2d）、应堂组（D_2y）；下泥盆统四排组（D_1s）、郁江组（D_1y）、那高岭组（D_1n）（未穿）。钻井中共发现 709m 沥青显示，并见油迹和气测异常。

第六节　非常规天然气勘探阶段（2009—2020 年）

中国石油天然气股份有限公司（简称"中国石油"），于 2009 年 7 月 7 日获得了国土资源部颁发的首批页岩气专属探矿权证：四川、云南省滇黔北坳陷筠连—威信地区天然气（页岩气）的勘查权证和云南、贵州省滇黔北坳陷镇雄—毕节地区天然气（页岩气）的勘查权证。2012 年 3 月，国家发展和改革委员会、国家能源局批复同意中国石油设立"滇黔北昭通国家级页岩气示范区"，由中国石油浙江油田分公司负责承建，示范区总面积 15078.012km^2。经过多年的勘探评价工作，证实昭通示范区内的志留系龙马溪组页岩储层具有分布广、厚度大、有机质丰度高、含气性好、品质优等特点，资源基础丰富。2015 年，首次向国家储量评审机构申报，并经审查批准，获得页岩气探明储量 527.16×10^{8}m^3。昭通国家级示范区黄金坝建产区 5×10^{8}m^3/a 的开发方案，以及黄金坝—大寨区块龙马溪组页岩气 20×10^{8}m^3/a 的整体开发概念设计也获得了批准。至 2015 年底，示范区页岩气累计产量 1.66×10^{8}m^3，日产量达 150×10^{4}m^3，建成了 5×10^{8}m^3/a 的产能，并初步形成了有特色的山地页岩气地质综合评价技术系列。

2010 年 12 月，滇黔北昭通页岩气示范区内的页岩气评价井昭 104 井，钻探揭示二叠系乐平组煤系地层气测显示强烈。据此，于 2011 年在区内部署了第一口煤层气评价井——YSL1 井，同年 8 月进行压裂试气，排采 37 天后即见气，排采一年后日产气 1500m^3，稳产时间达 3 年半，累计产气 270×10^{4}m^3。依托页岩气勘探中的地震资料和钻井认识，煤层气的勘探开发工作得以快速开展，2010—2011 年为勘探发现阶段，2011—2013 年为评价优选、产能试验阶段。2012—2013 年实施评价井 45 口，整体评价了滇黔川相邻地区，优选出了筠连有利区，并开展了 6 个井组、33 口井的产能试验，充分证实了该区具有良好的开发潜力。2013 年至 2015 年为产能建设阶段，期间完成了筠连区块 2×10^{8}m^3/a 煤层气勘探开发一体化方案，并于 2015 年完成全部产能建设工作。至 2015 年底，示范区内的煤层气累计产量 0.8×10^{8}m^3，生产能力达 2×10^{8}m^3/a，并初步形成了有特色的山地煤层气地质综合评价技术系列。

一、区域油气地质条件调查

在滇黔北坳陷完成了上万千米的地质路线踏勘与构造地质剖面调查；实测地质剖面 36 条，总长度 67.6km，总厚度 8933m，采集样品 1200 余个；钻探地质浅井 5 口，进尺 1525m，取心 1368m；完成分析化验约 1800 项（次）。

二、地球物理勘探

滇黔北坳陷的二维地震勘探资料为 2010—2013 年所采集，测网密度：基础网格 6km×8km，局部达到 2km×2km，总工作量 4762.54km。三维地震勘探资料为 2011—2015 年所采集，满覆盖总面积达 525.89km^2，其中：（1）昭 104 井区，面积 102.7km^2；（2）黄金坝区块，面积 197.45km^2（包括长宁宁 201 井区 80km^2）；（3）紫金坝 YS112 井区，面积 117.74km^2；（4）大寨 YS117 井区，面积 108km^2。

根据二维和三维地震勘探资料进行构造地质联合解释，基本落实了地震勘探区域内的构造特征；形成了地震储层识别技术，建立了优质页岩厚度、孔隙度、有机碳含量、含气量及脆性矿物含量等关键参数的预测方法，初步解决了裂缝检测、甜点预测等难题，甜点预测符合率近75%。

三、钻井

2009—2015年，完钻页岩气井47口，其中：地质资料井5口，评价井17口，水平井25口。黄金坝$5×10^8m^3/a$产能建设区完钻评价井6口，水平井6个平台共26口；投产水平井19口，单井平均日产量$9.1×10^4m^3$，累计建成$5×10^8m^3/a$产能，2015年产量$1.66×10^8m^3$。完钻煤层气评价井55口，开发井290口，产气量$0.8×10^8m^3$。

2009年主要针对下古生界暗色页岩钻探了部分地质浅井，进行了基础的钻井取心和分析化验，为页岩层位优选提供了依据。2009年12月4日，位于四川省筠连县镇舟镇的YQ1井在奥陶系五峰组—志留系龙马溪组发现页岩气，此为国内首口以页岩气为钻探目的的见气井，回答了中国页岩气"有与无"的问题。

2010年中国石油浙江油田公司在筠连县沐爱镇钻探昭104井，在龙马溪组钻遇厚度较大、含气量较好的暗色页岩。2011年对直井段压裂试气，取得了较好的页岩气流，测试产量$1.12×10^4m^3/d$。同年实施了昭通示范区第一口页岩气水平井——YSH1-1井，水平井段压裂试气效果良好，测试产量$3.56×10^4m^3/d$，为龙马溪组页岩气的勘探奠定了基础。

2011年在筠连县沐爱镇实施了第一口煤层气评价井——YSL1井，同年8月对该井煤层进行压裂，排采一年后日产气持续稳产$1500m^3$，截至2015年底单井累计产气已达$270×10^4m^3$。

2013年在四川珙县上罗镇部署实施的YS108井，在五峰组—龙马溪组底部钻遇优质页岩储层35m，页岩储层平均含气量大于$2m^3/t$，孔隙度4%～5%，脆性矿物含量45%～55%，压裂试气获得$1.63×10^4m^3/d$的产量。同年在同平台实施的YS108H1-1产能评价水平井，取得了$20.86×10^4m^3/d$的页岩气工业气流，确定了黄金坝区块龙马溪组页岩气甜点区，这为该区块页岩气开发方案的编制提供了依据。

四、主要成果认识

滇黔北昭通国家级页岩气示范区经过多年的勘探评价，发现了寒武系纽芬兰统—第二统筇竹寺组、上奥陶统五峰组—下志留统龙马溪组、下石炭统旧司组、上二叠统龙潭组等4个主要目的层，其中上奥陶统五峰组—下志留统龙马溪组为现实的勘探开发目标层系。优选了五峰组—龙马溪组两大页岩气有利区：筠连—叙永区块、（彝良）小草坝—洛旺区块，预测资源量为$33488×10^8m^3$。筠连—叙永区块的地质基础、保存条件及含气性等方面均优于小草坝—洛旺区块，在此基础上，经试采，落实了黄金坝、紫金坝、大寨、云山坝及沐爱等5个甜点区，总面积$1317km^2$，地质储量$6602×10^8m^3$，并于2015年建成了黄金坝YS108井区$5×10^8m^3/a$的页岩气田。

滇黔北地区二叠系乐平组煤系地层处于中国南方强改造背景下，表现为高演化、高煤阶、高临界解吸压力和低渗透、低地解压差，以及主力煤层单层厚度薄的"三高、两低、一薄"的山地煤层气特点。发育多层薄煤层，主力煤层累计厚度7~10m，单层厚度1~3m；煤岩镜质组反射率2.63%~2.90%，主要为无烟煤；基质储层致密，渗透率0.03~0.185mD，局部割理发育；含气量12~16m³/t，临界解吸压力较高，为2.9~5.95MPa，地解压差1~2MPa，临储比0.5~1，利于气体解吸产出。初步估算，滇黔北坳陷内埋深在400~1000m的乐平组煤层的分布范围约4760km²，预测资源量约7756×10⁸m³，资源潜力大。

第三章　地　层

　　滇黔桂地区，在金沙江—红河以东，分属扬子准地台和华南褶皱系两大构造单元，处在不同的基底岩系之上，沉积岩十分发育（表3-1），大致可分为4套，即震旦系至志留系（主要发育于扬子准地台）；泥盆系至中三叠统；上三叠统至白垩系；古近系至第四系。震旦系至中三叠统主要为海相沉积，以碳酸盐岩为主，分布广泛，岩性组合复杂，累计厚度大于13000m。上三叠统至白垩系主要为陆相沉积，以碎屑岩为主，主要分布于楚雄盆地、十万大山盆地、桂平盆地及滇东北的绥江地区和贵州的赤水地区，在桂南、黔南及滇东地区亦有零散分布。古近系和新近系是该地区最不发育的地层，大多属陆相中小型山间盆地或断陷盆地沉积，盆地间彼此相隔，地层发育不全，各盆地间岩性、厚度差异大。

第一节　震旦系至志留系

　　震旦系至志留系广泛展布于本区的扬子准地台范围内，它们是在较稳定的构造环境下的沉积层系，总厚4000m左右，大部分地区以碳酸盐岩为主。

一、震旦系（Z）

　　震旦系可分上下两统，下统称陡山沱组，上统称灯影组（桂北称老堡组）。

　　陡山沱组（Z_1d）：各地岩性差异较大。黔东南、桂北由碳质页岩及泥岩夹白云岩组成，产微古植物化石，厚为41～185m。黔东及黔东北为碳质页岩夹泥质白云岩，含藻类化石，厚为15～170m。黔中及黔北为一套碳酸盐岩、泥页岩及粉砂岩夹磷块岩，藻类化石丰富，厚为47～146m。滇东以石英砂岩为主，局部夹石灰岩，厚为50～150m。

　　灯影组（Z_2d）：在黔东北及黔东为细晶白云岩夹硅质岩。黔中及黔北为结构复杂的白云岩，含多种藻类化石，厚为20～900m。桂北主要为硅质岩夹碳质页岩，在三江地区厚177m，向西变薄，至黔东南厚度仅为20m。

二、寒武系（Є）

　　寒武系主要出露于黔东、黔北及滇东地区，在滇东南及桂北也有零星出露。地层划分与对比参见表3-2。

　　1. 纽芬兰统（$Є_1$）

　　牛蹄塘组（$Є_{1-2}n$）：为黑色碳质页岩、黄绿色页岩、砂质泥岩夹粉砂岩，上部富含钙质，底部有硅质岩及磷块岩，与下伏灯影组呈假整合接触，厚为200～500m，产油栉虫类、盘虫类等三叶虫化石。

表 3-1 滇黔桂地区地层系统简表

地 层			厚度/m	岩 性 组 合	油气苗		
界	系	代号			★ 油苗	6 气苗	△ 沥青
新生界	第四系	Q	0~1000	黏土、粉砂、砾石、泥土层（昆明盆地最发育）		6	
	新近系	N	0~2500	泥岩、页岩、砂岩及粉砂岩	★		
	古近系	E	0~2200	泥岩、砂岩及薄煤层	★	6	
中生界	白垩系	K₂	180~1800	石英砂岩、砂岩夹泥岩	★		
		K₁	0~2100	长石石英砂岩、石英砂岩、泥岩及粉砂岩			
	侏罗系	J₃	400~2500	砂岩、泥岩互层			△
		J₂	500~2600	砂岩、泥岩及泥灰岩			
		J₁	200~3000	石英砂岩、粉砂质泥岩夹泥灰岩			
	三叠系	T₃	0~6600	泥页岩、砂岩夹煤层		6	△
		T₂	70~3100	白云岩、石灰岩夹页岩及膏盐，部分地区为砂泥岩	★	6	△
		T₁	70~1900	白云岩、石灰岩及砂岩、泥岩	★	6	△
上古生界	二叠系	P₃	20~1100	砂岩、泥岩及石灰岩夹煤层，部分地区下部有玄武岩	★	6	△
		P₂	150~1900	石灰岩、白云岩夹硅质岩，底部为砂岩、泥岩	★	6	△
		P₁	600~800	石灰岩及白云岩，部分夹硅质岩	★		△
	石炭系	C₂	0~1600	石灰岩及白云岩，部分夹硅质岩	★	6	△
		C₁	0~2900	石灰岩、白云岩及泥页岩、砂岩夹煤线	★	6	△
	泥盆系	D₃	0~2200	石灰岩、白云岩，部分为泥质条带石灰岩、硅质岩	★	6	△
		D₂	0~4500	石灰岩、泥质灰岩、白云岩及砂岩、页岩	★	6	△
		D₁	0~2200	石英砂岩、砂砾岩、泥岩及石灰岩、白云岩		6	△
下古生界	志留系	S₂₋₄	0~1000	页岩、砂岩及泥质石灰岩			
		S₁	200~1300	泥页岩夹砂岩	★	6	△
			0~1000	泥页岩夹石灰岩、砂岩	★	6	△
	奥陶系	O₃	0~60	页岩、泥灰岩及石灰岩			
		O₂	0~700	泥灰岩、石灰岩及砂岩、泥页岩	★	6	△
		O₁	50~1200	石灰岩、白云岩、页岩及砂岩	★	6	△
	寒武系	€₃₊₄	800~1400	白云岩、石灰岩及泥质白云岩		6	△
		€₁₊₂	600~1600	泥页岩及砂岩、粉砂岩；石灰岩及白云岩	★	6	
新元古界	震旦系	Z	100~1200	白云岩、石英砂岩及页岩、磷块岩		6	△

注：下古生界在华南褶皱系为类复理石砂泥岩。

表 3-2 滇黔桂地区寒武系地层厚度及对比表

地层		滇东南	滇东	滇东北	黔北、黔南	黔东、黔东北	三都
上覆地层		O₁	O₁	O₁	P₂　　O₁	O₁	O₁
寒武系∈	芙蓉统∈₄	博莱田组 564~2505m；唐家坝组 209~1582m；歇场组 131~397m	双龙潭组 0~182m	娄山关组（群）　二道水组 115~327m	娄山关组（群）731~930m	毛田组 105~231m；后坝组 318~515m；追屯组；比条组；车夫组	三都组 872~1433m
	苗岭统∈₃	龙哈组 589~1500m；田蓬组及大丫口组 70~1259m，125~365m	陡坡寺组 50~70m	龙王庙组 49~182m；陡坡寺组或高台组 21~38m；石冷水组	石冷水组 140~400m；高台组 9~100m	平井组 224~515m；花桥组；石冷水组 194~261m；敖溪组；高台组 3~326m	都柳江组 240~450m
	第二统∈₂	大寨组 36~68m；冲庄组 143~663m；猫猫头组 147~252m	龙王庙组 86~272m；乌龙箐段 54~347m；红井哨段 181~251m；沧浪铺组	清虚洞组 240~285m；金顶山组 97~172m；明心寺组 191~202m	清虚洞组 170~388m；金顶山组 108~250m；明心寺组 191~202m	清虚洞组 112~463m；214~727m；杷榔组；变马冲组	渣拉沟组 100~400m
	纽芬兰统∈₁	浪木桥组 98~474m	筇竹寺组、梅树村组 54-347m	牛蹄塘组 106~300m	牛蹄塘组 106~300m	九门冲组　上段 14~494m；下段 44~221m	
下伏地层		Z（?）	Z₂	Z₂	Z₂	Z₂	Z₂

2. 第二统（ϵ_2）

明心寺组（$\epsilon_2 m$）：下部 20～50m 为石灰岩、生物灰岩及瘤状灰岩，局部发育成古杯海绵点礁，是一区域标准层。上部厚为 70～120m，为灰绿色砂质泥岩夹砂岩。产三叶虫化石。

金顶山组（$\epsilon_2 j$）：为黄绿色云母质砂泥岩夹鲕状灰岩及生物屑灰岩，产三叶虫等化石，局部形成点礁。厚为 100～200m。

清虚洞组（$\epsilon_2 q$）：底部常有一层厚为数米的鲕状灰岩，下部为灰色、深灰色石灰岩、豹皮状石灰岩，上部为白云岩、泥质白云岩夹少量砂页岩，局部夹薄层石膏。产三叶虫等化石，厚为 130～250m。

3. 苗岭统（ϵ_3）

黔北等地主要为白云岩，自下而上可分为 2 组：

高台组（$\epsilon_3 g$）：为灰色、绿灰色白云质泥岩及泥质白云岩，夹砂岩及鲕状白云岩，产奇蒂虫（*Chittidella*）、高台虫（*Kaotaia*）等三叶虫化石，厚为 9～100m。

石冷水组（$\epsilon_3 s$）：为薄层状白云岩及泥质白云岩，夹白云质砂泥岩及膏质白云岩。其上常见数米石英砂岩，为与上覆层分界的标志。产 *Jiubaspis*、*Manchuriella* 等三叶虫化石，厚为 140～400m。

4. 芙蓉统（ϵ_4）

娄山关组（群）（$\epsilon_{3-4} L$）：为灰色白云岩（夹孔洞白云岩）、鲕状白云岩及泥质白云岩，底部夹少量泥质岩或膏质岩。化石贫乏，厚为 700～1200m。

在滇东中部，该组（群）常缺失；向东至黔东，渐夹石灰岩和亮晶石灰岩；至湘黔交界则渐变为页岩夹石灰岩。

三、奥陶系（O）

出露于滇东南、滇东、黔北等地区。地层划分与对比参见表 3-3。以黔北剖面为代表，简述于后。

1. 下奥陶统（O_1）

由白云岩、生物灰岩及砂泥岩组成，厚为 260～678m，自下而上可划分为桐梓组、红花园组和湄潭组。

桐梓组（$O_1 t$）：灰色、深灰色白云岩、泥质白云岩及泥页岩，下部含硅质结核。化石以三叶虫为主，其次为腕足类，偶见笔石，厚为 43～220m。黔南三都地区以泥质条带石灰岩为主。滇东地区上部为砂岩夹页岩，下部为生物灰岩。与下伏娄山关组（群）呈整合接触。

红花园组（$O_1 h$）：灰色生物结晶石灰岩、生物碎屑灰岩，含丰富的海绵、头足类、腹足类及腕足类化石，厚为 16～139m。黔南三都地区为笔石页岩。滇东北为石英砂岩及杂色页岩。

湄潭组（$O_{1-2} m$）：上部为灰绿色粉砂质泥页岩与砂岩互层，下部为灰绿色泥页岩，中部夹生物碎屑灰岩。一般厚为 180～260m，最厚可达 317m。含化石丰富，以笔石为主，尚有较多三叶虫、腕足类、头足类等。黔东北、黔南东部为紫红色、灰绿色瘤状泥灰岩夹砂泥岩，产头足类、腕足类化石，笔石少见。黔南三都地区为黄绿色和灰绿色泥质粉砂岩及粉砂质泥页岩。滇东北地区，中上部为石灰岩及白云岩，下部为石英砂岩。

表3-3　滇黔桂地区奥陶系地层厚度及对比表

地层		桂北	黔东南（三都地区）	黔南东部	黔东北	黔北	黔南西部	滇东、滇东北	滇东南
上覆地层		S$_1$	S$_1$	S$_1$	S$_1$	S$_1$	S$_1$	S$_1$	S$_1$
奥陶系 O	上统 O$_3$	五峰组 12~22m；南石冲组 15~65m；磨刀溪组 9~17m；烟溪组 6~63m	十字铺组 0~20m；烂木滩组 0~30m	—	观音段 0.5~1.5m；五峰组 2~14m；临湘组 1~17m；宝塔组 14~45m；庙坡组 18~35m	观音桥段 0.2~1.2m；五峰组 2~18m；涧草沟组 1~31m；宝塔组 20~89m；十字铺组 10~60m	龙井组 0~10m；黄花冲组 0~50m	大菁组 0~441m	宝塔组 文山120m；十字铺组 183m
	中统 O$_2$	—	—	—	牯牛潭组 15~67m	牯牛潭组 5~10m	牯牛潭组 0~23m	上巧家组 0~222m；下巧家组 0~96m	—
	下统 O$_1$	桥亭子组 210~400m；白水溪组 70~330m	杨能寨组 约120m；同高组 150~310m；五里关组 约50m；锅塘组 328~641m	大湾组 0~368m；红花园组 20~230m；桐梓组 70~180m	大湾组 0~368m；红花园组 20~230m；分乡组 约40m；南津关组 120~220m	湄潭组 0~317m；红花园组 16~139m；桐梓组 43~220m	湄潭组 0~317m；红花园组 16~139m；桐梓组 43~220m	红石崖组 26~610m；汤池组 0~85m	湄潭组 636m；红花园组 8~115m；分乡组 55~100m；南津关组 127~600m
下伏地层		Є$_4$	Є$_4$	Є$_4$	Є$_4$	Є$_4$	Є$_4$	Є$_3$	Є$_4$

2. 中奥陶统（O_2）

十字铺组（O_2s）：整合于湄潭组或大湾组之上，为深灰色、灰色泥质灰岩夹瘤状灰岩及页岩。上部产笔石及三叶虫化石，尚见腕足类及海林檎，下部以头足类为主，其次为三叶虫、腕足类等，厚为10～60m。该组在黔南三都地区为砂质泥岩，产笔石，底部见砾岩透镜体；滇东北地区下部为石英砂岩，底部产赤铁矿。

3. 上奥陶统（O_3）

宝塔组（O_3b）：为一套马蹄纹状的浅灰色石灰岩，富产头足类，常见三叶虫化石，厚为20～89m。该组在贵阳乌当一带比较特殊，为产珊瑚、头足类、海绵和藻类等化石的一套石灰岩。

涧草沟组（O_3j）：为灰色泥质灰岩及瘤状灰岩，化石丰富，以三叶虫为主。仅分布于黔北及滇东北地区，厚仅数米。

五峰组（O_3w）：为黑色碳质页岩夹硅质岩，其上有一层厚为0.2～1.2m的灰黑色泥灰岩（即观音桥段）。该组厚为2～18m，盛产笔石，顶部的泥灰岩中，化石丰富，计有腕足类、三叶虫、珊瑚、笔石、腹足类、双壳类等。仅分布于黔北及滇东北地区。

四、志留系（S）

志留系主要出露于黔北、黔南东部、滇东北和滇东，各地岩性差异较大，各地区的地层划分与对比见表3-4。分地区简述如下。

1. 黔北区

本区缺失温洛克统（S_2）、罗德洛统（S_3）和普里道利统（S_4），仅有兰多维列统（S_1），与下伏奥陶系为连续沉积，与上覆二叠系呈假整合接触。

兰多维列统（S_1）自下而上划分为龙马溪组、石牛栏组、韩家店组和回星哨组。

（1）龙马溪组（S_1l）：下段为灰色、灰绿色页岩，黑色笔石页岩；上段为灰色钙质页岩、粉砂岩夹板状灰岩和灰质结核。向东北变为灰绿色、黄绿色页岩。产三叶虫、腕足类、珊瑚和少量笔石类化石。厚为200～510m。

（2）石牛栏组（S_1s）：下段的下部为灰黄色、灰色薄层瘤状泥灰岩夹泥页岩；中部为灰色石灰岩，常见藻和珊瑚等组成的小型礁体及腕足类组成的介壳灰岩；上部为灰黑色、灰绿色钙质页岩夹薄层瘤状泥灰岩。上段为灰绿色、灰黄色钙质页岩、砂质页岩。黔东北松桃—沿河一带砂质增多，下段变为灰绿色、黄绿色粉砂质页岩、泥质石英粉砂岩，上段变为黄绿色页岩、粉砂质页岩夹粉砂岩，四川称小河坝组。厚度为230～600m。

（3）韩家店组（S_1h）：下部称白沙段，为一套紫红色夹灰绿色泥岩、砂质泥岩夹粉砂岩和砂岩，化石稀少，厚为180～380m。上部称秀山段，秀山段下部为灰绿色石英砂岩、泥质粉砂岩、粉砂质页岩及页岩，产腕足类化石；秀山段上部为灰色、灰绿色页岩及粉砂岩，夹薄层砂质灰岩、瘤状灰岩及石灰岩，产四川角石、王冠三叶虫、笔石等化石，厚为400～900m。

（4）回星哨组（S_1hx）：下部为紫红色泥岩、粉砂质泥岩夹薄层粉砂岩，产腹足类、双壳类化石；中部为灰黄色、黄绿色粉砂岩及粉砂质泥岩，产大甲类、腹足类化石及植物碎片；上部为浅黄色中厚层石英粉砂岩夹黄绿色粉砂质页岩，含腕足类化石。该组发育于黔东北，向西减薄以至缺失。厚度为110～180m。

表 3-4　滇黔桂地区志留系地层厚度及对比表

地层		滇东曲靖	滇东北	黔北	黔东北 松桃—沿河	黔南	贵阳乌当
上覆地层		D	D或P2	P2	P2	D1-2	D1-2
志留系 S	普里道利统 S4	玉龙寺组 183~339m					
		妙高组 228~725m					
	罗德洛统 S3	关底组 200~260m					
	温洛克统 S2	?	回星哨组 0~200m	回星哨组 0~153m	回星哨组 110~180m		上高寨田群 223~364m
	兰多维列统 S1		大关组 85~1012m	韩家店组 秀山段 400~900m / 白沙段 180~380m	韩家店组 秀山段 428~736m / 白沙段 180~290m	上翁项群 0~468m	
				石牛栏组 上段 0~189m / 下段 0~376m	小河坝组 上段 150~280m / 下段 230~322m	下翁项群 0~240m	下高寨田群 0~181m
			龙马溪组 16~322m	龙马溪组 200~510m	龙马溪组 209~367m		
下伏地层		€	O3	O2-3	O3	O1	O2

2. 黔南区

兰多维列统（S₁）在凯里、三都、都匀、独山一带称翁项群，在贵阳、贵定、龙里一带称高寨田群，它们是志留纪兰多维列世的同期异相沉积。本区缺失志留系温洛克统（S₂）、罗德洛统（S₃）和普里道利统（S₄）。上与泥盆系、下与奥陶系均呈假整合接触。

下翁项群（S₁W₁）/下高寨田群（S₁G₁）：在凯里、三都一带，下部为灰色、深灰色砂质石灰岩、生物灰岩夹少量砂岩，产珊瑚化石；上部为灰绿色、黄绿色页岩、砂质页岩夹钙质页岩及生物灰岩，产珊瑚及腕足类化石。至都匀、独山一带，变为浅灰色中厚层钙质砂岩夹薄层泥灰岩、石灰岩。到贵阳、贵定一带，变为灰绿色页岩、钙质页岩夹泥灰岩、泥质石灰岩及粉砂岩。本区普遍具底砾岩。

上翁项群（S₁W₂）/上高寨田群（S₁G₂）：在凯里、三都一带，下部为灰色石英砂岩，未见化石；上部为灰色、灰绿色页岩、砂质页岩夹石灰岩薄层或透镜体，产四川角石及王冠三叶虫化石。至都匀、独山地区，下部为灰色薄至中层砂质石灰岩；上部为灰绿色、黄绿色页岩、粉砂质页岩。至贵阳、贵定一带，下部为灰绿色、紫红色泥岩、页岩夹泥灰岩；中部为灰绿色页岩夹泥灰岩、生物灰岩，产四川角石等化石；上部为紫红色、灰绿色页岩。

3. 滇东北区

本区缺失温洛克统（S₂）、罗德洛统（S₃）和普里道利统（S₄），仅有兰多维列统（S₁），与上覆泥盆系或二叠系呈假整合接触。

兰多维列统（S₁）自下而上划分为龙马溪组、大关组和回星哨组。

龙马溪组（S₁l）：下部为黑色笔石页岩；中部岩性变化较大，镇雄一带为泥灰岩夹页岩，威信地区为粉砂岩、砂质灰岩夹页岩，永善地区为泥页岩夹泥灰岩；上部地层亦有变化，镇雄地区为砂岩夹泥灰岩，威信地区为粉砂岩夹泥灰岩，永善地区为泥质灰岩夹页岩。下部地层富产笔石化石，向上产笔石、三叶虫、腕足类等化石。

大关组（S₁d）：主要为绿色页岩及中厚层石灰岩夹少量细砂岩及紫红色页岩。下部以石灰岩为主，上部以页岩为主。

回星哨组（S₁hx）：为一套紫红色泥页岩，顶部被剥蚀，分布零星。

4. 滇东区

仅有罗德洛统（S₃）和普里道利统（S₄）分布，缺失兰多维列统（S₁）和温洛克统（S₂）。

罗德洛统关底组（S₃g）：黄绿色、紫红色页岩及砂岩，夹石灰岩透镜体。与下伏寒武系或奥陶系呈假整合接触。

普里道利统妙高组（S₄m）：灰绿色、紫红色页岩夹泥质石灰岩，或二者互层。化石丰富，以腕足类、双壳类及腹足类为主。

普里道利统玉龙寺组（S₄y）：黑色页岩，偶夹石灰岩透镜体。与上覆泥盆系连续过渡。

第二节　泥盆系至中三叠统

一、泥盆系（D）

泥盆系除了在江南古陆、黔北、滇东北部分地区及牛首山隆起缺失外，大部地区均有分布，与前泥盆系主要为假整合接触（在扬子准地台）和不整合接触（在华南褶皱系）。在广西钦州地区及滇东曲靖地区，与下伏志留系呈整合接触。地层划分与对比见表3-5。

以广西剖面为例，自下而上分述如下。

1. 下泥盆统（D_1）

（1）莲花山组（D_1l）：以广西横县六景剖面为例，下部为灰白色厚层石英砂岩，中部为灰色泥质灰岩与紫红色粉砂质泥岩互层，上部为紫红色粉砂质泥岩夹粉砂岩和泥岩，产鱼类化石。厚为335m。

（2）那高岭组（D_1n）：以广西横县六景剖面为例，中、下部为绿灰色、灰黑色石英粉砂质泥岩、泥岩，下部夹腕足介壳石灰岩；上部为浅棕褐色石英粉砂岩与泥岩互层。产腕足类、珊瑚等化石。厚为178m。

（3）郁江组（D_1y）：以广西横县六景剖面为例，中、下部为黄绿色、灰绿色泥岩、石英粉砂质泥岩与深灰色、灰色泥质灰岩不等厚互层；上部为黄绿色、深灰色泥岩、泥灰岩互层。产腕足类、珊瑚等化石。厚为175m。

（4）四排组（D_1s）：以广西象州大乐剖面为例，下部为灰绿色、深灰色页岩夹泥灰岩、石灰岩及白云岩；上部为灰色、深灰色石灰岩、含泥质灰岩及泥灰岩。产腕足类、竹节石等化石。厚为918m。

下泥盆统为海侵超覆型沉积，大致由南向北超覆。在上扬子古陆南缘，下泥盆统部分或全部缺失；靖西、隆林地区亦缺失莲花山组、那高岭组，郁江组直接超覆于寒武系之上。

下泥盆统在上扬子古陆南缘岩性变粗。在黔南独山等地，中、下部称丹林群，上部称舒家坪组，均为一套以石英砂岩为主的滨海碎屑岩沉积，舒家坪组见碳酸盐岩，生物群为近海底栖生物。云南曲靖地区的下泥盆统，以泥页岩沉积为主，为近海内陆湖相与海陆交互相沉积，产植物化石及鱼类化石。

莲花山组和那高岭组在钦州地区为粉砂质泥岩、细粒石英砂岩，产笔石、塔节石等浮游型生物化石，厚为250～312m，与下伏志留系为连续沉积。莲花山组—郁江组，全区均以泥页岩及砂岩为主，生物群由近岸的植物、鱼类为主，逐渐过渡为以近海底栖生物为主。四排组的岩性及生物均开始发生分异，大部地区以碳酸盐岩沉积为主，或碳酸盐岩明显增多，生物群在大明山以南，以及大明山以北的南丹、黔西南、滇东南的丘北、广南等地区，以浮游型生物为主，主要为竹节石和菊石。

2. 中泥盆统（D_2）

（1）应堂组（D_2y）：岩性为深灰色、黄灰色泥灰岩、含泥质灰岩与灰绿色、灰色页岩互层，产腕足类、珊瑚、竹节石等化石，厚约327m。

表 3-5　滇黔桂地区泥盆系地层厚度及对比表

地层		滇东北	滇东	滇东南	黔西北、黔西、黔南	黔西南	桂西南、桂中、桂东	桂西北、桂南
上覆地层		C_1	C_1	C_1	C_1	C_1	C_1	C_1
泥盆系 D	上统 D_3	上统 80~385m / 华宁组：曲靖段 70~150m、海口段 70~140m	宰格群 10~600m / 华宁组：曲靖段 0~250m、海口段 10~969m	落水洞组 200m；榴江群 170m；马革组 720m	尧梭组 0~555m；望城坡组 0~578m	代化组 15~307m；响水洞组 59~376m	融县组 318~1606m	榴江组 178~1228m
	中统 D_2	箐门组 30~60m		东岗岭组 70~1200m；分水岭组 170m	独山组 82~912m	火烘组 >35~1116m	东岗岭组 300~1541m	罗富组 33~658m
	下统 D_1	边箐沟组 20~60m；坡脚组 20~120m；翠峰山组 10~130m	翠峰山群 70~1556m	古木组 200~400m；坡折落组 170m；达莲塘组 90~200m；坡脚组 140~543m；坡松冲组 99~1334m	龙洞水组 26~375m；舒家坪组 70~313m；丹林群 0~314m	纳标组 >100m（以下情况不明）	应堂组 327m；四排组 209~930m；郁江组 225~440m；那高岭组 21~443m；莲花山组 0~236~530m	纳标组 25~470m；塘丁组（崇左组）70~403m；郁江组 103~? m；那高岭组 21~374m；莲花山组 236~373m
下伏地层		S_1	O~S	€~O	€~S		Pt_1~€	€~S

（2）东岗岭组（D₂d）：以广西象州大乐剖面为例，下部为灰绿色页岩，偶夹泥灰岩；中、上部为灰色、深灰色石灰岩与灰绿色页岩互层，顶部夹硅质岩。产腕足类、珊瑚、竹节石等化石。厚约405m。

应堂组的同期地层，在桂西北及黔西南地区称纳标组，在滇东南的丘北、广南以北称坡折落组，岩性为泥岩、白云质泥岩夹石灰岩，或深灰色薄层石灰岩夹硅质岩，含竹节石等化石。应堂组的同期地层在黔南地区称龙洞水组，主要为砂岩；在滇东北昭通称箐门组，以细粒石英砂岩为主；在滇东南的丘北、广南以南称古木组，全由石灰岩、白云岩组成。

东岗岭组在桂西北、桂南称罗富组，在黔西南称火烘组，在滇东南的丘北、广南称分水岭组，均由黑色泥岩或硅质岩组成，以浮游型生物为主，主要有竹节石。黔南地区（称独山组）以及滇东地区，主要为碳酸盐岩沉积，但下部砂岩增多；在昭通箐门则为砂岩、砂质页岩与泥灰岩、介壳灰岩互层；产底栖生物化石，下部产植物化石。滇东南的丘北、广南以南仍称东岗岭组，由灰白色、灰黑色石灰岩、白云岩组成，产底栖生物化石。

3. 上泥盆统（D₃）

榴江组（D₃l）：下部为灰色、浅灰色硅质岩、硅质页岩；上部为灰色、灰白色、灰紫色扁豆状灰岩，夹硅质条带、结核或薄层。产菊石：*Manticoceras*，*Parawocklumeria*，*Kosmoclymenia*。一般厚数百米，钦州地区最厚可达1228m。黔南的望城坡组和尧梭组与融县组相当；黔西南的响水洞组和代化组，其岩性及生物组合均与榴江组相似。

融县组（D₃r）：下部以深灰色石灰岩为主，上部为浅灰色、灰白色石灰岩和白云岩，局部地区夹砂岩、泥岩。产腕足类：*Tenticospirifer tenticulum*，*Yunnanellamesoplicata*；珊瑚：*Doniasenensis*，*Peneckiella*。在桂林以西，最厚可达1606m，一般厚为数百米至一千米。靠近上扬子古陆、康滇古陆，虽仍以碳酸盐岩为主，但泥页岩增加。

二、石炭系（C）

分布于康滇隆起以东、上扬子古陆以南。地层划分与对比见表3-6。

1. 下石炭统（C₁）

岩关组（C₁y）：命名于贵州独山岩关村，自下而上分为革老河段和汤粑沟段。革老河段下部为深灰色石灰岩、泥质石灰岩；中、上部为灰黑色泥质石灰岩夹页岩。汤粑沟段为灰黑色石灰岩、泥质石灰岩，间夹页岩及石英砂岩。组厚约276m。产腕足类、珊瑚化石。

大塘组（C₁d）：自下而上分为旧司段（命名于贵州平塘西关旧司）、上司段（命名于贵州独山上司），层型剖面位于贵州惠水摆金附近。旧司段：下部为灰黑至浅灰色细砂岩、泥质砂岩及泥页岩，夹薄层无烟煤4层，见黄铁矿及菱铁矿结核；上部为灰黑、深灰色泥质石灰岩、泥灰岩、石灰岩，与页岩、燧石层互层。产珊瑚、腕足类化石。厚度为480m（惠水摆祥伐木场）。上司段：深灰、灰黑色石灰岩、泥质石灰岩、瘤状石灰岩，夹少量紫红色、灰绿色页岩及浅灰色细砂岩，偶见白云岩。产腕足类、珊瑚等化石。厚度为253m。

表3-6 滇黔桂地区石炭系地层厚度及对比表

地层		独山—威宁	郎岱—罗甸—桂北	贵阳—织金（上扬子古陆南缘）	滇东	滇东南及桂西北	桂东北	百色—玉林	钦州
上覆地层		P_1 马平组（下部）	P_1 马平组（下部）	P_1 马平组（下部）	P_1 马平组（下部）	P_1 马平组（下部）	P_1 马平组（下部）	P_1 马平组（下部）	P_1
石炭系 C	上统 C_2	黄龙群 达拉组 23~383m / 滑石板组 30~545m	上石炭统 达拉组 5~222m / 滑石板组 31~163m	达拉组 0~72m / 滑石板组	威宁统 50~148m	威宁统 186~200m	壶天群 黄龙组 264m / 大浦组 704m	黄龙组 45~790m / 大浦组 100~895m	石炭系 1311m
	下统 C_1	摆佐组（德坞组）148~834m；大塘组 上司段 0~456m / 旧司段 0~996m；岩关组 汤耙沟段 0~381m / 革老河段 0~289m	摆佐组（德坞组）8~296m；大塘组 87~435m；岩关组 147~227m	摆佐组（德坞组）0~105m；大塘组 上司段 / 旧司段	德坞组；大塘组 岩石岭段 53~186m / 石灰岩段 65~219m / 万寿山段 4~120m；上司段 / 万寿山段；岩关组 0~73m	大塘组 433~479m；岩关组 0~118m	大塘组 罗城段（梓门桥段）96~1049m / 寺门段 39~111m / 黄金段 200~849m；岩关组 197~1778m	大塘组 29~820m；岩关组	
下伏地层		D_3	D_3	$D-\in$	D	D	D	D	D

— 44 —

摆佐组（C_1b）：命名剖面在贵州贵定平伐摆佐。为浅灰、灰白色白云岩、石灰岩，偶夹少量钙质页岩。产腕足类、珊瑚等化石。厚度约148m。摆佐组在贵州水城地区又称德坞组，岩性与摆佐组相似，为浅灰、灰白色石灰岩、白云岩。德坞组与摆佐组的主要区别是：德坞组除含摆佐组的化石外，尚含菊石。

下石炭统为海侵超覆型沉积。岩关组仅分布于滇东牛首山东南侧、黔西北及黔南等地，至摆佐组分布范围有所扩大。下石炭统与下伏泥盆系呈整合或假整合接触，近康滇古陆及上扬子古陆可超覆于前泥盆系之上。向古陆方向，岩关组、大塘组的砂泥岩含量增加，各组厚度明显减薄。在贵州郎岱、罗甸地区以及南盘江坳陷，为深灰、黑色页岩、硅质岩与石灰岩互层，厚度减薄。桂南地区则以深灰色硅质岩、页岩为主夹石灰岩。

2. 上石炭统（C_2）

黔西南地区自下而上分为滑石板组、达拉组和马平组。

滑石板组（C_2h）：浅灰色、灰白色、深灰色、灰黑色石灰岩、结晶灰岩，顶部及下部含白云质团块或夹白云岩。产䗴、腕足类和菊石等化石。厚约545m。

达拉组（C_2d）：灰白色、浅灰色结晶灰岩及生物灰岩，下部夹白云岩或白云质团块。产䗴等化石。厚约121m。

马平组（C_2m）：下部为浅灰色、灰色石灰岩，普遍见燧石结核，时夹白云岩或白云质团块，产䗴等化石，厚度小于100～837m。

全区上石炭统均以浅灰色碳酸盐岩沉积为主，靠近康滇古陆见有少量泥页岩或泥质成分。在贵州郎岱、罗甸地区以及南盘江坳陷，以灰色、深灰色石灰岩为主，普遍见燧石团块或透镜体。与下伏下石炭统为整合接触。

三、二叠系（P）

除康滇古陆外，全区均有沉积。地层划分和对比见表3-7。

1. 船山统（P_1）

马平组（P_1m）中上部：全区岩性稳定，为浅灰色、灰色石灰岩，普遍见燧石结核，时夹白云岩或白云质团块，产䗴等化石。柳州地区厚为600～800m。与下伏上石炭统为整合接触。

2. 阳新统（P_2）

栖霞组（广义）（P_2q）：在黔西南、黔南地区，自下而上可分3个岩性段：① 深灰色石灰岩、生物碎屑灰岩夹泥页岩、砂岩，产䗴等化石，厚为0～68m；② 浅灰色、灰白色石英砂岩及灰绿色、深灰色、灰黑色泥页岩，夹碳质页岩及煤线或薄煤层，产䗴等化石，厚为0～300m；③ 灰色、深灰色、灰黑色中厚层状、块状石灰岩，常含少量燧石结核及白云质斑块，层间常夹碳质、钙质页岩，产䗴、珊瑚等化石，厚为31～352m。

栖霞组的岩性变化主要发生在第一、第二段。第一段仅见于黔南、黔西南等地区，与下伏船山统马平组（P_1m）呈整合接触。第二段普遍见于滇东、滇东北及贵州境内，以及桂东荔浦、平乐地区。在康滇古陆附近过渡为陆相沉积，常见铝土岩，产植物化石。栖霞组在桂中、桂西及南盘江坳陷中的凸起部位上，基本上全为碳酸盐岩，可见到第一、第二段的生物组合与下伏船山统马平组为整合或假整合接触。南盘江坳陷地腹的栖霞组，据盘参井及罗甸纳水剖面资料推测，为深灰色石灰岩夹硅质岩、泥岩，与下伏船山统马平组呈整合接触。

表 3-7 滇黔桂地区二叠系地层厚度及对比表

地层		滇东北	滇东	黔西北、黔北	黔西南	黔南	滇东南	桂西北	桂南	桂中
二叠系 P	上覆地层	T₁								
二叠系 P	乐平统 P₃	宣威组 10~350m	长兴组 24~300m / 龙潭组 60~388m	龙潭组 60~388m		大隆组 0~88m / 吴家坪组 94~956m	长兴组 15~250m / 吴家坪组 106~314m	乐平统 20~403m	乐平统 20~403m	大隆组 0~114m / 合山组 27~375m
二叠系 P	阳新统 P₂		栖霞组	峨眉山玄武岩组 232~2032m / 茅口组 77~760m	第三段 31~352m / 第二段 0~299m / 第一段 0~68m	茅口组 50~676m	茅口组 50~676m	栖霞组 13~123m	阳新统 2120m	茅口组 63~849m / 栖霞组 145~688m
二叠系 P	船山统 P₁	马平组（中上部）0~99m	马平组（中上部）5.8~115m			马平组（中上部）160~837m		马平组（中上部）60~300m	马平组（中上部）32~1679m	马平组（中上部）905m
下伏地层		C₂	C₂—∈₄	C₂—∈₄				C₂		C₂

茅口组（P_2m）：以贵州六枝郎岱的巴利剖面为例，为浅灰色、深灰色块状灰岩，常含白云质斑块或夹白云岩，产䗴等化石，厚约678m。

茅口组在南盘江坳陷和桂林—象州一带为深灰色石灰岩夹硅质岩、泥岩，在柳州、鹿寨地区为硅质岩，其余地区均由浅灰色—深灰色石灰岩组成，岩性变化不大。茅口组与下伏栖霞组为整合接触。

3. 乐平统（P_3）

峨眉山玄武岩组（P_3e）：分布于滇东、黔西北及南盘江部分地区，主要为灰绿色、暗绿色、深灰色玄武岩，夹火山角砾岩、凝灰岩及少量砂泥岩，局部地区夹煤线。玄武岩中普遍见杏仁状构造及气孔构造，主要为陆相喷发，但南盘江坳陷内的玄武岩可见海相碳酸盐岩夹层，为水下喷发而成。峨眉山玄武岩，具有多期性喷发特点，喷发始于二叠纪阳新世茅口期，主要活动并结束于二叠纪乐平世。玄武岩的喷发与断裂活动有关，沿小江断裂、师宗—弥勒断裂，岩层厚度较大，厚为0～2032m。

吴家坪组（P_3w）/合山组（P_3h）：主要分布于黔南、滇东南、桂西南和桂中。为浅灰色—深灰色、灰黑色中—厚层状燧石灰岩夹页岩。黔东夹硅质岩，黔东南、桂中（称合山组）夹煤层、煤线。产䗴、珊瑚等化石。厚为94～956m。在贵州紫云—修文—湄潭一线以西，相变为龙潭组，龙潭组为海陆交互相沉积，其岩性以灰色、灰黄色泥页岩、砂岩为主，夹菱铁矿、煤层或煤线，产䗴和植物化石，厚为60～388m。滇东东部及滇东北为陆相沉积，称宣威组。

大隆组（P_3d）/长兴组（P_3c）：两组间为相变关系。桂中地区有大隆组，无长兴组；滇东南、桂西南有长兴组而无大隆组；贵州地区大隆组与长兴组并存，一般长兴组在下，大隆组在上，两组厚度互为消长。长兴组为浅灰色—深灰色燧石灰岩夹泥页岩，产䗴等化石，厚为15～300m，黔北地区偶见沥青质页岩。长兴组自东向西，砂泥岩增加，至盘州、水城地区则以砂泥岩为主夹石灰岩。大隆组为浅灰色—灰黑色硅质岩、硅质泥岩、页岩夹砂岩，产菊石、䗴等化石，厚为0～114m。

四、三叠系中下统（T_1—T_2）

三叠系中下统出露广泛，与下伏二叠系为整合或假整合接触，其地层划分与对比见表3-8。

1. 下三叠统（T_1）

飞仙关组（T_1f）：分布于滇东北、滇东及黔西地区，岩性为一套紫红色、杂色泥页岩、砂岩夹泥灰岩、石灰岩，含双壳类等化石，厚为20～790m。

飞仙关组的同期地层，在黔南、桂西北称罗楼组，为灰色泥页岩及石灰岩，含双壳类及菊石类化石，厚为38～411m；在黔北称夜郎组，岩性以石灰岩为主，夹页岩，厚为229～545m；在桂中、桂西南地区称马脚岭组，为灰色、深灰色石灰岩，底部为黄绿色泥页岩，厚为59～855m。

永宁镇组（T_1y）：以贵州关岭永宁镇剖面为例，自下而上可分为4个岩性段：（1）浅灰色（为主）—深灰色石灰岩、泥质灰岩，下部夹泥页岩，厚为281m；（2）浅灰色、深灰色石灰岩与泥页岩互层，厚为127m；（3）浅灰色、深灰色石灰岩、白云质灰岩，厚为143m；（4）浅灰色、灰色溶塌角砾岩、白云岩，厚为97m。组厚为648m。

表3-8 滇黔桂地区中—下三叠统地层厚度及对比表

地层	云南			贵州				广西		
	滇东北	滇东	滇东南	黔西	黔北	赤水	黔南	桂西北	桂西南、桂中	桂南
上覆地层	上三叠统须家河组	赖石科组	乌格组	二桥组至赖石科组	二桥组	上三叠统须家河组	把南组	兰木组	兰木组 / 板纳组	上三叠统 兰木组 / 板纳组
中统 T₂	关岭组（雷口坡组）71~447m	法郎组 / 关岭组	兰木组 0~705m / 个旧组 500~1308m	法郎组 63~1400m / 关岭组 98~912m	狮子山组 0~485m / 松子坎组 115~567m	雷口坡组 20~170m / 嘉陵江组 450~500m	边阳组 2120m / 新苑组 24~1010m	兰木组 0~3000m / 板纳组 97~3184m	果化组最大残留厚度1395m	
下统 T₁	永宁镇组 97~473m / 飞仙关组 256~759m	永宁镇组 111~1131m / 飞仙关组 21~640m	永宁镇组 49~770m / 飞仙关组 248~312m / 洗马塘组 88~263m	永宁镇组 421~934m / 飞仙关组 403~791m	茅草铺组 378~643m / 夜郎组 229~545m	嘉陵江组 450~500m / 飞仙关组 400~500m	罗楼群 龙丈组 40~320m / 罗楼组 38~297m	龙丈组 17~285m / 罗楼组 40~411m	北泗组 149~1090m / 马脚岭组 59~855m	罗楼群 上段 17~285m / 下段 36~411m
下伏地层	P₃	P₃	P₃	P₃	P₃	P₃	P₃	P₃	P₃	P₃

永宁镇组在黔北称茅草铺组，主要为石灰岩、白云岩及溶塌角砾岩，厚为378～643m；在赤水地区称嘉陵江组，主要为一套白云岩夹石灰岩及石膏层，它是太和气田、旺隆气田的主要产气层；在桂中、桂西南地区称北泗组，主要为石灰岩及白云岩，厚为149～1090m。

2. 中三叠统（T_2）

以贵州关岭剖面为例，自下而上分为2个组。

关岭组（T_2g）：下段（松子坎段）为浅灰色、深灰色石灰岩、白云岩、白云质灰岩，与杂色泥岩互层，厚为232m。上段（狮子山段）为深灰色石灰岩、泥质灰岩，上部为白云质灰岩、白云岩；厚为179m。产双壳类等化石。

法郎组（T_2f）：下段为浅灰色白云岩及石灰岩，厚为890m；上段为灰色、深灰色含生物微晶灰岩及泥质灰岩，厚为102m。

滇东南文山以西的个旧组及桂西南、桂中的果化组，大致与关岭组相当，基本上全由碳酸盐岩组成。桂西南果化组中夹有多层火山岩。

桂西北的中三叠统为一套泥页岩、粉砂岩及砂岩，具鲍马层序及冲蚀底痕构造，是一套浊积岩，下部称板纳组，上部称兰木组，产菊石、双壳类等化石，厚为1000～3000m。

中三叠统在黔北北部及滇东北地区多已被剥蚀，仅局部地区有残存。

第三节　上三叠统至白垩系

上三叠统、侏罗系及白垩系，在滇黔桂地区大多为陆相沉积。

一、上三叠统（T_3）

上三叠统以楚雄盆地、十万大山盆地最为发育，在黔南、黔西南地区，南盘江坳陷西部，及黔北赤水地区和滇东北绥江地区亦有分布。由于中三叠世晚期印支运动的影响，上三叠统呈假整合或不整合于中三叠统不同层位及其以下地层之上，其下部层位多有缺失。各地区的地层系统见表3-9。

1. 楚雄盆地

自下而上可分为4个组。

云南驿组（T_3y）：分布于盆地西部，由黑色页岩夹细砂岩、粉砂岩及碳酸盐岩组成，厚度大于1800m，属海相沉积。

罗家大山组（T_3l）：分布地区与云南驿组大致相同。可分为3个岩性段：下段为深灰色—灰绿色玄武质岩屑、晶屑火山碎屑凝灰岩夹砾岩；中段为深灰色—黑灰色含灰质云质泥岩；上段下部为砂岩，上部为粉砂岩、碳质泥岩夹煤线。该组厚为1800～3500m，在盆地东部称普家村组。

干海资组（T_3g）：分布于盆地东部，由含岩屑石英砂岩、泥岩及煤层组成，是该地区的主要产煤段，厚为250～1200m。

舍资组（T_3s）：整合于干海资组之上，并向盆地东部超覆于元古宇之上，岩性为石英砂岩、粉砂岩及泥岩，厚为200～550m。

表3-9　滇黔桂地区上三叠、侏罗系及白垩系地层厚度及对比表

地层		楚雄盆地	兰坪—思茅盆地	十万大山盆地	桂平盆地	黔西南、黔南	赤水、绥江
上覆地层		E_1	E_1	E	E	Q	E
白垩系 K	上统 K_2	江底河组 200~1300m 马头山组 70~550m	曼宽河组 600~3000m 曼岗组 200~1900m	把里组 100~1000m	上白垩统 100~500m		夹关组 300~500m
	下统 K_1	普昌河组 100~1500m 高峰寺组 200~750m	景星组 400~2300m	那派组 500~2000m	下白垩统 4000~5500m		
侏罗系 J	上统 J_3	妥甸组 370~1340m 蛇店组 420~1260m	坝注路组 250~1000m	紫力组 200~900m	侏罗系？		蓬莱镇组 450~1100m 遂宁组 450~600m
	中统 J_2	张河组 200~2000m	和平乡组 400~3500m 小红桥组 250~1600m	那荡组 1000~2700m		沙溪庙组	沙溪庙组 900~1200m
	下统 J_1	冯家河组 300~2000m		百姓组 500~1300m 汪门组 190~1950m 扶隆坳组 2500~4500m 平垌组 300~2500m		自流井组 100~200m	自流井组 200~350m
三叠系 T	上统 T_3	舍资组 200~550m 干海资组 250~1200m 普家村组 200~1600m 罗家大山组 1800~3500m 云南驿组 >1800m		板八组 180~1500m		二桥组 200~400m 火把冲组 200~700m 把南组 150~500m	须家河组 350~700m
下伏地层		P_3、D、P_t	T_2、P_2、C、D	T_2、P、D、€	C、D、O、€	T_2	T_2

2. 十万大山盆地

自下而上可分为 3 个组。

板八组（T_3b）：以灰色流纹斑岩为主，上部为凝灰熔岩，底部为砂岩、含砾砂岩。由西向东变薄，厚为 180～1500m。该组在防城板八地区覆于印支早期花岗岩之上。

平硐组（T_3p）：主要为紫红色薄层状泥岩夹砂岩和粉砂岩，局部夹碳质页岩、泥灰岩及凝灰熔岩，厚为 300～2500m。下部碳质页岩中含丰富的双壳类和叶肢介化石。

扶隆坳组（T_3f）：为紫红色砾岩、含砾砂岩、砂岩夹粉砂岩及泥岩，上部夹碳质泥岩及煤线。厚为 2500～4500m。该组上部及顶部产丰富的植物化石。

二、侏罗系（J）

该地区的侏罗系为陆相湖盆沉积，以构造盆地的形式分布，往往与上三叠统的分布相随。主要分布于楚雄盆地、十万大山盆地、兰坪—思茅盆地、赤水地区、绥江地区以及一些向斜的核部。主要为一套粉砂岩、砂岩及泥页岩，局部夹泥灰岩。各地区的地层系统参见表 3-9。

以楚雄盆地、十万大山盆地及赤水、绥江地区为例简述如下。

1. 楚雄盆地

侏罗系在楚雄盆地广泛发育，总厚度约 7000m，自下而上分为 4 个组。

冯家河组（J_1f）：主要为暗紫红色粉砂质泥岩间夹石英砂岩，中、上部夹灰绿色泥灰岩，产恐龙化石，厚为 300～2000m。与下伏上三叠统连续沉积。在盆地东部边缘，局部超覆于元古宇基岩之上。

张河组（J_2z）：灰绿色砂岩、泥灰岩，及紫红色泥岩、砂岩，产古脊椎动物化石和叶肢介化石，厚为 200～2000m。

蛇店组（J_3s）：主要为黄灰色、紫红色长石石英砂岩，夹紫红色泥岩和角砾状膏盐层，厚为 420～1260m。

妥甸组（J_3t）：紫红色砂泥岩互层，上部为灰绿色泥灰岩、紫红色灰质泥岩及膏盐层。厚为 370～1340m。

2. 十万大山盆地

侏罗系自下而上可分为下统汪门组、百姓组，中统那荡组，及上统崀力组。总厚度约为 7000m。

汪门组（J_1w）：在盆地西南部主要为紫红色泥岩夹砂岩、粉砂岩，局部夹薄煤层、赤铁矿；在盆地东北部为紫红色砾岩、砂岩夹少量泥质粉砂岩。厚度由西南向东北减薄，厚为 190～1950m。整合于上三叠统扶隆坳组之上。

百姓组（J_1b）：底部为长石石英砂岩、岩屑砂岩；中、上部为紫红色泥岩夹砂岩，局部夹赤铁矿和煤线，产植物化石。厚为 500～1300m。

那荡组（J_2n）：在盆地西南部，下部为紫红色泥岩夹灰黄色长石石英砂岩，中部为砂岩与泥岩互层，上部为砂岩夹少量泥岩；总厚为 2676m。在盆地中部为灰黄色砂岩夹泥岩及泥质粉砂岩，厚 1524m。在盆地东北部为灰黄色长石石英砂岩、砂岩夹泥质粉砂岩，局部夹有煤线和含铜泥岩，厚达 1133m，并含腹足类及植物化石。

崀力组（J_3d）：为灰黄色长石石英砂岩夹钙质粉砂岩、泥岩，局部含砾石，在中、上部夹煤线。厚为200~900m。产少量植物化石。

3. 贵州赤水地区及云南绥江地区

这两个地区属四川盆地南缘，侏罗系发育，自下而上可分为下统自流井组、中统沙溪庙组、上统遂宁组和蓬莱镇组。

自流井组（J_1z）：紫红色泥岩为主，夹砂岩，下部夹深灰色石灰岩、含生物碎屑泥质灰岩。厚为200~350m。

沙溪庙组（J_2s）：紫红色砂质泥岩与长石石英砂岩、粉砂岩不等厚互层，中下部夹一层灰绿色叶肢介页岩。厚为900~1200m。

遂宁组（J_3sn）：棕红色泥岩、砂质泥岩夹砂岩，底部为砖红色细砂岩。厚为450~600m。

蓬莱镇组（J_3p）：紫红色、棕红色砂质泥岩、泥岩及砂岩不等厚互层，底部为含铜石英粉砂岩。厚为450~1100m。

三、白垩系（K）

白垩系的发育与分布，各地差异很大（参见表3-9）。主要分布于楚雄盆地、兰坪—思茅盆地、十万大山盆地，在上述盆地中，地层发育较齐全。在贵州赤水地区以及部分新生界盆地中，仅有上白垩统分布，缺失下白垩统。

以楚雄盆地及十万大山盆地为例，简述如下。

1. 楚雄盆地

白垩系自下而上可分为：下统高峰寺组、普昌河组，上统马头山组、江底河组。总厚度可达2800m。

高峰寺组（K_1g）：为灰色、紫红色粗粒长石石英砂岩夹泥岩，底部常见砾岩、砂砾岩层。厚为200~750m。与下伏侏罗系普遍呈整合接触。

普昌河组（K_1p）：为紫红色泥岩夹砂岩、灰绿色泥灰岩，产双壳类化石，厚为100~1500m。

马头山组（K_2m）：为灰色、紫红色砾岩、砂砾岩、砂岩夹泥岩，厚为70~550m。

江底河组（K_2j）：紫红色粉砂岩夹泥岩，下部夹灰绿色、灰黑色泥灰岩及页岩，含介形虫、叶肢介及鱼类等化石。厚为200~1300m。

2. 十万大山盆地

分布于盆地东部，盆地西部仅有下白垩统分布。

那派组（K_1n）：紫红色砂岩、粉砂岩及泥质粉砂岩，局部夹砾岩及砾状砂岩。产腹足类、植物等化石。厚为500~2000m。

把里组（K_2b）：紫红色长石石英砂岩夹砾岩及火山岩，厚为100~1000m。

第四节　古近系至第四系

一、古近系和新近系（E、N）

古近系和新近系多属陆相沉积，分布于中小型断陷盆地或山间盆地中。滇黔桂地区分布有大小不等的新生界沉积盆地近 200 个，多数分布于云南及广西南部，其中面积大于 200km² 或新生界厚度大于 1000m 者，计有 36 个，各盆地间彼此隔绝，地层发育及岩性、厚度差异很大。云南的新生界盆地，主要由新近系组成，如景谷盆地，面积仅有 92km²，但新近系厚度达 2500m，且有众多油气显示。广西的古近系和新近系盆地，多见于桂南地区，地层发育较齐全，如百色盆地，古近系和新近系均较发育，在古近系中已发现油层。贵州及滇东的古近系和新近系盆地，多系山麓堆积，主要由古近系组成，其下部多包括上白垩统，与下伏各年代地层呈不整合接触。本区主要新生界盆地的地层系统见表 3-10。

表 3-10 滇黔桂地区主要新生界盆地地层厚度及对比表

地层		百色盆地	合浦盆地	南宁盆地	景谷盆地	昆明盆地
第四系 Q	全新统 Qh	第四系 >20m	第四系	全新统（Qh） 0～20m	第四系	草海组（Qhc） 50～150m
	更新统 Qp			长岗岭组（Qp₂c） 0～50m		滇池组（Qp₂d） 90～400m
				狮子口组（Qp₁sh） 0～150m		松华组（Qp₁s） 44～550m
新近系 N	上新统 N₂	长蛇岭组（N₂c） 0～50m			大红猫组（N₂d） 264m	上新统 0～80m
	中新统 N₁		白沙江组（N₁b） 110～230m		回环组（N₁h） 50～250m	
					三号沟组（N₁s） 532～712m	
古近系 E	渐新统 E₃	建都岭组（E₃j） 0～1200m 伏平组（E₃f） 0～500m	沙岗组（E₃s） 500～1100m	邕宁组（E₃y） 150～1000m	古近系	
	始新统 E₂	百岗组（E₂b） 0～1070m 那读组（E₂n） 50～2300m 洞均组（E₂d） 0～260m	酒席坑组（E₂j） 300～500m	那读组（E₂n） 100～250m 红色岩组（E₁₋₂h） 0～400m		
	古新统 E₁	六吅组（E₁l） 0～820m	上洋组（E₁s） 197～506m			
下伏地层		T₂	K₂	C、D、P、∈		Z、∈、C、P

现以百色盆地为例，简述如下。

百色盆地古近系和新近系均较发育，自下而上可分为 7 个组。

六吅组（E₁l）：棕红色砂岩、砾岩及泥岩，厚为 0～820m，分布不稳定，与下伏中三叠统呈不整合接触。

洞均组（E₂d）：灰色、灰白色石灰岩、角砾状灰岩、砾岩，厚为 0～260m。

那读组（E₂n）：灰色、深灰色泥岩、泥质粉砂岩、砂岩及煤层，是百色盆地的主要含油岩系，厚为 50～2300m。

百岗组（E_2b）：灰色、灰绿色泥岩及砂岩、粉砂岩，下部夹煤层；是百色盆地的含油岩系，厚为 0～1070m。

伏平组（E_3f）：灰绿色泥岩、砂质泥岩及砂岩，厚为 0～500m。

建都岭组（E_3j）：土黄色、灰绿色泥岩、砂质泥岩及粉砂岩互层，厚为 0～1200m。

长蛇岭组（N_2c）：土黄色泥岩与砂岩互层，底部为土黄色砂砾岩，厚为 0～50m。

二、第四系（Q）

第四系在区内分布比较零散，但较广泛，沿主要水系和山坡谷地均有分布。沉积类型多样，有河流冲积、湖泊沉积、洞穴堆积、洪积、坡积及残坡积等。以昆明盆地发育较好，厚度可达 1000m。

第四章 构 造

　　滇黔桂地区在区域构造性质上分属扬子准地台、华南褶皱系及三江褶皱系三大构造单元。三江褶皱系主要是印支旋回以来形成的，深陷的地槽带大致沿金沙江—红河、澜沧江、怒江等深断裂带分布，沉积了巨厚的三叠纪地槽型火山—沉积建造，金沙江西岸的德钦一带并有蛇绿岩套。地槽带之间的保山、兰坪—思茅一带的构造变动则较微弱，但在印支运动之后强烈下陷，形成晚三叠世至古近纪初巨厚的含膏盐的红色岩系，即兰坪—思茅盆地。由于长期以来滇黔桂地区的石油勘探活动主要在金沙江—红河断裂以东地区开展，因此本章内容涉及的范围也多限于金沙江—红河以东的滇黔桂地区。

第一节 基 底 特 征

　　滇黔桂地区在金沙江—红河以东分属扬子准地台及华南褶皱系。扬子准地台的基底，在滇黔桂地区范围内，系由前震旦纪地槽型沉积褶皱变质而成；而华南褶皱系的基底，则由早古生代地槽型沉积褶皱形成。

一、扬子准地台的基底特征

　　扬子准地台的基底岩系，广泛出露于云南中东部的元江、禄丰、元谋一线以东，建水、宜良、会泽一线以西的地区（即昔称的"康滇地轴"地带），以及黔东北的梵净山、黔东南和桂北等地。基底大致可分为两种形式，即昆阳式和江南式。

　　昆阳式基底由苴林群及昆阳群组成。

　　苴林群由片麻岩、片岩、变粒岩及少量角闪岩、大理岩组成。

　　昆阳群自下而上可分为9个组："下四组"（黄草岭组、黑石头组、大龙口组、美党组）以浅变质砂泥岩为主，夹碳酸盐岩，厚为6000m；"上五组"（因民组、落雪组、鹅头厂组、绿汁江组、柳坝塘组）厚度约4000m，下部以白云岩及板岩为主，上部则由砂泥质岩及碳酸盐岩组成。昆阳群中普遍含微古植物，并发育叠层石。昆阳群沉积末期，晋宁运动使这套巨厚的沉积建造褶皱回返，形成了近南北向的紧密线状褶皱，并普遍发生区域变质作用，在"康滇地轴"上，有大量基性及中酸性火成岩侵入，并有火山喷出岩。经晋宁运动褶皱后，其上堆积了磨拉石式的澄江砂岩（澄江组），经澄江运动使之抬升、褶皱、夷平，开始了地台的发育历程。

　　江南式基底主要分布于贵州及桂北地区，由下部的梵净山群（四堡群）及上部的板溪群组成。

　　梵净山群是贵州已出露的最老地层，出露于黔东北梵净山，自下而上可分为7个组，即淘金河组、余家沟组、肖家河组、回香坪组、铜厂组、洼溪组、独岩塘组，主要为深水浊积岩及海底喷发火山岩，总厚度可达7500～10000m，是一套浅变质岩系。其下部3个组，厚为2600～4200m，主要为轻变质的砂岩、砂质板岩、凝灰质板岩、板岩及千枚岩，夹变质辉绿岩、辉长辉绿岩及超基性岩，在铜厂组上部含古植物。回香坪组以巨厚的基性火山熔岩为主，夹变质沉积岩，熔岩以细碧岩和辉绿岩为主，枕状构造发育，构成相当发育的"蛇绿岩套"，厚为1800～4100m。上部3个组为变质的砂岩、硬砂岩、板岩、千枚岩夹凝灰岩，复理石韵律发育，见斜层理、波痕、槽模和沟模等，厚为3100～4300m，似为浊流岩。

四堡群出露于黔东南及桂北一带，以千枚状粉砂岩、绿泥石石英粉砂岩和绢云母石英千枚岩等为主，厚度大于2000m。桂北在上述岩系之上还形成了基性火山熔岩，包括细碧岩、火山角砾岩及火山集块岩。上述优地槽型岩系形成后，经武陵运动（四堡运动）褶皱回返，在黔东南及桂北地区有中酸性岩浆侵入，并普遍发生区域变质。在梵净山区形成了北东东向（50°N～60°E）的紧密线状褶皱，在黔东南及桂北形成了由从江地区的北东向转成四堡地区北西向的紧密线状褶皱和同斜褶皱。经过这次构造运动，奠定了扬子准地台的基础。因此，武陵运动（四堡运动）是本区的一次重要的褶皱运动，但此时地槽发展并未结束，基底并未完全固化稳定下来。晚期，形成了以板溪群为代表的巨厚的类复理石沉积。

板溪群呈角度不整合于梵净山群（四堡群）之上，大致可分为两大沉积区，即武陵山区和黔东南一桂北区。武陵山区的板溪群由紫红色条带状砂质板岩夹泥质灰岩组成，顶部为灰绿色、灰色的凝灰岩、层凝灰岩及长石石英砂岩等，厚为5900m。黔东南区自下而上可分为6个组，即甲路组、乌叶组、番召组、清水江组、平略组、隆里组（桂北区分为白竹组、合桐组及拱洞组），主要为砂质和泥质复理石沉积，厚度大于5000m。下部甲路组为砾岩、粗砂岩及石灰岩，乌叶组中有厚达1000m的黑色碳质页岩；广西三江之东南厚度急剧增加，并有海底火山熔岩喷发。板溪群沉积后，经雪峰运动的抬升和区域变质作用，逐渐转化为较稳定的地台。板溪群与上覆南华系（地台盖层）间普遍为假整合接触，局部偶见微角度不整合，部分地区（黔东南从江及桂北）为整合关系。因此，江南式基底与上覆盖层间是渐变的，由优地槽、冒地槽逐渐转化为稳定的地台区。

如上所述，扬子准地台在本区范围内的基底有三个特点：

（1）基底形成晚，它们形成于新元古代晚期；

（2）基底变质浅，硬化程度低；

（3）基底与盖层间多呈现过渡关系或非突变式转化。

二、华南褶皱系的基底特征

华南褶皱系位于扬子准地台之东南，在区内包括广西大部及滇东南地区，这是一个晚加里东期的地槽褶皱系。地槽建造由震旦系至志留系组成，为复理石、类复理石砂泥岩及少量碳酸盐岩和火山岩，出露于桂北、桂东南及大瑶山—西大明山一带。经加里东晚期的广西运动，使地槽褶皱回返，岩石经受不同程度的区域变质。桂北、桂东南的云开大山有酸性火成岩浆侵入；桂北形成北北东向紧密褶皱，桂东南出现北东向紧密线状褶皱，部分有混合岩化现象。大瑶山—西大明山一带主要由寒武系砂泥质岩组成，形成近东西向的紧密线状褶皱，局部地区有花岗岩侵入，其上与泥盆系底部的砂砾岩呈明显的不整合。从泥盆纪开始，华南褶皱系与扬子准地台拼合，开始了地台的发育历程。

三、扬子准地台与华南褶皱系西南段界线划分

扬子准地台和华南褶皱系都是中国大地构造的一级构造单元。扬子准地台是新元古代晚期开始形成的地台；华南褶皱系位于扬子准地台的东南侧，它是加里东构造期的冒地槽带，是一个晚加里东期的地槽褶皱系，地槽型建造主要由震旦系至志留系组成。这两个性质不同的构造单元在西南段的划界问题，长期以来争论较多。1979年出版的1∶400万《中国大地构造图》上标示的这段界线是：西以南盘江断裂为界，呈北东、北东东向延伸，经贵州的册享、望谟、罗甸，至广西后转为北东向，以三江断裂为界延入湖南。在划定上述界线的同时，《中国大地构造图简要说明》指出，右江印支地槽褶皱带（包括南盘江坳陷和滇东南隆起），为两大构造单元的构造过渡带。

这两个构造单元划分的依据应是基底性质的不同。但由于二者在加里东构造发育阶段存在着构造过渡现象，在加里东期之后的构造发育中二者又融为一体，并为后期构造形迹所掩盖，故其具体界线的划分，确实存在不少困难。

在南盘江坳陷和滇东南地区，已发现不少下古生界，已有资料表明：这些地区缺失志留系；奥陶系受到强烈剥蚀，仅在部分地区残存下奥陶统；寒武系，特别是芙蓉统、苗岭统，以及下奥陶统的沉积特征、岩性和古生物组合，均与扬子准地台上的同期沉积相似，而与华南褶皱系同期冒地槽型的类复理石沉积有泾渭之别。再则，加里东末期的广西运动在华南褶皱系所形成的强烈褶皱、区域浅变质以及与其上覆地层间所形成的不整合，在这两个地区表现也很微弱；相反，它们与扬子准地台上的构造特征更为相近。因此，滇东南隆起与南盘江坳陷，实质上是扬子准地台的组成部分。

另外，在南盘江坳陷及滇东南隆起东侧的靖西、大新、天等及宁明等地，发现了一些零星的寒武系，其生物地层特点具有扬子生物区与华南生物区的过渡性质，亦可旁证扬子准地台与华南褶皱系的构造过渡地带位于靖西—百色一线和宁明—大新一线之间。

江南隆起也是扬子准地台和华南褶皱系之间的构造过渡带，因为江南隆起是加里东末期广西运动所形成的褶皱隆起，其下古生界与新元古界基底之间为整合或假整合接触。在早古生代各个时期，它是广海盆地向深海槽地的过渡地带，加里东晚期的广西运动，在该地区虽形成褶皱，但早古生代地层并未区域变质，只是由于隆起作用，使下古生界已大部缺失。因此，江南隆起在构造特征上与华南褶皱系相近，其沉积特征及区域变质情况则又与扬子准地台相似，故它应是两大构造单元的过渡地带。

综合上述，考虑到早古生代多期沉积相的北东向展布特点：靖西—百色—三都—玉屏一线以东多为碎屑岩及类复理石沉积，且广西运动形成了较强烈的褶皱；该线以西多为台地沉积，广西运动并未形成较强烈的褶皱，故扬子准地台与华南褶皱系之间的构造过渡地带，在西南段，应在靖西—百色—三都—玉屏一线和宁明—大新—都安—三江一线之间。如果为了照顾江南隆起的习惯归属，即可暂将其划入扬子准地台，则两大构造单元的界线应在靖西—百色—南丹—三江一线，呈北东向延入湖南。

第二节 盖层构造发育历史

盖层构造发育的历史，在扬子准地台可概括为 4 个阶段，即加里东构造期、海西—印支构造期、燕山构造期及喜马拉雅构造期；在华南褶皱系则只有后面 3 个构造发育期。各构造期虽然都经历了多次构造运动，但均有自己特有的运动性质，并形成了一定的构造特征（图 4-1）。

一、加里东构造期

加里东构造期，指的是雪峰运动（澄江运动）至广西运动之间的一段时期，时限为南华纪至志留纪末。该时期是扬子准地台较稳定的发育阶段，沉积总厚度多数为 4000m 左右，岩性为碳酸盐岩夹砂泥岩，地层的横向变化较稳定，呈北东向展布的沉积相带较规整，"康滇古陆"的部分地区可能为海盆西部边缘，黔东铜仁—黔南三都一线以东为盆地沉积区，其间为广阔的台地相分布。晚期，受华南地槽褶皱回返的影响，在挤压应力作用下，呈现出以滇东—黔中隆起为主体的北东东向大型隆起和坳陷的古构造特征。

志留纪末期的广西运动是该阶段最主要的构造运动，它是华南地槽回返的主褶皱幕，以桂东南云开大山最为强烈（形成了以北东向为主体的全形紧密褶皱），次为桂南及桂中的大瑶山、大明山一带，再次第向桂北及黔东南减弱。在黔东南（即江南隆起的西南隅），早古生代地层虽卷入褶皱，并形成北北东—北东向的构造线，但地层并未区域变质。局部地区，如广西钦州东北一带，志留系与泥盆系呈整合接触，似乎加里东地槽仍在发展，至二叠纪中期的东吴运动才告结束。在扬子准地台范围内，广西运动则主要表现为升降运动。滇东曲靖一隅，广西运动似未波及，志留系与泥盆系间亦为整合关系。

加里东期另一次重要的构造运动发生于中奥陶世晚期与志留纪兰多维列世（S_1）之间，在贵州及滇东地区称都匀运动，它表现为大规模隆起，使大部地区缺失晚奥陶世乃至志留纪沉积。该时期，在扬子准地台范围内，火成岩活动表现十分微弱，仅在黔东南的镇远、三穗一带有偏碱性超基性岩侵入，岩体规模甚小，一般长仅数米至数十米，最长达 400m，岩体多呈岩墙、岩脉、岩枝状，其侵入层位多为寒武系及其以下地层，以寒武系苗岭统（ϵ_3）、芙蓉统（ϵ_4）碳酸盐岩中的岩体数量最多。这些岩体与围岩均呈突变接触，一般没有明显的接触变质，只表现出褪色和重结晶现象。局部可见微弱硅化和铁质浸染，范围很窄，一般仅几厘米至 1m。

广西运动的结果，形成了黔东南褶皱隆起（江南隆起的西南段）、滇东—黔中隆起、隆林隆起及本区北邻的乐山隆起，并在上述隆起间形成了大型坳陷，如滇黔北坳陷、黔南坳陷等。

黔东南褶皱隆起：呈北东—北北东向，是扬子准地台与华南褶皱系的构造过渡地带。如前所述，就其褶皱的性质和时间来看，更具后者的特色。广西运动在该地区形成了较强烈的褶皱和抬升，早古生代各层系大部已剥蚀殆尽，晚古生代地层超覆或不整合其上。

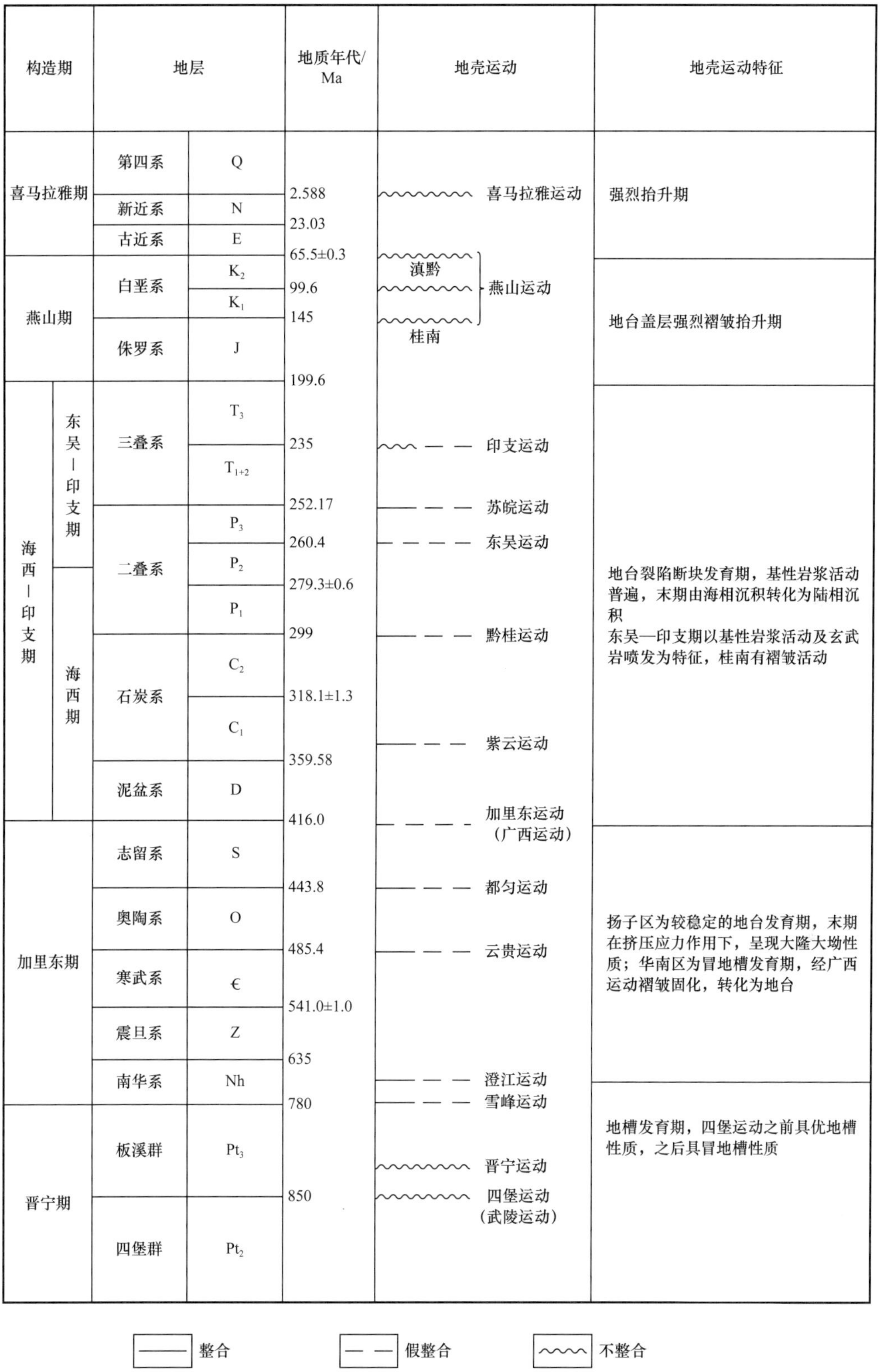

构造期	地层		地质年代/Ma	地壳运动	地壳运动特征
喜马拉雅期	第四系	Q		喜马拉雅运动	强烈抬升期
	新近系	N	2.588		
	古近系	E	23.03		
燕山期	白垩系	K_2	65.5±0.3	滇黔 燕山运动 桂南	地台盖层强烈褶皱抬升期
		K_1	99.6		
	侏罗系	J	145		
海西—印支期	东吴—印支期	三叠系	T_3	199.6	印支运动	地台裂陷断块发育期,基性岩浆活动普遍,末期由海相沉积转化为陆相沉积 东吴—印支期以基性岩浆活动及玄武岩喷发为特征,桂南有褶皱活动
			T_{1+2}	235	苏皖运动	
		二叠系	P_3	252.17	东吴运动	
	海西期		P_2	260.4		
			P_1	279.3±0.6	黔桂运动	
		石炭系	C_2	299		
			C_1	318.1±1.3	紫云运动	
		泥盆系	D	359.58	加里东运动（广西运动）	
加里东期	志留系	S	416.0	都匀运动	扬子区为较稳定的地台发育期,末期在挤压应力作用下,呈现大隆大坳性质;华南区为冒地槽发育期,经广西运动褶皱固化,转化为地台
	奥陶系	O	443.8	云贵运动	
	寒武系	€	485.4		
	震旦系	Z	541.0±1.0		
	南华系	Nh	635	澄江运动	
			780	雪峰运动	
晋宁期	板溪群	Pt_3		晋宁运动	地槽发育期,四堡运动之前具优地槽性质,之后具冒地槽性质
			850	四堡运动（武陵运动）	
	四堡群	Pt_2			

──── 整合   ─ ─ ─ 假整合   ∿∿∿ 不整合

图 4-1　滇黔桂地区构造发展阶段划分简图

滇东—黔中隆起：横亘于贵州中部及云南东部，由于受垭紫—都安断裂北段的肢解，可分为东西两部分。东部比较完整，构造线呈北东东向、近东西向，隆起幅度达3000m；核部由寒武系纽芬兰统（ϵ_1）下部组成；在织金一带，翼部依次为寒武系苗岭统（ϵ_3）、芙蓉统（ϵ_4）、下奥陶统、志留系兰多维列统（S_1）等地层，石炭系及二叠系超覆于这些地层之上，构成一个较完整的古背斜。西部较为复杂，可分为南北两支，呈燕尾状向西开叉：北支在宣威、会泽一带呈北东东、近东西向，西端被小江断裂截止，核部为寒武系纽芬兰统（ϵ_1）和第二统（ϵ_2），两翼分别为奥陶系或志留系；南支以陆良召夸为中心，呈北东向延伸，核部为中元古界浅变质岩系（昆阳群），翼部依次为震旦系及寒武系。在上述两分支隆起间，为曲靖—盘溪北东向志留系形成的坳陷隔开。滇东—黔中隆起具有沉积隆起和剥蚀隆起的性质，它在早奥陶世孕育，志留纪开始出现，由水下沉积隆起逐步发展成剥蚀隆起。

隆林隆起：位于桂西北隆林、田林、西林一带，呈东西走向，核部隆林一带由寒武系苗岭统（ϵ_3）组成。隆林隆起的性质与滇东—黔中隆起相似，但规模和隆起幅度可能较小。

上述诸隆起和"康滇隆起"、北邻的四川乐山隆起，以及其间的坳陷，构成了该地区加里东期的构造图景。这一图景对后期构造发展有重要的影响，亦为该地区的构造单元划分提供了重要的依据之一。同时，它对下古生界，特别是对处于成油高峰期的上震旦统及寒武系纽芬兰统（ϵ_1）和第二统（ϵ_2）的油气运聚指向，有重要的控制作用。

二、海西—印支构造期

经过加里东晚期的构造运动，华南地槽褶皱固化，与扬子准地台拼合为一体，开始了新的构造发育阶段。该阶段的时限为泥盆纪至中三叠世末。该时期是以地台裂陷、断块为特征，主要在引张应力作用下，断裂活动活跃，完整的地台被裂陷槽割裂，出现了基性岩浆活动。垭紫—都安断裂、师宗—弥勒断裂、小江断裂、合浦—博白断裂等，此时已显示出活动性，这些古断裂在海西期（D—P_2）的地质历史演化中，有着重要的影响和制约。裂陷槽的出现，往往与断裂活动有关。在海西期，主要表现为台地沉积区中嵌以静水盆地沉积，这些静水盆地，多以条带状展布，呈北西—北西西向弯曲延伸，如南丹罗富的中泥盆世静水盆地相，罗甸、水城的石炭纪静水盆地相等均属此类，这类静水盆地环境中所形成的暗色泥岩及碳酸盐岩是较好的生油层。

二叠纪阳新世（P_2）与乐平世（P_3）之间的东吴运动，是对全区影响较大的一次运动，它主要表现为区域性的隆升，并在滇东及黔西大部分地区有大量玄武岩类喷发。经过这次运动，使滇东部分地区的乐平世（P_3）沉积转变为陆相。在广西灵山—钦州一线，结束了加里东晚期以来的残留海，并有褶皱运动发生，使乐平世（P_3）的类磨拉石沉积不整合于下伏地层之上。

东吴运动之后，以裂陷、断块为特征的构造活动，在南盘江、右江地区的中三叠统表现得尤为强烈，出现了微向北凸出的弧形裂陷槽，其中形成了巨厚的浊流沉积。

中三叠世晚期的印支运动，结束了该地区长期以来的海相沉积史，开始了陆相湖盆沉积，这是该地区地质发育历史上的一个大的转折点。印支运动除在桂南十万大山地区有褶皱运动外，主要表现为区域性的隆起和坳陷。通过这一运动，西侧昆明一带，形成南北向隆起，东邻湖南吉首一带，出现北东向隆起，北邻地区形成了泸州古隆起，其他大部地区，则处于古构造的斜坡位置。这一古构造形式，对于在该构造阶段进入生油高峰期的烃源岩所生成的油气的运聚方向，具有控制作用。现今泸州古隆起及其周邻众多气田的发现，亦证实了这种控制作用。

该构造阶段，岩浆活动相当活跃，除玄武岩类喷发并形成大面积的覆盖外，尚有各类基性岩及中酸性岩的侵入和喷出，主要分布于"康滇古陆"、桂西南及滇东南地区。在"康滇古陆"上，岩浆岩多沿南北向大断裂成带分布，以辉绿岩类为主，侵入的最新围岩为二叠纪玄武岩，呈沉积关系接触的最新地层为上三叠统。桂西南的靖西、凭祥、龙州等地，在中—晚泥盆世、早石炭世及二叠纪阳新世（P_2）均有中基性火山岩喷发，它们呈层状夹于沉积岩中，各层厚 5～50m。黔西北以及黔西南的望谟等地，有辉绿岩类侵入，主要侵入二叠系阳新统（P_2）和下石炭统中、上部的石灰岩中，以岩床居多，厚数十米，大致顺层侵入。早—中三叠世，在滇东南、桂南、桂东南有火山岩的喷出及花岗岩的侵入。

三、燕山构造期

燕山期是该地区的陆相湖盆发育期，这里指的是晚三叠世至晚白垩世末的一段地质历史。

燕山早期，形成了两个大型的以侏罗纪湖泊沉积为主的盆地：其一是以现在的四川盆地为中心，侏罗纪湖泊沉积发育；凤冈—瓮安—贵阳—盘州—曲靖—昆明—通海一线以北，可能属原始四川盆地；楚雄盆地可能也是这一盆地的组成部分，由于它所处的构造位置不同，其沉积组合特征与四川盆地有所差别。其二是以现在的十万大山盆地为中心所形成的侏罗纪湖泊沉积盆地，该盆地的原始沉积范围尚难确定。从上述两盆地侏罗纪的岩性、岩相特征看，它们是相互分隔的。由于它们之间的桂西北、黔南缺失侏罗系及上三叠统，故其分隔位置界线尚需进一步研究。

燕山晚期是地台盖层的强烈褶皱期，这一重要构造运动，是该地区最伟大的地质事件之一。它横向上几乎席卷整个地区及其周邻，纵向上从板溪群至整个古生界再至中生界均卷入了褶皱（华南区为上古生界至中生界），深刻地改造了新元古代晚期以来（华南区为晚古生代以来）各构造期所形成的古构造形式，从而奠定了现今地表构造的基本格局。

这次褶皱运动发生的时间，各地有所差异。广西大部地区，侏罗系与白垩系之间呈明显的角度不整合，褶皱运动发生的时间应为侏罗纪与白垩纪间（称宁镇运动），运动发生的时间比较确切。贵州及滇东大部地区，缺失早白垩世沉积，晚白垩世与古近纪地层形影相随，与下伏侏罗系及其他老地层呈角度不整合关系，褶皱运动发生的时间，应在侏罗纪沉积之后、晚白垩世沉积之前的一段时间，亦称宁镇运动。黔北的赤水地区，缺失早白垩世沉积，晚白垩世的夹关组红色岩系与下伏侏罗纪沉积呈假整合接触；楚雄盆地的白垩系发育完整，与下伏的侏罗系为假整合关系，因此，赤水地区、楚雄盆地等地，褶皱运动可能推迟发生在喜马拉雅期。如此看来，燕山晚期发生的这一重要的褶皱运动，以广西大部地区发生较早，向北和向西，其发生的时间可能逐渐推迟，至黔北赤水及滇中楚雄等地，褶皱运动推迟到了喜马拉雅期。

伴随着这一褶皱运动，在桂北、桂东南等地有花岗岩及其他基性岩侵入；在贵州望谟一带有基性岩、偏碱性超基性岩等规模不大的岩体侵入；在滇东南地区有个旧花岗岩、文山薄竹山花岗岩及马关老君山花岗岩侵入等。

四、喜马拉雅构造期

喜马拉雅期构造运动是以强烈的抬升剥蚀为特征，部分地区也有褶皱运动。在燕山期奠定的构造格局的基础上，本区被强烈抬升和剥蚀，使古生代及三叠纪地层大量裸露地表，黔北地区的剥蚀幅度可达 3000～5000m，使原始侏罗纪盆地向北收缩至现今的位置，并肢解出楚雄等大型构造盆地。十万大山等构造盆地的现今面貌，亦是该时期形成的。在黔北赤水地区、楚雄盆地有褶皱运动发生，这可能是燕山晚期褶皱运动的延续。与此同时，沿断裂和负向构造地带，出现了众多的小型新生界盆地，如百色盆地（E、N）、合浦盆地（E、N）、南宁盆地（N、Q）、昆明盆地（N、Q）及景谷盆地（N）等。至此，形成现今的构造面貌。

上述盖层各构造期虽有各自的运动性质和构造特征，但各构造期的界线并不是截然分开的，它们之间具有过渡性质，一个构造期的晚期，往往孕育有下一个构造期，中间有一个承上启下的发展过程。如加里东晚期，古断裂活动已有所显示，长期较稳定的地台已开始转变，都匀运动后，滇东—黔中滇东隆起已初具规模，早古生代各层系（含 Z_2-O_1）北东向相带展布特征已渐消失，使志留纪的沉积相带分布与下古生界其他层系有较明显的差别。又如燕山晚期的褶皱运动，在大部地区，已于晚白垩世之前完成，但在部分地区则延入喜马拉雅期，至古近纪早—中期才出现。

从各构造期表现出的构造特征来看，在整个构造发育历史中，有继承，有改造，但改造大于继承，以改造为主。加里东期所呈现的古构造面貌，在海西期—印支期受到了深刻的改造。如滇东—黔中隆起是在加里东晚期出现的，但在海西期—印支晚期，受到较彻底的改造，才转变为泸州古隆起和南盘江坳陷间的、北高南低的斜坡，至燕山期、喜马拉雅期，又转换为南高北低的斜坡（苗岭之北）。这种以改造为主的构造发育特征，对古生代及三叠纪海相地层中的油气聚集有着极为复杂的控制和影响。

第三节　区域构造发育特点

一、经历了多期构造运动

金沙江—红河以东的滇黔桂地区，自元古宙的武陵（四堡）旋回至新生代的喜马拉雅旋回，经历有 20 次以上的地壳运动（参见图 4-1），各次构造运动的性质和规模不等，有褶皱运动，也有升降运动，但以升降运动（造陆运动）为主，褶皱运动甚少，明显的褶皱运动仅 3 次：最早为武陵（四堡）运动，云南中部的晋宁运动可能与之相当，它是扬子准地台基底形成过程中的一次重要运动，并伴随有超基性、基性、中性和酸性的岩浆活动；第二次褶皱运动发生于加里东期末（志留纪末），即广西运动，结束了构成华南褶皱系基底的早古生代及其以前的地槽型沉积，其波及范围限于广西境内的华南褶皱系及黔东南地区，其强度向西北逐渐减弱，在扬子准地台则表现为升降运动；第三次褶皱运动发生于燕山旋回的宁镇期，最早发生在侏罗纪与白垩纪之间，以广西的褶皱期最早，向北和向西，褶皱期逐渐推迟，至四川盆地及楚雄盆地，到古近纪才最终完成。

其他构造运动，均属升降性质的运动，但其中雪峰运动（澄江运动）比较特殊，具有区域变质作用，是最终形成扬子准地台基底的一次运动。基底与上覆地层的接触关系，为假整合、微角度不整合，雪峰山区及滇东部分地区具有褶皱性质。海西期的东吴运动区域影响很大，在滇东及黔西有大量玄武岩类喷溢。晚三叠世早期的印支运动，使海水普遍退出该地区，从此该地区以陆相沉积代替了海相沉积。古近纪以来地壳的抬升运动相当强烈，促成了云贵高原地貌的形成。

二、盖层构造演化经历了一个由弱到强的发展过程

加里东期构造发展阶段，在扬子准地台是较稳定的地台发育期，形成了广泛的碳酸盐岩及砂泥岩沉积，其沉积速率一般为 20~25m/Ma，其中泥质岩类及碳酸盐岩类烃源岩分布广泛，但厚度不大，似乎并未形成大型的生油坳陷。海西—印支期，裂陷、断块发育，基性火成岩类的侵入和喷发活动剧烈，构造活动增强，沉积速率可达 105m/Ma，在地层中各类烃源岩分布相对集中，并开始形成较大型的生油坳陷。燕山期—喜马拉雅期，是本区构造发展中的巨大变革时期，来自东方的滨太平洋构造域和西方的特提斯—喜马拉雅构造域的挤压应力作用，使本区发生强烈的褶皱和抬升，古近系和新近系极不发育，仅在一些断陷和负向构造地带零星分布。滇黔桂地区盖层构造演化由弱到强的发展过程和后期强烈抬升的特点，对各时期烃源岩的形成以及后期对油气的保存有着明显的影响和控制作用。

三、隆起、坳陷和盆地的发育具有鲜明的时间性

如滇东—黔中隆起，是加里东晚期（奥陶纪—志留纪）形成的古隆起，在其后的地质历史中，它或为上扬子古陆（D—C）的南缘，或为北邻泸州古隆起（T）的南斜坡部分。又如黔南坳陷、桂中坳陷，它们是海西期（D—C）坳陷；南盘江坳陷是中三叠世的坳陷，而在加里东期则是桂西北隆起的组成部分。再如楚雄盆地、十万大山盆地等是侏罗纪原始盆地的组成部分。总之，隆起、坳陷、盆地，随着时间的推移而产生，又随着时间的演进而消失，它们均是在地质历史发展的某一个阶段或某几个阶段中存在，但又对后期构造运动所形成的构造形式，特别是燕山期以来所形成的地表褶皱及其组合的形式，可能有明显的影响。

四、长期发育的断裂对区域构造发展有明显影响

在加里东晚期，区内主要断裂（图4-2）已明显活动，海西—印支期继续活动，并有大量新断裂发生，海西—印支期是该地区断裂活动的鼎盛时期之一。纵贯黔桂两省区的垭紫—都安断裂（呈北西向）、滇东的师宗—弥勒断裂（呈北东向）、桂东南的钦州—灵山断裂（北东向）、黔东南的三都断裂（北东、北北东向）等，此时异常活跃。加里东期古断裂的存在和连续活动，是形成海西—印支期裂陷槽的导因。由于断裂的割裂，使相邻地质体间出现沉积和构造特征的突变。这些长期活动的断裂的存在及其形成的地质背景，构成了燕山期及其以后褶皱运动的边界条件，对燕山期褶皱所形成的地表构造形式有重大的影响。这些古断裂在经受了燕山褶皱后的地表形态，往往以断裂束（如师

宗—弥勒断裂等）、波状延伸的新层（如钦州—灵山断裂等）、狭窄的向斜断褶带（如都匀断裂等）、狭窄的背斜断褶带（垭紫—都安断裂的部分地段）等形式存在。它们或截切构造线，陡然地改变构造线的方向，致使构造线依附于断裂延伸；或形成古近系和新近系山麓堆积的小盆地等。当然，燕山期褶皱的同时也形成了大量断层，如江南隆起南缘的河池、宜山等地所形成的褶皱冲断带即是一例。

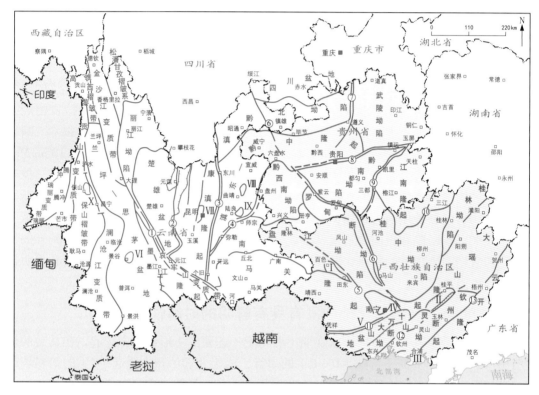

图 4-2　滇黔桂地区构造单元划分图

Ⅰ—百色盆地；Ⅱ—桂平盆地；Ⅲ—合浦盆地；Ⅳ—南宁盆地；Ⅴ—宁明—上思盆地；Ⅵ—景谷盆地；Ⅶ—昆明盆地；
Ⅷ—曲靖盆地；Ⅸ—陆良盆地；Ⅹ—保山盆地

①红河—金沙江断裂；②绿汁江断裂；③小江断裂；④师宗—弥勒断裂；⑤右江断裂；⑥垭紫—都安断裂；⑦遵义断裂；⑧贵阳—镇远断裂；⑨三都断裂；⑩三江断裂；⑪凭祥—崇门断裂；⑫钦州—灵山断裂；⑬合浦—博白断裂

　　金沙江—红河断裂，是该地区发育历史最长且又十分宏伟的断裂带，也是"一条重要的超岩石圈断裂带（板块缝合线）"。该断裂带在印支期极为活跃，著名的苍山—哀牢山变质带即与其有关。红河断裂从新元古代起就是一条重要的深断裂，它构成了扬子准地台、华南褶皱系及三江褶皱系三大构造单元的分界。

第四节　构造单元划分

一、构造单元划分的原则

　　以勘探油（气）为目的的构造单元的划分，将着重考虑沉积盖层的构造特征。前已述及，滇黔桂地区，在区域构造上，分属扬子准地台、华南褶皱系及三江褶皱系等三大构造单元。在构造单元划分时，把这三大构造单元只作为超级构造单元来处理，而不参与构造划分的级次排序。

本区的构造单元分为4级：

Ⅰ级为隆起、坳陷和断坳、盆地等；

Ⅱ级为凸起、凹陷、断阶及宽向斜等；

Ⅲ级为向斜带、背斜带等；

Ⅳ级为背斜构造和向斜构造。

构造单元划分的原则是：

Ⅰ级构造单元的划分，主要依据沉积盖层在各地质历史阶段厚度和岩性的差异。如滇黔北坳陷，主要是早古生代坳陷，下古生界比较完整，而晚古生代早期地层（D—C）往往缺失；康滇隆起是沉积盖层发育不全的长期隆起；滇东—黔中隆起、马关隆起是加里东晚期（O、S）隆起；黔南坳陷、桂中坳陷是海西期（D—C）坳陷等。

Ⅱ级构造单元的划分，主要依据地层厚度和岩相的差异、某时期地层的发育及缺失程度、地表构造的组合形式以及地表地层的分布状况等。如坝林凹陷，系南盘江坳陷中的Ⅱ级构造单元，地表为中—下三叠统砂泥岩组成的呈北东向展布的复式向斜；长顺凹陷是黔南坳陷中的Ⅱ级构造单元，它是黔南坳陷主要发育期（D—C）中地层厚度最大的地区，其地表构造组合形式呈南北向隔槽式，背斜呈箱状、似箱状及复式背斜，向斜窄而陡。

Ⅲ级构造单元的划分，则着重于地表构造组合形式及地表地层分布状况。

Ⅳ级构造单元，即石油勘探中所称的局部构造。

Ⅰ级构造单元是该地区含油气的基本单元。在具体划分构造单元时，Ⅰ级单元之下的Ⅱ、Ⅲ级单元，因勘探程度所限，不一定都能划出，如武陵坳陷就未划分Ⅱ级单元。

Ⅲ级单元，仅在个别Ⅱ级单元中标出其典型者，多数Ⅱ级单元中没有标出Ⅲ级单元。

根据上述原则，在滇黔桂地区，共划分出31个Ⅰ级构造单元，79个Ⅱ级构造单元及若干个Ⅲ级构造单元。这31个Ⅰ级构造单元包括楚雄、十万大山、兰坪—思茅等较大型的中—新生代盆地以及川南坳陷（四川盆地的组成部分）等。现将各构造单元名称、面积列于表4-1。

二、构造单元简况

滇黔桂地区的各Ⅰ级构造单元的简况叙述如后（位置参见图4-2）。

1. 丽江坳陷

位于楚雄盆地西北，西濒金沙江—红河断裂，是一个古生代至三叠纪的台缘坳陷带。元古宇在西部多已变质，称石鼓群。上古生界及三叠系在地表多有分布，构造变形极为复杂。

2. 康滇隆起

昔称"康滇地轴"，位居楚雄盆地以东的武定、昆明、易门等地，是震旦纪至中三叠世时期的隆起带，也是扬子准地台上海西—印支期重要的构造岩浆活动带。古生代的某些时期，它是滇东及其邻近地区的陆源供给区，印支运动后，产生分异，部分地区形成断陷，楚雄盆地的一部分可能是其中之一。现存范围大致是：东、西分别为小江断裂和绿汁江断裂所限，南止于红河断裂，向北延入四川。隆起上南北向的构造线发育，是李四光所称的著名的云南"山"字形的砥柱地区。该隆起上的一些中、小型新生代盆地，如昆明盆地等，是石油勘探的对象。

表 4-1 滇黔桂地区构造单元划分简表

Ⅰ级单元（面积/km²）	Ⅱ级单元（面积/km²）
丽江坳陷（17800）	
康滇隆起（37100）	东川凸起（1220） 东山断凹（3600） 武定断凹（5230） 易门凸起（6400） 昆明断凹（20650）
川南坳陷	赤水地区（凹陷）（3100） 绥江地区（凹陷）（2400）
滇黔北坳陷（35520）	昭通凹陷（16900） 威信凹陷（18620）
武陵坳陷（40350）	
滇东—黔中隆起（61470）	开阳凸起（7550） 黔西断凹（12020） 织金凸起（5320） 水城断凹（5960） 宣威凸起（13900） 马龙凹陷（5700） 牛首山凸起（7820） 海宜村凹陷（3200）
黔南坳陷（30000）	长顺凹陷（12600） 安顺凹陷（4200） 贵定断阶（3470） 黄平浅凹（3850） 独山鼻状凸起（5250）
江南隆起（雪峰隆起）（34050）	
黔西南坳陷（21500）	普定断凹（8100） 兴仁凸起（8500） 安龙断阶（4920）
罗甸断坳（10600）	
桂中坳陷（42000）	宜山断凹 环江浅凹 红渡浅凹 象州浅凹 马山断凸 罗城低凸起 柳江低凸起 柳城斜坡
南盘江坳陷（59650）	师宗断阶（5370） 坝林凹陷（11200） 秧坝凹陷（6980） 隆林凸起（2750） 乐业断阶（16720） 右江断凹（16630）
桂林坳陷（7030）	
大瑶山隆起（37020）	富川凸起（8300） 平乐断台（5700） 金秀凸起（12200） 贵县断阶（10820）
马关隆起（滇东南隆起）（61000）	蒙自断凹（8900） 文山凸起（16380） 富宁断凹（8850） 德保断凹（6500） 大明山凸起（20370）
灵山断坳（6900）	
钦州断坳（15780）	
云开隆起（14920）	
楚雄盆地（36500）	东部隆起（8118） 中部坳陷（24426） 西北部隆起（3970）
十万大山盆地（11500）	北部斜坡带（1750） 中部隆起带（3000） 南部坳陷带（6750）
桂平盆地（2500）	
兰坪—思茅盆地（51600）	兰坪坳陷（16400） 思茅坳陷（35200）

Ⅰ级单元（面积/km²）	Ⅱ级单元（面积/km²）
百色盆地（832）	田东凹陷（407） 那笔凸起（53） 头塘凹陷（68） 三塘凸起（138） 六塘凹陷（166）
合浦盆地（950）	西场凹陷（320） 上洋凸起 常乐凹陷 新圩凸起 石埇凹陷
南宁盆地（870）	
宁明—上思盆地（660）	
景谷盆地（92）	东部断阶带 中部断凹带 南部高断阶带 北部高断阶带
昆明盆地（1000）	
曲靖盆地（213）	西部褶皱斜坡带 中央断凹带 东部断褶带
陆良盆地（325）	北部斜坡带 东部断阶带 中部凹陷带 西部斜坡带
保山盆地（245）	西部坳陷带 东部斜坡带

3. 川南坳陷

系指四川盆地伸入贵州西北部及云南东北部的部分，即贵州的赤水地区（凹陷）和云南的绥江地区（凹陷）。

4. 滇黔北坳陷

位于黔北、滇东北地区，东、西分别受遵义断裂和小江断裂所限，南与滇东—黔中隆起为邻，北接四川盆地，面积 35520km²。该坳陷是早古生代坳陷，下古生界发育，层位齐全，但缺失志留系温洛克统（S_2）、罗德洛统（S_3）和普里道利统（S_4）。海西早—中期（D—C），它的东部是上扬子古陆的组成部分；二叠纪至中三叠世，沉积了以碳酸盐岩为主的海相地层；侏罗纪时它是原始四川盆地的组成部分；燕山晚期的褶皱运动及喜马拉雅期的抬升，形成了现今的地表构造形式。该坳陷可分为 2 个Ⅱ级构造单元，即东部的威信凹陷和西部的昭通凹陷，二者以垭紫—都安断裂为界。威信凹陷地表主要由北东向"S"形褶皱组成，背斜轴部下古生界多已裸露，如九坝、芒部、威信、桑木场等背斜。昭通凹陷中，有泥盆系分布，地表构造较为复杂，主要为北东向"隔挡式"褶皱，向斜较宽缓，背斜较窄陡，且伴生有北东向的大断层。

5. 武陵坳陷

位于滇黔北坳陷以东，面积 40350km²，其发育历史与滇黔北坳陷相似，但下古生界的厚度更大，可达 5000m。地表由数个北北东向及近南北向的褶皱组成。北北东向褶皱集中于东部，背斜狭窄，且发育走向断层，轴部多出露下古生界，著名的梵净山群基底岩系亦有大片出露；向斜较宽缓，多由三叠系组成。近南北向褶皱分布于西部，背斜宽缓，向斜狭窄，湄潭、西河大型复式背斜即位于此，其核部的下古生界多已出露。武陵坳陷是下古生界生油条件最好的地区之一，但保存条件较差，其勘探前景尚需进一步研究。

6. 滇东—黔中隆起

位于滇黔北坳陷以南，面积 61470km²，它是加里东晚期的隆起，由于垭紫断裂的肢解，其发展极不平衡。

垭紫断裂以东，加里东晚期隆升较高，大部地区缺失奥陶纪、志留纪地层，早石炭世及二叠纪地层超覆于寒武纪地层的不同层位上，形成较大型的古背斜。可划分出开阳凸起、织金凸起、黔西断凹等3个Ⅱ级构造单元。黔西断凹中，又可划分出梨子冲向斜带和大方背斜带2个Ⅲ级单元。梨子冲向斜带，地表三叠系连片分布，状似构造盆地，其中分布着由三叠系组成的北东向、北东东向短轴背斜群，如梨子冲、破头山等背斜，这些背斜地腹缺失奥陶系、志留系，寒武系亦曾受到不同程度的剥蚀，震旦系上统的白云岩、藻白云岩及寒武系纽芬兰统（$\in_1$）的深色页岩组成较好的储盖组合，以震旦系上统白云岩为目的层，乃是梨子冲向斜带找油气的希望所在。该向斜带北部的大方背斜带，主要为安底、大方、沙厂等背斜组成的似雁行式背斜群。寒武系在安底、沙厂已部分出露。底1井及方深1井均已钻至上震旦统，除底1井产热水（50℃）外，尚无油气发现，但方深1井中的寒武系及震旦系有机碳及氯仿沥青"A"含量均较高，尚需进一步研究。

垭紫断裂以西，泥盆系超覆于下古生界不同层位之上。可划分出宣威凸起、马龙凹陷、牛首山凸起、海宜村凹陷、水城断凹等5个Ⅱ级构造单元。马龙凹陷及海宜村凹陷中有志留系罗德洛统（S_3）和普里道利统（S_4）存在，厚度1000m左右，它们超覆于寒武系之上，与泥盆系呈连续沉积，因此，这两个凹陷实质上是加里东晚期的残留海，地表构造线呈北东向，断层发育，完好的地表构造圈闭较少见。牛首山东侧的泥盆系中，晶洞及化石体腔中多处见油苗。志留系在水城断凹的北部有露头，但在断凹内的分布可能局限。垭紫断裂以西的地表构造线依附垭紫断裂延伸，呈北西向，形成较紧密的背斜断褶带。

7. 黔南坳陷

位于安顺—贵阳—黄平一线以南，面积30000km²，系海西期坳陷，晚古生代地层发育，尤以泥盆系厚度较大，可达5000m，石炭系及其以上地层多已出露。该坳陷中有5个Ⅱ级构造单元，即长顺凹陷、安顺凹陷、黄平浅凹、贵定断阶、独山鼻状凸起。

8. 江南隆起（雪峰隆起）

位于黔南坳陷以东，地跨黔东南及桂北地区，是加里东晚期的褶皱隆起，晚古生代亦长期隆升，在燕山期又形成了北东向、北北东向的褶皱和断裂。基底岩系大片出露，其上仅有少量侏罗系、白垩系、古近系和新近系分布。

9. 黔西南坳陷

位于黔西南地区，面积21500km²，它是海西晚期及印支期的坳陷（P—T₂），二叠系、三叠系发育完整，厚度达5000m左右。坳陷地腹可能缺失奥陶系、志留系，泥盆系直接覆于寒武系之上。地表广布三叠系，构造线方向性不明显，北部以北东东向为主，东部则以北西向为主。兴参井自二叠系乐平统（P_3）开孔，钻至下石炭统，井深2934.02m，有淡水产出。

10. 罗甸断坳

位于黔南坳陷以南，面积10600km²，呈长条形依附垭紫—都安断裂延伸，它是海西早期的坳陷。中泥盆统为深海盆地相（台盆相）沉积，主要为黑色、深灰色泥页岩，是较好的生油岩系。地表构造比较复杂，是一个呈北西向延伸的断褶带。

11. 桂中坳陷

位于广西中部柳州、来宾一带，面积42000km^2，是海西期坳陷。泥盆系发育，层位齐全，中泥盆统上部及其以上地层多已出露。该坳陷中有宜山断凹、环江浅凹、红渡浅凹、象州浅凹、马山断凸、罗城低凸起、柳江低凸起、柳城斜坡共8个Ⅱ级构造单元。

12. 南盘江坳陷

位于滇黔桂三省（区）交界地带，面积59650km^2，是中三叠世坳陷，中三叠统砂泥岩广布地表，厚度大于2000m。地表多形成线状褶皱。晚古生代地层主要由碳酸盐岩组成，多形成穹隆状背斜，上、下构造差异很大。坳陷内有6个Ⅱ级构造单元，即师宗断阶、坝林凹陷、秧坝凹陷、隆林凸起、乐业断阶及右江断凹。

13. 桂林坳陷

位于桂中坳陷以东，呈北东向展布，面积约为7030km^2，它是石炭纪坳陷，石炭系厚度大于3000m，泥盆系、石炭系多已出露地表，构造线呈北东向延伸。

14. 大瑶山隆起

位于桂中坳陷以东和桂林坳陷以南，面积37020km^2，它是晚古生代隆起，下古生界浅变质岩系已大片出露地表，泥盆系不整合于下伏基底岩系之上，泥盆系以上地层大部分已剥蚀殆尽。东部钟山等地有加里东期及燕山期酸性岩浆大片入侵。

15. 马关隆起

位于南盘江坳陷以南，地跨滇东南及桂西南，又称滇东南隆起，面积61000km^2，它是晚古生代隆起，地表泥盆系、石炭系大片裸露，主要断裂多呈北西向，海西—印支期有基性岩类侵入和喷出，燕山期有花岗岩侵入。

16. 灵山断坳

位于十万大山盆地以南，是二叠纪乐平世（P$_3$）的断坳盆地，二叠系乐平统（P$_3$）沉积厚度达5000m，具有磨拉石堆积的特征，印支期、燕山期花岗岩大片分布。

17. 钦州断坳

夹于钦州—灵山断裂与合浦—博白断裂之间，系加里东晚期的坳陷，广西运动使华南冒地槽褶皱回返时，似乎并未触及该地区，因此，它实质上是一个加里东末期遗留的海槽。志留系与泥盆系呈整合接触。地表志留系广布，印支期花岗岩大片分布。

18. 云开隆起

位于合浦—博白断裂东南，系早古生代的褶皱隆起。加里东期、印支期及燕山期均有花岗岩侵入，并与围岩形成混合岩，部分具片麻状结构。

19. 楚雄盆地

位于康滇隆起的西部，面积36500km^2，是在晚三叠世地台边缘断陷基础上发展起来的盆地，它也是滇黔桂地区面积最大的中生界盆地。上三叠统至白垩系沉积厚度达8000～15000m。

20. 十万大山盆地

位于广西西南部，面积11500km^2，跨于华南加里东褶皱系和钦州海西褶断带之上，上三叠统至白垩系厚度达 7500～13500m。

21. 桂平盆地

位于钦州断坳以西，面积 2500km²，为叠加在晚古生代复式向斜基底上的中生代构造盆地。盆地内广泛分布白垩系，厚度达 5000m。

22. 兰坪—思茅盆地

夹于澜沧江变质带与哀牢山变质带之间，是在印支期褶皱基底上发育的中—新生代盆地，面积 51600km²，侏罗系、白垩系及古近系厚达 5000～18000m，构造十分复杂。盆地可划分为 2 个 II 级构造单元，即兰坪坳陷、思茅坳陷。

23. 百色盆地

位于广西百色地区，是一个受北西向构造控制的、在中三叠统褶皱基底上形成的新生代（E—N）内陆断陷盆地，面积 832km²，新生界厚度 3400m，其中可划分出 5 个 II 级构造单元，即田东凹陷、那笔凸起、头塘凹陷、三塘凸起、六塘凹陷。在田东凹陷中已发现 7 个油田。

24. 合浦盆地

位于广西北海市以北，是一个受北东向构造控制的断陷盆地，面积 950km²，上白垩统至新近系沉积厚度 3400m。

25. 南宁盆地

位于南宁市周围，它是在古生代褶皱基底上，因断裂下陷而形成的新生界沉积盆地，面积 870km²，盆地内为古近系，厚 2000m。

26. 宁明—上思盆地

位于十万大山盆地以北，它是在十万大山中生代盆地的基础上，沿东西向断裂所形成的断陷盆地，面积 660km²，古近系和新近系厚度 1700m。

27. 景谷盆地

位于云南景谷县境内，它是在思茅中—新生代坳陷的基底上发育的新近纪断陷盆地，面积 92km²，新近系厚度为 2500m。在新近系砂岩中有众多油气显示，并有少量石油产出。

28. 昆明盆地

位于昆明滇池周围，为新近纪—第四纪断陷盆地，面积 1000km²。第四系沉积厚度 1000m。

29. 曲靖盆地

位于云南曲靖市境内，为古近纪—新近纪断陷盆地，面积 213km²。古近系与新近系厚 1400m。

30. 陆良盆地

位于云南陆良县境内，它是处于滇东隆起东部边缘的新生界断陷盆地，面积 325km²，新生界厚 2000m。

31. 保山盆地

位于云南保山市境内，它是处于保山褶皱带北部的新近纪断陷盆地，面积 245km²，新近系厚 2000m。

第五节　地表构造特征及局部构造类型

本节主要叙述海相地层分布区的地表构造特征，有关中生界、新生界盆地的构造特征参见第六章、第七章的相关内容。

一、地表构造展布特征

1. 北北东向褶皱、断裂

主要分布于黔东北，即武陵坳陷的东部，由数列北北东向褶皱及与褶皱平行的、主要发育于背斜轴部的断裂组成。背斜一般狭窄，轴部为震旦系、寒武系；向斜相对较宽缓，轴部一般为二叠系、三叠系。

2. 北东向褶皱、断裂

这是本区一组较为发育的构造的形式。

（1）北东向"S"形褶皱：主要展布于滇黔北坳陷范围内（九坝背斜、芒部背斜、威信背斜等均位于此），背斜轴部下古生界多已出露，向斜轴部多由三叠系及侏罗系组成。

（2）北东向短轴背斜群：分布于遵义—毕节一线以南的黔中地区，似有雁行式组合特征。其北部，滇东—黔中隆起上的大方背斜带（主要有安底、沙厂、大方等背斜），轴部出露寒武系及二叠系；其中部，滇东—黔中隆起上的织金凸起及梨子冲向斜带，多属由三叠系组成的背斜，如梨子冲、理化、破头山等背斜，这些背斜地腹缺失奥陶系、志留系、泥盆系等，寒武系亦受到不同程度的古剥蚀；其南部，黔南坳陷的安顺宽向斜西部，主要为三叠系组成的低背斜，如二铺、安顺、大硐、新场等背斜。

（3）北东向似梳状背斜群：分布于滇东南的南盘江坳陷师宗断阶。背斜褶皱幅度大，闭合度多大于 1000m；断层发育，断距较大，多为平行于背斜轴线、发育于背斜核部的逆冲断层，如师宗、杨梅山和花贵等背斜轴部的断层。

此外，北东向的断裂带，往往由一束褶皱和断裂构成一个宽为 10～30km 的断褶带，如滇东的师宗—弥勒断裂带、桂东南的钦州—灵山断裂带、黔东南的三都断裂带等。

3. 北西向褶皱、断裂

最主要的是垭紫—都安断裂褶皱带，它由一束北西向紧密褶皱的狭长背斜、向斜和走向断层组成，宽为 30～40km，全长达 500km，珠市河、条子场、火烘、罗富等背斜皆在此带内，在广西南丹和大明山有花岗岩类侵入。本断裂带在早古生代已开始孕育，晚古生代活动显著，至燕山期，依附该断裂形成褶皱断裂带。其次是桂西—滇东南（马关隆起）发育的几条北西向断裂，如右江断裂、富宁断裂及文山断裂等。

4. 南北向褶皱、断裂

南北向的褶皱、断裂主要分布于贵州中部，其次分布于桂中柳州、来宾地区，呈隔槽式组合形式：背斜宽缓，背斜顶部呈平顶状或微有起伏；向斜狭窄，多伴以走向断层。黔南的广顺、雅水、平火坝背斜，黔北的湄潭背斜，桂中的柳江、龙光、寺脚背斜等皆属于此种类型。

南北向断裂，较大者有滇东的小江断裂（东经 103° 附近）、块泽河断裂（东经 104°

附近）、遵义断裂、贵定断裂、都匀断裂等。

5. 东西向褶皱、断裂

北部见于贵州赤水地区，系川南长垣坝构造带东延部分，太和、旺隆背斜即位于该构造带内。在桂中的河池—宜州—柳城一线，有一近东西向的紧密褶皱冲断带，呈曲线状东西向延伸。在桂西南地区，东西向褶皱、断裂也较为常见。

6. 弧形褶皱、断裂

主要分布于黔西南、黔西北、滇东及南盘江地区。黔西南、黔西北及滇东的弧形褶皱、断裂，大致由数组向北凸出的弧形褶皱及断层组成，紧密褶皱与宽缓褶皱相间，炎方、普古、兴仁等背斜则寓于其中。南盘江弧形褶皱带，为一向北凸出的弧形复式向斜，主向斜轴部自西而东，经南盘江、驮娘江和右江。在复式向斜的背景上，错落分布着数排背斜带，如安然—板街—秧坝背斜带、德峨—潞城背斜带、拖嘎—坝林背斜带等，坝林背斜、秧坝背斜、潞城背斜即位于这些背斜带上，上述背斜在地表均为中三叠统砂泥岩组成的紧密褶皱，但在深部二叠系及其以下的碳酸盐岩层位，则为较完整的穹状背斜。该地区三叠系与二叠系及其以下层系均为假整合，上、下构造不符的原因，并非由两次构造运动而产生，而是在同一构造力的作用下，由于岩石物理性质的差异引起的。

二、局部构造的分布和形态类型

在局部构造中，以背斜和背斜—断层复合构造为主。滇黔桂海相地层分布区已发现背斜或背斜—断层复合构造 611 个，其中地面形态较清楚完整者（或经地震证实）有228 个。它们的分布是：滇黔北坳陷 27 个，滇东—黔中隆起 31 个，黔南坳陷 51 个（其中 1 个位于黔南坳陷东邻），黔西南坳陷 19 个，罗甸断坳 6 个，南盘江坳陷 38 个，桂中坳陷 50 个，马关隆起 6 个。

本区局部构造类型多样，可分为穹隆构造、短轴构造、狭长构造及鼻状构造 4 大类，其构造类型及分布见表 4-2。

表 4-2　滇黔桂海相地层分布区局部构造分布表

构造单元	按局部构造形态划分 / 个				按构造核部出露地层划分 / 个						
	穹隆	短轴	狭长	鼻状	∈	O	S	D	C	P	T
滇黔北坳陷	12	9	6		16	3	2	2		4	
滇东—黔中隆起	12	10	7	2	2		1	7	4	7	10
黔南坳陷	11	23	10	7	1	3	2	15	16	7	7
黔西南坳陷	7	7	4	1				3	7	9	
罗甸断坳	5	1						3	2	1	
南盘江坳陷	14	12	11	1				0	2	5	31
桂中坳陷	16	23	5	6				15	35		
马关隆起	3	2	1							3	3
合计	80	87	44	17	19	6	5	45	66	36	51

上述局部构造多为燕山期形成。鉴于本区多数层位和地区的生油层，其成油时期大多早于局部构造形成期，故针对主要成油期与古构造的配置关系，提出如下4点作为选择有利局部构造圈闭的参考。

（1）成油期形成的构造，或成油期后紧接着形成的构造，如黔南坳陷的虎庄构造等。

（2）各期古构造或某一期形成的古构造，与地表局部构造的重叠复合部位，如黔南坳陷的广顺构造、滇东—黔中隆起梨子冲向斜带上的梨子冲构造等。

（3）宽向斜中次级背斜带上的局部构造且地腹又有较好生储盖组合者，如南盘江坳陷中的秧坝构造、坝林构造及潞城构造等。

（4）地表构造形态完整、古构造发展中处于正向构造部位、在目的层位中仍可能有背斜存在者，如滇东—黔中隆起上的沙厂构造、桂中坳陷的寺脚构造等。

第五章 震旦系至中三叠统海相油气地质

滇黔桂地区海相残留盆地（坳陷）众多，本章重点介绍南盘江坳陷、黔南—桂中坳陷（黔南坳陷、桂中坳陷）及滇黔北坳陷的油气地质条件、有利区带及远景评价。

南盘江坳陷位于华南褶皱系西端，北与扬子准地台相邻，是一个兼具扬子准地台、华南褶皱系性质，经喜马拉雅运动改造后的残留构造盆地，东西长 540km，南北宽 250km，面积为 59650km²。坳陷基底由微弱变质、褶皱的下古生界组成。坳陷及其周邻地层，自寒武系—中三叠统均为海相沉积，上三叠统为海陆交互相，缺失侏罗系及白垩系，古近系和新近系为小型陆相盆地，星散分布于主要断裂带附近。

黔南坳陷位于扬子准地台的西南隅，南与华南加里东褶皱系为邻，新元古代晚期的板溪群浅变质岩系构成该坳陷的基底。黔南坳陷东西长 220km，南北宽约 120km，北宽南窄，状似不规则的倒置梯形，面积约 30000km²。在基底之上，沉积了自震旦纪至新近纪的各年代地层，其中震旦纪至中三叠世为海相沉积，层位比较齐全，晚三叠世至新近纪为陆相沉积，层位不全，分布零星。

桂中坳陷系海西期（D—P₂）坳陷，基底为下古生界（主要是寒武系）浅变质岩系，坳陷北部与江南隆起为邻。桂中坳陷东西长约 240km，南北宽 120～240km，面积 42000km²。坳陷内泥盆系至中三叠统海相地层发育，层位比较齐全，上三叠统及侏罗系缺失，白垩系仅有零星分布，为陆相沉积。

滇黔北坳陷位于扬子准地台的西部，北接四川盆地，东与武陵坳陷相邻，南为滇东—黔中隆起，西为康滇隆起，东西长近 420km，南北宽 65～125km，面积约 35520km²。前震旦纪变质基底之上，震旦纪至中三叠世地层发育较全，主要为海相沉积，局部缺失志留系、泥盆系和石炭系。上三叠统至白垩系为前陆盆地沉积，侏罗系和白垩系仅在向斜区轴部分布。

第一节 南盘江坳陷

一、概况

1.地理概况

南盘江坳陷位于滇、黔、桂三省（区）交界处，其范围介于东经 103°10′—108°20′、北纬 23°—25°40′，东西长 540km，南北宽 250km，面积为 59650km²。

南盘江坳陷大部分地区属云贵高原的中高山地形，地势西高东低，海拔最高 1971m，东部河谷地带最低 233m，一般 1500～1800m，相对高差 600～800m。山坡多为浮土覆盖，植被茂盛，碳酸盐岩分布地区多为岩溶峰丛山地。

本区气候温和宜人，属亚热带，年平均温度为20℃左右，冬季几乎无霜冻，夏季除河谷低洼处外，最高温度为30℃。雨量集中在7—9月，年平均降水量为1000～1500mm。

南盘江坳陷交通尚称方便，沟通滇黔桂三省（区）的主干公路穿越本区，各县及乡之间，均有公路相通，此外尚有大量的林区公路。区内河流发育，属珠江水系，但多数河流水流湍急，无航运之利，仅百色以下的右江可终年通航。

2. 勘探现状

该地区的石油地质调查工作始于1959年至1961年，全区完成了1：50万的重力普查、1：100万的航磁测量及石油地质概查。1972年开始在罗平构造做地震试验。1977年石油工业部在南宁组织了滇黔桂石油地质资料整理，著有《滇黔桂碳酸盐岩油气勘探远景》一文，着重对南盘江坳陷的含油气远景进行了论述。

地震勘探共完成测线1833km，其中多次覆盖1480km。完成了云南的坝林背斜、贵州的秧坝背斜及广西的潞城背斜的地震构造详查，证实了在三叠系覆盖之下，有古生界背斜构造或隆起带的存在。

深井钻探始于1970年（罗1井），截至1983年6月底，在7个构造上共钻井11口（表5-1），总进尺35494m。所钻各井虽未获工业性油气流，但在罗平构造及坝林构造的探井中，二叠系有油气显示。

表5-1　南盘江坳陷钻井一览表

构造名称	井号	井深/m	钻遇地层厚度/m									油气水显示
			Q	T₂	T₁	P₃	βp	P₂	C	D₃	D₂	
罗平	罗1井	2714			834	1880						油浸、沥青
	罗2井	3200		508	946	1746						
	罗3井	3206		434	1098.5	1673.5						气浸
	罗4井	3655.58			1074	2035	444	102.58				井漏
花贵	花1井	3203			233	1370	1600					井漏
杨梅山	杨1井	3211.38			25			664	458	583	672.38	井漏
坝林	盘参井	4435	15	1370	405	165.5	2005.5	233	241			
	设1井	2881.79		2881.79								油浸
霸王	霸1井	2786	38		553	2159						井漏
拖戞	拖1井	3000	20		372	903.5	433.5	264.5		597.5	409	井漏、见沥青
塘房	塘2井	3202.51	20	914	557.5	358.5	1352.51					

自1993年开始，中国石油天然气总公司南方新区油气勘探项目经理部，先后在秧坝区块开展了电法找礁试验和2km×10km点线距的面积普查，累计完成1363个物理点/

2950km，进行了南盘江坳陷油气早期盆地评价和秧坝区块评价。

自 1999 年开始，中国石化集团公司南方海相油气勘探项目经理部，在秧坝区块加密大地电磁测深（MT）测量，共完成 7 条剖面、300 个物理点 /1586km；进行了 3 条区域剖面侦查，并在秧坝、双江、花冗目标区部署二维地震剖面勘探，累计 1010km/32 条；2000 年 5 月至 2003 年 2 月在秧坝构造和双江构造上钻探了秧 1 井和双 1 井，取得了一些重要认识。

二、区域地质

南盘江坳陷位于华南褶皱系西端，北与扬子准地台相邻，是一个兼具扬子准地台、华南褶皱系性质，经喜马拉雅运动改造后的残留构造盆地。坳陷基底由微弱变质、褶皱的下古生界组成。坳陷及其周邻地层，自寒武系—中三叠统均为海相沉积，总厚约13000m，其中奥陶系仅见于坳陷西南的外围地区，全区缺失志留系，坳陷西部局部地区缺失部分或全部石炭系，局部常见假整合。上三叠统为海陆交互相。缺失侏罗系及白垩系。古近系和新近系为小型陆相盆地，星散分布于主要断裂带附近。

1. 构造

南盘江坳陷的构造发展经历了如下阶段（图 5-1）。

（1）加里东期——基底发展阶段：加里东早期，南盘江坳陷沉积了一套广海陆棚相的碳酸盐岩夹碎屑岩，寒武纪苗岭世（$\in_3$）和芙蓉世（$\in_4$），以碳酸盐岩沉积为主，沉积类型与扬子准地台同期沉积相似，而与坳陷东南侧大明山—大瑶山地区厚达万米的浊流沉积迥然不同；加里东晚期，地壳抬升，基底发生褶皱、断裂及变质，但褶皱强度及变质程度均较弱，具有华南褶皱系和扬子准地台的过渡性质。

（2）海西早期——初始拉张断陷期：这一时期从泥盆纪开始，直到二叠纪阳新世（P_2），断裂控制的初始裂谷、断块分异开始形成。断裂下陷区（裂谷）为硅质岩、泥晶灰岩、重力流等盆地沉积，沉积速度慢。相对隆起区则形成孤立碳酸盐岩台地（台丘），为浅水生物礁、滩沉积。台丘上造礁生物丰富，碳酸盐沉积速率快，而断凹部位的硅质沉积速率慢，二者差异发展，使碳酸盐岩岩体形成顶厚翼薄的同生背斜。在坳陷西部的台地（台丘）上，石炭系常有缺失，甚至全部缺失。该时期没有明显的岩浆活动及大规模的浊流沉积。

（3）海西晚期至印支早期——拉张断陷阶段：这一时期包括二叠纪乐平世（P_3）—早三叠世，是拉张裂谷发育的鼎盛时期，有大量基性火山岩喷发，火山碎屑浊积岩厚度可达 1800m，并由西向东减薄。二叠纪乐平世（P_3）在本区西部还接受了台地相的含煤碎屑和碳酸盐沉积，早三叠世早期为碎屑岩沉积，晚期主要为碳酸盐岩沉积。此阶段的南盘江坳陷差异沉降显著，相带分异明显，"多槽围台"的格局清楚。

（4）印支中、晚期——挤压坳陷阶段：中三叠世，南盘江坳陷内以右江断裂、驮娘江断裂为主干的弧形断裂系统持续活动，使本区由断陷发展到整体下陷，是南盘江坳陷的形成期。坳陷内泥岩、砂岩极为发育，为陆源碎屑浊流沉积，厚度普遍在 3000m 以上，是当时滇黔桂地区的沉积沉降中心。坳陷西部丘北一带发育的堤礁，向东北可以追索到贵阳附近，断续延伸 300km，是当时滇黔桂海域的台地边缘相区。晚三叠世晚期，由海陆交互相逐渐过渡为陆相沉积，从而结束了本区的海相沉积史，伴随地壳的强烈上升，在区内中部及东部有基性岩侵入。

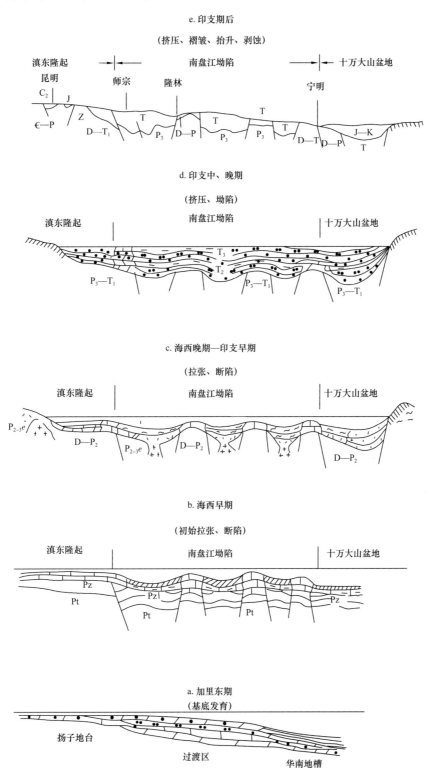

图 5-1　南盘江坳陷构造发展示意图

（5）燕山期及喜马拉雅期——挤压、褶皱、抬升及剥蚀阶段：燕山运动使本区沉积盖层全面褶皱，褶皱挤压强烈，断裂发育，形成了现今的断褶带基本格局。强烈的块断作用与褶皱，使不少深埋地下的古生代地层高幅度隆起，也使得三叠纪塑性地层形成紧密的褶曲，但古生代的孤立碳酸盐岩岩体刚性较强，多构成规模较大的复背斜，与三叠系的紧密褶曲现象不协调。喜马拉雅期主要是进一步整体抬升，遭受剥蚀，使本区高背斜上的古生代地层裸露地表。喜马拉雅期也是本区古近系和新近系断陷湖盆形成期。

2.地层与沉积相

南盘江坳陷地层系统及岩性组合详见表5-2。

表5-2 南盘江坳陷地层系统表

地层		台地型		盆地型	
		组	岩性	组	岩性
三叠系	上统	火把冲组	灰色、灰绿色粉砂岩、砂岩，深灰色泥岩夹煤线，厚0～687m		
		把南组	灰色、绿灰色泥岩、岩屑石英砂岩夹泥灰岩，厚178～483m		
		赖石科组	深灰色泥岩、砂岩，底部夹瘤状灰岩，厚310～859m		
	中统	法郎组	藻礁灰岩、生物碎屑灰岩及石灰岩，下部夹泥岩，厚580～2350m	兰木组	陆源碎屑浊积岩，厚2040～3143m
		个旧组	白云岩、石灰岩夹泥岩，厚549m	板纳组	陆源碎屑浊积岩，韵律性强，具鲍马序列及砂岩底面构造，厚299～3108m
	下统	永宁镇组	白云质灰岩、鲕状灰岩及石灰岩，下部为泥岩，厚64～1214m	龙丈组	深灰色钙质泥岩、泥晶灰岩及沉凝灰岩，厚100～200m
		洗马塘组	灰色夹紫红色泥岩、粉砂岩及石灰岩，厚50～700m	罗楼组	灰绿色凝灰质泥岩、凝灰岩夹粉砂岩及硅质岩，水平微细层理发育，厚134～411m
二叠系	乐平统	长兴组吴家坪组	灰色石灰岩、燧石灰岩及少量白云质灰岩，下部夹煤层、煤线，台地边缘有礁岩及生物灰岩，厚100～400m	者浪组弄坝组	火山碎屑浊积岩或硅质岩，局部夹砂岩，厚300～1600m
		峨眉山玄武岩组	海底喷发的钠质拉斑玄武岩夹硅质岩、沉凝灰岩及石灰岩，厚度变化大，坳陷东部缺失玄武岩，厚0～1250m		
	阳新统	茅口组	浅灰色块状颗粒灰岩、白云质石灰岩，台地边缘有礁灰岩，厚200～664m	茅口组	深灰色中层状泥晶灰岩及硅质岩，局部夹碳酸盐岩重力流角砾岩，厚150～450m
		栖霞组	浅灰色生物碎屑灰岩、亮晶灰岩、泥晶颗粒灰岩，厚0～300m	栖霞组	深灰色薄层泥晶灰岩、薄层硅质岩，厚10～96m

地层		台地型		盆地型	
		组	岩性	组	岩性
二叠系	船山统	马平组	浅灰色、灰色石灰岩，厚50～150m	马平组	深灰色燧石灰岩与硅质岩，厚0～460m
石炭系	上统	黄龙组	浅灰色、灰色白云岩夹介壳灰岩，局部有藻礁灰岩，厚50～200m	黄龙组	深灰色燧石灰岩与硅质岩，厚0～500m
	下统	摆佐组	浅灰色亮晶灰岩、微晶灰岩夹介壳灰岩、生物碎屑灰岩及泥晶灰岩，台地边缘有藻礁灰岩，厚200～400m	下统	灰黑色中厚层状燧石灰岩、石灰岩与黑色硅质岩互层，自下而上硅质岩减少，石灰岩增加，厚205～613m
		大塘组	上部灰色、深灰色含燧石团块灰岩、泥晶灰岩夹薄层硅质岩，下部紫红色泥岩、黑色泥灰岩和硅质页岩互层，厚169～473m		
		岩关组	深灰色石灰岩、泥质灰岩和含燧石泥质灰岩，夹紫红色泥页岩、硅质岩，厚0～253m		
泥盆系	上统	融县组	灰色厚层石灰岩、藻鲕灰岩及藻屑灰岩，厚0～880m	榴江组	深灰色硅质岩、硅质页岩，常含锰质、磷质或扁豆状灰岩，厚0～429m
	中统	东岗岭组	灰色厚层石灰岩夹介壳灰岩透镜体，厚300～600m	罗富组	深灰色钙质页岩夹泥灰岩或泥晶灰岩，厚40～587m
		应堂组	灰色块状石灰岩夹白云质灰岩及介壳灰岩，厚200～400m	纳标组	深灰色泥晶灰岩、含泥质灰岩，厚40～450m
	下统	四排组	深灰色细晶白云岩、泥晶灰岩夹粉砂岩及黑色页岩，厚53～90m	塘丁组	深灰色泥晶灰岩、燧石条带石灰岩，局部为白云岩及生物碎屑灰岩，厚20～440m
		郁江组	深灰色泥页岩及粉砂岩，厚0～44m	郁江组	灰绿色及灰黑色页岩、粉砂岩，上部夹薄层石灰岩，本区东部夹有砂岩，厚0～207m
寒武系	芙蓉统		浅灰色—灰色白云岩及石灰岩，常具有鲕状结构，夹有泥岩及粉砂岩，自西向东增加；区内最大出露厚度4325m		

基底岩系：由下古生界寒武系组成，仅见于隆林、西林一带，为白云岩、白云质灰岩夹泥岩、粉砂岩，出露厚约800m，已轻度变质和微弱褶皱，与上覆泥盆系呈微角度不整合接触。

上古生界：岩性、岩相变化大，厚度变化也较大。泥盆系至二叠系总厚度为4000～5000m，可分台地型沉积和盆地型沉积两种类型。台地型沉积，多以台丘形式出现，为正常浅海相各类粗结构石灰岩、白云石化灰岩，其中泥盆系、二叠系生物礁发育，尤以二叠系生物礁为甚，厚达 200～400m。盆地型沉积，为黑色薄层泥晶灰岩、硅质岩、硅质泥晶灰岩及重力流钙屑岩，含放射虫或海绵骨针，有机质丰富，是坳陷内主要烃源岩。坳陷内的二叠系乐平统（P_3）中发育一套火山碎屑浊积岩，成分与玄武岩相似，为深灰色、黑色薄层碳质泥岩、硅质泥岩、沉凝灰岩组成的韵律层，含放射虫和海绵骨针，厚为 200～1600m，由西向东减薄。在坳陷西部二叠系乐平统（P_3）中还有喷发的钠质拉斑玄武岩，多沿断裂分布。

中生界：主要为盆地沉积。下三叠统为火山碎屑浊积岩，局部为泥质岩与石灰岩互层；中三叠统为陆源碎屑深水浊积岩，由泥页岩、砂岩夹少量石灰岩组成。北部弥勒、师宗、罗平一带，下三叠统下部为泥岩、砂岩夹石灰岩；下三叠统上部及中三叠统为石灰岩、白云岩夹少量泥、页岩。上三叠统仅见于坳陷西部，下部仍为深水浊流沉积，上部为海陆交互相沉积。全区缺失侏罗系、白垩系。

新生界：古近系和新近系主要见于百色盆地和师宗、弥勒断裂东南侧，坳陷西部亦见有零星分布，为内陆湖相、河流相、山麓相碎屑岩。古近系与下伏地层为角度不整合接触。

三、油气地质

1. 烃源岩

南盘江坳陷上古生界主要为盆地沉积，即深水低能还原环境沉积，对有机质的保存和转化较为有利。由于勘探条件所限，仅对二叠系烃源岩做了研究。生油性能最好的是二叠系乐平统（P_3）灰质、钙质泥页岩，厚度一般为 200～400m，有机碳含量最高可达19%，一般为 2%～5%。碳酸盐岩烃源岩主要发育于二叠系阳新统（P_2），为暗色泥晶灰岩，厚为 100～500m，有机碳含量可达 0.8%。双 1 井对所钻层位中可能的烃源岩地层均取样进行了有机质丰度分析，其中针对二叠系进行了系统取样，有机碳分析数据见表 5-3，母质类型以腐泥型为主（表 5-4）。区内泥盆纪—石炭纪，由于沉积环境与二叠纪相似，故推测其烃源岩的生油特性也与二叠系相近，烃源岩的有机质热演化程度高，根据双 1 井二叠系烃源岩共 11 个样品的测定，R_o 介于 2.90%～3.64%，多已进入过成熟期。

表 5-3　南盘江坳陷双 1 井二叠系烃源岩厚度及有机碳分析结果

层位	可能烃源岩		有机碳分析			烃源岩评价
	岩性	厚度 / m	数量 / 个	范围值 / %	平均值 / %	
龙潭组 P_3l	深色泥岩	243	14	1.04～6.16	2.45	极好烃源岩
	灰色石灰岩	85	1	0.10	0.10	非烃源岩
四大寨组 P_2s	深色泥岩	20	1	0.45	0.45	差烃源岩
	深色石灰岩	340	11	0.06～0.72	0.24	

表 5-4　南盘江坳陷双 1 井二叠系烃源岩干酪根扫描电镜分析结果

井深 /m	层位	岩性	分析内容	放大倍数	干酪根类型
3818	龙潭组 P_3l	灰黑色碳质泥岩	絮状腐泥质及块状惰质体	1000	腐殖偏腐泥型
			絮状腐泥质集合体，其中见少量镜质体	3630	
			条状木质纤维及絮状腐泥质	2790	
			块状惰质体、镜质体及片状腐泥质	3040	
3926	四大寨组 P_2s	深灰色泥岩	以腐泥质为主，少量惰质体、镜质体	1000	腐泥型
			片絮状腐泥质集合体	4620	
			块状惰质体、镜质体及片絮状腐泥质	1830	
			片絮状腐泥质及块状惰质体	1530	

2. 储层

南盘江坳陷晚古生代盆地中台丘相发育，台丘上的生物礁灰岩、各种粗结构石灰岩及白云石化灰岩，都具有较好的原生及次生孔隙。燕山期—喜马拉雅期强烈褶皱和断裂所形成的裂缝，既是油气运移的通道，也是油气的良好储集空间。现今在已暴露的台丘上，常见礁岩中有丰富的沥青充填。例如在云南丘北温浏，视面孔隙率为 3%～6%，有的可达 12.5%，多被沥青充填；盘参井在井深 3500～4000m 之间仍存在深部溶蚀孔隙发育带，孔隙度达 4%～7.7%。此外，三叠系砂岩也具有一定的储层条件。

3. 盖层

南盘江坳陷二叠系乐平统（P_3）—三叠系以泥质岩、砂岩沉积为主，沉积厚度可达 3000m 以上，泥质岩单层厚度可达百余米，覆盖面积达 30000km²，是坳陷内的良好盖层。

南盘江坳陷乐平统（P_3）盖层一般为 100～200m，最厚处关岭南达 1931m，隆林东为 559m，天峨西为 436m。总体上，南盘江地区乐平统（P_3）泥质岩盖层处于晚成岩阶段，因南盘江坳陷无物性测试资料，故推测其封盖能力一般。

南盘江坳陷的区域盖层为中—下三叠统泥页岩，现今残存厚度 2000～4000m，其中泥岩的平均单层厚度 60m，累计厚度可达 400～1850m，连片分布面积大。秧坝凹陷的泥岩单层厚度可达 24.4～168m，累计厚度 400～1850m，区域上连片分布面积大于 6000km²，现今中—下三叠统残存厚度 1300～3500m。双 1 井和秧 1 井揭示的南盘江坳陷中—下三叠统砂泥岩盖层的 R_o 为 1.36%～1.66%，达中成岩晚期阶段。南盘江坳陷中—下三叠统泥质岩盖层总体评价为 Ⅱ—Ⅲ 类盖层，部分属于 Ⅰ 类和 Ⅳ 类，封闭能力好—中等（表 5-5）。

4. 生储盖组合

南盘江坳陷的沉积层序是一个大型的储盖组合。泥盆系—二叠系的盆地型沉积是良好的生油层，而同期沉积的、空间位置高耸的碳酸盐岩台丘沉积则是良好的储层；二叠系乐平统（P_3）—三叠系，区内以泥岩、砂岩沉积为主，沉积厚度大于 3000m，泥岩单层厚度可达百余米，且分布广泛，是良好的区域盖层；它们共同组成区内的储盖组合。此外尚有局部的生储盖组合，如盆地区内的石灰岩夹层、浊积岩中的砂岩及石灰岩夹层，它们与上覆盖层一起，都可形成局部生储盖组合。

表 5-5　南盘江坳陷秧坝凹陷中—下三叠统泥质岩盖层物性统计表

样品位置	样品编号	层位	岩性	孔隙度 / %	渗透率 / μD	排驱压力 / MPa	突破压力 / MPa	比表面积 / m²/g	封盖高度 / m	遮盖系数 / %	扩散系数 / 10⁻⁶cm²/s
田林潞城	LC-1	板纳组 T_2b	泥岩	1.41	13.0		15.20	1.94	1474.70	2949.41	0.59
望谟乐康	LK-3		泥岩	3.91	18.1		14.02	3.25	1359.65	2719.30	1.52
	LK-4		泥岩	3.31	18.6		14.97	2.27	1474.70	2949.41	1.43
册亨纳福	NF-1		泥岩	1.77	6.6		12.66	4.10	1228.37	2456.74	0.89
册亨板街		T_2	泥岩	3.40	0.0190	5.84	30.44				
			泥岩	2.80	0.0113	11.65	42.44				
			粉砂质泥岩	0.63	0.0965		10.41				
望谟纳上			泥岩	3.60	0.0099	9.26	30.34				
			泥岩	3.90	0.0123	9.26	31.40				

5. 圈闭

区内的主要圈闭类型是围绕碳酸盐岩岩体（台丘）所形成的同生构造，燕山期—喜马拉雅期形成的构造圈闭次之（图 5-2）。

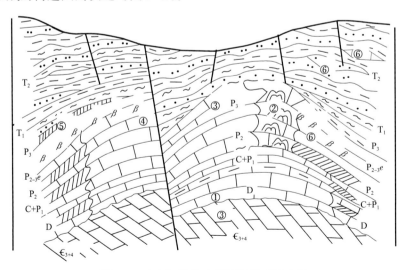

图 5-2　南盘江坳陷多种圈闭类型示意图

①背斜；②礁块；③不整合；④断层；⑤岩性尖灭；⑥砂岩及石灰岩透镜体、重力流角砾岩

1）背斜

台丘往往发育成背斜，是区内的主要圈闭类型。另外，燕山期—喜马拉雅期的强烈褶皱，也可形成表层（二叠系乐平统—三叠系）较小的、深部（古生界）大而宽缓的背斜构造圈闭。如温浏背斜为穹隆状，古生界圈闭面积为 $190km^2$，核部出露地层为中泥盆统；从泥盆系到二叠系，主要为浅水碳酸盐岩沉积，是一个由台丘发展起来的背斜构造；在下石炭统内部、二叠系与石炭系之间、二叠系乐平统（P_3）与阳新统（P_2）之间为假整合接触；二叠系生物礁发育，为链状环礁，出露于构造边缘；泥盆系—二叠系均见有沥青，沥青充填具有多期性。这一实例说明：南盘江坳陷的油气生成、储集空间、聚集场所以及盖层条件等都曾具备，并且曾有过油气藏的形成；现今出露古生界的高背斜，油气藏已经破坏，但在三叠系泥岩盖层之下，推测还可能有类似的背斜构造存在。

2）礁块

是位于台丘顶部的岩性圈闭，上古生界各层系均见有生物礁发育，其中尤以二叠系最为发育，之上有二叠系乐平统（P_3）泥质岩或三叠系区域盖层覆盖。这些礁块与台丘型背斜一起构成了区内的主要圈闭类型。

3）不整合

主要发育于二叠系中，其次发育于寒武系中。在碳酸盐岩台丘或岩隆的顶部，常有侵蚀面存在，侵蚀面以下的碳酸盐岩，溶蚀孔隙发育，它们与上覆盖层配合形成圈闭，并常与同生背斜伴生，是区内的圈闭类型之一。

4）断层

区内断裂发育，数百米断距的断层屡见不鲜，且有使储层与盖层在断层面接触而形成断层圈闭的条件。断层圈闭主要形成于燕山期—喜马拉雅期。

5）岩性尖灭

坳陷内同生背斜发育，其翼部有形成岩性尖灭圈闭的条件。

6）透镜体

浊积岩中的石灰岩透镜体、砂岩透镜体，以及碳酸盐岩重力流沉积，均有条件形成圈闭。

6.保存条件

1）构造、岩浆及成矿作用对油气保存条件的影响

（1）构造变形与断裂作用。

南盘江坳陷的构造变形主要受南部马关—河江基底拆离体由南往北的推覆作用控制，变形强度总体来说，具有由南向北逐步变弱的趋势。秧坝凹陷处于南盘江—隆林—田林—右江—隆安逆冲断裂带与弥勒—师宗北东向走滑断裂带，以及六盘—水—紫云北西向走滑断裂带所夹持的三角形构造变形带上，为马关—河江基底拆离推覆体由南向北递进逆冲推覆作用前缘的"中等强度变形带"；同时位于雪峰山南端推覆体由东北向西南逆冲推覆构造变形域之间的走滑转换带，属于南盘江坳陷相对稳定地带。

南盘江地区断裂中流体的主要活动时间集中在 172—64Ma 之间，方解石脉的形成年龄为 146.5—77.18Ma，相当于晚燕山期，这与本区最强烈的构造热事件一致而对油气保存不利。南盘江、右江等断裂带裂缝中的方解石脉、石英脉，其单个流体包裹体进行

的成分测定显示，包裹体气体以二氧化碳为主，有机烃中甲烷的比例普遍在90%以下，说明有机烃可能在断裂带活动初期，甚至在断裂带形成以前的地层变形过程中已经大部分散失，且隐伏断裂破坏了三叠系泥质岩盖层的封闭性。As、Pb及Hg异常区及伽马异常区，大多数分布在断裂带周缘，说明深部热液（包括岩浆源热液）已经直接影响到浅层，通天断层对油气保存极为不利。

秧坝凹陷处于多期逆冲—推覆构造带所围绕的构造应力相对较小的地区，四周的深大断裂自印支期以来均表现为压性或压扭性断裂，可作为秧坝地区的封隔边界。秧坝凹陷持续处于逆冲—推覆构造带下盘，增加了断层对边界的封隔作用。地震资料显示，秧坝凹陷发育的中、小断裂均为隐伏断裂，之上覆盖2000～5000m的中—下三叠统区域盖层，压性断裂对油气有一定的保护作用。

（2）抬升剥蚀作用。

印支运动导致南盘江地区抬升剥蚀了200～450m，使印支期形成的油气藏遭受了一定程度的破坏，但由于抬升时间短，剥蚀厚度小，对油气藏的破坏较弱。燕山运动—喜马拉雅运动，使本区沉积盖层遭受了强烈的抬升剥蚀，剥蚀厚度在3000～5000m之间，凹陷内部的剥蚀厚度相对较小，但也在3000m以上。秧坝构造秧1井的钻探成果表明，二叠纪末的苏皖运动，使本区的丘台遭受不同程度的剥蚀，剥蚀厚度在200m以上。燕山期—喜马拉雅期的抬升剥蚀对燕山期前所形成的油气藏有不同程度的破坏，但剥蚀作用所导致的油气藏的破坏主要限定在剥蚀掉的地层中，这在三叠系以及二叠系以下地层直接出露的地区影响最为强烈，而有三叠系覆盖的二叠系、石炭系和泥盆系，仍具有一定的保存条件。

（3）岩浆与成矿作用。

南盘江坳陷古生代以来岩浆活动较弱，未见大中型酸性岩基，仅见零星的海西期玄武岩及海西期辉绿岩分布，且岩浆活动是以深水环境的海底基性岩浆喷溢为主，多与硅质岩互层，构成层状地层。岩浆活动对本区油气的影响甚微。

金矿与油气藏破坏、烃类散失和金元素的沉淀有关，贵州册亨的赖子山和板其，以及广西隆林和田林等地的金矿床或金异常区，为断裂、流体作用强烈地区，对油气藏的保存不利。

2）水文地质对油气保存条件的影响

南盘江坳陷自石炭纪以来经历了3个水文地质旋回，共6个阶段。海西期，其沉积水文地质阶段为盆地泥岩压榨水离心流阶段。印支运动使得秧坝区块遭受抬升剥蚀，进入抬升剥蚀期的淋滤水文地质阶段（大气水下渗—向心流阶段）。印支运动后，再次沉降接受沉积，进入沉积埋藏期的泥岩压榨水离心流阶段。燕山运动至今，南盘江坳陷主要处于抬升剥蚀的大气水下渗—向心流阶段。

南盘江坳陷现今水动力场可以划分为大气水下渗区、地下水径流区和区域地下水流动区（图5-3）。大气水下渗区不利于油气的保存，地下水径流区的油气保存条件也较差，区域地下水流动区相对有利于油气的保存，即坳陷中的中三叠统砂泥岩覆盖区对油气的保存较有利。

南盘江坳陷秧坝区块的中三叠统泥岩、泥质粉砂岩覆盖区，大气水和地下水的下渗作用弱，主要由地形差引起并决定，其下渗深度小（200～600m）。在地形高处，大气水下渗，进入山谷后溢出地表，形成泉水，其流量小，受季节性的控制，水温接近年平均气温。碳酸盐岩出露区断层发育，地下水下渗作用强烈、循环深度大、距离较远，返回地表后形成的泉水温度较高，一般大于年平均温度，流量较稳定。

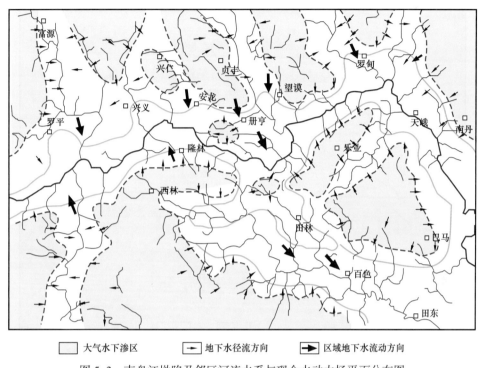

图 5-3　南盘江坳陷及邻区河流水系与现今水动力场平面分布图

秧坝构造的西北侧可能受到大气水下渗影响，凹陷内大气水下渗的深度和强度明显较小（图 5-4）。南盘江坳陷残存的中三叠统砂泥岩覆盖区，油气藏可能得到保存，为较有利的油气勘探区块。

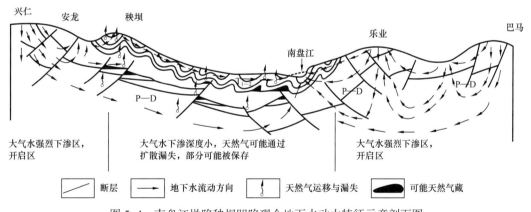

图 5-4　南盘江坳陷秧坝凹陷现今地下水动力特征示意剖面图

3）油气保存条件综合评价

南盘江坳陷油气保存条件综合评价认为，有中—下三叠统泥岩及粉砂质泥岩覆盖的秧坝凹陷油气保存条件最好，其中，秧坝构造及双江构造最为有利（图 5-5），其次为花冗构造及潞城构造。

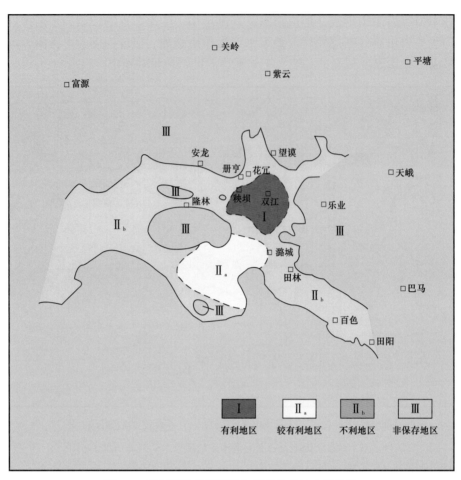

图 5-5　秧坝凹陷及周缘油气保存条件综合评价图

7. 隆林安然古油藏

广西隆林安然二叠系长兴组（P_3c）生物礁古油藏位于隆林县安然村，这是南盘江坳陷中众多二叠系生物礁古油藏中具代表性的之一。

长兴组中海绵礁的发育类型受古地貌控制，礁体面向西侧的深水海盆迎风面生长，形成向西凸出的马蹄形环礁，绵延 20km，礁体周缘被二叠系乐平统（P_3）盆地相优质烃源岩包绕，礁顶被三叠系盆地相泥岩封盖。印支运动主幕（T_3/T_2）导致了礁体与呈东西轴向的安然背斜（轴部出露石炭系—二叠系，圈闭面积 184km² ）西端端部重合，这也是二叠系长兴组生物礁古油藏的主要成藏期，圈闭类型属构造—岩性复合型，主要储层为二叠系乐平统长兴组（P_3c）礁灰岩，富集于顶部侵蚀面下 50m 的孔洞发育带中，次要储层为二叠系阳新统茅口组（P_2m）礁灰岩。

古油藏形成不久，即在盆—山转换过程中先遭氧化、后遭热演化而改造为反射率 R_o 多数大于 2.3%、最高可达 3.16% 的"改造型碳沥青"残留，据有关研究者对现今沥青残留量约 3000×10^4t 推算，原始石油聚集规模可达亿吨级（图 5-6、图 5-7）。

1）成藏期及有效成藏组合分析

安然生物礁发育于低能盆地相区与高能台缘带的交接部位，盆地相区发育有 D_2、C、P、T_1 等多层位烃源岩，因其沉积厚度不大，4 个层位的地层累计厚度仅 1982m 左右（据乐业幅区测报告中的地层厚度资料统计），供烃的有效性需在厚逾 3500m 的中三叠统平而关组大套浊积岩地层覆盖的整体封闭体系形成之后，才能进入生烃高峰、排烃和供烃；而适时的输烃通道及圈闭，是印支运动主幕褶皱形变期所形成的大量断裂，以及安然背斜西端的构造—岩性复合型圈闭，因此安然生物礁古油藏的确切成藏时间为 235Ma 的印支运动主幕。

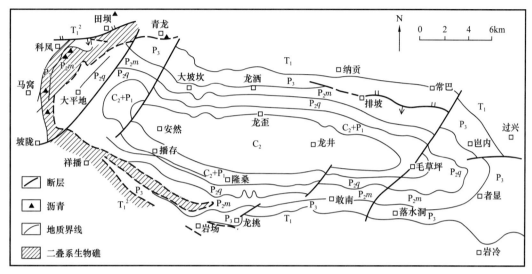

图 5-6　广西隆林安然构造生物礁及沥青分布图（据罗槐章，1991）

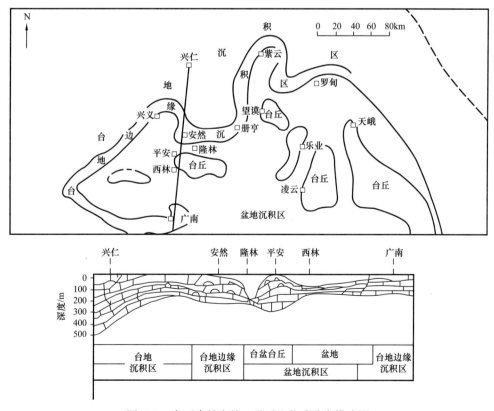

图 5-7　广西隆林安然二叠系生物礁分布模式图

安然生物礁的类型属海退型生物礁，礁的原生骨架孔高达 40%～70%。受成岩后生变化各种作用影响（图 5-8），据现今残留储层沥青的充填特征，成藏期进油时有效的储集空间以礁岩骨架剩余孔以及粒间溶孔、晶间溶孔为特色，一般面充填率为 6%，局部可达 8%～10%，并在距顶部侵蚀面下 50m 的孔洞发育带中相对富集。储层沥青的产状有 8 种：

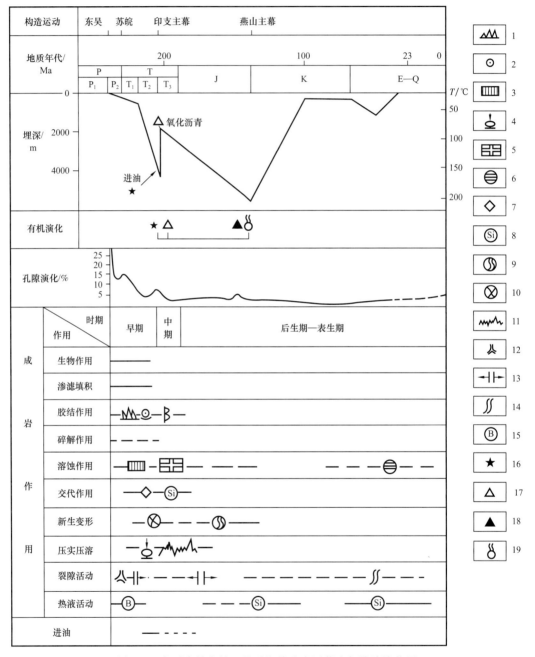

图 5-8　广西隆林安然二叠系海绵礁岩埋藏史与孔隙演化图

1—栉壳状胶结；2—共轴生长；3—淋滤渗透；4—压实；5—深部溶蚀；6—表生溶蚀；7—自形白云石；8—玉髓；
9—应变重结晶；10—重结晶；11—缝合线；12—海底裂隙；13—张裂缝；14—溶蚀缝；15—热液活动；16—生油高峰；
17—氧化沥青；18—碳沥青；19—干气

（1）礁岩骨架剩余孔，有全填满式与半填满式两种，属两期充填物，前者为古油藏进油期产物，后者为古油藏改造期充填物；

（2）栉壳状方解石晶间溶孔及方解石胶结物世代间孔缝；

（3）成岩张开溶蚀缝（礁岩抬升、淡水淋滤的溶蚀缝）；

（4）海绵、葡萄石生物体腔残余孔；

（5）层间缝；

（6）挤压构造缝及断壁张裂缝；

（7）构造缝中方解石晶间溶孔；

（8）热液方解石—萤石脉晶间孔及晶内气、液、固相包裹体。

其中，（1）至（6）为古油藏形成期的有效储集空间，（7）、（8）为古油藏改造期的有效储集空间，两期充填物的热演化程度略有差别，后期充填的沥青，演化程度较古油藏沥青略低（表5-6）。由于现今残留沥青普遍处于高演化背景，"七五"期间（1985—1990年）选用相对稳定的芳香烃化合物指纹特征进行沥青源的追溯对比（图5-9），发现与二叠系阳新统（P_2）的黑色泥灰岩最为相似，沥青与烃源岩均以高菲、高甲基菲、高二甲基菲、高甲基萤蒽的指纹组合特征，展示了二者的亲缘关系；而中泥盆统的泥质灰岩则与二叠系阳新统茅口组（P_2m）中成岩缝沥青的指纹相似；下三叠统的泥灰岩与二叠系阳新统（P_2）、乐平统（P_3）的礁沥青，呈现出高菲、高萤蒽部分相似（图5-10），它们都在印支运动主幕发生的关键时刻，实现了及时有效的供烃性与适时的整体封闭，它们与储集空间、输导系统、储盖组合及构造—岩性复合型圈闭一起，组成了有效的成藏组合体系，二叠系长兴组（P_3c）的礁型古油藏得以形成。

表5-6　广西隆林安然古油藏沥青赋存特征及热演化程度数据表

采样点	层位[①]	沥青赋存特征	R_b/%	折算 R_o/%[②]	备注
科风	P_3	构造缝、成岩缝	2.79	2.32	
科风	P_3	溶蚀格架孔	2.79	2.32	
科风	P_2m	构造缝、成岩缝	3.26	2.66	
科风	P_3c	构造缝	2.03	1.78	
马窝	P_3c	构造缝	1.99	1.76	
马窝	P_3c	构造缝	3.73	2.99	受褶皱断裂活动影响
马窝	T_1	碎屑岩基质分散沥青	2.76	2.30	
祥播	P_3c	溶蚀格架孔	3.98	3.16	
祥播	T_1	生物体腔	1.62	1.50	
岩宜	T_2	构造缝	2.17	1.88	
岩宜	T_2	成岩缝	2.90	2.40	
隆林	D_2	层间缝	4.07	3.23	

① P_2m—二叠系阳新统茅口组，P_3c—二叠系乐平统长兴组。

② $R_o=0.3443+0.7102R_b$（引自杨惠民，齐敬文等，1999）。

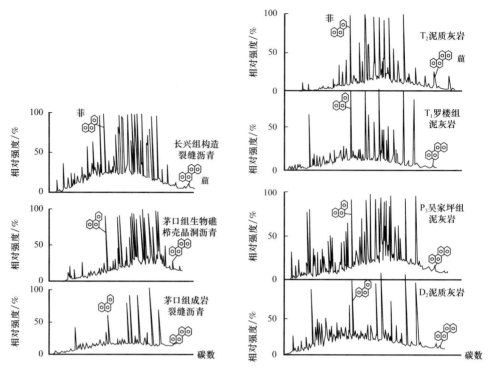

图 5-9 广西隆林安然古油藏沥青及烃源岩芳香烃色谱指纹对比图

（据罗槐章等，1993，修改）

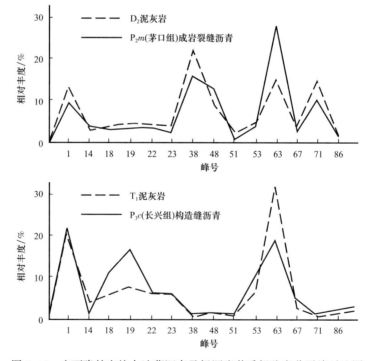

图 5-10 广西隆林安然古油藏沥青及烃源岩芳香烃稳定分子峰对比图

1—菲；14—2-甲基二苯并噻吩；18—3-甲基菲；19—2-甲基菲；22—9-甲基菲；23—1-甲基菲；38—二甲基菲；
48—甲基芘菲；51—芘；53—甲基芘菲；63—甲基䓛蒽；67—甲基芘；71—二甲基芘菲；86—四甲基菲

2）古油藏的破坏与改造

随着南盘江区域中三叠统弧后前陆盆地的反转褶皱造山隆升，安然构造轴部中三叠统这一区域性盖层被剥蚀，大气水下渗，导致淋滤带深度内礁型古油藏储层中的原油普遍被氧化改造，呈全填满方式的氧化沥青残留；此后氧化沥青又再一次被厚逾4000～5000m的晚三叠世—侏罗纪磨拉石碎屑岩沉积叠覆、深埋、增温（据北邻贞丰龙头山上三叠统残留厚度2390m推算），并叠加燕山运动主幕的热液活动和剧烈形变改造，形成了反射率R_o普遍高达2%～3%、先氧化后演化的"改造型碳沥青"残留，其伴生产物即是改造型碳沥青形成过程中由热解—热裂解作用所产生的轻质油气——干气，它们大多充填于礁灰岩成岩晚期所形成的构造缝中的方解石晶间溶孔和热液方解石—萤石脉脉石晶间孔内，并为脉石晶体所包裹。它们在更晚期的构造运动中被改造为呈半充填状或薄膜状产出的热演化型碳沥青残留，并随大面积的隆升剥蚀而暴露地表。安然构造汞矿点的存在，记录了已遭氧化改造的古油藏在燕山构造旋回的新一轮的油气活动和彻底破坏的经历。

四、有利区带及远景评价

南盘江坳陷有6个二级构造单元（图5-11）。

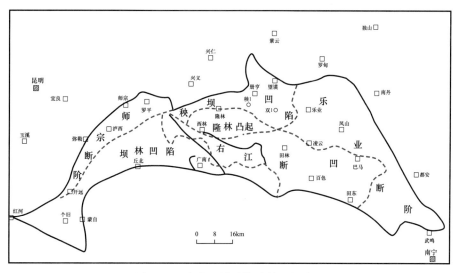

图5-11　南盘江坳陷构造单元划分图

1. 师宗断阶

位于坳陷的西北部，西北以弥勒—师宗大断裂为界，东南以南盘江断裂为界，为一北东向的条形断块，面积5370km²。断块呈阶梯状向东南（坳陷内）降低，地层依次变新，属隆起与坳陷之间斜坡上的断阶。晚古生代主要为盆地沉积相区，二叠纪乐平世（P_3）有玄武岩喷发，三叠纪相变带（台缘相区）通过区内，地表主要为三叠系台地相碳酸盐岩、碎屑岩。古生代地层出露不足10%。区内构造线为北东向，地表有罗平、花贵、杨梅山等背斜构造。罗平、花贵构造，经地震证实，地下构造存在，但较为平缓，地面与地下构造吻合较好。自1970年9月罗平构造罗1井开钻以来，师宗断阶已钻探井6口，是南盘江坳陷内所钻深探井最多的二级区块，断阶上6口探井中有4口位于罗平构造上。

罗平构造位于师宗断阶的东北部，为一穹隆状短轴背斜，轴向近北北东向，闭合面积为 177.5km²，闭合高度 750m，核部出露下三叠统永宁镇组，是师宗断阶内面积最大、形态最完整的构造。1959 年，地质部第八石油普查勘探大队的前身，在罗平构造上钻浅井 1 口，井深 1120.48m，井孔穿过三叠系，进入二叠系乐平统（P₃）完钻，钻井中的三叠系和二叠系乐平统（P₃）均见有气显示。1970 年，在罗平构造钻探罗 1 井，于 862.5～872.17m 井段见微量油气显示，2446～2454.12m 见沥青及油浸，2489～2547m 见少量沥青，这些井段均为二叠系乐平统（P₃）。1973 年至 1977 年，又在罗平构造上钻探井 2 口，目的是打穿二叠系乐平统（P₃），但未能实现。1977 年 11 月 13 日，又在该构造上钻探罗 4 井，于 1983 年 5 月 28 日完钻，井深 3656m，井底层位为二叠系阳新统（P₂），未获油气。另外，在杨梅山构造和花贵构造上钻探过杨 1 井及花 1 井，均未达到预期效果。

2. 坝林凹陷

位于南盘江坳陷西部，西北为师宗断阶，南为马关隆起，东以富宁断裂与右江断凹相隔，面积 11200km²。地表主要为三叠系中、下统砂岩及泥岩。上古生界主要为盆地相区，但有台丘发育。区内构造线自西向东由北东转为东西，略成弧形。雨厦断裂横贯本区，将区内分为南北两部：北部为低断块区，地表为中三叠统泥砂岩；南部为高断块区，大多出露古生代地层，在古生界碳酸盐岩中常可见到沥青。1975 年至 1984 年，该凹陷共钻探井 4 口、参数井 1 口。所有钻井中，以盘参井井深最大（4435m），揭示地层最多。盘参井位于低断块区坝林背斜西端偏北，由于地形恶劣，井位偏离地下高点约 12km（图 5-12），开孔层位为中三叠统板纳组，完井层位为上石炭统，在钻井中于二叠系乐平统玄武岩组（P₃β）、二叠系阳新统（P₂）见有油显示，石炭系见有气显示（对于这些油气显示，尚存争议）。另外，在设 1 井于中三叠统见有油显示，在拖 1 井见有沥青。本区地表三叠系紧密梳状褶曲发育，地震证实地腹为宽缓褶皱，地表构造与地腹构造的形态吻合较差。另据本区南部上古生界台丘发育的特点来看，本区北部亦可能有隐伏的古生界台丘存在，可形成较好圈闭。

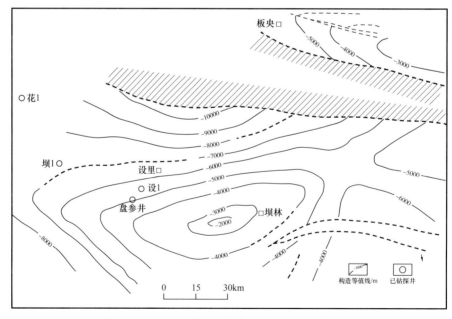

图 5-12 南盘江坳陷坝林背斜阳新统顶面构造图

3. 秧坝凹陷

位于黔西南坳陷南东侧，南为隆林凸起，东邻罗甸断坳及乐业断阶，面积 6980km^2。区内局部构造较多，但较大的局部构造均已出露下古生界，多数构造较小，由三叠系柔性地层组成。秧坝构造经地震证实，地腹构造存在（图 5-13），且地腹二叠系可能有生物礁发育，埋深较浅（约为 2400m），是凹陷中较好的背斜构造。

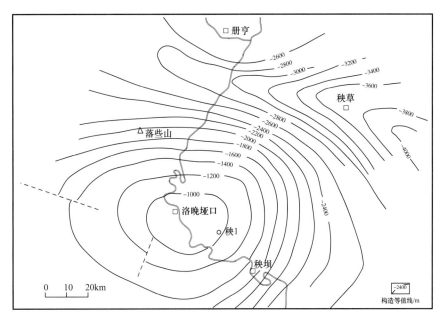

图 5-13　南盘江坳陷秧坝背斜二叠系顶面构造图

秧坝区块地表出露的地层普遍是中三叠统浊积相细碎屑岩建造，天峨—南丹地区局部存在上三叠统，并在册亨板其和乐业、隆林安然等部分地区直接出露孤立碳酸盐岩台地相的上古生界目的层系，加上存在明显的喜马拉雅期右江走滑断裂体系，使得秧坝区块的整体封闭体系经受严峻的考验。为了揭示其封盖条件和含油气性，2000 年在秧坝构造上钻探了秧 1 井，2002 年在双江构造上钻探了双 1 井。

1）秧 1 井

秧 1 井位于秧坝构造高点偏东约 900m 的翼部，行政上属于册亨县秧坝镇者术村，处于 YBD99-18 线上，主探二叠系、泥盆系，井口海拔为 1075.93m。秧 1 井于 2000 年 5 月 15 日自中三叠统兰木组三段开钻，自上而下依次钻遇了兰木组（T_2l）、吴家坪组（P_3w）、茅口组（P_2m）、栖霞组（P_2q）、石炭系—二叠系的马平组（C_2m+P_1m）、融县组（D_3r），2001 年 2 月 25 日钻至 4450m 井深完钻，完钻地质层位为融县组，2001 年 10 月 14 日完井。实钻未发现油气层，仅见 CO_2 和微弱烃类气测异常，4 个测试层除 1 层为含气水层外均为低渗透干层（表 5-7）。

（1）秧 1 井实钻未钻遇预计的三叠系板纳组（T_2b），也未见到二叠系长兴组（P_3c）礁灰岩，而且吴家坪组（P_3w）钻厚仅 24.5m。结合井区附近地面地质普见中—下三叠统为逐次上超沉积，兰木组（T_2l）多上超到二叠系之上，故认为二叠纪乐平世末存在以隆升为主的苏皖运动，而且该运动在秧坝地区较为强烈，造成本区地层遭剥蚀厚度达 200～600m 以上，这在今后的评价研究中应引起重视。

表 5-7　南盘江坳陷秧坝构造秧 1 井测试层段基础数据一览表

测试段井深 /m		4377~4391	2573~2594	2350~2354	2201~2207
测试段层位		融县组（D_3r）	栖霞组（P_2q）+茅口组（P_2m）	茅口组（P_2m）	吴家坪组（P_3w）
测试层厚度 /m		14	21	4	6
有效渗透率 /mD		0.41	10.92	0.08	仅产出 0.12m^3 液体，且实测关井压力只有 0.735MPa，故无法外推地层压力
产水量 /（m^3/d）		0.155	34.88~53.76	0.137	
产气量 /（m^3/d）		—	850~2234		
地层压力系数		0.6319	0.9997	0.922	
地温梯度 /（℃/100m）		2.4422	2.4918	2.3446	2.2822
地层水	总矿化度 /（g/L）	1.10	27.97	11.64	1.51
	水型	Na_2SO_4	$NaHCO_3$	$NaHCO_3$	Na_2SO_4
	Cl^-/（mg/L）	1.42	12688	2137.64	573.58
	$\gamma(SO_4^{2-})\times100/\gamma(Cl^-)$	975	0	5.605	4.759
	$\gamma(Na^+)/\gamma(Cl^-)$	3.75	1.139	2.577	1.044
	$\gamma(Cl^--Na^+)/\gamma(mg^{2+})$	−0.35	−7.009	−20.454	−1.145
	备注	非地层水			混有压井液
测试结论		低渗透干层	中渗透、高矿化度、中产含气水层	低渗透的致密干层	极低渗透干层

（2）进入二叠系石灰岩段后，气测基值增高，出现较弱的异常峰段，而且栖霞组（P_2q）石灰岩段取心普遍冒气，岩心置水中可见气泡沿水平微裂缝连续逸出呈线状，但气测无异常反映。岩心裂缝发育，见有水平张裂缝、多方向垂直缝（方解石充填）及顺层缝合线。在垂直方解石脉及缝合线中见少量碳沥青。结合 R_o 大于 2.10% 分析，井区经受了热演化阶段，烃类主要属于干气性质。

（3）兰木组（T_2l）作为区域盖层，其泥质岩成分单一，主要由水云母及少量的其他黏土矿物组成，含粉砂一般不超过 10%。兰二段、兰一段单层厚度最大达 12m、26m，常见有机质不均匀浸染，黏土矿物测定，伊利石含量 87%~96%，未见蒙皂石，但见无水芒硝（最高含量 13.9%）；R_o 值测定，自兰三段的 1.36% 至兰一段的 1.52%，底部增至 2.10%。因此，认为属于成岩晚期 B 亚期的泥岩已具脆性，但井深 2020~2098m 厚78m 的兰一段泥质岩，绿泥石含量 13%~20%，岩心分析的孔隙度为 0.8%~1.8%，渗透率为 0.817~3.170mD，仍可以作为Ⅲ级直接盖层看待，它与其上的气测高含 H_2S 段（1843~1868m）一起，具一定封盖作用。

（4）中途测试表明，2571.21~2626.97m 井段产水（73m^3/d）、含微气（85m^3/d）。地层水总矿化度 29.98g/L，Cl^- 含量 15.275g/L，CO_3^{2-} 含量 4.604g/L，SO_4^{2-} 含量 0.0629g/L，Na^+ 含量 8.788g/L，Mg^{2+} 含量 0.205g/L，Ba^{2+} 含量 0.126g/L，$\gamma(Na^+)/\gamma(Cl^-)$ 为 0.89，

γ（SO_4^{2-}）/γ（Cl^-）为 0.004，γ［（Na^+-Cl^-）/$2SO_4^{2-}$］小于 0，γ［（Cl^--Na^+）/$2Mg^{2+}$］为 2.8，属 $CaCl_2$ 水型；地层压力系数 0.98。完钻后射孔测试，2573～2594m 井段 也是产水、含微气，地层水总矿化度 27.966g/L，为 $NaHCO_3$ 水型。因此，综合判断此水为接近于封存的海相地层水，具有一定的封闭保存条件。

（5）中途测试所获天然气的成分以 CO_2 为主（83.51%），含 CH_4（7.16%）、He（0.04%）、H_2（0.45%），以及微量氩，$\delta^{13}C_{CH_4}$ 为 $-25.41‰～-6.30‰$；完井测试所获天然气体的 CO_2 含量为 96.11%～96.44%、CH_4 含量为 1.43%～1.73%，气体碳同位素分析 δC_{CO_2} 为 $-3.5‰$、δC_1 为 $-28.40‰$。因此，初步认定此二氧化碳气属无机岩石化学分解成因，以水溶气方式赋存，而烃类为过成熟煤型裂解气。

（6）地震 YBM99-18、YBM99-15 测线剖面中，南部 T_T 反射界面下存在眼球状结构，推测是长兴组生物礁。从秧1井实钻缺失长兴组来分析，其地质推测尚需再推敲。从沉积相分析，秧1井茅口组、长兴组属于间歇高能的红藻滩相、生物碎屑滩相，因此加强生物礁相带研究与储层预测是一重要的课题。

2）双1井

双江构造高点位于册亨县双江镇南侧，是一个自东南向西北逆冲的断背斜构造圈闭。T_T 地震反射层圈闭面积 90km²，闭合度 600m，高点埋深 1600m；T_D 地震反射层圈闭面积 97km²，闭合度 1900m，高点埋深 5500m。双1井位于双江构造高部位的 YBD99-7.5B 与 YBM99-18 线交点处，设计进入中泥盆统纳标组后完钻。

双1井于 2002 年 2 月 24 日开钻，开孔层位中三叠统兰木组（T_2l），2003 年 2 月 21 日钻至井深 5500.55m 完钻，完钻层位上泥盆统响水洞组（D_3x）。自上而下钻遇三叠系中统的兰木组（T_2l）、板纳组（T_2b）和下统的罗楼组（T_1l），二叠系的领薅组（P_3l）和四大寨组（P_2s），二叠系—石炭系的马平组（C_2m+P_1m）、上石炭统的黄龙组（C_2h）和下石炭统（C_1），上泥盆系的代化组（D_3d）和响水洞组（D_3x）（未穿）。

实钻结果表明，钻遇的地层为盆地相碎屑岩系，地层层序正常，但实钻深度比设计预测的明显偏大，钻至 5500m 左右还未进入纳标组（D_2n），比预计深度深了近 800m，反映出地震波组的层位标定与时深转换尚需调整。双1井在钻进过程中见到较弱的、以煤层气为主的油气显示，初步看来这里具有一定的封闭保存环境。

3）实钻后对油气地质评价的启示

（1）秧1井、双1井揭示的三叠系，演化程度不是很高（R_o 为 1.36%～2.10%），泥岩脆化不明显，封盖性能尚好，在没有通天断裂的地区仍可能存在封闭保存条件。如秧1井揭示，栖霞组（P_2q）地层水矿化度为 17.6～29.9g/L，氯离子含量为 15.275g/L，为 $NaHCO_3$ 水型到 $CaCl_2$ 水型，变质系数 0.89，总体表现为过渡型地层水特征，至于能否获得工业气流，关键要看 T_{1-2} 碎屑岩系封盖的有效性。

（2）苏皖运动造成的隆升幅度与剥蚀程度，其影响范围可能远大于地面露头区，它可能造成孤立碳酸盐岩台地的二叠系目的层缺失。为此，需要加强研究苏皖运动的性质，预测其展布特征。二叠系生物礁的预测，也尚待研究深化和实钻验证。

（3）存在产生幔源 CO_2 气和形成 CO_2 气藏的地质背景，这可能与这里地处活动大陆边缘盆地、孤立台地边缘的同生断裂可能切割很深并有幔源岩浆侵入有关。而 CO_2 气的赋存，则主要以水溶气方式保存，如秧1井于栖霞组获日产 2300m³ 的含烃 CO_2 气，CO_2

气产量的高低与排出地层水的多少成正比。在区域封闭的保存条件下，裂缝或溶蚀孔洞段储层中可能获工业气藏。

（4）秧1井揭示中三叠统兰木组煤屑 R_o 为1.36%（井口）、炭屑 R_o 为1.52%（2089m井深），茅口组顶部石灰岩的 R_o 为1.87%（2205m井深），由此看来，二叠系有机质的热演化程度并没有原先设想的那么高（杨方之等，2002），甚至还要略低于周缘露头区，反映出孤立的碳酸盐岩台地区有助于延缓热演化进程，并可能在晚期仍有古油藏原油裂解气藏的形成。

4. 隆林凸起

位于南盘江坳陷中段中部，面积2750km²，主体部位已出露基底岩系或上古生界。

5. 乐业断阶

位于坳陷东部，面积16720km²。区内局部构造发育，但核部均已出露古生界，三叠系盖层仅分布于较狭窄的向斜部位。本区勘探意义不大。

6. 右江断凹

位于坳陷中段南部，面积16630km²。本区与西部的坝林凹陷大致相似，上古生界至三叠系均为盆地沉积。区内有右江断裂、驮娘江断裂，呈北西—南东向延伸，构造线也主要为北西—南东向，与坝林凹陷之构造线共同构成向北凸出的弧形构造。区内局部构造较多，但大多已出露上古生界，在三叠系之下，尚有保存较好的古生界构造，例如广西田林的潞城构造等。

第二节　黔南—桂中坳陷

一、概况

1. 地理概况

黔南—桂中坳陷是黔南坳陷和桂中坳陷的合称。

黔南坳陷位于贵州省南部，即安顺—贵阳—黄平一线以南，其范围大致介于北纬25°05′—27°10′、东经105°30′—108°40′，东西长220km，南北宽约120km，北宽南窄，状似不规则的倒置梯形，面积约30000km²。黔南坳陷东邻江南隆起，北与黔中隆起相接，西、南隔垭紫断裂分别与黔西南坳陷及华南褶皱系的罗甸断坳为邻。黔南坳陷主要为泥盆系坳陷，现今的山川地貌并不具有坳陷性质，而是贵州高原的组成部分。苗岭山脉横贯其中北部，是长江水系与珠江水系的分水岭。全区平均海拔约1000m，南部海拔较低，相对高差50～150m不等。该区气候属高原湿润亚热带气候，冬无严寒，夏无酷暑，年平均温度在15℃左右，最热月（7月）平均温度22～26℃；最冷月（1月）平均温度在5℃以上，全年无霜期多达300天。年降雨量1100～1400mm，4—9月雨量占全年降水量的70%以上。常年相对湿度多在80%左右。该地区水流多系近源河流，河道落差及其变化较大，如该区西邻著名的黄果树瀑布。陆上交通尚称方便，位居该区的贵阳市是陆上交通的中心，并有30余条航线飞往中国各主要城市。沪昆铁路横贯北部，黔桂铁路纵贯于东部。公路交通较为发达，有贯穿南北的公路干线4条，横贯东西的公路干线 3 条，在上述公路网络中，有众多的支线深入腹地。

桂中坳陷是广西中部的海西期（D—P₂）坳陷。它介于东经 108°～110°、北纬 23°～25° 之间，东西长约 240km，南北宽 120～240km，面积 42000km²。区内为岩溶峰丛和低山丘陵地貌；中部及东南部呈低小丘陵和岩溶平原，海拔一般低于 200m，部分地区海拔 200～500m。河流属珠江水系，红水河、柳江分别自西、北流入该地区，在区内会合后往东南汇入西江。年平均温度为 21℃左右，7 月日均温度为 28℃左右，1 月日平均温度为 9℃左右，年降雨量 1400～1600mm，属热带、亚热带湿润气候。陆上交通方便，铁路以柳州为枢纽，有湘桂、黔桂、枝柳和黎湛等铁路干线贯通，并与邻区的主要城市和港口相连。各县城、乡镇、圩场间皆有公路相通。柳江自柳州向下游四季皆可通航。

2. 勘探现状

黔南—桂中海相碳酸盐岩分布区自 1956 年以来，地质部、石油工业部进行了全区地面普查勘探工作，全区共完成 1∶50 万、1∶20 万和 1∶10 万重力测量，1∶100 万、1∶50 万航磁测量，1∶20 万电法（大地电磁测深，MT）测量，并进行了一定的地震工作，特别是地质矿产部西南石油局"零五项目工程"，在 1985 年对碳酸盐岩地区进行了地震方法攻关，共完成二维地震剖面 1885.18km。先后完成各类探井 240 口，累计进尺 171302m，钻井分布不均匀，黔南坳陷的钻井主要分布于安顺、长顺及黄平地区，而桂中坳陷的钻井则集中于宜山断褶带和柳江低凸起。整体上看，黔南—桂中地区勘探程度较低（表 5-8），而且早期勘探具有一些明显的特点：① 探井大部分部署在构造活动强烈、油气苗显示活跃的地区，勘探思路基本上为"在构造强烈活动区跟踪油苗找油"，由于该思路没有考虑残留盆地的油气成藏特点（油气苗显示活跃区的保存条件差），导致探井显示活跃，但不能形成工业性规模；② 探井的确定大部分是根据地面背斜构造和重磁资料确定的圈闭，地震资料数量少、品质差，基本没有根据地震资料开展过盆地分析和圈闭的落实工作；③ 大部分钻井为浅井，未钻达主要目的层，黔南坳陷 194 口井中超过 1000m 的只有 28 口，桂中坳陷 46 口井中超过 1000m 的只有 6 口；④ 探井大多钻于 20 世纪 50—60 年代，工程报废井多，油气层发现、保护和解放的手段差，20 世纪 80 年代后，仅钻深井 2 口（桂参 1 井、黔山 1 井），且受当时技术条件的限制，地震勘探工作得到的资料品质很差，影响了勘探工作的进展，仅仅依靠重磁电资料开展勘探研究工作，限制和影响了地质认识的深化和油气勘探的进程。

表 5-8 黔南—桂中海相碳酸盐岩分布区勘探程度统计表（截至 2002 年底）

地区（坳陷）	面积 / km²	地震勘探		探井	
		二维模拟 /km	二维数字 /km	井数 / 口	进尺 /m
黔南坳陷	30000	389	1240	194	140643
桂中坳陷	42000	—	257	46	30659
小计	72000	389	1497	240	171302

2003—2009 年，中国石油天然气股份有限公司在黔南—桂中坳陷完成 MT 勘探测线 7 条，共 1316km；二维地震测线 36 条，共 1653km；2007 年钻探了桂中 1 井，完钻井

深 5151.86m；同时开展了大量的区域地质调查。2005—2006年，中国石油化工股份有限公司在黔南坳陷完成二维地震测线 5 条，共 915km。

二、区域地质

1. 构造

黔南坳陷和桂中坳陷在南华纪—早古生代经历了不同的构造演化，两个坳陷基底性质不同，沉积盖层发育不同，但晚古生代以来却经历了统一的构造演化，现今的构造形变分区也具有相同的特点。

1）基底性质

黔南坳陷和桂中坳陷均处于特提斯洋和滨太平洋两大构造域的叠合与复合部位（图 5-14），但它们的基底在岩性、年代等方面存在着明显差异。

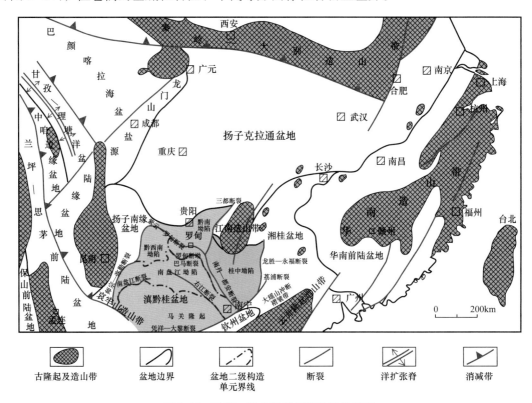

图 5-14 黔南—桂中坳陷区域构造位置图

黔南坳陷总体处于扬子陆块南缘，基底以偏扬子型为主，重磁力场变化相对稳定，布格重力异常值相对较低。结合大地电磁测深及地震资料分析，坳陷基底具有电性高阻、内部地震反射波组特征清楚与连续的特点，表明基底具有双层结构与"岛链"式结构的双重特点：其深部结晶基底可能主要由中元古界四堡群构成，呈岛链状分布，具有岛链状增生的特点；其浅部浅变质基底主要由新元古界下江群或丹洲群构成。

桂中坳陷总体跨越了扬子陆块与华南褶皱系两大构造单元，莫霍面与重磁力场明显处在变化过渡带附近，布格重力异常值较黔南坳陷明显升高；坳陷基底具有电性低阻、内部地震反射波组杂乱及连续性差等特点，可能发育有新元古界浅变质基岩与下古生界褶皱等两类基底。

结合基底埋深图分析（图5-15）：两坳陷总体呈现东高西低格局，具体表现为黔南坳陷东部与桂中坳陷东北部的基底埋深较浅（1000～4000m），黔南坳陷中东部及桂中坳陷中北部逐渐变深（4000～6000m），黔南坳陷南部的长顺凹陷最深（8000～15000m），桂中坳陷的红渡浅凹南部、柳江低凸起南部及马山断凸中部一带其次（6000～8000m）。黔南坳陷基底界面代表的是震旦纪以来沉积盖层底界面的起伏形态，桂中坳陷基底界面代表的是泥盆纪以来沉积盖层底界面的起伏形态，它们的地表地层分布呈现由雪峰隆起区向两坳陷区逐渐由老变新的总趋势，两坳陷区的基底起伏形态总体受雪峰隆起的影响与控制。

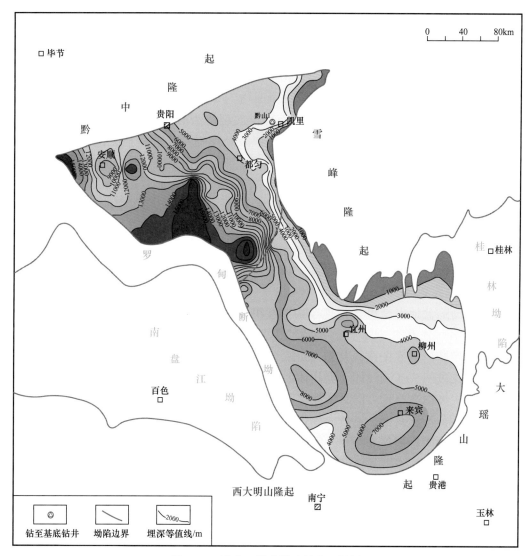

图 5-15　黔南—桂中坳陷基底埋深图

2）构造层与演化

黔南—桂中坳陷自中元古代以来先后经历了中元古代末期的四堡运动、新元古代早期的晋宁运动、志留纪兰多维列世末期的广西运动、中三叠世末期的印支运动以及中侏罗世以后的燕山运动等，同时还经历了南华纪—志留纪、泥盆纪—中三叠世、中—新生代等3期成盆，以及晚奥陶世—志留纪、中三叠世—中侏罗世、白垩纪末等3期盆山转换，发育了被动大陆边缘、前陆、陆内裂陷等3种盆地类型。

四堡运动是该区地质历史时期最早的造山事件，中元古代发育的古华南洋因此而封闭，黔南坳陷的深部基底由此而褶皱形成，并经后期多次造山作用而逐渐强化为结晶基底。新元古代南华纪受晋宁运动影响，华南联合古大陆逐渐裂解，形成了原特提斯时期的北东向华南陆内裂陷有限洋盆，沉积了巨厚的陆源碎屑夹火山岩系，后经短暂的澄江运动，形成了中国南方的浅变质基底，华南陆内裂陷有限洋盆逐渐发展演化，成为被动大陆边缘。

震旦纪—早古生代，伴随全球海平面上升，扬子陆块逐渐演化为克拉通，发育碳酸盐岩台地沉积，而处于扬子大陆东南缘的黔南地区主要表现为典型的被动大陆边缘盆地性质，从黔南到桂中坳陷水体逐渐加深。志留纪兰多维列世末期的广西运动是一次重要的陆内造山事件，黔南坳陷东部雪峰地区由此结束海盆沉积而进入隆起（台地）发育阶段，桂中下古生界也因此褶皱而形成了坳陷基底。晚古生代由于古特提斯洋的扩张与形成，使增生后的扬子陆块南部再次裂解为破碎的大陆边缘，两坳陷再现海盆环境。印支期，随着古特提斯洋的消亡以及新特提斯洋的后撤，两坳陷逐渐海退，结束了海相沉积历史而进入陆相盆地发育阶段，燕山期后整体进入陆内盆地改造阶段（图5-16）。

依据两坳陷盆地发育世代及地层沉积充填序列，结合其沉积盖层的后期改造与变形特点分析，黔南坳陷的盖层总体可以划分为南华系—下古生界、上古生界—中三叠统、中生界—新生界等3套构造层，桂中坳陷的盖层可以划分为上古生界—中三叠统和中生界—新生界2套构造层。

3）构造单元划分

依据两坳陷盆地发育世代与现今构造线组合特征及变形特点，结合油气勘探需要，可将黔南坳陷划分为"三凹一凸一断阶"，即安顺凹陷、长顺凹陷、黄平浅凹、独山鼻状凸起、贵定断阶等5个次级构造单元；将桂中坳陷划分为"四凹三凸一斜坡"，即宜山断凹、环江浅凹、红渡浅凹、象州浅凹、马山断凸、罗城低凸起、柳江低凸起、柳城斜坡共8个次级构造单元。同时依据实际资料情况，可将黔南坳陷的长顺凹陷进一步细分为平火坝—黄丝背斜带、克渡向斜带、雅水背斜带、田坝—兴隆向斜带、长顺—打狼背斜带、长摆所向斜带等6个次一级构造单元；将桂中坳陷的柳江低凸起细分为大塘背斜带、合山向斜带、柳州背斜带等3个次一级构造单元（图5-17）。

4）构造样式

黔南坳陷发育"侏罗山式"山前冲断变形结构，桂中坳陷呈现"馅饼式"褶皱变形样式。

黔南坳陷、桂中坳陷在后期改造变形过程中主要经受了钦防海槽封闭、南盘江弧后前陆盆地消亡以及雪峰构造带多期造山的联合作用影响。依据不同部位的构造变形机制与特征不同，将两坳陷划分为冲断变形区、褶皱变形区及压扭变形区。黔南坳陷西南部及桂中坳陷中西部变形较弱，为构造活动相对较稳定区块（图5-18）。

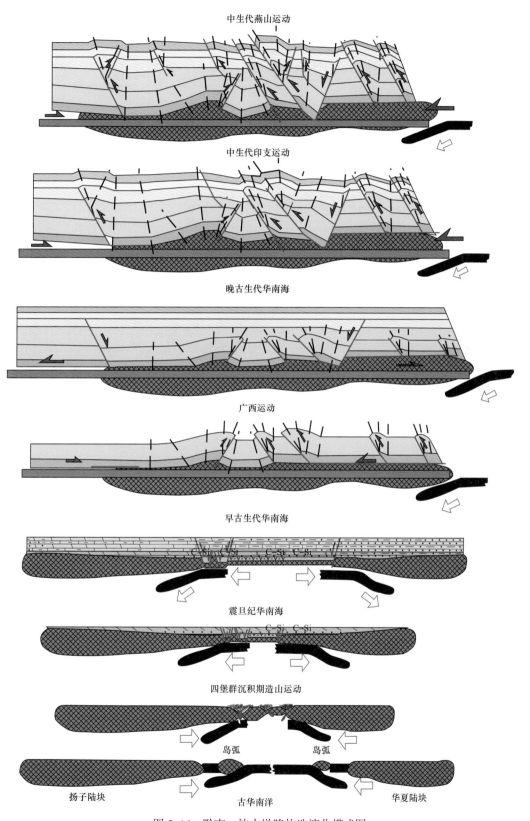

中生代燕山运动

中生代印支运动

晚古生代华南海

广西运动

早古生代华南海

震旦纪华南海

四堡群沉积期造山运动

岛弧　　　　　　岛弧

扬子陆块　　　　　古华南洋　　　　　华夏陆块

图 5-16　黔南—桂中坳陷构造演化模式图

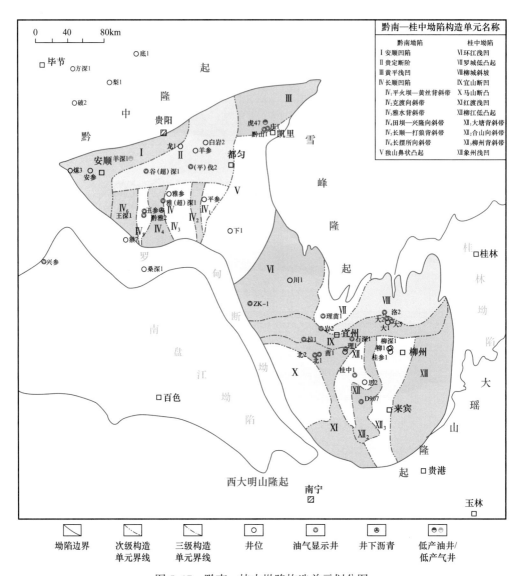

黔南—桂中坳陷构造单元名称

黔南坳陷	桂中坳陷
Ⅰ 安顺凹陷	Ⅵ 环江浅凹
Ⅱ 贵定断阶	Ⅶ 罗城低凸起
Ⅲ 黄平浅凹	Ⅷ 柳城斜坡
Ⅳ 长顺凹陷	Ⅸ 宜山断凹
Ⅳ₁ 平火坝—黄丝背斜带	Ⅹ 马山断凸
Ⅳ₂ 克渡向斜带	Ⅺ 红渡浅凹
Ⅳ₃ 雅水背斜带	Ⅻ 柳江低凸起
Ⅳ₄ 田坝—兴隆向斜带	Ⅻ₁ 大塘背斜带
Ⅳ₅ 长顺—打狼背斜带	Ⅻ₂ 合山向斜带
Ⅳ₆ 长摆所向斜带	Ⅻ₃ 柳州背斜带
Ⅴ 独山鼻状凸起	ⅩⅢ 象州浅凹

坳陷边界	次级构造单元界线	三级构造单元界线	井位	油气显示井	井下沥青	低产油井/低产气井

图 5-17 黔南—桂中坳陷构造单元划分图

2.地层与沉积相

1）黔南坳陷

黔南坳陷位于扬子准地台的西南隅，南与华南加里东褶皱系（后为加里东地台）为邻。新元古代晚期的板溪群（约 8 亿年前）浅变质岩系构成该坳陷的基底。在该基底之上，沉积了自震旦纪至新近纪的各年代沉积，沉积岩总厚度大于 13500m，其中震旦纪至中三叠世为海相沉积，层位比较齐全，晚三叠世至新近纪为陆相沉积，层位不全，分布零星。

黔南坳陷下古生界出露于坳陷的东部和北部。上震旦统灯影组主要由白云岩、藻白云岩组成，厚约 400m，东部岩性侧变为白云岩夹硅质岩，且厚度减至 50m 左右。寒武系纽芬兰统（ϵ_1）和第二统（ϵ_2）主要为一套泥页岩、砂岩及石灰岩，其底部的黑色页岩厚达 300m，是一套较好的烃源岩。寒武系苗岭统（ϵ_3）和芙蓉统（ϵ_4）以白云岩为主，厚达 1890m。在坳陷东邻的三都一带，侧变为一套巨厚的杂色泥页岩夹石灰岩。下奥陶统主要为白云岩、生物碎屑灰岩、泥质灰岩及泥岩，厚为300～600m，中—上奥陶统在大部分地区缺失。志留系主要由泥页岩、粉砂岩及砂岩组成，下部夹石灰岩。凯里地区的奥陶系、志留系中油气显示普遍，并产少量油、气。

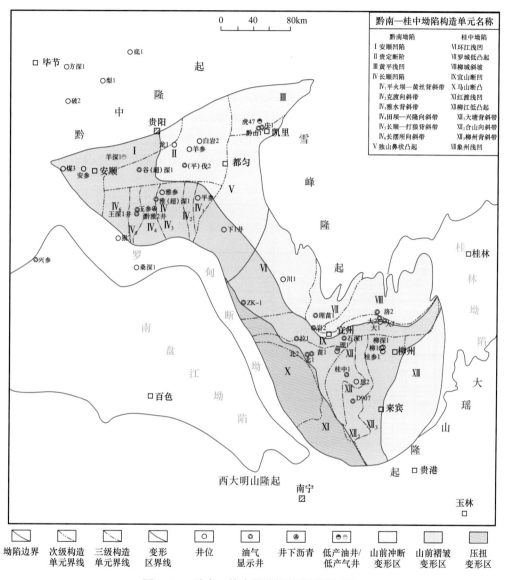

图 5-18 黔南—桂中坳陷构造变形分区图

黔南坳陷下泥盆统出露于坳陷东部，由一套石英砂岩构成，厚约300m。中泥盆统岩性组合复杂，横向变化大，最大厚度达5000m左右，在坳陷内大致并存2个大的沉积相区，即坳陷东部、东北部的台地沉积相区和西部、西南部的盆地沉积相区，前者主要由石灰岩、白云岩、生物灰岩、生物碎屑灰岩及砂岩夹泥岩组成，后者主要由黑色泥岩、泥灰岩及粉砂质泥岩等组成。在两大沉积相区的交接地带，时有生物礁发现。上泥盆统岩性较单一，亦可分南北两大沉积相区：北部及东北部为白云岩，底部为石灰岩、生物灰岩；南部为泥质条带灰岩、白云岩，底部为燧石层夹泥岩；厚600～700m。泥盆系在坳陷东部及东北部多已出露，在坳陷的西北部连片深埋地腹，在坳陷中部有中泥盆统上部零星出露。石炭系主要由石灰岩、生物灰岩及白云岩组成（下统夹一套泥页岩、砂岩，部分地区有煤线或煤层），总厚度约 1500m，大部分地区已出露地表，仅坳陷西北部连片埋于地腹。二叠系主要由石灰岩、生物碎屑灰岩、生物礁和含燧石团块灰岩组成；中部及上部夹泥页岩及煤线；厚达 650m 左右。二叠系大部已出露地表，仅坳陷西北部有连片埋藏。中—下三叠统在坳陷中可分为两大沉积区：坳陷西北部为碳酸盐岩台地沉积区，主要由白云岩、石灰岩及少量泥页岩组成；坳陷的其他大部分地区为砂岩、泥岩，夹少量石灰岩等；在上述两大沉积区的交接部位，时有生物礁发现。上三叠统为泥灰岩、泥岩及砂岩，分布局限。侏罗系为陆相沉积，仅在贵阳附近有少量分布。白垩系、古近系沉积星点分布于向斜核部，且层位不全。

黔南坳陷的沉积演化经历了 5 个阶段，即加里东期的稳定地台发育阶段，海西期的断坳阶段，印支期的由海相沉积转化为陆相沉积阶段，燕山期的全面褶皱阶段，以及喜马拉雅期的抬升剥蚀阶段（图 5-19）。

构造期	地层		地质年代/Ma	地壳运动	地壳特征
喜马拉雅期	第四系	Q	2.6	喜马拉雅运动	强烈抬升期
	新近系	N	23		
	古近系	E	66		
燕山期	白垩系	K₂	100	燕山运动	地台盖层强烈褶皱抬升期
		K₁	145		
	侏罗系	J	200		
海西期—印支期 东吴期—印支期	三叠系	T₃	235	印支运动	断陷继承发育期，末期由海相沉积转化为陆相沉积
		T₁₊₂	252	苏皖运动	
海西期	二叠系	P₃	260	东吴运动	
		P₁₊₂	299	黔桂运动	坳陷、断陷发育期
	石炭系	C₂	318		
		C₁	360	紫云运动	
	泥盆系	D	416	广西运动	
加里东期	志留系	S	443	都匀运动	
	奥陶系	O	485	云贵运动	较稳定的地台发育期
	寒武系	∈	541		
	震旦系	Z	635	澄江运动	
	南华系	Nh	780	雪峰运动	
晋宁期	桥溪群	Pt₃	850	晋宁运动 四堡运动	地槽发育期
	四堡群	Pt₂			

整合 ━━━━━ 假整合 〰〰〰 不整合

图 5-19 黔南坳陷构造发展阶段示意图

（1）加里东期（震旦纪至志留纪）是黔南坳陷较稳定的地台发育期。晚震旦世至志留纪的沉积厚度约4000m以上，岩性以碳酸盐岩为主，夹砂泥岩，横向变化较稳定，呈北东向展布的相带较规整。该时期黔南并未明显地表现出坳陷性质。加里东末的广西运动，在其北邻形成黔中隆起，南侧出现桂西北隆起，在南北隆起的夹持衬托下，具有负向构造的特征。

（2）海西期是断坳发育期，亦是黔南坳陷的主要形成期。泥盆系、石炭系沉积巨厚，达7000～8000m，在拉张应力作用下，出现了北西西向裂陷槽，致使泥盆系、石炭系的岩性、岩相出现南北分异，南部裂陷槽中形成了厚度巨大的黑色、暗色泥岩、泥灰岩、石灰岩及生物灰岩沉积。二叠纪中期的东吴运动使全区抬升为陆，并受到普遍剥蚀，坳陷南部有少量基性岩类（辉绿岩）入侵。该构造期中另一次重要的地壳运动是早石炭世早期的紫云运动，它使坳陷在发展过程中出现了次级隆起。

（3）印支期是坳陷继承发育期，裂陷活动继续发展，致使三叠纪沉积出现明显的南北分异。中三叠世末的印支运动，结束了该地区的海相沉积历史，开始了陆相湖盆的发育历程。

（4）燕山期是坳陷的全面褶皱期，发生于古近纪或晚白垩世前的燕山运动，燕山运动是该地区的一次重要褶皱运动，它横向上席卷整个地区，纵向上板溪群至整个古生代地层均卷入褶皱，形成了现今南北向及北东向为主体的构造格局的雏形。

（5）喜马拉雅期是坳陷抬升剥蚀期，在燕山期所形成的构造格局基础上，受到强烈的抬升和剥蚀，形成了现今的地表构造形式。

2）桂中坳陷

桂中坳陷系海西期坳陷，它的基底为下古生界（主要是寒武系）浅变质岩系。坳陷北部与江南隆起为邻，西隔南丹—都安断裂与罗甸断坳、南盘江坳陷相接，东、南与桂林坳陷、大瑶山隆起相连。坳陷内泥盆系至中三叠统海相地层发育，层位比较齐全，最大沉积厚度达18000m，上三叠统及侏罗系缺失，白垩系仅有零星分布，为陆相沉积。

泥盆系是坳陷内最发育的地层单位，由砂岩、泥质岩及碳酸盐岩组成，最大沉积厚度达7900m，可分下、中、上三个统。下统自下而上可分4组，即莲花山组、那高岭组、郁江组及四排组。莲花山组不整合于基底岩系之上，由紫红色块状砂岩、灰白色石英砂岩夹粉砂岩组成，底部为含砾砂岩和砾岩，最大厚度达1038m。那高岭组为灰色、灰绿色中厚层状泥页岩夹泥灰岩、粉砂岩或石英砂岩，厚为58～760m。郁江组由深灰色中厚层状泥岩、石灰岩、白云岩及石英砂岩、粉砂岩不等厚互层组成，坳陷西北部侧变为灰黑色泥岩，厚为175～700m。四排组主要为生物碎屑灰岩、层孔虫灰岩夹少量页岩、砂岩及白云岩等，西北部侧变为灰黑色、黑色石灰岩、泥岩，厚为79～564m。泥盆系下统是坳陷内第一个沉积盖层，其岩性组合具有显著的海进特点。中统自下而上可分2组。下部应堂组为灰色、深灰色生物碎屑灰岩、白云岩夹泥岩，局部有层孔虫礁，坳陷西北部侧变为灰黑色泥岩、泥质灰岩夹硅质岩，厚为79～564m。上部东岗岭组为灰色、深灰色中厚层状生物碎屑灰岩夹页岩，局部夹含鲕粒灰岩、层孔虫礁等，西北部则侧变为灰黑色泥岩及泥质灰岩夹硅质岩，厚为134～1770m，在坳陷中部地腹，厚度可能增大。上统主要由碳酸盐岩组成，厚为574～2259m，坳陷西部则为泥质条带灰岩及硅质岩，厚度减薄为 104～439m。

石炭系整合于泥盆系之上，主要由碳酸盐岩组成，最大厚度达6000m，可分下、上两个统。下统主要由石灰岩、生物碎屑灰岩、珊瑚灰岩及含燧石结核灰岩组成，厚度可达 2700m；下部（岩关阶）夹一套黑色页岩及少量粉砂岩和石英砂岩，上部（大塘阶）夹砂泥岩、碳质页岩及煤线。上统由石灰岩及白云岩组成，局部夹硅质岩，厚达1700m。

二叠系与下伏石炭系呈整合接触，分3个统。船山统（P_1）由石灰岩及白云岩组成，局部夹硅质岩，厚达1600m。阳新统（P_2）主要为一套碳酸盐岩及硅质岩，厚达1600m，大致以宜州—柳州一线为界，分为两大沉积相区，北部主要为台地及台地边缘沉积区，由石灰岩、生物灰岩组成，南部为盆地沉积区，主要由深灰色石灰岩、泥灰岩及硅质岩组成。乐平统（P_3）与阳新统间为假整合接触，其岩性组合主要为深灰色、灰色泥岩夹石灰岩、砂岩及煤层，柳州以东主要为硅质岩、硅质页岩及硅质条带灰岩，最大厚度达700m。

三叠系及其以上地层在坳陷地表仅有零星分布。

桂中坳陷在下古生界（加里东期）浅变质岩系所组成的基底上，经历了如下4个沉积演化阶段。

（1）海西期（D—P_2）：坳陷发育期，亦是桂中坳陷的主要形成期。泥盆系、石炭系及二叠系阳新统（P_2）沉积巨厚，达14000m，形成了以碳酸盐岩为主的巨厚沉积体，各系、统地层间基本是连续沉积，具有持续稳定坳陷的特点。阳新世（P_2）末期的东吴运动，使坳陷整体抬升为陆，阳新统顶部受到普遍剥蚀。

（2）印支期（P_3—T_2）：坳陷收缩期。在东吴运动所形成的侵蚀面的基础上，二叠纪乐平世（P_3）至中三叠世的沉积物，以泥质岩及砂岩为主，厚度达4000m。中三叠世末期的印支运动，结束了坳陷发展的海相沉积历史。

（3）燕山期（J—K）：坳陷全面褶皱期。发生于白垩纪前的燕山运动，使本区发生全面的褶皱和断裂，形成了现今地表的褶皱雏形。

（4）喜马拉雅期（E—N）：坳陷全面抬升剥蚀期。泥盆系及其以上地层遭受不同程度的剥蚀，地表主要为大片石炭系分布，二叠系、三叠系仅分布于部分向斜部位，泥盆系大片出露于坳陷的东部及西南部，坳陷中部的部分背斜核部亦有中—上泥盆统出露。

三、油气地质

黔南—桂中坳陷发育两套不同类型的有利生储盖组合：黔南坳陷下古生界以发育扬子板块南缘的、北东向大陆边缘台地—陆棚沉积为特征的生储盖组合为主；桂中坳陷泥盆系—石炭系发育华南板块西南缘的、北西向大陆边缘裂陷盆地的、盆台沉积为特征的生储盖组合。

1. 黔南坳陷

黔南坳陷下古生界发育两套有利的生储盖组合。第一套组合：陡山沱组、牛蹄塘组（烃源岩）—灯影组白云岩及岩溶（储层）—牛蹄塘组（盖层）。第二套组合：牛蹄塘组（烃源岩）—娄山关组白云岩、红花园组岩溶、翁项群三段（储层）—翁项群四段（盖层）。第二套组合最为有利（图5-20），长顺凹陷为有利勘探区带。

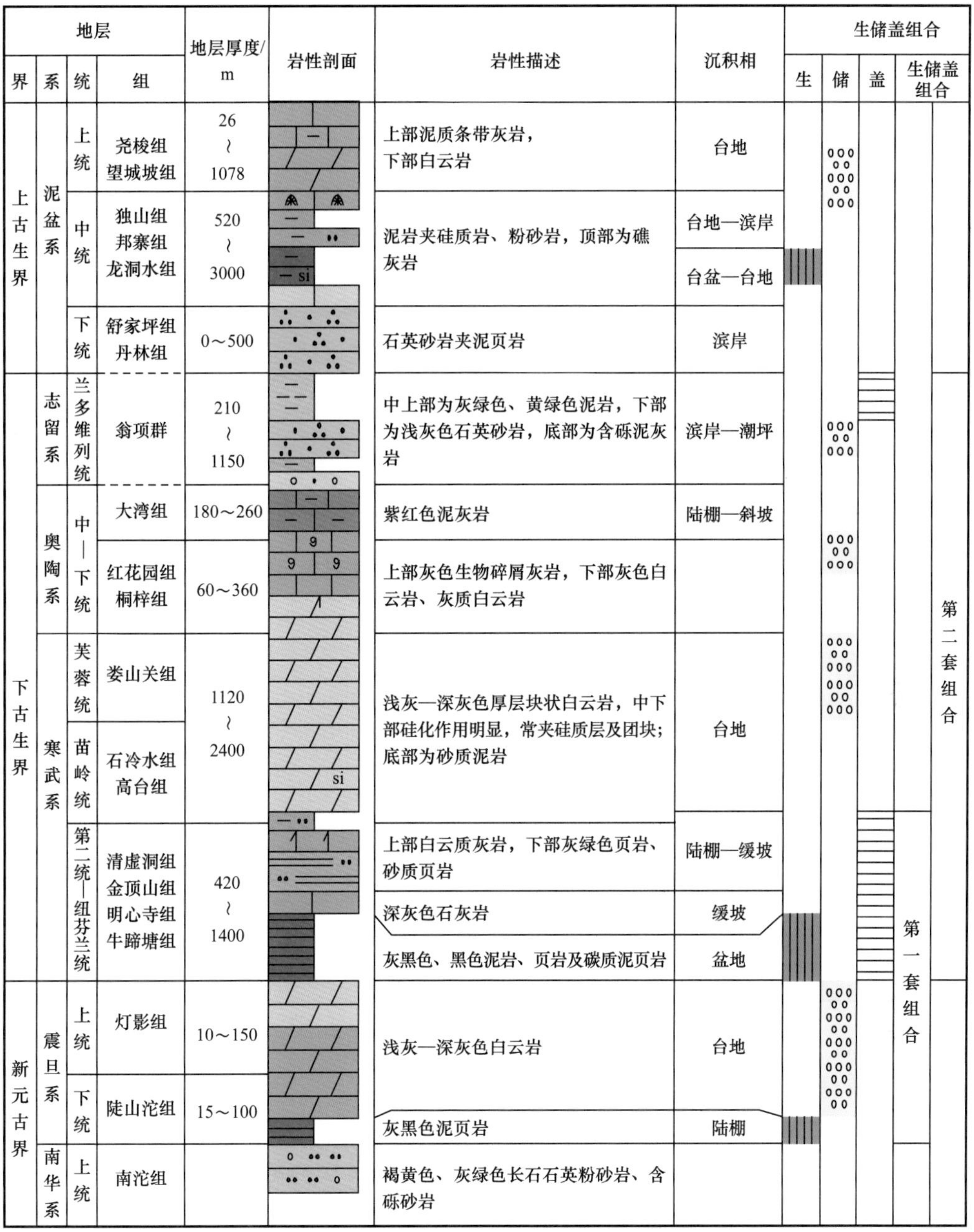

地层				地层厚度/m	岩性剖面	岩性描述	沉积相	生储盖组合			
界	系	统	组					生	储	盖	生储盖组合
上古生界	泥盆系	上统	尧梭组 望城坡组	26~1078		上部泥质条带灰岩，下部白云岩	台地				
		中统	独山组 邦寨组 龙洞水组	520~3000		泥岩夹硅质岩、粉砂岩，顶部为礁灰岩	台地—滨岸 台盆—台地				
		下统	舒家坪组 丹林组	0~500		石英砂岩夹泥页岩	滨岸				第二套组合
下古生界	志留系	兰多维列统	翁项群	210~1150		中上部为灰绿色、黄绿色泥岩，下部为浅灰色石英砂岩，底部为含砾泥灰岩	滨岸—潮坪				
	奥陶系	中—下统	大湾组	180~260		紫红色泥灰岩	陆棚—斜坡				
			红花园组 桐梓组	60~360		上部灰色生物碎屑灰岩，下部灰色白云岩、灰质白云岩	台地				
	寒武系	芙蓉统 苗岭统	娄山关组 石冷水组 高台组	1120~2400		浅灰—深灰色厚层块状白云岩，中下部硅化作用明显，常夹硅质层及团块；底部为砂质泥岩	台地				
		第二统—组芬兰统	清虚洞组 金顶山组 明心寺组 牛蹄塘组	420~1400		上部白云质灰岩，下部灰绿色页岩、砂质页岩	陆棚—缓坡				第一套组合
						深灰色石灰岩	缓坡				
						灰黑色、黑色泥岩、页岩及碳质泥页岩	盆地				
新元古界	震旦系	上统	灯影组	10~150		浅灰—深灰色白云岩	台地				
		下统	陡山沱组	15~100		灰黑色泥页岩	陆棚				
	南华系	上统	南沱组			褐黄色、灰绿色长石石英粉砂岩、含砾砂岩					

图 5-20 黔南坳陷下古生界生储盖组合综合柱状图

1）油气苗

黔南坳陷及其毗邻地区油气苗分布广泛。在层位上自上震旦统至中三叠统均有分布（表5-9）。油气苗在层位上多集中于奥陶系、志留系及三叠系，在地域上多成带分布，如奥陶系、志留系有地面油苗77个，绝大部分集中于坳陷东北部凯里一隅；三叠系油苗则集中分布于坳陷北部边缘一线。这些油气苗以及沥青的产出位置，多为晶洞、裂缝。坳陷东北部的虎庄背斜及其附近，不但油气苗众多，而且曾有油气产出。在中深井钻探中，亦曾见到油气显示，如王参井、窑1井，在中泥盆统中均曾有气显示，庄1井在寒武系第二统（ϵ_2）中曾见气显示等。部分油气苗的组分分析成果见表5-10。

表 5-9　黔南坳陷及周边地面油气苗点统计表

地层	油苗	气苗	沥青点	小计
上震旦统	—	1	14	15
寒武系	1	6	4	11
奥陶系	13	3	9	25
志留系	64	3	11	78
石炭系	1	4	—	5
二叠系	5	5	5	15
三叠系	11	3	1	15
总计	95	25	44	164

表 5-10　黔南坳陷部分地面油苗分析成果简表

层位	位置	产出类型	组分 /%			
			饱和烃	芳香烃	非烃	沥青质
寒武系第二统（ϵ_2）	剑河革东	晶洞、裂缝	39.30	7.08	12.46	41.16
下奥陶统	凯里洛棉	裂隙	41.41	10.89	16.66	31.03
志留系	凯里洛棉		57.36	12.72	26.23	3.70
泥盆系	凯里万潮	晶洞	31.73	1.25	60.76	6.26
二叠系乐平统（P_3）	福泉凤山	裂隙、晶洞	10.06	20.92	25.68	43.34
中三叠统	福泉凤山	裂隙	59.38	9.01	27.23	4.38

2）烃源岩

（1）下震旦统陡山沱组。

下震旦统陡山沱组烃源岩主要分布在黔南坳陷东部的斜坡至盆地相区，为一套黑色泥页岩，该套烃源岩一般厚 10～25m，最厚 75m（遵义松林剖面）。独山鼻状凸起东部的三都渣拉沟剖面发育数十米的陡山沱组黑色泥岩，系统采样分析表明其 TOC 值含量较高，为 0.4%～3.0%；烃源岩干酪根碳同位素为 –31.8‰～–31.5‰，表明其有机质类型为Ⅰ型，总体已达超成熟阶段（相当于 $R_o > 3.0\%$），仅在瓮安—凯里一带小范围内为过成熟阶段。饱和烃色谱分析表明烃源岩具有低等生源母质特征和高热演化特征。因此陡山沱组烃源岩总体为一套地区性的中等—好烃源岩。

（2）寒武系（纽芬兰统—第二统）牛蹄塘组。

寒武系纽芬兰统—第二统的牛蹄塘组（$\epsilon_{1-2}n$）烃源岩主要分布在黔南坳陷及其北部广大地区，主要为黑色（碳质）泥页岩，厚 50～400m。出露的地层剖面主要分布于黔南坳陷中东部的三都（称渣拉沟组）和麻江等地区，坳陷北部的清镇—瓮安—余庆一带均有分布，坳陷中西部地区虽未有出露，但根据最新地震资料推测：坳陷内的安顺凹陷和长顺凹陷，该套烃源岩均发育较厚。

黄平浅凹南缘的麻江羊跳寨剖面，牛蹄塘组烃源岩厚 100m 左右，烃源岩 TOC 值最高可达 8%，一般为 2.0%～3.5%，烃源岩 TOC 高值主要分布在该组中下部（图 5-21）。TOC 值大于 2.0% 的样品占 55%，总体为一套好—极好的烃源岩（图 5-22）。

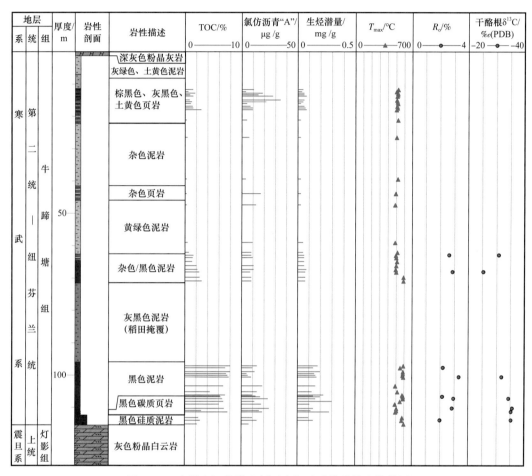

图 5-21　贵州麻江羊跳寨剖面有机地球化学综合柱状图

独山鼻状凸起东部的三都渣拉沟剖面，寒武系纽芬兰统—第二统的渣拉沟组（$\in_{1-2}z$）黑色泥质烃源岩厚达 150m 左右，其 TOC 高值亦主要分布于该组中下部，最高可达 15%，往上随着颜色变浅和粉砂质含量增加，TOC 值逐渐降低。TOC 值大于 2.0% 的样品占 61%，为一套好—极好的烃源岩。

寒武系（纽芬兰统—第二统）牛蹄塘组烃源岩干酪根的碳同位素值为 –35.8‰～–26.7‰，绝大部分小于 –30‰；烃源岩干酪根镜鉴表明其显微组分主要为腐泥组，有机质类型主要为 II₁ 型。

麻江羊跳寨剖面和瓮安朵丁关剖面的牛蹄塘组烃源岩 R_o 分别为 2.00%～3.34% 和 1.95%～2.78%，三都渣拉沟剖面的渣拉沟组 R_o 为 2.89%～3.96%，均表现为过成熟阶段的特征。受热演化程度影响，寒武系纽芬兰统—第二统的烃源岩，氯仿沥青 "A" 含量及热解生烃潜量均很低。此外，饱和烃色谱分析表明寒武系（纽芬兰统—第二统）牛蹄塘组（渣拉沟组）烃源岩的有机质主要来自低等生源，并具高热演化特征。

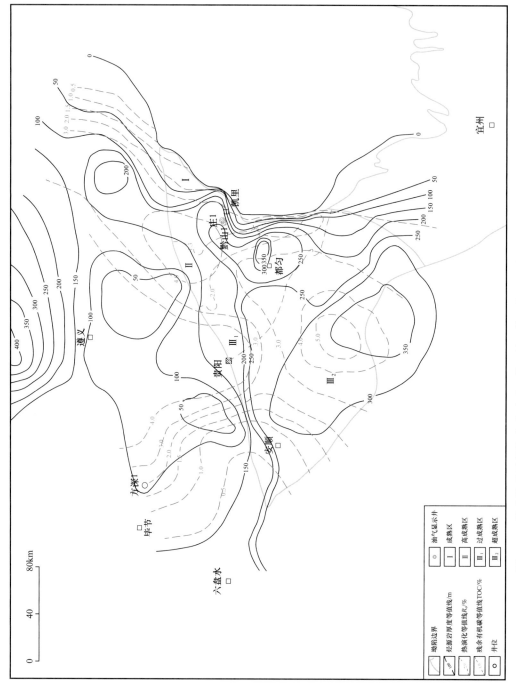

图 5-22 黔南坳陷及周缘寒武系（纽芬兰统—第二统）牛蹄塘组泥质烃源岩综合评价图

综上所述，寒武系（纽芬兰统—第二统）牛蹄塘组（渣拉沟组）分布广、厚度较大、有机质丰度很高，是黔南坳陷下古生界最主要的烃源岩。

（3）下志留统烃源岩。

黔南坳陷中东部地区下志留统泥质岩有机碳含量低，主要为泥岩和粉砂质泥岩，如凯里洛棉剖面翁项群二段和四段的灰色、灰绿色泥岩，有机碳含量均低于0.5%，在该剖面发育的泥岩和粉砂质泥岩看似不能作为有效烃源岩。另外，洛棉剖面的中—下奥陶统大湾组灰绿色、紫红色泥灰岩露头的TOC含量亦很低，但因样品皆取自露头，且多遭风化，故其有效性尚待进一步评价。

3）储层

（1）上震旦统灯影组白云岩储层特征及时空分布。

在黔南坳陷及周缘地区，上震旦统灯影组发育一套白云岩型储层。由于早寒武世早期海侵到来之前的暴露，白云岩上段及顶部具较发育的溶蚀孔、洞、缝，这些为储层提供了储集空间。灯影组的下伏地层陡山沱组在局部地区有黑色页岩作为有效烃源岩，上覆的牛蹄塘组则作为区域烃源岩及盖层，如此诸多因素使得灯影组白云岩成为研究区内层位最老且非常具有潜在意义的储层。灯影组白云岩的厚度在研究区由西北向东南逐渐变薄，最厚的遵义—毕节一带达到600m以上，而三都实测剖面的灯影组厚度只有24m左右，在台江附近观测的辅助剖面也只有26m左右，最后向东南变薄而与老堡组硅质岩地层发生相变。

黔南坳陷及其周缘地区出露的灯影组白云岩中，溶蚀孔、洞、缝发育，但物性资料显示灯影组白云岩总体上是低孔低渗型储层，局部有良好的储层分布。有些孔隙被沥青充填，说明灯影组沉积期白云岩曾经有过油气储集过程，考虑到其相邻层位都有优质烃源岩及盖层分布，故认为研究区的灯影组白云岩是一套潜在的有利储集体。

（2）寒武系（苗岭统—芙蓉统）石冷水组—娄山关组白云岩储层特征及时空分布。

黔南坳陷及周缘地区寒武系苗岭统（ϵ_3）—芙蓉统（ϵ_4）的石冷水组（$\epsilon_3 s$）—娄山关组（$\epsilon_{3-4} l$），主要的成岩作用有准同生白云石化作用、溶蚀作用、重结晶作用、埋藏溶解作用及胶结作用，本区的白云石化作用、溶蚀作用对石冷水组—娄山关组的碳酸盐岩储层物性的改善较大。

寒武纪第二世（ϵ_2）晚期，随着海平面下降，部分地区由于障壁作用而海水偏咸，准同生白云石化作用较强，如东部三都—丹寨地区都柳江组（$\epsilon_3 d$）的准同生白云石化作用是本区最为典型的成岩作用，形成了泥粉晶白云岩内的晶间微孔和细晶白云岩内的晶间孔；重结晶在寒武系苗岭统（ϵ_3）—芙蓉统（ϵ_4）的杨家湾组（$\epsilon_{3-4} y$）中作用较强，重结晶作用形成的晶间孔中见沥青，成为较好的油气聚集场所。

溶蚀作用同样也对形成和改造寒武系苗岭统（ϵ_3）—芙蓉统（ϵ_4）石冷水组—娄山关组的孔隙起到了重要的作用。古岩溶风化壳和溶蚀孔发育的储层成为本区另一类主要的储集空间。

黔南坳陷及周缘地区寒武系苗岭统（ϵ_3）—芙蓉统（ϵ_4）储层发育的有利相带为潮坪相和台地相，储层岩性主要为细粉晶—粗晶白云岩、颗粒白云岩，主要储集空间类型为晶间孔、晶间溶孔、溶蚀缝洞，且区域内发育普遍。该套白云岩储层区域上很稳定，分布范围广，储层厚度大，达700~1500m；白云岩储层的孔隙度多为2%~6%，其中孔隙度大于 4% 的样品约占 54.57%，渗透率一般在 0.01～0.07mD 之间，是黔南坳陷及其周缘地区的重要储层。

（3）下奥陶统石灰岩岩溶储层特征及时空分布。

下奥陶统石灰岩岩溶储层主要分布在黔南坳陷的凯里、都匀、贵阳之间，面积较大，也是麻江古油藏的主要储层。碳酸盐岩孔隙度平均 1.87%，渗透率平均 1.38mD，根据物性分析数据，储集性能总体评价较差—差，但由于下奥陶统在地质历史时期有严重的暴露，故岩溶储层可能为该地区主要的勘探目的层。

（4）志留系兰多维列统（S_1）翁项群三段砂岩储层特征及时空分布。

黔南坳陷翁项群三段的砂岩储层，与下伏的红花园组石灰岩岩溶型储层一起，构成了著名的麻江古油藏的主要储集体。翁三段砂岩主要分布在研究区东北部，主要有 3 个发育中心。第一个发育中心出现在丹寨南部的三都四十寨剖面周围，其砂岩累计厚度达到 188m，附近几个剖面的砂岩累计厚度也达到 60～80m。第二个发育中心出现在贵阳—福泉之间的鸡岭剖面，累计厚度为 160m，附近贵定大栗树剖面的砂岩累计厚度也达到 65m 以上。第三个发育中心在凯里附近，砂岩沉积厚度为 40～90m，实测凯里洛棉剖面的翁三段砂岩厚度为 48m。

贵州凯里洛棉实测剖面分析结果显示，翁三段砂岩孔隙度一般在 12%～23% 之间，大于 15% 的占到 60%，渗透率一般在 1～1000mD 之间，多属中好储层。

志留系兰多维列统（S_1）翁项群三段中发育了研究区内的有利储集体——三角洲—滨岸砂岩储层，它与下部的奥陶系红花园组一同构成了麻江古油藏的主要储集体，并与其后形成的区域泥岩盖层构成了下古生界较为重要的一套储盖组合。

4）盖层

（1）寒武系纽芬兰统（ϵ_1）—第二统（ϵ_2）区域盖层。

黔南坳陷寒武系纽芬兰统—第二统牛蹄塘组（$\epsilon_{1-2}n$）泥页岩盖层厚度在 30～500m 之间。黔南坳陷的平坝（458m）、安顺、紫云、平塘、贵定、开阳（501m）一带厚度最大，向坳陷四周逐渐减薄，至黔东厚度明显减薄，瓮安、黄平一带厚度普遍在 200m 以下，至江口—施秉一带厚度减薄至 50m 以下，独山鼻凸的丹寨—荔波一带除三都局部地区存在累计 248m 厚的泥岩外，基本在 120m 以下。寒武系第二统（ϵ_2）杷榔组—变马冲组泥页岩盖层厚 40～772m，总趋势是由西向东增厚，安顺至都匀泥岩盖层厚度由 100m 增至 442m，麻江羊跳寨、凯里庄 1 井及施秉马号一带厚 500～600m，黔东凯里至施秉一带厚度最大，超过 600m，如凯里存在 636m 的泥岩累计厚度，但再往东至天柱，厚度急剧变小（<100m）；另外，在黔南独山鼻状凸起则由南往北逐渐增厚（图 5-23）。

黔南坳陷三都地区寒武系第二统（ϵ_2）已属中—晚成岩阶段，伊利石含量 60%～99%，伊利石结晶度 0.27～0.37（°$\Delta2\theta$），据扫描电镜揭示，寒武系第二统（ϵ_2）泥岩结构致密，突破压力高达 25.09MPa，封闭性能较好；麻江羊跳寨寒武系第二统（ϵ_2）属中成岩 B 期，伊利石含量 70%，伊利石结晶度 0.30（°$\Delta2\theta$），伊/蒙混层比为 26%。

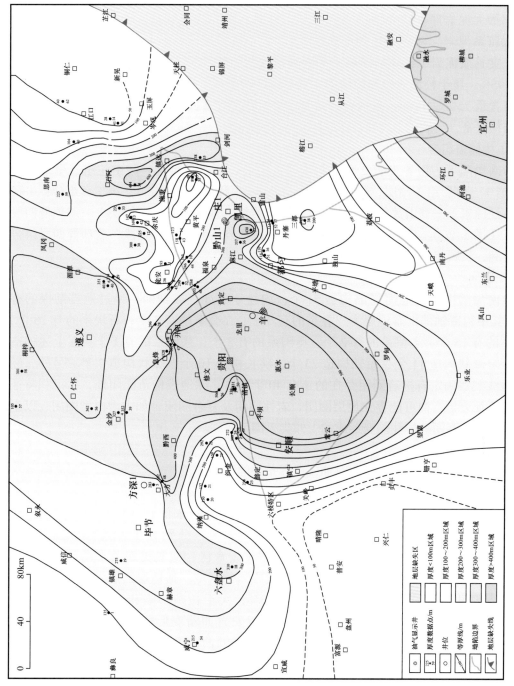

图 5-23 黔南坳陷及周缘寒武系纽芬兰统—第二统泥页岩等厚图

（2）志留系兰多维列统（S₁）区域盖层。

志留系兰多维列统（S₁）盖层以翁项群泥页岩、砂质泥岩为主，主要分布在黔南坳陷的中东部和东北部，厚度最大超过500m，如麻江西侧累计厚度为562m，贵阳、贵定地区翁项群泥岩厚度多在180～297m之间。三都一带也有一定厚度的泥岩分布，如三都南部最大泥岩厚度达321m（图5-24）。另据地震等资料解释，坳陷内存在300m左右的志留系泥岩。志留系兰多维列统（S₁）翁项群盖层岩性较稳定，以质较纯的泥岩为主，夹钙质泥岩、钙质粉砂岩、粉砂质泥岩等，连片分布，盖层厚度占地层厚度的70%～95%，属于较均质—均质盖层。凯里地区志留系兰多维列统（S₁）为晚成岩阶段，伊利石含量75%～100%，伊利石结晶度0.52～0.55（°Δ2θ），据扫描电镜揭示，泥岩盖层的结构致密，突破压力高达33.17MPa，封闭性能好。

5）生储盖组合

黔南坳陷下古生界发育2套有利生储盖组合。第一套组合：陡山沱组、牛蹄塘组（烃源岩）—灯影组（储层，包括岩溶型储层）—牛蹄塘组（盖层）；第二套组合：牛蹄塘组（烃源岩）—娄山关组白云岩、红花园组岩溶、翁项群三段（储层）—翁项群四段（盖层）（图5-20）。其中，以牛蹄塘组—红花园组岩溶和翁项群三段—翁项群四段组合最为有利，长顺凹陷为有利勘探区带。

6）圈闭

黔南坳陷中共有地面局部构造51个，均经地面详查或细测，经过地震勘探的有6个。其中构造轴部出露地层为三叠系的有7个、二叠系的有7个、石炭系的有16个、泥盆系的有15个、志留系的有2个、奥陶系的有3个、寒武系的有1个。在上述构造中，有穹隆状构造11个、短轴构造23个、狭长构造10个、鼻状构造7个。另外，经地质路线观察确定有构造圈闭存在的还有40个左右。除地表构造圈闭外，据沉积特征和构造特征分析，尚可能存在地层圈闭、岩性圈闭及复合圈闭，如古潜山型圈闭、以生物礁为主体的圈闭、岩性侧变形成的上倾尖灭圈闭等。

7）保存条件

（1）构造、岩浆及成矿作用对油气保存条件的影响。

①断裂与构造变形作用。

黔南坳陷主要发育北东向、东西向、南北向断裂。东部雪峰隆起前缘的黄平浅凹、贵定断阶及独山鼻状凸起区断层密度相对较大，分别为0.89条/100km²、0.54条/100km²、0.76条/100km²，为坳陷内断层密集发育区；褶皱翼间角平均为128.26°、121.86°、108.88°，是黔南坳陷褶皱变形比较强烈的区域。据地层缩短率数据分析，贵定断阶与独山鼻状凸起分别为21.1%与35.3%，大于长顺凹陷和安顺凹陷；地层平均倾角统计显示了同样的结论。坳陷区东部以发育冲断变形构造为主，断块相对较多，总体以叠瓦冲断变形为主；坳陷区西南的安顺凹陷及长顺凹陷，因相对远离雪峰构造带，故受山前冲断作用影响相对减弱，断层密度相对坳陷东部降低为0.67条/100km²、0.46条/100km²；安顺凹陷和长顺凹陷的地层平均倾角（16.7°、20.1°）、缩短率（13.3%、17.5%）及褶皱翼间角（126.98°、131.24°）均反映了这两个凹陷区盖层变形强度相对较弱，总体处于褶皱变形区，为坳陷内油气保存条件相对较好的构造稳定区域。

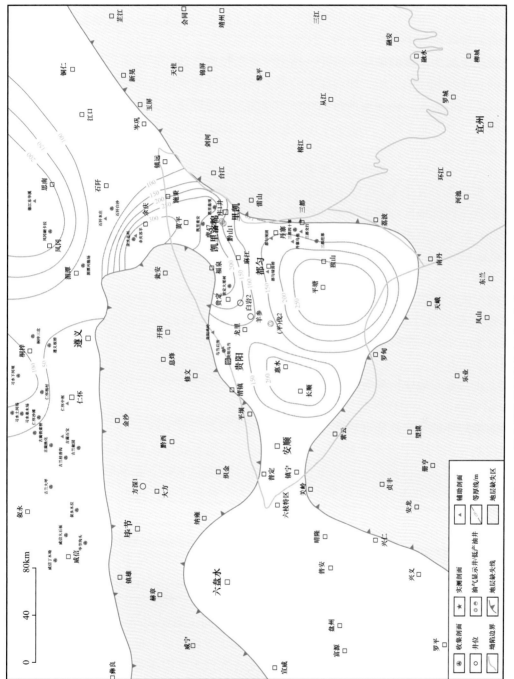

图 5-24　黔南坳陷及周缘志留系兰多维列统盖层等厚图

② 抬升剥蚀作用。

黔南的长顺凹陷剥蚀厚度相对较小，为 3500m，主要出露石炭系，而泥盆系和志留系盖层基本完整。由西往东剥蚀厚度逐渐增大，黔东地区剥蚀厚度普遍在 3500m 以上，造成黔南坳陷东北部及东部下古生界普遍出露，志留系兰多维列统（S_1）翁项群泥岩盖层的连续性受到严重破坏。黔南坳陷东北部及东部的中泥盆统普遍出露地表，坳陷中部的部分背斜轴部也有中泥盆统出露，这些地区中泥盆统泥岩盖层的整体封盖性和油气保存条件遭受了较为严重的破坏。因此，燕山—喜马拉雅运动的强烈剥蚀作用直接导致了继承性的古隆起和坳陷边缘，如麻江古油藏，储层直接暴露地表而被彻底破坏，但对于先期形成的构造而言，仍深埋地腹 2000～5000m，且为数众多，喜马拉雅运动对其直接的剥蚀破坏影响可能有限，可能还存在着相对较好的封闭保存环境。

③ 地震作用。

自公元 288 年以来，贵州省内曾发生过 1000 次以上的地震。1308 年以来有史料明确记载：贵州省曾发生 4.7 级以上的破坏性地震 34 次；4 级以上地震主要分布于云贵川地震带的贵州西部地区。黔南坳陷区地震活动较弱也不频繁，处于相对稳定区，油气保存条件好。黔南坳陷西南侧的紫云—罗甸断裂带地震相对活跃，对该地区油气保存条件有一定的影响。

④ 岩浆作用。

黔南坳陷岩浆岩分布不广，仅见零星出露地表。贵阳南部及瓮安一带，为海西期大陆溢流拉斑玄武岩及分异的岩床（墙）状辉绿岩组合；镇远一带属偏碱性超基性岩组合；还有紫云东北一带有厚 88m 的玄武岩分布。黔南坳陷内的岩浆作用，对油气保存条件的破坏作用有限。

（2）水文地质地球化学与油气保存条件。

① 温泉分布、水循环深度与油气保存条件。

黔南坳陷外的水文地质开启程度较高，大气水下渗深度 1000m 以上（图 5-25）。黔南坳陷内现今大气水下渗深度基本在 800m 以内。从温泉的分布和循环深度看，黔南坳陷内水文地质开启程度低一些，油气保存条件相对较好。同时，推断黔南地区 800m 以上地层中的地下水处于自由交替带，800m 以下为交替阻滞带，3000m 以下可能会出现水文停滞带。

② 古流体地球化学与油气保存。

黔南坳陷内方解石脉的碳和氧同位素值基本落在石灰岩背景值区间内，$\delta^{13}C$ 普遍在 -2‰ 以上，为沉积埋藏封闭环境下形成的流体。黔南坳陷区为古盐度相对高值区，Z 值普遍在 120 以上，表明坳陷区受古大气水下渗影响较弱。都匀—三都—广西罗城一线以东地区古大气水下渗深度较大，在 2200～3600m 之间（图 5-26）。黔南坳陷处于方解石脉 $\delta^{13}C$ 和古盐度的高值区，参与坳陷内自生矿物（方解石脉）形成的古流体基本处于沉积埋藏封闭性环境，即燕山运动前，坳陷内受古大气水下渗影响较弱，古油气保存条件较好。

③ 现今地层水特征与油气保存条件。

黔南坳陷及周缘代表油气保存条件良好的高浓缩地层水较少，区内现今钻井所钻及地层的水文地质开启程度普遍较大。

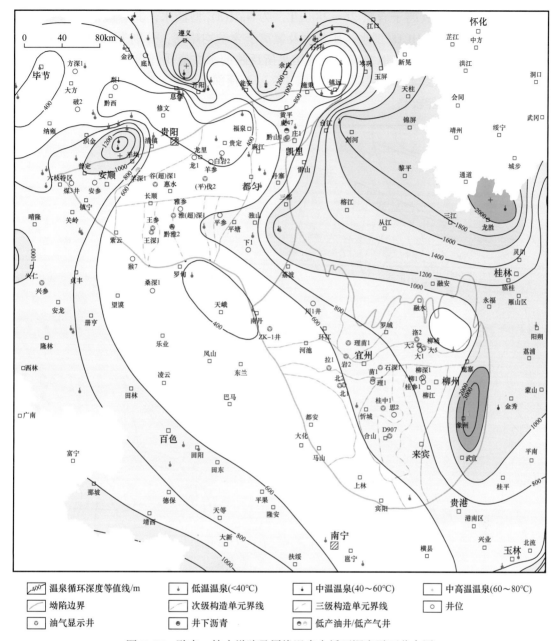

图 5-25　黔南—桂中坳陷及周缘温泉水循环深度平面分布图

　　黔南坳陷东部下古生界的地层水矿化度相对较高。庄 1 井在 2914～2965m 寒武系苗岭统（$\in_3$）中的矿化度达 52.1g/L，水型为 $CaCl_2$ 型，属交替停滞带，油气保存条件好；处于同一背斜构造更高部位的黔山 1 井，由于地层变浅，矿化度变低，在 2800～2847m 九门冲组（$\in_{1-2}j$）产气 170m³/d，产水 0.11m³/d，矿化度普遍在 12g/L 左右，水型为 $CaCl_2$ 型，油气保存条件较好；但羊参井在 1571m 和 2590m 寒武系苗岭统（$\in_3$）所测的地层水矿化度分别为 3.211g/L 和 2.612g/L，水型为 Na_2SO_4 型，羊参井井区寒武系苗岭统（$\in_3$）的油气保存条件已被破坏；虎 47 井经过分层测试，奥陶系大湾组（O_1d）以及奥陶系桐梓组（O_1t）底 / 寒武系娄山关组（$\in_{3-4}l$）顶，分别产水 9.08m³/d 及 5.9m³/d，矿化度 126～424mg/L，氯离子含量 26～28mg/L，为 NaHCO$_3$ 型淡水，其上覆的志留系翁项群（S$_1$）中产少量 NaHCO$_3$ 型水，矿化度及氯离子含量均略高，分别为 1301～1365mg/L 及 231～251mg/L。该区其他井资料统计结果所反映的水文地质开启程度，深度在 800m 左右，开启的最低层位为寒武系娄山关组（$\in_{3-4}l$）顶部。因此，黔南坳陷腹部下古生界地层水的矿化度可能较高。

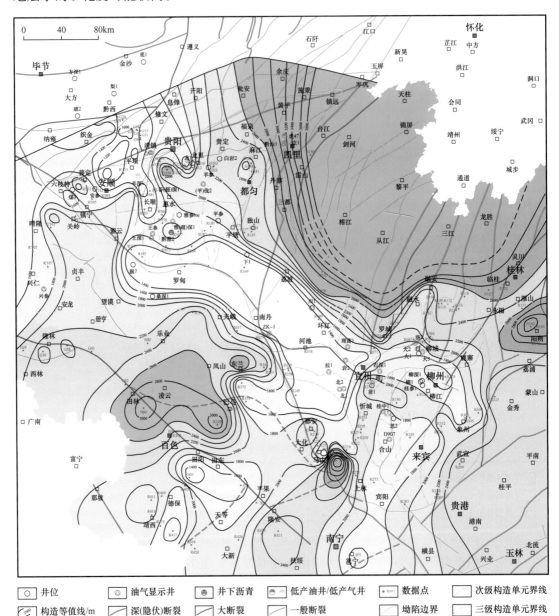

图 5-26　黔南—桂中坳陷及周缘古大气水下渗深度平面分布图

黔南坳陷南部上古生界的地层水，除羊 2 井在 305～325m 处测得中三叠统矿化度较高，为 20.534g/L，变质系数为 0.99，代表水文地质封闭条件良好之外，其余地层水均为淡水。如王参 1 井在 3849～3853m 所测的中泥盆统地层水氯离子浓度为 0.96g/L，水型为 NaHCO$_3$ 型，油气保存条件一般。

（3）油气保存条件综合评价。

黔南坳陷的盖层条件、构造与岩浆作用、成矿作用、元素地球化学异常、现今水文地质地球化学、古流体地球化学和古流体动力场演化等综合研究表明，坳陷南部的长顺凹陷保存条件相对较好。

黔南坳陷及周缘震旦系—志留系油气保存条件综合分级评价如下（图5-27）。

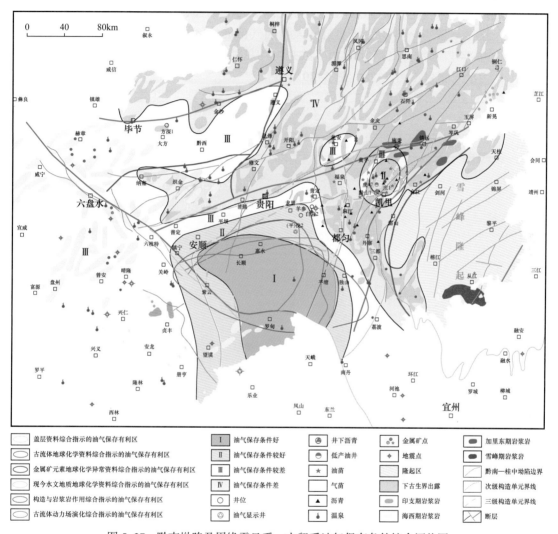

图5-27　黔南坳陷及周缘震旦系—志留系油气保存条件综合评价图

Ⅰ级（油气保存条件好）：坳陷内长顺、惠水、平塘和罗甸一带；

Ⅱ级（油气保存条件较好）：坳陷内紫云、镇宁、龙里，坳陷东北部黄平浅凹的内部一带；

Ⅲ级（油气保存条件较差）：坳陷边缘的普定、平坝、贵定、独山、荔波，坳陷东北部黄平浅凹的外围一带；

Ⅳ级（油气保存条件差）：坳陷东部的三都、丹寨、麻江和福泉一带。

黔南坳陷及周缘泥盆系—三叠系油气保存条件综合分级评价如下。

Ⅰ级（油气保存条件好）：黔南坳陷的长顺凹陷；

Ⅱ级（油气保存条件较好）：黔南坳陷内的镇宁、惠水、平塘一带；

Ⅲ级（油气保存条件较差）：黔南坳陷内的普定、平坝、龙里—独山一带；

Ⅳ级（油气保存条件差）：黔南坳陷的福泉、丹寨、三都、荔波等坳陷外围。

8）麻江古油藏

"麻江古油藏"是黔南麻江—都匀地区的一个下古生界古油藏，经初步计算其原始石油储量达 $15.08 \times 10^8 t$，是加里东期的特大油藏之一。"凯里残余油气藏"也属下古生界油藏，这里是贵州最早发现活油苗和大量油气苗的地区，20世纪50—90年代在此陆续钻过浅井54口和深井2口，绝大多数井内均见油气显示，部分井还有一定数量的油气产出，为世人瞩目（图5-28、图5-29）。

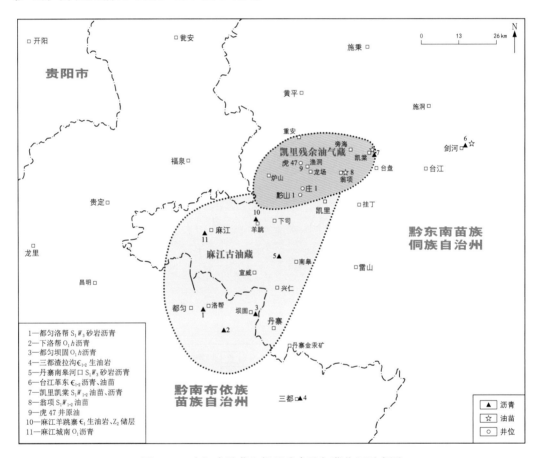

图5-28 麻江古油藏和凯里残余油气藏位置示意图

麻江古油藏形成于加里东末期—早泥盆世，经海西期—印支期的深埋热演化及燕山期后的抬升剥蚀改造，铸成现状。

（1）麻江古油藏的成藏条件。

① 主力烃源岩为寒武系纽芬兰统—第二统的泥质烃源岩。

麻江古油藏的主力烃源岩为寒武系纽芬兰统—第二统（$\in_{1-2}$）盆地相—陆棚相的黑色泥岩，其生油高峰期为志留纪末期—早泥盆世初期。寒武系纽芬兰统—第二统（$\in_{1-2}$）的暗色泥岩厚 100～600m。

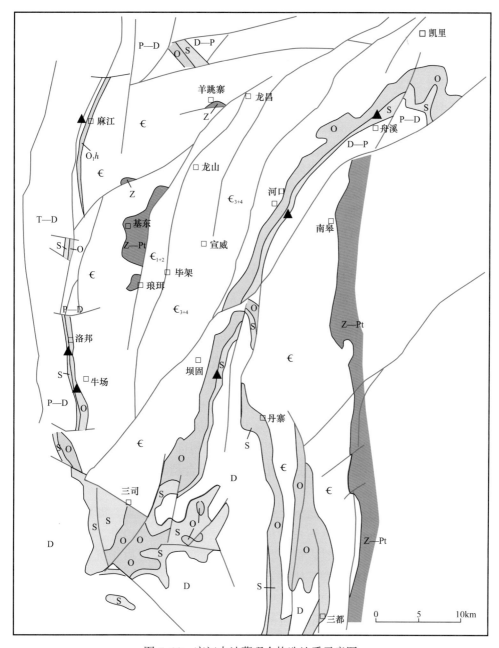

图 5-29 麻江古油藏现今构造地质示意图

② 发育了志留系翁项群三段砂岩孔隙型储层和奥陶系红花园组岩溶型储层。

麻江古油藏的主要储层为志留系翁项群三段（S_1W_3）的砂岩储层和奥陶系红花园组（O_1h）的碳酸盐岩储层两大类。储层特征见表5-11。

表 5-11　麻江古油藏储层特征表

储层层位	储层岩性	储层主要孔隙类型	储层厚度 /m
翁项群三段（S_1W_3）	石英砂岩	原生粒间孔、裂缝	11~35.7
红花园组（O_1h）	碳酸盐岩	溶蚀孔、洞、裂缝	10~25

志留系翁项群三段砂岩的储集空间主要是原生粒间孔，包括原生粒间孔被压实和部分胶结后的剩余粒间孔，其次是次生裂缝孔隙。麻江古油藏的主力烃源岩是寒武系纽芬兰统—第二统（$\in_{1-2}$）的暗色泥质岩，于加里东末期进入生油高峰期，此时麻江地区已形成了古凸起，志留系翁项群三段的石英砂岩储层和翁项群四段的泥岩盖层沉积不久，砂岩储层中的孔隙尚未经历复杂的成岩过程而使原生粒间孔成为聚集期的孔隙，这是液态烃进入的良好储集空间。麻江古油藏生、储、盖层在时间和空间上的这种配置关系，是其成为大型古油藏的重要因素。

奥陶系红花园组碳酸盐岩的储集空间主要为次生溶蚀孔隙和构造裂缝。麻江古油藏红花园组的碳酸盐岩储层经过奥陶纪末都匀运动的抬升而暴露地表或接近地表，其上部受到大气降水的淋滤、溶蚀，形成次生溶蚀孔隙，它和抬升时产生的构造裂缝一起，为主要储集空间。麻江古油藏红花园组储层中，沥青主要赋存在该组顶部（10～25m）的次生溶蚀孔隙及裂缝之中。

③ 翁项群四段泥质岩是良好的区域盖层。

盖层的存在也是形成古油藏的重要条件。麻江古油藏在成藏之前，志留系翁项群四段泥质岩大面积、连片覆盖于翁项群三段砂岩储层之上，厚168～512m，形成了储层的直接盖层和区域盖层。由于翁项群四段泥质岩较致密，泥岩所占比例较大，为均质盖层，具有较好的封闭能力，由此形成了麻江古油藏的良好盖层。

④ 古油藏的圈闭类型为以构造圈闭为主的构造—岩性复合型圈闭。

麻江古油藏主力烃源岩的生油高峰期在加里东末期。此时的古构造面貌表现为"两隆两坳"：西边是黔中隆起，东边是雪峰隆起；北边是武陵坳陷，南边是黔南坳陷。麻江古油藏就处于两隆两坳鞍部的南侧古凸起上的有利部位，这是油气圈闭的有利构造。古油藏的圈闭类型为以构造圈闭为主的构造—岩性复合型圈闭。

⑤ 具有良好的生储盖组合。

麻江古油藏在纵向上的生、储组合关系表现为古生新储特点，即烃源岩和储层间的地层距离达2200～2600m，当奥陶系红花园组储层在都匀运动抬升、受淋滤溶蚀后，紧接着就沉积了志留纪地层，此时志留系翁项群三段的砂岩储层由于沉积不久，烃源岩即进入了生油高峰期，又因翁项群三段砂岩经历的成岩变化比较简单，因而现今仍可见沥青主要充填在原生孔隙或剩余原生孔隙中；而在红花园组上部，沥青主要充填于次生的溶蚀孔隙和裂缝中。盖层是翁项群四段的泥质岩，覆盖于翁项群三段砂岩储层之上而形成直接遮挡盖层。

⑥ 古油藏的保存条件。

麻江古油藏地处加里东期雪峰隆起褶皱带的西缘。在晚奥陶世中期或以后，由于受都匀运动影响，麻江地区形成了宽缓的古凸起，经晚奥陶世—志留纪龙马溪组沉积期（S_1^1）的抬升剥蚀，导致其核部的奥陶系红花园组暴露地表，沉积的碳酸盐岩经浅埋、胶结、重结晶或局部白云石化后即抬升至地表，再受大气淡水—混合水的淋滤溶蚀，形成了大量的溶蚀孔、洞、裂缝储层。自志留纪大中坝期（S_1^2）再次接受沉积，至志留纪末的广西运动，麻江古凸起才在都匀运动期形成的雏形基础上，进一步发展成型并逐渐聚集油气。

志留纪末古油藏形成时，主要储层为翁项群三段砂岩，之上的翁项群四段泥质岩构成其良好的盖层，厚度可达 260m（丹寨岩寨）～455m（凯里磨刀石）。总体来看，翁项群四段泥质岩构成了古油藏的统一区域盖层，这对古油藏的形成和保护是一个十分重要的条件。

（2）麻江古油藏的演化过程。

① 区域热演化变质作用。

广西运动后，麻江古油藏处在黔南（晚古生代）坳陷的东部边缘，开始经历长期的、持续的埋藏。随着长期持续的热力作用，不可避免地使古油藏中的原油朝着裂解、缩聚方向演化。古近纪前，燕山运动造成区域褶皱和抬升时，古油藏已经历了近 3 亿年的埋藏，最大埋藏深度达 4000～5000m，埋藏最高温度达 110～225℃，烃类保存状态已进入油气裂解及缩聚沥青阶段，现今古油藏赋存大量的沥青就反映了上述认识。

麻江古油藏志留系翁项群三段和奥陶系红花园组储层中的石油，在经历海西期—喜马拉雅期的地质和地球化学作用之后，已经面目全非，储层中的储集物已不是古油藏形成时的液态烃，而是经温度和时间作用后高度缩聚后的变质沥青。

麻江古油藏储层中石油的热演变方向是裂解和缩聚同时产生，裂解产物——天然气（干气），一般难以保存，尤其是在开启程度高的裸露区则早已逸散。主要储层志留系翁项群三段中的沥青，在氯仿中的溶解度为 $n \times 10^{-1}\%$～$n \times 10^{-2}\%$，光学最大反射率 R_{omax} 为 2.0%～2.5%，H/C 原子比为 0.7 左右。奥陶系红花园组储层中的沥青，其演变程度均较翁项群三段（S_1W_3）的沥青高，在氯仿中的溶解度为 $n \times 10^{-1}\%$～$n \times 10^{-3}\%$，光学最大反射率 R_{omax} 均大于 2.5%，但一般小于 4.0%，H/C 原子比一般为 0.4～0.7。研究表明：随着热演变程度的增高，固体沥青分子量不断增大，分子聚合程度不断增高，分子排列的定向性不断增强，因而表现为碳元素含量越来越高（H/C 原子比越来越小），在有机溶剂中的溶解能力越来越弱（氯仿可溶性），对一定波长的入射光的反射能力（光学最大反射率）越来越强，这也证实了红花园组储层中的沥青比翁项群三段中沥青的演化变质程度高，这与埋藏深度及温度的增加是一致的。

② 燕山运动对古油藏的破坏。

燕山运动之前，古油藏中储集的石油，经过了晚古生代及中生代的长期埋藏及热变质作用，这是一个液态烃向气态烃（天然气）和固态烃（沥青）转化的过程。

燕山运动是一次波及很广的、最强烈的褶皱运动，之后又是大幅度的抬升作用。在地层褶皱断裂的基础上，到现今已经过 130Ma 左右的剥蚀，麻江古油藏已解体，之后逐渐形成现状：志留系翁项群三段和奥陶系红花园组（O_1h）的储层大部分被剥蚀或裸露地表，翁项群三段储层的展布面积从 2450km² 减小到 876km²，其中的沥青储量只残留了 3.53×10^8t。因此，燕山期以后的破坏，是对古油藏的彻底破坏与改造。

综上所述，麻江古油藏具有得天独厚的成藏条件，它在早古生代有过大规模的油气生成、运移、聚集的过程是毫无疑问的。通过对麻江古油藏形成和演化过程中各主要特征的分析，将为我们认识和展望贵州及邻区的油气前景、进一步开展寻找下古生界油气的工作，提供有益的借鉴。

2. 桂中坳陷

据桂中 1 井揭示，桂中坳陷自下而上主要发育 2 套生储盖组合（图 5-30）。

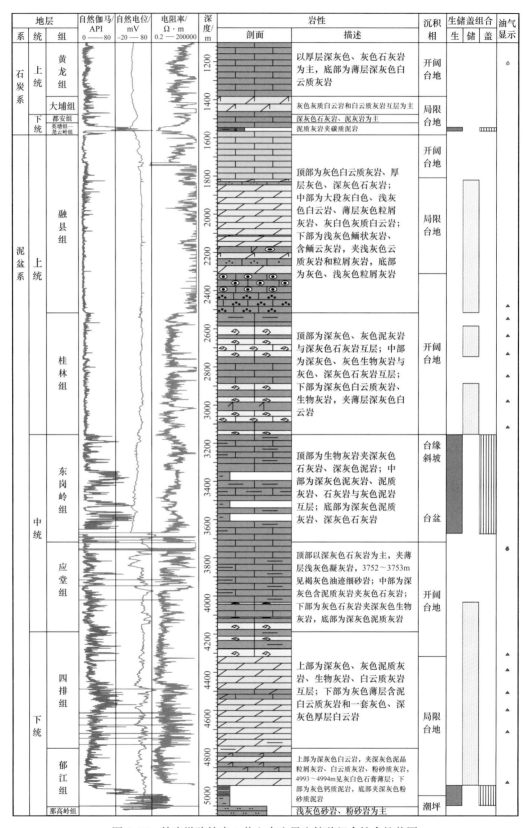

图 5-30 桂中坳陷桂中 1 井上古生界生储盖组合综合柱状图

第一套组合：郁江组或塘丁组（烃源岩）—四排组、应堂组或那叫组、上伦组（储层）—东岗岭组或罗富组（盖层）。

第二套组合：罗富组或东岗岭组（烃源岩）—桂林组、融县组（储层）—尧云岭组（盖层）。

以第一套组合最为有利，桂中坳陷西部为有利勘探区带。

1）油气苗

桂中坳陷从泥盆系至三叠系均见有油气苗，其中以柳城—鹿寨一带下石炭统的油苗较集中。油苗产状多为晶洞型、裂隙型或裂隙—晶洞型。气苗以氮气为主，洛1井仅有1个气样甲烷含量达67.9%，纳马坡气苗的气样甲烷含量达54.9%。在南丹龙头山、河池拉朝、上林六卡、上林镇圩等地的中泥盆统中，见有规模较大的碳质沥青充填于石灰岩裂缝中或呈似层状产出。在柳城中杨山下石炭统的石灰岩中，见分散状碳质沥青。在柳江百朋东南的炉村附近，二叠系阳新统（P_2）茅口组石灰岩中也有分散状碳质沥青发现。

2）烃源岩

（1）下泥盆统烃源岩。

桂中坳陷下泥盆统优质烃源岩主要分布于下泥盆统上部台盆相的塘丁组，它与台地相的四排组为同期异相沉积，岩性主要为黑色泥页岩、钙质泥岩，富含竹节石等化石，形成于深水—次深水盆地相，主要分布于南丹、河池、宜州等地区，一般为50～200m，南丹一带最大厚度大于500m（图5-31）。

南丹罗富剖面TOC为0.65%～4.70%，平均1.85%，TOC值大于2.0%的样品占40%，根据烃源岩TOC值与原始生烃潜量之间的关系，其原始生烃潜量可达10mg/g以上，表明其主要为中等—很好的烃源岩。

下泥盆统塘丁组烃源岩的干酪根显微组分主要为腐泥组，相对含量为38.7%～89.7%，其次为镜质组，有机质类型总体为Ⅱ型；烃源岩的干酪根碳同位素值为–27.80‰～–26.84‰，亦总体为Ⅱ型有机质，与干酪根镜检结果一致。

南丹罗富剖面下泥盆统塘丁组烃源岩的 R_o 为1.33%～1.76%，总体处于高成熟阶段。桂中1井下泥盆统样品的沥青反射率换算成镜质组反射率为2.76%～3.62%。总体看来桂中坳陷下泥盆统处于高—过成熟阶段。

总之，桂中坳陷下泥盆统盆地相的烃源岩有机质丰度高，类型较好，热演化程度高，总体为该区的一套较优质海相烃源岩。

（2）中泥盆统烃源岩。

桂中坳陷中泥盆统优质烃源岩主要分布上部台盆相的罗富组，它与台地相的东岗岭组为同期异相沉积，岩性主要为黑色泥页岩、钙质泥岩、泥灰岩，形成于深水—次深水盆地相，分布范围较下泥盆统更广，主要分布于南丹、河池、宜州、柳州、鹿寨、来宾等地区，一般厚100～400m，最厚可达600m以上，其中以南丹大厂一带最为发育（图5-32）。

南丹大厂剖面TOC为0.53%～4.74%，平均3.14%，TOC值大于2.0%的样品占85.7%，这些样品的原始生烃潜量大于6mg/g，最大可达20mg/g以上，为很好烃源岩。

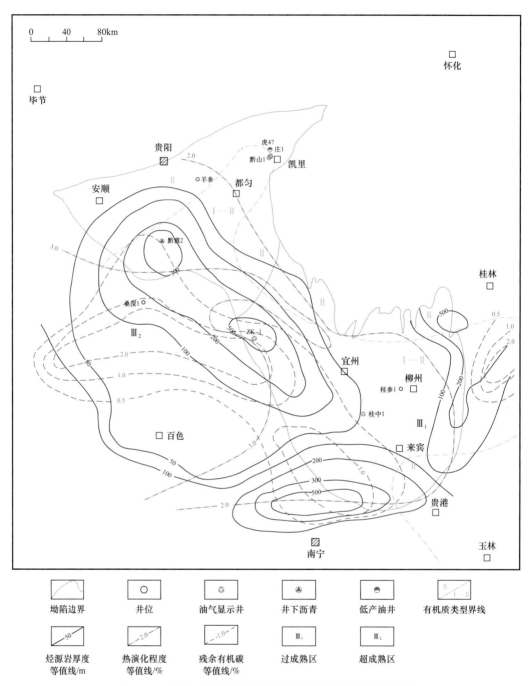

图例：

| 坳陷边界 | 井位 | 油气显示井 | 井下沥青 | 低产油井 | 有机质类型界线 |

| 烃源岩厚度等值线/m | 热演化程度等值线/% | 残余有机碳等值线/% | 过成熟区 Ⅲ₁ | 超成熟区 Ⅲ₂ | |

图 5-31　黔南—桂中坳陷下泥盆统泥质烃源岩综合评价图

桂中坳陷中泥盆统罗富组烃源岩的干酪根显微组分主要为腐泥组，相对含量为 40.3%～87.7%，其次为镜质组，有机质类型主要为 Ⅱ 型；烃源岩的干酪根碳同位素值为 −27.44‰～−24.84‰，与干酪根镜检结果一致。

南丹大厂剖面罗富组烃源岩的 R_o 为 1.53%～2.03%，总体处于高—过成熟阶段。桂中 1 井中泥盆统样品的沥青反射率换算成镜质组反射率为 2.24%～2.95%，处于高—过成熟阶段。

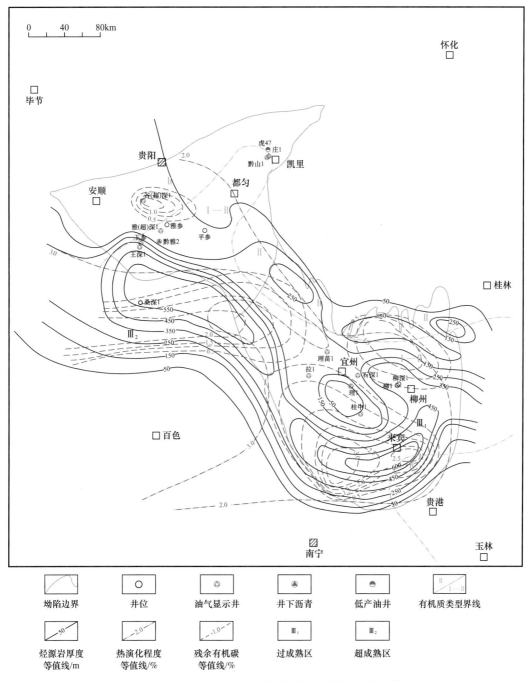

图例：

| 坳陷边界 | 井位 | 油气显示井 | 井下沥青 | 低产油井 | 有机质类型界线 |

| 烃源岩厚度等值线/m | 热演化程度等值线/% | 残余有机碳等值线/% | 过成熟区 Ⅲ₁ | 超成熟区 Ⅲ₂ | |

图 5-32　黔南—桂中坳陷中泥盆统泥质烃源岩综合评价图

3）储层

据桂中 1 井揭示，桂中探区上泥盆统、中泥盆统应堂组及下泥盆统上部的四排组中储层发育，储层主要为白云岩和生物灰岩（表 5-12），全井段见泥盆系白云岩 931m，生物灰岩 405m。

白云岩主要发育在上泥盆统上部、下泥盆统四排组；生物灰岩主要发育在上泥盆统下部、中泥盆统下部和下泥盆统上部，是勘探的重要目的层系。

表 5-12　桂中坳陷桂中 1 井钻遇储层厚度分布表

地层	储层段 /m	厚度 /m	储集类型
融县组（D_3r）	1815～2168	353	白云岩溶蚀孔洞缝型
桂林组（D_3g）	2585～2797	212	生物灰岩、粒屑灰岩孔缝型
	2886～3146	260	生物灰岩孔隙型
应堂组（D_2y）	4032～4175	143	生物灰岩裂缝型
四排组（D_1s）	4203～4317	114	生物灰岩、致密含泥灰岩裂缝型
	4345～4460	115	白云岩孔隙型
	4605～4727	122	白云岩溶蚀孔洞缝型

通过对桂中 1 井岩心和岩屑的观察分析，碳酸盐岩储层的储集空间主要有孔隙、溶洞、裂缝三种类型，砂岩储层的储集空间主要为粒间孔。

据桂中 1 井泥盆系岩石薄片面孔率（包括沥青充填孔隙）统计资料和测井资料的综合分析，得出以下初步结论：

（1）储层发育，有沥青充填，存在古油藏。

（2）白云岩储层、生物礁灰岩储层为主力储层（图 5-33）。

 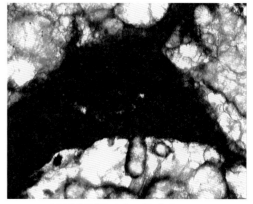

a. 下泥盆统四排组白云岩，4460m　　　　b. 上泥盆统桂林组生物（礁）灰岩，2602m

图 5-33　桂中坳陷桂中 1 井沥青显示的镜下特征

（3）存在 4 套相对较好的储层，即上泥盆统桂林组 2 套生物（礁）灰岩储层和下泥盆统四排组 2 套白云岩储层。各储层段的储集特征见表 5-13 和表 5-14。

表 5-13　桂中坳陷桂中 1 井泥盆系储层面孔率（包括沥青充填孔隙）统计表

层位	井深 /m	岩性	孔隙类型	面孔率 /%	备注
融县组（D_3r）	1815～2168	白云岩	晶间孔、晶间溶孔	1～4	
桂林组（D_3g）	2585～2797	生物灰岩	生物粒间孔、压溶缝、微裂缝	5～25	沥青富集
	2886～3146	生物灰岩	生物粒间孔、裂缝	3～15	沥青富集
应堂组（D_2y）	4032～4175	生物灰岩	溶孔、裂缝	2～10	

层位	井深/m	岩性	孔隙类型	面孔率/%	备注
四排组（D_1s）	4203～4317	生物灰岩	压溶缝、微裂缝	5～10	
	4345～4460	白云岩	晶间孔、溶蚀孔、微裂缝	2～28	沥青富集
	4605～4727	白云岩	晶间孔、晶间溶孔	4～25	沥青富集

表 5-14　桂中坳陷桂中 1 井储层评价表

层位	储层段/m	岩屑薄片面孔率/%	测井物性（平均）		岩心物性		储集类型	评价
			孔隙度/%	渗透率/mD	孔隙度/%	渗透率/mD		
融县组（D_3r）	1815～2168	2	4.06	3.37	—	—	白云岩	差
桂林组（D_3g）	2585～2797	11.8	3.94	0.34	—	—	生物（礁）灰岩	好
	2886～3146	9.3	16.23	44.8	—	—	生物（礁）灰岩	好
应堂组（D_2y）	3752～3753	疏松	9.63	28.8	—	—	石英砂岩	好
	4032～4175	4.3	3.7	0.19	—	—	生物（礁）灰岩	较好
四排组（D_1s）	4203～4317	8.3	3.22	0.12	—	—	生物灰岩、致密灰岩	较好
	4345～4460	13.3	3.58	0.11	—	—	白云岩	好
	4605～4727	14.2	3.48	0.18	1.2～2.2	0.06～0.16	白云岩	好

（4）中泥盆统应堂组顶部的薄层石英砂岩存在油迹显示。

4）盖层

（1）中泥盆统盖层。

桂中坳陷中泥盆统未遭到抬升剥蚀破坏，至今一直埋于地下，是有利的盖层。

中泥盆统泥页岩主要沉积于局限台地、台地边缘斜坡相环境，泥（页）岩累计厚度 182～925m，最厚处在鹿寨寨沙，厚度达 925m，桂参 1 井为 365m，桂中 1 井为 138m（表 5-15）。台盆沉积发育于河池、南丹一带，厚度 170～351m；南丹拉雅剖面泥岩厚度 201m，泥灰岩厚度 87m；南丹车河泥岩最厚达 366m，占地层厚度的 81%，为均质盖层；南丹罗富泥岩厚 460m，占地层厚度的 95% 以上，为均质盖层；南丹大厂泥岩厚 639m。

表 5-15　桂中坳陷桂中 1 井泥岩盖层分布表

层位	层数	单层厚度/m	总厚度/m	岩石密度/(g/cm³)	岩性
尧云岭组（C_1y）	1	27	27	2.19～2.29	灰黑色泥质灰岩、灰黑色碳质泥岩
东岗岭组（D_2d）	4	10～47	138	2.20～2.67	灰色泥岩、深灰色泥岩
郁江组（D_1y）	3	11～57	88	2.20～2.57	灰色泥岩、灰色钙质泥岩、灰色砂质泥岩

中泥盆统泥页岩的 R_o 已达 2.07%～3.04%，伊利石含量 75%～100%，伊利石结晶度 0.26～0.35（°$\Delta 2\theta$），均表明已达晚成岩阶段（表5-16），泥岩结构致密，突破压力高达 29.9mPa，封闭性能较好。

（2）下石炭统盖层。

桂中坳陷下石炭统泥质岩盖层主要为台盆相的尧云岭组（鹿寨组），厚度 27～600m，柳州地区厚度较大，南丹、河池一带厚 103～492m，上林、马山一带厚 37～492m。

下石炭统以伊/蒙混层为主，混层比为 12%～35%，R_o 为 1.79%～1.86%，为中成岩 B期（表5-16），泥岩结构致密，突破压力高达 47.9MPa，封闭性能非常好。

表 5-16　桂中坳陷中泥盆统—下石炭统泥岩黏土矿物成分统计表

| 层位 | 取样地点 | 黏土矿物相对含量 /% | | | | 混层比 /% | | I/S 中的 S/ % | 伊利石结晶度 / °$\Delta 2\theta$ |
		伊利石	高岭石	绿泥石	绿/蒙混层	I/S	C/S		
下石炭统（C_1）	环江洛阳	66		3		31		22	0.38
下石炭统（C_1）	环江玉合	62	15	6	5	12		22	0.37
尧云岭组（C_1y）	环江都川	54	5	6		35		30	0.40
尧云岭组（C_1y）	融安石门	87		3		10		30	0.38
东岗岭组（D_2d）	南丹拉雅	95		5					0.29
中泥盆统（D_2）	南丹罗富	98		2					0.35
中泥盆统（D_2）	上林	87	6	7					0.32
四排组（D_1s）	南丹同贡	100							0.30

5）生储盖组合

据桂中1井揭示，桂中坳陷自下而上主要发育2套生储盖组合：第一套为郁江组（或塘丁组）—四排组、应堂组（或那叫组、上伦组）—东岗岭组（或罗富组）；第二套为罗富组（或东岗岭组）—桂林组、融县组（或唐家湾组）—尧云岭组（图5-30）。

6）圈闭

桂中坳陷内的构造线以南北向为主；西部由于马山—都安北西向边界断裂的存在和发展，构造线依附该断裂呈北西向展布；河池、宜州、柳城一带，构造线呈东西向弯曲延伸，该带的北侧以北东向为主。在上述构造线展布的背景下，坳陷地表有背斜构造圈闭和构造断层复合圈闭50个。

7）保存条件

（1）构造、岩浆及成矿作用对油气保存条件的影响。

①断裂与构造变形作用。

桂中坳陷主要发育北北东向、南北向、北西向和东西向4组断层。

桂中坳陷北部柳城斜坡、罗城低凸起、环江浅凹及宜州断凹4个围绕雪峰山南缘的构造单元，发育有自北西至近南北至北东东向的系列断层系，断层密度分别为0.39

条 /100km²、0.727 条 /100km²、0.784 条 /100km²、0.863 条 /100km²，相对桂中坳陷其他构造单元而言属于较大和位居前列；4 个构造单元野外观测到的地层倾角分别为 20.4°、14°、18.8°、39.6°，褶皱翼间角平均为 135.8°、143.3°、130.6°、113.5°。平衡剖面恢复成果表明：桂中坳陷北部的西段，地层缩短率为 31.7%，其主要目的层——泥盆系多暴露地表，发育断弯褶皱，且以叠瓦冲断变形模式为主，归于典型的山前冲断变形结构和雪峰南缘叠瓦冲断变形区，坳陷北部油气保存条件总体偏差。

桂中坳陷东部大瑶山前缘的象州浅凹，类似坳陷北部的山前冲断变形区，盖层中断层发育，褶皱变形强度较大，油气保存条件相对较差，断层密度为 0.466 条 /100km²，褶皱翼间角为 127.38°，野外地层倾角平均为 37.6°，泥盆系的地层缩短率在浅凹内为 30.1%。

桂中坳陷中西部的柳江低凸起与红渡浅凹北部，以及马山断凸的中北部，相对其他构造单元而言，地层相对平缓，构造变形较弱，地层倾角、断裂发育密度及盖层缩短率不大，且柳江低凸起、红渡浅凹北部长期处于构造转换地带，受造山带影响较小，变形相对较弱，油气保存条件较好。

② 抬升剥蚀作用。

桂中坳陷西部剥蚀厚度相对较小，为 2500～3500m，主要出露石炭系，泥盆系和志留系盖层基本完整。由西往东剥蚀厚度逐渐增大，桂中坳陷东北部和东部，中泥盆统普遍出露地表，坳陷中部部分背斜轴部也有出露，这些地区中泥盆统泥岩盖层的整体封盖性和油气保存条件遭受了较为严重的破坏。燕山—喜马拉雅运动的强烈剥蚀作用直接导致了继承性古隆起和坳陷边缘，如南丹车河，古气藏等储层直接暴露地表、彻底破坏，但对于先期形成的构造而言，仍深埋地腹 2000～5000m，且为数众多，喜马拉雅运动对其直接的剥蚀破坏影响可能有限，可能还存在相对较好的封闭保存环境。

③ 地震作用。

在公元 288—1966 年间，广西曾发生过 266 次地震，其中破坏性地震 13 次，最大震级为 6.7 级，震中烈度达 9 级。1970 年建立地震台以来，记录 3 级地震 17 次，4 级地震 3 次，破坏性地震 1 次。4 级以上地震主要分布于北东东向的博白—岑溪断裂带、灵山—藤县断裂带，以及北西向的那坡断裂带、右江断裂带上，部分地震沿其他北东向、北北东向断裂分布，在前两组断裂交会处地震活动较强烈。桂中坳陷区地震活动很弱，处于相对稳定区。

④ 岩浆作用。

桂中坳陷及周缘主要发育有海西、印支和燕山—喜马拉雅等 3 期岩浆岩，集中分布于桂南和桂东南地区。燕山期—喜马拉雅期的岩浆仅在桂中坳陷周边的南丹—都安大断裂带和宜州—柳城大断裂带上有少量发育，坳陷内岩浆岩分布极其有限。

（2）水文地质地球化学与油气保存条件。

① 温泉分布、水循环深度与油气保存条件。

桂中坳陷外的水文地质开启程度较高，大气水下渗深度 1000m 以上，局部地区如象州花池，温泉水温最高达 88℃，向外围逐渐降至 72～79℃，大气水下渗深度估算在 3645m（图 5-25）；而桂中坳陷内现今大气水下渗深度基本在 800m 以内。从温泉的分布和循环深度看，桂中坳陷内水文地质开启程度要低一些，油气保存条件相对较好。

② 古流体地球化学与油气保存条件。

桂中坳陷内方解石脉的碳和氧同位素值基本落在石灰岩背景值区间内，$\delta^{13}C$ 普遍在 $-2‰$ 以上，为沉积埋藏封闭环境下形成的流体，表明坳陷内受古大气水下渗影响较弱。桂中坳陷区为古盐度相对高值区，Z 值普遍在 120 以上，表明坳陷区受古大气水下渗影响较弱。

黔西—平坝—南丹—河池—象州一带，古大气水下渗深度最小，约为 1200m，向周缘地区逐渐增大，都匀—三都—罗城连线以东地区以及象州—都安南部地区，古大气水下渗深度较大，在 2200~3600m 之间（图 5-26）。桂中坳陷处于方解石脉 $\delta^{13}C$ 和古盐度的高值区，参与坳陷内自生矿物（方解石脉）形成的古流体基本处于沉积埋藏封闭性环境，即燕山运动前，坳陷内受古大气水下渗影响较弱，古油气保存条件较好。

③ 现今地层水特征与油气保存条件。

桂中地区，据 10 口井 14 个井段的水型资料分析，在 9 个深度小于 800m 的水样中，7 个水样为 $NaHCO_3$ 型。石深 1 井在 454~455m 水型为 Na_2SO_4 型，与地表不一致，到 460m 时即向 $NaHCO_3$ 型转化。里 1 井在井深 900m 和 1300m 处所取得的水样，水型为 $MgCl_2$ 型。桂参 1 井 820m 深处上泥盆统地层水样的矿化度为 11.253g/L，水型为 $NaHCO_3$ 型，在 1920m 处中泥盆统地层水的水型为 $NaHCO_3$ 型，矿化度为 5756.24mg/L，远高于地表水 169.6~321.847mg/L 的矿化度。因此，桂中坳陷区深部存在相对封闭的环境，中泥盆统泥岩可以起到隔层作用，以阻止大气水下渗。

（3）油气保存条件综合评价。

桂中坳陷及周缘泥盆系—三叠系油气保存条件综合分级评价如下。

Ⅰ级（油气保存条件好）：桂中坳陷西部的宜州—忻城—上林以西一带；

Ⅱ级（油气保存条件较好）：桂中坳陷中部的宜州—来宾一带；

Ⅲ级（油气保存条件较差）：桂中坳陷中东部的柳城—柳江—来宾以东一带；

Ⅳ级（油气保存条件差）：桂中坳陷外围地区。

8）南丹大厂古油藏

桂中坳陷中的南丹大厂中泥盆统生物礁古油藏，位于南丹县大厂镇附近的大厂背斜轴部多金属矿区。大厂背斜为一狭长形、不对称、局部倒转的线状背斜，轴线走向 NW325°—SE145°，长 25km，宽 4km，轴部由中泥盆统组成，属印支、燕山两期构造运动所形成的断褶构造，主断裂发育于西翼（陡翼），沿断裂两侧分布有狭长形燕山期侵入的"S"形花岗岩体（图 5-34）。

生物礁的位置与大厂背斜轴部重合，礁体发育始于早泥盆世晚期，发育于中泥盆世早—中期，结束于中泥盆世晚期，是发育于海西期湘桂边缘海盆地槽盆相区内、呈北西向展布的马蹄形塔礁，礁周围为同期异相的深水泥质岩、硅质岩，礁体盖层为罗富组深水泥质岩、石灰岩，礁体展布面积约 10km²（长 3.5km×宽 2.7km），礁最大厚度近 900m。

据古油藏残存的中泥盆统储层沥青的产状与分布特征，地史上曾形成两期不同成藏机制的生物礁古油藏，一期是形成于早海西期—印支期的原生岩性—成岩圈闭型古油藏（图 5-35），另一期是形成于印支期、与富含多种硫化金属元素热液流体成因有关的脉缝型古油藏（图 5-36）。

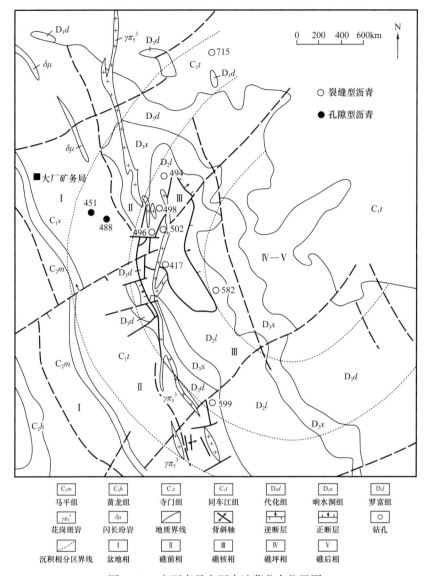

图 5-34 广西南丹大厂古油藏分布位置图

两期古油藏分别因湘桂地块盆—山转换事件而解体，并于燕山期的再次深埋、再次挤压的叠加效应中，被改造成高演化（R_o 普遍大于 3%）、半石墨化的"改造型碳沥青"残留，据矿区 600 余口浅井揭示，沥青残留量可达 1×10^8t，折算原油原始储量可达 8×10^8t 以上，属大型聚集规模。

（1）海西—印支成藏期原生生物礁古油藏有效成藏组合分析。

① 有效烃源来自礁外侧中泥盆统槽盆相黑色泥岩及暗色泥质灰岩的供烃。

该烃源岩有机碳丰度普遍高于 1%，最高达 9.48%，生源组合以海生低等生物菌藻类及浮游生物为主，属 Ⅰ 型母质类型（表 5-17）。

本期礁沥青和中泥盆统烃源岩的芳香烃稳定分子化合物组成特征及碳同位素组成做对比，呈现相似的分布，沥青碳同位素组成 $\delta^{13}C_{沥青}$ 为 -26.56‰~-25.18‰，中泥盆统黑色泥岩干酪根的 $\delta^{13}C_{干酪根}$ 为 -29.02‰~-27.04‰，二者基本接近。

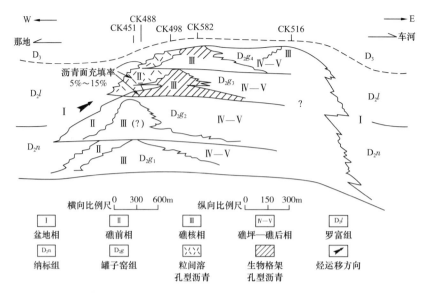

图 5-35　广西南丹大厂沉积相横剖面及早期充填沥青产出部位示意图

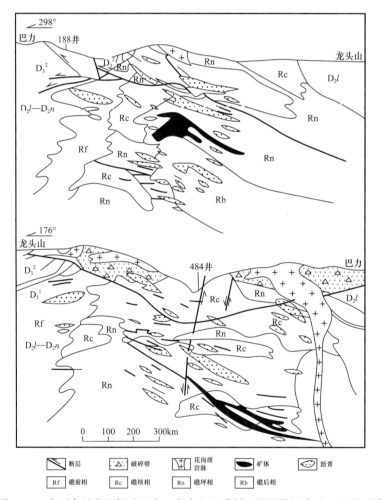

图 5-36　广西南丹大厂锡矿巴力—龙头山地质剖面图及脉沥青矿、金属矿脉
伴生现象图（引自杨惠民，1999）

表 5-17 广西南丹大厂地区烃源岩有机质丰度及类型

层位	岩性	TOC/ %	氯仿沥青 "A" / %	母质类型	$\delta^{13}C_{干酪根}$ / ‰	原始生烃强度 / $10^4t/km^2$	厚度 / m
D_1	灰黑色泥岩	0.99~3.15	0.0024	I	—	959	700
	泥质灰岩	1.24	0.0016	I			100
D_2	灰黑色泥岩	1.25~9.48	0.004	I	-29.02~-27.04	1213	440
	泥质灰岩	0.35~1.51	0.0036	I			200

陈焕疆、廖宗廷（1992）关于大厂地区同沉积期海底热水喷口及礁内沥青饱和烃组成低成熟特征的发现，展示了中—下泥盆统烃源岩存在有早期高温热液背景下早期生烃、供烃，以及中期深埋阶段干酪根热降解生烃、供烃这两种不同的生烃机制与供烃方式。

②早、中两期原油充注的有效储集空间及充注特征。

早期原生型有效储集空间及原油充注特征：充填于储层同沉积—浅埋期的原生（同生）型储层沥青的产状以浸染状居多，分布于礁核部位造礁生物的体腔或骨骼内，如生物碎屑的泥晶套常被沥青取代，层孔虫的细层及板珊瑚体壁的方解石细小晶隙中，电镜下展示出沥青呈浸染状分布等，这是同沉积期海底热液活动高地温场促使烃源岩早熟排烃并向造礁生物隔壁、骨骼、体壁、体腔等早期原生孔隙供烃所留下的烙印，遗憾的是尚缺乏此期沥青充填率的定量数据。据有关文献报道，大厂背斜的轴部礁核区，最主要、最富集的储层沥青为裂隙型，其次为裂隙晶洞型，而礁体早期发育的原生孔隙，除已充注了烃类的部分可以抑制孔隙的成岩后生变化作用影响外，在经历了泥晶化—充填与胶结—重结晶—白云石化等一系列成岩后生变化之后，大部分原生孔隙已被各类基质所充填，而随着成岩序列的演化，这些被充填的原生孔隙又被新的次生孔隙和裂隙所取代（表 5-18）。先期充填于原生孔隙中的烃类，因其具备流体流动特征，因此，除被封存或包裹于晶体晶簇者外，一般必随孔隙的演化而被迁移或被包裹。现今残存的呈浸染状的微细沥青可能属被晶体所包裹的一类，因而仍然保持了在普遍过成熟背景下，OEP 值仍为 0.5 的原始低成熟面貌。

中期深埋阶段的次生孔隙型有效储集空间及原油充注特征：此期储层沥青主要分布于礁组合中靠西一侧的礁翼相生物灰岩及礁核相生物灰岩部位，据对 CK451、CK488 两口井及龙头山地表露头观察，均见沥青充填于生物碎屑间或胶结物晶间溶孔及生物灰岩骨架溶孔中，其面充填率达 5%~15%。沥青在孔隙中呈全填满产出，充填层位偏上（罐子窑组三、四段，D_2g_{3-4}），礁坪、礁后相罕见，显然受到了沉积成岩相控制，这些均属中泥盆统烃源岩在印支期（早三叠世埋深 3050m，中三叠世末达 5000m 左右，地温 90°~120℃）的生油高峰期大量生烃、排烃、供烃的证据（表 5-18、图 5-35）。

③有效储盖组合及有效圈闭类型。

大厂中泥盆统生物礁生长于泥盆纪槽盆相区，四周及顶盖均被中泥盆统黑色烃源岩包绕，构成了宏观岩性圈闭最理想的搭配。

表 5-18　广西南丹大厂地区泥盆系礁灰岩成岩作用序列表

构造期	海西 —— 印支			燕山	喜马拉雅
	D_1 ——————— T_2、T_3			J_1—K_1—K_2	E—Q
成岩环境	海底（早期热液）	浅埋	中—深埋	深埋—浅埋（晚期热液活动）	浅埋—表层

成岩作用类型	海底（早期热液）	浅埋	中—深埋	深埋—浅埋	浅埋—表层
泥晶化	—				
胶结	—				
充填	— —			—	— —
压实	————————				
重结晶	— — —			—	
白云石化	—				
压溶			— — —		
溶蚀	—		——————		—
进油	★		★ ★		
去油			—		
沥青化				———	
硅化				—	
构造裂隙			—	—	—
金属矿化				—	
方解石化				—	—

有机质 R_o/%			0.6～1.0～1.3	2.2～3.2	2.2～3.12

孔隙演化/%					

（孔隙演化曲线：纵轴 0—10—20—30；数值标注 15、15、20、5～6）

聚集期孔隙演化阶段	初始形成期	演化期	形成期	破坏期	创新期

★进油区。

大厂生物礁孔隙型古油藏形成期的区域性盖层，是大面积分布于湘桂地块上、厚逾2000～3000m、富含大套泥岩的中三叠统平而关群，它叠覆在台、盆相间的上古生界沉积体上，促成了整体封闭条件的形成，而直接盖层则是富含有机质的中泥盆统烃源岩本身；有效的储集空间是因烃源岩生烃高峰期大量排出 CO_2、H_2O 及有机酸，导致侧邻礁翼、礁核部位的地层水 pH 值改变而发生深溶作用，大大改善与提高了主成藏期储层的有效孔渗条件，由普遍的 5% 提高到 15%，从而大容量捕集四周送来的优质烃，包括早期已聚集于礁骨架原生孔隙中的烃类，形成在新的埋藏深度条件下的再分配；周缘烃源岩的浓度封闭，加上礁顶成熟度 R_o 小于 1.0% 的、合适的伊/蒙混层结构，组成了原生古油藏立体式的有效储盖组合，构成了该期生物礁原生古油藏的岩性—成岩有效复合圈闭类型。

（2）印支期的构造热事件及与热液流体成因有关的脉缝型生物礁稠油藏的形成。

由于区内缺乏上三叠统、侏罗系、白垩系的地层记录，中三叠统残留地层之上直接被新近系砾岩不整合覆盖，其间经历了同造山期的印支运动和后造山期的燕山运动两期改造，但印支期、燕山期究竟是持续的热演化改造，还是存在印支运动主幕的氧化改造和燕山期的叠加改造？这在认识上存在明显分歧。

下列事实揭示了大厂原生岩性生物礁古油藏受印支运动主幕构造热事件的影响，曾有过先被氧化改造，并富集多金属硫化物的脉缝型生物礁稠油藏的经历。

① 大厂生物礁组合内所含的巨量碳沥青主要的产状为脉缝型，它与大型多金属硫化物矿床具共生并存关系，沥青在脉缝中的产状以"全填满"方式为主，具"贯入"充填特征；岩心和矿渣中普遍见到沥青脉还包含有生物灰岩的砾块俘房体，矿相显微镜观察除具均质全消光特征外，还见有"流纹""气孔"构造，表明原生古油藏解体后，充填脉缝的原油流体密度大、黏度大，具有携带固态悬浮物的能力；而"全填满"式的特征，基本排除了中三叠世轻质油气两极分化为碳沥青的推测，轻质油不可能 100% 地变为碳沥青而占据全部储集空间。

② 大量金属矿脉中脉石的有机包裹体证实：油相包裹体以黑色、黑褐色为主，其次为黄色，黑色表示原油经历了氧化；气相包裹体含较多的重烃，干度（C_1/C_{2+}）为 0.19～1.15，为湿气。这些表明成藏前的油气并未到达以天然气为主的演化阶段（表 5-19）。

表 5-19　广西南丹大厂有机包裹体（单个）荧光谱线特征

采样地点	矿石类型	主矿物	包裹体特征		荧光谱线特征	λ_{max}/nm	Q（$\lambda_{650}/\lambda_{500}$）
大厂	晶洞方解石脉	方解石	次生包裹体	纯液相：棕色	470～700	590	1.95
				纯液相：黑褐色	560	560	—
				气相：黑色	480～660	630	1.24
				液相：黄色	670	670	—
	含矿石英脉	石英	原生包裹体	气相：黑色	400～700	610	2.89
				液相：淡黄色	480～700	700	1.78
				纯气相：黑色	470～700	700	1.02
				纯气相：黑色	570～700	700	1.63
				纯气相：黑色	530～680	680	1.63

③ 南丹大厂—环江地区的中泥盆统罗富组烃源岩与沥青脉，其氯仿沥青"A"抽提物的红外光谱在 1300cm^{-1}、1700cm^{-1}、3000cm^{-1} 等多个波段，并有含氧基团键的振动吸收，这是氧化作用留下的地质烙印。

④ 对大厂中泥盆统礁灰岩成岩作用序列的研究，在原生生物礁型古油藏进油事件之

后，随即发生了去油水洗作用，而碳沥青化作用则发生在去油作用之后的燕山深埋期。

⑤ 脉缝型沥青的储集空间，主要分布于大厂背斜轴部及西翼（陡翼）受挤压力最强部位，总体具有规模大、分布不均一的特点，常与平行层理面的层间张裂缝有关，展现似层状、凸镜体等具有切割前期沉积、成岩组构，甚至溶蚀围岩的特色，其成因机制受控于侧向挤压力的作用，促使层间缝隙张开，形成层间脱顶剥离空间，再经中低温热水溶液的无机酸+有机酸的双重溶解作用，形成规模大和均匀性差的集溶脉、溶缝、囊状溶洞于一体的溶蚀网络系统，成为稠油和多金属硫化物的容矿空间。如在 CK434 井井深 458.98～465.49m 井段，生物碎屑灰岩中钻遇厚 6.5m 的沥青，被后期方解石脉或石英脉穿切分割；又如大厂背斜南部倾没端的沥青脉，沿北西走向延伸 170m，宽 90m，最大厚度 4.5m，累计开采沥青达 5000t；龙头山 3412 号坑道，最大晶洞直径可达 0.3～0.4m，周缘有沥青细脉相通等。这些容矿空间，完全不同于原生古油藏主要由烃源岩排出有机酸和深溶作用所形成的、规模较小的晶间溶孔—溶缝网络系统，而是不同成岩作用期、不同成岩机制的产物。

⑥ 据脉缝型沥青被方解石脉或石英脉穿刺的序次关系，在少数未被沥青充填满（半充填或更少）的晶洞和晶脉中，见有黑色粉末状染手碳沥青与晶体完好的自生石英共生，其产状与四川盆地威远气田震旦系灯影组储层中由油向气转化的热裂解型碳沥青相同。此类型沥青所充填的储集空间，其发育的成岩序列序次在脉缝型稠油充填之后。

综合上述 6 点证据，以及湘桂陆块普遍存在"飞来峰""构造窗"和海相中—古生界泥岩普遍劈理化等现象，南丹大厂古油藏应属印支、燕山两期构造运动叠加改造所致。而相邻的黔南、黔西南，印支运动相对微弱，则无此现象。结合有机系列演化特点推断，古特提斯洋关闭的印支运动主幕，应该是大厂背斜及其断裂系统的主要形成期，也是大厂背斜上覆的中三叠统区域性盖层的剥蚀期。其结果首先是原生礁油藏的油气水平衡系统被打破，大气水的下渗及深部热水溶液的上侵，导致古油藏部位地下流体（包含古油藏的油气水在内）的对流循环，部分礁体原生的储油空间被水洗去油，多金属矿源元素被叠加富集。而以滑脱冲断褶皱为特色的大厂背斜构造—岩性复合型圈闭的形成，大大扩展了先期烃源岩与有效圈闭间单一的横向供源范围。剧烈形变时产生的热能和由断裂—裂隙网络系统组成的渗滤通道，促使更大、更深范围内尚处于生烃高峰期的中泥盆统盆地相烃源岩以热水溶液为载体，向新的有效圈闭中脉缝型储集空间供烃。在大气水下渗而油流源源不断向上充注的交接部位，发生了广泛的氧化与降温作用，导致了原油的普遍氧化、稠化，并堵住了冷、热水对流循环的通道而达到背斜范围内流体物理场、化学场的新的平衡。在新的油、气、水平衡系统中，油气水已成为多金属硫化物的载体，各金属元素按其与油气水的结合关系及成矿物理、化学条件，先 Pb、Zn，后 Au、Sb，最后是油气，沿着印支运动主幕所形成的脉缝洞网络系统分带沉淀成矿。稠油的储集空间，与渗流通道和成矿容矿空间一致，油的充注受成矿作用控制。从礁体横剖面上脉沥青与金属矿体交叉分布的状况看，原生礁型古油藏已被完全解体破坏，并被以稠油为特点的脉—缝—洞型古油藏所取代。

（3）稠油藏的改造与碳沥青的形成。

迄今大厂多金属矿区所见的沥青或围岩有机质，均已达到反射率 R_o 为 3%～4% 的过成熟阶段（表 5-20），稠油藏早已不复存在，而是被改造为脉沥青矿残留，现今生物礁体残留的孔隙率仅 5%～6%。是什么因素促成了这种变化呢？主要是燕山期再一次的埋藏和燕山运动主幕"S"形花岗岩侵入的强烈改造所致，证据是在穿切脉沥青的方解石脉或石英脉的晶洞溶孔中，尚分布有少量呈半充填或呈薄膜状附着在洞壁、脉壁的黑色粉末状、染手的"半石墨化碳沥青"。它们是继稠油固化后，在叠加地温场，及成岩序列更晚期的、与甲烷成因有联系的、两极分化作用的产物。燕山运动主幕更强烈的挤压褶皱隆升，使得大厂线状褶皱形成，大厂背斜轴部的上三叠统—下白垩统区域性盖层连同下伏的石炭系—中三叠统海相地层全部被剥蚀，中泥盆统的碳沥青直接暴露地表。

表 5-20　广西南丹大厂地区沥青和烃源岩"反射率"值统计表

层位	样品	R_b/%	测点数	换算 R_o/%[①]
D_2^2	沥青	5.06	20	3.94
D_2^2	沥青	5.03	23	3.92
D_2^2	沥青	4.78	26	3.74
D_2^2	干酪根	3.23	4	2.64
D_2^2	干酪根	3.63	17	2.92
C_1t[②]	环江煤矿煤			2.51（实测）

① 换算公式 $R_o = 0.3443 + 0.7102 R_b$。
② C_1t——同车江组。

如上所述：大厂中泥盆统生物礁型古油藏经历了海西期—印支早期（D—T_2）的原生孔隙型生物礁岩性油藏、印支中—晚期（T_{2-3}）的形变改造解体并转化为与多金属硫化物共生的脉缝型氧化稠油油藏，以及燕山期（J—K_{1+2}）的先深埋转化为气藏，后强变形、岩浆侵入而遭破坏的复杂演化过程。

四、有利区带及远景评价

黔南坳陷内有 5 个二级构造单元，即长顺凹陷、安顺凹陷、贵定断阶、黄平浅凹及独山鼻状凸起。黔南坳陷主要构造及钻井情况见表 5-21、表 5-22。桂中坳陷内有 8 个二级构造单元。下面对黔南—桂中坳陷内的主要二级构造单元进行初步的勘探潜力评价。

表 5-21　黔南坳陷主要构造情况简表

编号	构造名称	制图层	闭合面积 /km²	构造类型	编号	构造名称	制图层	闭合面积 /km²	构造类型
1	关口	$P_{2-3}\beta$	140	短轴	7	上红岩	C_1^4 底	86.2	狭长
2	云台山	C_1^4 顶	128.2	穿隆	8	谷增	P_2 顶	222.8	短轴
3	凤山	T_1 顶	40.52	鼻状	9	广顺	D_3^2 顶	178.1	短轴
4	虎庄	O_1h 顶	24.4	穿隆	10	二铺	T_2 顶	30.2	短轴
5	白岩	C_1^1 底	41.6	短轴	11	毛栗坡	P_2^2 底	26.6	短轴
6	羊场	C_1^1 底	92.5	短轴	12	杨家关	P_2^2 底	37.5	短轴

编号	构造名称	制图层	闭合面积 /km²	构造类型	编号	构造名称	制图层	闭合面积 /km²	构造类型
13	白岩田坝	P_2底	50	穹隆	20	大煤山		53.1	狭长
14	火烘	P_2^1底	104.4	狭长	21	大窑		58	短轴
15	王佑	D_3^2底	142.6	穹隆	22	安顺	T_2^1顶	29.8	穹隆
16	雅水	C_1^3顶	456.8	穹隆	23	林东	P_3^1	7.4	穹隆
17	通州	C_1^3顶	192.2	短轴	24	翁刀	P_2底	42.2	穹隆
18	平火坝	C_1^1底	193.3	短轴	25	桑郎	D_3^1顶	81.8	穹隆
19	马坡	P_2^1顶	26.2	狭长	26	床井	D_3^1顶	240.4	穹隆

表 5-22　黔南坳陷主要构造的钻井情况简表

井号	钻探构造	完钻日期	完钻井深 /m	完钻层位	油气显示	井号	钻探构造	完钻日期	完钻井深 /m	完钻层位	油气显示
安参井	安顺	1959 年 10 月 1 日	2033.26	P_2^1		谷超深 1 井	谷增	1979 年 6 月 28 日	3362.99	D_1^2	油迹、气
羊参井	羊场	1974 年 4 月 10 日	2945.20	ϵ_2		庄 1 井	虎庄	1974 年 7 月 29 日	2945	ϵ_2	气
平参井	平火坝	1971 年 12 月 12 日	2700	D_2		雅参井	雅水	1961 年 8 月 29 日	2330.14	D_2	
雅超深 1 井	雅水	1977 年 10 月 7 日	3107	D_2	油迹	王参井	王佑	1974 年 8 月 12 日	3946.21	D_2	微气
王深 1 井	王佑	1981 年 5 月 21 日	4011	D_2	气	羊深 1 井	跳花坡	1978 年 10 月 2 日	2356	T_1	气
火参井	火烘	1961 年 2 月 22 日	1414.37	D_2		桑深 1 井	桑郎	1979 年 10 月 25 日	2023	D_1	
黔雅 2 井	雅水	1984 年 4 月 29 日	4509	D_1	沥青	窑 1 井	大窑	1960 年 4 月 24 日	1200.75	D_2	气泡
煤 3 井	大煤山	1959 年 11 月 30 日	1277.05	P_2		新 59/NO1	新场	1960 年 1 月 15 日	1232.25	P_2	
观 1 井	观音洞	1959 年 10 月 17 日	1323.49	T_2		新 60/NO2	新场	1960 年 7 月 12 日	1200	P_2	
龙 1 井	龙里	1961 年 6 月 18 日	1400.1	S_1							

1. 长顺凹陷

位于黔南坳陷中南部，是黔南坳陷的重心所在，东西长 120km，南北宽 100km，面积约12600km²，状似不规则的长方形。该凹陷居于苗岭山脉之南（西部跨苗岭分水岭），北高（海拔在1000m左右）、南低（海拔在600m左右），相对高差50～150m。四季温差较小，气候宜人，水流多呈南北向。

凹陷中，古生界及三叠系发育，沉积厚度大于13500m，泥盆系、石炭系尤为发育，厚度为7000～8000m，石炭系、二叠系及上泥盆统多已出露，中泥盆统上部多构成主要大型背斜的核部。地表背斜构造宽缓，呈南北向；向斜陡窄，且伴有大量走向断层，部分具复向斜性质。大型背斜构造有平火坝、通州、雅水、谷增、王佑和广顺等构造。主要勘探储盖组合为中泥盆统下部的碳酸盐岩及泥页岩、砂泥岩组合，志留系泥页岩及砂岩组合，志留系泥页岩及下奥陶统碳酸盐岩组合。

全区已进行重磁力普查。在王佑、谷增和雅水等构造上进行过重力详查，详查面积3050km²，在上述构造上使用磁带地震仪进行过地震试验勘探，地震测线总长240.4km，初步证实了王佑、广顺等地下构造圈闭的存在。1959年以来，先后在王佑、雅水、平火坝、谷增以及邻近的桑郎、火烘等构造上钻探中深井9口，其中王深1井、雅超深1井、黔雅2井系地质部第八石油普查勘探大队所钻。上述各中深探井的钻探目的有两个方面：（1）认识中泥盆统的含油气性；（2）揭露泥盆系以下的志留系、奥陶系含油组合。但或因泥盆系，特别是中泥盆统在长顺凹陷中的大部地区变厚，或因钻探中工程上的原因，各井的第二个钻探目的均未达到。

凹陷中烃源岩的热演化程度均已进入干气阶段，在凹陷南部王佑一带，推算的镜质组反射率值在5%左右，已进入过成熟期，因此，在凹陷中应以找气为主，凹陷中天然气的资源量为400×10^8～$1300 \times 10^8 m^3$。

凹陷的东北侧、东侧的黄平凸起和独山鼻状凸起上，志留系、奥陶系油气苗众多，且形成了虎庄下奥陶统、志留系浅层残留油气藏及麻江古油气藏。据奥陶系、志留系的沉积展布特点，它们在长顺凹陷地腹有埋藏，因此揭露该凹陷中的下奥陶统、志留系的含油性，将是今后勘探的重要目的。数十年来，上述各中深井的钻探，均未达到此目的。

凹陷中西部的广顺构造，系叠加在海西期所形成的次级凸起上的构造（早石炭世凹陷中的凸起，曾命名为"广顺隆起"），该构造核部出露中泥盆统上部，经地震试验勘探，初步证实地下有构造圈闭存在。在高点部位预计2500～2800m即可钻达志留系，志留系估计由砂岩及泥页岩组成，其中砂岩、粉砂岩厚度预测有100m左右，其本身构成一个储盖组合；下奥陶统为碳酸盐岩，厚约150m，它与志留系泥页岩一起构成另一个储盖组合。在志留系与下奥陶统之间，存在有区域间断，它可能在一定程度上对下奥陶统顶部石灰岩的储层性能有所改善，如能在广顺构造上钻一参数井，将对认识整个长顺凹陷的含油气前景具有重要意义。

2. 安顺凹陷

位于黔南坳陷西北侧，东西长140km，南北宽30km，面积约4200km²，呈长条形。该地区位于长江水系和珠江水系的分水岭上，属丘原地貌，海拔1000～1400m不等，地势大部平缓，喀斯特孤峰耸立于丘原面上，相对高差较小。著名的黄果树瀑布及其附近的瀑布群位于该地区西侧，它们与安顺的龙宫、清镇的红枫湖以及贵阳的花溪等组成自然风景秀丽的旅游区。交通十分方便，贵昆铁路横贯东西，以贵阳、安顺为中心的公路交通网四通八达，是贵州经济较发达的地区之一，也是贵州农业较发达的地区。

安顺凹陷南与长顺凹陷为邻，北与黔中隆起相接，处于隆起与坳陷的过渡地带。在三叠纪之前，各时期的古构造及其发展，显示出它们的斜坡性质。地表主要分布的是三叠系碳酸盐岩，此外二叠系、石炭系也有星点裸露。地腹埋藏有震旦系、寒武系、下奥陶统等以碳酸盐岩为主的地层。区内缺失中—上奥陶统，志留系可能在大部地区，特别是在西北部缺失，中泥盆统以上地层齐全，但厚度与长顺凹陷相比变小。地表构造线在西部以北东向短轴背斜群的形式出现，如安顺、新场、大硐等构造，核部出露三叠系及二叠系，部分构造轴部出露石炭系。中部地表构造线呈近南北向，如平坝附近的观音洞背斜、羊昌河向斜，贵阳以西的林东背斜等。东部地表构造线则为北东向，如永乐堡背斜、羊场司向斜等。

安顺凹陷地表的三叠系碳酸盐岩中，油苗很多，且集中分布于贵阳以东的羊场司向斜（倪儿关一带）、平坝羊昌河等地。羊场司向斜三叠系大冶灰岩中的晶洞油苗已闻名于世，早在1916年就被人们发现。地质部第八石油普查勘探大队前身曾先后于1956年和1959年，在油苗附近的泡木冲、永乐堡各钻浅井1口。1960年2月至1961年3月，贵州石油勘探局又曾打浅井16口，但均未获成果。地面和井下所发现的油苗及油显示，大多集中于大冶灰岩的"上晶洞层"中，而其下相距41m的"下晶洞层"则不含油。

"上晶洞层"为深灰色石灰岩，厚为9m，晶洞外形极不规则，洞壁不规整，大小不等，其中多有原油充填，晶洞间连通性不好，此种晶洞多在成岩过程中形成。

"下晶洞层"为深灰色白云质灰岩，厚为11.5m，晶洞中多有方解石充填，具环状构造，此种晶洞多为后生溶蚀作用形成。

"上晶洞层"在相距很近的浅井中，有的含油好，有的则无油气显示，如倪9井油气显示差，但相邻的倪34井却显示很好；又如相邻的倪12井、倪13井、倪14井、倪33井中，倪13井含油性最好，倪14井次之，而倪12井、倪33井则最差。这些事实似乎说明，"上晶洞层"中的油苗乃是本层自生的微量原油，它们在成岩过程中聚集于晶洞中，同时由于晶洞封闭性极好，互不连通，故能长期保存。而今在以往开掘的散石块中敲打，仍可见到晶洞中有原油流出，可见其封闭之好，因此，研究者多把这类油苗称为"死油苗"。"上晶洞层"的油苗呈深褐色，经分析，其族组分为：饱和烃占53.53%，芳香烃占17.63%，非烃占11.86%，沥青质占9.62%；其碳、氢元素含量是：C占82.14%，H占11.41%，H/C为1.66。

羊昌河地区位于安顺凹陷中部的平坝区南部，是三叠系南北两大相区的相变地带。由于在中三叠统中发现董场油苗，地质部第八石油普查勘探大队前身，于20世纪60年代初期，在本区钻浅井6口。1971年，又打浅井7口，各井均见到较丰富的油显示，但未获得工业油流。1976年7月—1978年10月，又在该地钻了羊深1井，井深2356m，钻至下三叠统完钻，在中三叠统中，有多处气测异常显示。井深900m以浅的气样分析：甲烷含量为83.82%，乙烷为5.60%，丙烷为1.84%，氮气为7.09%，二氧化碳及硫化氢气为1.50%，不饱和烃为0.20%，氢气为0.26%。经井下采集的岩心样分析，各岩类的有机碳含量是：钙质泥岩为0.34%，泥灰岩为0.35%，石灰岩为0.2%，白云岩为0.12%。

1959年，在安顺构造上钻有中深井1口（安参井），井深2033.26m，钻至二叠系阳新统下部因工程问题完钻，无直接油气显示。

深埋地腹的中泥盆统泥质岩与下奥陶统碳酸盐岩储盖组合，可能是安顺构造及其附近的主要勘探目的层，据地质推论，在安顺构造上，5000m 可钻穿该组合，在安顺构造以南的杨家关构造，因轴部已出露上石炭统，4000m 即可钻穿上述组合。安顺凹陷的东部，贵阳附近的林东构造，轴部出露二叠系乐平统煤系，地腹石炭系及泥盆系急剧减薄，缺失志留系；上震旦统白云岩与其之上的寒武系纽芬兰统（$\mathcal{C}_1$）泥页岩组成一套良好的储盖组合，其埋深 2500m 左右，是勘探震旦系碳酸盐岩的较好构造。

3. 贵定断阶

位于黔南坳陷北部，面积约 3470km²，呈方块形，北接黔中隆起，南与长顺凹陷为邻，东、西分别与独山鼻状凸起、安顺凹陷相接。地表主要为近东西向的断裂所形成的断块，总的来说，北部断块较高，南部断块较低。北部断块地表出露奥陶系、志留系；南部断块主要出露泥盆系、石炭系及其以上地层。该断块中，在中—上泥盆统中有油苗显示，上震旦统白云岩与寒武系纽芬兰统（$\mathcal{C}_1$）泥页岩构成良好的储盖组合，且保存较好。地表有近南北向和北东向的背斜，如司头、羊场、云台山等背斜。

1971 年 9 月至 1974 年 4 月，曾在羊场背斜北端（岔河高点）钻探羊参井，开孔层位为志留系兰多维列统（S_1），钻至寒武系第二统（$\mathcal{C}_2$）金顶山组完钻，井深 2945.20m，钻探过程中，未发现油气显示，但在寒武系第二统（$\mathcal{C}_2$）碳酸盐岩地层中钻井液有大量漏失。

4. 黄平浅凹

位于黔南坳陷东北角的黄平、凯里等地，东西长约 60km，南北宽约 65km，面积约 3850km²，状似倒置梯形。

该地区位于苗岭山脉北侧，海拔 800～1200m，属丘陵山地，相对高差 50～150m 不等。沪昆铁路横贯本区南部，以黔东南苗族侗族自治州首府凯里市为中心的公路交通方便。

黄平浅凹在加里东晚期处于黔中隆起和江南隆起的鞍部，燕山期形成以虎庄背斜为代表的地表褶皱时（伴有大量断层），奥陶系、志留系的烃源岩正处于成熟阶段，由于烃源岩的生油高峰期（成熟期）与背斜圈闭形成期搭配协调，故形成了虎庄背斜奥陶系、志留系油气田。喜马拉雅期，由于强烈抬升，上覆层系在构造上遭受到强烈剥蚀，虎庄背斜核部的部分含油层系裸露地表，油气遭到散失，仅局部封闭较好的地段有少量油气残存。

本区南部，地表有连片的志留系分布，在其周缘出露奥陶系及寒武系，北部则为大片寒武系苗岭统（$\mathcal{C}_3$）和芙蓉统（$\mathcal{C}_4$）分布。以虎庄背斜、鱼洞向斜为代表的构造呈北东向展布，这里是各层系油气苗，特别是奥陶系、志留系中的油气苗集中分布地区，著名的翁项油泉即位于此。在虎庄背斜、野山向斜及凯棠向斜的浅井钻探中，曾获得少量油气流；在中深井（庄 1 井）钻遇寒武系第二统（$\mathcal{C}_2$）石灰岩时，有气显示。

贵州石油勘探初期，为在油气苗集中分布地带找到油气田，地质部第八石油普查勘探大队首先在虎庄背斜进行浅井钻探，在 1956 年 6 月 16 日至 8 月 20 日，于虎庄背斜北翼完成了 56/CK₁ 井钻探，井深 440.24m，在寒武系苗岭统（$\mathcal{C}_3$）和芙蓉统（$\mathcal{C}_4$）白云岩中终孔。贵州石油勘探局及其前身，于 1958 年 10 月开始，在虎庄背斜、凯棠向斜及野山向斜开展了浅井钻探，并延续至 1961 年中期。1970—1974 年，为在贵州早日突破出油关，在虎庄背斜西北翼的鱼洞地区以及凯棠地区再次进行浅井钻探。为认识该地区奥陶系、志留系覆盖下的寒武系、震旦系的含油性，于1972年9月19日—1974年7月29日，在虎庄背斜高点（经地震查明）完成了庄1井，至此该地区的钻探活动停了下来。

虎庄背斜呈北东向，地表由志留系兰多维列统（S_1）组成，圈闭面积24.4km²（以下奥陶统红花园组顶面为标准层），高点部位出露下奥陶统。在该背斜上已作地震测线67km，共钻井37口（包括其北邻的鱼洞地区），其中5口井为地质部第八石油普查勘探大队及其前身所钻。37口钻井的总进尺21077.89m，浅井深500m左右，深井（庄1井）1口，井深2945m，钻至寒武系纽芬兰统（$\in_1$）。在虎庄背斜东邻的野山向斜共有浅井9口（其中2口井为地质部第八石油普查勘探大队及其前身所钻），总进尺4371.27m。凯棠向斜共钻浅井9口（其中5口为地质部第八石油普查勘探大队所钻），总进尺3752.14m。

经钻探查明，虎庄背斜志留系下部砂岩段（S_1W_3）厚50m左右，为一主要产气层位，其中产气量最大者为虎41井，6mm孔板日产气5400m³，其余各井如虎37、虎23、虎47、虎45、虎18、虎27、虎30等井，均有不同程度的天然气产出，少则几立方米，多则数十立方米至数百立方米。虎47井在下奥陶统上部（大湾组）经酸化压裂后，累计产原油2300kg，其他井多见油浸或少量原油。下奥陶统中部（红花园组）多见油显示。下奥陶统下部（桐梓组），已钻穿该层的多数井有严重漏失，如庄1井在钻入桐梓组后第一次漏失清水约1300m³，第二次漏失130m³。在钻遇寒武系第二统（$\in_2$）石灰岩时，岩心中有气显示。

野山向斜、凯棠向斜的浅井钻探中，均有不同程度的油气显示，其显示层位多在志留系兰多维列统（S_1）及下奥陶统上部。野山向斜下奥陶统上部的油气显示，自石灰岩裂隙或方解石晶洞内溢出，沥青则多产自岩石裂隙或与方解石脉共生。凯棠向斜浅井中的油、沥青显示，多集中于志留系兰多维列统（S_1），其中的一层砂岩，厚约1m，凯1井测试时曾见原油100kg，凯8井见原油20kg，凯11井获5kg，油质黏稠。

上述钻探表明，虎庄背斜及其周邻的其他圈闭曾有过油气聚集过程。在黄平浅凹上的志留系连片分布区，若有潜伏圈闭，将可能含油气。另外寒武系纽芬兰统（$\in_1$）和第二统（$\in_2$）的泥页岩和碳酸盐岩组合（可包括震旦系上统），亦应是该地区有希望的勘探层系。

5. 独山鼻状凸起

位于黔南坳陷东侧，东与江南隆起为邻，北接黄平浅凹，南与桂中坳陷毗邻，面积5250km²，呈南北向的鼻状大背斜，以此构成地表的主要构造特征。该凸起（背斜）向北翘起，向南倾伏，并被断层及次级背斜复杂化。北部，下古生界多已出露，局部地区前震旦系板溪群已出露，向南，上古生界依次覆于其上。在独山鼻状凸起北部的麻江、都匀、丹寨一带，奥陶系、志留系中沥青及油气苗丰富。地质部第八石油普查勘探大队，自1980年后，通过对地面志留系兰多维列统（S_1）砂岩中所含大量沥青的研究，发现了麻江古油藏。

麻江古油藏位于都匀、麻江一带，加里东晚期形成古背斜，轴向近南北向，下奥陶统红花园组与志留系兰多维列统（S_1）翁项群组成储盖组合，该时期寒武系纽芬兰统（$\in_1$）烃源岩处于成熟期，由于烃源岩的生油期与圈闭形成期之间搭配协调，形成了麻江古油藏。志留纪末期，麻江古背斜形成后，紧接着遭到广西运动的抬升和剥蚀，储层受到部分破坏；燕山运动使古背斜解体，储层大部被剥蚀或裸露地表。古油藏的原始石

油储量估计超过 $16 \times 10^8 t$，经上述破坏后，其沥青储量尚残存 $3.5 \times 10^8 t$。麻江古油藏的发现说明，黔南坳陷早古生代确实存在过油气富集过程，也形成过一定规模，甚至巨大规模的油气田。

6. 柳城斜坡

位于桂中坳陷北部，环绕江南隆起南缘呈一向南凸出的弧形，地表出露中泥盆统及下石炭统，构造线依附江南隆起的弧形边缘展布：斜坡的西部呈北西向，中部转变为东西向，东部则以北东向、北东东向为主。已发现地面背斜 9 个。勘探目的层为泥盆系及下石炭统。柳城斜坡东部的柳城一带，下石炭统石灰岩中油苗分布广泛。1958—1959 年，围绕油苗在龙美背斜及洛崖背斜上开展了浅井钻探，共打井 3 口。

洛 1 井位于洛崖背斜东兴高点上，1958 年 9 月开钻，1959 年 2 月完钻，井深 535.12m，钻遇地层均为下石炭统大塘组，岩性为灰黑色泥灰岩、钙质泥岩及泥质灰岩互层。在井深 286.96～401.71m 泥灰岩的裂隙中有气涌出井口，共冒气 16 次，每次 5～40 分钟不等，点火可燃，火焰呈蓝色和黄色。经取样（2 个）分析，气体中含甲烷 2.02%～67.90%，含重烃 0.14%～3.5%。

洛 2 井位于洛崖背斜上庄高点上，1959 年 1 月开钻，1960 年 2 月完钻，井深 860.39m，钻遇地层与洛 1 井相似，上部岩性为白云岩、石灰岩，中、下部为黑色页岩夹泥灰岩、燧石灰岩互层。在井深 824.66～827.48m 的黑色石灰岩、泥岩岩心中见椭圆形油斑，新击开面有汽油味。在井深 771m、808m、824m 及 848～853m 井段，有气体冒出井口，无色无味，点火不燃。

7. 宜山断凹

位于桂中坳陷的柳城斜坡之南，呈近东西向、长条形展布。河池—宜山（现称宜州）呈东西向弯曲伸展的逆冲断层带（总体上由北向南推覆）构成断凹上的构造主体。地表主要分布泥盆系及石炭系，已发现地面背斜 12 个，大都受断层切割。

宜山断凹的主要勘探目的层为泥盆系及下石炭统，断凹东部鹿寨附近的下石炭统石灰岩中油苗丰富。

在油苗集中分布区的大埔背斜上曾钻探井 2 口。

大 1 井于 1958 年 9 月开钻，1959 年 1 月完钻，井深 579.69m，钻遇下石炭统大塘组泥岩、泥灰岩及页岩互层，在井深 303～405m，有气体涌出井口，无色无臭，点火不燃。

大 2 井于 1958 年 8 月开钻，同年 12 月完钻，井深 602.31m，钻遇地层与大 1 井相似。在下石炭统大塘组中有气显示，但点火不燃，气样含甲烷 0.7%～8.47%。

在宜州南侧的岩口背斜上钻探的岩 2 井，于 1960 年 1 月开钻，同年 4 月完井，井深 658.41m，钻遇中泥盆统东岗岭组，在井深 597.94m 发生井涌 7 分钟，在井深 612.85m 井涌 41 分钟，气样含甲烷 10.45%。

8. 柳江低凸起

位于桂中坳陷的宜山断凹之南，是桂中坳陷的中心所在，地表主要分布石炭系碳酸盐岩，低凸起的轴部多有上泥盆统出露，主要勘探目的层为中—下泥盆统的碳酸盐岩及砂泥岩组合。构造线以南北向为主，西部为北西向，已发现地面背斜圈闭或背斜—断层复合圈闭 29 个。1958—1961 年，曾在柳江、里苗、里高及北山等背斜上进行浅井钻探，井深多小于 1200m，一般在中泥盆统东岗岭组完钻。1970 年以来，在柳江、里苗等背斜上进行了中深井钻探。

柳深 1 井位于柳江背斜红庙高点北侧，于 1970 年 12 月开钻，1973 年 9 月因卡钻事故完钻，井深 2444m，在上泥盆统开孔，穿过中泥盆统东岗岭组灰黑色泥灰岩夹深灰色泥岩，进入中泥盆统应堂组 344m。应堂组的岩性为灰黑色泥灰岩与深灰色泥岩互层，下部泥岩增多，未发现直接油气显示，但该井对认识地腹地层组合有一定意义。

石深 1 井位于北部的里苗背斜石脉高点附近，1976 年 1 月开钻，1979 年 3 月完钻，井深 1683m，于上泥盆统开孔，钻入中泥盆统应堂组中（井深 1277m）遇逆冲断层，断层下盘为上泥盆统，未获成果。

桂参 1 井系地质矿产部中南石油地质局钻探的深井。该井位于柳江低凸起上，1983 年 6 月 17 日开钻，1984 年 5 月 27 日完钻，井深 3630m，是桂中坳陷的一口参数井，于上泥盆统开孔，穿过中泥盆统及下泥盆统的四排组（D_1s）、郁江组（D_1y），进入那高岭组（D_1n），几乎揭穿坳陷地腹的全部泥盆纪地层组合［莲花山组（D_1l）未钻达］，为研究泥盆系的含油性提供了可贵的资料。该井在钻探中没有发现直接的油气显示。该井钻遇的地层见表 5-23。

表 5-23　桂中坳陷桂参 1 井钻遇地层简表

井深 /m	层位	主要岩性
0～6	第四系	浮土
1216	融县组 D_3r	灰色石灰岩或含鲕粒灰岩
1884	东岗岭组 D_2d	上部为深灰色、灰黑色含泥质灰岩，下部为黑色石灰质泥岩
2448	应堂组 D_2y	深灰色、灰黑色石灰岩、泥灰岩互层，下部为泥岩
2537.5	四排组五段 D_1s_5	灰黑色生物碎屑灰岩
2669	四排组四段 D_1s_4	灰黑色泥灰岩夹泥岩
2925.5	四排组三段 D_1s_3	灰黑色泥灰岩夹泥岩
3084.5	四排组二段 D_1s_2	深灰色白云岩夹黑色页岩
3361	四排组一段 D_1s_1	灰黑色、深灰色介屑灰岩、泥岩夹白云岩
3550	郁江组二段 D_1y_2	黑灰色泥质灰岩夹泥岩
3624	郁江组一段 D_1y_1	灰色石英粉砂、细砂岩
3630	那高岭组 D_1n	紫红色粉砂岩

桂中 1 井位于柳江低凸起的大塘背斜带上，2006 年 10 月 28 日开钻，开孔层位为上石炭统南丹组（C_2n），2007 年 9 月 5 日完钻，完钻井深 5151.86m，完钻层位下泥盆统那高岭组（D_1n）。自上而下钻遇地层依次为：上石炭统南丹组（C_2n）、黄龙组（C_2h）和大埔组（C_2d），下石炭统都安组（C_1d）、英塘组（C_1yt）和尧云岭组（C_1y），上泥盆统融县组（D_3r）和桂林组（D_3g），中泥盆统东岗岭组（D_2d）和应堂组（D_2y），下泥盆统四排组（D_1s）、郁江组（D_1y）和那高岭组（D_1n）（未穿）。共发现 709m 沥青显示，并见

油迹和气测异常。

桂中 1 井的钻探取得了桂中腹地宝贵的地质新资料，验证了地震攻关资料的可信度，证实了桂中地区存在有利生储盖组合，发现了 3 种不同类型的油气显示，获得了油气地质重要新认识。

桂中 1 井揭示了较为完整的泥盆纪和石炭纪地层层序，泥盆系和石炭系整合接触，岩性以碳酸盐岩为主；桂中 1 井的分层与通过桂参 1 井层位标定的预测分层比较，发现本井实际钻遇的地层分层与预测分层基本相符，深度误差最小 5m，最大 138m（表 5-24），充分说明了前期地震资料处理与解释的可信度，表明中国南方海相地层区，特别是古生界裸露区的地震勘探技术取得了重要进展。

表 5-24　桂中坳陷桂中 1 井地层预测厚度与实钻厚度数据对比表

地层				设计分层		实钻地层		绝对误差 /m	相对误差 /%
界	系	统	组	底界深度 /m	厚度 /m	底界深度 /m	厚度 /m		
上古生界	石炭系	下统		1722	1722	1584	1584	138	8.01
	泥盆系	上统	融县组	3117	1395	2516	932	-37	1.19
			桂林组			3154	638		
		中统	东岗岭组	3712	595	3717	563	-5	0.13
			应堂组	4208	496	4187.5	470.5	20.5	0.49
		下统	四排组	4704	496	4797.5	610	-93.5	1.99
			郁江组	4984	280	5104	306.5	-120	2.41
			那高岭组	5200（未穿）	216	5151.86（未穿）	47.86		

桂中 1 井揭示，桂中坳陷自下而上主要发育 2 套生储盖组合。

第一套组合：郁江组（或塘丁组）（烃源岩）—四排组、应堂组（或那叫组、上伦组）（储层）—东岗岭组（或罗富组）（盖层）。

第二套组合：罗富组（或东岗岭组）（烃源岩）—桂林组、融县组（储层）—尧云岭组（盖层）。

以第一套组合最为有利，桂中坳陷西部为有利勘探区带。总之，上泥盆统底部桂林组生物灰岩内的沥青显示，与下泥盆统四排组白云岩内的沥青显示，充分说明该井区具备了有效的油气储盖条件，具有良好的油气勘探前景。

桂中 1 井钻遇了差气层、油迹砂岩、固体沥青等 3 类油气显示。

差气层：上石炭统黄龙组 1207～1209m 的深灰色石灰岩内气测异常明显，全烃含量最高达 4.721%，组分分析为气层特征，岩屑无荧光显示，定量荧光 3.5 级—3.7 级，综合解释为差气层。

油迹砂岩：中泥盆统应堂组 3752～3753m 的浅灰色细砂岩内气测见明显异常，全烃含量最高达 2.179%，组分较全，岩屑含油痕迹明显，油味淡，荧光直照呈淡黄色，滴照呈亮黄色，定量荧光 4.6 级，综合解释为差油层，综合定名为浅灰色油迹细砂岩。

固体沥青：据随钻岩石薄片观察，发现了大量沥青。据显微镜下岩屑薄片观察，沥青主要分布在上泥盆统桂林组和下泥盆统四排组，沥青集中显示段4层，地层厚度累计709m，占桂中1井揭示地层总厚度的14%。

9. 象州浅凹

位于桂中坳陷东部，东与大瑶山隆起为邻，地面广布中—下泥盆统，是中国南方研究泥盆系的理想地区之一。位于该地区的象州泥盆系剖面，以其出露完整、层位齐全、生物丰富而著称，经有关方面研究，已成为中国南方泥盆系层型剖面之一。

第三节　滇黔北坳陷

一、概况

1. 自然地理

滇黔北坳陷位于云南、贵州、四川三省交界处，涉及云南省昭通市，贵州省毕节市、遵义市，四川省宜宾市、泸州市，地跨东经103°11′—106°48′，北纬26°04′—28°35′，东西长近420km，南北宽65～125km，面积约35520km^2。区内交通较便利，渝黔铁路、川黔铁路分别从坳陷东部和西部穿过，主要市县均有高速相通，公路网较完善，实现了"村村通"。

滇黔北坳陷地处云贵高原东北部，属山地地貌，地形切割剧烈，山势陡峻，相对高差一般为500～1700m，属热带—亚热带季风气候，由于纬度较低，地形高低悬殊，气候垂直变化明显。区内水系发育，属长江水系，主要有金沙江、赤水河、洛泽河等，向北汇入长江，河流发源地一带地形复杂，绝壁深谷四处可见，植被十分发育。

2. 勘探历程及勘探程度

滇黔北坳陷的勘探始于20世纪50年代末，主要为区域构造、地层和煤炭地质等方面的调查和研究。1979年针对海相常规油气，在云南省镇雄县芒部镇部署实施了1口石油钻井（芒1井），构造位于滇黔北坳陷孔坝—二郎背斜带芒部背斜的核部，地质认识主要依靠地面地质调查成果来推断，石油天然气资源状况尚未明确。

自2009年中国石油天然气股份公司取得探矿权后，在滇黔北坳陷中部开展了较系统的油气勘探评价工作，截至2015年底，完成了11000km以上的构造地质路线踏勘、3条区域构造地质剖面调查（长度670km）及50余条海相古生界野外剖面的观测描述，完成了3000余项（次）的岩石样品的采集与系统分析化验工作，完成了二维地震4762.54km、三维地震526km^2，为天然气勘探评价提供了详实可靠的基础资料。

在区域地质及地震资料的有效支撑下，针对滇黔北坳陷海相常规油气资源，中国石油2011年在小草坝背斜构造钻探宝1井，2012年在太阳背斜构造钻探阳1井，2015年在黄金坝背斜构造钻探川龙1井，皆在志留系石牛栏组和龙马溪组、奥陶系宝塔组、寒武系清虚洞组和筇竹寺组、震旦系灯影组等层位见到良好的气测显示，发现了志留系石牛栏组、寒武系清虚洞组和娄山关群、震旦系灯影组等多套碳酸盐岩储层。阳1井在志留系石牛栏组中途测试获得天然气流，揭示了滇黔北坳陷海相常规油气的良好勘探潜力。但由于常规油气勘探的重点井仅分布在滇黔北坳陷中北部的小草坝、黄金坝及太阳构造，区域油气勘探目的层取心又少，缺乏分析化验资料，仅有3井次进行试油作业，因此，开展全坳陷沉积、储层及成藏评价研究仍存在较大的局限性。

二、区域地质

滇黔北坳陷位于扬子陆块西南部，处于以前震旦系为基底的准克拉通区域构造背景。

1. 构造特征

滇黔北坳陷属扬子地台的一级构造单元，北接四川盆地，东与武陵坳陷相邻，南为滇东—黔中隆起，西为康滇隆起，面积约35520km²，属早古生代坳陷（图5-37）。

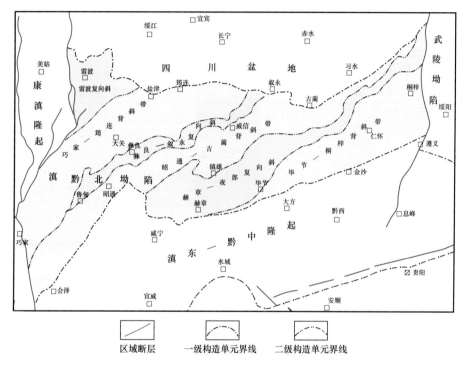

图5-37 滇黔北坳陷区域构造位置及构造区划图

滇黔北坳陷经历了新元古代晚期—早古生代的扬子陆架南部大陆边缘、晚古生代—中三叠世的裂陷陆表海、中生代的前陆盆地等3个构造演化阶段，发育震旦系—中三叠统海相沉积及上三叠统—下白垩统陆相沉积。加里东运动晚期受扬子板块与华夏板块碰撞挤压，滇黔北—四川地区的晚志留世—泥盆纪沉积，受到乐山—龙女寺古隆起和滇东—黔中古隆起的控制。侏罗纪燕山运动以来，随着雪峰基底拆离造山带及粤海造山带向西北方向持续冲断和上隆，扬子地台东南部发生了区域性陆内造山形变，川东—湘鄂西侏罗山式褶皱波及本区并形成云贵高原。喜马拉雅期，随着太平洋—古特提斯洋与华南板块发生碰撞、印度洋板块向北俯冲，形成近东西向和近南北向共同剪切的构造应力格局，云贵高原发生"南强北弱"的持续隆升剥蚀和系列冲断，以及"西强东弱"的扭动走滑，造就了现今的强烈改造残留型坳陷，高原地形起伏大，河流切割深，油气保存条件整体变差。

2. 地层及沉积特征

　　滇黔北坳陷的前震旦系变质基底之上，震旦系至三叠系发育较齐全（图5-38），主要为海相沉积，以碳酸盐岩为主，分布广泛，岩性组合复杂，累计厚度大于13000m。受多期构造运动影响，特别是加里东、燕山和喜马拉雅构造运动，造成区内局部地层缺失。

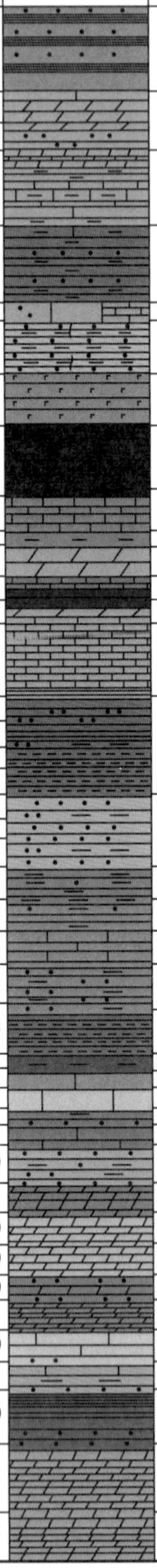

地层				厚度/m	层厚/m	剖面	岩性描述
界	系	统	组				
中生界	三叠系	上统	须家河组	1000	124～350		深灰色厚层中粒长石石英砂岩与黑色页岩互层为主，夹煤层
		中统	法郎组		115～230		上部石灰岩夹白云岩，中部白云岩夹盐溶角砾岩，下部红色粉砂岩与白云岩
			关岭组		120～300		
		下统	永宁镇组		174～487		上部条带白云岩夹红色泥岩，中部石灰岩、白云岩夹盐溶角砾岩，下部石灰岩、泥灰岩
			飞仙关组		20～790		紫红色泥岩夹细砂岩、粉砂岩、页岩，普遍含灰质
上古生界	二叠系	乐平统	长兴组	2000	15～300		西部砂砾岩、玄武岩，中部煤系，东部以石灰岩为主
			龙潭组		60～388		东部黄绿色、灰绿色砂岩、泥砂岩、煤，中西部黄灰色砂砾岩夹泥岩、煤
			峨眉山玄武岩组		0～398		灰绿色、深灰色致密玄武岩
		阳新统	茅口组		204～396		深灰色、灰黑色、灰色粉晶灰岩、生物碎屑灰岩、藻灰岩、燧石条带灰岩，下部夹二层眼球状灰岩
			栖霞组		31～350		下部灰色、深灰色泥—粉晶灰岩夹灰质云岩团块，上部灰色泥晶灰岩、藻灰岩
			梁山组		0～80		褐黄色泥岩夹褐铁矿结核
	石炭系	上统	威宁群	3000	0～100		白云岩
		下统	大塘阶		0～150		灰色燧石灰岩、白云岩
			岩关阶		0～120		黑色石灰岩夹砂岩、煤层、鲕粒灰岩、亮晶灰岩
	泥盆系	上统	望城坡组		148		上部白云岩，下部夹页岩
		中统	曲靖组		80		紫红色、灰紫色粉砂岩、页岩夹粉砂质泥岩
			红崖坡组		30～60		
			缩头山组		50～70		
			箐门组		60～100		
		下统	边箐沟组	4000	50～80		以灰绿色、紫红色砂岩为主夹粉砂质泥岩
			坡脚组		8～163		
			翠峰山组		50～120		
下古生界	志留系	兰多维列统	菜地湾组		0～200		灰黄色、紫红色泥岩、粉砂质泥岩
			韩家店组		100～400		灰色泥岩，常具枕状构造
			石牛栏组上段		100～280		灰色薄—中厚层碳酸盐岩
			石牛栏组下段		230～600		深灰色条带状粉砂质泥岩夹石灰岩条带
			龙马溪组	5000	200～510		灰色、深灰色泥质粉砂岩、粉砂质泥岩夹泥灰岩，化石丰富
	奥陶系	上统	观音桥组		2～18		灰黑色薄层粉砂质泥岩、泥岩
			五峰组		5		深灰色薄层状灰岩
			涧草沟组		20～89		浅灰—深灰色马蹄状粉晶泥晶灰岩
			宝塔组		10～60		灰黑色泥质粉砂岩、泥岩夹石灰岩
		中统	十字铺组		2～61		深灰色厚层灰岩、枕状灰岩夹泥岩
		下统	湄潭组		180～260		上部灰色粉砂岩、细砂岩，中部灰绿色夹紫色粉砂质泥岩，下部黄灰色泥岩夹砂岩
			红花园组		16～139		黄灰色中层砂岩条带白云岩夹泥岩
			桐梓组				
	寒武系	芙蓉统—苗岭统	娄山关群	6000	300～600		浅灰色泥质条带白云岩
			高台组		200～560		灰色、浅灰色中—薄层泥质条带白云岩
			清虚洞组		103～360		紫红色粉砂岩与黄灰色白云岩互层
		第二统—纽芬兰统	金顶山组		90～170		深灰色带灰白色白云岩夹砂岩，局部有石膏
			明心寺组		100～200		灰白色石英砂岩泥岩互层
			筇竹寺组		80～223		灰绿色、紫红色泥质条带灰岩、粉砂岩
			麦地坪组		210～520		灰黑色砂质页岩、粉砂岩、细砂岩
新元古界	震旦系	上统	灯影组	7000	47～704		含膏盐隐藻白云岩
		下统	陡山沱组		20～900		白云岩、砂质白云岩

图5-38　滇黔北坳陷地层柱状图

前志留纪海相沉积地层齐全，但受加里东期构造运动抬升影响，造成彝良—镇雄—遵义一线以南，志留系兰多维列统（S_1）大面积缺失；该线以北，志留系兰多维列统（S_1）广泛沉积，之上的志留系则缺失；泥盆系及石炭系沉积局限于威宁海槽，仅在坳陷西南角的鲁甸、小草坝和孔坝一带局部发育。坳陷内大部分区域二叠系超覆于志留系或奥陶系之上。

上三叠统、侏罗系及白垩系主要为前陆盆地沉积，以碎屑岩为主，沉积厚度较大。受晚燕山—喜马拉雅造山运动影响，侏罗系和白垩系仅在向斜区轴部分布。

根据已有勘探评价成果，滇黔北坳陷海相常规天然气的主要目的层段为震旦系灯影组、寒武系清虚洞组、娄山关群及志留系石牛栏组。

1）上震旦统灯影组

灯影组为碳酸盐岩台地沉积，主要发育局限台地相。岩石类型以浅灰色—深灰色泥粉晶白云岩、藻白云岩、砂质白云岩及泥质白云岩为主，夹砂屑、砾屑白云岩及膏质白云岩。潮坪亚相的菌藻类成因白云岩及颗粒（核形石、球粒、鲕粒、砂屑）白云岩是其最有利的储集岩。根据岩性特征由下至上可分为灯影组一段至四段等4段。

灯一段：贫藻层，沉积水体较浅，以浅灰色—深灰色泥粉晶白云岩为主，夹细晶白云岩和藻白云岩，见纹层结构，局部含膏岩。灯一段厚度相对稳定，为100～200m。坳陷内彝良—威信—古蔺一线厚度为100m左右，向西北方向厚度变大。

灯二段：富藻层，藻白云岩、葡萄状白云岩、雪花状白云岩、藻叠层白云岩发育，多为粉细晶白云岩，多属潮间高能藻滩沉积环境，在盆地内部沉积较为稳定，连续分布，储集性能好；从区内钻井资料上反映，灯二段厚度变化不大，为460～600m。坳陷内彝良—威信—大方一线厚度为500m左右，向东北方向厚度变大。

灯三段：指桐湾运动一期风化剥蚀以后所沉积形成的一套以碎屑岩为主的沉积物，以蓝灰色泥岩、黑色页岩和含砾砂岩为主，平面上可相变为含泥白云岩，厚度0～50m不等。坳陷内高县—赤水一线厚度为10m左右，向南厚度变大，在小草坝和太阳地区厚度可达30～40m。

灯四段：富藻层，在台地西部以底部泥晶白云岩为界，相对灯二段沉积水体变深，多为浪基面之下的低能带沉积。岩性主要为浅灰色层状白云岩、藻白云岩和泥粉晶白云岩，含有大量硅质条带，常夹在粘结岩（主要为纹层白云岩）及粉细晶白云岩之中，夹石膏薄层，震旦纪末的桐湾运动在区内形成古岩溶高地，岩溶孔洞发育，残余厚度0～46m。

2）寒武系第二统清虚洞组

清虚洞组（$\epsilon_2 q$）属于局限台地沉积环境，岩性主要为砂屑白云岩、鲕粒白云岩、泥晶白云岩、泥质白云岩、砂质白云岩、膏质白云岩、砂屑灰岩、鲕粒灰岩、泥质灰岩及膏岩等。较好储层形成于潮坪、台坪上的砂屑滩、鲕粒滩、藻屑滩等微相。在乐山—龙女寺古隆起，清虚洞组主要为浅灰色白云岩夹砂屑或鲕粒白云岩；在斜坡—坳陷区，下部为灰色石灰岩，上部为灰色白云岩夹含膏白云岩、膏质白云岩、膏岩及透明盐岩。清虚洞组与下伏金顶山组和上覆高台组整合接触，地层厚度变化大，厚度250～400m。清虚洞组以长宁背斜为沉积中心，向外逐渐减薄。

3）寒武系苗岭统—芙蓉统娄山关群

寒武系娄山关群（$\epsilon_{3-4}L$）沉积特征与清虚洞组相似，也属于局限台地沉积环境，岩性单一，砂屑滩、鲕粒滩、藻屑滩等微相相对发育。

娄山关群以浅灰色、灰色、棕灰色薄层—厚层状结晶白云岩、灰质白云岩为主，夹白云质灰岩、泥质白云岩及燧石结核或条带，与上覆的下奥陶统桐梓组整合接触，或与红花园组及湄潭组假整合接触，厚度200~800m。坳陷内呈现西薄东厚的趋势，受到乐山—龙女寺古隆起的影响，地层厚度零值区位于西北隅乐山一带，向东南方向逐渐变厚。

4）志留系兰多维列统石牛栏组

石牛栏组（S_1s）为龙马溪组沉积期向上变浅背景下沉积的一套碳酸盐岩开阔台地相、混积台地相岩层，受西侧康滇古陆的影响，在坳陷西部彝良一带发育三角洲相，筠连以东为浅海台地沉积。主要为泥质灰岩及砂屑灰岩，坳陷中东部的叙永及古蔺地区发育棘屑灰岩、砾屑灰岩、核形石灰岩、海百合灰岩及珊瑚礁灰岩等，在叙永局部地区发育灰泥丘。

石牛栏组的岩性分段特征明显：下段岩性主要为灰色、深灰色含灰泥岩、泥质灰岩及石灰岩，自下往上泥岩变少，粉砂岩、石灰岩逐渐增多，地层厚度120~180m；上段以灰绿色、棕红色、灰色泥岩及灰绿色粉砂岩夹深灰色、棕灰色石灰岩为主，厚度60~180m。

三、油气地质

1. 油气显示

滇黔北坳陷油气显示较活跃，在震旦系—古生界露头区多处发现古油藏，钻井多层、多井（次）见常规天然气显示。

1）钻井油气显示

多井（次）钻遇天然气显示（表5-25），石牛栏组显示常见，其次为娄山关群和清虚洞组，区内灯影组显示较弱，仅见孔洞沥青充填。

2）地表古油藏

（1）小草坝古油藏。

小草坝古油藏位于滇黔北坳陷巧家—筠连背斜带小草坝背斜，层系为上泥盆统顶部，沥青出露点主要分布于背斜南翼，以及西翼的南部，富沥青储层段厚度10~40m，岩性为含生物碎屑白云岩，储集空间以溶孔（洞）为主，溶孔直径2~4cm，部分大于6cm。溶孔中充填方解石及沥青，沥青质地坚硬。溶孔长轴方向与层面近平行，层面附近溶孔相对更发育。小草坝古油藏的形成与储层物性密切相关，物性较好层段的储集空间中均可观察到硬质沥青分布，反之则未见沥青或显示不明显。小草坝古油藏样品经长时间有机质浸泡萃取出的可溶有机含量极少，镜质组反射率2.56%左右，碳同位素资料指示其油源极可能来自上覆的下石炭统暗色泥岩，估算古油藏原始资源量约0.6×10^8t。

（2）金沙岩孔古油藏。

金沙岩孔古油藏位于滇黔北坳陷毕节—桐梓背斜带南缘的岩孔背斜，是一个由震旦系灯影组岩性控制的大型古油藏。古油藏露头在平面上围绕岩孔背斜核部分布，在垂向上主要见于岩孔背斜顶部，含沥青面积约15km²，含沥青地层累计厚度89.68m，平均孔隙度3.36%，预测地质储量0.82×10^8~1×10^8t。

表 5-25 滇黔北坳陷井下常规天然气显示统计表

层位	井号	显示情况	备注
石牛栏组	阳评 1 井	测井解释储层 305.6m/24 层，其中，裂缝气层 23.1m/4 层，裂缝差气层 43.2m/5 层，裂缝含气层 47.7m/3 层	试气最高瞬时气量 $4.8 \times 10^4 m^3/d$
	YS108H2-4 井	全烃：61.6%～76.6%，气涌 3～4m，点火焰高 1m	中途测试日产气 $1350m^3$
	YS117 井	全烃：0.0818% 升至 83.776%，甲烷：0.026% 升至 77.824%，测井解释气层 20.60m/3 层，其中二类储层 10.00m/1 层，三类储层 10.60m/2 层	最高瞬时气量 $8 \times 10^4 \sim 9 \times 10^4 m^3/d$
	YS111 井	全烃：0.134% 升至 17.753%，甲烷：0.047% 升至 14.063%，测井解释储层 51.6m/4 层，其中气层 25.8m/2 层，差气层 25.8m/2 层	最高瞬时气量 $1.8 \times 10^4 m^3/d$
	YS108H3-1 井	全烃：0.958% 升至 76.267%，甲烷：74.56%，槽面显示：见 30% 针尖状气泡，点火焰高 15～20m	
	阳 1 井	全烃：0.081% 升至 81.127%，甲烷：0.011% 升至 74.787%，测井解释储层 23.6m/3 层	中途测试日产气 $8665m^3$
	阳 101 井	全烃：0.038% 升至 88.609%，甲烷：0.023% 升至 86.21%，测井解释储层 55.0m/10 层，其中气层 45.0m/8 层，差气层 5.0m/1 层，干层 5.0m/1 层	试气最高瞬时气量 $9800m^3/d$
娄山关群	阳 1 井	测井解释储层 5.3m/1 层	
	川龙 1 井	测井解释储层 29.0m/3 层	
	阳 102 井	全烃：0.371% 升至 10.155%，甲烷：0.0122% 升至 9.0739%，测井解释储层 19.4m/2 层	
清虚洞组	阳 1 井	全烃：0.048% 升至 0.840%，甲烷：0.003% 升至 0.654%，测井解释储层 8.8m/1 层	
	阳 102 井	全烃：1.178% 升至 5.456%，甲烷：0.332% 升至 5.338%，测井解释储层 37.4m/4 层	
灯影组	宝 1 井	测井解释储层 38.8m/1 层	
	阳 1 井	白云岩溶蚀孔洞充填沥青，测井解释储层 36.6m/4 层	
	川龙 1 井	测井解释储层 31.6m/3 层	

沥青主要富集于灯影组上部的灰色—深灰色砂屑白云岩、鲕粒白云岩及藻白云岩中，呈黑色，质纯，坚硬，多充填于白云岩晶间孔、铸模孔、溶洞及裂缝中。镜下可见沥青多沿孔壁呈脉状、球粒状或片状充填，具镶嵌结构。镜质组反射率 4.14%～4.19%，无荧光显示，主要为芳核等高度稠合且稳定的结构，表现为原油高温裂解所形成的焦沥青。有机碳同位素值 -33.22‰～-32.06‰，V/（V+Ni）值 0.75～0.94，反映油源为寒武系牛蹄塘组（$\in_{1-2}n$）。

加里东期—海西期和印支期为金沙岩孔古油藏的主要成藏期。印支晚期至燕山中期，该区急剧下沉并接受沉积，早期聚集的油气因热裂解作用而破坏殆尽。燕山中—晚期至喜马拉雅期，地层抬升并遭受剥蚀，导致油藏出露地表并破坏。

2. 烃源岩

根据区内地层及其岩性、岩相发育情况，认为本区主要烃源岩有4套，即震旦系陡山沱组、寒武系牛蹄塘组、奥陶系五峰组—志留系龙马溪组，以及石炭系旧司组。

1）震旦系陡山沱组

区内陡山沱组揭示较少，仅芒1井钻遇陡山沱组68m（未穿），发育滨岸相砂岩，录井显示该组岩性主要为灰白色、灰绿色、暗紫色、浅紫色石英砂岩，与暗紫红色含砂泥岩、灰绿色页岩不等厚互层。露头仅见于遵义松林的大石墩剖面和六井剖面。根据构造岩相环境、地层厚度和烃源岩分布区域，推测坳陷内该套烃源岩均有分布，厚度在10～90m之间，坳陷北部赫章—威信一带超过50m，坳陷东部金沙—仁怀—桐梓一带可能超过90m。四川盆地震旦系陡山沱组烃源岩主要分布于川中北部、东部及川南地区，重庆—泸州以南至盆地外围，烃源岩厚度逐渐增厚10～60m，岩性主要为暗色泥页岩。

遵义松林的六井剖面，陡山沱组烃源岩厚度约101m；有机碳为0.11%～4.64%，平均1.51%（35个样品）；干酪根同位素为−31.5‰～−30.3‰，平均−30.8‰；等效镜质组反射率为2.08%～2.34%。遵义松林的大石墩剖面有机碳为0.62%～3.33%，平均1.92%（13个样）；干酪根同位素为−31.2‰～−30.7‰，平均−30.9‰；等效镜质组反射率为3.46%～3.82%。综合评价，滇黔北坳陷陡山沱组烃源岩属于高丰度、腐泥型的过成熟烃源岩。

2）寒武系牛蹄塘组

牛蹄塘组烃源岩属浅水陆棚—深水陆棚沉积，岩性为黑色碳质页岩、泥岩及硅质岩，局部夹粉砂质泥岩及粉砂岩，地层厚度90～720m，有效烃源岩厚度50～415m，是滇黔北坳陷区内资源量最大的烃源层。坳陷内烃源岩厚度具有中部厚、向东西两侧变薄的特点，坳陷中部昭101井—宝1井一带烃源岩最厚，达415m（图5-39）。

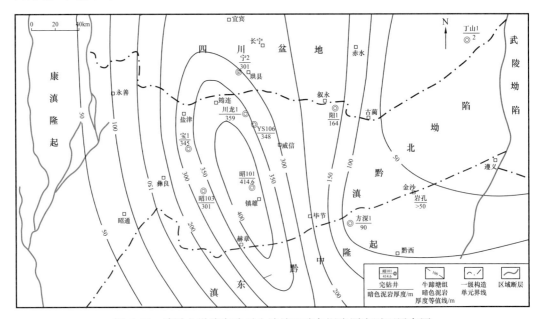

图5-39　滇黔北坳陷寒武系牛蹄塘组暗色泥岩厚度平面展布图

牛蹄塘组有机碳含量介于0.91%~6.18%，平均值3.27%，属于好烃源岩，其中底部最优。平面上，有机碳含量分布与地层厚度的展布趋势一致，昭101井—宝1井一带黑色泥页岩发育，有机碳含量较高，东西两侧厚度减薄区域，有机碳含量也较低。有机质类型以Ⅰ型干酪根为主，R_o值均大于2%，介于2.14%~4.43%，已进入过成熟演化阶段。平面上，R_o值呈东南高、西北低的特征。氯仿沥青"A"为0.0001%~0.004%，估算牛蹄塘组生烃量约190×10⁸t，残烃量约163×10⁸t。

3）奥陶系五峰组—志留系龙马溪组

五峰组—龙马溪组烃源岩以深水陆棚相灰黑色泥岩、碳质泥岩为佳，暗色泥页岩主要分布于坳陷中北部，总体呈南薄北厚的趋势，在中北部的YS107井区最厚可达170m以上，阳1井区以及中部宝1井区厚度也达110m以上。彝良—镇雄—遵义一线以南为隆起区，五峰组—龙马溪组未沉积或遭受了剥蚀（图5-40）。

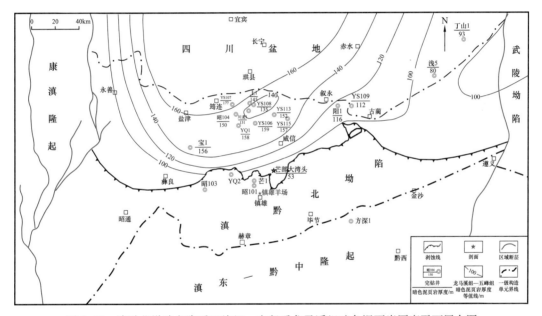

图5-40 滇黔北坳陷奥陶系五峰组—志留系龙马溪组暗色泥页岩厚度平面展布图

五峰组—龙马溪组有机碳含量0.16%~5.91%，大部分区域大于2%，属好烃源岩，其中龙马溪组中下段属优质烃源岩。平面上有机碳含量由西南向东北方向逐渐增加，这与龙马溪组沉积早期沉积中心位于泸州—南川—黔江一带的古地理环境一致。北部上罗、黄金坝及响水滩区域以Ⅰ型干酪根为主；西南部、东西部主要为Ⅱ型干酪根。R_o在2.1%~3.89%之间，为过成熟干气生成阶段，由南向北和向西逐渐增大。估算五峰组—龙马溪组生烃量约为89×10⁸t，残烃量76×10⁸t。

4）石炭系旧司组

滇黔北坳陷石炭系旧司组烃源岩分布较局限，仅发育于坳陷中南部威宁—小草坝一带，为威宁海槽沉积，以海相含煤泥岩为主要烃源岩，沉积中心附近暗色泥页岩发育，有机碳含量高，最大厚度可达992m。威宁龙街东部的威宁1-2井在旧司组累计钻遇270m灰黑色页岩（未穿），有机碳含量1%~2%；彝良南部的YQC4井钻遇旧司组177m，其中暗色泥页岩厚78m，有机碳含量0.5%~2.5%，R_o平均值2.62%，有机质类型为Ⅰ型和Ⅱ₁型。

3. 储层

滇黔北坳陷震旦系—二叠系纵向上发育多套储层，根据前期勘探成果，上震旦统灯影组、寒武系第二统清虚洞组（$\epsilon_2 q$）、寒武系苗岭统—芙蓉统的娄山关群（$\epsilon_{3-4} L$）以及志留系兰多维列统石牛栏组（$S_1 s$）为常规油气的主要目的层。上震旦统—志留系储层以低孔低渗储层为主，局部存在高孔层段，孔渗相关性总体较差，孔隙度对渗透率贡献有限，缝洞起到明显沟通作用。

1）上震旦统灯影组

储层主要发育在浅缓坡相带和潮坪相带中，尤其以块状藻生物丘白云岩和泥晶生物丘白云岩最好，分布广泛。受震旦纪末桐湾运动影响，各地厚度不一，最大残余厚度在500~700m，储层分布广泛，主要储层发育于灯影组二段、四段，为溶孔白云岩储层，井下多处钻遇的白云岩属古岩溶缝洞型储层，阳1井、丁山1井等井的晶间孔、裂缝中见沥青充填。

灯影组储层以低孔低渗为主，主要储集空间以孔隙和裂缝、溶洞为主，孔隙多为次生溶孔，储层类型为缝洞—孔隙型储层，缝洞和孔隙为良好的油气运移通道。灯影组碳酸盐岩储层经历了漫长的深埋藏，孔隙度及渗透率较低，但震旦系经多期构造抬升隆起和淋滤作用的改造，在一些地区也发育较好的溶蚀孔洞层。桐湾期、兴凯期和加里东期等多期构造运动，促使震旦系灯影组形成古风化壳岩溶储层，加上后期构造运动所产生的裂缝，形成了裂缝—孔洞型、裂缝—孔隙型储层。

灯影组储层总体厚度变化较大，主要分布在82.3~154.6m之间（表5-26），呈北东—南西向向长轴状展布，具中间薄两边厚、南部薄北部厚的总体趋势；中西部小草坝地区储层厚度在110~150m之间；中部太阳地区厚度在70~90m之间。井下综合解释的灯影组孔隙度为3.7%~6.9%，渗透率为0.2~574mD，主要发育Ⅱ、Ⅲ类储层。

滇黔北坳陷灯影组具有较好的储层厚度、储集条件和孔隙类型，溶蚀孔洞发育，储层条件较好，是碳酸盐岩储层中的有利层位之一，灯影组二段和四段为最有利层段。

2）寒武系第二统（ϵ_2）清虚洞组

清虚洞组储层主要岩性为白云岩、石灰岩、灰质白云岩及鲕粒灰岩。储集空间主要为与溶蚀作用相关的粒内溶孔、粒间溶孔及晶间孔，发育少量张裂缝。阳101井部分溶孔及张裂缝被沥青、方解石或石英等矿物充填。储层厚度变化较大，井下综合解释的储层厚度6~41m（表5-26）。坳陷北部储层厚度较小，主要分布在0~30m之间；南部储层较发育，储层厚度大于20m。纵向上，坳陷西部的储层分布于整个层段，坳陷中部的储层主要分布在中上部；坳陷东北部的储层发育于地层上部和下部。储层孔隙度和渗透率普遍较低，孔隙度2.8%~7.2%，渗透率0.02~17.5mD。

清虚洞组主要发育Ⅱ、Ⅲ类储层，坳陷中部的黄金坝、小草坝及昭103井一带，储层相对较好。

3）寒武系苗岭统—芙蓉统（ϵ_{3-4}）娄山关群

娄山关群中的储层，主要岩性有藻球粒白云岩、砂屑白云岩及灰质白云岩。储层空间主要为粒内溶孔、粒间溶孔、晶间孔及少量张裂缝，储层类型为孔隙—裂缝型或孔隙型储层。储层厚度3~87m（表5-26），北部地区储层较发育，主要分布在10~80m之间；南部储层不发育，储层厚度0～10m，西薄东厚。纵向上，西部地区娄山关群储层主要分布在中下部；中部地区储层主要分布在中上部；东北部地区在上部、下部均有储层发育。储层孔隙度和渗透率普遍较低，孔隙度1.8%～7.3%，渗透率0.01～9.5mD。

表5-26 滇黔北部地区单井储层评价结果表

井号	层位	累计厚度／m	孔隙度／%	渗透率／mD
阳1井	灯影组	82.9	4.1～6.9	0.2～1.8
	清虚洞组	25.4	2.8～7.2	0.02～10.2
	娄山关群	27.9	1.8～7.3	0.01～3.6
	石牛栏组	5.9	4.8	0.06
阳102井	清虚洞组	11.2	3.0～6.3	0.5～3.8
	娄山关群	43	3.1	0.08
	石牛栏组	9	6.6	0.6
宝1井	灯影组	154.6	3.7～5.554	0.21～574
	清虚洞组	28.1	3.6～6.7	0.38～17.5
	娄山关群	86.6	4.1～6.4	0.2～3.9
昭101井	娄山关群	3	4.6～6.9	1.1～9.5
昭103井	清虚洞组	40.9	3.0～5.4	0.03～1.5
	娄山关群	8.2	6.2	9.5
YS106井	清虚洞组	6.4	6.5	6.8
	娄山关群	30.5	3.03	0.7
	石牛栏组	1.7	5.9	1.2

娄山关群主要发育Ⅱ、Ⅲ类储层，Ⅰ类储层不发育，坳陷中部太阳地区的储层相对较好。

4）志留系兰多维列统（S_1）石牛栏组

石牛栏组的岩性主要为石灰岩、含泥灰岩、白云质灰岩和白云岩。储层多为裂缝型储层，也有裂缝—孔隙型储层，测井解释的储层厚2～9m，孔隙度4.8%～6.6%，渗透率为0.1～1.2mD（表5-26）。

石牛栏组储层主要发育于坳陷东北部，储层厚度主要分布在0～40m之间，南部地层已被剥蚀。石牛栏组储层的单层厚度较小，介于1～5m，极少量单层的厚度大于10m。

4. 盖层

滇黔北地区自下至上发育多套盖层组合，其中，寒武系纽芬兰统一第二统（$\large\unicode{8364}_{1-2}$）

的泥页岩层、寒武系苗岭统（$\in_3$）高台组的含膏白云岩层，以及志留系泥页岩层为3套最好的区域性盖层。

第一套盖层为寒武系纽芬兰统—第二统（$\in_{1-2}$）的泥页岩层，由牛蹄塘组黑色碳质页岩、页岩及明心寺组—金顶山组页岩、砂质泥页岩组成。寒武系纽芬兰统—第二统（$\in_{1-2}$）地层厚度400～1000m，其中盖层厚度200～600m（一般在300～500m之间）。

第二套盖层为寒武系苗岭统（$\in_3$）高台组的含膏白云岩层，岩性主要为膏岩、含云膏岩、白云质膏岩及膏质白云岩等，形成于局限台地及蒸发台地相带。在大方—金沙一线以北地区，厚度变化大，一般厚20～40m。

第三套盖层为志留系泥页岩层，主要由下部龙马溪组及上部韩家店组的泥页岩组成。志留系盖层岩性较稳定，连片分布，地层厚度150～600m，其中盖层厚度为100～400m，占地层厚度的50%～80%。

滇黔北地区震旦系—志留系盖层的封盖性能良好。阳1井龙马溪组及牛蹄塘组盖层，岩石较致密，岩石密度2.56～2.75g/cm³，孔隙度0.4%～4.72%，渗透率0.0003～0.00224mD，突破压力17.075～25.818MPa，比表面积小，牛蹄塘组的比表面积为0.13%～1%。

5. 生储盖组合

滇黔北坳陷自下而上发育5套常规生储盖组合（图5-41）。

① 组合：上震旦统灯影组白云岩为储层，寒武系牛蹄塘组泥岩为烃源岩及盖层的上生下储型组合。下震旦统陡山沱组及上震旦统灯影组中的泥岩夹层、藻白云岩也可能供烃。

② 组合：寒武系第二统（$\in_2$）明心寺组砂岩为储层，上覆的金顶山组及下伏的明心寺组泥岩为烃源岩及盖层的上生下储及下生上储组合。

③ 组合：寒武系第二统（$\in_2$）清虚洞组碳酸盐岩为储层，寒武系纽芬兰统—第二统（$\in_{1-2}$）中的泥质岩以及清虚洞组中部的泥岩夹层为烃源岩，寒武系苗岭统（$\in_3$）高台组膏岩为盖层的下生上储型组合，该组合经完井测试已证实为含气层。

④ 组合：寒武系苗岭统—芙蓉统（$\in_{3-4}$）娄山关群白云岩为储层，寒武系纽芬兰统—第二统（$\in_{1-2}$）泥质岩及下奥陶统湄潭组泥质岩为烃源岩，上部湄潭组泥质岩为盖层的储盖组合。

⑤ 组合：志留系石牛栏组石灰岩为储层，下伏的龙马溪组泥页岩为烃源岩，上覆的韩家店组泥岩为盖层的下生上储型组合，该组合经中途测试已证实为含气层。

①、③、⑤生储盖组合是该区有利的常规油气生储盖组合，其中以①组合为最佳。

6. 圈闭

根据地面地质普查资料和地震资料解释，区内局部构造发育，共统计了30个局部构造，类型以断背斜为主，少量为背斜圈闭和断鼻圈闭。圈闭多为凹中隆构造圈闭，是寒武系牛蹄塘组、志留系龙马溪组等优质烃源岩油气运移的良好指向区，烃源条件良好，但绝大部分构造剥蚀严重，核部出露下古生界，区域盖层不全，对保存条件不利。结合石油地质条件综合分析，太阳圈闭和小草坝圈闭是两个典型的构造圈闭（图5-42、表5-27）。

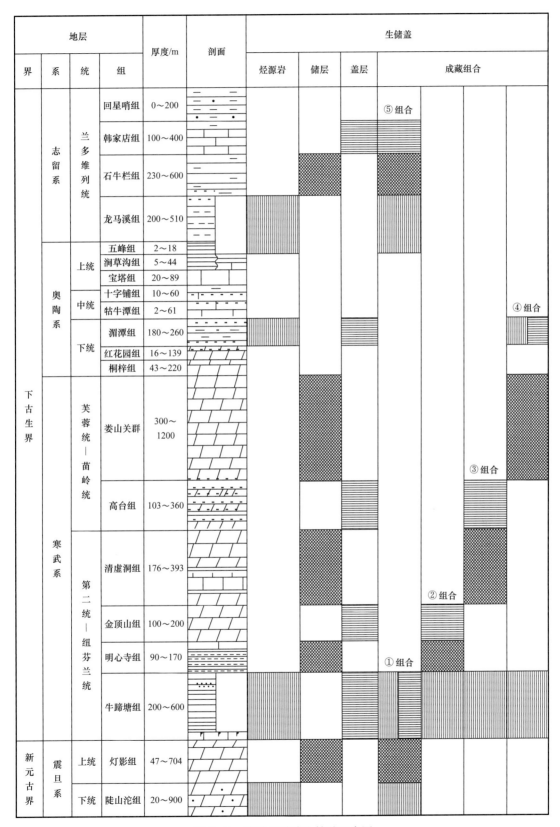

图 5-41 滇黔北坳陷生储盖组合图

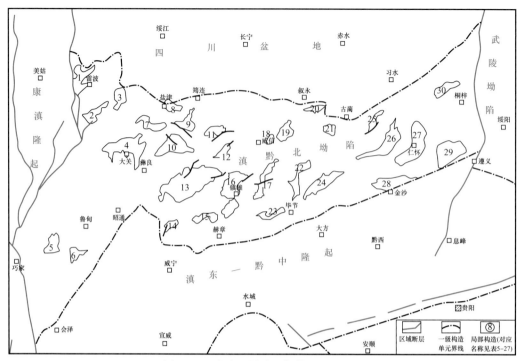

图 5-42 滇黔北坳陷局部构造图

表 5-27 滇黔北坳陷构造圈闭要素表

局部构造				圈闭要素				备注
编号	圈闭名称	类型	核部出露地层	层位	高点海拔/m	闭合度/m	面积/km²	
1	雷波	断鼻	Z_2				205	
2	黄华	背斜	ϵ_{3-4}				136	
3	团结	背斜	ϵ_{1-2}				133	
4	大关	断背斜	O				450	
5	新店	断背斜	Z_2				148	
6	纸厂	背斜	ϵ_{1-2}				95	
7	柿子坝	背斜	ϵ_{3-4}				150	
8	盐津	背斜	ϵ_{3-4}	ϵ底	−600	900	100	地震资料解释
9	庙坝	断鼻	ϵ_{3-4}	ϵ底	−800	1200	139	地震资料解释
10	小草坝	断背斜	S_1	ϵ底	−500	2000	317	地震资料解释
11	大雪山	断鼻	ϵ_{3-4}	ϵ底	−800	1200	104	地震资料解释
12	罗坎	背斜	ϵ_{3-4}	ϵ底	−900	1100	79	地震资料解释
13	盐源	断背斜	ϵ_{1-2}	ϵ底	1300	2300	860	地震资料解释
14	可乐	断背斜	C_2	ϵ底	−1100	400	70	地震资料解释

局部构造				圈闭要素				备注
编号	圈闭名称	类型	核部出露地层	层位	高点海拔 / m	闭合度 / m	面积 / km²	
15	朱明	背斜	O_1	€底	−100	400	113	地震资料解释
16	芒部	背斜	$€_{3-4}$	€底	200	700	411	地震资料解释
17	以勒	断背斜	$€_{1-2}$	€底	−100	400	166	地震资料解释
18	威信	背斜	$€_{3-4}$	€底	−400	600	42	地震资料解释
19	分水	背斜	$€_{3-4}$	€底	200	1200	142	地震资料解释
20	太阳	背斜	S_1	€底	−1900	600	62	地震资料解释
21	麻城	背斜	$€_{3-4}$	€底	200	700	76	地震资料解释
22	燕子口	断背斜	$€_{3-4}$				169	
23	毕节	断背斜	$€_{1-2}$				83	
24	小吉场	断背斜	$€_{1-2}$				260	
25	东新	断背斜	$€_{3-4}$				64	
26	水口	断背斜	$€_{3-4}$				323	
27	仁怀	断背斜	$€_{1-2}$				431	
28	金沙	断背斜	Z_2				260	
29	遵义	断背斜	Z_2				365	
30	桃林	断背斜	$€_{3-4}$				134	

1）太阳构造

太阳背斜是位于昭通—古蔺背斜带东北部的局部构造，该背斜长轴为近东西向。核部出露志留系和二叠系，翼部由二叠系和三叠系组成。背斜北部为叙永向斜，西与威信构造相接，地震测网密度为（2～3）km×（3～4）km，目的层的地震波组特征清晰，构造形态落实。

太阳背斜的寒武系底界构造形态为长轴状背斜。圈闭面积 62km²，长轴 24km，短轴 9.3km。高点位于 DQB2011-203 线的 4301CDP 点上，高点海拔 −1900m，闭合度 600m（图 5-43）。

太阳背斜构造高部位钻探了一口探井——阳 1 井，完钻井深 3623m，完钻层位震旦系灯影组三段。阳 1 井钻遇志留系石牛栏组、龙马溪组和奥陶系五峰组、宝塔组、湄潭组以及寒武系清虚洞组等多处气测显示。测井解释储层 204.2m/15 层，其中页岩气储层 123m/5 层，常规气储层 81.2m/10 层。

阳 1 井于 2011 年 11 月 10 日—11 日进行了石牛栏组中途试气，获得天然气流，焰高 5～8m，最高产量 3846m³/d；2012 年 6 月 11 日—7 月 7 日进行了清虚洞组完井试气，证实该组为含气层，火焰高约 40cm。

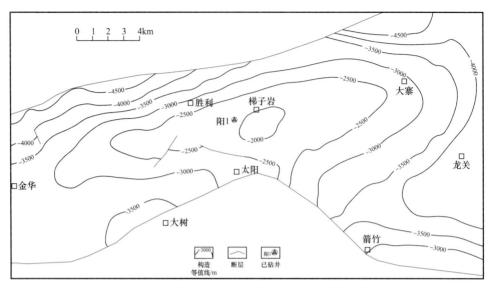

图 5-43 滇黔北坳陷太阳构造寒武系底界构造图

2）小草坝构造

小草坝构造位于彝良的东北，为地面穹隆状背斜，其周围与向斜接触，向东与大雪山构造相接，地震测网密度为（2～3）km×（3～4）km，目的层的地震波组特征清晰，构造形态落实。背斜中部大面积出露的是中泥盆统，从轴部到两翼，依次出露志留系、泥盆系、石炭系、二叠系和三叠系。

小草坝圈闭的寒武系底界构造上有 4 条北西向小断层分布，但没有破坏圈闭形态的完整性；有 2 个局部高点，即Ⅰ号高点和Ⅱ号高点，且规模较大，Ⅱ号高点又分 2 个次一级局部高点，即Ⅱ-A 高点、Ⅱ-B 高点（图 5-44）。

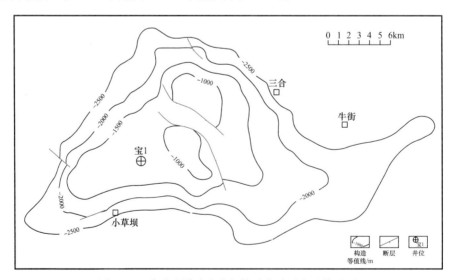

图 5-44 滇黔北坳陷小草坝构造寒武系底界构造图

小草坝构造形态呈不规则的穹隆状，寒武系底界圈闭面积 317km²，东西长（长轴）41km，南北宽（短轴）17km。高点位于 DQB2011-2021 线的 2651CDP 点上，高点海拔 -500m，闭合度 2000m。

Ⅰ号高点位于构造轴向的西北，草4号断层切割圈闭西南翼，未破坏构造的完整性，圈闭面积36km²，长轴10km，短轴3km，高点海拔−660m，闭合度640m。Ⅱ号高点位于草3号断层上盘，有2个次一级高点，即Ⅱ−A和Ⅱ−B，其中，主高点为Ⅱ−A，圈闭规模较大。Ⅱ号高点圈闭面积67km²，长轴13km，短轴6km，高点海拔−840m，闭合度360m。

小草坝背斜Ⅱ−B高点上钻探了一口常规气探井宝1井，完钻井深3758.98m，完钻层位震旦系灯影组一段。宝1井钻遇志留系龙马溪组和寒武系牛蹄塘组的多处气测显示。测井解释储层508.7m/32层，其中干层168.4m/20层，水层17.6m/2层，页岩气储层322.7m/10层。

7. 保存条件

1）构造、岩浆及成矿作用对油气保存条件的影响

（1）断裂与构造变形作用。

滇黔北坳陷及周缘主要发育北东向断裂，其次为南北向断裂，具有多期次活动的特征。北东向断裂包括2组方向的断裂，一组走向大致为35°～55°，另一组走向大致为15°～25°，断面倾角60°～80°，断层破碎带宽50～1000m，沿断层走向线，常产生两条以上的分支复合断层所组成的断块、牵引构造，挤压走滑的特征显著。北东向断裂构造在加里东期就已形成并控制了沉积，燕山期及以后又多次活动。南北向断裂主要分布于滇黔北坳陷东缘的桐梓—遵义一带，断裂规模较大，南北可纵贯贵州全省，表现为强烈的挤压特征，剖面上呈叠瓦状冲断层或低角度逆掩断层。南北向断裂在加里东期开始活动，主要发生于燕山期，喜马拉雅期亦有强烈活动。

滇黔北坳陷处于江南雪峰隆起西缘挤出强烈变形区，表现为"隔槽式"构造样式，背斜宽缓，向斜紧闭，背斜带剥蚀严重，多出露古生界，向斜带覆盖的是三叠系甚至侏罗系。滇黔北坳陷的牛街复背斜、彝良—叙永向斜带、孔坝—二郎复背斜、六曲河—夜郎复向斜及金沙—仁怀复背斜，其断层密度分别为0.522条/100km²、0.331条/100km²、0.530条/100km²、0.623条/100km²和0.918条/100km²；前四个次级构造单元，地层的平均倾角为15.3°、16.6°、9.9°和9.3°，褶皱翼间角平均为130.67°、129°、149.33°和151.67°。滇黔北坳陷的牛街复背斜、孔坝—二郎复背斜构造变形较弱，为构造较稳定区带。

（2）抬升剥蚀作用。

滇黔北坳陷的剥蚀作用主要发生于燕山期—喜马拉雅期，造成中生界、上古生界甚至下古生界的缺失，剥蚀程度在不同次级的构造带相差很大。牛街、孔坝—二郎、金沙—仁怀等3个复背斜带剥蚀量大，达到3000～5000m，在高部位出露下古生界，有的甚至出露寒武系；复背斜围斜部位和向斜带的剥蚀量较小，多出露二叠系、三叠系。彝良—叙永向斜带、六曲河—夜郎复向斜剥蚀量小，仍保存有上三叠统—侏罗系。

（3）地震、岩浆与成矿作用。

据史料记载的地震强度分布资料，滇黔北地区尤其是滇东昭通一带的断裂现今仍处于强烈活动中。

滇黔北及其周缘地区发育超基性—基性—中性—酸性的岩浆岩，以喷发为主，其次为侵入，岩浆混合较为局限。岩浆活动期次较多，主要有四堡期、武陵期、雪峰期、加里东期、海西期、印支期、燕山期等，但以海西期的大规模岩浆喷溢活动为最盛，其次

为武陵期的岩浆侵入。

滇黔北及周缘地区海西期峨眉山玄武岩广泛分布，西厚东薄，最厚威宁一带约1249m，黔西—安顺一线以东厚仅数十米，且多不连续，在瓮安—福泉一带附近尖灭，分布面积约32000km²。海西期大规模的玄武岩喷溢事件，加快了下古生界烃源岩演化及液态烃裂解成气过程，对震旦系及下古生界原生油气藏产生破坏调整作用。在下古生界烃源岩总体上处于高—过成熟阶段、生烃时期过早的背景下，海西期玄武岩的大规模发育对油气成藏与保存是不利的。

滇黔北地区重金属元素地球化学异常较少，仅分布有一些铁矿、砷矿、铅矿、铅锌矿等低温沉积型矿，低温热液成矿作用对滇黔北地区油气藏的破坏相对较弱。

2）水文地质地球化学与油气保存条件

（1）温泉分布、水循环深度与油气保存条件。

滇黔北坳陷的温泉主要分布在绥江、筠连、彝良地区，属中低温温泉。温泉多出露于背斜构造的纵张断裂带、北东东向扭性断裂带、北北东向与北东东向断裂的交会部位，以及多组断裂的复杂汇合地带中，后两种构造部位出露的泉水一般温度较高，如贵州息烽养龙司等地的温泉，水温在56℃左右，属中温温泉。震旦系和下古生界寒武系、奥陶系的温泉集中分布于贵州的习水—仁怀—织金一线以东，贵阳—镇远一线以北的黔北东部地区，中温温泉约占39%，水温相对较高。二叠系、三叠系的温泉主要分布于黔西南的盘州、兴义和滇东的曲靖、师宗地区，其他地区亦有零星分布，中温温泉仅占12%，水温相对较低。

从温泉分布和循环深度来看，黔北西部及滇东的温泉水循环深度超过2000m。从区内温泉水化学性质来看，古蔺—赤水—习水及湄潭东北地区的温泉水矿化度超过1g/L，毕节—古蔺一线的西北地区、织金—开阳—遵义—仁怀、贵定—都匀、湄潭—印江一带，变质系数小于1.2，说明这些地区大气水下渗所经过地层的水文地质封闭性没被完全破坏，地腹深层可能有气藏残留保存。

（2）古流体地球化学与油气保存。

滇黔北坳陷及周缘三叠系围岩的$\delta^{13}C$为–22‰，方解石脉的$\delta^{13}C$变化范围区间比较大，为–17.61‰～7.2‰，其他层位$\delta^{13}C$的相对分布变化规律与三叠系的相类似。三叠系围岩的$\delta^{18}O$主要分布在–10‰～5‰之间，而方解石脉的$\delta^{18}O$主要分布在–16.8‰～2.65‰之间，部分氧同位素相对偏小。成岩作用中与大气淡水发生的同位素交换，导致成岩碳酸盐矿物方解石（脉）中$\delta^{18}O$值的负向漂移。本区三叠系氧同位素均值为–10.3‰，二叠系为–11.22‰，成岩流体存在大气降水的影响。其他层位$\delta^{18}O$相对分布具有与三叠系相类似的变化规律。

滇黔北坳陷的古蔺、筠连—盐津及黔中隆起区是大气水强烈下渗的主要区域，碳氧同位素值普遍偏轻。滇黔北坳陷内深大断裂发育相对较少，上古生界残留分布较厚，大气水下渗深度较浅，裂缝充填方解石脉的碳氧同位素值普遍与原始地层水的一致。

（3）现今地层水特征与油气保存条件。

滇黔北坳陷及周缘代表油气保存条件良好的高浓缩地下水并不多，说明各地层水文地质开启程度普遍较大。林1井上震旦统灯影组2799.18～2865.55m井段测试，无天然气产出，地层水密度为1.05g/cm³，氯离子含量5.38g/L，地层压力系数为0.93。丁山1

井志留系兰多维列统（S_1）1146.21～1180.47m 井段，地层压力 0.83MPa，氯离子浓度为 7.81～10.65g/L；灯影组下部 4578.0～4603.0m 井段以 $CaCl_2$ 型水为主，矿化度在 290g/L 以上，表明了该井段具有保存条件，而寒武系陡坡寺组、清虚洞组以 $NaHSO_4$ 型水为主，矿化度较低，均在 10g/L 以下，表明该井段（2792～2819m）的保存条件遭到破坏，导致地表水的下渗。滇黔北坳陷西南部芒部构造芒 1 井灯影组、清虚洞组的地层水均为 $NaHSO_4$ 型，矿化度不高，分别为 1.32g/L 和 2.79g/L；金沙—仁怀复背斜的中 2 井，灯影组的地层水为 $NaHCO_3$ 型，矿化度仅为 2.13g/L。滇黔北坳陷南部的地层水浓缩程度远低于北部与盆地接壤的区域。

（4）流体动力与油气保存条件。

据钻井揭示，滇黔北坳陷的地层压力普遍为低压或常压，往北进入四川盆地的川南地区逐渐变为高压，说明滇黔北坳陷及周缘地区普遍处于开放、局部半封闭环境。巨大的地形高差条件、强烈的断裂破碎作用、三叠系和侏罗系盖层的不同程度剥蚀，使得大气水从构造破碎带沿断裂和地层露头往盆地内渗入，发生重力导致的大气水下渗向心流，且往盆地方向由强变弱。川南由于厚层中生界的覆盖，发育压实离心流，并在绥江、筠连、威信、古蔺和习水一带形成越流浓缩区。

方深 1 井、底 1 井、昭 101 井和宝 1 井所在的古生界裸露区，由于缺少良好的盖层封隔作用、地层破碎严重和深大通天断裂发育，使大气水下渗作用强烈，下渗深度普遍超过 3000m，局部地区超过 5000m，油气保存条件整体较差；往四川盆地方向，在中—下三叠统膏盐岩和侏罗系泥质岩盖层分布的川南地区，大气水下渗被阻挡，其下渗深度明显减小，普遍小于 1000m，油气保存条件变好；而局部构造的高部位，由于张性断裂开启，使得大气水下渗较深（图 5-45）。

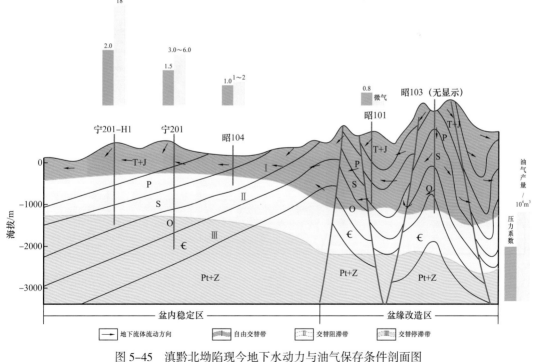

图 5-45　滇黔北坳陷现今地下水动力与油气保存条件剖面图

3）油气保存条件综合评价

滇黔北坳陷油气保存条件总体不佳，差异明显，总体规律是北部优于南部，西部优于东部，复背斜中的向斜带、与四川盆地接壤的西北边缘带保存条件比较有利。

按照滇黔桂地区海相层系油气保存条件综合评价标准，滇黔北坳陷大部分为Ⅳ类保存区，主要分布于六曲河—夜郎复向斜、金沙—仁怀复背斜以及孔坝—二郎复背斜东北部；Ⅲ类保存区主要分布于牛街复背斜、彝良—叙永向斜带和孔坝—二郎复背斜西部；Ⅱ类保存区是滇黔北坳陷保存条件较有利区，分布比较局限，一个是与四川盆地接壤的牛街复背斜、彝良—叙永向斜带北缘，另一个为孔坝—二郎复背斜西南部。

8. 古油藏

金沙岩孔古油藏位于滇黔北坳陷金沙—仁怀复背斜南部的岩孔背斜，紧邻黔中隆起。背斜核部最老地层为震旦系灯影组，周围被寒武系牛蹄塘组所环绕（图 5-46），背斜总面积约 40km²。灯影组在岩孔西侧白云山剖面出露最全，区测资料厚度 492.3m，其中下部为栉壳状藻白云岩，沥青含量相对较少，见于溶洞及裂缝中，上部为一套厚102m 的碳酸盐岩台地内滩相藻屑、砂屑及鲕粒白云岩，该套滩相白云岩顶部发育一段具大量沥青显示的溶孔型优质储层，经观察实测，金沙岩孔剖面含沥青白云岩厚度9.79m，箐口剖面为 20.05m，野外及镜下观察，沥青多充填于晶间溶孔、铸模孔、粒内孔、溶洞及裂缝体系中。

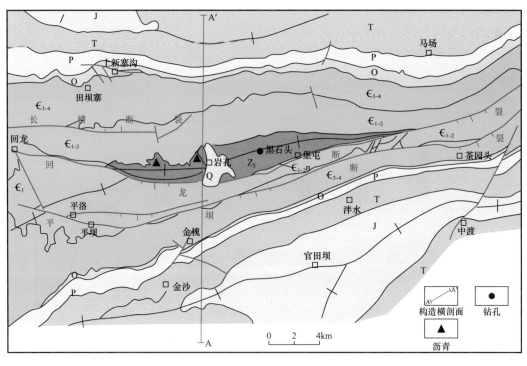

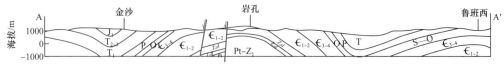

图 5-46　滇黔北坳陷金沙岩孔地质图及灯影组古油藏露头分布图

1）油气地质

（1）烃源岩。

岩孔古油藏周缘发育震旦系陡山沱组、寒武系牛蹄塘组两套主要烃源岩，而且这两套烃源岩都是具规模的优质烃源岩，厚度较大，有机碳含量高。以距离岩孔最近的松林六井陡山沱组剖面为例，陡山沱组烃源岩厚约75m，有机碳含量最大为4.55%，平均值2.07%（16个样品）；岩孔剖面牛蹄塘组厚度大约68m，有机碳含量在1.88%～7.4%之间，平均值为4.58%（7个样品）。两套烃源岩都处于高—过成熟阶段，六井的陡山沱组烃源岩等效镜质组反射率约为2.1%，岩孔的牛蹄塘组约为3.6%，受其影响，氯仿沥青"A"和热解烃含量都很低，陡山沱组烃源岩氯仿沥青"A"均小于40μg/g，热解烃 S_1+S_2 最大为0.22mg/g，牛蹄塘组氯仿沥青"A"最大为23μg/g，热解烃 S_1+S_2 最大为0.09mg/g。

（2）储层。

岩孔剖面的储层主要发育于藻砂屑、藻团块白云岩，藻纹层白云岩，葡萄花边白云岩（多为充填成因），藻粘结白云岩，微晶—亮晶砂屑、不等晶白云岩中（图5-47）。

a. 灰色中层藻屑白云岩，溶孔发育　　　　　b. 葡萄花边白云岩，发育残余孔洞

图5-47　滇黔北坳陷金沙岩孔剖面震旦系灯影组储层露头特征

岩孔剖面的主要储层类型为缝洞型，其次为溶孔型。溶孔型储层主要分布于剖面上部（图5-47a）。缝洞型储层分布于剖面中下部，大多数缝洞被白云石部分充填。葡萄状残余孔隙储层主要分布于葡萄状白云岩中（图5-47b），且主要分布于葡萄石发育的层内。

储集空间类型以粒内溶孔、晶内及晶间溶孔（图5-48）为主，其次为裂缝、溶缝。粒内溶孔中以砂屑内溶孔最为发育，其次为鲕粒中溶孔（但鲕粒较为少见），再其次为藻团块和局部出现在藻层中的溶孔，藻屑内溶孔较为不发育；晶内／晶间溶孔中以与石英相邻的白云石溶蚀最为明显，其具体原因还需要进一步研究，其次，亮晶胶结物的溶蚀也较为明显。充填孔洞的白云石充填物、重结晶白云石中，可发育晶内／晶间溶孔。此外，偶尔可见石英的溶蚀。

岩孔剖面中灯影组的储层物性变化大，具有很强的非均质性，以孔隙度为例，灯影组四段的孔隙度为0.2%～13.5%，平均为5.53%；灯影组三段的孔隙度在4%～23%之间，平均值9.38%；灯影组二段的孔隙度最小为1.1%，最大值12.5%，平均值为5.33%。总之，岩孔背斜的灯影组发育优质储层，为古油藏形成提供了储集空间。

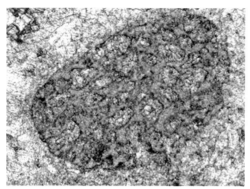

a. 粒内溶孔，10×，（−），灯影组四段　　　　　b. 晶内及晶间溶孔，10×，（−），灯影组三段

图 5-48　滇黔北坳陷金沙岩孔剖面震旦系灯影组储层孔隙镜下特征

（3）盖层。

岩孔背斜构造周缘，寒武系组芬兰统—第二统（$\in_{1-2}$）的泥页岩盖层厚度巨大，除了牛蹄塘组发育灰黑色、灰绿色泥页岩外，明心寺组灰色、灰绿色泥页岩、粉砂质泥岩厚度也很大，对震旦系灯影组储层也可起到封盖作用。以方深 1 井为例，牛蹄塘组、明心寺组泥页岩厚度分别为 99m、242m，累计厚度为 341m。岩孔剖面牛蹄塘组和明心寺组的泥页岩厚度也在 300m 左右，它们与灯影组储层构成了有效储盖组合。

2）古油藏油源

对固体沥青和研究区内已处于高—过成熟阶段的不同层位烃源岩中生物标志物的组成特征进行对比，则可发现这些固体沥青与不同层位的烃源岩，在甾萜烷生物标志物的组成特征上都十分相似，因此很难说岩孔古油藏中这些固体沥青与研究区哪套烃源岩之间的关系更为密切。换言之，在这种情况下，生物标志物的组成特征已难以直接为岩孔古油藏中沥青与不同层位烃源岩间的关系提供具说服力的信息，以确定它们之间的关系。

在碳同位素组成特征上，发现岩孔古油藏中固体沥青具有明显偏轻的碳同位素组成，这一特征与研究区内震旦系陡山沱组、寒武系牛蹄塘组的黑色泥岩中干酪根的碳同位素组成特征相似性较好，而与奥陶系五峰组和志留系龙马溪组烃源岩中干酪根的碳同位素组成存在一定差异，因为前者也具有相对轻的碳同位素组成，而后者的碳同位素组成明显偏重。但是，由于陡山沱组和牛蹄塘组的烃源岩碳同位素值非常接近，如松林剖面陡山沱组 $\delta^{13}C$ 为 29.92‰，岩孔剖面牛蹄塘组为 29.80‰，因此，无法利用碳同位素进一步区分油源究竟是来自陡山沱组还是来自牛蹄塘组，或者是二者的混源。

3）储层沥青特征与成因

金沙岩孔古油藏中的储层沥青反射率在 5.78%～5.86% 之间，等效镜质组反射率为 4.14%～4.19%，表明其经历过高温演化阶段。沥青均以固体的形式分布在溶蚀孔洞、裂缝之中，有时与充填的碳酸盐矿物共生，具有质坚、性硬、不染手且纯的特点，它与围岩间的界限清晰（图 5-49）。

在这些储层样品中只存在一类沥青，它以固体形式存在，呈黑色，且无论是固体沥青还是围岩均没有荧光（图 5-50），表明其中不存在液态油质沥青，另一方面也说明这些黑色固体沥青经历了强烈热演化作用的改造，它们都是原油热裂解作用的产物，但就其形态特征而言则不尽相同。如岩孔–C5样品中，沥青充填在溶蚀孔中，同时发生白云石的重结晶作用，结果导致固体沥青与白云石矿物的边缘不规则；而在岩孔–C16样品中，固体沥青与重结晶矿物的关系较为复杂，其内部和边缘均有固体沥青分布，且沥青边缘平直、界限清晰，表明这些沥青是后期形成的。

图5-49　滇黔北坳陷金沙岩孔震旦系灯影组古油藏储层沥青宏观特征

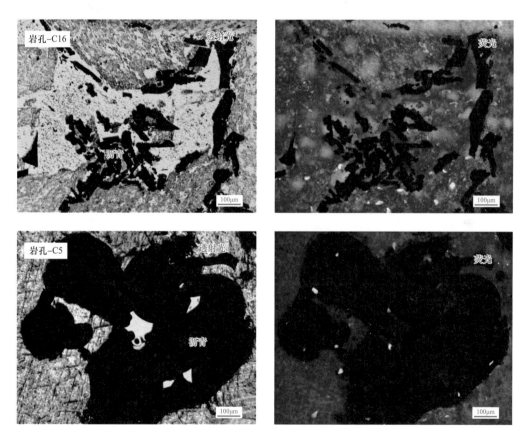

图5-50　滇黔北坳陷金沙岩孔古油藏储层沥青微观特征与光学特性

流体包裹体的宿主矿物为白云石，分析结果表明，在所分析的储层样品中没有发现液态烃类包裹体，只观察到一些呈黑色的沥青包裹体，它们也像储层裂隙中的焦沥青一样，已经失去了荧光性（图5-51），这一现象可能暗示早期形成的液态烃类包裹体在遭受强烈热裂解作用的改造后被破坏了，其中所含烃类物质转变成了气态物质，而残留下来的只是一些没有荧光性的沥青。由此可见，金沙岩孔古油藏中的沥青较为单一，均为遭受强烈热裂解改造后的残渣——沥青，据此推测其成藏历史可能也相对简单。

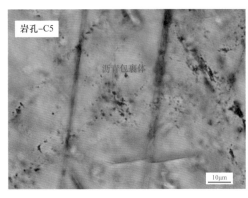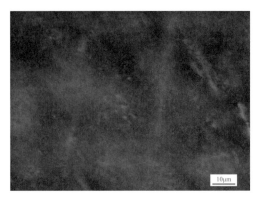

图 5-51　滇黔北坳陷金沙岩孔古油藏储层沥青包裹体微观特征与光学特性

有机质的红外光谱图可以提供其化学基团组成和相关结构特征等方面的信息，在研究有机质类型和有机质热演化特征时具有一定的参考价值。由不同机理所形成的储层沥青，由于它们经历了不同的演化历程，其化学组成与结构特征应该存在一定差异，它们在红外光谱特征上应该有所体现。在金沙岩孔古油藏储层沥青的红外光谱图中，代表脂族基团的吸收峰 $1376cm^{-1}$、$1456cm^{-1}$、$2865cm^{-1}$ 和 $2923cm^{-1}$ 完全消失，含氧基团的特征吸收峰也没有出现，这一系列特征表明，岩孔古油藏的储层沥青应该经历了高演化的改造，应该属于热裂解成因沥青，因而其中的一些可降解的不稳定基团已消失，残留下来的是一些高度稠合且稳定的结构如芳核。

4）古油藏演化

流体包裹体均一温度分析结果表明，金沙岩孔古油藏中存在 2 组均一温度，分别为 95～100℃和 125～130℃（图 5-52），前者代表了主生油期所生油气注入时形成的包裹体，而后者则代表了凝析油气阶段所生油气注入时形成的包裹体，这与前人的研究结果（陶树等，2009）基本一致。就不同均一温度所代表的包裹体分布特征来看，显然主生油期形成的包裹体在数量上占明显优势，而凝析油气阶段所形成包裹体的数量明显偏低，这是符合地质规律的。

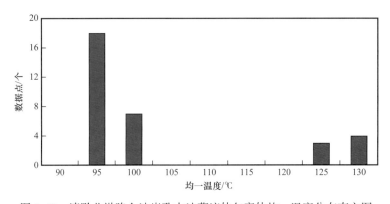

图 5-52　滇黔北坳陷金沙岩孔古油藏流体包裹体均一温度分布直方图

周峰（2006）根据研究区烃源岩中类镜质组反射率的实测数据，再依据 Hood 等（1975）提出的 R_o—古地温的图版，结合沉积史，估算出研究区的古地温梯度约为 3.3℃/100m。结合区域沉积地层分布及厚度变化趋势，可以估算出古油藏上覆不同层位的地层厚度，此时就可以依据古地温梯度判断古油藏中油气的成藏时间。计算结果表明，在志留纪兰多维列世，相应烃源岩的埋深大于 3000m，对应的古地温达到 110～120℃，此时烃源岩开始大量成熟生油。此后因加里东运动和海西运动导致抬升作用，生烃过程中止或延迟，而后随着二叠纪和三叠纪地层的继续沉积，被延迟的生烃得以继续，至三叠纪中期，烃源岩所经历的古地温超过 130℃，达到了凝析油气阶段。结合研究区的热演化史判断，震旦系灯影组储层中 95～100℃的均一温度对应于石炭纪晚期，此时成熟油气开始聚集成藏，而 125～130℃的均一温度对应于二叠纪中—晚期，此时聚集的是凝析油气。

由于晚古生代研究区处于缓慢抬升阶段，沉积地层并不发育，致使主力烃源岩的生烃过程持续了较长的时间，至二叠纪时又开始快速下沉并接受了较厚的沉积，厚度约 1500m，因此到印支晚期时，主力烃源岩经历的古地温达到约 200℃，此时生烃过程基本结束。随着侏罗纪地层的继续沉积，古地温不断升高，至中侏罗世末期，震旦系灯影组储层所经历的古地温可能超过 200℃，此时早期聚集的油气因热裂解作用而可能被破坏殆尽，只留下原油热裂解的残渣——焦沥青。后期随着燕山运动—喜马拉雅运动的进行，研究区发生了明显的褶皱断裂和推覆挤压，地层抬升并遭受了大量剥蚀，最后导致油气藏出露地表并破坏（图 5-53）。

四、有利区带及远景评价

滇黔北坳陷表现为较强的压性构造特征，构造走向以北东—南西向为主，呈"背斜宽缓、向斜狭窄"的隔槽式褶皱，由南向北，构造形变由强到弱。

1. 二级构造特征

根据地层出露情况及油气地质条件，滇黔北坳陷自西北向东南可划分为雷波复向斜、巧家—筠连背斜带、彝良—叙永复向斜、昭通—古蔺背斜带、赫章—夜郎复向斜和毕节—桐梓背斜带等 6 个二级构造单元（图 5-37、表 5-28），构造走向均以北东向为主。

1）雷波复向斜

位于坳陷西北部，西以小江断裂与康滇隆起相邻，北为四川盆地，面积 2900km²。以中部近北东向雷波—永善向斜构造为主体，构造相对平缓，断层不发育，轴部由三叠系—侏罗系组成，四周为古生界，次级褶皱及断层发育，发育有雷波断鼻、黄华背斜等次级构造，核部地层出露较老，主要为寒武系纽芬兰统及上震旦统，保存条件不理想。

2）巧家—筠连背斜带

构造轴向以东西向、南北向为主，其次还有南西—北东向。此背斜带受到南东向、北西向的构造应力，以及来自西部的东西向的挤压应力，使得这个带构造应力复杂，构造走向多样。小草坝背斜周围均是向斜围绕，属于凹中隆构造圈闭。背斜带东北部的钻井中天然气显示活跃，中部小草坝发现泥盆系古油藏，表明油气条件较好。

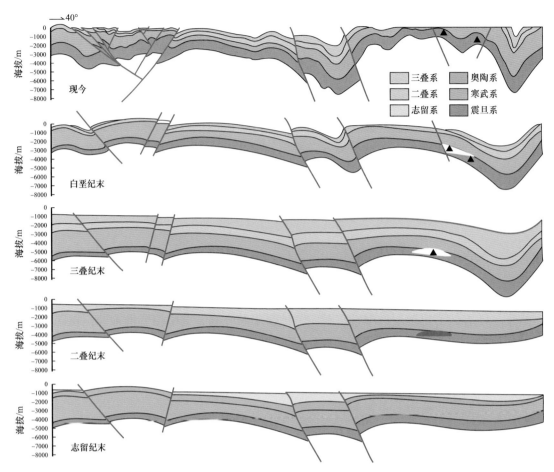

图 5-53　滇黔北坳陷金沙岩孔震旦系灯影组古油藏演化史

表 5-28　滇黔北坳陷二级构造单元要素表

一级构造单元	二级构造单元	构造走向	面积 /km²
滇黔北坳陷	雷波复向斜	NE—SW	2900
	巧家—筠连背斜带	NE—SW	11150
	彝良—叙永复向斜	NE—SW	2650
	昭通—古蔺背斜带	NE—SW	10900
	赫章—夜郎复向斜	NE—SW	7950
	毕节—桐梓背斜带	NE—SW	7950

3）彝良—叙永复向斜

复向斜的规模较大，从彝良一直延伸到叙永，地表出露三叠系、侏罗系、白垩系。震旦系埋深大，向斜紧闭，各个向斜之间以一个相对埋深稍浅的鞍部相接，主要受到南东—北西向的挤压应力。

4）昭通—古蔺背斜带

以宽阔的背斜为主，包括太阳背斜、盐源背斜、芒部背斜、威信背斜等，呈雁行式排列，从威信背斜、芒部背斜再至盐源背斜，背斜轴部的轴向有向北西西方向旋转的趋势，这主要是受南东—北西向构造应力的影响。背斜带东北部的太阳构造，井下天然气和碳酸盐岩孔洞沥青显示活跃，表明该区油气条件较好。

5）赫章—夜郎复向斜

位于滇黔北坳陷南部，地表出露以三叠系、侏罗系、白垩系为主，震旦系埋深大，向斜紧闭，各个向斜之间以一个相对埋深稍浅的鞍部相接，自西向东，向斜轴部的轴向有向北东方向旋转的趋势。

6）毕节—桐梓背斜带

位于滇黔北坳陷东南部，由金沙及仁怀等北东向的背斜构造组成，背斜轴部出露震旦系、寒武系、奥陶系，翼部出露侏罗系，它主要受到南东—北西向的构造应力。

2. 有利区带选择

主要根据生储盖和保存条件，结合油气显示，认为坳陷北部区带，即巧家—筠连背斜带的中北部、彝良—叙永复向斜的东北部、昭通—古蔺背斜带的东北部，是常规天然气勘探的有利区带。

这些区带，震旦系灯影组发育局限海台内滩亚相，处于有利于风化的岩溶发育带，以岩溶为特征的裂缝—孔洞型储层发育；寒武系清虚洞组、娄山关群发育颗粒滩，岩溶孔洞发育，是裂缝—孔洞型储层发育有利区；志留系石牛栏组发育台地浅滩、台地生物碎屑滩相，孔隙、裂缝发育。

这些区带内发育寒武系牛蹄塘组、志留系龙马溪组2套优质烃源岩，可提供良好的烃源条件和盖层条件。

小草坝、盐津、柿子乡、黄金坝、罗坎、太阳等背斜构造，背斜周围均是向斜围绕，属于凹中隆构造圈闭，是寒武系牛蹄塘组、志留系龙马溪组等优质烃源岩油气运移的良好指向区。围绕古隆起，保存条件好的小型水下隆起区是常规天然气的成藏有利区。

第六章　中生界盆地油气地质

滇黔桂地区中生界陆相中小盆地众多，本章重点介绍楚雄盆地、十万大山盆地及赤水地区的油气地质条件、有利区带及远景评价。

楚雄盆地位于扬子准地台西南边缘康滇隆起（即曾经称的"康滇地轴"）的西部，为晚三叠世地台边缘断陷基础上发展起来的中—新生代坳陷盆地，南北长约 305km，东西宽平均 125km，面积为 36500km²，呈北宽南窄的南北向楔形展布。在成盆期，它与四川盆地连成一体，成为扬子准地台西部边缘的大型坳陷盆地，经喜马拉雅运动后褶皱抬升和剥蚀，才与四川盆地分开，成为一个独立的构造盆地。

十万大山盆地位于华南加里东褶皱系和钦州海西褶皱带的接合部，中间以十万大山基底大断裂为界，造成盆地南北两个区域构造发展、沉积建造和岩浆活动等的明显差异。盆地总体呈北东东走向，西南端延伸进入越南（称"安州盆地"），我国境内长 250km，宽 30～60km，面积 11500km²。十万大山盆地的基底为双层结构，上、下构造层间呈不整合，下古生界组成基底下构造层，上古生界至中三叠统组成上构造层。盆地盖层由上三叠统及侏罗系、白垩系陆相地层组成。宁明、上思地区有古近系和新近系分布。

贵州赤水凹陷的构造位置处于四川盆地川南坳陷，属四川盆地的一部分，可供勘探面积 3300km²。赤水地区经历了多期构造运动，在加里东期至燕山期主要表现为升降运动，在喜马拉雅期受到强烈褶皱和断裂作用，于喜马拉雅期形成现今构造面貌。晚震旦世至中三叠世为台地海相沉积，晚三叠世至白垩纪为陆相沉积。凹陷内发育两套巨厚的海相和陆相地层，共厚约 10000m，两套地层构成了两个油气勘探领域和多套油气勘探层系，储层及含气层系主要为二叠系、三叠系的碳酸盐岩。主要的气藏类型为裂缝性气藏。已发现太和、旺隆、宝元和官渡等 4 个气田。

第一节　楚　雄　盆　地

一、概况

1.地理概况

楚雄盆地位于云南省中部，地理坐标为东经 100°30′—102°30′，北纬 23°40′—26°40′，南北长约 305km，东西宽平均 125km，面积为 36500km²，呈北宽南窄的南北向楔形展布。行政区划大部属楚雄彝族自治州，部分延伸入毗邻的大理白族自治州及丽江、玉溪地区。

盆地地处云贵高原西部，海拔 1700～2200m，一般山峰高 2500～2800m。水系分属长江水系和红河水系，分水岭位于盆地中部，地形高差相对较小；北部为长江水系，金沙江自西向东流过盆地北缘，其支流宾居河、渔泡江、龙川江、普渡河自南而北注入金沙江；南部为红河水系，元江（红河上游）自西北向东南流过盆地西南边缘，其支流三街河、马龙河、绿汁江分别向南及西南汇入元江。沿江河地区，地形切割深，山势陡险，水流湍急，不利通航，但水力资源丰富。

盆地属温带—亚热带大陆性气候，年平均气温17～20℃，最冷月5℃，最热月25～30℃，气温昼夜变化大。全年可分为干、雨两季，5—10月为雨季，11月—次年4月为干季，年降雨量为750～1300mm，雨量多集中于6—8月。

盆地内交通以公路为主，杭（州）瑞（丽）高速公路横穿盆地中部，各县乡之间均有公路相通。铁路有横穿盆地的广（通）大（理）线和纵贯盆地东北部的成（都）昆（明）线。

2. 勘探现状

盆地地质调查始于1882年。新中国成立前，先后有不少中外学者沿滇缅公路及在盆地东部的禄丰元永井、盐兴、元谋，以及盆地北部的永仁纳拉菁等地进行煤、盐矿产调查，为本区地层系统的建立打下了基础。

盆地的石油地质调查始于1957年，首先是地质部石油局云南踏勘队在盆地进行石油地质路线调查，1958年正式成立云南省石油队。1959年，石油工业部贵州石油勘探局组成云南大队进入本区工作。至1962年止，先后开展了构造普查、地层含油性、岩石物性、川滇红层对比等研究工作，并在南华、大姚、牟定、楚雄及双柏等地区的约4000km² 进行了1：50000构造连片详查、细测。1962年后，由于国家调整计划，盆地石油勘探工作中断。

1969年之后，先是四川石油管理局云贵石油勘探处再次进入本区，1970年正式成立云南石油会战指挥部，重新对盆地进行石油地质调查。调查仍以地面地质工作为主，至1989年，已发现地表构造71个（其中详查、细测40个）；地震测制了东西向（祥云——平浪）和南北向（双柏野牛厂——攀枝花迤沙拉）两条地震大剖面，并对会基关、乌龙口构造进行了概查，完成地震测线总长1580km；盆地共钻中深探井2口，于1971年3月30日在会基关构造首开盆地第一口深探井会1井，井深2891.65m。1977年11月13日又在乌浪岔河开钻第二口探井乌1井，井深2172.10m。两井均在下侏罗统下部事故完钻，均未钻达目的层上三叠统。1984年7月开始进行"楚雄盆地上三叠统油气资源评价"，到1985年全面完成。

楚雄盆地自1957年开始油气勘探工作，勘探工作时断时续。整个勘探历程大致可划分为两个时期，即1989年之前的早期（初期）勘探时期与1989年之后的区域勘探时期，而两个时期各自又可划分为多个勘探阶段（表6-1）。

在油气勘探过程中，先后进行了1：20万石油地质普查，全区不同比例的地面地质调查、重磁电物化探，部分区带及目标的地震勘探，区域地震勘探等工作，并对4个目标实施了5口井的钻探（表6-2、表6-3），同时开展了多个方面的研究工作。主要物探和钻探工作量是在1996年以后完成的，尤其是2000年乌龙1井与云参1井的成功完钻，为楚雄盆地的深入勘探带来了丰富的资料，也为深刻认识楚雄盆地的地质特点、成油气条件，以及对改造型构造残留盆地勘探对策、思路的研究带来了较多的启示。

但从总体上看，楚雄盆地的勘探研究程度仍然较低，且主要勘探研究工作大都集中于盆地北部。

1）乌龙1井钻探基本情况

（1）钻探主要依据：区内上三叠统烃源岩发育，并与上三叠统储层和中—下侏罗统厚层泥岩段组成好的生储盖组合；经地震勘探落实，存在圈闭面积为120km^{2}的背斜构造。

（2）主要钻探目的：

①揭示地腹侏罗系、上三叠统及其含油气性，力争获得发现。

②系统录取地腹侏罗系—三叠系地质、物理、化学资料，为今后研究、勘探和工程提供资料基础。

表6-1　楚雄盆地勘探历程简表

勘探时期	勘探阶段		时间	主持单位	主要工作量
早期（初期）勘探时期	1	区域普查阶段	1957—1965年	贵州石油勘探局云南大队	全盆地1∶20万中生界陆相红层含油性普查；大姚—双柏一带面积为4000km^{2}的1∶5万构造连片细测；在朱家水井背斜区进行了地震勘探方法试验
	2	勘探停滞阶段	1965—1969年		少量的局部构造细测
	3	勘探恢复阶段	1970—1984年	云南石油会战指挥部	对会基关、乌浪岔河进行了模拟地震普查；1971年钻探盆地第一口探井——会1井（井深2891.65m，事故完钻）；1977年11月钻探乌1井（井深2172.1m，事故完钻）
	4	勘探调整阶段	1985—1988年		盆地北部区域地震测量及地震概查；会基关构造地震复查；开展了盆地上三叠统油气资源评价研究工作
区域勘探时期	1	区域勘探起步阶段	1989—1995年	楚雄盆地油气勘探项目经理部	遥感、重力及航磁调查、MT区域剖面、部分化探调查、地震勘探；1990年10月—1993年楚参1井钻探；1995年BY95-ABCD区域地震大剖面；"八五"攻关课题研究
	2	楚雄盆地北部区域勘探阶段	1996—1998年	中国石油南方新区油气勘探项目经理部	盆地北部进行了2地MT测量14条（1363点/2950km）；区域地震大剖面4条（515km）；乌龙口、大姚、石羊、帽角山构造的目标地震普查—详查37条（1061km）；帽台山、云龙地区的目标地震概查3条（155km）；1997年完成了"楚雄盆地早期盆地评价"工作
	3	勘探战略突破准备阶段	1999—2015年	中国石化南方海相油气勘探项目经理部	云龙凹陷实施目标地震勘探516km，在乌龙口构造补做一条CWL99-18地震测线（20km），对大姚构造加密测线开展目标地震详查431km，黑井凹陷目标地震540km，东山凹陷地震剖面2条113km，区域大剖面2条318km，目标地震处理若干；钻探了乌龙1井（2000年10月31日完钻）和云参1井（2000年12月5日完钻），开展了含油性剖面、走廊地质大剖面测制、层序地层、地质综合研究、区带评价、盆地分析等工作

表 6-2 楚雄盆地勘探程度一览表

项目 类别	工程	比例尺	工作量	工作地区
地球物理勘探	航磁	1：50万	全盆地	盆地及周边
		1：10万	44207km²	盆地及周边
	重力	1：50万	全盆地	盆地及周边
		1：20万	44230km²	盆地及周边
		1：10万区域剖面	707km	祥云——平浪
	遥感	MSS图像	44000km²	盆地及周边
		TM图像	44000km²	盆地及周边
	MT	1990年区域剖面	609点/1526.7km	全盆地
		1996年	14条/1363点/2950km	盆地北部
	化探	1：10万普查	3557km²	永仁、祥云、乌浪岔河等主要背斜区
		剖面	约100km	盆地及周边
	自然电位	1：10万	1678.5km²	主要背斜区
	二维地震	光点	143.278km	盆地中部
		单次模拟	506.992km	主要在盆地北部
		多次模拟	601.89km	
		二维数字	4674.21km	
钻探	探井	乌1井	2172.1m	乌浪岔河构造
		会1井	2891.65m	会基关构造
		乌龙1井	4620m	乌龙口构造
		云参1井	3500.6m	发窝构造
	科探井	楚参1井	5286.8m	会基关构造

表 6-3 楚雄盆地二维数字地震工作量一览表

项目	工作地区	工作量		完成日期	完成单位
		测线/条	长度/km		
区域地震大剖面	盆地北部为主	BY95-ABCD	125	1995年	滇黔桂石油勘探局
		CDD97-08	222.81	1997年	南方新区油气勘探项目经理部
		CDD97-12	112.76	1997年	
		CWY97-EF	87	1997年	
		CDY97-038	139	1997年	
		CDD00-10	176	2000年	南方海相油气勘探项目经理部
		CSD00-06	143	2000年	

项目	工作地区	工作量		完成日期	完成单位
		测线/条	长度/km		
目标地震	会基关	8	323.84	1988年	滇黔桂石油勘探局
	乌浪岔河		91.7	1990年	中国石油开发公司
	米甸		92	1991年	中国石油开发公司
	牟定	6	97.5	1992年	滇黔桂石油勘探局
		6	79.2	1993年	
	乌龙口	8	202.26	1996年	南方新区油气勘探项目经理部
		1	27.78	1999年	南方海相油气勘探项目经理部
	帽角山	8	211.6	1996年	南方新区油气勘探项目经理部
	帽台山	2	66.34	1996年	南方新区油气勘探项目经理部
	石羊	9	288	1997年	南方新区油气勘探项目经理部
	云龙	2	109.02	1998年	南方新区油气勘探项目经理部
		11	516	1999年	南方海相油气勘探项目经理部
	大姚	10	373.5	1997年	南方新区油气勘探项目经理部
		11	431	1999年	南方海相油气勘探项目经理部
	黑井	9	107	1990年	中国石油开发公司
		12	539.22	2000年	南方海相油气勘探项目经理部
	东山	2	112.68	2000年	南方海相油气勘探项目经理部
合计			4674.21		

（3）其他钻井信息：

井别：区域探井；设计井深：4600m；设计完钻层位：上三叠统普家村组（T_3p）。

1999年8月10日开钻，开孔层位上侏罗统蛇店组（J_3s）；2000年11月28日完钻，完钻井深4620m，完钻层位上三叠统干海资组（T_3g）。钻遇上侏罗统蛇店组（J_3s）、中侏罗统张河组（J_2z）、下侏罗统冯家河组（J_1f）、上三叠统舍资组（T_3s）和干海资组（T_3g）（未穿）。

（4）乌龙1井钻探后的几点认识：

① 乌龙1井是楚雄盆地第一口揭开勘探主要目的层——上三叠统的探井，证实了盆地内存在上三叠统，为盆地油气地质条件评价提供了重要依据，达到了该区域探井的首要目的。

② 乌龙1井揭示，乌龙口地区上三叠统烃源岩丰度高、类型好，曾经是很好的烃源岩，但演化程度偏高。

③ 乌龙1井实钻的砂岩储层低孔低渗，但裂缝发育，大大改善了储集空间。

④ 乌龙1井录井发现上三叠统砂岩存在大量裂缝沥青，证实乌龙口构造曾经发生过油气生成、运聚成藏的过程，但后期受到了破坏。

⑤ 该井区原始生烃条件和生储盖组合优越，但钻探效果不理想，其主要原因：一是剧烈的构造运动（包括火成岩活动）及巨大的埋深所导致的强烈的成岩作用，使封盖性降低；二是生油高峰期（>131Ma）早于圈闭形成期（约110Ma），约77Ma进入干气阶段，后期天然气补给不足。

2）云参1井钻探基本情况

（1）钻探主要依据：地震解释发现发窝构造南高点为断背斜圈闭，圈闭面积 $57.1km^2$，闭合度950m；地面地质调查 T_3、D、$\in_1$ 存在成熟—高成熟烃源岩，D_2 中发现油苗，预期可钻获油气。

（2）主要钻探目的：

① 揭示地腹白垩系—震旦系及其含油气性，力争获得发现。

② 系统录取地腹白垩系—震旦系地质、物理、化学资料，为今后研究、勘探和工程提供坚实基础。

（3）其他钻井信息：

井别：参数井；设计井深：3500m；设计完钻层位：上震旦统灯影组（Z_2d）。

1999年12月1日开钻，开孔层位古近系始新统赵家店组（E_2z）；2000年12月5日钻至井深3500.6m完钻，完钻层位寒武系纽芬兰统—第二统的筇竹寺组（$\in_{1-2}q$）。钻遇地层自上而下依次为：古近系始新统赵家店组（E_2z）、古新统江底河组上段（E_1j）；白垩系上统江底河组下段（K_2j）、马头山组（K_2m）；侏罗系下统冯家河组（J_1f）；三叠系上统舍资组（T_3s）；泥盆系中下统（D_{1-2}）；奥陶系上统大箐组（O_3d）；奥陶系中统巧家组（O_2q）；奥陶系下统红石崖组（O_1h）、汤池组（O_1t）；寒武系二道水组（$\in_{3-4}e$）、西王庙组（$\in_3x$）、陡坡寺组（$\in_3d$）、龙王庙组（$\in_2l$）、沧浪铺组（$\in_2c$）、筇竹寺组（$\in_{1-2}q$）（未穿）。

（4）云参1井钻探后的几点认识：

① 云参1井所处的发窝构造南高点，早期构造变动较复杂，隆起幅度偏大，实钻烃源岩厚度偏小，井下多井段井漏及负压系统显示早期形成的油气可能部分散失，尚存的油气藏应以低压及常压为主。

② 钻探证实发窝构造上部存在厚度较大的江底河组含膏盐泥岩，该套区域盖层之下，井下活跃的油气显示，表明其有较好的封盖作用。

二、区域地质

1.构造

1）构造背景

楚雄盆地位于扬子准地台西南边缘康滇隆起（即过去称的"康滇地轴"）的西部，为晚三叠世地台边缘断陷基础上发展起来的中—新生代坳陷盆地。在成盆期，它与四川盆地连成一体，成为扬子准地台西部边缘的大型坳陷盆地，经喜马拉雅运动后褶皱抬升和剥蚀，才与四川盆地分开，成为一个独立的构造盆地。盆地边缘多被断裂所限。盆地东缘以南北向的普渡河断裂和绿汁江断裂为界，与昆阳群和古生界组成的康滇隆起的东半部相接；西南以北西向的红河深断裂与滇西三江地槽褶皱系（印支期）相邻；西面隔程海深断裂，与扬子准地台西端的丽江古生代台缘坳陷相连；北面以上三叠统超覆线为边界，隔华坪隆起，与西昌盆地、四川盆地遥相对应（图6-1）。

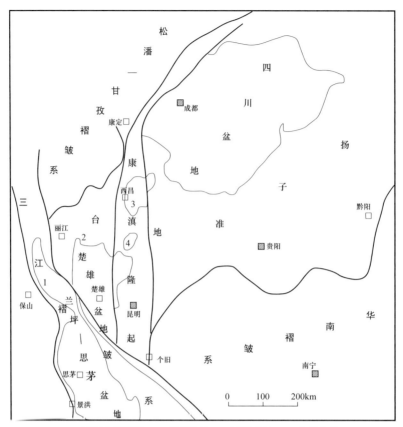

1—丽江台缘坳陷；2—华坪隆起；3—西昌盆地；4—会理盆地

图 6-1 楚雄盆地大地构造位置图

2）基底断裂

楚雄盆地基底断裂发育，除上述几条边界断裂外，尚有渡口—南华断裂（隐伏断裂）、易门断裂等（图 6-2）。这些断裂在地史发展中，不但切割基底，而且控制着盖层的发育及构造演化，又是成盆前后岩浆贯入和喷发活动的通道。如渡口—南华断裂与绿汁江断裂之间，由元古宇苴林群深变质岩组成刚性强、隆起高的稳定基底，其东西两侧地区则由昆阳群浅变质岩及部分古生界组成柔性结构基底。

这些基底断裂在成盆期多表现为同生张性断裂，在盆地封闭消亡期转化为压性或压扭性，现将几条主要断裂简述如下。

（1）程海断裂：为盆地西缘南北向边界断裂，重力梯级带明显，沿断裂带有大量二叠系玄武岩分布，玄武岩在断裂西侧厚达 3500m，而东侧则变薄为 0～500m，东西向跃变磁异常与此对应。据重力资料，断面向东倾，倾角较陡，大于 70°，为一条断至莫氏面的深断裂，现今表现具压性特征，沿断裂形成一些"串珠"状新生代小盆地。

（2）红河断裂：位于盆地西南边缘，走向北西，沿断裂出现"串珠"状重磁异常，重力梯级异常带明显，并发育各类岩浆岩，尤其是基性—超基性岩体在断裂西部呈带状分布。据重力资料，断面倾向南西，而在新平以南倾向北东，断面成枢纽状，为一条断至莫氏面的深大断裂。现今红河断裂表现为一右旋扭动挤压性断裂。红河断裂不仅是楚雄盆地的边界断裂，也是扬子准地台与三江褶皱系的划界断裂。

（3）渡口—南华断裂：为盆内中部一条隐伏断裂，走向南北，布格重力异常图上表现为明显的梯级带、正负异常交接带，断裂以西为负异常，以东为正异常。北段渡口一带因断裂拉张作用，具多期次岩浆侵入和喷发，南段在盆内沿断裂带地表有碱性岩脉群分布。晚三叠世丙南期和大荞地期，断裂西侧有几百米至上千米的巨大扇砾岩堆积。据重力资料，断面向西倾，倾角70°～80°，为一条断至莫氏面的深断裂，并控制晚三叠世东部、西部的沉积分异，西部发育海相沉积，东部为陆相沉积。

（4）绿汁江断裂：为盆地东缘南段边界断裂，走向南北，向北经元谋隆起东侧延伸至西昌地区，为区域重力、磁力正负异常交接带，沿断裂带有澄江期基性—酸性岩浆活动，加里东期—海西期基性超基性岩侵位强烈。据重力资料，断面成枢纽状向东、向西倾，倾角较陡，大于70°。

（5）易门断裂：断裂走向南北，重力梯级带明显，沿断裂有海西期—燕山期基性岩浆岩侵位，并有铁矿、铜矿带分布，断面向西倾。

（6）普渡河断裂：断裂走向南北，为重力正负异常交接带，沿断裂带有二叠系玄武岩分布，东厚（800～1000m）西薄。据重力资料解释，断面向西倾，倾角70°～80°。

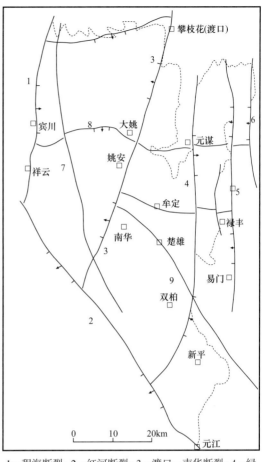

1—程海断裂；2—红河断裂；3—渡口—南华断裂；4—绿汁江断裂；5—易门断裂；6—普渡河断裂；7—渔泡江断裂；8—元谋—宾川州断裂；9—楚雄—建水断裂

图 6-2　楚雄盆地基底断裂分布图

3）构造演化

新元古代晋宁期—澄江期，康滇隆起形成之后，盖层构造发育具明显的阶段性，从盆地形成前的古生代至盆地发育、萎缩的中—新生代，经历了4个构造发展阶段、7个构造期（表6-4）。

（1）加里东构造阶段。

就大区域范围而言，楚雄盆地处于扬子准地台康滇隆起西部，为大陆架浅海区，形成了一套地台型碳酸盐岩夹碎屑岩建造。加里东运动后，地壳差异升降活动使康滇隆起上升、下古生界遭受剥蚀，其西部的丽江台缘坳陷带相对下降，地层保留较全。

（2）海西—印支构造阶段。

康滇隆起东、西两侧边缘间歇性海侵，海西期有发育不全的泥盆系至二叠系浅海碳酸盐岩、硅质页岩、基性火山岩（玄武岩）建造。印支早、中期地壳抬升，拉张、块断分异明显，康滇隆起上古生界遭受剥蚀，并缺失中—下三叠统。印支晚期，沿康滇隆起西缘发生强烈拉张断陷，形成陆缘深海槽，沉积了云南驿组沉积期及罗家大山组沉积期的泥质岩夹泥灰岩生油建造及中基性火山碎屑岩建造，厚度大于3600m。罗家大山组沉积期末（即普家村组沉积期），海水逐渐向西撤退，形成海陆过渡含煤建造。在东部一平浪、洒芷及北部宝鼎等地区，为内陆湖沼相含煤建造，并向古构造的隆起带超覆。这样，就形成了具有大陆边缘拉张断陷性质的楚雄盆地雏形。

（3）晚印支—燕山构造阶段。

晚三叠世中—晚期的印支褶皱主幕构造运动是楚雄盆地由断陷转为坳陷的发展阶段，极大地改变了本区的构造面貌，西面特提斯地槽最后关闭，滇西隆起成陆；与此同时，因受太平洋板块由东南向西北方向的俯冲挤压作用，形成了四川—滇中的北东向巨形坳陷带，其南端即为原始楚雄盆地。从此，本区海相沉积基本结束，晚三叠世晚期至早侏罗世的沉积为造山期的内陆磨拉石建造，沉积速率高，厚度大。干海资组沉积期、舍资组沉积期为湖泊沼泽含煤沉积及磨拉石建造；早侏罗世为内陆湖相红色砂泥岩沉积。燕山期，盆地频繁振荡沉降，沉降中心向东迁移，堆积了中侏罗世—早白垩世陆相红层，间夹膏盐沉积，分布较广，代表盆地发育期的沉积。燕山晚期，晚白垩世至喜马拉雅早期的古新世—始新世，盆地显著萎缩，湖水咸化，红层中膏盐层发育，而且沉积范围显著向东北部、北部收缩。

表6-4 楚雄盆地构造发育阶段简表

构造阶段	构造期	盆地发育过程		构造层	构造及沉积建造特征
喜马拉雅	喜马拉雅期	盆地改造阶段	褶皱抬升期	N—Q	盖层全面褶皱、断裂，盆地显著抬升、剥蚀；在局部断陷山间小盆地内形成砂泥岩含煤建造
晚印支—燕山	晚燕山期—早喜马拉雅期	盆地发育阶段	萎缩期	K_2—E_{1-2}	盆地沉积范围收缩，形成红色砂泥岩夹蒸发岩建造
	燕山期		发育期	J_2—K_1	盆地快速下沉，伴随差异升降运动，沉积红色砂泥岩、泥灰岩夹膏盐建造
	印支期末—早燕山期		凹陷成盆期	T_3^{2-3}—J_1	盆地受挤压应力作用，急剧坳陷，伴随差异升降运动，沉积了一套陆相含煤碎屑岩及红色碎屑岩建造
海西—印支	晚印支期	盆地形成前阶段	断陷期初始盆地	T_3^1—T_3^{2-2}	地壳受张应力作用，继承性裂缝，形成断陷边缘槽盆相泥岩、泥灰岩及中基性火山碎屑岩建造，末期出现海陆交互相含煤碎屑岩建造
	海西期—早印支期		拉张断裂期	D—T_2	地壳显著拉张断陷，玄武岩喷溢，差异升降活动明显；后期地壳抬升、地层剥蚀；形成海相碳酸盐岩、硅质页岩及基性火山岩建造
加里东	加里东期		稳定地台期	Z—Є—O—S	地壳差异性沉降，沉积了一套浅海相碳酸盐岩夹碎屑岩建造，末期地壳抬升、地层受剥蚀

（4）喜马拉雅构造阶段。

始新世末，喜马拉雅早期的构造运动使盆地盖层全部褶皱、断裂和抬升，结束了盆地发育历史。盆地东部、西部地区盖层受到显著剥蚀，四川盆地与楚雄盆地被分割成为两个单独的构造盆地。剥蚀后残留的楚雄盆地为一个西断东超、西深东浅的不对称构造盆地。

4）构造单元划分

根据基底结构、盖层发育程度、地表褶皱形态及断裂构造组合等特征，将盆地划分为3个一级构造单元和11个二级构造单元（图6-3、表6-5）。

表6-5　楚雄盆地构造单元名称表

代号	名称	面积/km²	代号	名称	面积/km²	代号	名称	面积/km²
I	东部隆起	8120	II	中部坳陷	24430	III	西北部隆起	3970
I_1	云龙凹陷	1310	II_1	牟定斜坡	4740	III_1	平川凸起	3040
I_2	迤纳厂凸起	1030	II_2	盐丰凹陷	3550	III_2	片角凹陷	930
I_3	东山凹陷	2910	II_3	双柏凹陷	6820			
I_4	元谋凸起	2870	II_4	大红山凸起	3320			
			II_5	西部冲断构造带	6000			

（1）东部隆起（I）。

位于盆地东北部，面积约8120km²，为盆地基底相对隆起的稳定地区，其中划分为云龙凹陷、迤纳厂凸起、东山凹陷、元谋凸起等4个次级构造单元，呈南北向相间排列。构造变动以块断隆升为主，上三叠统发育不全，除元谋凸起外，其余区块的上三叠统舍资组直接超覆于元古宇和古生界之上。本区缺失下白垩统，上白垩统与侏罗系普遍为不整合接触，地表多为上白垩统分布。

云龙凹陷（I_1）：介于易门断裂与普渡河断裂之间。基底主要由元古宇组成。缺失上三叠统普家村组、干海资组及下白垩统，地表广布古近系红色地层，形成一个轴向近南北的大型向斜。

迤纳厂凸起（I_2）：位于东山凹陷东侧与易门断裂之间，主要为下古生界基岩露头分布区，其中见较多海西期辉长岩侵入体。

东山凹陷（I_3）：位于元谋隆起东侧，系由上白垩统与古近系组成的一个复式向斜，基底主要为昆阳群，东部有古生界分布，沿绿汁江断裂东侧有一列南北向的、由上白垩统组成的背斜，核部已出露侏罗系，构造较平缓。上三叠统舍资组中的烃源岩厚度较薄，仅数十米。

元谋凸起（I_4）：位于元谋鼻状古隆起南端倾没边缘，东至绿汁江断裂。鼻状隆起核部大片出露元古宇变质岩系，上三叠统、上白垩统及古近系依次超覆于古隆起之上。地表形成一些白垩系组成的背斜，背斜核部出露侏罗系，轴线围绕鼻状倾没端呈北西向及东西向展布（如杨家山构造、青豆冲构造、果纳构造）。上三叠统是凸起上唯

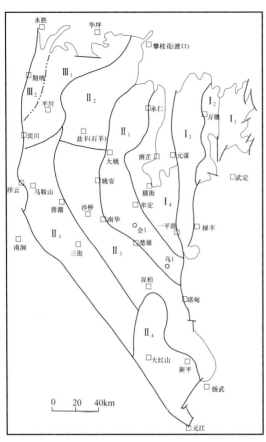

图 6-3 楚雄盆地构造单元划分图
罗马数字含义参见表 6-5

一的勘探目的层，普家村组—舍资组烃源岩厚为 488～673m，系整个东部隆起中生油条件最好的区块。目的层埋深浅，在 600～2800m 之间。

（2）中部坳陷（Ⅱ）。

位于盆地中部，面积 24430km²，是楚雄盆地的中心所在，上三叠统、侏罗系、白垩系发育齐全、厚度大，也是上三叠统生油气条件较好的地区。共划分出 5 个次一级构造区块。

牟定斜坡（Ⅱ₁）：位于坳陷东侧，由元古宇苴林群深变质岩组成刚性基底，上三叠统普家村组超覆于基底之上，现今为一个向东部边缘抬升的斜坡区。地表发育一些大型平缓弯隆、短轴背斜，如会基关、思茅里、乌浪岔河等背斜，轴线主要为北西向。上三叠统普家村组—舍资组烃源岩厚达千米，是区内有利勘探地区，埋藏深度大，为 4000～6000m。20 世纪 70 年代曾在会基关背斜及乌浪岔河背斜上钻有"会 1 井"和"乌 1 井"。会 1 井位于会基关背斜高点附近，于 1971 年 3 月 30 日开钻，1973 年 3 月 29 日完钻，开孔层位为中侏罗统顶部，终孔层位为下侏罗统冯家河组，井深 2891.65m。乌 1 井于 1977 年 11 月 13 日开钻，1979 年 3 月 17 日完钻，井深 2172.10m，均在侏罗系中钻进。上述两口探井均因事故完钻，未达到揭示上三叠统含油性目的。

盐丰凹陷（Ⅱ₂）和双柏凹陷（Ⅱ₃）：位于渡口—南华断裂及楚雄—建水断裂西侧。

盐丰凹陷：上三叠统至古近系发育齐全，元古宇基底埋深为 9～10km（据重力资料），地表大片出露上白垩统、古近系，组成一个开阔的复式向斜，局部存在短轴背斜（如乌龙口构造）。

双柏凹陷：基底为元古宇变质岩，上三叠统—白垩系覆于其上，地表大片出露侏罗系。局部构造发育，多长轴、短轴背斜，轴线多为北西向，局部呈东西向（如银厂河构造、小河头构造）。

盐丰凹陷和双柏凹陷的上三叠统目的层埋藏深，大于 6000m。在盐丰凹陷内尚有上侏罗统妥甸组、上白垩统江底河组烃源岩。

大红山凸起（Ⅱ₄）：位于盆地南端，凸起西南部元古宇及上三叠统已出露地表，上三叠统舍资组直接覆于元古宇苴林群之上。凸起北部及东南部为中—下侏罗统覆盖区。仅北部有野牛厂构造，为短轴背斜，轴向南北。

西部冲断构造带（Ⅱ₅）：位于盆地西南缘，介于红河断裂与渔泡江断裂之间。基底由元古宇浅变质岩及上古生界碳酸盐岩组成。上三叠统各组发育完整，厚度大，达6600m，既有海相沉积，又有海陆过渡相及陆相沉积，泥质烃源岩厚达1200～2800m，生油条件好。地表断裂发育，褶皱强烈，形成一系列逆冲断层、线性褶皱、拖曳褶皱及基岩滑脱，上下构造不相吻合。为勘探上古生界潜山油气藏和上三叠统冲断构造油气藏较有利的地区。

（3）西北部隆起（Ⅲ）。

位于盆地西北部，面积3970km^2。上三叠统干海资组超覆于上古生界之上，地表主要分布侏罗系。可分平川凸起（Ⅲ$_1$）和片角凹陷（Ⅲ$_2$）等2个次级构造单元，前者中泥盆统、二叠系阳新统（P$_2$）已出露地表，后者为侏罗系组成的轴向南北的向斜。

2. 地层与沉积相

楚雄盆地为中—新生代盆地，基底为元古宇变质岩，局部地区在变质岩系之上尚有古生界分布，构成双层基底。盆地盖层为中生界三叠系上统至新生界古近系，发育良好，厚度可逾万米（图6-4、表6-6、表6-7）。

1）基底

（1）元古宇。

苴林群：下部为片岩、片麻岩、变粒岩，夹少量斜长角闪岩、大理岩，厚2000m；上部为片岩类夹板岩、千枚岩、大理岩，为一套含铜铁矿的火山—沉积变质岩系，厚1330m。苴林群为深变质岩系，部分出露于元谋苴林及新平大红山一带，是构成盆地中部、南部的基底岩系。

昆阳群：为一套浅变质岩系，由变质石英砂岩、板岩、千枚岩夹石灰岩、片岩类组成，厚6000m。大片出露于盆地之东的康滇隆起，是构成盆地西部及东部的主要基底岩系。

（2）古生界。

区内古生界分布零星。下古生界仅见于盆地东部及北部的外围地区，盆地内没有出露。上古生界主要出露于盆地东部、北部及西部外围地区，盆地内仅见于西部平川、金宝山地区。

震旦系上统：主要为浅海相灰色石灰岩、白云岩、硅质条带白云岩夹少量砂岩。

寒武系纽芬兰统和第二统（∈$_{1-2}$）：为浅海相灰绿色粉砂岩夹白云岩。

奥陶系：主要为浅海相红色泥岩、砂岩夹灰色碳酸盐岩沉积。

泥盆系中、下统：主要为台地相灰色及深灰色石灰岩夹生物碎屑灰岩、白云质灰岩及油页岩，石灰岩中沥青脉及油苗分布普遍，北部最大厚度可达1015m。盆地西缘金宝山为白云岩夹石膏层，厚10～20m。

石炭系上统和二叠系船山统（P$_1$）：为一套海相碳酸盐岩，厚为860m。

二叠系：阳新统（P$_2$）为浅海碳酸盐岩台地相，华坪地区厚为278m。乐平统（P$_3$）主要为厚度小于500m的玄武岩。

2）盖层

（1）中生界。

① 三叠系：三叠系在区内缺失中、下统，上统出露于盆地周缘。

云南驿组：分布于红河断裂东北侧的宾川、南华、双柏一带。自下而上可分为三个岩段：下段（黑色页岩段）为黑色页岩夹薄层细、粉砂岩；中段（石灰岩段）为灰色—

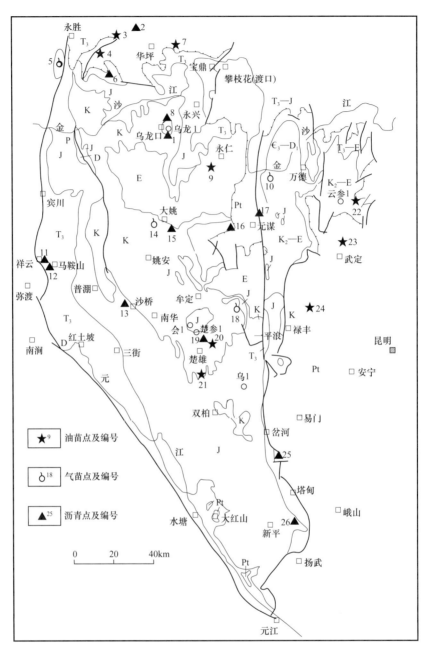

图 6-4 楚雄盆地地质略图

油气显示点编号及地点见表 6-7

深灰色泥晶灰岩夹碳酸盐岩角砾岩、沥青质页岩、黑色页岩；上段（泥页岩、粉砂岩段）为灰黑色、绿灰色泥页岩、粉砂岩夹石灰岩条带或透镜体。该组在盆地西部祥云地区厚 1848m（未见底），产丰富的海相瓣鳃类及菊石类，以 *Halobia-Tibetifes* 动物群为代表，属深水槽盆沉积。云南驿组向东北方向缺失，在攀枝花宝鼎地区，该组相应地层为山麓洪积—湖泊—河流冲积沉积，下部称丙南组，为紫红色砾岩、砂岩，厚为 263m，假整合于二叠系乐平统（P_3）玄武岩组之上；上部称大荞地组（下段），为砾岩、砂岩夹煤层，厚为 1569m。

表 6-6 楚雄盆地地层系统及沉积相简表

地层				厚度 / m		岩性	沉积相
系	统	组	代号				
古近系	始新统	赵家店组	E_2z	1200		紫红色砂泥岩夹含盐泥砾岩，底为砾岩	河流—湖泊
	古新统	江底河组（上段）	E_1j	310～1500			
白垩系	上统	江底河组（下段）	K_2j	208～1270			
		马头山组	K_2m	70～526			
	下统	普昌河组	K_1p	137～1425		紫红色砂泥岩	
		高峰寺组	K_1g	200～702			
侏罗系	上统	妥甸组	J_3t	370～1340		紫红色砂泥岩夹灰绿色泥岩、泥灰岩	湖泊夹河流
		蛇店组	J_3s	420～1262			
	中统	张河组	J_2z	200～2600			
	下统	冯家河组	J_1f	333～3000			
三叠系	上统	白土田组 舍资组	T_3b T_3s	500～2800	217～534	灰色、灰黑色泥页岩夹砂砾岩、煤层	河流、湖泊、三角洲及海陆交互
		干海资组	T_3g		269～1181		
		罗家大山组 普家村组	T_3p		225～1567		
			T_3l	1848～3306		深灰色泥岩夹凝灰质砂岩	近岸深水槽盆
		云南驿组	T_3y	>1848			
二叠系	乐平统	峨眉山玄武岩组	P_3e	<500		玄武岩	
	阳新统		P_2	<278		石灰岩夹页岩	
石炭系	上统		C_2	<860		石灰岩	浅海台地
泥盆系	中—下统		D_{1+2}	<1015		石灰岩夹白云岩	
寒武系	第二统—纽芬兰统		ϵ_{1+2}	<317		砂砾岩、泥岩	
震旦系	上统		Z_2	<938		白云岩、砂页岩	
元古宇	昆阳群	?	PtK	<6000			
	苴林群		PtJ	<3300			

表 6-7 楚雄盆地油苗、沥青、气苗点统计表

编号	地点	层位	类别	产状
1	永仁他普里	J_3t	沥青	砂泥岩裂缝
2	宁蒗大槽子	D_2	沥青	石灰岩晶洞、生物体腔
3	宁蒗油果木	D_2	油苗、沥青	石灰岩裂缝、孔隙
4	宁蒗三龙塘	D_2	油苗、沥青	石灰岩、白云岩裂缝、孔隙,油浸
5	永胜程海	Q	气苗（CH_4）	淤泥中产出
6	永胜滑石板	T_3g	沥青	砂岩裂缝、孔隙
7	华坪大麦地	D_2	油苗、沥青	孔隙、裂缝、页岩中油浸
8	永仁万马	J_3t	沥青	泥灰岩晶洞
9	永仁宜就	K_2j	油苗	页岩油浸
10	元谋江边	K_2	气苗	砂岩裂缝
11	祥云马鞍山	T_3l	沥青	砂泥岩中的生物体腔
12	祥云小青坡	T_3y	沥青	沥青质泥岩
13	南华沙桥	T_3s	沥青	砂岩裂缝
14	大姚孔仙桥	K_2	气苗（N_2）	砂泥岩裂缝
15	大姚龙街	K_2j	沥青	泥灰岩晶洞
16	元谋洒芷	T_3p—T_3g	沥青	砂泥岩裂缝
17	元谋东山	J_2	沥青	页岩裂缝
18	禄丰广通	J—K	气苗（CO_2）	砂泥岩裂缝
19	楚雄朱家水井	J_3—K_2j	沥青	泥灰岩裂缝
20	楚雄罗苴美	K_2j	油苗、气苗（N_2）、沥青	砂岩裂缝、孔隙、页岩油浸
21	楚雄杞木本	K_2j	油苗	页岩油浸
22	禄劝马拉河	D_2	油苗	页岩油浸
23	禄劝鼠街	D_2	油苗	页岩油浸
24	禄丰罗次	$\in_{1+2}$	油苗	页岩油浸
25	峨山黑赋	Pt	沥青	石灰岩裂隙
26	新平义猪鲁	J_1f	沥青	介壳石灰岩裂隙、孔隙

罗家大山组：分布范围与云南驿组大致相同。自下而上可分为 3 个岩段：下段（火山碎屑岩段）为深灰色—灰绿色玄武质岩屑、晶屑火山碎屑凝灰岩、沉凝灰岩夹砾岩；中段（泥岩段）为深灰色—黑灰色含灰质云质泥岩、含硅质云质泥岩，下部夹薄层粉—细砂岩；上段下部为黄褐色含砾岩屑长石石英砂岩、长石石英砂岩，上部为深灰色粉砂

质泥岩、粉砂岩、碳质泥岩夹煤线。该组在祥云马鞍山地区厚为 1961m，下段、中段富产以 *Burmesia lirafa-Myophoria napengensis* 为代表的海相瓣鳃动物群，菊石自下而上减少，沉积相自下而上由近岸深水火山碎屑沉积岩相变为近岸深水前三角洲相；上段除产前述瓣鳃动物群外，尚产植物化石，为三角洲前缘沉积。罗家大山组整合于云南驿组之上，向东北方向逐渐减薄以致缺失。在盆地东部绿汁江断裂西侧，仅存在相当于罗家大山组上部的地层，称普家村组；岩性下部为深灰色、黑灰色泥岩、粉砂质泥岩；上部为灰色砂泥岩、砾岩夹煤线；产以 *Dictyophyllum-Clathropteris* 为代表的植物群，超覆于元古宇、古生界变质基底之上。在禄丰—平浪厚 1567m，元谋洒芷厚达 1265m，为近海湖相三角洲水下冲积扇前缘—辫状河道沉积。绿汁江断裂以东缺失罗家大山组。在攀枝花宝鼎地区，罗家大山组的同期地层称大荞地组（上段），由砾岩、含砾粗砂岩、砂泥岩夹煤层组成，厚 319m，为曲流河沉积。

干海资组（上含煤段）、舍资组：干海资组分布于绿汁江断裂以西的盆地东部，为区内的主要产煤段，下部为中至细粒含岩屑石英砂岩、泥岩及煤层，中、上部为灰色中至厚层石英细、粉砂岩与深灰色泥质粉砂岩、碳质泥岩、页岩。在禄丰—平浪厚 269m，元谋洒芷厚 1181m，产以 *Dictyophyllum-Clathropferis* 为代表的植物群及少量以 *Yunnanophorus-Indosinion* 为代表的半咸水瓣鳃动物群，为近海湖—三角洲平原沉积。

舍资组分布于盆地东部（包括绿汁江断裂以东），下部为灰色细—中粗岩屑长石石英砂岩夹粉砂岩及泥岩，上部为深灰色粉砂岩、泥页岩。一平浪地区厚 217m，洒芷厚 534m，产以 *Plilozamifes-Pterophyllum* 为代表的植物群，为浅湖—网状河流沉积。

绿汁江断裂以西，干海资组一般整合或假整合于普家村组之上，舍资组与干海资组为连续沉积；断裂以东，舍资组直接不整合或假整合覆于元古宇、古生界基底之上。

干海资组、舍资组的同期地层，在盆地西部称白土田组，分上下 2 段：下段为砾岩、砂岩、泥页岩组成的 7 个正向粒级递变旋回，上部夹 5～7 层煤线或煤层；上段为黄褐色中至粗粒长石石英砂岩、粉砂岩及黑色页岩，祥云地区厚 1230m，为河湖—三角洲沉积，整合于罗家大山组之上。

干海资组、舍资组的同期地层，在攀枝花宝鼎地区称太平场组，分上、下 2 段：下段为灰白色—浅灰色长石石英砂岩、粉砂岩夹煤层，底部为砾岩；上段为灰白色—深灰色含长石石英砂岩、粉砂岩夹泥岩，厚 1181m，为辫状河—浅湖、三角洲沉积，整合于大荞地组之上。

晚三叠世沉积相的展布规律及演变：

云南驿组沉积期，楚雄盆地与外海连通，在盆地西南部及西部为正常海相深水槽盆沉积，推测海岸线位于宾川、南华、双柏一带；盆地北部宝鼎地区为河流沉积。

罗家大山组沉积早期，楚雄盆地西南部及西部仍为深水槽盆沉积，岸线位置也与云南驿组沉积期大致相同，沉积晚期逐渐过渡为封闭性海湾—湖泊沉积，水域面积可能有所扩大；盆地东部沿绿汁江断裂带西侧，罗家大山组沉积晚期有断陷湖泊形成，沉积了以普家村组为代表的内陆湖相或与湖相有关的冲积扇沉积；盆地北部宝鼎地区仍为河流沉积。

干海资组沉积期，楚雄盆地已基本上为连成一片的近海内陆湖，但时有海水侵漫，形成淡化海湾沉积环境。

舍资组沉积期，楚雄盆地全区均为内陆湖泊沉积，结束了本区的海相沉积史，湖水继续向东侵漫至普渡河断裂以西地区。

② 侏罗系：侏罗系为陆相红色地层，全盆地广泛发育。

冯家河组：暗紫红色粉砂质泥岩为主，间夹浅灰色、紫红色石英砂岩，中、上部夹灰绿色泥灰岩。产恐龙化石。与下伏上三叠统为连续沉积，盆地东部边缘局部可见其与基底有不整合接触。祥云、双柏、新平一带，一般厚度大于1500m，牟定、禄丰一平浪地区厚约900m。

张河组：下部为灰绿色复矿质（岩屑成分复杂）砂岩夹紫红色泥岩，中部为灰绿色泥灰岩与紫红色砂泥岩互层，上部为紫红色泥质岩。产古脊椎动物和叶肢介化石。整合或假整合于下侏罗统之上。祥云、新平地区厚为1700～2000m，牟定、禄丰一平浪地区厚为800～1300m。

蛇店组：主要为黄灰色、紫灰色中至细粒长石石英砂岩，夹紫红色泥岩和角砾状膏盐层。整合于张河组之上。祥云、双柏地区厚为700～1100m，牟定地区厚为420m，永仁中和地区厚为1262m。

妥甸组：下部为紫红色砂泥岩互层，上部为灰绿色泥灰岩、紫红色灰质泥岩及膏盐层间互层。双柏地区厚为1340m，牟定地区厚为420m，永仁中和地区厚为1222m。

③ 白垩系：为内陆河湖相红层，分布于楚雄以北的盆地北部，绿汁江断裂以东缺失下白垩统。

下统：分为2个组，下部称高峰寺组，为灰色、紫红色中粗粒长石石英砂岩夹泥岩，底部常出现砾岩、砂砾岩层，与下伏妥甸组呈整合接触，厚为200～702m；上部称普昌河组，为紫红色泥岩夹砂岩、灰绿色泥灰岩，整合于高峰寺组之上，产介形虫、瓣鳃类化石，厚为137～1425m。

上统：分为2个组，下部称马头山组，为灰色、紫红色砾岩、砂砾岩、砂岩夹泥岩，厚为70～526m，绿汁江断裂以西，普遍假整合于下白垩统之上，断裂以东，超覆不整合于侏罗系或基底之上。上部为江底河组下段，下部（下杂色层）为紫红色粉砂岩、泥岩夹灰绿色、灰黑色泥灰岩、页岩，厚为150～770m；上部（下紫红色层）为紫红色块状粉砂岩夹泥岩，厚为58～500m。江底河组下段含介形虫、叶肢介、鱼类等化石，整合于马头山组之上。

（2）新生界。

新生界在楚雄盆地主要分布于盆地北部的盐丰（石羊）、大姚、永仁地区及盆地东北角，仅古近系有连片分布，为河湖沉积。分为2个组或段。

① 古近系古新统江底河组上段：下部（上杂色层）为紫红色、灰绿色、黄色泥岩、灰质泥岩、粉砂岩夹含盐泥砾岩、泥灰岩，厚为198～612m，是楚雄盆地内的主要含盐层；上部（上紫红色层）为紫红色泥岩与粉砂岩不等厚互层，夹少量细砂岩，厚为112～883m。江底河组上段一般整合于下段之上，但在永仁以东的局部地区，可超覆于基底之上。

② 古近系始新统赵家店组：为一套紫红色钙质粉砂岩、泥岩夹砂岩，厚度可达1200m，与江底河组为连续沉积。

③ 新近系：沿少数断裂零星分布，为灰色、黄灰色泥岩、砂砾岩夹褐煤层，与下伏

地层呈明显的角度不整合接触。

④ 第四系：为河流冲积层、坡积层堆积，分布极零星。

三、油气地质

1. 油气苗

楚雄盆地及邻区计有油气显示点 26 处（图 6-4、表 6-7），其中油苗点 5 处，油气苗、沥青复合点 4 处，沥青点 13 处，气苗点 4 处。从层位来分析，基底有油苗、沥青点 8 处，均产于盆地外围地区，主要产于盆地以北的永胜、华坪地区以及盆地以东禄劝地区的中—上泥盆统。油苗为黑褐色，产于石灰岩、白云岩晶洞和裂隙之中，也有的产于化石体腔中。沥青为黑褐色的软沥青，充填于碳酸盐岩的晶洞和生物化石体腔之中。上三叠统仅见有沥青点 5 处：西部祥云、南华地区 3 处，为沥青质泥岩或产于生物化石体腔之中；北部永胜滑石板，沥青产于砂岩裂隙、孔隙中；东部元谋洒芷，沥青产于砂泥岩裂隙中，可见含沥青砂岩共 3 层，累计厚度为 8.29m，南北延伸 3km，镜下可见干固沥青充填于砂岩的次生孔隙中。侏罗系有沥青显示点 5 处，主要产于上侏罗统砂泥岩、泥灰岩裂隙中。白垩系见油、气、沥青点 7 处，主要产于上白垩统，油苗为油浸页岩，沥青充填于裂隙、孔隙之中，气苗见有氮气（2 处）及二氧化碳气（1 处）。第四系气苗 1 个，为甲烷气。另外，楚雄盆地东侧的安宁盆地（中生代时与楚雄盆地连为一体），在盐井钻探时，多次取到上侏罗统含油的岩心，原油赋存于泥灰岩及白云岩的晶洞与裂隙之中。

2. 烃源岩

盆地内的烃源岩主要发育于上三叠统。此外，在中—上泥盆统、上侏罗统及上白垩统亦有烃源岩，但研究不详，现仅将上三叠统烃源岩叙述如下。

1）烃源岩分布

上三叠统烃源岩在全盆地均有分布，且厚度大，最厚可达 3943m，是盆地内最重要的烃源岩。

（1）云南驿组：主要分布于中部坳陷的西部冲断构造带及双柏凹陷，为海相深水槽盆沉积，以泥质烃源岩为主，夹碳酸盐岩烃源岩，最大厚度可达 1770m，向东北方向厚度减薄，有机碳含量为 0.2%～1.0%，氯仿沥青"A"含量为 0.002%～0.004%，有机质以腐泥型为主。北部攀枝花宝鼎为陆相泥质烃源岩，厚 212m，有机碳含量为 0.6%～1.0%，氯仿沥青"A"含量为 0.008%～0.012%，有机质类型为腐殖型。

（2）罗家大山组：主要分布于中部坳陷以及东部隆起的西部。中部坳陷的西部冲断构造带及双柏凹陷，中、下部为海相沉积，上部为海陆过渡相沉积，均以泥质烃源岩为主，最厚可达 1435m，向东北方向减薄，有机碳含量为 0.2%～1.6%，氯仿沥青"A"含量为 0.002%～0.008%，有机质类型以腐泥型为主。东部隆起的元谋凸起和中部坳陷的牟定斜坡，为内陆湖相泥质烃源岩，最大厚度为 624m，禄丰一平浪厚为 470m，呈南北向不均匀分布，有机碳含量为 1.0%～2.8%，氯仿沥青"A"含量为 0.010%～0.018%，有机质类型为混合型。北部攀枝花宝鼎陆相泥质烃源岩厚仅 37m，有机碳含量为 0.8%～1.2%，有机质类型为腐殖型。

（3）干海资组—舍资组：全盆地均有分布，为近海内陆湖泊沉积的泥质烃源岩，一般厚度大于200m，有机碳含量在禄丰一平浪地区较高，为1%～1.2%（图6-5），其余地区为0.2%～1.6%，数值偏低，氯仿沥青"A"含量为0.0018%～0.022%，有机质类型在盆地边缘为腐殖型，向盆地内为混合型。估计向盆地中部，烃源岩厚度将增大，质量变好。

罗家大山组上部至干海资组，是盆地内的重要煤系地层，其所夹的煤层、煤线是煤成气的气源岩。

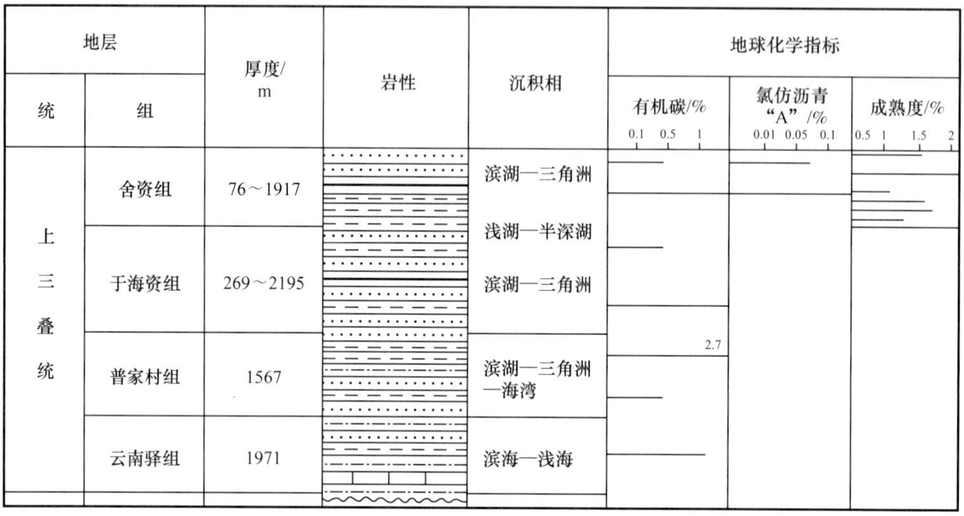

地层		厚度/m	岩性	沉积相	地球化学指标		
统	组				有机碳/%	氯仿沥青"A"/%	成熟度/%
上三叠统	舍资组	76～1917		滨湖—三角洲			
	于海资组	269～2195		浅湖—半深湖			
				滨湖—三角洲			
	普家村组	1567		滨湖—三角洲—海湾	2.7		
	云南驿组	1971		滨海—浅海			

图6-5 楚雄盆地三叠系烃源岩发育特征柱状图

根据盆地内云参1井及乌龙1井取样分析，楚雄盆地烃源岩地球化学特征主要表现如下：

云参1井舍资组烃源岩，其饱和烃正构烷烃碳数分布范围较宽（C_{12}—C_{35}），主峰碳为C_{17}，属前峰型，姥鲛烷占绝对优势；孕甾烷和重排甾烷较高；规则甾烷具有C_{27}>C_{28}<C_{29}呈"V"字形分布，说明有机质类型主要以混合型为主；甾烷C_{28}/C_{29}值高，具高丰度的4-甲基甾烷和甲藻甾烷；三环萜烷较高，γ-蜡烷含量不高；含有比较丰富的无环类异戊间二烯烷烃；大多数样品富含单芳三环二萜烷（裸子植物来源）。上三叠统烃源岩碳同位素表现为海陆过渡偏陆相的特征。上三叠统烃源岩菲系列含量较高，一般为49%～73%，硫芴为4%～11%。

乌龙1井三叠系烃源岩，其Pr<Ph，m/z191谱图在高碳数的末端呈向上翘的趋势，显示出了强还原和微咸水的沉积环境；反映沉积环境水介质咸度变化的γ-蜡烷含量较高，特别是3461m的舍资组样品，γ-蜡烷$/C_{30}$藿烷值为0.5；含有较丰富的、主要来源于细菌和蓝绿藻等原核生物为主的化合物三环萜烷；三环萜烷/五环萜烷值在0.17～0.22，C_{24}四环$/C_{26}$三环参数值，除3461m的样品为1.44外，其余样品为0.53～0.85；四环萜主要为松香烷的碳骨架，为陆源输入的标志，C_{21}—C_{26}三环萜烷，生源主要来源于藻类。乌龙1井三叠系烃源岩上述比值的高低，不仅反映其有机质为混合型的特征，而且也表明三叠系各段泥岩中，陆源有机物输入的多少也存在差异。孕甾烷含量较高，规则甾烷αααS呈"√"形和不对称"V"字形（图6-6），这是一种比较典型的湖泊沉积环境的甾烷化合物的分布特征。在这类烃源岩的沉积发育时期，有

机母源输入中既有水力搬运而来的陆生高等植物残体，又有原地的湖生低等生物的残骸，因此其甾烷分布也就继承了原始有机质的特征；而还原性较强的湖泊沉积环境，阻滞了甾烷化合物的分子重排作用，从而导致了乌龙1井三叠系烃源岩重排甾烷低丰度的特点。

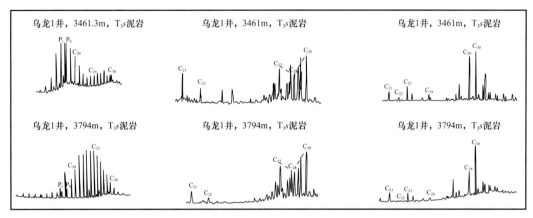

图6-6 楚雄盆地三叠系烃源岩地球化学特征对比图

2）烃源岩有机质成熟度及热演化

楚雄盆地上三叠统烃源岩的有机质热成熟度，依据煤和干酪根的镜质组反射率、煤牌号、孢粉及有机质的热变指数确定（表6-8）。云南驿组烃源岩除攀枝花宝鼎地区尚处于成熟后期外，其余地区全处于过成熟阶段。罗家大山组烃源岩大多数地区处于过成熟阶段，盆地北部宝鼎地区及东部元谋凸起尚处于成熟后期。干海资组—舍资组烃源岩在盆地北部宝鼎地区以及东部隆起的东南部处于成熟前期，盆地西部冲断构造带、程海断裂东侧，以及盆地中部的姚安地区为过成熟阶段，其余地区处于成熟后期。上三叠统烃源岩成熟度总的变化趋势是自下而上成熟度变低。云南驿组、罗家大山组烃源岩基本上全部处于过成熟阶段；干海资组—舍资组，大部地区处于成熟阶段。同期烃源岩有自西向东及由南向北部边缘成熟度降低的趋势。

表6-8 楚雄盆地上三叠统烃源岩有机质热成熟度分级标准

热成熟度阶段分区		镜质组反射率 R_o/%			煤牌号	孢粉及有机质颗粒热变指数（TAI）	显示类别	烃相态预测
		干酪根类型						
		I	II	III				
未成熟区		<0.5	<0.6	<0.7	褐煤	<2.5	甲烷及生物气	甲烷生气带
成熟区	成熟前期	0.5～1.3	0.6～1.3	0.7～1.3	无烟煤—肥煤	2.5～5	油苗	主要生油带
	成熟后期	1.3～2.0			焦煤—弱黏焦煤	5～6.5	油苗、气苗	湿气、凝析油带
过成熟区		>2.0			贫煤—无烟煤	>6.5	变质沥青、气苗	干气带

通过对楚雄盆地上三叠统烃源岩的埋深及热演化分析，初步认为：中部坳陷烃源岩在晚三叠世末就开始生油，早侏罗世末进入生油高峰期，中侏罗世中期至古近纪始新世末进入生油结束期，晚侏罗世中期至古近纪渐新世末进入湿气结束期；东部隆起于早侏罗世中期开始生油，早白垩世中期进入生油高峰期；西部隆起于晚三叠世末开始生油，早侏罗世末进入生油高峰期，晚白垩世末进入生油结束期，古近纪古新世中期进入湿气结束期。由此可见，全区生油高峰期处于早侏罗世末至古近纪渐新世，现全盆地上三叠统烃源岩均处于生油结束期及生油期后。

从楚雄盆地上三叠统烃源岩有机质成熟度及热演化资料看，上三叠统目的层的勘探应以找气为主。

3. 储层

楚雄盆地储层比较发育，主要有基底碳酸盐岩及中生界砂岩两类。

基底碳酸盐岩储层分布于盆地北部及西部，主要为中—上泥盆统的白云岩、颗粒灰岩和生物礁灰岩。孔隙度随岩类不同而有明显变化，白云岩类最好，为0.9%～19.51%；石灰岩较差，为0.38%～3.22%。此外尚有二叠系阳新统（P_2）碳酸盐岩，基底碳酸盐岩储层在其顶面，由于遭受长期风化侵蚀，次生孔隙发育，可形成良好的储层。全盆地的中生界各系、统、组内均有砂岩储层分布，砂岩或夹于烃源岩间，或集中成段分布，在罗家大山组上部（或普家村组）、干海资组、舍资组、高峰寺组、马头山组，砂岩常占各组厚度的30%，主要为低孔、低渗透储层，其物性见表6-9。

表6-9　楚雄盆地上三叠统—下白垩统储层物性统计表

层位	T_3y	T_3l	T_3g+T_3s	J_2	J_3	K_1
孔隙度/%	0.19～11.20	0.81～16.62	1.11～16.62	8.81～20.5	13.4～32.88	3.18～33.3
渗透率/mD	0.1～14.85	0.1～337	0.1～69.9	14.5～71.2	31.8～199.84	1～53.46

T_3y—云南驿组，T_3l—罗家大山组，T_3g—干海资组，T_3s—舍资组。

根据对上三叠统砂岩储层的研究认为：上三叠统砂岩的孔隙类型以次生方解石溶蚀孔、长石粒内溶孔、填隙物晶间孔等次生孔隙为主；在平面分布上，东部次生孔隙发育，西部较差。次生孔隙的发育程度与砂岩的成分及结构成熟度有关，一般扇三角洲砂岩体结构成熟度较高，杂基含量少，有利于次生孔隙的形成。次生孔隙的发育高峰期与成岩作用成熟早期有关，云南驿组的砂岩次生孔隙发育于早侏罗世，罗家大山组的发育于中侏罗世，干海资组—舍资组的在西部发育于中侏罗世末，在东部发育于早白垩世中—晚期，在北部发育于古近纪古新世早期。此外，裂隙也是改善砂岩储层物性的重要因素。根据对盆地卫星照片线性影像分析，在大断裂附近，线性影像密度有明显提高，可以预测，位于断裂附近的砂岩储层物性将会变好。

4. 盖层

1）上三叠统盖层

楚雄盆地上三叠统罗家大山组和白土田组的泥质岩分布于中部坳陷区。除少数古低隆起外，罗家大山组泥岩分布广泛，累计厚度为200～1400m，其中中部坳陷的西部冲断构造带以及永仁地区和双柏地区，累计厚度为800～1400m；干海资组—舍资组泥岩累计厚度为200～1000m。此外，盆地中部坳陷区还发育深湖相的普家村组泥岩，其累计厚度达299m，单层厚度多为7～23m。

盆地西部的罗家大山组泥岩累计厚度达1149m，泥岩单层厚度多为5～51m，厚层泥岩集中分布于罗家大山组二段（泥岩累计厚度约800m），属深水沉积，为西部最好的盖层；干海资组和舍资组泥岩累计厚度为355m，单层厚度为5～20m，集中分布于干海资组中部及上部，以湖相和沼泽沉积为主，稳定性不及普家村组泥岩。此外，盆地西部还发育云南驿组厚层泥岩，累计厚度约180m。

盆地东部主要发育上三叠统中上部的普家村组、干海资组及舍资组泥岩，普家村组和干海资组分布于局部地区，舍资组全区分布，厚50～400m。

楚雄盆地东部地区上三叠统湖相泥质岩的比表面积为1.12～5.61m²/g，优势孔隙半径为95～444nm，孔隙度一般为0.66%～2.43%，泥岩伊/蒙混层矿物含量为6%～38.9%，混层的蒙皂石含量为15%～45%，R_o介于0.65%～1.05%，最高1.53%，如云参1井R_o为0.75%～0.91%，处于晚成岩A期。

盆地西部地区泥质岩厚650～1580m，东薄西厚。泥岩比表面积普遍达2.22～8.49m²/g，优势孔隙半径多为315～444nm，孔隙度一般为0.53%～2.69%，伊/蒙混层的蒙皂石含量为30%，普遍含绿泥石（4%～24%），突破压力为2～11.4MPa。

楚雄盆地上三叠统泥岩属于一般—较好盖层。

2）侏罗系—下白垩统盖层

楚雄盆地侏罗系—下白垩统泥质岩盖层在盆内广泛分布，主要分布于侏罗系冯家河组（J_1f）、张河组（J_2z）、妥甸组（J_3t）及下白垩统普昌河组（K_1p）。在盆内大部分地区厚1000～3000m，云龙凹陷较薄，小于1000m，最厚在楚雄—南华—普淜一线，厚度大于4000m。其中，冯家河组和张河组沉积连续，覆盖整个盆地，泥质岩厚度巨大，一般在400m以上，云龙凹陷最厚800m以上，东山凹陷最厚2000m以上，中部坳陷的普淜、会基关、双柏最厚达4000m，并直接覆盖在寒武系—三叠系主要目的层系之上，为盆地内分布稳定、厚度巨大的优质区域盖层。

楚雄盆地西部地区的上侏罗统泥岩，伊/蒙混层的蒙皂石含量为15%～25%，绿泥石含量为1.9%～44.6%；下白垩统泥岩伊/蒙混层的蒙皂石含量为3%～35%，绿泥石含量为2.2%～8.1%，泥岩的封盖能力差异较大。在乌龙口—桂花、姚安—沙桥—思茅里地区，上侏罗统—下白垩统泥质岩发育微裂缝、劈理及节理构造，盖层有效性变差。

楚雄盆地东部地区的中—下侏罗统泥岩，其伊/蒙混层的蒙皂石含量达22%～55%，绿泥石含量一般小于10%，R_o为0.65%～0.91%，处于早成岩B期—晚成岩A期，泥岩可塑性强，为优质盖层。

3）上白垩统—古近系盖层

上白垩统—古近系泥质岩盖层主要分布在东部的东山凹陷、云龙凹陷，岩性主要是紫红色泥岩、膏质泥岩、粉砂质泥岩夹膏盐岩，厚度一般为500～1000m。古近系古新统元永井组见石膏及盐岩，石膏主要分布在盐丰凹陷、东山凹陷、云龙凹陷，盐岩主要分布在云龙凹陷及盐丰凹陷西部，可以成为局部很好的盖层。云参1井上白垩统马头山组—古近系古新统元永井组（K_2m—E_1y）地层钻厚793m，泥岩厚659m，占钻厚的83%，泥岩单层厚度最大的在元永井组（E_1y），厚达117m，云参1井见膏盐分布，多为薄层状及条带，总厚约 5m。

上白垩统—古近系泥质岩盖层整体处于早成岩 B 期—晚成岩 A 期，黏土矿物中绿泥石含量小于 15%，蒙皂石含量达 19%～44%，伊 / 蒙混层的蒙皂石含量为 25%～65%；泥岩 R_o 一般为 0.52%～1.3%，属于良好的Ⅰ—Ⅱ类区域盖层。

5. 储盖组合

楚雄盆地内不乏盖层，侏罗系—古近系泥质岩，除盆地边缘地区外，均有分布。

楚雄盆地自下而上可分为 4 套储盖组合。

第一组合：由中—上泥盆统—上三叠统下部海相层组成。储层为中—上泥盆统碳酸盐岩和上三叠统海相层内的砂岩层，以及基底与云南驿组间不整合面之上下的地层。盖层为上三叠统泥页岩。该组合主要分布于中部坳陷的西部冲断构造带及双柏凹陷，被认为是该区良好的生储盖组合。

第二组合：由上三叠统—下侏罗统组成。储层为罗家大山组上部及干海资组、舍资组砂岩；盖层为下侏罗统湖相泥岩。该组合分布面积广，几乎遍及全盆地，是区内最好的生储盖组合。

第三组合：由上侏罗统—下白垩统组成。储层为下白垩统高峰寺组砂岩，盖层为下白垩统普昌河组泥岩。该组合分布于中部坳陷的北部，以及东部隆起的元谋凸起。

第四组合：由上白垩统江底河组（下段）—古近系组成。储层为江底河组下段的粉砂岩，盖层为古近系江底河组（上段）的泥岩及盐岩。该组合仅分布于中部坳陷的盐丰凹陷南部及牟定斜坡北部。

6. 圈闭

楚雄盆地内的圈闭类型以背斜为主，共发现地表构造 71 个，总圈闭面积为 1642km²，占盆地总面积的 4.5%。其中：大于 80km² 的构造 3 个，占总圈闭面积的 23%；50～80km² 的构造 8 个，占总圈闭面积的 36%；以上二者占圈闭总面积的 59%（表 6-10）。背斜以穹隆、短轴背斜为主，二者占圈闭面积的 68.3%，占背斜总数的 56.3%（表 6-11）。已发现的局部构造主要集中于盆地中部的牟定斜坡及双柏凹陷，其次为东部隆起。牟定斜坡以穹隆构造为主，双柏凹陷以长轴背斜及短轴背斜为主，盐丰凹陷以鼻状背斜和小型短轴背斜为主，西部冲断构造带以线状褶皱为主，东部隆起区则发育一些小型鼻状背斜、披覆背斜和短轴背斜。对盆地局部构造研究认为：牟定斜坡上穹隆构造的形成与基底隆起有关，构造形成期早，具有继承性，翼部相对平缓，闭合面积大，是盆地最有希望的构造圈闭；西部冲断构造带上线性褶皱的形成期晚，为喜马拉雅期；上下构造不吻合，下伏层常有潜山和基岩构造。盆地主要地表构造见表 6-12。

盆地内除地表构造外，通过重力解释，还发现了 12 个隐伏构造（有些与地表构造重合），这些构造面积大、形成期早，在油气勘探中应予注意。

楚雄盆地除构造圈闭外，也可形成岩性—断层遮挡和地层超覆不整合等圈闭。

如前所述，上三叠统烃源岩于晚三叠世末开始生油，早侏罗世末进入生油高峰期，因而本区形成期早的穹隆构造和基底构造与生油期配置较好，它们主要分布于牟定斜坡，又因喜马拉雅期的构造运动影响小，故保存条件较好。长轴背斜及披覆背斜可能形成于燕山晚期—喜马拉雅早期，稍晚于成油高峰期，其配置关系不如穹隆状构造。西部冲断构造带上的线性褶皱构造，形成于喜马拉雅期，与成油期配置不好，但可能会有配合较好的基岩构造存在。

另外，上三叠统砂岩储层的次生孔隙发育期与成油高峰期的配置关系比较好，可望形成较好的岩性型圈闭的油气藏。

表 6-10　楚雄盆地构造面积比较表

单个构造面积 /km²	构造数 / 个	占构造总数 /%	占总构造圈闭面积 /%
>80	3	4	23
50~80	8	11	36
30~50	7	10	14
10~30	18	25	19
<10	26	37	8
不清	9	13	—

表 6-11　楚雄盆地地表构造类型表

类型	穹隆	短轴	鼻状	长轴	线状	披覆	其他
个数	18	22	7	12	8	3	1
占总数 /%	25.3	31.0	9.9	16.9	11.3	4.2	1.4
圈闭面积 /km²	453	669	18	283	144	18	57
占总圈闭面积 /%	27.6	40.7	1.1	17.2	8.8	1.1	3.5

表 6-12　楚雄盆地重力资料解释的构造简表

名称	3500m 等深线圈闭面积 /km²	构造类型
野牛厂	450	继承性构造
会基关	242.5	继承性构造
一平浪	127.5	继承性构造
果纳	150	继承性构造
妙姑	360	潜伏构造
大红山	1721	基底构造
西舍路	980	基底构造
祥云	1340	古潜山构造
平川街	1027.5	古潜山构造
前场	122.5	潜伏构造
仁和	395	古潜山构造
永仁	552.5	基底构造

7. 保存条件

1）构造、地震及热液岩浆作用对油气保存条件的影响

（1）构造作用。

楚雄盆地加里东期—海西早期处于简单的垂直升降状态下的海相或陆相沉积；海西晚期处于强烈抬升、拉张，绿汁江断裂、易门断裂、普渡河断裂等区域性断裂活动较大；燕山晚期，受到由东向西的挤压作用，地层沿大断裂产生向东的变形和冲断推覆，局部构造大量形成，同时早期的少量构造被改造破坏；喜马拉雅早期在来自西南方向的巨大挤压应力下，燕山期局部构造得到进一步加强和改造，同时也形成了一些新的局部构造；喜马拉雅中—晚期，随着周缘区块的挤压碰撞，楚雄盆地边缘产生强大的右旋应力场，使盆地处于揉挤、扭动状态，早期局部构造遭到了改造与破坏。楚雄盆地不同地区的构造改造方式不同，导致地层深埋与盖层剥蚀、断层切割及其封闭性、大气水下渗等改造的不同，这些对圈闭的破坏性及保存条件的影响具有差异性。

（2）地震活动。

楚雄盆地现今天然地震活动强烈，主要集中在断裂带附近，各断裂带的活动强度有明显差异。从构造单元地震活动分析：西北部隆起区、东部隆起区的地震活动强烈—较强烈，中部坳陷区的活动较弱（表 6-13）。

楚雄盆地 1～3 级地震全区分布，在断裂带分布密集，在凹陷区相对稀疏；3～4 级地震主要分布在断裂带附近，凹陷区少；4 级以上地震全部分布在大的断裂带附近。地震活动密集区主要有普渡河断裂带、程海断裂带、绿汁江断裂西侧及迤纳厂凸起。

普渡河断裂、程海断裂及易门断裂是地震强烈活动区，也是 4 级以上地震活动主要集中区。绿汁江断裂、渔泡江断裂、拉姑—姚安断裂、猛虎—火烧屯断裂是地震活动较强烈区，以 3～4 级为主。元谋断裂在龙街断裂交会点以北，地震活动微弱，仅有少量 1～3 级地震活动；在龙街断裂交会点以南，地震活动较强烈，1～3 级和 3～4 级地震活动较频繁。龙街断裂活动较弱，仅有少量 1～3 级、3～4 级地震活动。

表 6-13　楚雄盆地北部及邻区 1965—1996 年地震活动情况汇总表

时间	地震级别				
	1～2 级 / 次	2～3 级 / 次	3～4 级 / 次	>4 级 / 次	小计 / 次
1965—1974 年	390	920	145	4	1459
1975—1984 年	428	1060	130	9	1627
1985—1996 年	2640	1360	110	20	4130
总计 / 次	3458	3340	385	33	7216

（3）岩浆作用。

楚雄盆地岩浆岩主要有 4 期（表 6-14），且主要沿断裂带分布。云龙凹陷云参 1 井在汤池组（O_1t）中钻遇厚约 150m 的海西期辉绿岩，在井深 1620m（巧家组，O_1q）采样分析，R_o 为 1.06%，而 2076m（O_1t）样品所测 R_o 为 1.6%，侵入岩体对其发生烘烤，使其有机质加快演化。火成岩体对泥岩的蚀变范围一般为 2～5m，而对泥质岩盖层本身影响较小，云参 1 井该段岩心破碎，证实其往往伴生于断裂而破坏封闭条件。

表 6-14 楚雄盆地岩浆岩主要特征表

期次	岩类	主要岩石及组合	分布
喜马拉雅期	基性喷发岩	玄武岩	仅分布于南华吕合上新统中，厚约 10m
	碱性侵入岩	正长斑岩、花岗斑岩、粗面岩	盐丰—永仁、姚安—南华、祥云以北地区
燕山期	酸性侵入岩	花岗斑岩	红河断裂东侧
海西期	基性侵入—喷发岩	海相—陆相玄武岩、辉长岩	盆地东西两侧及周缘
晋宁期	基性—中性侵入岩	辉长岩、辉绿岩、花岗岩、闪长岩	盆地东部及南部古元古界结晶基底岩系中

乌龙 1 井在主断裂上盘已先后钻遇 4 期煌斑岩侵入体（表 6-15），单层最厚达 8m 左右，薄者仅 0.27m，井段 3147.59～3148.92m 岩心表明，煌斑岩与泥岩为斜交接触（45°），接触面平直，局部见捕虏体为泥岩小碎块，围岩可见 2cm 宽的变色带。钾—氩法同位素年龄值表明，闪长岩、云煌岩、煌斑岩侵入体具有燕山中期、燕山晚期和喜马拉雅早期等多期侵入的特征，这与本区经历的多期次走滑—逆冲作用有关。火成岩的强烈活动对烃源岩的影响不仅体现在接触带上，此时盆地处于高热流的"热盆"，高地温使区域上的烃源岩成熟度演化加快。下步勘探应注意火成岩的调查和研究，避开火成岩发育区。

表 6-15 楚雄盆地乌龙 1 井钻遇岩浆岩脉数据表

钻遇岩脉井段 / m	岩脉厚度 / m	侵入岩脉岩性	钾—氩法同位素年龄值 / Ma
2390.5～2394	3.50	黑灰色闪长岩	57.00 ± 1.0
3147.59～3148.92	1.33	蚀变黑云母斜长煌斑岩	103 ± 1.7、107.4 ± 3.2
3434～3442	8.00	煌斑岩	141.2 ± 2.3
3460.65～3460.92	0.27	云煌岩	36.2 ± 0.9

2）水文地质地球化学与油气保存

（1）水文地质旋回。

① 东部隆起区的古水文地质旋回。东部隆起区经历了云贵、加里东、海西及印支运动，尤其是燕山—喜马拉雅运动的强烈改造，致使寒武系—三叠系烃源岩的油气运移、聚集变得十分复杂。云龙凹陷的寒武纪—古近纪，划分出 6 个水文地质旋回。东部隆起区经历了多个长时期的大气水下渗阶段，对油气运移和保存不利，但烃源岩生烃开始时，上覆岩层能阻止大气水下渗，则有利于油气保存。根据离心流指向，认为云龙凹陷北部、东山凹陷的中部和东部为有利古水文地质保存区。

② 中部坳陷区的古水文地质旋回。楚雄盆地中部坳陷的古水文地质旋回主要划分为 2 个旋回，即晚三叠世—早白垩世，以及晚白垩世至现今 2 个旋回。印支期—燕山期，上三叠统—侏罗系的层间水多属封闭环境，有利于油气的保存。喜马拉雅早期，地下水的垂向流动主要发生在断裂带和裂缝系统中，由西向东的强烈挤压有利于中部生烃坳陷

的油气向残留盆地主体部位运移，同时，可使西部冲断构造带中已形成的油气破坏或重新聚集。喜马拉雅运动晚期，盆地整体抬升遭受剥蚀，中部坳陷处于渗入阶段，盆地主体仍大面积保留了三叠系和侏罗系，北部尚存白垩系及古近系。

（2）温泉分布特征与油气保存条件。

楚雄盆地及周缘的温泉，初步统计有 50 多处，其中有代表性的温泉 10 处，总体表现为分布少、水温低、流量小、矿化度低的特点（表 6-16），表明盆地开启程度较低。除在西部冲断构造带（主要在礼社江下游）零星分布有水温 40～50℃的中温温泉外，其余地区仅零星见到水温为 25～40℃的低温温泉，水温稍高（>40℃）的温泉主要分布在周边地区，多数与断裂有关。

据盆地周边供（泄）水区的 21 个温泉统计，已知水型的 15 个（其中 NaHCO$_3$ 型 12 个，Na$_2$SO$_4$ 型 2 个，泄水区的嘎洒江边温泉，矿化度和氯离子含量都居本区温泉之首，接近 MgCl$_2$ 型）。推断盆地主体中生界中地下水活动弱，多数区块的上三叠统地层水型可能为 MgCl$_2$ 型。

（3）现今地层水特征与油气保存条件。

楚雄盆地乌龙 1 井对冯家河组（J$_1$f）和干海资组 + 舍资组（T$_3$g+T$_3$s）两层进行了测试（表 6-17），乌龙 1 井受燕山期及喜马拉雅期抬升剥蚀影响，加之断裂和裂缝发育，地表水下渗深度大，引起原地层水化学性质改变，保存条件较差，预测只在不受断层破坏的完整背斜中具有保存油气的条件。

云参 1 井对 1210～1285m（三叠系与泥盆系）、1355～1422m（奥陶系）、3140～3424m（寒武系）分别进行了测试（表 6-18）。云参 1 井处于碳酸盐岩分布区，岩溶不均匀发育，断层呈开启状，地下水活跃。底部测试层在海拔 -714m 以下，钠氯系数较低，接近于沉积水区，地层水经过变质作用，有外来水加入，呈油气藏遭受破坏的地下水特征。

表 6-16　楚雄盆地部分温泉特征

区域构造位置	温泉地点	温泉区海拔 / m	层位	流量 / L/s	水温 / ℃	矿化度 / g/L	水型	备注
平川凸起	华坪温泉村	1230	T$_3$	39～60	34	0.54～0.56	—	断裂
	宾川太和村	1600	Q/T$_3$	19.34	26	0.72	NaHCO$_3$	断裂
片角凹陷	永胜涛源	1200	T$_3$	5.31	27	0.25	—	断裂
元谋凸起	大姚龙街	2100	P$_3$h	1.80	24	—	—	断裂交点
西部冲断构造带	祥云禾甸	1820	T$_3$l	0.67	47	1.75	NaHCO$_3$	断裂
	祥云天马山	1988	T$_3$y	3.46	51	1.87	Na$_2$SO$_4$	断裂
大红山凸起	新平戛洒	600	T$_3$	0.48	43	6.19	NaHCO$_3$	红河断裂
	新平东桂	1600	T$_3$g	1.38	26	2.37	Na$_2$SO$_4$	
	新平扬武	1380	T$_3$g	1.96	40	0.47	NaHCO$_3$	绿汁江断裂
	元江水泥厂	600	T$_3$g	3.46	40.5～42	0.95	NaHCO$_3$	断裂

表 6-17 楚雄盆地乌龙 1 井水质分析及指标特征表

井段/m	K$^+$/(mg/L)(mmol/L)	Na$^+$/(mg/L)(mmol/L)	Ca^{2+}/(mg/L)(mmol/L)	Mg^{2+}/(mg/L)(mmol/L)	Cl$^-$/(mg/L)(mmol/L)	SO$_4^{2+}$/(mg/L)(mmol/L)	HCO$_3^-$/(mg/L)(mmol/L)	总矿化度/mg/L	$\gamma(Na^+)/\gamma(Cl^-)$	$\gamma(Cl^--Na^+)/\gamma(Mg^{2+})$	$\gamma(SO_4^{2+})/\gamma(Cl^-+CO_3^{2-})$	$\gamma(HCO_3^-+CO_3^{2-})/\gamma(Ca^{2+})$	水型
2411.32~2418.2	101.01 (2.59)	4493 (193)	278.56 (13.9)	89.18 (7.34)	695.8 (19.6)	8256 (172)	1909.3 (31.3)	15779	9.85	−23.6	0.897	2.25	NaHCO$_3$
3140.6~4620	141.57 (3.63)	8671 (377)	107 (5.34)	48.96 (4.03)	1579.75 (44.5)	3561.6 (3.63)	14579 (239)	28700	8.47	−82.5	0.625	44.75	

表 6-18 楚雄盆地云参 1 井水质分析及指标特征表

井段/m	K$^+$/(mg/L)(mmol/L)	Na$^+$/(mg/L)(mmol/L)	Ca^{2+}/(mg/L)(mmol/L)	Mg^{2+}/(mg/L)(mmol/L)	Cl$^-$/(mg/L)(mmol/L)	SO$_4^{2+}$/(mg/L)(mmol/L)	HCO$_3^-$/(mg/L)(mmol/L)	总矿化度/mg/L	$\gamma(Na^+)/\gamma(Cl^-)$	$\gamma(Cl^--Na^+)/\gamma(Mg^{2+})$	$\gamma(SO_4^{2+})/\gamma(Cl^-+CO_3^{2-})$	$\gamma(HCO_3^-+CO_3^{2-})/\gamma(Ca^{2+})$	水型
1210~1285	629.51 (27.37)		3.11 (0.155)	1.88 (0.155)	58.08 (2.43)	240.36 (5)	593.82 (9.73)	1550	11.26	−160.9	0.67	62.77	NaHCO$_3$
1355~1422	36.5 (0.93)	1180 (51.34)	6.6 (0.33)	0.33 (0.025)	146 (4.12)	347 (7.22)	1983 (32.51)	3700	12.46	−1888	0.64	98.5	
3140~3424	1470.85 (63.95)		138.23 (6.9)	24.48 (2.02)	785.22 (22.12)	1959.07 (40.79)	605.86 (9.93)	4983.77	2.89	−20.7	0.65	1.44	

（4）水文地质条件综合评价。

根据楚雄盆地油气保存条件评价标准（表6-19），盆地东部地区，水文开启程度低，交替停滞带较浅，元永井组泥岩覆盖层的停滞带小于200m，在中侏罗统暴露的撒营盘地区仅为360m，水文地质保存条件较好。综合分析认为：云龙凹陷的北部、东山凹陷的中东部及元谋凸起的南部具整体封存条件。

表6-19 楚雄盆地油气保存条件水文地质学评价标准

评价因素		I区	II区	III区
现代水文地质条件	地形	地形相对较低，海拔1500m以下及当地侵蚀面以下，相对高差150m左右	地形中等，海拔1500～2000m，相对高差500m左右	地形高处，海拔2000m以上，相对高差1000m以上
	地貌	构造剥蚀缓坡区及堆积区	构造剥蚀丘陵区	溶蚀、侵蚀构造区
	地表岩石含水性	弱含水或不含水	中等含水	富含水及含水地下暗河
	地表水切割情况	河间地块，地表水浅切割区	河流下游，地表水深切割区	地表水发源区
	泉	泉水很少出露（自流盆地除外）	泉水较少，无上升泉	泉水较多，有上升泉
	温泉	无出露	基本无温泉	各种温泉出露，水循环深度小于50m
	地下水分布	水交替停滞带	缓慢水交替带	积极水交替带

3）油气保存条件综合评价

楚雄盆地遭受多期构造事件，经过多次断裂活动、差异升降及岩浆活动，特别是燕山期和喜马拉雅期运动对保存条件影响较大，致使现今地震活动强烈，地下水活跃，地层自元古宇—新生界均有出露，风化剥蚀作用严重，油气藏遭受改造与破坏。

依据盖层特征、水文地质、构造运动表征、岩浆活动及现今天然地震等与保存条件相关的因素，对楚雄盆地（以北部区块为主）的保存条件进行综合分析评价，有利区包括：盐丰凹陷、牟定斜坡北部、东山凹陷及元谋凸起南部。

8.古油藏

以楚雄盆地元谋洒芷古油藏（T₃）和大姚龙街古油藏（T₃—J₁₋₂）的解剖为例。

洒芷上三叠统古油藏位于楚雄盆地元谋凸起西缘，为一个燕山期形成的岩性—构造复合圈闭型古油藏（图6-7），沿该凸起西缘，地层自东向西、由老到新出露元古宇、上三叠统、侏罗系、下白垩统，上白垩统—古近系则自西向东不整合超覆其上。古油藏储层为上三叠统干海资组—舍资组滨浅湖相三角洲扇中细粒石英砂岩，沥青显示层一般厚0.2～0.8m，干海资组第138层沥青砂岩厚达8.23m，延伸3km，沥青面孔隙率7.6%～15.6%，有效储集空间为石英次生加大后的残余粒间孔、杂基微孔及次生溶孔（图6-8）。

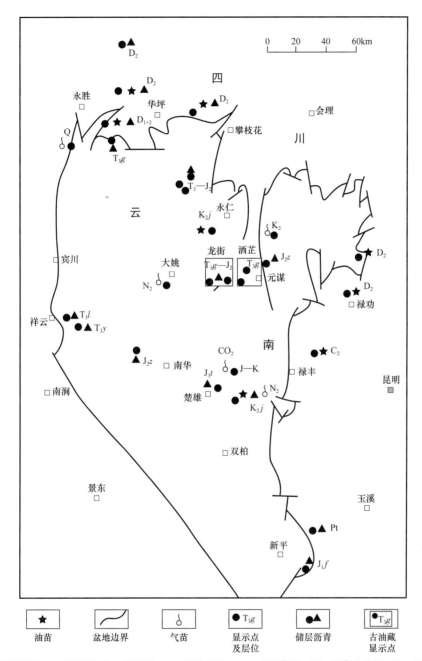

K₂j—江底河组；J₃t—妥甸组；J₂z—张河组；J₁f—冯家河组；T₃g—干海资组；T₃l—罗家大山组；T₃y—云南驿组

图 6-7 楚雄盆地元谋洒芷、大姚龙街古油藏位置图

龙街上三叠统—侏罗系古油藏位于洒芷古油藏以西 16～18km 处，分布于上三叠统—侏罗系组成的、一个向西倾伏的鼻状背斜轴部（图 6-7）。据王胜等（1996）野外调查资料，沥青分布层位有上三叠统干海资组、下侏罗统冯家河组上部、中侏罗统下部的部分砂岩层，且有 2 种充填类型（图 6-8）：一种为孔隙型，进油的时间和充填的孔隙类型以及古油藏的圈闭类型均与洒芷上三叠统古油藏相同；另一种为裂隙型，充填于砂岩的张性及扭张性裂隙内，属喜马拉雅期鼻状背斜形成时的配套裂缝系统和更晚期进油及改造的产物。

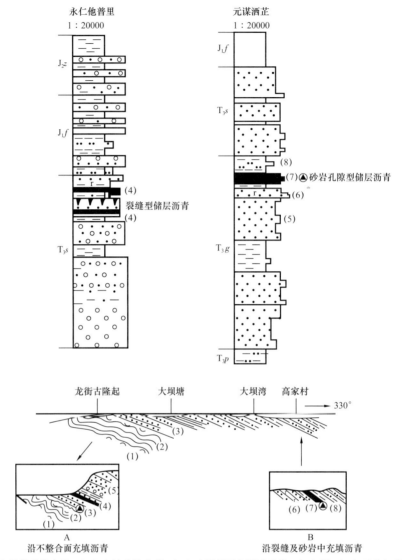

（1）昆阳群片麻岩；（2）含铁质风化壳；（3）疏松的黑色沥青砂岩；（4）煤；（5）石英细砂岩；

（6）细粒砂岩节理发育；（7）层状沥青砂岩；（8）泥岩及泥质粉砂岩

图 6-8　楚雄盆地元谋洒芷及大姚龙街沥青分布层位柱状示意图

鉴于洒芷上三叠统的孔隙型古油藏与龙街上三叠统—中侏罗统的孔隙型古油藏具有相同的成藏期、相同的有效成藏组合内涵和相同的改造经历，故予以一并阐述。

1）有效烃源岩（区）追溯

通过洒芷、龙街两个高达亿吨级残留沥青古油藏的沥青和烃源岩的甾烷、萜烷组成分布特征研究表明：两个古油藏的有效烃源岩为上三叠统海相暗色泥岩、海陆交互相及陆相暗色泥岩及煤层。

海相 I 型母质暗色泥岩供油的微观信息，以具 C_{27} 甾烷优势及 C_{21} 三环萜优势、贫 C_{24} 四环萜的组合为特征，主要分布于楚雄盆地的主体凹陷部位——渔泡江断裂以东的盐丰、姚安、大姚地区，据少量上三叠统罗家大山组或普家村组代表性样品的有机质丰度测试数据，其有机碳可达 0.8%～1.6%；而海陆交互相及陆相 II 型、III 型母质暗色泥岩供油的微观信息，则以具 C_{29} 甾烷优势及 C_{24} 四环萜优势的组合为特征，有效烃源岩层位较腐泥型烃源岩层位略偏高，据上三叠统干海资组—舍资组暗色泥岩代表性样品，有机碳丰度可达 1.0%～2.8%，主要分布于攀枝花、永仁、大姚龙街、禄丰地区。上述两个燕山期的有效供油区，均需在厚逾 3000m 以上的侏罗系—下白垩统区域性盖层叠覆之后，才能进入生烃高峰（R_o 为 1%～1.3%），并大规模地向盆地东部的元谋古隆起区做区域性指向运移，从而成为洒芷、龙街两个孔隙型构造—岩性复合圈闭古油藏的有效供源区。

值得探讨的问题是，在上述两个有效供源区西侧，还发育有与上三叠统云南驿组和罗家大山组海相深水盆地有关的烃源岩，在这种情况下，两个古油藏的供源又可能是怎样的呢？

据前人有关资料，在鱼泡江断裂以西的祥云、南华、双柏、新平等广大地区，侏罗系—下白垩统的残留厚度高达 5000～7000m，现今 R_o 均已高达 3.16%～4.71%，因此认为在洒芷、龙街古油藏形成期，这些地区曾是天然气的供源区（图 6-9a），而并非是古油藏的有效供源区。

但是，姑且不论侏罗系—下白垩统 5000～7000m 的巨大厚度有可能是盆地反转、强烈变形、逆冲推覆、重覆加厚所致，即便是在原生沉积巨厚的背景下，这里在到达普遍供气的演化阶段之前，也应是海相 I 型、II 型母质的液态烃源区，这里在液态烃生成的高峰期，也必然存在由深凹生烃中心的高势能区，通过不整合面及砂岩输导层，向东西两侧隆起部位作区域性指向运移的过程，因此不能排除这些地区也曾是洒芷、龙街古油藏的有效供源区的可能（图 6-9b）。

2）有效储集空间及其成岩序列序次

据杨宝星、王建民等（1994）的薄片鉴定资料，洒芷、龙街古油藏形成时原油充注的有效储集空间，属埋深达 3000m 以上、中—深埋期所形成的剩余粒间孔和次生溶孔，以次生溶孔为主，沥青面充填率可达 7.6%～15.6%。次生溶孔多属长石颗粒或铁方解石、白云石胶结物被溶蚀后形成的超大铸模孔，从而大大地提高了有效孔隙度及渗透率；而现今该层位的砂岩均已演化为致密砂岩储层类型，残余孔隙大多以小于 5μm 的微孔为主，一般渗透率均小于 0.1mD，但局部地区仍存在喜马拉雅期形成的超大型次生溶孔，它们需具备与构造缝相连通的条件才能形成较好的储层。

3）区域性盖层及有效圈闭类型

晚侏罗世—早白垩世，楚雄盆地与四川盆地同属扬子板块西缘的巨型盆地，沉积了厚逾 3000m 的滨浅湖—半深湖相、以红色为主的砂泥岩沉积，局部层位尚发育膏盐沉积，构成了燕山成藏期整体封闭体系的区域性盖层，而洒芷、龙街两个上三叠统、上三叠统—侏罗系孔隙型古油藏的有效圈闭类型，则是地处元谋古隆起西翼斜坡与上三叠统三角洲水下扇体的构造—岩性复合性圈闭类型。

4）古油藏的改造、演化和破坏

随着楚雄盆地燕山中幕（K_2/K_1）东强西弱陆内褶皱形变造山运动的发展，南北向元谋大型古背斜迅速隆升、剥蚀，轴部的上三叠统—下白垩统全部被剥（图 6-9c），大气降水下渗，与元谋古隆起西侧自西向东、区域性输送的油气流发生交汇，导致洒芷、龙街古油藏被氧化改造和亿吨级氧化型储层沥青带的形成，同时也对西侧油气流起到封堵和保护作用。

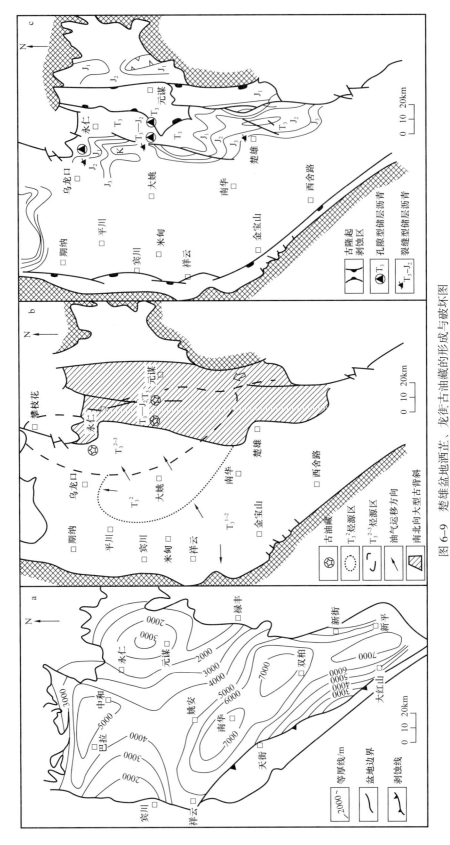

图 6-9 楚雄盆地洒正、龙街古油藏的形成与破坏图

a. J—K₁ 区域性盖层残留厚度图；b. 燕山成藏期（97Ma）主力烃源及油气运聚方向；
c. K₁/K₂ 燃山运动造成开启，部分已聚集油气破坏，沥青形成然而，洒芷、龙街古油藏的破坏，并没有结束楚雄盆地油气演化的历史，当厚逾3000～5000m 的晚燕山期—早喜马拉雅期（K_2—E）新一轮含膏盐区域性盖层的覆盖，重新建立了楚雄盆地喜马拉雅成藏期新的整体封闭体系。它既促成了凹陷区（有侏罗纪—早白垩世地层保存的区域）的残留油气，由于叠加了新的盖层（K_2—E）而普遍发生向天然气乃至以甲烷气为主的相态转换，也促成了分布于隆起区的氧化沥青和由于隆升剥蚀而暂停生油过程的烃源岩，于早喜马拉雅期再次热解或"二次生烃"而提供新的烃源。例如龙街、中和、乌龙 1 井等大量发育早喜马拉雅期裂缝型沥青的事实，记录了油气在燕山期后再次充注的过程，早喜马拉雅期进油后的隆升剥蚀，导致了再次的氧化破坏。楚雄盆地多处存在不同成熟度反射率（R_o 分别为 2.0%～3.0%、0.7%～1.2%）和不同充填特征（孔隙型与裂隙型）沥青的共存现象，真实地记录了油气多期成藏、多期改造的演化过程（图 6-10）。

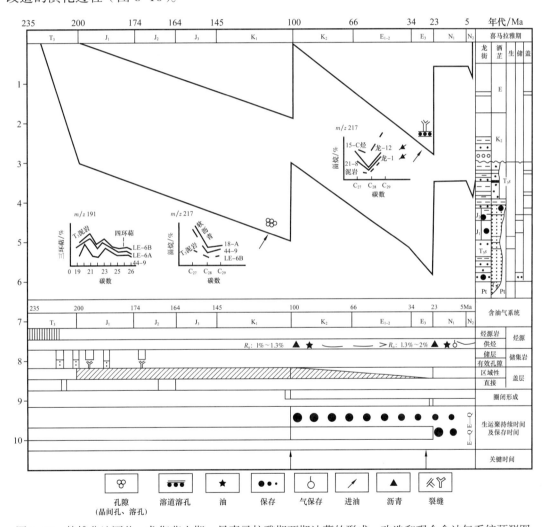

图 6-10　楚雄盆地洒芷、龙街燕山期、早喜马拉雅期两期油藏的形成、改造和现今含油气系统预测图

四、有利区带及远景评价

1984 年以来，对楚雄盆地上三叠统油气资源进行的综合研究，进一步肯定了盆地的

含油气潜力，指出了有利的勘探区块或地区。

以区块作为评价的基本单元，通过对盆地含油气条件的分析，认为影响各区块含油气前景的主要控制因素是：

（1）局部构造（类型、数量、圈闭形成期与生油气期的时空配置关系）；

（2）储层厚度和质量；

（3）单位面积资源量（即资源量密度）；

（4）保存条件。

每一因素在油气藏形成的过程中，其作用是有差别的，因此，对每一因素赋予权系数值或范围，各因素的权系数之和即是综合评价判别值。最大权系数之和等于1，其分配见表6-20。综合评价判别值大于或等于0.75者，为Ⅰ级区块，即有利勘探区块；综合评价判别值大于或等于0.7者，为Ⅱ级区块，即较有利勘探区块；综合评价判别值小于0.7者，为Ⅲ级区块。评价结果见表6-21，其中牟定斜坡为Ⅰ级区块，西部冲断构造带为Ⅱ级区块，其他为Ⅲ级区块。

表6-20 楚雄盆地评价因素权系数分值分配表

评价因素	局部构造	资源密度	储层	盖层
权系数值	<0.4	<0.25	<0.2	<0.15

表6-21 楚雄盆地区块综合评价表

评价	牟定斜坡	西部冲断构造带	元谋凸起	平川凸起	双柏凹陷	大红山凸起	盐丰凹陷	东山凹陷	云龙凹陷	迤纳厂凸起	片角凹陷
评价值	0.771	0.735	0.601	0.565	0.544	0.54	0.524	0.416	0.398	0.332	0.241
综合级别	Ⅰ	Ⅱ	Ⅲ	Ⅲ	Ⅲ	Ⅲ	Ⅲ	Ⅲ	Ⅲ	Ⅲ	Ⅲ

Ⅰ—有利勘探区块，Ⅱ—较有利勘探区块，Ⅲ—较差勘探区块。

在滇黔桂地区，楚雄盆地是一个大型中生界盆地，勘探工作尚属起步，勘探程度低。在现有认识的基础上，从全盆地着眼，进一步加强研究，对有利的背斜构造进行侦察钻探，是十分必要的。位于牟定斜坡中部的会基关背斜，呈穹隆状，轴部出露中侏罗统张河组上部，闭合面积120km²，经地震勘探上三叠统底面构造完整，是楚雄盆地最好的构造圈闭之一，对该背斜进行侦察钻探，将有助于加深对楚雄盆地含油气前景的认识。早先钻探的会1井，因工程原因而未钻达主要勘探目的层——上三叠统。

第二节 十万大山盆地

一、概况

1. 地理概况

十万大山盆地位于广西南部，隶属于南宁、崇左、钦州、防城港等地区，范围在东经106°45′—109°30′和北纬21°35′—23°00′，总体呈北东东走向，西南端延伸进入越南

（称"安州盆地"），我国境内长 250km，宽 30~60km，面积 11500km²。

　　盆地地貌属丘陵—低山地形，总体上西南高、东北低。盆地东北部以丘陵、低山为主，海拔为 100~200m，个别高达 427m；西南部主要为中—低山，地形相对比较复杂，海拔 200~900m。低山、丘陵及平原的面积占盆地总面积的 81.1%。十万大山屹立于盆地东南侧，海拔为 1200~1462m。

　　盆地位于北回归线以南，冬暖夏热，属亚热带季风型气候。年平均气温为 21~23℃，1 月平均气温为 3~8℃，7—9 月平均气温为 31~32℃。年降雨量 1200~1600mm，雨季集中在 5—8 月。

　　区内主要河流有邕江和明江，分别流经盆地东部和西部，并有大王滩、凤亭河及那板等水库，水源比较充足。

　　湘桂铁路经南宁沿盆地北沿可达宁明、凭祥，南（宁）防（城港）铁路横穿盆地，区内有南（宁）友（谊关）高速、钦（州）防（城港）高速、兰（州）海（口）高速等，县乡镇间均有公路相通。北侧的南宁有航空班机，水运可达广州及港澳地区。南有防城港、钦州港等，交通比较便利。

　　2. 勘探现状

　　对盆地进行的石油地质调查与勘探始于 1958 年，至今已历时 60 余年。可划分为 4 个阶段。

　　第一阶段（1958—1961 年）：地质部广西石油普查大队开展了凭祥至扶绥、凭祥至横县的石油地质普查，以及崇左江州的石油地质详查。四川石油管理局广西石油勘探大队进行了全盆地 1∶20 万石油地质普查。地质部航磁大队 904 队开展了川、滇、黔、桂四省（区）1∶100 万航空磁测，包括了盆地全区。广西石油勘探大队 301 队开展了广西全境（包括盆地范围）1∶50 万重力普查。

　　第二阶段（1972—1976 年）：广西石油勘探大队第四地质队作了全盆地 1∶20 万石油地质普查，并对部分局部构造进行了 1∶10 万和 1∶5 万的石油地质详查，对横穿盆地的地质大剖面进行了研究。

　　第三阶段（1976—1989 年）：为综合性石油普查勘探阶段。广西石油勘探开发指挥部自 1976 年冬起，先后以 4 个地震队开展盆地地震概查、普查及局部构造详查，1981 年至 1984 年，共做地震多次覆盖测线 1647.53km。地震测线早期以弯线为主，后期逐渐转为直线、6 次（少量为 12 次）覆盖。测线主要集中于盆地东部，线距一般为 6~12km，上思上英和良庆定西地区加密至 2~4km。盆地西部由于地形复杂、测线距大，仅作了几条概查测线。

　　1977 年至 1984 年，广西石油指挥部 320 重力队在盆地北缘和盆地内进行了 1∶10 万~1∶20 万的重力调查（前两年兼做磁法测量），重力调查面积计有 4584km²，其中 33% 的点线距为 1km×1km。

　　广西石油指挥部第二、第四地质队自 1977 年起，对盆地进行地层、构造、沉积相、生物礁及油气演化等专题研究和综合研究。1982 年至 1984 年对盆地进行了油气资源早期评价。

　　1983 年 3 月 24 日，上英—古律圈闭第一口参数井（万参 1 井）开钻，1984 年 10 月完钻，完钻井深 3200m，完钻层位为泥盆系（？）。在井深 1817~1821m 的泥盆系（？）白云岩岩屑中，用荧光照射，发现油斑岩屑 70 余粒。经测试未见油气。1985 年 7 月 11

日，在定西构造钻探定 1 井，1986 年 8 月 28 日完钻，完钻井深 2700.32m，井底层位为下侏罗统百姓组，未见油气显示。

第四阶段（1990—2015 年）：为新一轮勘探阶段。首次在盆地实施二维数字地震，至 1999 年底，共完成测线长 1399km，其中，盆地南部区块 1288km。对部分旧模拟磁带资料进行提高信噪比的重新处理和解释。综合各项新、旧勘探研究成果，进行了最佳油气保存单元的评价与选择。运用层序地层、平衡剖面、盆地模拟等新技术、新方法，开展了盆地南部区块（盆地）评价及目标优选。

2007 年 1 月 28 日瑞参 1 井开钻，2008 年 5 月 29 日钻至井深 4810.01m 完钻，完钻层位为印支期花岗岩。未见油气显示。

瑞参 1 井位于上思县平福乡板含村雷帽屯 1 组，构造位置：十万大山盆地南部坳陷峙浪—百包凹陷带那瑞潜伏构造高点。

瑞参 1 井地面出露地层为中生界侏罗系中统那荡组，自上而下钻遇地层依次为：侏罗系中统那荡组（那二段、那一段），侏罗系下统百姓组（百三段、百二段、百一段），三叠系上统扶隆坳组（扶四段、扶三段、扶二段、扶一段），燕山期英安岩，三叠系下统，印支期花岗岩（未钻穿）。

二、区域地质

1. 构造

1）构造特征

十万大山盆地位于华南加里东褶皱系和钦州海西褶皱带的接合部位（图 6-11），其间以十万大山基底大断裂为界，造成盆地南北两个区域的构造发展、沉积建造和岩浆活动等的明显差异。

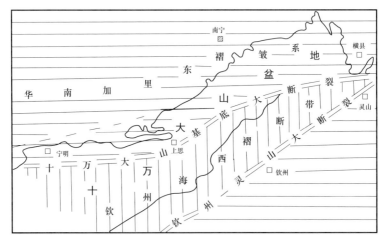

图 6-11　十万大山盆地大地构造位置示意图

研究十万大山盆地下伏基底地层的分布、组合特征和构造特征等，主要是依据地震资料。已有地震剖面划分为 6 个反射波组，其中以 T_5 和 T_6 两波组的反射能量最强，可进行区域追踪。

根据盆地及毗邻地区区域地质和地震反射波组的自身特征，确定各个地震层序的地质含义如图 6-12 所示，通过钻探已部分得到证实。

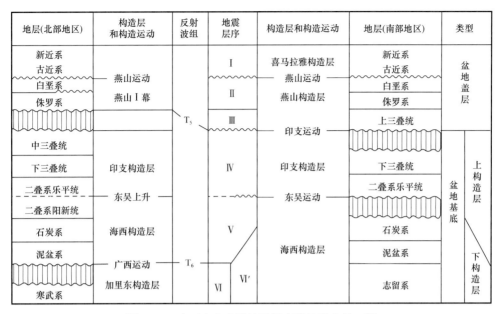

地层(北部地区)	构造层和构造运动	反射波组	地震层序	构造层和构造运动	地层(南部地区)	类型
新近系 古近系			I	喜马拉雅构造层	新近系 古近系	盆地盖层
白垩系	燕山运动			燕山运动	白垩系	
侏罗系	燕山 I 幕		II	燕山构造层	侏罗系	
		T_5	III	印支运动	上三叠统	
中三叠统	印支构造层		IV	印支构造层	下三叠统	上构造层
下三叠统						
二叠系乐平统	东吴上升			东吴运动	二叠系乐平统	盆地基底
二叠系阳新统						
石炭系	海西构造层		V		石炭系	
泥盆系				海西构造层	泥盆系	下构造层
	广西运动	T_6	VI VI′		志留系	
寒武系	加里东构造层		VI			

图 6-12　十万大山盆地地震层序的地质含义一览

（1）基底特征。

十万大山盆地的基底为双层结构。以十万大山基底大断裂为界（图 6-11），盆地南部和北部的基底结构又有所差异。

① 盆地北部基底。下古生界，即地震Ⅵ层序（图 6-12），组成基底下构造层，其顶界（加里东期剥蚀面）呈平缓南倾，具近东西向线状褶皱和断块隆起。基底上构造层由上古生界至中三叠统（即地震Ⅳ、Ⅴ层序）组成，顶面（印支期剥蚀面）平缓。上、下构造层间呈不整合接触。

② 盆地南部基底。下构造层，由志留系、泥盆系及石炭系即地震Ⅵ′层序组成，志留系和泥盆系为厚度巨大的碎屑岩建造。基底上构造层，由二叠系乐平统（P_3）巨厚的磨拉石堆积和下三叠统砂岩、泥质岩即地震Ⅳ层序组成。上、下构造层间呈不整合接触。

③ 十万大山基底断裂的地球物理特征。十万大山基底断裂在地震剖面上具有波组产状突变、强振幅绕射波以及高能量断面波等显示，在 1∶10 万的布格重力异常图上出现异常梯度密集带，两侧异常差高值达 20mGal。本断裂为盆地南部和北部不同基底的分界线。

盆地基底埋深和起伏形态如图 6-13 所示。

（2）盖层构造。

盆地盖层由上三叠统及侏罗系、白垩系陆相地层组成。宁明、上思地区有古近系和新近系分布。受基底起伏影响，盆地中部存在那琴凸起，其东、西两凹陷（图 6-13）的盖层构造有差异。

盆地西区，盖层构造总体上呈东西向不对称向斜，轴部偏北；南翼倾角一般为15°～25°，靠盆地南缘受断层影响而变陡或倒转；北翼倾角一般为 25°～40°，往北靠盆地北缘逐渐变缓，发育北东向、北西向两组断层，前者多为压性逆断层，后者则多属左旋张性断层，并错断前一组断层，沿断裂带断续分布古近纪和新近纪盆地。

盆地东区，盖层构造总体上呈北东向、北缓南陡的不对称向斜，轴部偏南；南翼倾角

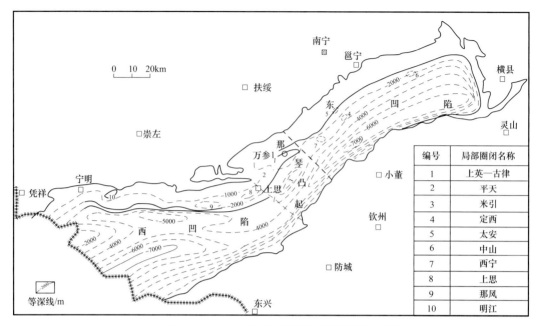

图 6-13 十万大山盆地基底埋深及局部圈闭分布图

编号	局部圈闭名称
1	上英—古律
2	平天
3	米引
4	定西
5	太安
6	中山
7	西宁
8	上思
9	那凤
10	明江

一般大于40°，常见地层直立和倒转；北翼倾角一般为15°～20°，发育北东向和北西向两组断层；盆地南缘与印支期火成岩体断层（逆断层为主）接触，北缘超覆不整合于基底之上。

盆地东、西两区的地质特征见表6-22。

表6-22 十万大山盆地东、西两区地质特征对比简表

特征		西区	东区
盖层	地层	上三叠统—白垩系	侏罗系—白垩系
	接触关系	均为连续沉积、整合接触	白垩系与侏罗系间呈不整合接触
	累计厚度/m	13526	7970
	沉积中心	自南往北迁移	自北往南迁移
	湖盆发育最盛期	侏罗纪	早白垩世
	构造	构造线呈东西向，向斜轴偏北	构造线呈北东向，向斜轴偏南
基底	最大埋深/m	＞7000	7000
	上构造层	存在中三叠统	缺失中三叠统
	下构造层	主要为海西期褶皱基底	主要为加里东期褶皱基底

盆地东界为北西向天马—莲塘大断裂，白垩系直接与寒武系—泥盆系接触，断距南大北小，垂直断距大于4000m。

2）构造演化

（1）基底演化。

十万大山盆地在成盆前大体上经历了基底分异、隆起和坳陷等几个过程（图6-14）。寒武纪为统一的冒地槽区，寒武纪末由于地壳断裂，产生十万大山基底大断裂，从

此开始基底分异。早期，加里东运动导致断层以北地区抬升，断层以南继续下陷，接受地槽型沉积。志留纪末期，晚加里东运动（广西运动）使华南广大地区褶皱回返，结束地槽型沉积，形成加里东褶皱基底，并从此转化为地台型沉积。但在十万大山基底大断裂以南、钦州—灵山大断裂以西地区却仍然保留局部断陷，形成楔状、向西南延伸的残留海槽，在志留系之上连续沉积了泥盆系，并伴随着中性火山喷发。泥盆纪早期，海水向外扩展，泥盆纪沉积向北不整合覆于寒武系之上，向东不整合覆于志留系之上。海西中期，钦州海槽关闭、上升隆起，成为云开陆地的组成部分，除局部地区沉积石炭系外，隆起区基本上无石炭纪—二叠纪阳新世（P_2）的沉积。海西晚期的东吴运动，形成海西褶皱基底。在二叠纪乐平世（P_3）早期，沿钦州—灵山断裂带发生断陷，接受巨厚的磨拉石沉积，并伴随有多次水下酸性火山岩喷发，东吴运动在这一地区以强烈下陷为特征。

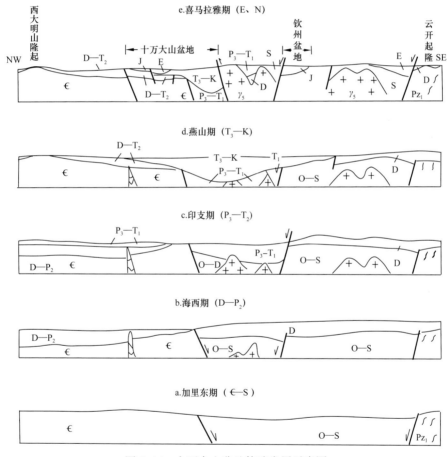

图 6-14 十万大山盆地构造发展示意图

十万大山基底大断裂以北地区，自泥盆纪早期始，由陆源碎屑沉积渐转为稳定型浅海台地相碳酸盐沉积，并延续至二叠纪阳新世（P_2）。泥盆纪中—晚期至早石炭世先后有 5 次基性、中基性海底火山喷发，接着地壳上升为陆而一度中断沉积。二叠纪乐平世（P_3）接受了厚度不大的滨海—浅海相硅质泥岩和碳酸盐岩沉积，沿凭祥—崇门断裂带发生基性火山岩喷发，东吴运动在此区表现为上升性质，造成乐平统（P_3）和阳新统（P_2）的平行不整合。

早三叠世，盆地南、北两区趋于统一，但由于中部隆起带的分隔造成了岩相分异：南区为浅海和浊积型砂泥岩夹部分碳酸盐岩，末期有酸性火山岩；北区主要为浅海相碳酸盐岩沉积。同时受凭祥—崇门断裂控制，产生断层北侧为碳酸盐岩相、南部为砂泥岩相的沉积分异，以及中—晚期在断裂带以南发生基性火山喷发、晚期在断裂带以北发生中酸性火山喷发的岩浆分异现象。

早三叠世末期，在南区沿钦州—灵山断裂带发生大面积酸性岩浆侵入，地壳隆起，结束该区沉积，北区东部也相继上升为陆；中三叠世仅在北区西部接受火山—碎屑沉积，发生多次火山活动；中三叠世末期，强烈的印支运动导致地层褶皱升起，从此结束全区性的海相沉积史，形成十万大山盆地的褶皱基底。

（2）盆地的形成和演化。

十万大山盆地的形成和发展大体可分为4个时期（图6-14）。

① 局部断陷期（T₃）：在印支运动导致全区大面积上升的背景上，岩浆入侵和地壳上隆引起断裂，大致在晚三叠世卡尼期前后，沿板八—扶隆坳一带发生剧烈的酸性火山喷发，继而发生断陷。晚三叠世早期海水一度从西南方向侵入，后期转为河湖沉积。晚三叠世断陷规模和构造反差从早期到晚期，由小到大，沉积物由细变粗，平均年堆积速度达 0.7mm。

② 整体断坳期（J）：晚三叠世末，断裂活动逐步加强和向东扩展，湖水由西往东侵漫，早侏罗世湖盆范围达桂平—钦州一带，下侏罗统超覆于中—下三叠统及其他老地层之上。早侏罗世中后期盆地坳陷加剧，并伴有局部火山活动，中侏罗世为湖盆发育最盛期。米引岩体的东西两侧成为侏罗纪的两个沉降中心，东、西凹陷平均年沉降速度分别为 0.04mm、0.12mm。

③ 差异发育和萎缩期（K）：侏罗纪末，受燕山运动Ⅰ幕的影响，米引以东地区缓慢褶皱抬起，遭受的剥蚀程度由西往东增强，早白垩世初期又复下陷，湖水由西凹陷再度东进。不均衡的基底断块活动导致盆地差异发育：东凹陷急速下陷，成为白垩纪的沉降中心，年堆积速度由早期的 0.05mm 增至晚期的 0.1mm；西凹陷则下陷速度减缓，年沉积速度由早期的 0.04mm 降低为晚期的 0.01mm，进入萎缩期。

④ 盆地成型期（K末）：白垩纪末，晚燕山运动引起大规模断裂活动，先是产生北东向张性大断裂，导致湖盆在断裂两侧解体，中部大幅度上隆和遭受强烈剥蚀，尔后在南东—北西方向的压应力作用下，中部断隆向两翼相对反冲，老地层逆掩于侏罗系、白垩系之上，同时在横县一带产生北西向、左旋、扭张性断裂，形成分隔十万大山盆地和桂平盆地的横县断垒，从而奠定现今构造盆地的格局。

古近纪早期的喜马拉雅运动Ⅰ幕以断裂活动为特征，在盆地边缘，特别是在西凹陷的北部隆起带上产生张性断裂，形成东西向、断续展布的古近纪和新近纪断陷盆地，即宁明盆地、上思盆地。

3）构造单元划分

根据印支期不整合面（侏罗系或上三叠统与下伏海相地层之间的界面）之起伏形态，十万大山盆地自北而南可划分为北部斜坡带、中部隆起带和南部坳陷带3个二级构造单元（图6-15）。

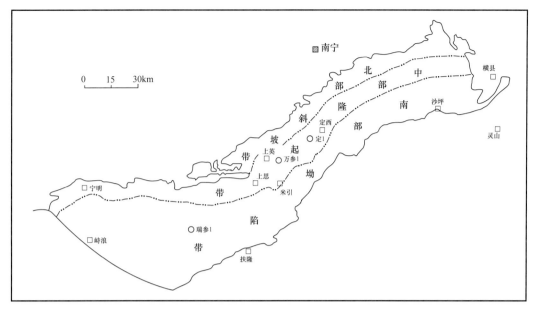

图 6-15 十万大山盆地构造单元划分图

北部斜坡带：位于盆地东部的北侧，宽 10～20km，面积 1750km²，印支期不整合面平缓南倾，倾角 5°～7°，为宽缓的斜坡带。

中部隆起带：为斜坡与坳陷之间的转折带，海西期和印支期先后均为隆起区，属继承性古隆起带，宽 10～15km，面积 3010km²。印支期剥蚀面具有许多局部隆起，呈"串珠"状分布，如上英—古律、定西、西宁、米引等局部构造隆起（图 6-13）。

南部坳陷带：大体上位于十万大山基底断裂以南，是一个以南倾为主的深凹陷，燕山期沉降幅度最大在 7000m 以上，一般在 5000m 左右，凹陷南翼陡峭狭窄，为盆地断陷区，面积 6765km²。

2. 地层与岩浆岩

1）地层

盆地及周边出露地层为寒武系芙蓉统（€₄）至新近系，总厚度约 30000m。古生界至中三叠统为海相沉积，其中上古生界至下三叠统碳酸盐岩发育，有较多油气显示，为盆地主要的勘探目的层。上三叠统至新近系为陆相沉积（图 6-16）。

盆地南部和北部的地层、沉积相、厚度等方面均有较大差异。

盆地北侧，出露的最老地层为寒武系芙蓉统（€₄）复理石砂泥岩，泥盆系直接不整合于寒武系之上，其间缺失奥陶系、志留系。泥盆系至下三叠统为一套以浅海相碳酸盐岩为主的稳定型沉积，总厚度为 5000m，二叠系乐平统（P₃）和阳新统（P₂）之间为平行不整合，局部为连续沉积。中三叠统仅分布于盆地的西北侧，为海相碎屑岩夹火山岩，厚达 2800m。

盆地南侧，出露的最老地层为志留系，上覆的泥盆系（钦州群）与志留系连续沉积。局部有石炭系零星出露，均为不稳定型复理石硅质岩和砂泥岩沉积，总厚度达 10000m。缺失二叠系阳新统（P₂）。二叠系乐平统（P₃）直接不整合于泥盆系之上，为类磨拉石山麓堆积和滨岸相碎屑岩，厚度达 5600m。下三叠统为浊积岩相和浅海陆棚相砂岩、泥岩，顶部夹碳酸盐岩，厚度大于 1000m。

界	系	统	代号	剖面	厚度/m	岩性描述 盆地北部	岩性描述 盆地南部	油气显示	生储盖条件
新生界	新近系		N		1556	灰褐色泥岩、砂岩夹褐煤，底部为紫红色砾岩		气	具生储盖层
	古近系		E						
中生界	白垩系		K		4992	紫红色中—厚层状砂岩、砾岩、粉砂岩夹泥岩		气	区域盖层
	侏罗系		J		4256	棕黄色、紫红色、灰色砂岩、粉砂岩及泥岩间层夹煤线，底部具石英砾岩		气 沥青	
	三叠系	上统	T₃		6948 ~ 7581	缺失	灰黄色、紫红色砾岩、砂岩夹泥岩，下部夹黑色泥页岩，底部为流纹斑岩及含砾砂岩		可能生油层
		中统	T₂		376 ~ 2804	灰绿色页岩、砂质泥岩、砂岩，顶部为酸性熔岩，上部夹凝灰岩，下部夹石英斑岩	缺失	油苗	
		下统	T₁		538~1026 / >789	灰色鲕粒灰岩、白云岩，部分为深水碳酸盐岩及粉砂岩、泥岩	泥质粉砂岩、砂质泥页岩、泥灰岩，顶部夹石灰岩	油苗 沥青	
上古生界	二叠系	乐平统	P₃		1.5~431 / >694~5609	石灰岩夹硅质泥岩、铝土质泥岩，局部夹煤层	泥岩、粉砂岩，夹含砾砂岩、砾岩和酸性熔岩，局部夹煤线	沥青	具良好生油层和储层
		阳新统	P₂		469 ~ 586	灰色、深灰色粉晶生物碎屑灰岩、亮晶灰岩、泥晶灰岩	缺失	油苗 沥青	
		船山统	P₁		370	浅灰色白云岩夹亮晶颗粒灰岩		沥青	
	石炭系	上统	C₂		390	灰色、灰白色石灰岩、白云质灰岩			
		下统	C₁		486 / >200	灰色、灰白色石灰岩	灰色硅质岩、硅质页岩及泥岩		
	泥盆系	上统	D₃		206~1156 / >1971	深灰色、浅灰色、肉红色白云质灰岩、白云岩夹豆状灰岩	硅质岩、生物碎屑硅质页岩，局部夹含磷层	油显示 沥青	
		中统	D₂		147~324 / >540	灰色石灰岩、白云岩夹粉砂质泥岩	浅灰色粉砂质泥岩、泥岩及粉砂岩		
		下统	D₁		689 / >1095	上部石灰岩夹白云岩，下部泥岩夹粉砂岩	灰黑色、浅灰色泥岩、粉细砂岩夹硅质岩		
下古生界	志留系		S		9568 ~ >12054	缺失	灰黑色、黄绿色泥页岩，灰色、黄红色粉砂岩、细砂岩，局部夹粗细砂岩、砾岩，顶部夹少量硅质岩、含锰石灰岩		
	奥陶系		O			缺失			
	寒武系	芙蓉统	€₄		>2319	灰绿色长石石英砂岩，灰色、灰黑色泥岩、页岩	未出露	沥青	具生储盖层

图 6-16 十万大山盆地地层综合柱状图

盆地内沉积盖层为上三叠统至白垩系。最底部为板八组火山岩，厚为180～633m，分布于盆地西南缘，不整合覆于印支期花岗斑岩之上。平硐组不整合于板八组和花岗斑岩之上，下段为海陆交互相沉积，上段为湖相砂泥岩，总厚达2500m。扶隆坳组为一套河湖相红色粗碎屑岩，整合于平硐组之上，厚达4448m。上三叠统出露范围限于盆地西南、钦北贵台以西地区。

侏罗系与扶隆坳组为连续沉积，往东、往北超覆不整合于老地层之上，为以浅湖相为主的碎屑岩，中侏罗统底部局部夹凝灰岩，侏罗系累计厚度达4000m。白垩系在盆地西部与侏罗系连续沉积，在东部为不整合接触，厚为5000m，厚度变化甚大。

古近系和新近系主要分布于盆地西部北缘的宁明、上思等地，为山间盆地型湖泊沉积，厚达1556m，与下伏地层呈不整合接触。

2）岩浆岩

盆地周边地区岩浆岩很发育，分布面积广。岩浆活动时间为海西期至燕山晚期，以印支期为主。岩浆岩以侵入岩为主，其次为喷发岩。

侵入岩主要分布在盆地南缘，沿钦州—灵山断裂带呈北东—南西向分布，与盆地走向一致。盆地内部侵入岩体出露极少，仅在中部有0.1km²的米引岩体，属印支期花岗岩体，侏罗系不整合覆于其上，东部尚有2个小于0.002km²的燕山晚期辉绿岩体，主要岩体特征列于表6-23。由东南往西北方向，岩体侵入活动期由老变新，岩石矿物颗粒由粗变细，结构从似斑状、多斑状变为斑状，岩体依次为董青石黑云母花岗岩、肉红色花岗岩、石榴石董青石黑云母花岗岩、紫苏辉石花岗斑岩、文象花岗斑岩及肉红色花岗岩。岩体形成深度由中深到超浅，岩浆活动规模由大到小，同化混染作用由弱到强，变质矿物由一种增加到二三种，由以董青石为主变为由紫苏辉石为主。

喷发岩主要分布于盆地以北，沿凭祥—崇门断裂呈东西向展布，以断裂南侧较为发育。晚古生代喷发岩层次多、厚度小，为玄武安山岩与碳酸盐岩共生。三叠纪为火山喷发最盛时期，形成巨厚的酸性喷发岩，主要为英安斑岩—石英斑岩，与复理石、硬砂岩共生。自泥盆纪至三叠纪，火山活动随构造运动加剧而增强，岩性由基性、中酸性过渡为酸性。主要喷发岩参见表6-24。

表6-23　十万大山盆地及毗邻地区侵入岩简表

地质年代	岩石类型	主要岩体名称	代号	个数	出露面积/km²	相	产状	接触关系	分布地区
中生代	闪长岩	粉屯	δ_5	1	0.06	浅成	岩瘤	侵入D_3	盆地以北
	辉绿岩	高脊屯	$\beta_{\mu 5}$	19	2		岩墙	侵入$D—T_1$	盆地以北
	单辉橄榄岩	派安屯	ψ_5	8	1		岩墙	侵入P_2	盆地以北
燕山期	辉绿岩	太安	$\beta_{\mu 5}^3$	2	0.0002	浅成	脉状	侵入K_1	盆地内
	黑云母钾长花岗岩	吊鹰岭	γ_5^{2+3}	2	33.3	中深成	岩株	侵入P_3	盆地以南

地质年代		岩石类型	主要岩体名称	代号	个数	出露面积/km²	相	产状	接触关系	分布地区
印支期	第六次	文象黑云母花岗岩	那垌	γ_5^{1f}	2	380	中深成	岩基	侵入 P_3、T_3	盆地以南
	第五次	黑云母紫苏辉石花岗岩	稔稔	γ_5^{1e}	5	108	中深成	岩株	侵入 T_1、P_3	盆地以南
	第四次	紫苏辉石花岗斑岩	台马	$\gamma_{\pi5}^{1d}$	15	1110	浅成	岩基	侵入 P_3—T_1	盆地以南及盆地内
	第三次	堇青石石榴石紫苏辉石黑云母花岗斑岩	大寺	$\gamma_{\pi5}^{1c}$	2	142	中深成	岩株	台马岩体侵入其中	盆地南
		紫苏辉石黑云母花岗岩闪长岩	等增	$\gamma_{\sigma5}^{1c}$	1	30		岩株	侵入 P_3	盆地南
	第二次	堇青石黑云母花岗岩	旧州	γ_5^{1b}	12	980		岩基、岩株	侵入 S、P_3	盆地南
	第一次	黑云母花岗岩	伏波山	γ_5^{1a}	4	1000		岩株	侵入 S、T_1、P_3	盆地南北

表 6-24 十万大山盆地及毗邻地区喷发岩一览表

地质年代		主要岩石类型	层数	总厚度/m	分布面积/km²	产状	接触关系	分布地区
燕山期		辉石安山玢岩、玄武玢岩		>293	0.15	陆相喷发	不整合于 E 之下、T_1 之上	盆地东端
印支期	晚三叠世	流纹斑岩、凝灰熔岩	1	>598	70	岩被	不整合于 T_3 之下	盆地西南部
	中三叠世	酸性熔岩、凝灰熔岩	3	<660	58.6	岩被	夹于 T_2 中上部	盆地北侧
		长石石英斑岩	1	15~537	19.6	岩被	夹于 T_2 下部	盆地北侧
	早三叠世	流纹岩、酸性球状熔岩	1	>6	2	层状	夹于 T_1 中部	盆地南侧
		中酸性（英安质）熔岩	3	<2076	420.7	岩被	夹于 T_1	盆地北侧
		玄武岩、辉绿岩	2	2~14	1	层状	夹于 T_1	盆地北侧
海西期	二叠纪乐平世	酸性熔岩、酸性球状凝灰熔岩	3	>30	1	层状	夹于 P_3 底、中、上部	盆地南侧
		细碧岩、基性熔岩、角砾岩	1	93~141	2.3	岩流	夹于 P_3 中上部	盆地北侧

地质年代		主要岩石类型	层数	总厚度 / m	分布面积 / km²	产状	接触关系	分布地区
海西期	二叠纪阳新世	中基性熔岩、辉绿岩、玄武玢岩	5	208	1.2	岩流	夹于 P_2m（茅口组）	凭祥附近
	早石炭世	基性凝灰角砾岩	1	73	0.8	层状	夹于 C_1 下部	崇左陇那
	中—晚泥盆世	细碧岩、角斑岩	4	50～116	5	岩流	3、4 层夹于 D_3，1、2 层夹于 D_2	龙州板孟

3. 沉积相

本节叙述十万大山盆地及其毗邻地区的泥盆纪、石炭纪、二叠纪及早三叠世的沉积相。

1）泥盆纪沉积相

早泥盆世，盆地南区钦州一带为较深水黑色含笔石泥页岩，为盆地相，以暗色含远岸型浮游生物沉积为特征。早泥盆世早期，盆地北区为陆源碎屑岩沉积，晚期海水扩大和加深，过渡为碳酸盐岩沉积，属盆地边缘相，以暗色含近岸底栖生物和浮游过渡型生物沉积为特征。

中泥盆世，南区为正常浅海盆地亚相，北区为浮游型盆地边缘相。

晚泥盆世，南区以硅质岩为主，北区以石灰岩为主，所含主要化石均为浮游型，代表较为宁静海盆地相。

2）石炭纪沉积相

石炭系为继泥盆系之后又一套浅海沉积。南区仅局部残留早石炭世石灰岩、硅质岩，含浮游生物，属盆地相；北区为相对稳定的台地相泥灰岩—白云岩沉积，富含螳和珊瑚等生物。扶绥地区晚石炭世为咸化海沉积，白云岩较发育。

3）二叠纪沉积相

（1）二叠纪阳新世（P_2）沉积相。

应用实际资料建立了本区二叠纪阳新世（P_2）的沉积相模式，如图 6-17、表 6-25 所示。

① 栖霞组沉积期沉积相。早期海西运动使钦州地槽回返，海水向北退缩，栖霞组沉积期沉积基本上限于十万大山基底大断裂以北，主要发育碳酸盐岩台地型沉积，各相带基本上平行于云开古陆的边界，呈带状分布。自东南往西北分为 2 个沉积区。

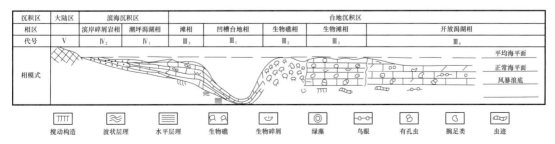

图 6-17　十万大山盆地二叠纪阳新世沉积相模式图

表 6-25　十万大山盆地二叠纪阳新世沉积相模式特征

沉积区	滨海沉积区		台地沉积区				
相区	滨岸碎屑岩相	潮坪潟湖相	滩相	凹槽台地相	生物礁相	生物滩相	开放潟湖相
代号	Ⅳ$_2$	Ⅳ$_1$	Ⅲ$_3$	Ⅲ$_1$	Ⅲ$_2$	Ⅲ$_3$	Ⅲ$_4$
岩石类型	砂岩、泥岩	碳酸盐岩为主，间夹砂质泥岩	石灰岩、藻屑灰岩、藻环灰岩、绿藻灰岩，夹江㻧灰岩	泥晶灰岩、含生物碎屑灰岩、藻屑灰岩，夹亮晶砾屑砂屑灰岩、硅化灰岩，具硅质条带和团块	红藻骨架灰岩、海绵骨架灰岩、藻粘结灰岩、礁屑灰岩、礁角砾岩、白云石化灰岩	生物（碎屑）灰岩、藻灰结核灰岩、藻团块灰岩、砂屑灰岩，夹鲕粒灰岩、石灰岩、绿藻灰岩	石灰岩、藻环灰岩、有孔虫藻屑灰岩、砂屑灰岩、蟆灰岩、绿藻灰岩、鲕粒灰岩、灰质白云岩、江㻧灰岩
颜色			灰色	深灰色、灰色	灰白色、浅灰色	浅灰色、灰白色、灰色	灰色、深灰色、浅灰色
层理			厚层	薄—中层状夹厚层状	块状	厚层—块状	厚层夹中层状
岩石结构			颗粒、粉晶、亮晶	泥晶、粉晶	栉壳、骨架、礁角砾	颗粒、亮晶、粘结、泥晶—粉晶	泥晶、粉晶、亮晶、退变结构
沉积构造			斜层理	微波状层理、微细水平层理	生物原地生长	冲刷、斜层理、小型交错层理、虫迹	鸟眼、虫迹、小型交错层理、斜层理
生物化石			蓝绿藻、有孔虫、腕足类	有孔虫、江㻧、海百合茎、腹足类、绿藻、珊瑚	红藻、蓝绿藻、海绵、苔藓、腕足类、有孔虫	蓝绿藻、有孔虫、棘皮、腕足类、珊瑚、苔藓、瓣鳃类	蓝绿藻、有孔虫、绿藻、棘皮、瓣鳃类、海百合茎

滨海沉积区（Ⅳ）：据地震资料推测可分2个相。潮坪潟湖相（Ⅳ$_1$），分布于宁明派阳—上思—南宁西津一带，以碳酸盐岩为主，间夹泥质岩。滨岸碎屑岩相（Ⅳ$_2$），分布于钦南平福—钦北大塘一带，以泥质岩为主。

台地沉积区（Ⅲ）：沉积界面大部分在平均低潮面以下，深度从几十米至近百米，水体能量一般为较弱至中等。划分为3个相。

凹槽台地相（Ⅲ$_1$），位于凭祥—崇门断裂带以南，主要为深灰色、灰黑色中层状泥晶—粉晶灰岩、含藻屑粉晶灰岩夹硅质岩薄层，见少量珊瑚、有孔虫、绿藻等。

滩相（Ⅲ$_3$），位于宁明—扶绥山圩及上思三化一带，在凹槽台地相的两侧。北侧为灰色、深灰色厚层状泥晶—亮晶砂屑灰岩、生物碎屑灰岩、藻环灰岩、绿藻灰岩等，夹鲕粒灰岩，生物以蓝藻为主，伴生蟆、有孔虫及腕足类等，属低—中等能量滩；南侧为厚层状泥晶灰岩、粉晶藻屑灰岩、藻环灰岩等，夹生物碎屑、砂屑灰岩，生物碎屑以蓝藻为主，含蟆、有孔虫及少量腕足类，属低能滩。

开放潟湖相（Ⅲ$_4$），分布于龙州、崇左一带，以浅灰色、深灰色厚层状泥晶—粉晶灰岩、粉晶有孔虫藻屑灰岩为主，夹亮晶砂屑灰岩、鲕粒灰岩、江珧灰岩、藻环灰岩以及含灰质的白云岩等，具退变结构，发育浅海底栖生物和藻类等。

② 茅口组沉积期沉积相。相带展布与栖霞组沉积期基本相同，滨海沉积区的岩相与栖霞组沉积期相似，台地沉积区的岩性有差异，可分为4个相。

凹槽台地相（$Ⅲ_1$），分布范围与栖霞组沉积期相似，主要岩性为中—厚层状灰色、深灰色含生物碎屑泥晶灰岩、硅化灰岩及砾屑灰岩。

生物礁相（$Ⅲ_2$），沿凭祥—崇门断裂由台地滩边缘向凹槽台地一侧生长，见于宁明、（宁明）亭亮、崇左、（江州）板利一带，可见礁核、礁翼和礁后，礁前因断裂影响而未见。岩性为灰白色巨块状藻包壳粘结岩、障积—粘结岩、丛状管孔藻或钝管海绵等骨架灰岩，夹生物碎屑亮晶灰岩。造礁生物主要有红藻类的管孔藻和蓝藻，以及钝管海绵、苔藓虫等，藻类占70%。礁东翼为角砾岩，没有塌积物；礁西翼由海百合茎泥晶灰岩、海绵障积—粘结岩及白云石（化）灰岩组成，礁后为广滩相，含沥青。

滩相（$Ⅲ_3$），位于凹槽台地相两侧，北侧滩为浅灰色、灰白色厚层亮晶与泥晶间互的砂屑、生物碎屑灰岩、藻灰结核灰岩、藻团块灰岩，夹鲕粒灰岩、蜓灰岩，生物以藻类为主，其次为有孔虫、棘皮、蜓及腕足类等；南侧滩的岩性与北侧相似，唯颜色较深，多具泥晶、粉晶结构，属低能滩相。

开放潟湖相（$Ⅲ_4$），分布于龙州板旺一带，以含生物碎屑泥晶—粉晶灰岩、粉晶藻环灰岩为主，夹亮晶生物碎屑砂屑灰岩、绿藻灰岩，上部夹灰质白云岩。生物以蓝藻为主，其次为蜓、有孔虫和绿藻等。

（2）二叠纪乐平世（P_3）沉积相。

以十万大山基底大断裂为界，南部地壳强烈下陷，陆源物质充足，快速堆积；北部平稳，仍属于碳酸盐岩台地沉积，只是在凭祥—崇门断裂以北地区，海水变浅，局部有海湾、潟湖和沼泽沉积，主要相区如下。

滨岸沉积区：分布于横县—上思以南地区，为滨岸相（Ⅳ）沉积，沉积巨厚，开始为磨拉石沉积，后为滨岸碎屑岩相和沼泽沉积，生物门类有腕足类、瓣鳃类、菊石及丰富的植物种群。

台地沉积区：可分为3种相带。

台盆相：系指台地内部最深水部位，基本上绕大明山海岛分布，岩性为深灰色薄层硅质岩、硅质页岩，含放射虫和菊石等化石。

半局限海台地相：分布于滨岸相与潮坪潟湖相之间、良庆那陈以西地区。早期沉积浅海相碳酸盐岩，岩性为深灰色、灰色薄层至块状泥（粉）晶生物碎屑灰岩、粉晶藻屑灰岩和亮晶生物灰岩。晚期沉积为深灰色薄—中层状粉砂质泥岩、泥岩。生物门类有腕足类、瓣鳃类及三叶虫等。在崇左布农一带夹较厚的玄武岩，内含二叠系阳新统（P_2）石灰岩和硅质岩砾及火山弹等。

潮坪潟湖相：分布于凭祥—崇门断裂以北地区，早期岩性为砂岩、泥岩夹煤层和铁铝质砂泥岩，厚度变化大（0～52m），为潮坪亚相；晚期岩性为含泥和燧石等石灰岩或灰质泥岩、泥质灰岩薄层。

4）早三叠世沉积相

根据沉积环境特征，早三叠世的沉积模式如图6-18、表6-26所示，可分为3个沉积区、6个相。

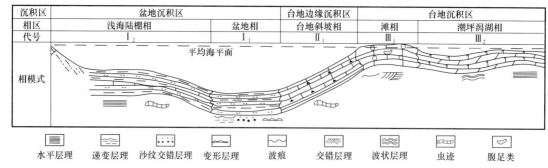

| | | 水平层理 | | 递变层理 | | 沙纹交错层理 | | 变形层理 | | 波痕 | | 交错层理 | | 波状层理 | | 虫迹 | | 腹足类 |

图 6-18 十万大山盆地早三叠世沉积相模式图

表 6-26 十万大山盆地早三叠世沉积相模式特征

沉积区	盆地沉积区		台地边缘沉积区	台地沉积区	
相区	浅海陆棚相	盆地相	台地斜坡相	滩相	潮坪潟湖相
代号	I_2	I_1	II_1	III_1	III_2
岩石类型	泥质粉砂岩、粉砂质泥岩、泥页岩、泥晶灰岩，顶部多为凝灰熔岩	泥质粉砂岩、粉砂质泥岩、泥岩	泥晶灰岩、角砾状灰岩、页岩	亮晶鲕粒（或砂屑）灰岩、泥晶灰岩、白云岩	粉晶白云岩、灰质白云岩、云质灰岩
颜色	浅黄色、褐黄色	灰色、深灰色、灰绿色	灰色、深灰色	灰色、浅灰色、灰白色	浅灰色、深灰色、浅红色
层理	薄—中层状为主	中—厚层状	薄层夹厚层块状	中—厚层状	中—厚层状
沉积构造	水平层理、水平虫迹、交错层理、包卷层理	递变层理、沙纹交错层理、变形层理、槽模、沟模		交错层理、水平层理、斜交虫迹、波痕	波状层理、水平层理
生物化石	薄壳海扇类、腹足类、藻类、植物碎片	菊石、薄壳瓣鳃类	菊石、薄壳海扇类、瓣鳃类	瓣鳃类、有孔虫、藻类、腕足类	腹足类、瓣鳃类、有孔虫

（1）盆地沉积区（Ⅰ）。

盆地相（I_1），分布于（上思）上英以东，以及上思、（宁明）派阳以北，沉积了一套灰色—深灰色泥质粉砂岩、粉砂质泥岩及泥岩，具鲍马序列。砂岩层底面常有重荷模、槽模，槽模方向为270°，砂岩粒度正态概率曲线及 $C—M$ 图均显示为浊流沉积特征。

浅海陆棚相（I_2），分布于横县陶圩、上思及宁明派阳一线以南，在二叠纪乐平世（P_3）沉积的基础上，早三叠世海水加深，沉积了一套黄绿色、深灰色砂泥岩和少量砂质泥晶灰岩，生物有瓣鳃类及植物碎片。在灵山坳底—钦北大寺一带，早期为一套富含瓣鳃类、菊石的陆棚砂泥岩，晚期为一套鲕（豆）粒亮晶灰岩、藻屑灰岩、泥晶灰岩等浅海滩沉积。

（2）台地边缘沉积区（Ⅱ）。

分布于凭祥—崇门断裂以南，南接盆地相，呈菱形分布。岩性为灰色—深灰色泥晶灰岩、泥灰岩、泥岩及角砾状灰岩，局部有凝灰熔岩、玄武岩等。角砾状灰岩有原地成因和异地成因两类，原地成因的板条状角砾灰岩（或称深水碳酸盐岩角砾岩）中，可见角砾呈塑性形变，局部见虫迹和等高流构造。生物局部富集，有瓣鳃类、腹足类及菊石等化石。为较深水斜坡环境下的重力流沉积。

（3）台地沉积区（Ⅲ）。

滩相（Ⅲ₁），分布于凭祥—崇门断裂以北，主要为灰色、灰白色亮晶鲕（豆）粒灰岩、亮晶砂屑灰岩、泥晶灰岩及泥晶含白云石（化）灰岩。

潮坪潟湖相（Ⅲ₂），主要为粉晶白云岩和灰质白云岩以及白云质灰岩、亮晶藻屑含白云石（化）灰岩、粉晶鲕粒灰岩。

火成岩相（Ⅲ₃），分布于台地沉积区内，往西延入越南境内，我国境内见于凭祥的念社、平而关一带，岩性为紫灰色、浅灰色中—厚层状蚀变酸性熔岩夹熔岩角砾岩，含火山角砾凝灰熔岩，出露厚度达 2378m，顶部与中三叠统关系不清。

5）沉积相演化

总观晚古生代至早三叠世沉积相的展布特征，沉积相的演化进程如图 6-19 所示。

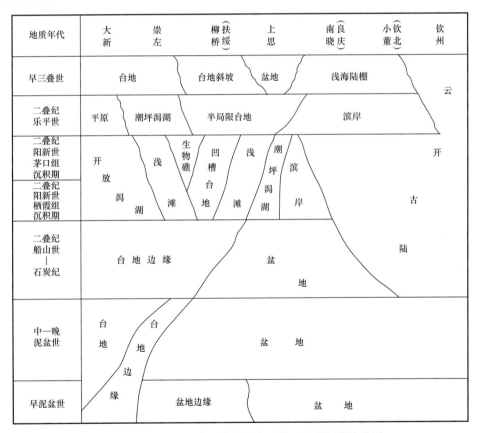

图 6-19　十万大山盆地晚古生代至早三叠世沉积演化图

早泥盆世早期，海水由南往北进侵，北区由海陆过渡相过渡为台地及盆地边缘相。中泥盆世至二叠纪船山世（P₁），基本上继承早泥盆世后期的沉积环境，唯南区在石炭纪开始上升为陆。二叠纪阳新世（P₂）早、晚期的沉积环境相对稳定，晚期的滩相扩大并发育生物礁。二叠纪乐平世（P₃）在上思—宁明板棍出现隆起，南区钦州—灵山太平一带下陷，沉积了巨厚的滨岸碎屑岩；北区大新一带上升为准平原，边缘地带沉积铁铝质砂泥岩，在局限海台地边缘地形差异性大，形成岛屿和潟湖、潮坪海湾，一度变为沼泽，而成为重要成煤区。

早三叠世的海进使大新平原沦于水下，大体以凭祥—崇门断裂为界，以北为浅海台地，沉积鲕粒灰岩、生物碎屑灰岩等；以南为浊流盆地，沉积具鲍马序列的砂泥岩。二者间的斜坡带沉积深水碳酸盐岩，云开古陆北侧为浅海陆棚，沉积砂泥岩夹石灰岩。

三、油气地质

1. 烃源岩

1）油气显示

十万大山盆地的北部边缘具有众多油苗和沥青分布，盆地内的万参 1 井亦见及油、气和沥青显示，总计达 100 处（表 6-27），产出层位以下三叠统和二叠系阳新统（P_2）为多，产出岩性以碳酸盐岩为主，其次为碎屑岩，个别产于火山岩中。

表 6-27　十万大山盆地油气显示统计简表

层位	€	D	C_2	P_2q	P_2m	P_3	T_1	T_2	J	备注
油苗		/1			2/		37/	1/		地面 / 井下
气苗									/1	
沥青	/1	/1	/1	/4	25/	10/	15/		/2	

典型的油气显示如下。

（1）江州六板油苗：产于中三叠统酸性喷发岩的气孔、晶洞及裂隙中，轻质油、重质油与固体沥青共生。油苗的红外光谱与下三叠统油苗的红外光谱相同。产地附近见一条长达 30m、宽 0.5cm 的裂隙为石英斜长石斑岩碎屑、方解石和软沥青所充填，原油呈星点状分布于空洞中。据荧光薄片鉴定，喷发岩中的油苗来自下部碳酸盐岩。

（2）江南岜西油苗：产于下三叠统碳酸盐岩的溶孔、白云岩晶间孔、化石体腔孔和裂隙中，属轻质油与固体沥青共生，呈层状分布。

（3）江南吴圩平花油苗：产于二叠系阳新统（P_2）茅口组石灰岩的晶洞、裂隙及孔隙中。

（4）宁明亭亮陃统固体沥青：在二叠系阳新统（P_2）茅口组上部 80m 厚生物碎屑灰岩的孔隙及化石体腔中普遍含沥青。

（5）宁明老虎山沥青：产于二叠系阳新统（P_2）茅口组生物礁礁核中，大小孔洞普遍被沥青充填，曾见一处 8cm×20cm 的孔洞被沥青填满。硬沥青与粉状沥青共生。

（6）万参 1 井油气显示：井深 1817～1821m 中泥盆统（?）白云岩的裂隙及方解石脉中，用荧光照射发现含油（或油斑）白云岩岩屑 70 颗。钻进至井深 1873.08m 时，在井口技术套管与表层套管的环形空间发现可燃气，主要成分为甲烷。在井深 546～548m、1190～1873.03m 以及 2161～2780.67m 等井段，共有 31 处岩屑见沥青充填。

按照物理化学性质的不同，油气苗和沥青可划分为 6 种类型。

（1）轻质油：黄褐色、浅橙黄色及黄绿色，黏度小，易挥发，烷烃的色谱特征与附近同层位烃源岩分散有机质的色谱特征相似（表 6-28）。

表 6-28　十万大山盆地油苗与烃源岩分散有机质色谱特征对比表

样品编号	样品性质	产地	层位	碳数范围	主峰碳数	Pr/Ph	Pr/C$_{17}$	Ph/C$_{18}$	峰形特征
P52			T$_1$	C$_{11}$—C$_{29}$	C$_{13}$	0.59	0.57	1.32	单峰
1		邕宁（现江南区）	T$_1$	C$_{14}$—C$_{32}$	C$_{19}$	0.77	0.55	0.64	双峰
23C	油苗		T$_1$	C$_{14}$—C$_{32}$	C$_{18}$	0.87	0.39	0.46	单峰
23F			T$_1$	C$_{14}$—C$_{32}$	C$_{19}$	1.12	0.56	0.54	双峰
P23		江州古坡	T$_1$	C$_{13}$—C$_{32}$	C$_{18}$	0.77	0.42	0.48	双峰
S-20	烃源岩	崇左城北采石场	T$_1$	C$_{14}$—C$_{32}$	C$_{18}$	0.89			双峰

（2）重质油：褐色、黑褐色，黏度大，有时呈胶液状，不易挥发，可与轻质油共生，可能是轻质油挥发、氧化后的产物。

（3）软沥青：黑色，质软或呈胶结状，易污手，具油味，多与油苗共生，仅见于三叠系。

（4）硬沥青：黑色，质硬，见贝壳状断口，光泽较亮，不污手，无油味，为原油热变及氧化的产物，主要产于二叠系。

（5）粉状沥青：黑色，质松，呈粉状，易污手，无油味，为硬沥青的风化产物，主要产于二叠系。

（6）天然气：可燃，主要成分为甲烷。

油气显示特征表明：早三叠世以前的油气，成熟度比较高；二叠系产出的固体沥青，碳化程度高，H/C 原子比低，O/C 原子比高。

2）烃源岩的划分和丰度指标

由于实际资料丰富程度和研究程度的不同，不同层位烃源岩的划分标准和方法也不同。泥盆系具有碳酸盐岩类烃源岩 I 级 111～114m，II 级 22～684m；泥质岩类烃源岩 I 级 0～21m，II 级 9～153m。石炭系下统碳酸盐岩烃源岩 I 级 310m，II 级 155m；石炭系上统碳酸盐岩烃源岩 I 级 0～295m，II 级 29～146m。

对二叠系和下三叠统烃源岩的研究较为详细，在研究过程中考虑到本区成熟度高，烃源岩的残余丰度已不能再代表原始丰度，因此应用干酪根热解试验资料。根据干酪根热解累计产率曲线和干酪根热解残余的相应关系进行换算，把烃源岩残余丰度恢复成原始丰度，用原始干酪根含量作为烃源岩有机质丰度的指标，计算出各类烃源岩在不同成熟度下原始干酪根含量的门限值（表 6-29、表 6-30）。

本区二叠系及下三叠统烃源岩有两大类：一是暗色细结构碳酸盐岩，广泛分布于二叠系阳新统（P$_2$）至下三叠统中；二是暗色泥质岩，仅见于二叠系乐平统（P$_3$）及下三叠统。

碳酸盐岩烃源岩主要由灰色、深灰色、灰黑色泥晶灰岩、粉晶藻屑灰岩、生物碎屑泥（粉）晶灰岩及粉晶白云岩等组成。泥质岩烃源岩由灰色、深灰色泥页岩和含粉砂质泥岩组成。

表 6-29　十万大山盆地确定碳酸盐岩生油岩原始干酪根含量门限值表

阶段		热解温度 /℃	$K_{原}$/%						备注
			腐泥型（Ⅰ）		腐殖—腐泥型（Ⅱ₁）		混合型（Ⅱ₂）		
			油	烃	油	烃	油	烃	
未成熟		＜200							
成熟	生油门限	200	2.75	3.13	2.49	2.88	2.28	2.66	（1）表中"烃"系指油和气；（2）$K_{原}$有两种含义：一是指生成 0.42kg/t 烃所需原始干酪根含量；二是指生成 0.36kg/t 油所需原始干酪根含量，分别以烃和油表示
	早期	250	0.82	0.89	0.80	0.90	0.78	0.91	
		280	0.17	0.19	0.19	0.21	0.22	0.24	
	生油高峰	300	0.07	0.08	0.10	0.10	0.14	0.14	
		320							
	晚期	350	0.06	0.07	0.08	0.07	0.11	0.08	
过成熟	早期	450	0.06	0.05	0.08	0.06	0.10	0.07	
	晚期	600	0.06	0.05	0.08	0.06	0.10	0.07	

表 6-30　十万大山盆地确定泥质岩烃源岩原始干酪根含量门限值表

阶段		热解温度 /℃	$K_{原}$/%						备注
			腐泥型（Ⅰ）		腐殖—腐泥型（Ⅱ₁）		混合型（Ⅱ₂）		
			油	烃	油	烃	油	烃	
未成熟		＜200							
成熟	生油门限	200	9.54	10.75	8.65	9.86	7.91	9.11	（1）表中"烃"系指油和气；（2）$K_{原}$有两种含义：一是指生成 0.42kg/t 烃所需原始干酪根含量；二是指生成 0.36kg/t 油所需原始干酪根含量，分别以烃和油表示
	早期	250	2.86	3.05	2.77	3.08	2.69	3.10	
		280	0.57	0.65	0.66	0.73	0.78	0.82	
	生油高峰	300	0.25	0.27	0.33	0.35	0.48	0.48	
		320							
	晚期	350	0.22	0.22	0.28	0.25	0.38	0.29	
过成熟	早期	450	0.21	0.18	0.27	0.21	0.36	0.24	
	晚期	600	0.21	0.18	0.21	0.20	0.35	0.23	

　　烃源岩的分布受盆地基底大断裂和沉积相的控制。碳酸盐岩烃源岩分布于盆地北区，主要分布在碳酸盐岩台地内的凹槽台地相、开放潟湖相、潮坪潟湖相、台地斜坡相以及靠近凹槽台地相区的蓝绿藻低能滩相内。在柳桥—那派—那陈—中山一带，二叠系阳新统（P_2）至下三叠统的烃源岩沉积中心大致重合，叠加厚度达 400～900m，约占地层厚度的 50%～80%。在凭祥、宁明、龙州一带，各层系烃源岩的厚度分别在 200m 以上，但各层

系的沉积中心不重合，叠加总厚度一般小于500m。在凭祥—崇门断裂以南地区，下三叠统泥质岩烃源岩主要分布于浊流相和浅海陆棚相区，其次为台地斜坡相区。在凭祥、宁明和（宁明）峙浪一带，形成厚达200～400m的烃源岩沉积中心，占地层厚度的8%～42%。二叠系乐平统（P_3）的泥页岩烃源岩主要分布于盆地南区的防城大箓、钦北大直和小董一带的滨岸碎屑—滨岸沼泽相区内，厚达500～1500m，占地层总厚的15%～37%。

各层系烃源岩的有机质丰度见表6-31。泥质岩烃源岩的有机质丰度比碳酸盐岩高。在碳酸盐岩中，二叠系阳新统（P_2）栖霞组的丰度比茅口组高，这是由于在栖霞组沉积期凹槽台地相的分布范围较宽，有利于烃源岩发育。

表6-31　十万大山盆地烃源岩有机质丰度表

层位	岩性	原始干酪根含量/%		有机碳含量/%	
		一般	最大	一般	最大
T_1	碳酸盐岩	0.1～0.9	1.13	0.04～0.13	0.16
	泥质岩	1.0～2.7	2.75	0.14～0.25	0.31
P_3	碳酸盐岩	0.5～2.0	4.19	0.05～0.50	1.13
	泥质岩	1.0～5.0	6.06	0.20～0.60	0.84
P_2m	碳酸盐岩	0.1～0.5	0.65	0.02～0.04	0.07
P_2q	碳酸盐岩	0.1～0.6	3.12	0.04～0.06	0.48

3）烃源岩有机质类型

烃源岩的有机质类型主要是指生油母质——干酪根的类型，一般根据干酪根的地球化学、物理化学特征进行划分。可溶性沥青多属于干酪根的热解产物，它具有生油母质的一定特性，故亦可作为划分干酪根类型的一项参数。

本区烃源岩的有机质成熟度高，干酪根的元素组成和结构已发生极大变化，某些划分干酪根类型的指标如H/C原子比等已失去效用，但氯仿沥青、红外光谱却能随有机质类型的不同而表现出规律性的变化。腐泥型有机质的红外谱图中吸收强的峰，多与烷烃中某些基因有关，I_{1460}/I_{1600}大于10。在腐殖—腐泥型和混合型有机质的红外谱图中，与芳香烃有关的某些基因吸收峰则相对增高，烷烃不断裂解而甲烷化，芳香烃则不断聚合成缩合芳香烃，使Ⅰ型、Ⅱ型有机质的红外谱图特征在高成熟和过成熟阶段出现明显差异，从而氯仿沥青红外光谱可作为划分本区有机质类型的有效标志。

干酪根电镜扫描能直观有效地划分有机质类型，腐泥质一般显示为絮状，腐殖型则由壳质体、镜质体等组成，呈棒状、棱角状等。在电镜扫描照片中可直接观察到腐泥质与腐殖质在干酪根中的相对含量，进而划分干酪根类型。

岩石热解的类型指数S_2/S_3在本区偏低，绝大多数烃源岩的S_2/S_3值小于0.8，这是由于成熟度高，残留在烃源岩中的可裂解烃（S_2）所剩无几，S_3又因后期氧化而增高，以致S_2/S_3值很低。但根据未成熟烃源岩热解资料和同一样品的岩石热解及干酪根热解资料，可把S_2恢复成原始可裂解烃S_0，在后期氧化不十分严重的情况下，S_0/S_3尚有一定的参考价值，亦可作为划分有机质类型的辅助指标。

综合上述 3 项指标（氯仿沥青红外光谱、干酪根电镜扫描和 S_0/S_3），结合沉积环境分析，本区海相烃源岩的干酪根类型可划分为腐泥型（Ⅰ）、腐殖—腐泥型（Ⅱ$_1$）及混合型（Ⅱ$_2$）等 3 种（表 6-32）。

表 6-32　十万大山盆地干酪根类型划分表

干酪根类型		氯仿沥青红外光谱 (I_{1460}/I_{1600})	干酪根电镜扫描	岩石热解 (S_0/S_3)	沉积环境
腐泥型	Ⅰ	>10	无定型腐泥类干酪根	>2.5	台地开放潟湖相、滩相
腐殖—腐泥型	Ⅱ$_1$	3~10	无定型腐泥类为主，夹棒状、棱角状腐殖类干酪根	2.0~2.5	半局限海台地相、凹槽台地相、浊流相、浅海陆棚相、台地斜坡相、滩相
混合型	Ⅱ$_2$	1~3	腐殖质与腐泥质含量相近	2.0~2.5	潮坪潟湖相、滨海沼泽相

各类型干酪根的分布特点是：下古生界干酪根类型以腐泥型为主，上古生界以腐殖—腐泥型为主，中生界陆相地层以混合型为主。

4）有机质成熟度

根据各层系的干酪根、氯仿沥青、固体沥青和煤等各项分析资料，古生界及下三叠统烃源岩的有机质均进入成熟晚期和过成熟早期热演化阶段。镜质组反射率一般为 1%~2%，少数大于 2%，牙形刺色变指数（CAI）为 2~4，红外光谱和有机质差热特征如图 6-20 所示，据此可划分为成熟和过成熟两阶段。在成熟阶段中以生油高峰为界，之前为成熟早期（Ⅱ$_1$），之后为成熟晚期（Ⅱ$_2$）。本区烃源岩均已进入成熟晚期，甚至达过成熟早期阶段。根据资料，在成熟晚期内进一步细分成 Ⅱ$_2^1$、Ⅱ$_2^2$ 和 Ⅱ$_2^3$ 3 部分，其中 Ⅱ$_2^1$ 和 Ⅱ$_2^2$ 相当于原油高成熟阶段，Ⅱ$_2^3$ 相当于凝析油、湿气阶段。划分成熟期的各项指标见表 6-33。依据表中所列烃源岩的最大埋藏深度作为标准，对本区各层系烃源岩进行了成熟度程度划分，共分为 Ⅱ$_2^1$、Ⅱ$_2^2$、Ⅱ$_2^3$ 及 Ⅲ 等 4 个阶段，其中 Ⅱ$_2^1$ 仅见于下三叠统烃源岩，其他层系的烃源岩成熟度处于 Ⅱ$_2^2$—Ⅲ 之间。

成熟度总的变化趋热是由北向南增高，这与上覆地层总厚度由北向南增厚的趋势一致。

盆地南部，沿钦州—灵山断裂带分布大面积的海西期—印支期（以印支期为主）侵入岩体，使围岩发生蚀变，蚀变范围内有宽 10m、部分 200~800m 的角岩化。盆地外围的志留系内有宽达 4km 的变质带，这些热变因素有可能影响有机质的演化。但热解分析结果表明，岩浆入侵所引起的有机质热变质的程度和范围比较有限，例如盆地南侧的（灵山）坳底剖面，与台马岩体呈侵入接触的下三叠统石灰岩，最高热解温度为 473~481℃，尚属凝析油—湿气期；又如盆地北侧江州一带，三叠纪喷发岩气孔中有较多油苗，在古坡、雁楼下三叠统酸性火山岩内的石灰岩夹层中的 3 个分析样，岩石最高热解温度分别为 458℃、453℃和 442℃，仍处于生油阶段，与周围地区相应地层的成熟度并无明显差异，由此可见火成岩体对有机质热演化的影响作用并不大。另一方面，岩浆活动期主要发生在海相烃源岩沉积之后和主要生油期（燕山期）之前，因此，本区岩浆活动对有机质热演化的作用一般不大。

表 6-33　十万大山盆地有机质成熟度特征对比表

成熟度	类型		红外光谱特征					DTA后峰温/℃	最高热解温度/℃	CAI指数	镜质组反射率/%	沥青反射率/%	H/C		最大古埋深/m	油气显示	生成主要烃类
		类型	D740/D720	720cm⁻¹峰形	氯仿沥青 D740、D800、D860特征	D1460/D1600	干酪根 D2850-2920						干酪根	沥青			
成熟晚期	II₂¹	1	>1 或≈1	单峰	D740≈D800≈D860	>3	0.10~0.15	400~500	435~455	2~3	0.95~1.35	0.95~1.35	0.58~1.10	0.66~1.45	3100~3770	油苗较多	油—气
	II₂²	2	<1	双峰	D740≈D800≈D860												
		3	<1	双峰	D740>D800>D860		0.07~0.10										
		4	≪1 或<1	单峰	D740>D800>D860								0.55~0.66		3770~6770	沥青为主，苗可见（油）	
	II₂³	5	<1 或≈1	单峰	D740≫D800>D860		0.05~0.07	500~550	455~540	>3	1.35~2.0	1.35~2.50	0.50~0.58	0.50~0.55			凝析油湿气
过成熟	III	6	>1 或≈1	单峰	D740占绝对优势	>3		>550	>540		>2	>2.5	<0.5	<0.5	>6770	未见油苗	干气
		7	≫1	单峰	D740≫D800>D860 出现3050cm⁻¹峰	1~3	0~0.05										

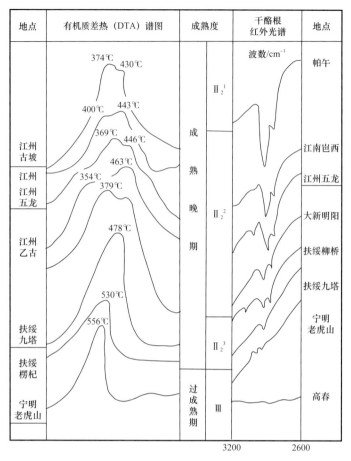

地点	有机质差热（DTA）谱图	成熟度	干酪根红外光谱	地点

图 6-20　十万大山盆地古生界及下三叠统不同成熟度的红外光谱和差热特征图

按照 D.W.Waples 油气形成阶段的 TTI 值划分方法，选取 R_o 为 0.65% 为生油开始门限值、R_o 为 1.0% 为生油高峰值、R_o 为 1.30% 为生油结束门限值，以盆地北部为代表，确定出各层系烃源岩的生油期（表 6-34）。泥盆系、石炭系烃源岩在印支运动之前已完成生油过程。二叠系和下三叠统的主要生油期为侏罗纪。在盆地南部，由于二叠纪乐平世（P_3）沉积厚度大，达 5000m，因此该区二叠系乐平统（P_3）烃源岩的成油期远比北部为早。

综合烃源岩的有机质丰度、类型及成熟度等资料，下三叠统的生油条件最好，其次为二叠系阳新统（P_2）栖霞组。碳酸盐岩的生油条件又比泥质岩优越，泥质岩的生气条件则比碳酸盐岩优越，生气条件以二叠系乐平统（P_3）最好，其次为下三叠统。

5）盆地沉积层具生油可能性

盆地沉积盖层（T_3—K）在地表所见虽然多以红色为主，代表干燥、氧化环境的碎屑岩，但亦可零星见及不少反映温湿、还原或半还原环境的暗色泥质岩和煤线。如（防城）扶隆坳剖面，平硐组（T_3p）见 12m 厚的碳质页岩及灰色泥岩，以及厚 47m 的灰黑色泥岩夹砂岩层；百姓组（J_1b）见 18m 厚的灰黑色泥岩、粉砂岩夹煤线，含黄铁矿结核等；位于那琴凸起北部隆起带上的万参 1 井，井下侏罗系见暗色泥质岩总厚达 197m，单层厚可达 20m，含少量有机质。上述所见均地处盆地边缘，往湖盆中心，沉积环境向还原条件过渡。在研究东凹陷定西圈闭Ⅱ层序地震相过程中，发现凹陷中心具有深湖—半深湖沉积的地震信息，这些层位尚未暴露地表，埋藏较深，具有生油潜力且已达到成熟条件。据此推断，盆地沉积盖层（T_3—J）在凹陷深部可能存在烃源岩，但尚待进一步钻探证实。

表 6-34　十万大山盆地各层系烃源岩生油期限表

层位	开始生油	生油高峰	生油结束	湿气结束
T_1	J_2 初	J_3 末	K_2 初	
P_3	T_2	J_2	K_1	K_2 末
P_2	T_1 末	J_1 初	J_3 初	K_2 初
C_2+P_1	P_2 初	P_3	T_2 初	T_2 末
C_1	C_2	P_2 初	T_1	T_2 初
D_3	C_1 初	C_1 末	C_2 末	P_2 初
D_2	D_3 末	C_1	C_1 末	C_2 末
D_1	D_2 末	D_3 中—末	C_1 初	C_1 末

2. 储层

储层可分碳酸盐岩和碎屑岩两大类。

本区碳酸盐岩储层具有多种岩性和孔隙类型（表 6-35），分布于泥盆系至下三叠统，主要层位为二叠系阳新统（P_2）和下三叠统。

表 6-35　十万大山盆地碳酸盐岩储层特征

岩性	层位	厚度 /m	孔隙类型	孔隙度 /%
生物礁灰岩	P_2m	89.2～271.5	生物骨架孔、体腔孔、晶洞孔、溶蚀孔、粒间孔	0.3～13.0
鲕粒灰岩	T_1	2.3～215.6	负鲕孔、铸模孔、粒间孔、粒间溶孔	0.4～2.8
	P_2	3.1～25.5		
生物碎屑灰岩	D—T_1	1.5～161.6	粒间孔、体腔孔、溶蚀孔、遮蔽孔	0.2～16.0
亮晶藻屑灰岩	D—T_1	1.6～248	粒间孔、溶蚀孔	0.2～10.3
砾屑灰岩	T_1、P_2m	5.7～142.4	砾间孔、溶蚀孔	
粉晶白云岩	T_1、P_2、C、D	1～236.6	白云石化晶间孔、溶蚀孔	1.0～19.0

碎屑岩储层主要为细砂岩和粉砂岩，分布层位有寒武系芙蓉统（$\in_4$）、下泥盆统、二叠系乐平统（P_3）和下三叠统等海相碎屑岩，以及上三叠统、侏罗系等陆相碎屑岩。

各层系储层的厚度和孔隙度见表 6-36。

储层分布受十万大山基底大断裂和沉积相的控制。泥盆系储层主要分布在基底断裂以北的碳酸盐岩台地和台地边缘沉积区。石炭系和二叠系阳新统（P_2）储层仅限于基底古隆起以北区域。二叠系阳新统（P_2）储层主要发育于礁滩相或滩相，以及潮坪潟湖相区域；茅口组储层厚为100～150m，储层发育中心主要在宁明、崇左至扶绥山圩一带；栖霞组储层厚为80～120m，储层发育中心位于宁明、龙州和江州之间，以及上思三化至良庆大塘一带。

表6-36 十万大山盆地储层参数统计表

层位	储层类型	储层厚度 /m	孔隙度 /%	备注
J	砂岩	2300	17～28.4	
T_3	砂岩	3500	9～11.9	
T_1	砂岩	50～150	9.4～33.0	
	碳酸盐岩	100～445	0.4～25.4	
P_3	砂岩	20～1000	9.6～24.2	
	碳酸盐岩	20～60		
P_2m	碳酸盐岩	100～150	0.3～19.0	
P_2q	碳酸盐岩	80～120	0.2～16.0	P_3 砂岩厚度最大达 2245m
C_2+P_1	碳酸盐岩			
C_1	碳酸盐岩	555		
D_3	碳酸盐岩	378	1.9	
D_2	碳酸盐岩	20～135	1.8	
D_1	砂岩	40～210	1.8	
	砂岩	41～96	11.3	
€	砂岩			

二叠系乐平统（P_3）储层主要分布于基底大断裂以南地区。在滨岸相区发育碎屑岩储层，在钦北大直一带最厚可达2245m。在北部地区，储层以碳酸盐岩为主，且厚度大为减薄，一般小于60m，北部储层发育中心在凭祥、宁明一带。

下三叠统储层极为发育。盆地北部，在滩相、潮坪潟湖相区发育碳酸盐岩储层，厚为100～445m，发育中心在扶绥柳桥及上思上英、良庆那陈一带。南区，在浊流相、浅海陆棚相区发育碎屑岩储层，厚为50～150m，主要发育于宁明的峙浪、那楠一带，其次在盆地东端的灵山沙坪附近，储层厚171.5m。

3. 盖层

1）二叠系乐平统泥质岩盖层

十万山盆地二叠系乐平统（P_3）盖层厚500～3000m，为前陆盆地浅海陆棚相泥质岩，于盆地南部宁明—上思、那楠—南屏区稳定分布（图6-21），厚度500～3700m，单层厚度最大达100m。乐平统泥岩的伊利石为47%～80%，绿泥石为12%～28%，高岭石为2%～21%，伊/蒙混层中蒙皂石为30%～35%，R_o 在1.02%～1.96%之间，属中成岩B

阶段。乐平统泥岩的排替压力为18.4～58.1MPa，封盖高度可达1287～2370m（表6-37），封闭性能较好。

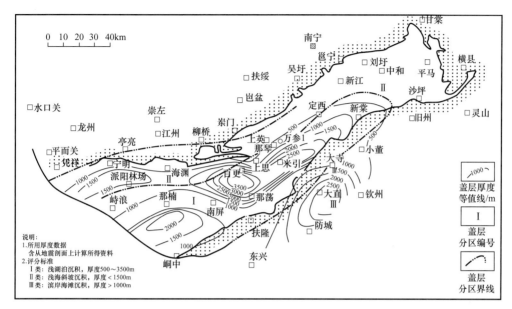

图6-21 十万大山盆地二叠系乐平统泥质岩盖层等厚图（据马力等，2004）

表6-37 十万大山盆地二叠系乐平统泥质岩盖层微观特征统计表

样品序号	密度/g/cm³	孔隙度/%	渗透率/mD	排替压力/MPa	突破半径/nm	中值半径/nm	最大连通半径/nm	比表面积/m²/g	封盖高度/m
1	2.68	0.69	0.0161	58.1	13		18.3	0.41	2370
2	2.70	1.61	0.01	18.4		4	16.0	4.80	1287

2）上三叠统—侏罗系盖层

十万大山盆地上三叠统发育海陆交互相至滨湖、河流相砂泥岩，累计厚度161～3007m，除定西—新棠以北外均有分布，大套泥质岩可达200～300m（图6-22）。侏罗系则以浅湖相泥质岩系为主，厚度普遍大于500m，在峙浪一带最厚可达3500m（图6-23）。

十万大山盆地上三叠统泥岩的伊利石占65%～75%，绿泥石占4%～37%，高岭石占4%～2%，伊/蒙混层中蒙皂石含量占15%～36%，R_o在0.94%～1.98%之间，属晚成岩A—B阶段，泥岩可塑性好到中等。上三叠统泥岩的排替压力为12.8～22.5MPa，平均17.65MPa，封盖高度为897～973m，上三叠统泥岩盖层封闭能力较好（表6-38）。

中—上侏罗统泥岩黏土矿物以伊利石为主，占40%～68%，伊/蒙混层占14%～30%，绿泥石占5%～27%，高岭石占2%～11%，蒙皂石占4%，伊/蒙混层中蒙皂石含量占40%～55%，R_o在0.4%～1.1%之间，属早成岩B—晚成岩A阶段，泥岩可塑性大。盖层排替压力为13.2～49.5MPa，其中大于等于20MPa的占60%；封盖高度为923～2016m，封闭性能较好（表6-38）。

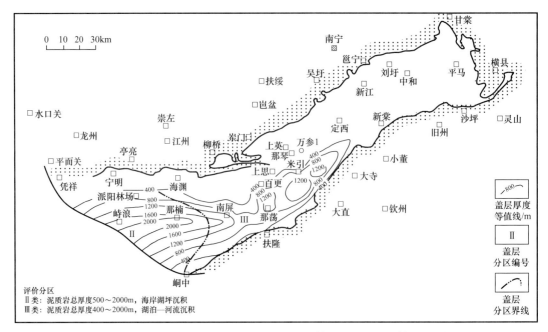

图 6-22　十万大山盆地上三叠统泥岩盖层等厚图（据马力等，2004）

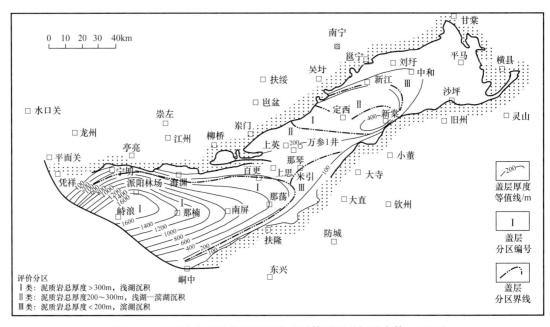

图 6-23　十万大山盆地侏罗系泥岩盖层等厚图（据马力等，2004）

4. 储盖组合

本区可能存在 4 套储盖组合。

（1）以寒武系砂岩为储层、上覆下泥盆统泥质岩为盖层的储盖组合，主要分布在十万大山基底大断裂以北地区。

（2）以泥盆系、石炭系、二叠系阳新统（P_2）碳酸盐岩为储层，二叠系乐平统（P_3）泥岩为盖层的储盖组合，主要分布在盆地北部及北侧崇左一带。

表 6-38　十万大山盆地上三叠统—侏罗系泥质岩盖层微观特征统计表

层位	采样点	岩性	孔隙度/%	渗透率/mD	排替压力/MPa	突破半径/nm	中值半径/nm	最大连通半径/nm	比表面积/m²/g	密度/g/cm³	封盖高度/m
J₃	定1井	泥岩			18.4		2.0	6.3	0.72		1780
	万参1井	粉砂质泥岩			16.0		3.0	16.0	9.28		1120
J₂	宁明那楠	泥岩	5.77	0.0390	43.8	16.9	6.8		3.43	2.56	1813
	上思公正	泥岩	1.20	0.0526	49.5	15.0	5.0	36.0	0.52	2.67	2016
	万参1井	泥岩			15.0		3.6		10.40		1048
J₁	宁明康宁	泥岩	5.91	0.0630	39.0	19.2	9.5		3.62	2.53	1592
	宁明上店	泥岩	7.56	0.0623	28.5	26.3	9.6		4.10	2.49	1163
	上思那琴	泥岩	3.61	2.0430	31.8	24.0	6.0	29.3	1.86	2.61	1296
	上思公正	泥岩	2.42	0.0945	38.5	20.0	6.0	36.6	1.01	2.64	1568
	上思平防	粉砂质泥岩	20.22		13.2		6.1	16.0	21.20	2.28	923
T₃	宁明那支	泥岩	17.84	0.1038	22.5	31.4	12.0		8.95	2.23	973
	上思平垌	泥岩	5.50		12.8		7.7	16.0	10.80	2.58	897

（3）以二叠系碳酸盐岩为储层、下三叠统泥质岩为盖层的储盖组合，分布于盆地西部宁明派阳—上思一线以北以及盆地东部中心至横县一带。

（4）以印支期火成岩体古风化壳为储层、上三叠统至白垩系的泥质岩为盖层的储盖组合。

5. 圈闭

盆地内已发现 12 个地表局部构造（表 6-39），多数为鼻状背斜，轴向以北东向为主，其次为近东西向，倾角一般比较平缓，面积 13~170km² 不等。

地震勘探初步发现不同地震层序界面的圈闭 10 个（表 6-40、图 6-13），其中与地表局部构造有相应关系者 6 个，多属断层—不整合圈闭或背斜—不整合圈闭，个别为火成岩体古潜山圈闭。圈闭轴向以北东向和北东东向为主，倾角平缓，褶皱强度系数一般为 0.07~0.15，闭合高度为 100~600m，个别达 900m，闭合总面积约 465km²，高点埋深在 900~2200m。圈闭中经地震详查落实的有上英—古律和定西两个背斜圈闭。

1）上英—古律圈闭

上英—古律圈闭位于那琴凸起的北部——上思县那琴。不同地震层序界面具不同的构造形态：Ⅵ层序顶界（泥盆系底界）呈北东东向短轴背斜，轴长 20km，宽 6.5km，南翼倾角 16°，北翼倾角 10°，北侧被北东东向古律断层所截，该断层为北倾正断层，断距为 800m，圈闭被北西向平推断层错开，分别形成 3 个高点，埋深在 2000m 左右，最大闭合度为 900m，褶皱强度系数为 0.154；Ⅱ层序底界（侏罗系底界）为北东东向耳朵形半背斜，轴长 14km，宽 3km，南翼倾角 11°，北翼为古律断层截失，古律断层在此表现为逆断层，断距变小（50～200m），高点埋深 1400m，褶皱强度系数为 0.10。

表 6-39　十万大山盆地地表局部构造表

序号	名称	轴向	核部出露地层	面积 /km²	备注
1	上英背斜	NE55°	J_3d	16.4	
2	叫暴鼻状背斜	EW	T_1、J_1b_1	13	
3	风亭河鼻状背斜	NE40°	J_2n	47	
4	大塘鼻状背斜	NE60°	$K_2s_1^2$	108	
5	力勒背斜	EW	K_1x_2	23	
6	飞龙背斜	近 EW	K_2s_1	78	
7	南乡鼻状背斜	NE40°～70°	$K_2s_1^1$	43	
8	公母山背斜	NE65°	T_3	170	西南延伸入越南
9	天岩背斜	NE65°	J_2n_2	20	
10	汪城鼻状背斜	NE60°	J_1b_3	36	
11	白更鼻状背斜	NE65°	J_2n	24	
12	堂金山背斜	NE25°	J_1b_2	77	

K_2s—双鱼咀组，K_1x—新隆组，J_3d—祟力组，J_2n—那汤组，J_1b—百姓组。

表 6-40　十万大山盆地地震局部圈闭表

序号	名称	地震层序	圈闭类型	轴向	高点埋深 / m	闭合面积 / km²	可靠程度
1	上英—古律圈闭	Ⅵ层序顶	断层—不整合圈闭	NE50°	2200	143	可靠
		Ⅱ层序底	背斜—不整合圈闭	NE65°	1400	28	可靠
2	平天圈闭	Ⅵ层序顶	断鼻—不整合圈闭	NE30°	2000		差
3	米引圈闭	Ⅱ层序底	火成岩古潜山圈闭	NE45°	<1000		差
4	定西圈闭	Ⅱ₂层序顶	背斜圈闭	NE50°	1100	24.5	可靠
5	太安圈闭	Ⅱ层序底	半背斜—不整合圈闭	NE50°	1200		差
6	中山圈闭	Ⅱ层序底	不整合圈闭	NE55°	1500		差
7	西宁圈闭	Ⅱ₂层序顶	背斜圈闭	NE60°			差
8	上思圈闭	Ⅱ层序底	不整合圈闭	NE65°	1500		差
9	那凤圈闭	Ⅱ层序底	不整合圈闭	E90°	1300		差
10	明江圈闭	Ⅰ层序底	断层—不整合圈闭	NW340°	1000		较可靠

上英—古律圈闭是在古律断裂基础上因基底上隆所形成的。古律断层主要系印支运动的产物，断层南盘强烈上升产生牵引作用而形成背斜，并遭受强烈剥蚀，致使背斜顶部缺失Ⅳ层序，呈"秃顶"构造；燕山运动再次引起古律断层活动，表现为逆断层性质。

2）定西背斜圈闭

定西背斜圈闭位于中部隆起带中部——南宁良庆区大塘镇，地表称大塘鼻状背斜，地震Ⅱ₂层序顶界呈穹隆背斜（图6-24）。背斜总体走向为北东，北翼被北东向断层所截，又被北西向断层左旋错动。圈闭主体位于东部，大体呈等斜鸭蛋形，高点埋深1050m，倾角平缓（7°～15°），闭合高度在350m左右，圈闭面积为24.5km²。Ⅱ层序底界［相当于侏罗系与下伏海相地层（基底）的不整合面］向南单倾，北缓（8°～10°）南陡（15°～20°）。

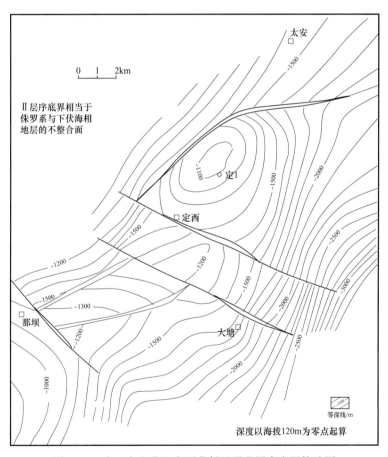

图6-24　十万大山盆地定西背斜地震Ⅱ层序底界构造图

十万大山盆地是在多次构造运动叠加基础上形成的构造盆地，特定的区域构造背景和复杂的沉积发育环境，可能产生多种类型的圈闭。从地震地层学初步解释和沉积相的研究成果分析，盆地内可能存在的圈闭类型有3大类、12亚类（表6-41）。圈闭形成期主要为印支期，同时受燕山期构造运动的影响和改造。圈闭一般形成在主要勘探目的层（T—P₁）的主要生油期——燕山期之前。圈闭与油气形成运移的配置关系较好。

表 6-41　十万大山盆地圈闭类型简表

大类	亚类	局部圈闭
构造圈闭	（1）背斜圈闭 （2）断层圈闭 （3）背斜—断层圈闭	背斜穹隆 断块 断鼻
隐蔽圈闭	（4）超覆圈闭 （5）不整合圈闭 （6）古潜山圈闭 （7）基岩风化壳圈闭 （8）岩性圈闭 （9）礁体圈闭	地层超覆 地层遮挡 火成岩、碳酸岩、古潜山 古岩溶、风化裂隙砂岩体尖灭 浊积砂岩 礁块
复合圈闭	（10）构造—岩性圈闭 （11）构造—地层圈闭 （12）地层—岩性圈闭	断层岩性遮挡 断层不整合、背斜不整合 岩性尖灭—不整合

6. 保存条件

1）构造及岩浆作用对油气保存条件的影响

（1）构造作用。

十万大山盆地是受太平洋板块从东南向西北俯冲牵引影响、在一组左旋剪切应力作用下所形成的帚状构造，主要发育北东向断裂，其次为北西向断裂。北东向断裂在西部地区（上思的平福—南屏一线以西）以压性、压扭性为主，东部则以张性、张扭性为主。地震剖面显示，盆地东区的断裂构造以正断层为主，封闭性差；而靠盆地西部，断裂构造则以逆断层为主，有较好的封闭性。

十万大山盆地断裂带的流体活动时期为燕山晚期，侏罗系碎屑岩中方解石胶结物的碳氧同位素 $\delta^{13}C$、$\delta^{18}O$ 值，比原岩中方解石的高，说明大气水沿断裂带下渗强烈，断裂带和裂缝开启程度较高，因此，十万大山盆地的有效油气藏应远离深大断裂带。

（2）抬升剥蚀作用。

十万大山盆地的沉积盖层，在燕山期—喜马拉雅期遭受强烈抬升剥蚀，剥蚀厚度在2000～4000m 之间，凹陷内部的剥蚀厚度相对较小。白垩系沉积后的抬升剥蚀作用，对印支期—燕山期形成的油气藏有不同程度的破坏，影响最强烈的主要为二叠系及其以下地层直接出露地表的地区，而有中—新生界覆盖的、残留的三叠系、二叠系、石炭系和泥盆系，仍具有一定勘探价值。

（3）岩浆作用。

十万大山地区的岩浆活动从海西早期持续至燕山晚期，盆地南北侧均有大面积分布。盆地北侧以喷发岩为主，南侧主要为侵入岩。岩浆岩均沿盆地南北侧的一些大断裂呈带状分布，且与北东向大断裂走向大体一致。

盆地西北缘及以北地区，火山以喷发活动为主。中—晚泥盆世至早石炭世，为基性、中基性海底火山喷发，早期以溢出为主，后期转为强烈喷发；到二叠纪阳新世（P_2）晚期，再次发生强烈的中基性火山喷发；二叠纪乐平世（P_3），沿凭祥—崇门断裂发生隙—中心式基性火山喷发；整个晚古生代的喷发岩主要为多层次、厚度小的玄武岩—安山岩建造，与碳酸岩建造共生。三叠纪为火山喷发最兴盛时期。早三叠世，在凭祥—崇门断裂以北主要为一套酸性、中酸性熔岩和火山角砾岩，以南则为一套基性火山喷发岩。到中三叠世，断裂以北先是由凝灰碎屑岩—中基性熔岩以及凝灰碎屑岩或酸性熔岩组成2个喷发旋回，之后全为中酸性熔岩喷发；断裂以南则由次火山岩相的长石石英斑岩、凝灰质火山角砾岩—凝灰岩和角砾、凝灰、酸性熔岩——凝灰岩组成3个喷发旋回。

盆地南缘及其以南地区的侵入岩体，沿钦州—灵山断裂带呈北东—南西向条带状分布，属二叠纪乐平世（P_3）—中三叠世的酸性侵入岩体，自东南向西北，侵入期由老变新，岩石矿物颗粒由粗变细。该岩浆侵入活动，使围岩发生蚀变，但岩浆侵入引起的有机质热变质程度和范围是有限的。岩浆侵入发生在盆地的主要生油期——燕山期之前，对生成的油气不起破坏性作用，因此，岩浆活动对盆地中心的保存条件影响较小。

2）水文地质地球化学对油气保存条件的影响

（1）水文地质旋回。

十万大山盆地主要经历了4个水文地质旋回。

A_1：泥盆纪—二叠纪阳新世（P_2）；B_1：二叠纪阳新世（P_2）—乐平世（P_3）；

A_2：二叠纪乐平世（P_3）—早三叠世；B_2：中三叠世—侏罗纪；

A_3：侏罗纪—白垩纪；B_3：白垩纪—古近纪古新世；

A_4：古近纪始新世；B_4：古近纪渐新世—第四纪。

A_1—A_4等4个沉积埋藏阶段是区域离心流发育时期，其中A_2和A_3是主要的离心流时期，也是油气运移、聚集成藏的主要时期。B_2、B_3、B_4为大气水下渗阶段，也是对油气藏破坏最严重的时期。

（2）温泉分布及地层水特征与油气保存。

十万大山盆地北缘的宁明、上思附近，温泉水温及流量稳定，宁明温泉水温稳定在45℃左右，上思温泉水温稳定在34～38℃之间。宁明地表水循环深度约为666m，上思地表水循环深度约为344m。宁明—上思一带油气目的层最小埋深为721m，明显大于地表水的循环深度，故目的层的油气保存条件未受地表水的影响。

十万大山盆地北缘的两处温泉水矿化度和离子浓度低（表6-42）。宁明附近104号温泉的矿化度最大，达到592mg/L，变质系数大。上思的141号和142号温泉的矿化度及离子浓度低，变质系数与明江水的相近，说明十万大山盆地上思的上英鼻状构造的开启程度大，大气水下渗交替速度快，不利于天然气的保存。

（3）现今地层水特征与油气保存。

十万大山盆地万参1井和明1井的地层水具低矿化度、低离子浓度的特点（表6-43），万参1井和明1井的地层水是封存大气水。印支期—喜马拉雅期，盆地北缘和东部大部分地区长期处于大气水下渗向心流的局部水动力环境，万参1井和明1井不同年代地层中的孔隙水被下渗大气水交替淡化，继承性的大气水下渗淡化作用，使得地层水的矿化度和离子浓度低，脱硫系数大，盐化系数小，且这两类系数与明江水和第四系的潜水性质类似。

万参1井和明1井处于盆地北缘，距供水区近，且周围断裂发育，其水动力受到地表下渗大气水的作用。盆地西南部断裂活动减弱，有大片中—新生代地层覆盖，推测封盖条件可能变好，水动力可能处于内循环环境，保存条件较好。

表 6-42　十万大山盆地温泉水、明江水化学特征统计表

化学性质	141 号温泉	142 号温泉	104 号温泉	明江水
$K^+/$（mg/L）	0.95	0.95	2.10	1.49
$Na^+/$（mg/L）	1.55	2.00	9.05	2.06
$Ca^{2+}/$（mg/L）	121.20	145.80	182.60	8.19
$Mg/$（mg/L）	4.37	7.89	22.07	1.37
$Cl^-/$（mg/L）	2.85	3.66	4.62	4.54
$SO_4^{2-}/$（mg/L）	7.82	8.23	10.29	3.36
$HCO_3^-/$（mg/L）	38.70	47.45	66.66	27.90
变质系数	0.84	0.84	3.01	0.70
脱硫系数	73.29	69.22	69.01	42.53
盐化系数	0.074	0.077	0.069	0.163
pH 值	6.6	6.5	6.2	6.0
矿化度 /（mg/L）	320.0	406.0	592.0	—
水温 /℃	38	34	45	—
可溶 SiO_2/（mg/L）	13.0	14.0	40.0	2.6

表 6-43　十万大山盆地万参 1 井、明 1 井水化学特征统计表

化学性质	万参 1 井			明 1 井	
	1059～1090m	1695～1722m	1781～1832m	933～948m	1099.2～1108.2m
$K^+ + Na^+/$（mg/L）	66.31	64.53	128.59	483.14	435.95
$Ca^{2+}/$（mg/L）	265.90	189.45	82.93	6.87	10.87
$Mg^{2+}/$（mg/L）	75.50	76.76	24.11	2.28	2.16
$Cl^-/$（mg/L）	23.78	33.01	42.45	99.88	249.91
$SO_4^{2-}/$（mg/L）	41.47	19.56	23.21	53.56	107.47
$CO_3^{2-}/$（mg/L）	—	—	—	83.48	65.33
$HCO_3^-/$（mg/L）	1408.78	1052.63	612.64	904.90	501.59
变质系数	4.29	3.01	4.66	7.44	2.68
脱硫系数	63.56	37.20	35.35	34.91	30.07
盐化系数	0.017	0.031	0.069	0.101	0.441
pH 值	7.1	7.6	7.2	7.9	7.7
矿化度 /（mg/L）	1872.86	1436.25	914.00	1634.25	1373.35

（4）流体动力与油气保存。

十万大山盆地现今水动力场可划分为：大气水下渗区、地下水径流区和区域地下水流动区（图6-25）。大气水下渗区不利于油气的保存，地下水径流区对油气的保存条件也较差，区域地下水流动区（在十万大山盆地即是中三叠统泥岩、粉砂质泥岩覆盖区）对油气保存较有利。

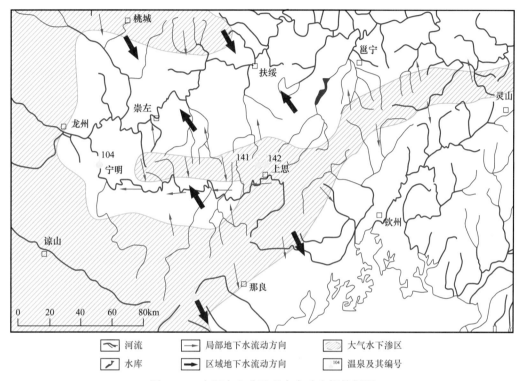

图6-25 十万大山盆地现今水动力场特征图

3）油气保存条件综合评价

十万大山盆地的有效油气藏保存单元应远离大断裂带。燕山期—喜马拉雅期盆地的地层剥蚀厚度为2000~4000m，凹陷内部的剥蚀厚度较小，影响最强烈的地区主要为二叠系及其下伏地层直接出露地表的地区，而其他地区影响相对较小；火成岩主要发育于海西期—晚燕山期，对于印支期的初次生烃有破坏作用，对燕山期二叠系乐平统（P_3）、下三叠统的二次生烃也有一定的穿透、破坏作用。

十万大山盆地构造活动频繁，油气成藏经过了多次生烃、多次运聚，并遭受多次调整与破坏。综合评价认为：盆地西南部宁明—上思、（上思）板细、（上思）平福一带具有相对较好的保存条件，为Ⅱ类较有利油气保存区（图6-26）。

7. 古油藏

岜西下三叠统古油藏位于十万大山盆地北缘、凭祥—崇门断裂北侧的海相中—古生界露头区，属古潜山地层圈闭型古油藏。下三叠统残山的地层倾向东南、倾角20°，其上有侏罗纪地层不整合残留；储层为下三叠统鲕状灰岩、砂屑灰岩，沥青、油苗显示层累计厚22m，出露宽度70余米，石灰岩的晶间溶孔及裂缝被大量黑色沥青充填，部分晶洞尚有轻质原油分布，沥青反射率 R_b 为0.86%~2.01% 不等，且以大于1.3%者居多。

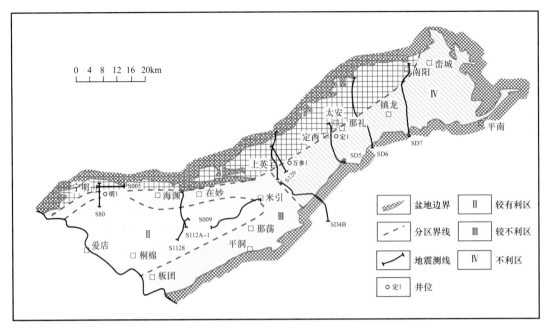

图 6-26　十万大山盆地有利保存区预测图

不同演化程度烃类的共存现象（表 6-44），展现了古油藏存在多期进油及进油后被改造破坏的地史经历。

表 6-44　十万大山盆地岜西古油藏下三叠统罗楼组油苗、沥青产状及反射率统计表

地层	油苗、沥青产状	R_b/%	折算 R_o/%
第 5 层	分散状充填于石灰岩孔隙中的沥青	1.31～1.35	1.28～1.31
第 4、第 6 层	充填于构造缝中的沥青	0.98～1.43	1.04～1.36
第 7 层	石灰岩生物体腔内充填的沥青	0.86～1.35	0.96～1.31
	石灰岩微裂隙呈网状分布的沥青	1.01～1.07	1.06～1.10
第 8 层	石灰岩溶缝、孔洞中沥青与油苗共生	1.58～1.90	1.47～1.69
第 9 层	缝合线中的沥青	1.29～1.71	1.26～1.56
第 9、第 10 层	鲕粒含云灰岩孔隙中充填的沥青	1.20～2.01	1.20～1.77

R_o=0.3443+0.7102R_b（引自杨惠民等，1999）。

1）古油藏成藏期及其有效成藏组合分析

十万大山盆地以上思—沙坪大断裂（即盆地基底大断裂）为界，分为南部地区与北部地区，分属两个不同的沉积构造发展区块和岩浆活动区块，烃源岩的类型也有较大的差别。

（1）南部区块的基底属钦防海槽，晚加里东期—早海西期发育深海盆地沉积，东吴运动回返造山，形成海西褶皱基底。二叠纪乐平世（P_3）末，发育巨厚的磨拉石前陆盆地沉积，并伴随多次水下酸性火山岩喷发，在盆地中形成明显的中央隆起带，导致中—下三叠统沿此带南北岩相分异，直至印支运动褶皱造山，形成十万大山盆地褶皱基底。

因此南部区块的下泥盆统—二叠系阳新统（P_2）以发育海相的深水盆地相泥质烃源岩为特点。由于这些烃源岩多次遭受强烈形变及岩浆活动改造，又处于巨厚的陆相盖层覆盖的深陷部位，因此，除了已取得一些区域背景基础资料以外，有关烃源岩的研究程度较低，资料缺乏。

（2）北部区块的基底属湘桂地块，以发育大陆边缘海槽盆与台地相间的半深海过渡相—浅海台地相沉积为特征，中—古生界海相层遭受形变的期次少、强度弱，中生代盖层厚度也相对小些。据前人研究成果，烃源岩发育的层位有 D_{1-2}、P_2、P_3、T_1 等 4 个，迄今已在盆地北缘发现岜西（T_1）、亭亮（P_2m）等潜山型、生物礁型古油藏和大量 P_2、T_1 的油苗、沥青显示（图6-27），还在盆内唯一的深井——万参1井的侏罗系砂岩及其不整合面下的泥盆纪地层发现多层段油、气、沥青显示，其中下泥盆统沥青砂岩的累计厚度为98m，沥青面充填率高达4%～12%，表明北部区块地史上曾发生过不止一期的烃类生成和运聚事件。

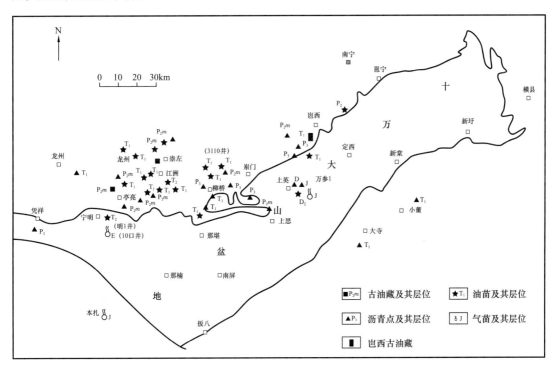

图6-27　十万大山盆地油气显示及岜西古油藏平面分布图

据岜西下三叠统古油藏的油、沥青、烃源岩的芳香烃特征化合物对比资料（图6-28、图6-29），共同展示了高菲、高二甲基菲、低萤蒽的组合特征。古油藏的主力烃源岩为早三叠世的台缘斜坡深水相暗色泥质灰岩、泥页岩，而二叠系乐平统（P_3）的暗色生物碎屑泥晶灰岩，除具相同的高菲、高二甲基菲的组合特征外，还以高萤蒽的组合差别呈现为非主力烃源岩。

岜西下三叠统油苗、沥青的族组分碳同位素组成分布图，分别与下三叠统、二叠系乐平统（P_3）烃源岩的干酪根碳同位素组成分布呈线性相关；固体沥青以 $\delta^{13}C_{饱和烃}$ 重于 $\delta^{13}C_{芳香烃}$、$\delta^{13}C_{沥青质}$ 轻于 $\delta^{13}C_{非烃}$ 的异常反序分布（图6-30），揭示 R_o 大于 1.3% 的碳沥青，在它们改造为碳沥青之前，曾经遭受氧化作用的改造，从而导致 $\delta^{13}C_{饱和烃}$ 值变重，因此岜西下三叠统古油藏多数沥青的成因类型应属先氧化形成固态沥青、后叠加深埋热演化改造而形成的"改造型碳沥青"，这与纯粹由液态原油热裂解而两极分化所形成的天然气伴生"碳沥青"的成因类型不同。

岜西下三叠统的沥青与下三叠统烃源岩，同步辐射 X 荧光分析获得的有机质微量元素组成特征对比，以 $Fe\alpha$-$Ca\alpha$-$Fe\beta$-$Sr\alpha$ 组合的相似性（图 6-31）也展现了二者的亲缘关系。

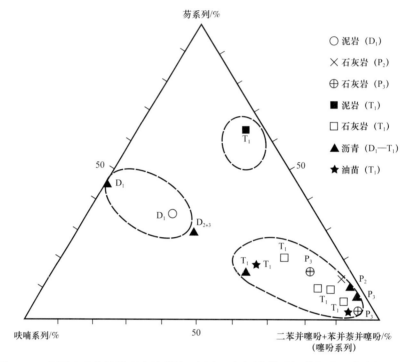

图 6-28 十万大山盆地岜西古油藏油、沥青、烃源岩芳香烃特征分子化合物对比图

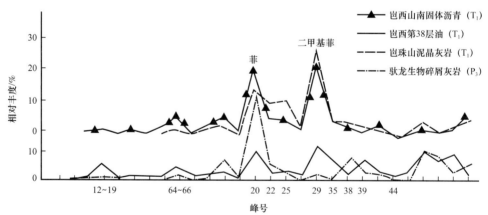

二环芳香烃：12～29—三甲基萘，64～66—甲基二苯并呋喃；

多环芳香烃：20—菲，25～26—9-4、1-甲基菲，29～35—二甲基菲，38—荧蒽，39—芘，44—甲基荧蒽

图 6-29 十万大山盆地岜西古油藏油、沥青、烃源岩芳香烃特征分子化合物分布对比图

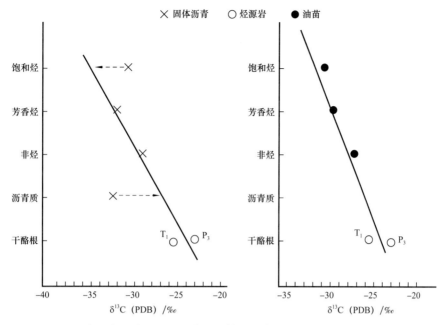

图 6-30 十万大山盆地岜西油苗、固体沥青族组分碳同位素组成与烃源岩
干酪根碳同位素组成相关图（据杨惠民等，1999）

据采自北部区块下三叠统台缘斜坡深水相暗色泥质灰岩、泥页岩少量代表性样品的有机质丰度分析数据，有机碳可达 0.7%～2.95%，平均 1.4%，已达到满足工业性聚集的碳酸盐岩类烃源岩丰度评价标准下限值（＞0.3%）。

据十万大山盆地沉积、构造背景资料，北部区块的烃源岩，除下泥盆统—二叠系阳新统（P_2）烃源岩在印支期达到生烃高峰、大量排烃并形成相关的古油藏外，其上部的二叠系乐平统（P_3）—下三叠统台缘斜坡深水相烃源岩，在印支期的最大埋深不足 2000m，纵然有较高的古地温梯度（3～4℃/100m），也难以使烃源岩达到生烃高峰并大量排烃的有效阶段，之后又遭受印支主幕（T_3—T_2）强烈褶皱、抬升剥蚀的影响，直至厚达 2000 m 以上的侏罗系区域性盖层的叠覆，才使下三叠统烃源岩达到生烃高峰、大量排烃，并向盆地北缘的前陆隆起高部位作区域性指向运移聚集，充注进岜西下三叠统古潜山地层圈闭型古圈闭中成藏，因此岜西下三叠统古潜山型古油藏的成藏时间应是 140Ma 左右的燕山主幕（K_1—J_3）。与此成藏期匹配的有效储集空间，是经历了印支构造运

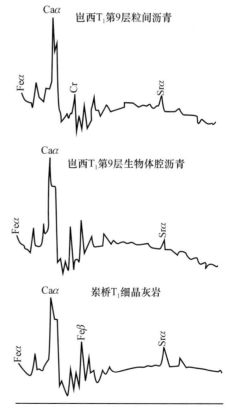

图 6-31 十万大山盆地岜西沥青和下三叠统
烃源岩有机质微量元素组成对比图
同步辐射 X 荧光分析

动所形成的构造缝，及其在燕山深埋期（埋深＞3000m）由深溶作用所形成的裂缝－溶孔或溶孔—裂缝复合储渗系统，其孔隙率为1.2%～8.2%，实际测得沥青充填的面孔率为7%。

2）油藏的改造与破坏

燕山主幕的隆升剥蚀，导致前陆隆起部位区域性盖层大部被剥蚀。岜西等一批古油藏受侧向天水下渗，改造为氧化沥青残留；之后，十万大山盆地受期后走滑断层影响，盆地再次被早白垩世河湖沉积覆盖，紧接着又发生K_2/K_1之间的燕山晚幕构造运动，使十万大山盆地发生了基底卷入型陆内俯冲造山形变。盆地内逆冲推覆形变继续由东南向西北方向推进（图6-32），原北部区块的二叠系—下三叠统烃源岩进一步被剪切、重叠、增温，新一期生成的轻质油气，沿断裂—裂缝输导系统充注进古油藏燕山晚期新形成和残存的缝—洞（孔）储集空间，先期已蜕变的氧化沥青被叠加改造，形成"改造型碳沥青"，直至喜马拉雅期十万大山盆地全面抬升。岜西等一批古油藏暴露地表被彻底破坏，造就了十万大山盆地北缘P_2、P_3、T_1三个层位、长达180km的沥青、油苗显示这一特殊景观。

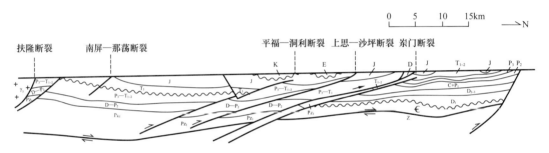

图6-32　十万大山盆地岜西下三叠统古潜山型古油藏形成模式及改造推测图

四、有利区带及远景评价

十万大山盆地各二级构造单元的含油气基本条件如下。

中部隆起带：该隆起带宽10～15km，面积3010km²，为海西期—印支期形成的古隆起，局部圈闭多集中于此带，经地震查证，有10个圈闭成带分布（表6-40）。圈闭类型可能有：断块、断层遮挡、背斜、地层不整合、岩性尖灭和生物礁体等，这些圈闭形成于生油高峰期之前，因此，生油期与圈闭形成期配置关系好。此带与南、北两油源区紧密相邻，是油气运聚的指向所在。主要勘探目的层为三叠系—二叠系阳新统（P_2），埋藏深度在1200～3000m之间。

南部坳陷带：此带长期属于断坳性质，面积6765km²，为主要油源区。因沉积盖层厚、成熟度偏高，故认为应以找气为主。圈闭类型有地层尖灭、断层遮挡和浊积砂体等。勘探目的层埋深大于3000m。

北部斜坡带：为海相碳酸盐岩烃源岩发育区，上覆有泥质岩，可作区域盖层，目的层埋深浅，一般小于1000m，圈闭类型有地层超覆、岩性尖灭、生物礁体以及断层遮挡等。

综上所述，中部隆起带是十万大山盆地中最有利的含油气前景区。

第三节 赤水地区

一、概况

赤水地区在地质构造上称赤水凹陷，属四川盆地川南坳陷伸入贵州的部分，面积3100km²，地貌属中、高山区，地形切割强烈，沟壑纵横，地面海拔346～1114m。气候属贵州高原亚热带季风气候，年平均气温18.2℃，年降雨量平均为1292mm。公路和水运交通比较方便，有公路与黔北遵义和川南泸州等地相通；赤水河上的航运与长江航道相接。是黔北工农业较发达的地区之一。

四川石油管理局于20世纪50年代初期，在赤水地区进行石油地质调查中，发现了太和、旺隆两背斜构造。1966年开始在上述两背斜构造上进行地震勘探，完成地震测线165km（光点地震仪）。1966年4月15日，在太和背斜顶部钻探太1井，同年8月21日完钻，完钻井深为1384.11m，井底层位为下三叠统嘉陵江组三段三亚段（$T_1j_3^3$）。经对嘉陵江组四段一亚段（$T_1j_4^1$）—嘉陵江组三段三亚段（$T_1j_3^3$）进行完井试油，获日初产天然气$25 \times 10^4 m^3$。1966年5月15日，在旺隆背斜顶部钻探旺1井，同年12月29日完钻，完钻井深1531.95m，井底层位为嘉陵江组二段三亚段（$T_1j_2^3$）。1967年1月经对嘉陵江组二段三层进行完井测试，获日初产天然气$38 \times 10^4 m^3$。之后，两背斜构造上共钻井8口（太和6口，旺隆2口），进尺13158.23m，发现了太和、旺隆两个气田。四川石油管理局在完成上述工作量后，于1973年移交贵州石油勘探指挥部继续勘探开发。

1973年以后，贵州石油勘探指挥部在赤水地区，对太和、旺隆、官渡、雪白坪、宝元及西门等背斜进行了地面地质详查和地震勘探，至1989年底，在上述构造分布的1100km²范围内，累计完成地震测线1758.3km；发现或证实地面背斜构造7个，发现潜伏高、断鼻5个；累计完成探井25口，总进尺60327.44m（此外，地质部门为在该地区找盐，钻井3口：赤1井、赤2井、赤3井，总进尺5286.10m）；建成了太和、旺隆两个气田；发现了官渡含气构造；累计采气$6.93 \times 10^8 m^3$。

1990年，滇黔桂石油勘探局决定在继续搞好百色盆地油田开发的同时，抽出力量恢复和加强赤水地区的勘探与开发。1991年12月，滇黔桂石油勘探局根据赤水凹陷宝元地区的地震解释和地质分析研究成果，在宝元构造高点上部署钻探宝1井，该井于1992年5月31日完钻，完钻井深2047.67m，6月2日对2043.0～2047.65m井段的下三叠统嘉陵江组三段一亚段（$T_1j_3^1$）储层试气，获日产$51.7 \times 10^4 m^3$，无阻流量为$152.3 \times 10^4 m^3/d$，从而发现了宝元气田。

2002年9月，中国石化南方勘探开发分公司在官渡构造带的官南构造上部署钻探官8井，该井于2002年9月26日开钻，2003年1月23日钻至上三叠统须家河组四段（T_3x_4）储层段发生强烈气喷，经测试，产天然气$9.92 \times 10^4 m^3/d$，从而发现了官渡气田。

2009年底前，工区内共完成二维地震223条，一次覆盖长度3753.23km，三维地震630.19km²（包括五南、旺隆、旺南、官渡、官南、官中北、二郎—高竹、雪柏坪—西门等8个区块）；2010年采集二维地震测线32条，一次覆盖长度1299.48km，满覆盖 994.520km。2000 年以后采集处理的较高品质二维地震资料主要分布在太和、旺隆、宝元等构造位置，测网密度达到 4km×4km。现今累计发现、落实构造圈闭 18 个。区内共完钻井 76 口（含侧钻井 1 口），获工业气井 36 口，发现气田 4 个，获探明储量 $44.91×10^8 m^3$，累计产天然气 $21.37×10^8 m^3$（表 6-45），其中三叠系的嘉陵江组、须家河组为探区主要的产气层位。

表 6-45　赤水地区探明储量及历年累计产气量统计表

气田名称	探明储量 $/10^8 m^3$	历年累计产气量 $/10^8 m^3$
太和（场）	7.04	5.22
旺隆	14.52	9.85
宝元	13.19	5.63
官渡	10.16	0.67
总计	44.91	21.37

资料来源：据自然资源部《2017 年全国各油气田矿产探明储量表》。

二、区域地质

1. 构造

赤水地区位于四川盆地南缘、川南低缓褶皱带的尾端，其现今构造形迹完全受四川盆地构造格局及构造发展演化的影响。四川盆地所处的大地构造背景和盆地的发展演化，直接影响着赤水地区的地质、构造及沉积等特征。

四川盆地的形成和发展先后经历多期构造运动，赤水地区同四川盆地一样，主要经历了 6 期构造运动，分别是：（1）志留纪末加里东晚期构造运动；（2）二叠纪阳新世末海西期东吴构造运动；（3）中三叠世末期印支早幕构造运动；（4）侏罗纪末期早燕山构造运动；（5）古近纪古新世末期喜马拉雅 I 幕构造运动（四川运动）；（6）古近纪末期喜马拉雅 II 幕构造运动（华北运动）。

赤水地区在经受了历次构造运动的影响之后，现今保存有东西向和近南北向两组构造形迹。东西向构造为自北向南分别包括太和、旺隆构造在内的长垣坝构造带；近南北向构造从东向西有塘河—官渡构造带、合江—旺南—元厚构造带、庙高寺—复兴—雪柏坪构造带及五南—宝元—龙爪构造带。这种复合构造格局是多次构造运动复合叠加的结果，同时也对赤水地区圈闭的形成、多组系断裂裂缝系统的发育及油气的运移聚集产生了深远影响。

志留纪末期的晚加里东构造运动，使上扬子地台西北部整体抬升，乐山—龙女寺古隆起与黔中古隆起连为一体，形成川黔古陆，大面积缺失泥盆纪—石炭纪沉积。位于古陆之上的赤水地区长期遭受风化剥蚀，志留系仅残留下统；海西期二叠纪阳新世末的东吴运动，使四川盆地差异隆升，周缘发生张性断陷，赤水地区上升为陆，泸州古隆起已具雏形，茅口组遭受风化剥蚀；中三叠世末期的印支早幕运动，使四川盆地再次隆升为陆，它是四川盆地由海相沉积转变为内陆湖泊沉积的重要转折期，同时在盆地中部形成了北东向的泸州—开江古隆起，赤水地区位于泸州古隆起东南翼的斜坡地带，遭受强烈剥蚀，仅保存了嘉陵江组以下地层；侏罗纪末，早燕山运动使四川盆地再度上隆，赤水一带褶皱不明显，主要表现为强烈的抬升，导致侏罗系上部地层被剥蚀后，随后又急剧沉降。

总体上，由于地壳升降运动，加里东期—燕山期的构造运动在赤水地区主要表现为差异升降，造成地层缺失和上、下地层间的假整合接触，但无大规模强烈褶皱形成。

喜马拉雅期是四川盆地盖层构造演化的重要时期，为赤水地区强烈褶皱变形阶段，也是构造演化形成的关键时期（图 6-33）。构造演化分析认为，燕山晚期以来，赤水地区主要经历了以下两期构造叠加复合应力作用。

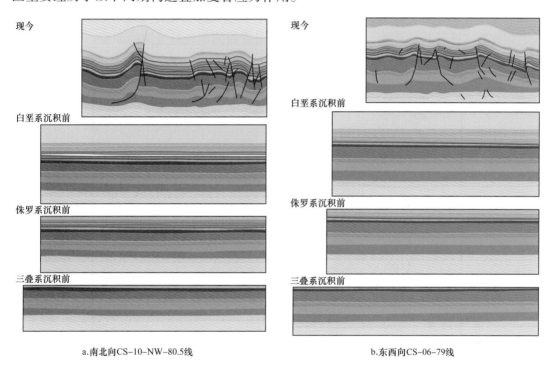

a.南北向CS-10-NW-80.5线　　　　　　　　　　b.东西向CS-06-79线

图 6-33　赤水地区构造演化史分析剖面图

古近纪古新世末期喜马拉雅 I 幕构造运动（四川运动）：这一时期中国大陆构造应力作用的动力来源是自西南向东北，与印度板块快速向北移动、特提斯洋缩小有关，以形成北东东—南西西向构造为主。在这一构造应力背景下，赤水地区受黔中古隆起向北的构造挤压力作用影响，沉积盖层发生褶皱变形，形成了东西向延伸的包括太和、旺隆构造的长垣坝构造带以及长垣坝大断裂，其次形成了一些规模不等的近东西向的小型构造和断层，如宝元北断裂。

古近纪末期喜马拉雅 II 幕构造运动（华北运动）：这一时期中国大陆构造应力作用的动力来源是自东向西，是由于西太平洋俯冲带的形成使今中国大陆大部分地区受到近东西向挤压，以形成北北东和南南西向构造为主。受四川盆地东部边缘自东而西的挤压应力，川东地区形成背斜窄、向斜宽平的隔挡式褶皱冲断带；川南地区则受华蓥山基底断裂西部基底硬块和乐山—龙女寺古隆起硬块影响，应力方向由东西向转为北东—南西向，在赤水地区形成一系列与帚状构造同属一个体系的北北西向构造。

总而言之，赤水地区的构造特点有：（1）构造非常复杂，但总体上可分为两个方向或两组构造（图6-34），一是以太和、旺隆为主的东西向构造；二是北北西向（或近南北向）构造。该方向构造总体上可分为4个构造带，由东向西分别是：官渡构造带，旺（隆）北—旺（隆）南—元厚构造带，太（和）北—复兴—雪柏坪—西门构造带，以及五南—宝元—龙爪构造带。（2）两组构造是两期构造运动的产物，分别属于不同的构造期次，在形成时间上有先后。研究表明：东西向构造形成在先，南北向构造形成在后，后期构造运动在前期构造的不同地段、不同构造及构造部位、不同层位上均有叠加改造的现象存在，由此形成了赤水地区现今非常复杂的构造格局。（3）对于赤水地区的构造圈闭来讲，不管是东西向构造形成时期或是南北向构造形成时期，研究表明都能形成规模大小不一的断层、裂缝，而两组构造均发育的叠加部位更是断层、裂缝最发育的部位，因此在本区寻找二叠系、三叠系储层，就是寻找两组裂缝叠加的部位。

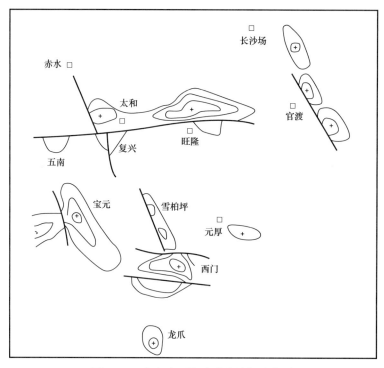

图 6-34　赤水地区构造形迹叠加示意图
根据二叠系阳新统顶部构造图简化

赤水地区的地表构造线有东西向及北北西向两组，两组构造线的复合叠加，形成了该地区一系列背斜构造圈闭，其中，地表背斜构造形态较明显者，计有太和、旺隆、官渡、宝元、雪柏坪及西门等，经地震勘探发现的有：复兴鼻状构造、旺西南潜伏高、旺南潜伏高、二郎鼻状构造和五南鼻状构造等。

太和、旺隆背斜是川南长垣坝东西向构造带的组成部分，组成该构造带的付家庙、长垣坝、沈公山、打鼓场、五通场（在四川境内）以及太和、旺隆、官渡、宝元背斜均已构成气田。现将太和、旺隆、宝元、官渡等背斜的构造基本数据列于表6-46。

表 6-46　赤水地区地表构造基本数据表

构造名称	层位	长轴 / km	短轴 / km	闭合面积 / km²	闭合高度 / m	高点埋深 / m
太和	T_3x 底	5.0	3.0	11.2	250	1206
	P_3 底	7.0	4.5	24.5	750	2413
	S 底	7.0	5.0	21.5	450	4093
旺隆	T_3x 底	9.0	4.5	19.8	520	1249
	P_3 底	10.0	3.0	16.3	500	2540
	S 底	9.0	3.0	19.3	400	3854
宝元	T_3x 底	5.0	3.0	11.8	350	1750
	P_3 底	2.0	1.8	4.1	250	2957
	S 底	2.0	1.5	2.3	40	4488
官渡	T_3x 底	18.1	4.8	40.1	260	1800
	P_3 底	20.0	8.8	48.3	310	4100（？）

T_3x—须家河组。

2. 地层

赤水地区的地表大部分为上白垩统陆相红色地层所覆盖，东南边缘地区及部分地表背斜的核部有侏罗系分布。地腹震旦系、寒武系、奥陶系及志留系均保存完好；缺失泥盆系、石炭系；二叠系直接覆盖于志留系兰多维列统（S_1）侵蚀面之上；下三叠统碳酸盐岩发育，中三叠统残缺不全，上三叠统须家河组煤系与侏罗系分布形影相随。

赤水地区在加里东期属滇黔北部坳陷的组成部分，早古生代地层沉积较完好，总厚度为 4000 m，其中碳酸盐岩约占总厚度的 57.3%。海西早—中期（D—C）属上扬子古陆。海西晚期二叠纪广泛海侵，形成了二叠纪阳新世碳酸盐岩沉积，二叠纪乐平世海退，沉积了含煤泥砂岩。印支晚期本区处于四川泸州古隆起的南斜坡，中三叠世沉积受到剥蚀，仅残留有部分雷口坡组碳酸盐岩。燕山期属四川原始侏罗纪湖盆沉积的一部分。喜马拉雅期该地区发生褶皱运动和持续抬升，缺失古近纪和新近纪地层，使之处于四川盆地的南缘，形成了现今的构造格局（表 6-47）。

赤水地区地层层序发育较齐全，沉积基底为前震旦系浅变质岩；震旦纪至中三叠世为海相碳酸盐岩，其间缺失泥盆系、石炭系，厚度约 6000m；晚三叠世以后地层为陆相沉积，厚度约 4000m；海相、陆相的沉积总厚度近万米。赤水地区经多年勘探，在纵向上发现多套储层，钻井显示遍及志留系及其以上地层。

赤水地区的地层沉积与四川盆地具相似性，但总体上具过渡和渐变特点，其中志留系的石牛栏组、韩家店组，二叠系乐平统（P_3）和三叠系的须家河组、飞仙关组与四川盆地内部存在较大差异。赤水地区的志留系—侏罗系沉积与四川盆地内部比较，既有其共性，也有其个性。

表 6-47 赤水地区地层系统一览表

地层					代号	地层厚度 /m	岩性特征	备注
界	系	统	组	段（亚段）				
中生界	白垩系	上统	夹关组		K_2j	0～1000	棕红色砂岩夹少量泥页岩，底为砾岩，与下伏侏罗系呈假整合接触	
	侏罗系	上统	蓬莱镇组		J_3p	400～900	浅灰色、灰紫红色砂质泥岩及泥质粉砂岩	
			遂宁组		J_3sn	340～500	浅棕色泥岩、砂质泥岩，夹砂岩，含长石砂岩	
		中统	上沙溪庙组		J_2s	800～1250	紫红色、棕红色泥岩、砂质泥岩与灰色砂岩略等厚互层，底为黑色页岩，富含叶肢介化石	
			下沙溪庙组		J_2x	200～250	紫红色砂质泥岩夹泥质粉砂岩、砂岩	含气层
			凉高山组		J_2l	8～21	深灰色、灰黑色页岩及灰色砂岩、灰绿色页岩	
		下统	自流井组	大安寨段	J_1dn	40～67	深灰绿色泥岩、黑灰色页岩夹暗紫色灰质泥岩、灰绿色灰质石英砂岩、含生物介壳泥灰岩，上部为4～25m紫色泥岩过渡层	含气层
				马鞍山段	J_1m	150～210	紫红色含灰质泥岩夹灰绿色灰质石英粉砂岩	
				东岳庙段	J_1d	15～20	黄绿色、灰色、深灰色石灰岩、介壳灰岩及泥灰岩	
				珍珠冲段	J_1z	100～120	紫红色、暗红色泥岩、含灰质泥岩，夹绿色粉砂岩	
	三叠系	上统	须家河组	六段	T_3x_6	147～303	上部浅灰色、灰白色块状含长石石英砂岩、石英砂岩，多为硅质胶结，性坚硬；中部灰黑色页岩与灰色砂岩不等厚互层，夹薄煤层，页岩含植物化石；下部浅灰色、灰白色长石石英砂岩夹薄层页岩	气层
				五段	T_3x_5	17～50	灰黑色页岩夹灰色砂岩，夹薄煤层	
				四段	T_3x_4	89～185	灰色、深灰色含长石石英砂岩夹薄层页岩	
				三段	T_3x_3	17～61	黑灰色页岩夹深灰色粉砂岩及薄煤层，与下伏雷口坡组呈假整合接触	
		中统	雷口坡组	一段 2亚段	$T_2l_1^2$	0～160	深灰色泥质白云岩、膏质白云岩、白云质泥岩、页岩及石膏	
				一段 1亚段	$T_2l_1^1$	15～50	灰褐色石灰岩、云质灰岩、白云岩、膏质白云岩、石膏，底为玻屑凝灰岩"绿豆岩"	气层

地层						地层厚度/ m	岩性特征	备注
界	系	统	组	段（亚段）	代号			
中生界	三叠系	下统	嘉陵江组	五段	T_1j_5	35～60	灰白色石膏、灰褐色白云岩、灰质白云岩、白云质灰岩	气层
				四段	T_1j_4	90～110	厚层深灰色石膏，夹灰褐色白云岩、石灰岩、灰质白云岩	气层
				三段	T_1j_3	90～110	深灰色中层状石灰岩，局部夹泥质灰岩	
				二段	T_1j_2	80～100	深灰色石膏与白云岩互层，夹石灰岩，底部为蓝灰色泥岩	气层
				一段	T_1j_1	160～200	灰色、深灰色石灰岩、泥晶灰岩，顶部含鲕粒、生物碎屑灰岩	气层
			飞仙关组	四段	T_1f_4	15～20	灰绿色泥（页）岩	
				三段	T_1f_3	20～25	灰色、灰褐色石灰岩、泥灰岩	
				二段	T_1f_2	300～320	暗紫红色泥（页）岩、灰质泥（页）岩，夹灰绿色石灰岩、泥灰岩	
				一段	T_1f_1	130～150	灰色、深灰色石灰岩、鲕粒灰岩夹泥岩、泥岩	气层
古生界	二叠系	乐平统	长兴组		P_3c	50～60	深灰色石灰岩、生物灰岩，夹泥质灰岩、页岩	气层
			龙潭组		P_3l	80～100	深灰色页岩、泥岩，夹煤层及硅质岩薄层，与下伏茅口组呈假整合接触	
		阳新统	茅口组		P_2m	200～250	深灰色、灰色、灰白色石灰岩，生物碎屑灰岩含燧石结核，下部石灰岩含泥质	气层
			栖霞组		P_2q	90～110	深灰色、灰色石灰岩、生物碎屑灰岩，夹少许页岩，下部石灰岩含泥质重并色深	
			梁山组		P_2l	3～5	灰色、灰黑色页岩，与下伏志留系呈假整合接触	
	志留系	兰多维列统	韩家店组		S_1h	246～575	灰绿色、灰黄色页岩、粉砂质页岩夹粉砂岩、生物灰岩透镜体	气层
			石牛栏组		S_1s	265～656	深灰色、灰黑色泥岩、含粉砂质页岩，夹薄层生物碎屑灰岩、泥质粉砂岩、砂质泥灰岩、瘤状泥灰岩及钙质泥岩	
			龙马溪组		S_1l	185～456	上部深灰色泥岩夹粉砂质泥（页）岩，下部黑色页岩，富含笔石	

志留系：龙马溪组在区内总体岩性较稳定和单一，以黑色页岩为典型代表，这与四川盆地内部是一致的，也是区内主要的烃源岩之一；石牛栏组的岩性以下部灰质含量重、上部砂质含量增多为特征，与四川盆地内部存在较大差异，向盆地内部渐变为一套以泥岩夹粉砂岩的组合，其储集物性总体欠佳；韩家店组岩性总体以粉砂岩为主，但向四川盆地内部渐变为一套以紫红色泥岩夹粉砂岩的组合。志留系厚度分布趋势总体呈北东向展布，以双河、付家庙—太和场、合江一带为厚值区，向四周变薄。

二叠系：各组岩性在区内总体较为稳定。梁山组在区内厚度从西向东南呈逐渐减薄趋势；栖霞组及茅口组厚度大体一致；龙潭组厚度在区内从西向东减薄，煤层相应减少、减薄；长兴组厚度区内总体自东向西减薄，与龙潭组呈互补关系。与四川盆地内部相比，碳酸盐岩颜色较暗且致密，泥质含量较重，乐平统（P_3）厚度明显减薄，储集物性较差，特别是长兴组生物礁不发育，但阳新统（P_2）及乐平统（P_3）的龙潭组与四川盆地类似，为本区二叠系、三叠系储层的主要烃源岩。

三叠系：岩性在区内变化不大，与四川盆地内部相比，除飞仙关组存在较大差异外，其余各组与盆地内部基本类似。飞仙关组在区内呈北东向展布格局，北部、中部及西南部较厚，向东南部减薄。其中：飞仙关组一段在赤水地区以鲕粒灰岩、石灰岩、泥灰岩为主，向四川盆地内部渐变为含泥质灰岩—泥灰岩；飞仙关组二段在赤水地区以泥质粉砂岩、粉砂质泥岩为主，向四川盆地内部则主要为泥质—泥灰岩；飞仙关组三段在赤水地区以石灰岩、泥灰岩为主，该段与四川盆地内部显著不同，盆地内部以较纯的中—厚层状鲕粒灰岩为主，且储层多分布其内；飞仙关组四段在赤水地区以泥页岩为主，在四川盆地内则表现为一套泥岩夹泥灰岩、石膏沉积；嘉陵江组在区内呈北东向展布格局，北部及中部较厚，东南部相对较薄，与四川盆地相比，总体上岩性变化序列及分段特征（图6-35）可类比，具相似性，是赤水地区的主要储层之一，但针孔白云岩不如川中、川东地区发育；雷口坡组在区内呈西北部薄或缺失、东南部厚的特征，因此，雷1_1亚段产层在赤水地区得以保存，且已在旺隆、宝元构造获工业气流，其岩性在区内变化不大；须家河组的岩性特征与四川盆地大体类似，岩性变化不大，但厚度明显较盆地沉积中心（川西）薄，须家河组一段、三段、五段的黑色泥页岩具有一定的生油气能力，但比川西明显要小，厚度整体呈西厚东薄特征。

侏罗系：整体为一套河湖相红色碎屑岩，为赤水地区的区域盖层，其分段岩性在赤水地区变化不大，厚度较四川盆地内部减薄。其中：下统自流井组在区内总体厚度变化不大，其内东岳庙段较稳定，其次为大安寨段，而珍珠冲段和马鞍山段变化相对较大；整体呈中部和西部较薄、东部较厚特征。中统总体厚度在区内变化不大，下沙溪庙组厚度表现为北西向展布格局，西北部、中部和东北部沉积厚度相对较薄，而北部相对较厚；上沙溪庙组与下沙溪庙组差异较大，其厚度分布呈近东西向展布特征，向东厚度渐增；遂宁组厚度分布亦呈现东西向展布格局，向东厚度逐渐增大，西北部厚度明显减薄，向西厚度相对增厚。上统蓬莱镇组在区内残缺不全，总体亦具西厚东薄特征。

3.沉积相

1）二叠纪

二叠纪开始，海水入侵，四川盆地及邻区所处的上扬子古陆全部下沉，二叠系直接沉积于下伏志留系之上，与志留系呈假整合接触，其岩性分布各区大体一致，以碳酸盐

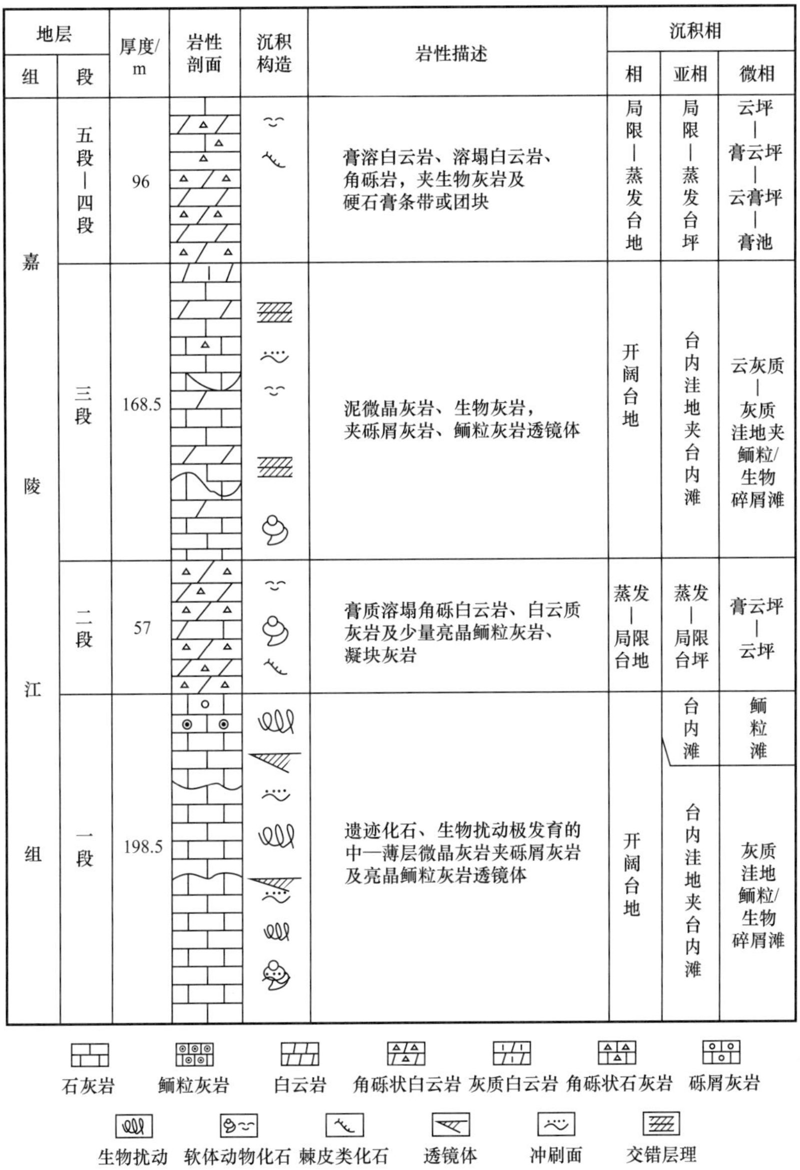

地层		厚度/m	岩性剖面	沉积构造	岩性描述	沉积相		
组	段					相	亚相	微相
嘉陵江组	五段—四段	96			膏溶白云岩、溶塌白云岩、角砾岩，夹生物灰岩及硬石膏条带或团块	局限—蒸发台地	局限—蒸发台坪	云坪—膏云坪—云膏坪—膏池
	三段	168.5			泥微晶灰岩、生物灰岩，夹砾屑灰岩、鲕粒灰岩透镜体	开阔台地	台内洼地夹台内滩	云灰质—灰质洼地夹鲕粒/生物碎屑滩
	二段	57			膏质溶塌角砾白云岩、白云质灰岩及少量亮晶鲕粒灰岩、凝块灰岩	蒸发—局限台地	蒸发—局限台坪	膏云坪—云坪
	一段	198.5			遗迹化石、生物扰动极发育的中—薄层微晶灰岩夹砾屑灰岩及亮晶鲕粒灰岩透镜体	开阔台地	台内滩	鲕粒滩
							台内洼地夹台内滩	灰质洼地鲕粒/生物碎屑滩

石灰岩　鲕粒灰岩　白云岩　角砾状白云岩　灰质白云岩　角砾状石灰岩　砾屑灰岩

生物扰动　软体动物化石　棘皮类化石　透镜体　冲刷面　交错层理

图 6-35　赤水地区习水温水剖面三叠系嘉陵江组综合柱状图

岩为主，易于对比和划分。阳新统（P_2）梁山组主要为一套海陆过渡环境下的沼泽相黑色页岩。之后，大规模海侵到来，为正常浅海碳酸盐岩台地沉积，由于地壳稳定、海域开阔、生物繁盛，纵向上形成了栖霞组和茅口组两个海侵—海退沉积旋回。

阳新世（P_2）栖霞组沉积期，赤水地区处于开阔台地与遵义地区广海陆棚的过渡带上，由于水体相对较深，沉积以深灰色含有机质和泥质的泥晶生物碎屑灰岩为主，局部发育眼球状燧石结核灰岩。

阳新世（P_2）茅口组沉积期，赤水地区的沉积环境与栖霞组沉积期类似，仍处于开阔台地与遵义地区广海陆棚的过渡带上，只是水体相对稍浅而清，沉积物泥质减少，生物碎屑含量增加，仍以深灰色泥晶生物碎屑灰岩为主，下部发育眼球状燧石结核灰岩，向上颜色变浅。

阳新世（P_2）末，受东吴运动影响，本区再度露出水面遭受剥蚀，造成二叠系阳新统（P_2）与乐平统（P_3）间的沉积间断。

乐平世（P_3）海水再次入侵，在四川盆地及邻区自西南向东北沉积相带呈现陆相—海陆过渡相—浅海相—半深海相变化，其沉积相带展布受康滇古陆的控制。

龙潭组沉积期在区内主要表现为一套海陆过渡带的沼泽沉积，向东逐渐过渡到开阔台地相。长兴组沉积期区内海侵扩大，水体变清，形成一套相对较纯的石灰岩沉积，但相对四川盆地内部其岩性颜色偏暗，表现为开阔台地向海陆过渡的特点。

二叠系是四川盆地重要的区域性产气层，阳新统（P_2）具自生自储特点，乐平统（P_3）龙潭组含煤岩系又是重要的气源层，长兴组与之形成另一有利的储盖组合，但它们在赤水地区总体储集物性较差，茅口组只有在溶蚀孔洞发育区才可形成良好的天然气聚集空间，长兴组因在区内水体较深，生物礁和白云石化较川东地区明显为差，因此其含油气远景比盆地内部差。

2）三叠纪

早三叠世沉积海盆面貌基本继承了二叠纪乐平世（P_3）的特点，中三叠世则因江南古陆在印支期逐渐抬升而成为主要物源区，使得沉积环境明显改变。

早三叠世飞仙关组沉积期，其沉积环境总体呈现东西分异格局，四川盆地及邻区从西向东依次沉积平原河流相、海陆过渡相、局限海—开阔海台地相、台地边缘相和广海陆棚相，赤水地区在飞仙关组一段主要表现为开阔海台地相环境，飞仙关组二段—四段则表现为海陆过渡的红色砂泥岩沉积。

早三叠世嘉陵江组沉积期，其沉积环境亦具东西分异格局，但水体相对清澈而稳定，呈现东深西浅格局。水体因康滇古陆、龙门山古陆和东南的江南古陆封闭，赤水及川东大部地区表现为开阔海台地相碳酸盐岩—局限蒸发台地相白云岩、膏盐岩交替的沉积（图6-36），其中嘉陵江组一段和三段为开阔海台地相，二段、四段和五段则以局限蒸发台地相为主。

中三叠世雷口坡组沉积期，由于江南古陆不断向西北方向扩展，海水呈现西深东浅格局，江南古陆成为主要物源区，四川盆地及邻区由东向西依次分布海陆过渡相—局限海台地相—蒸发台地相—海陆过渡相—局限海台地相。赤水地区处于蒸发台地相与局限海台地相之间的过渡区域，其中雷口坡组一段以局限潮间云灰坪为主，向上变为泥灰坪。

中三叠世末，印支运动使上扬子海盆抬升，结束了大规模的海相沉积历史，在经过一定时期的剥蚀之后，四川盆地仍保持着东高西低的格局，进入了以内陆湖盆为主的发展阶段。

晚三叠世开始，由于龙门山西侧海槽逐渐闭合和山前前陆盆地的发展，陆内前陆坳陷湖盆逐渐扩大，沉积、沉降中心逐渐东迁，沉积了须家河组一套以暗色泥页岩夹煤线与中—细砂岩互层为主的湖相碎屑岩地层，其岩相分布从西向东依次为扇三角洲—浅湖或半深湖—滨浅湖沼泽—三角洲平原—泛滥平原相。赤水地区处于滨浅湖沼泽与三角洲平原相的过渡地带上，其中须家河组三段、五段沉积期以滨浅湖沼泽相为主，须家河组二段、四段、六段沉积期以三角洲砂体为主。

赤水地区晚三叠世—白垩纪期间位于四川盆地东南边缘，东南为江南古陆，区内发育上三叠统、侏罗系和白垩系碎屑岩，其中旺隆、太和、宝元地区保存不全，上沙溪庙组、遂宁组、蓬莱镇组和白垩系遭受不同程度的剥蚀，各组厚度差异大。

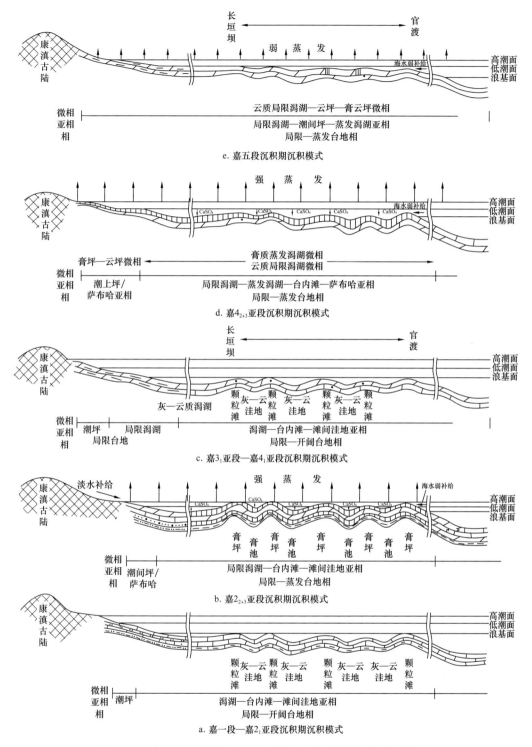

图 6-36　赤水地区及邻区三叠纪嘉陵江组沉积期沉积演化模式图

受早印支运动的影响，赤水地区进入晚三叠世后转入陆相碎屑岩沉积，沉积受到川西前陆盆地超覆沉积的影响，沉积较川西地区明显减薄。进入侏罗纪，沉积受到大巴山和龙门山两个造山带的影响，与整个四川盆地具有较好的对比性。

三、油气地质

1. 烃源岩

赤水地区存在多层系、多类型烃源岩，海相烃源岩有机质较丰富，母质类型多样，自下而上为：寒武系纽芬兰统（$\mathcal{C}_1$）和第二统（$\mathcal{C}_2$）的腐泥型黑色碳质泥岩；奥陶系湄潭组腐泥型黑色泥页岩，有效厚度 $27 \sim 60m$；志留系龙马溪组腐泥型黑色泥页岩、石牛栏组腐泥型灰黑色泥岩夹粉砂岩及生物碎屑灰岩；二叠系阳新统（P_2）主要为栖霞组偏腐泥过渡型生物碎屑灰岩及茅口组藻灰岩，乐平统（P_3）为龙潭组偏腐殖过渡型泥岩及长兴组偏腐泥过渡型灰岩，泥岩厚 $50 \sim 62m$，夹多套煤层，煤层单层厚 $1 \sim 4m$；下三叠统主要为飞仙关组及嘉陵江组偏腐泥过渡型碳酸盐岩。

对本区海相油气成藏起主力烃源贡献作用的主要为志留系、二叠系及下三叠统烃源岩。本区海相烃源岩均已进入高成熟至过成熟演化阶段，R_o 值一般大于 2%（表 6-48）。

表 6-48　赤水地区海相烃源岩综合地球化学指标表（据杨传忠，1994；张国常，2004）

层位	主要岩性	烃源岩厚度 /m	R_o/%	TOC/%	S_1+S_2/mg/g	S_2/S_3	T_{max}/℃	干酪根		
								类型	镜鉴形态	$\delta^{13}C$（PDB）/‰
T_1j	石灰岩	300～450	2.10	0.05～0.21	0.05	0.12	518	II_1	絮状、片状	−27.98
T_1f	石灰岩		2.58	0.05～0.14	0.06	0.24	527	II_1	絮状、片状	−28.80
P_3c	石灰岩	70～100	2.60	0.16～0.27	0.11	0.64	590	II_1	絮状、片状	
P_3l	泥岩	50～62	2.61	1.02～11.52	1.10	0.21	567	II_2	片状、絮状	−23.74
P_2	石灰岩	80～100	2.78	0.08～0.61	0.11	0.31	578	II_1	絮状为主	−29.34
S_1	泥岩	150～300	3.84	0.40～0.63	0.09	0.07	599	I	絮状为主	−28.03
O_1	泥页岩	27～60		0.31				I		
$\mathcal{C}_{1-2}$	泥岩	200～300		0.5～1.0				I		

上三叠统须家河组沥青样品 Pr/Ph 值较低（分别为 0.76 和 1.17），甾烷中 C_{27} 化合物占优势（36% 左右），沥青中检出 C_{30} 甾烷和 24- 降胆甾烷。

以赤水地区上三叠统须家河组四段天然气藏为例，从天然气组成上看（表 6-49）：总体具有甲烷含量高（>98%）、重烃含量低（<1%）、干燥系数大（>150）的典型干气特征。一般来说，在成熟度相同时，天然气干燥系数增加与母质类型有关，在成熟阶段腐殖型母质生成的天然气干燥系数大于腐泥型母质所生成的天然气，但随着成熟度的增加，在过成熟阶段，由于重烃气的裂解，不同母质类型生成天然气的干燥系数都要增加，差异逐渐减小，直至消失。从天然气的碳同位素特征上看：赤水地区上三叠统须家河组四段天然气的 $\delta^{13}C_1$ 较重，$\delta^{13}C_2$ 较轻，且甲烷、乙烷碳同位素出现了轻微的倒转（表 6-49）。关于天然气甲烷、乙烷碳同位素的倒转，戴金星等曾做过许多论述，认为：一方面是与不同母质来源的天然气混合和早期生成的天然气与后期裂解气的混合有关；另一方面可能与天然气碳同位素的年代效应有关，因为天然气 $\delta^{13}C_2$ 随成熟度变化较小，它主要反映母质类型，从总的趋势来看，随着地质年代变老，干酪根的碳同位素值变轻。

表 6-49　赤水地区上三叠统须家河组天然气组成和碳同位素特征（据黄世伟等，2004）

井号	层位	天然气组成 /%				C_1/C_{2+}	天然气碳同位素组成 /‰			
		C_1	C_2	C_3	C_{2+}		$\delta^{13}C_1$	$\delta^{13}C_2$	$\delta^{13}C_3$	$\delta^{13}C_4$
官 8 井	T_3x_4	98.39	0.58	0.04	0.63	156.17	−32.4	−32.81	−28.65	—
官 3 井	T_3x_4	98.09	0.61	0.04	0.65	150.91	—	—	—	—
中 9 井	T_3x_2	90.67	5.98	1.73	8.64	10.49	−36.1	−25.15	−23.79	−24.00
中 31 井	T_3x_2	90.82	6.01	1.58	8.46	10.73	−37.65	−25.23	−23.29	−22.50
西 51 井	T_3x_4	90.00	5.71	1.88	7.99	11.26	−40.79	−26.65	—	—
角 42 井	T_3x_4	90.67	5.15	1.71	8.39	10.81	−37.6	−25.10	—	—
魏城 1 井	T_3x_4	95.96	3.14	0.25	3.55	27.03	−33.9	−21.42	−21.04	—
平落 9 井	T_3x_4	96.32	2.51	0.41	3.03	31.79	−34.8	−21.69	−20.48	—
平落 1 井	T_3x_2	96.77	1.93	0.23	2.25	43.01	−33.82	−22.43	−21.98	−20.55

从轻烃气相色谱图（图 6-37）中可看出，须家河组泥岩热脱附轻烃的组成和分布与天然气相似，它们的甲基环己烷均比正庚烷高得多，都含高量的苯和甲苯化合物，说明二者具有成因上的联系，换言之，须家河组烃源岩对天然气的气源有部分贡献。

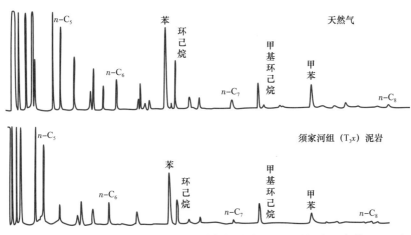

图 6-37　赤水官渡地区天然气与烃源岩轻烃分布对比图（据张国常等，2008）

2. 储层

赤水地区海相储层主要发育在二叠系茅口组及三叠系的碳酸盐岩中，储层类型多，不同类型储层的储集性能相差很大，同类储层的非均质性极强。

二叠系主要发育生物碎屑灰岩，质纯，厚度大而稳定，基质岩块孔隙度很低。

三叠系储层类型多样，除普遍分布的生物碎屑灰岩和粉晶、细晶白云岩外，还发育有藻屑白云岩，主要发育于嘉陵江组的一段至二段，粒间、粒内溶孔发育，储集性能好；砂屑、鲕粒白云岩在雷口坡组和嘉陵江组的一段至二段和五段中均可见到，储层中针孔状溶蚀孔隙异常发育，储集性能较好；亮晶鲕粒灰岩是三叠系次要储层之一，这类储集岩在成岩早期孔隙发育，但后期多被充填，因而孔隙度一般不高，随着白云化程度增加，该类储集岩孔隙度有所增加，储集性能变好；膏质白云岩多呈夹层或透镜体出现，岩性致密，有石膏被溶蚀后形成的膏模孔，当溶蚀孔缝发育时有一定储集性能（表6-50）。

表6-50 赤水地区海相储集岩类型表（据杨传忠，1994）

岩性	孔隙类型	储集类型	渗透率/mD	孔隙度/%	排驱压力/MPa	大于0.1μm孔喉体积/%
生物碎屑灰岩	溶蚀孔洞	裂缝洞穴	<0.9	<1	>10	<20
藻屑白云岩	粒内、粒间溶孔	孔隙—裂缝	1～18	8～20	0.01～1	30～80
砂屑、鲕粒白云岩	粒间孔、粒内孔	孔隙—裂缝	1～16	13～18	0.1～5	20～60
粉晶、细晶白云岩	晶间孔	裂缝—孔隙	0.05～1	0.5～9	1～5	20～30
亮晶鲕粒灰岩	粒间孔	孔隙—裂缝	0.2～1	0.5～2	1～10	<20
膏质白云岩	膏模孔	裂缝—孔隙	0.05～4	0.2～3	1～10	<20

赤水地区二叠系茅口组储层主要发育在茅口组的上部，即 P_2m^3 以上地层，这也是川南地区的主要天然气产层。储集空间为溶蚀孔洞和裂缝，缝洞发育部位成为有效储渗体，缝洞不发育的低渗、低孔岩块则为致密体，并成为纵向和横向上的隔层段，使储渗体在空间上被分割为不规则的气、水动力系统，一个裂缝系统就是一个独立的气藏，这构成了二叠系阳新统（P_2）极不均质的缝洞型储层特征。

茅口组石灰岩缝洞系统可分为3类：褶皱裂缝型缝洞系统、断层裂缝型缝洞系统、褶皱裂缝和断层裂缝的复合型缝洞系统（表6-51）。

表6-51 赤水地区二叠系茅口组石灰岩缝洞发育模式分类表

构造类型	缝洞圈闭地质模式	缝洞类型
构造高点	圆弧形构造顶部（发育褶皱裂缝）	褶皱裂缝型缝洞系统
	似箱形构造转折端（发育褶皱裂缝）	
构造长轴	轴线高部位（发育褶皱裂缝）	
构造翼部发育断层	翼部断层上盘（发育断层裂缝）	断层裂缝型缝洞系统
构造高点发育断层	似箱形构造顶部发育断层（发育断层裂缝）	
	圆弧形构造顶部发育断层（发育复合裂缝）	
	似箱形构造转折端发育断层（发育复合裂缝）	复合裂缝型缝洞系统
构造长轴发育断层	轴部断层上盘（发育复合裂缝）	

中—下三叠统储层主要分布于嘉2_1亚段—嘉一段、嘉4_1亚段—嘉5_1亚段—雷1_1亚段内，而嘉三段、飞一段相对较差（表6-52）。储层类型总体为裂缝—孔隙型，储集空间主要以晶间溶孔、溶蚀扩大孔、粒间溶孔和铸模孔为主，其次为晶间孔、粒间孔、生物体腔孔、构造缝和构造—溶蚀复合缝。各储层横向分布非均质性强，多呈透镜状，仅嘉2_1亚段—嘉一段、嘉5_1亚段和雷1_1亚段横向分布具一定连续性，而嘉三段、飞一段则多为不稳定的透镜状。

表6-52　赤水地区中—下三叠统储层性质统计表

层位		岩性	平均孔隙度/%	渗透率/mD	厚度/m			
					宝元	太和	旺隆	五南
雷口坡组	$T_2l_1^1$	粒屑白云岩、溶孔粉晶白云岩	2.22～11.84	0.06～3.08	3～14		10～11	
嘉陵江组	$T_1j_5^1$	粉晶白云岩和藻白云岩	2.79～3.60	0.18～0.59	2～19.6	2～29	6～25	
	$T_1j_4^1$	溶孔砂屑、粒屑白云岩和溶孔粉晶白云岩	2.26～3.92	0.06～0.92	3.3～13	1.2～20.5	5～10	17.5
	$T_1j_3^3$							
	$T_1j_2^1$	溶孔砂屑、粒屑白云岩	1.98～2.21	0.45～0.99	1.7～6	1.5～2.5	5～6	
	T_1j_1							
飞仙关组	$T_1f_1^3$	鲕粒灰岩	1.11～1.23	8.44～16.00	1.5～11.5	4～11	2～13	

　　赤水地区二叠系储层主要为生物碎屑灰岩，三叠系储层主要为白云岩，这些碳酸盐岩储层非均质性极强，纵向上高渗透层中夹有低渗透层或非渗透层，横向上在很短距离内可由渗透层变为非渗透层。二叠系碳酸盐岩储集空间主要是溶孔溶洞和裂缝，气藏类型为裂缝洞穴型，缝洞的发育程度受岩溶、断层作用和所处构造部位的控制。三叠系碳酸盐岩储集空间主要是孔隙和裂缝，气藏类型为孔隙—裂隙型，孔隙是主要储集空间，裂缝是主要渗滤通道。

　　官渡构造带中浅层陆相碎屑岩储层纵向上主要分布在须家河组和下沙溪庙组砂岩中，岩性主要为中—细粒长石石英砂岩、长石岩屑砂岩和长石砂岩，砂岩含量占地层的60%左右。砂岩属于致密砂岩范畴，为低孔渗储集岩，是一套结构成熟度和成分成熟度都相对较高的曲流河、辫状河沉积的陆源碎屑岩。

　　须家河组沉积具有近源冲积平原的辫状河—曲流河沉积特征，垂向层序表现为向上变粗的正旋回特征。

　　由于须家河组沉积时曲流河、辫状河频繁改道，形成的心滩上下左右叠置，除在砂体厚度、颗粒大小、泥质含量稍有差别外，砂体表现为连片分布。砂岩主要发育在须二段、须四段、须六段中，具有多层，累计厚度大于250m，一般为260～310m；单层厚度大，最大单层厚度30m左右。

　　钻井揭示，官渡构造须家河组砂岩横向上具可比性和稳定性，受成岩作用、裂缝发育非均质性的影响，有效储层在纵向、横向上的分布具一定非均质性，纵向上有效储层主要分布于须二段、须四段中（表6-53）。

表 6-53　赤水地区官渡构造带三叠系须家河组砂岩岩心物性参数统计表

井号	层位	井深 /m	岩性	孔隙度 /%			渗透率 /mD		
				最小值	最大值	平均值	最小值	最大值	平均值
官 8 井	T_3x_4	2473.28～2492.93	中粒长石岩屑砂岩	1.89	4.09	2.44	0.011	0.144	0.041
官 10 井	T_3x_2	2677.94～2685.31	中粒长石石英砂岩	1.45	5.65	2.67	0.020	0.729	0.080
官 5 井	T_3x_2	2432.31～2461.83	中粒岩屑长石砂岩	2.61	6.32	3.96	0.036	0.188	0.084
	T_3x_4	2297.26～2309.29	中粒岩屑长石砂岩	2.42	2.43	2.43	0.064	0.640	0.115

3. 盖层

1）区域盖层

区内侏罗系泥质岩、砂质泥岩分布广泛，除太和、旺隆构造核部出露侏罗系下沙溪庙组，官渡、宝元地区出露具有良好封盖性能的侏罗系区域性泥岩盖层（即蓬莱镇组泥岩层和 340～500m 厚的遂宁组泥岩层）外，其余大部分地区皆为白垩系夹关组覆盖，保留厚度达 520～900m。

赤水地区泥岩封盖性好，突破压力达到 100～200MPa，可封闭油气高度达到 2000～3000m（表 6-54）。

表 6-54　赤水地区泥岩盖层物理参数表

盖层岩性	渗透率 /mD	孔隙度 /%	突破压力 /MPa	突破半径 /nm	封闭高度 /m	抗压强度 /MPa	塑性系数	封闭能力
泥岩	$10^{-4}\sim10^{-2}$	0.5～1.5	100～200	5～10	2000～3000	25～40	1.5～2	良好
粉砂质泥岩	$10^{-4}\sim10^{-3}$	1.5～3.0	80～100	10～15	1000～2000	25～40	1.5～2	较好

2）直接盖层

二叠系阳新统（P_2）气藏的直接盖层为自身的致密灰岩及乐平统（P_3）龙潭组泥岩夹煤层；三叠系飞仙关组气藏的直接盖层为本层的泥岩，嘉陵江组气藏的直接盖层为硬石膏和白云质石膏，而雷口坡组气藏则为雷 1_2 亚段的泥质白云岩和须一段的泥页岩。对于海相储层而言，区内发育两类直接盖层：膏岩和泥质岩（表 6-55）。

表 6-55　赤水地区海相气藏直接盖层统计表

气藏	盖层岩性	层位	单层厚度 /m	累计厚度 /m
阳新统（P_2）	泥质岩	P_3	15～20	60
飞仙关组（$T_1f_1^3$）		T_1f_2	23	239
嘉陵江组（T_1j）	膏岩	T_1j_2	4～6	12～70
		$T_1j_4^2$—$T_1j_4^4$		
		$T_1j_5^2$		

（1）泥质岩盖层：二叠系阳新统（P_2）气藏上覆乐平统（P_3）泥（页）岩盖层，封闭性能良好，属于均质的泥岩盖层，区内分布稳定。太和厚 67.5m，旺隆厚约 102m，叙永高木顶厚约 115m，有由东向西、由北向南厚度增大的趋势，东部和南部盖层条件更好。

三叠系飞 1_3 亚段气藏上覆飞二段泥岩盖层，区内分布稳定，是较好的直接盖层。太和、旺隆在飞 1_3 亚段储层已获工业气流。

（2）膏岩盖层：据赤水太和、旺隆、宝元及官渡构造钻井资料统计，三叠系嘉陵江组膏岩盖层共有 5 套：嘉二段上、中、下 3 层石膏盖层，嘉 4_2 亚段—嘉 4_4 亚段石膏盖层，嘉 5_2 亚段的膏岩、泥页岩、泥质白云岩互层组合盖层，除嘉 5_2 亚段的膏岩层数少、单层厚度相对较薄外，其余层段的膏岩层一般都在 5～10 层，常由膏岩、含膏质白云岩构成多旋回组合，纵向上形成多套膏岩盖层。嘉陵江组的厚层膏岩主要分布在嘉四段，且横向展布稳定，厚度为 70～110m。

对于官渡上三叠统须家河组碎屑岩的成藏保存而言，侏罗系遂宁组和上沙溪庙组这两套泥岩为主的区域性盖层的分布有控制作用，这两套区域性盖层完全覆盖了官渡地区，盖层条件较好。须四段砂岩储层之上覆盖须五段，该段的岩性为灰黑色页岩与灰色砂岩不等厚互层，横向较稳定，在赤水地区厚 42～112m，其中页岩的累计厚度 10～30m（官 8 井须五段页岩累计厚度 25m），是须四段储层的直接盖层。

4. 圈闭

赤水地区在经受了历次构造运动的影响之后，现今主要保存有北北西向和东西向两组构造形迹（图 6-34）。在凹陷周边，自东向西发育 4 个主要构造带：北北西向官渡构造带、东西向五南—太和—旺隆构造带、北北西向雪柏坪—西门构造带及北北西向宝元—龙爪构造带。勘探程度较高并已取得成效的局部构造有：官渡、太和、旺隆及宝元构造。

宝元构造位于宝元—龙爪构造带西北端（图 6-34），整体为一低缓的近南北向分布的椭圆形穹隆状背斜。浅层构造形态为一不对称短轴背斜，轴向北北西，北东东翼陡，南西西翼外突。该构造是赤水气田主力产气构造之一，在二叠系阳新统（P_2）及中—下三叠统均获工业气流。

五南—太和—旺隆构造带位于赤水地区北部，由五南、太和、旺隆等构造组成（图 6-34）。背斜间呈正鞍相接，各高点多构成南翼陡、北翼缓、核部平缓、走向近东西的穹隆状短轴背斜，彼此排列呈"串珠"状，其间距大致相等，背斜封闭良好，有利于油气聚集。地腹二叠系、三叠系构造在其陡翼（南翼）有断层伴生，与缓翼断层组常组成反"Y"字形断层形式。

太和、旺隆、宝元构造属于良好的 I 类圈闭，褶皱强度系数（闭合度／短轴）表明，这 3 个构造属低陡、低缓构造（表 6-56、表 6-57）。

官渡构造带位于赤水地区东北部边缘，是受区域构造背景影响而形成的一组近南北向构造（图 6-34）。该构造带从北至南呈现 3 个构造主高点，分别称为北高点、中高点和南高点，对应于官北构造、官中构造和官南构造，其构造形态，地下和地面均为近南北向长条状，轴线呈向西凸的弧形，西翼比东翼略陡。官渡构造带 3 个高点的构造规模由深至浅均逐渐增大，雷口坡组以上，闭合面积和闭合高度均逐渐变小。

表 6-56　赤水地区构造圈闭综合评价表（据杨传忠，1994）

类型	I 类	II 类	III 类
背斜	太和、旺隆、宝元	官渡、雪柏坪、西门	元厚、高竹、长沙、大群、天峨、林滩场
断鼻潜高	五南、复兴、旺（隆）西南、旺（隆）南	官（渡）西南	二郎

表 6-57　赤水地区太和、旺隆气田构造类型数据表

气田名称	层位	短轴 /km	闭合高度 /m	褶皱强度系数	陡翼最大倾角 /（°）	构造类型
太和	T_2 顶	5.5	250	0.045	35	低缓
	P_2 顶	4.5	750	0.167	35	低陡
	S 顶	4.2	300	0.071		低缓
	O_2 顶	5	450	0.090		低缓
旺隆	T_2 顶	4.5	520	0.116	35	低陡
	P_2 顶	3	500	0.167	42	低陡
	S 顶	3.6	300	0.083		低缓
	O_2 顶	3	400	0.133		低陡

官北、官中地区三维地震构造精细解释成果表明（表 6-58），从深层至浅层，各层构造形态虽有一定差异，但总体上具有一定的相似性，主要表现为：构造形态均为北北西向展布的一个箱形背斜，其北部和南部发育 2 个轴向北西的局部高点，呈北高南低的特征；构造两翼呈不对称状，其西南翼稍陡；构造规模由深至浅逐渐增大，深层断距较浅层断距大，反映了一个早期构造运动强烈，而晚期构造运动相对较弱的构造运动格局；构造继承、复合、改造现象明显。

官南构造是官渡构造带上的一个重要含气构造，为一构造轴线呈北西向的短轴背斜。该构造从浅层至深层均有构造圈闭，各层构造形态保存完整，中深层的构造被北东向断层切割遮挡而形成断背斜，而从中侏罗统凉高山组顶以上，官南构造属于官渡构造带南翼的局部高点，表现为呈北北西向展布、轴部宽缓的鼻状构造，因此闭合幅度与圈闭面积均较小（表 6-59）。

表 6-58　赤水地区官北、官中三维地震构造要素统计表

地震层位	高点	闭合面积 /km²	闭合幅度 /m	高点海拔 /m	高点通过测线	圈闭类型
$T_{J_2s^2}$	官北	48.45	280	−880	In350 × C200	背斜
	官中		160	−1000	In200 × C190	
T_{J_1z}	官北	43.76	240	−1560	In370 × C200	背斜
	官中		160	−1640	In195 × C200	

地震层位	高点	闭合面积/km²	闭合幅度/m	高点海拔/m	高点通过测线	圈闭类型
$T_{T_3x_5}$	官北	49.41	280	-1700	In360×C200	背斜
	官中		200	-1780	In180×C200	
T_{T_3x}	官北	45.98	280	-1920	In370×C200	背斜
	官中		240	-1960	In175×C195	
$T_{T_1f_2}$	官北	21.30	260	-2960	In380×C200	背斜
	官中	12.98	200	-3020	In190×C185	
T_{P_2}	官北	36.47	240	-3160	In380×C200	背斜
	官中	12.98	160	-3240	In190×C200	

表 6-59　赤水地区官南三维地震构造要素统计表

地震层位	构造名称	闭合面积/km²	闭合幅度/m	高点海拔/m	高点通过测线	圈闭类型
$T_{J_2s_2}$	官南	2.91	24	-1176	In182×C275	背斜
$T_{J_2s_1}$		7.06	50	-1460	In200×C280	背斜
$T_{J_1f_1}$		9.74	120	-1820	In200×C272	背斜+断层遮挡
$T_{T_3x_5}$		14.25	208	-1942	In190×C270	背斜+断层遮挡
$T_{T_3x_3}$		8.62	120	-2080	In201×C270	背斜+断层遮挡
T_{T_3x}		8.97	120	-2160	In205×C292	背斜+断层遮挡
$T_{T_3x_5}$	官南北鼻凸	0.26	5	-2100	In111×C282	
$T_{T_3x_3}$		1.15	40	-2240	In129×C291	
T_{T_3x}		1.18	20	-2320	In139×C296	

5. 保存条件

1）构造变形强度

赤水地区中浅层陆相碎屑岩主要受到晚印支、燕山、喜马拉雅三个构造运动期的影响和控制。印支期至燕山早期主要表现为升降运动；燕山晚期至喜马拉雅期受到强烈褶皱和断裂作用，于喜马拉雅期形成现今构造面貌。燕山晚期Ⅰ幕，大娄山由南向北的水平推挤作用，形成赤水地区东西向构造（太和、旺隆、高木顶、龙爪及西门构造等），其褶皱强度由北向南减弱，构造形态为短轴状，多具高点，其伴生断裂多沿南翼展布且平行于轴线。喜马拉雅运动中幕，赤水及邻区由于受到南西西方向构造力的作用，改造了先期形成的东西向构造，并主要形成了一系列南北向构造（官渡、宝元、雪柏坪构造等），平衡剖面显示的水平缩短量较喜马拉雅早期强烈，褶皱强度由东向西减弱，构造形态多为线状、短轴状，一般东陡西缓，断裂多沿东翼陡带分布。

整体上，赤水地区受寒武系膏盐岩滑脱层控制，形成滑脱层上下不同的构造变形样式。滑脱层之上的构造形成晚且变形强，滑脱层之下的地层构造稳定和变形弱，由此形成了断滑和断展的复合构造。

2）抬升剥蚀作用

晚白垩世以来的晚燕山运动和喜马拉雅运动，使得本区已沉积的白垩系和侏罗系遭受强烈剥蚀。剥蚀在不同地区具有明显的差异性，川东南总体呈现出沿盆地边缘由（重庆）南川往西南剥蚀厚度逐渐减小（由4000m至2000m）、盆内比盆缘普遍小的特征，赤水地区大多在2000m以下，且从盆缘到盆内沿逆冲方向，构造从造山带转变为盖层滑脱带，盖层剥蚀减弱、封闭性能变强、保存条件相对变好。

3）现今地层水特征

根据赤水地区出露最浅的太和、旺隆等构造上三叠统须家河组（T_3x）的水分析资料表明，其水型为$CaCl_2$型，矿化度高（32～56g/L）（表6-60），证实须家河组仍处于水文地质封闭的环境之中，保存条件良好。中侏罗统下沙溪庙组（J_2x），旺隆最浅层的地层水为$NaHCO_3$型、Na_2SO_4型，但浅层300m仍产气，认为除了太和—旺隆构造下沙溪庙组顶部埋深小于–200m的区域外，赤水其他地区保存均较好。

表6-60　赤水地区地层水矿化度统计表

井号	层位	阳离子/（mg/L）			阴离子/（mg/L）				矿化度/（g/L）	水型
		$K^+ + Na^+$	Ca^{2+}	Mg^{2+}	Cl^-	SO_4^{2-}	CO_3^{2-}	HCO_3^-		
赤2井	J_2s	23.69	27.73	4.23	26.24	11.31		108.38	148	$NaHCO_3$
赤2井	J_2x	55.29	12.5	2.58	60.78	34.15		49.75	190	Na_2SO_4
赤2井	J_2x	88.09	13.83	1.29	129.85	7.2		49.75	265	$NaHCO_3$
赤2井	J_1l	115.05	11.97	1.71	155.52	12.5		66.8	330	$NaHCO_3$
旺7井	T_3x	19349	2194	351	34639	3		146	56	$CaCl_2$
旺10井	T_3x_2	11115	1047	126	19291	10		89	32	$CaCl_2$
太18井	T_3x	13895	875	228	23402	40	54	230	39	$CaCl_2$
太21井	T_3x_5	14269	1496	200	23552	1870		501	41	$CaCl_2$

6. 油气田

赤水地区海相地层纵向上发现了二叠系的阳新统（P_2）缝洞型、长兴组裂缝型、中—下三叠统的飞仙关组裂缝型、嘉2_1亚段—嘉一段、嘉2_3亚段、嘉4_1亚段—嘉3_3亚段、嘉5_1亚段和雷1_1亚段裂缝—孔隙型气藏系统，主要在太和、旺隆、宝元构造取得了突破。

1）油气藏空间特征

（1）中—下三叠统碳酸盐岩气藏。

赤水地区中—下三叠系碳酸盐岩储集条件好，纵向上已发现多个气藏。从赤水地区中—下三叠统的储量与产能构成来看，嘉2_1亚段—嘉一段、嘉5_1亚段、雷1_1亚段气藏是赤水地区主要的区域储产层，主要分布在宝元、太和及旺隆构造。

① 宝元构造位于赤水地区西南部，整体为一低缓的、近南北向分布的椭圆形穹隆状背斜。

嘉 2_1 亚段—嘉一段气藏：三叠系嘉 2_1 亚段—嘉一段气藏分布于构造顶部范围，属似层状裂缝—孔隙型气藏。气藏由气井、水井及干井控制，其中宝元构造宝 1 井在高点部位钻入嘉一段 9m 多发生井喷，测试获气 $51.7 \times 10^4 m^3/d$，单井获压降储量 $4.5 \times 10^8 m^3$；往南长轴方向，距宝 1 井约 2.2km 的宝 6 井在嘉一段钻遇宝 1 井裂缝系统，发生井漏，测试产微气，但产大水（$1000m^3/d$）；而位于北长轴翼部的宝 7 井在嘉 2_1 亚段—嘉一段未见任何显示，综合评价为干层。

在宝元地区，嘉 2_1 亚段—嘉一段东部为石灰岩相区，西部白云石化后为白云岩相区，处于白云岩相区的宝 1 井、宝 3 井嘉 2_1 亚段—嘉一段层位的白云石化作用强，孔隙发育，面孔率达 18%；而宝 7 井、宝 4 井处于石灰岩相区，岩性为亮晶鲕粒灰岩，未被白云石化，因而其孔隙演化弱，孔隙度差（孔隙度<1%），储层受岩相控制明显。

宝 1 井的嘉 2_1 亚段—嘉一段气藏位于构造高点，裂缝发育，因此单井储量大，产能高；宝 6 井位于南长轴裂缝发育部位，实钻证明储渗性极好，产大水的原因是位置较低，储层位于气水界面以下；宝 5 井位于裂缝发育部位的西翼断层上盘，实钻也是产大水，产大水的原因与宝 6 井一样，属于构造低部位；位于翼部的宝 4 井未见任何显示，说明气藏受裂缝发育程度的控制也比较明显（图 6-38）。

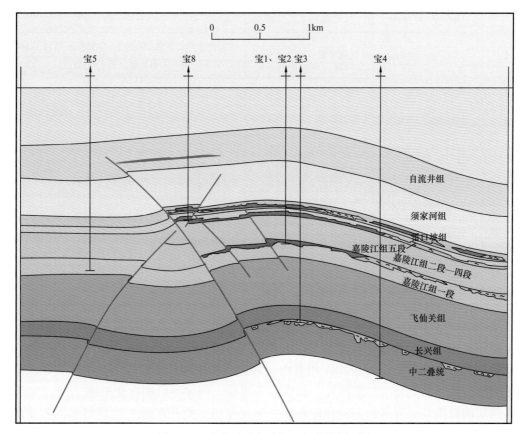

图 6-38　赤水地区宝元气田气藏横剖面图

嘉 5_1 亚段气藏：宝元构造上的嘉 5_1 亚段气藏属于岩性—背斜型气藏，油气通过断裂、裂缝从下部运移至嘉 5_1 亚段并聚集成藏。

嘉 5_1 亚段气藏的发现井为宝1井，中途测试产气 $0.412 \times 10^4 \mathrm{m}^3/\mathrm{d}$；与宝1井同井场的宝2井对嘉 5_1 亚段射孔，获工业气流（$2.4 \times 10^4 \mathrm{m}^3/\mathrm{d}$）；宝8井钻至嘉 5_1 亚段（井深 $1813.0 \sim 1825.0 \mathrm{m}$）发生4次井漏、气测异常及后效井涌，测试日产气 $2.5 \times 10^4 \mathrm{m}^3$ 左右。

宝元构造嘉 5_1 亚段的储层类型与嘉 2_1 亚段—嘉一段的类似，储层以孔隙型为主，储集空间主要以晶间溶孔、溶蚀扩大孔、粒间溶孔和铸模孔为主，其次为晶间孔、粒间孔、生物体腔孔、构造缝和构造—溶蚀复合缝。储层横向分布具有一定的连续性，为似层状裂缝—孔隙型储层。

宝元气田嘉 5_1 亚段气藏虽然多口井在嘉 5_1 亚段有程度不同的显示，但获得工业产能的井主要分布于高点（宝1井、宝2井）及高点以西的南北向断层上盘附近（宝8井），这里均是裂缝相对发育的部位，属孔隙、裂缝搭配好的气藏。

雷 1_1 亚段气藏：宝元构造上的雷 1_1 亚段气藏总体属于岩性—背斜型气藏，雷 1_1 亚段在多口井的钻探过程中均有程度不同的显示（表6-61）。

表 6-61　赤水地区宝元构造中三叠统雷口坡组雷 1_1 亚段测试显示情况表

井号	井段 /m	显示	厚度 /m	中途测试情况
宝8井	1754.00～1755.00	井涌	1.0	中途测试产气 $0.744 \times 10^4 \mathrm{m}^3/\mathrm{d}$，终关井压力 23.251MPa，产水 $13.4 \mathrm{m}^3/\mathrm{d}$，温度 65.5℃
	1766.60～1768.00	气显示	1.4	
宝2井	1671.60～1674.10	气测异常	2.5	中途测试估计产气 $250\mathrm{m}^3/\mathrm{d}$，终关井压力 11.14MPa，无水显示，温度 60℃
宝3井	1655.50～1660.00	气测异常	4.5	
宝4井	1990.00～1993.00	后效井涌	3.2	
宝6井	1894.10～1899.00	气测异常	5.5	中途测试为干层
	1917.60～1920.00	气测异常	2.4	
	1928.00～1937.00	井涌	5.0	
宝1井	1646.00～1648.00	气测异常	2.0	
宝7井	1987.50～1988.50	气测异常	1.0	
	2016.00～2038.00	气测异常	22.0	

从储层特征分析，孔隙的发育分布受沉积成岩及古地貌高的控制。宝元构造雷 1_1 亚段的储层类型总体为裂缝—孔隙型，以孔隙型为主。储层主要分布于云坪亚相的藻白云岩和粉晶白云岩内，以蒸发云坪亚相藻白云岩形成的窗格孔藻白云岩为主，其孔隙主要由晶间溶蚀孔、晶间孔、粒间溶孔、粒内溶孔组成，但多被后期石膏充填。

储层的储集性受裂缝控制的程度较大，宝元气田多数井在雷 1_1 亚段具不同程度的含气显示，表明储层横向分布较好，但仅在宝8井获得工业气流。雷 1_1 亚段的储层总体为低孔、低渗，如果没有裂缝沟通，很难获得工业产能。宝2井雷1₁亚段测试，气产量极低，仅为250m³/d，从测试段附近取心资料上看，虽然局部针孔发育，但大多数已被石膏所充填，加之裂缝不发育，必然导致井眼周围储层渗流能力低下，压力恢复缓慢，而宝8井雷1₁亚段产出工业气流，岩心见48处孔、缝、洞冒气，部分裂缝及溶洞中，白云石自形晶发育，显然宝8井一带储渗体的渗流性能较宝2井要好。从构造位置来看，宝8井位于西翼断层附近，断层造成裂缝发育，由此可见宝元构造雷1₁亚段的储层横向具非均质性，其他几口井显示不好可能与局部裂缝不太发育有关。因此，宝元构造雷1₁亚段能否成藏，裂缝发育程度是重要因素之一。

② 太和、旺隆构造上发育北北西向和北东东向两组断层，多属高角度逆断层，将构造切割成若干断块和裂缝发育块体。在背斜高点、轴线、断层、鼻凸、扭曲等部位，都可形成互不连通的独立气藏。勘探开发实践证实，太和、旺隆两气田的中—下三叠统现有8个气藏：太和气田有3个气藏，它们是位于太和构造高点部位的太1、太2、太3、太7井气藏（T_1j_1—T_1j_4），太10井气藏（T_1f_3），位于太和构造北部鼻凸的太11井气藏（T_1j_1）；旺隆气田有5个气藏，它们是位于旺隆构造顶部的旺2井气藏（T_1j_3—T_1j_4），旺1井气藏（T_1j_2），旺3井气藏（T_1j_1—T_1j_2），旺6井气藏（T_1f_1）和位于旺隆构造西断块的旺4井气藏（T_1j_1—T_1j_2）。

旺隆构造嘉2₁亚段—嘉一段气藏：旺隆构造被断层切割成东西两个高点，在两个高点上分别钻获两个气藏系统。东高点的旺3井裂缝系统往东延伸到2.2km远的旺13井，旺13井发生严重井漏；西高点的旺4井裂缝系统往西延伸到3.8km的旺12井，旺12井钻井井漏。这说明旺隆构造高点沿长轴方向是裂缝的主要发育方向，同时由于断层的分隔，形成东西两个独立的裂缝—孔隙型气藏（图6-39）。

由开发特征表明，东高点嘉2₁亚段—嘉一段气藏一直是气水同产，西断块嘉2₁亚段—嘉一段气藏储量$3.88 \times 10^8 m^3$，已累计采气$3.709 \times 10^8 m^3$，产水392m³，基本上属无水采气。东、西两气藏的储层特征均为高渗透。油气运移聚集时是西高东低，后经断层分割成东、西两高点，东高点比西高点高300m左右（图6-39）。

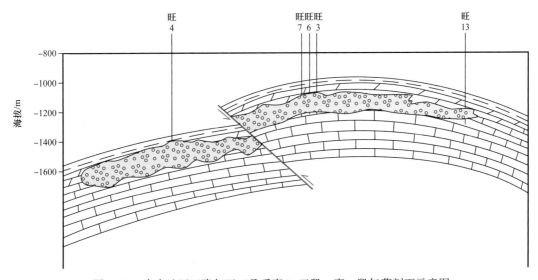

图6-39 赤水地区旺隆气田三叠系嘉2₁亚段—嘉一段气藏剖面示意图

旺隆构造雷1_1亚段气藏：储层以孔隙型为主，孔隙的发育分布受沉积成岩及古地貌高等微相的控制，孔隙层西部发育得比东部好，因此西翼是主要富集带，富集带主要集中于构造高点及高点以西。

受储层物性（孔隙度和渗透率）影响，旺隆构造雷1_1亚段气藏剖面上呈似层状透镜体分布（图6-40）。

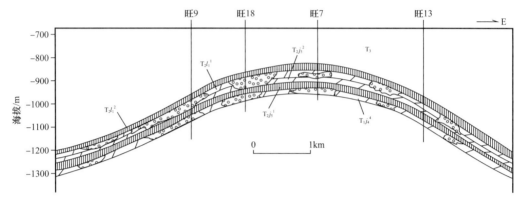

图6-40　赤水地区旺隆构造雷1_1亚段、嘉5_1亚段油气藏剖面示意图

（2）二叠系阳新统（P_2）气藏。

① 太和构造阳新统（P_2）茅口组气藏：太和构造为一比较典型的似箱形构造，其构造顶部区较为平缓和宽阔，平缓区两端地层倾角变陡，其陡、缓转折带是褶皱应力相对集中的地方，早期微裂缝比较发育，后期断层发育。太和构造南翼受长垣坝大断裂的影响，断层上盘伴生大小不等的同向断层或反向断层，易于形成裂缝发育区，由于构造部位特殊，阳新统（P_2）顶附近断弯和纵弯作用叠加，因此具产生纵张缝的有利条件。

太12井茅口组气藏：太12井位于太和构造北部鼻凸轴线上，井底位于北部鼻凸横切轴线的断层上盘。产层P_2m_{2A}的储量为$1.8 \times 10^8 m^3$。太12井处是一个大缝洞系统，其主要地质特征表现：一是该井处在有利的地质构造位置上，属于构造受力最强部位。在构造形成期随着水平挤压作用的增强，轴线延伸方向具拉张的作用。二是形成太12井缝洞系统的断层属斜逆断层，走向东西，延伸约1.5km，断层倾向向南，倾角25°。三是该部位明显受两期构造应力作用，造成叠加效应，使纵张缝和断层缝重叠组合。四是溶蚀缝洞特征明显，钻井中见有方解石斑块充填，属早期溶蚀充填。

太4井茅口组气藏：太4井位于太和构造顶部，靠南翼陡缓过渡带。通过压降法计算的储量为$2.21 \times 10^8 m^3$。太4井井底处在较为有利的部位，从太和构造南翼分析，平面上处于相对较大断层上盘上的小断层处。该井往南100m范围地层曲率变化明显，即地层由缓变陡，属褶皱应力影响区，纵张缝发育。从横剖面（图6-41）分析，该井处在断裂发育带范围内，属于断层缝发育的有效范围。

太4井、太12井气藏属太和构造上两个不同系统的二叠系阳新统（P_2）茅口组气藏，同时具有不同的成藏特征：太4井位于构造顶部、处于两组构造线相交部位，纵张缝发育，形成较好的缝洞空间；太12井位于构造北部鼻凸轴线上和两条横切轴线的逆断层所形成的断块上，由于断层裂缝发育，气藏主要以断层缝洞空间为主要特征。

② 旺隆构造旺8井茅口组气藏：旺8井位于旺隆构造西高点的主高点上（即轴线上），井底以南260m有一条北倾逆断层，断距约20m。该井井底茅口组（P_2m）的上部

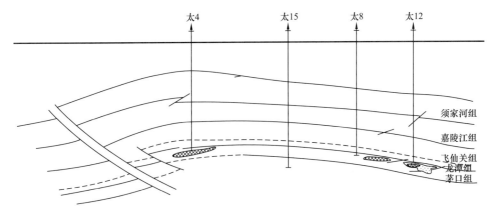

图 6-41 赤水地区太和构造过太 4 井—太 12 井地质剖面图

出现 2 条相向逆断层，形成茅口组内断垒，断距 30m。

旺隆构造西高点受南北向断层影响，断层下盘下拉、产生扭曲而形成高点，高点即扭曲顶部，造成南北方向纵张缝，而在东西构造形成期，其所受应力为南北挤压、东西拉张，因此，高点部位为具有两组应力叠合的有利部位，造成了纵张缝发育。

旺隆构造旺 8 井茅口组气藏主要受构造部位控制，构造部位主要是高点，以及由两组构造应力复合叠合相配合、茅口组内两条相向逆断层相配合所形成的高部位纵张缝发育处。

③ 综合分析，二叠系阳新统（P_2）气藏具强非均质性：纵向上无固定产气层位，主要集中在上部茅口组 P_2m_2 以上地层（但下部栖霞组也钻获气藏）；横向上可发育多个独立的气藏；高部位可产水，低部位也能产气，气藏不受构造圈闭线控制；同一构造可发育多个缝洞圈闭，无统一气水界面，一个缝洞系统可构成一个独立的气藏（如太 12 井气藏和太 4 井气藏）。

二叠系阳新统（P_2）气藏在古隆起顶部，不是像三叠系嘉陵江组一段气藏那样存在着大面积的含油气区，就是在隆起高部位上的构造圈闭内普遍含水，很显然，它的含气好坏受现今局部构造条件的控制比较明显。

2）油气藏充注程度

太和、旺隆气田中各气藏的含气高度小，已知气藏含气高度为 19.5～60.62m；充满程度低，一般小于 11%（表 6-62）。充满程度低的可能原因是：（1）气田处于泸州古隆起的南斜坡，而并非处在隆起的顶部，太和气田茅口组顶的海拔约低于泸州古隆起顶 650m；（2）气田接近盆地边缘，距露头区较近。

表 6-62　赤水地区太和、旺隆气田气藏充满程度数据表

气田	产层	气井（气显示井）		水井		含气高度 / m	闭合高度 / m	充满程度
		井号	顶部海拔 /m	井号	顶部海拔 /m			
太和	$T_1j_4{}^1$—$T_1j_3{}^3$	太 2 井	-984.79	太 5 井	-1045.41	<60.62	540	<0.11
	$T_1f_1{}^3$	太 4 井	-1767.21	太 6 井	1788.20	<20.99	500	<0.04
	P_2m	太 4 井	-2057.21	太 8 井	-2252.21	<19.5	500	<0.39
旺隆	$T_1j_2{}^3$	旺 6 井	-1070.45	赤 2 井	-1111.47	<41.02	700	<0.06

3）油气藏流体性质

（1）天然气性质。

天然气组分：赤水地区海相二叠系阳新统（P_2）和三叠系的天然气，甲烷含量较高，大部分大于95%，乙烷以上重烃含量少，为0.21%～0.6%，均小于1%，硫化氢含量为0.1%～0.85%，具过成熟干气特征（表6-63）。二氧化碳及氮气含量较不稳定。

干燥系数特征：通过干燥系数分析，赤水地区海相天然气干燥系数大，海相烃源岩均已处于过成熟干气阶段，从$C_2/（C_2+C_3+C_4）$与$Log（C_1/C_2）$关系图版（图6-42）上可见大部分海相气为过成熟气。

表6-63 赤水地区天然气常规分析数据表

沉积相	井号	层位	天然气组分 /%							相对密度
			甲烷	乙烷	丙烷	H_2S	CO_2	N_2	He	
海相	旺12-1井	$T_2l_1^1$	98.29	0.57	0.03	0.49	0.05	0.5	0.04	0.563
	太16井	$T_1j_4^1$	96.55	0.30	0.02	0.48	0.53	2.0	0.06	0.572
	太17井	$T_1j_3^1$	97.09	0.60	0.04	0.30	0.09	1.8	0.07	0.568
	五南2井	$T_1j_2^2$	94.27	0.54	0.04	0.10	0.07	4.9	0.04	0.579
	太19井	T_1f_2	85.87	0.43	0.03	0.82	0.07	13.0	0.07	0.615
	旺12井	P_2m	95.20	0.22	0.03	0.85	2.81	0.9	0.04	0.595
	宝4井	P_2m	96.35	0.19	0.02	0.71	0.74	1.9	0.11	0.575

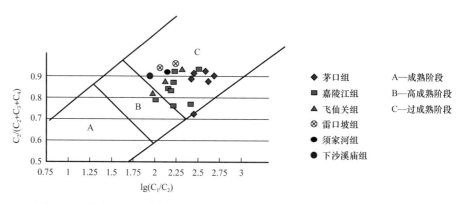

图6-42 赤水地区天然气$C_2/（C_2+C_3+C_4）$与干燥系数$lg（C_1/C_2）$之间的关系

同位素特征：赤水地区海相二叠系阳新统（P_2）及下三叠统天然气甲烷、乙烷的碳同位素均发生倒转，即$\delta^{13}C_1 > \delta^{13}C_2$（表6-64）。

通过赤水地区天然气$\delta^{13}C_1—\delta^{13}C_2$关系对比分析（图6-43），反映出赤水地区海相二叠系阳新统（P_2）及下三叠统嘉陵江组天然气主要为过成熟油系—煤系混合气，下三叠统飞仙关组天然气为过成熟油系气。

表 6-64　赤水地区海相天然气碳同位素组成表

沉积相	井号	层位	$\delta^{13}C_1$/‰	$\delta^{13}C_2$/‰	$\delta^{13}C_2-\delta^{13}C_1$/‰
海相	旺 4 井	$T_1j_2^1$—T_1j_3	−27.98	−30.52	−2.54
	旺 3 井	$T_1j_2^1$	−27.70	−32.05	−4.35
	宝 1 井	T_1j_1	−28.93	−31.90	−2.97
	太 10 井	T_1f	−28.89	−33.87	−4.98
	太 12 井	P_2m	−30.21	−34.62	−4.41

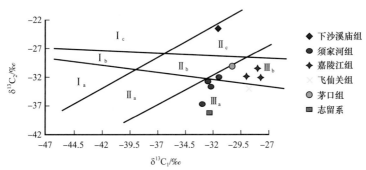

I_a—成熟油系气；I_b—成熟油系—煤系混合气；I_c—成熟煤系气；II_a—高成熟油系气；
II_b—高成熟油系—煤系混合气；II_c—高成熟煤系气；III_a—过成熟油系气；III_b—过成熟油系—煤系混合气

图 6-43　赤水地区天然气 $\delta^{13}C_1$—$\delta^{13}C_2$ 关系图

利用氩同位素 ^{40}Ar、^{36}Ar 丰度比的变化可初步确定天然气源岩的年代。$^{40}Ar/^{36}Ar$ 值代表的是一个气样总氩量中空气和放射性氩的相对浓度。天然气中的氩主要来源于 ^{40}K 的蜕变，烃源岩年代越老，岩石中 ^{40}K 形成 ^{40}Ar 越多，即稀有气体氩具有年代积累效应（刘文汇和徐永昌，1998）。对于海相天然气，根据气样 Ar 同位素分析结果（表 6-65），由 $^{40}Ar/^{36}Ar$ 值计算得出烃源岩年代，可见三个气藏的烃源年龄计算值都明显老于自身烃源岩年代值。由此可初步判断，赤水地区海相二叠系阳新统（P_2）及下三叠统气藏可能都具混源特征，下三叠统气藏可能有二叠系烃源岩的贡献，而二叠系阳新统（P_2）气藏很可能混入了志留系天然气。

（2）气源分析。

本区有机质热成熟度高，气源岩多，天然气表现为多类型混合气。通过天然气组分及碳同位素特征的对比分析，表明赤水地区海相二叠系阳新统（P_2）及中—下三叠统各层系天然气均为干气。天然气碳、氩同位素分析数据（表 6-65、表 6-66）反映，赤水地区海相天然气也存在气源混合现象，中—下三叠统气藏除自身碳酸盐岩烃源外，还有二叠系气源的贡献，而二叠系阳新统（P_2）气藏可能混入了志留系天然气。总体上看，中—下三叠统气藏的混合作用强于二叠系阳新统（P_2）气藏。

二叠系阳新统（P_2）及三叠系嘉陵江组天然气表现为过成熟油系—煤系混合气特征，这正是由于本区烃源众多、腐泥型腐殖型烃源气混合聚集的结果。

综合来说，赤水地区天然气成藏具有多气源和混合的特征。

表 6-65　赤水地区太和、旺隆气田天然气 Ar 同位素分析数据表

井号	层位	取样井深 /m	Ar 含量 / (μg/g)	$^{40}Ar/^{36}Ar$	烃源岩年龄 /Ma
旺 4 井	T_1j_2	2029	34.6	1608	378.80
太 12 井	P_2m	2947	29.5	1833	408.99
太 13 井	S_1	3112	28.9	2656	494.48

（3）地层水性质。

赤水地区二叠系茅口组气藏水分析资料显示为 $CaCl_2$ 型（表 6-66），太和、旺隆地区矿化度为 30.1～42.7g/L，官渡官 3 井为 44.9g/L，矿化度高，显示为地层水特征。

表 6-66　赤水及邻区二叠系茅口组地层水化学分析表

构造	井号	水化学指标					
		$\gamma(Na^+)/\gamma(Cl^-)$	$\gamma(Ca^{2+})/\gamma(Na^+)$	$\gamma(SO_4^{2-})\times100/r(Cl^-)$	Cl^-/Br^-	矿化度 / g/L	水型
太和	太 4 井	0.88	0.185	0.033	153	30.1	$CaCl_2$
旺隆	旺 8 井	0.81	0.185	0.013	154	42.7	$CaCl_2$
宝元	宝 3 井	0.93	0.107	0.27	145	29.3	$CaCl_2$
官渡	官 3 井	—	—	—	—	44.9	$CaCl_2$
长垣坝	长 1 井	0.89	0.109	0.349	152	30.22	$CaCl_2$

赤水地区三叠系嘉 2_1 亚段—嘉一段的水型大部分为 $CaCl_2$ 型，矿化度高（表 6-67），太和、旺隆地区为 45.6～53.2g/L，宝元构造为 44.8g/L，官渡地区为 53g/L，赤水西南部的雪柏坪地区高达 59.6g/L，为明显的地层水，证明它们仍处于水文地质封闭的环境之中。

综上所述，赤水地区海相气藏处于水文地质封闭环境之中，显示保存条件良好。

表 6-67　赤水及邻区三叠系嘉 2_1 亚段—嘉一段地层水化学指标对比表

构造	井号	水化学指标					
		$\gamma(Na^+)/\gamma(Cl^-)$	$\gamma(Ca^{2+})/\gamma(Na^+)$	$\gamma(SO_4^{2-})\times100/r(Cl^-)$	Cl^-/Br^-	矿化度 / g/L	水型
太和	太 7 井	0.88	0.148	6.331	120	45.6	$CaCl_2$
旺隆	旺 6 井	0.88	0.150	5.460	139	53.2	$CaCl_2$
宝元	宝 2 井	0.96	0.113	9.135	131	44.8	$CaCl_2$
官渡	官 2 井	0.99	0.082	7.403	101	53.0	$MgCl_2$
复兴	复 1 井	0.96	0.085	5.615	89	62.9	$CaCl_2$
雪柏坪	雪 1 井	—	—	—	—	59.6	$CaCl_2$
长垣坝	长 4 井	—	—	—	103	32.3	$CaCl_2$

4）油气藏压力特征

赤水地区二叠系阳新统（P_2）气藏受裂缝的发育和展布方向控制，气藏与构造关系密切，但不受构造圈闭线控制，在同一背斜内可有多个互相孤立、互不连通的圈闭所构成的气藏。这种多洞缝系统晚期各自独立成藏的机制，决定了阳新统（P_2）气藏都是高压或超高压气藏（表6-68），气藏属气水同一的裂缝性圈闭系统。三叠系嘉陵江组气藏也属于高压气藏。

表6-68　赤水地区海相气藏压力统计表

井号	层位	井深 /m	地层压力 /MPa	压力系数
太12井	$T_1j_2^1$—T_1j_1	2067.0	28.19	1.42
太4井	P_2m_3	2436.5	36.27	1.52
太12井	P_2m_3—P_2m_2	2655.1	46.06	1.60
旺8井	P_2m_3	2894.0	51.35	1.81
宝3井	P_2m_3	2836.0	59.72	2.14
旺6井	P_2m_2	2501.5	49.72	1.98

5）成藏演化

（1）埋藏史、热史分析。

赤水地区主要经历了4次大的埋藏和抬升事件：寒武纪埋藏至志留纪末抬升、二叠纪开始埋藏至中三叠世末抬升、晚三叠世开始埋藏至侏罗纪末抬升，以及晚白垩世埋藏至白垩纪末期抬升。

通过对赤水地区烃源岩演化史的研究认为：

寒武系烃源岩在O末开始生油，D初进入生油高峰期，C—T_1为生油结束期，J_1末进入干气期；

奥陶系烃源岩在D初开始生油，T_1中期达到生油高峰，T_3早期全部进入生油高峰，J_2为生油结束期，J_3早期进入干气期；

志留系烃源岩在D_2开始生油，J_1进入生油高峰期，J_3进入干气期；

二叠系烃源岩在J_1开始生油，J_2末进入生油高峰，J_3早期全部进入生油高峰，K_1进入干气期；

中—下三叠统烃源岩在J_2晚期开始生油，J_3早期达到生油高峰，J_3中期全部进入生油高峰期，K_2末进入干气期。

（2）圈闭、烃类演化。

与生烃高峰期相匹配的、适时的古隆起，是油气运移聚集的有利场所。赤水地区的燕山期隆起带——太和、旺隆和官（渡）北所构成的北凸起，以及宝元、雪柏坪所构成的西凸起，是已取得油气勘探成果最丰富的区带。

赤水地区东西向延伸的、包括太和与旺隆构造的长垣坝构造带，于燕山晚期Ⅰ幕（K_2早期）定形，太和—旺隆大断层的下盘发育一连串的断鼻构造，如五南、复兴构造等，均有利于捕获油气。北北西方向的官渡构造带，宝元、雪柏坪、天堂坝等构造，于燕山晚期Ⅱ幕（K₂晚期）定形。位于赤水地区东北部的官渡一带，受到的应力作用较强，因此其南北向构造的幅度相对较高，形成紧密的长轴背斜，而赤水地区西部的宝元、雪柏坪构造，褶皱强度相对较弱，为宽缓的背斜构造。北北西方向的应力作用在先前形成的东西向太和、旺隆构造上，叠加形成了南北向的鼻凸。

（3）成藏演化机制。

① 二叠系阳新统（P₂）缝洞型气藏成藏演化模式。二叠纪阳新世（P₂）时，赤水地区为正常盐度的陆表浅海，所沉积石灰岩的原生孔隙很快被沉淀的方解石充填而消失，故阳新统（P₂）石灰岩的基质致密。阳新统（P₂）石灰岩东吴（表生）期、喜马拉雅期形成的次生溶蚀孔洞是主要的储集空间，晚燕山运动、喜马拉雅运动形成的张裂缝是主要的渗滤通道，裂缝与洞穴搭配形成了洞缝系统。志留系烃源岩在早侏罗世进入生油高峰期，晚侏罗世进入干气期；二叠系烃源岩在晚侏罗世早期进入生油高峰期，早白垩世进入干气期；晚燕山运动—喜马拉雅运动形成大量的张开裂缝。在同一背斜内有多个互相独立、互不连通的裂缝圈闭构成了阳新统（P₂）气藏，这是多洞缝系统晚期各自独立成藏的结果，如太4井气藏与太12井气藏就是两个独立的气藏。

② 阳新统（P₂）缝洞型气藏成藏主控因素。二叠系阳新统（P₂）气藏受裂缝发育和展布方向的控制，气藏与构造关系密切，但不受构造圈闭线控制，在同一背斜内有多个互相孤立、互不连通的圈闭所构成的阳新统（P₂）气藏，这是多洞缝系统晚期各自独立成藏的结果。这种气藏形成机制决定了阳新统（P₂）气藏都是高压或超高压气藏（表6-68）。气藏属气水同一的裂缝性圈闭系统。气藏的富集特点与缝洞圈闭的发育有关，具备构造缝、断层缝及古岩溶相匹配的复合型地带是天然气富集的最佳部位，而这种有利部位主要分布于构造高点、长轴、断层组合带，构造陡—缓转折端，构造形态发生扭曲、拐点及两组构造应力叠加部位等。

③ 中—下三叠统裂缝—孔隙型气藏成藏演化模式。三叠系嘉陵江组及雷口坡组储层多发育于开阔海台地相的滩亚相颗粒灰（云）岩及局限蒸发台地相的颗粒白云岩、针孔白云岩内，储层性质具有相似性，因此以嘉陵江组一段储层来阐明气藏的成藏模式。

嘉陵江组一段沉积期为开阔海台地相碳酸盐岩沉积，晚期为滩亚相的颗粒（鲕粒、砂屑、生物碎屑）石灰岩沉积，厚2～5m。

沉积阶段，颗粒灰岩的原生粒间孔隙度可达到40%左右，随后发生的胶结作用、泥晶化作用、膏化作用及硅化作用使岩石固结，孔隙度降低；另一方面，此阶段更为重要的是：在局部地区因受古地理、海水盐度及大气淡水的影响而使颗粒灰岩发生溶蚀作用、混合水白云岩化作用，或二者同时发生，使固结的岩石形成大量的溶蚀（粒间、粒内）孔隙，孔隙度可达到30%左右。

早成岩阶段，岩层埋于地下，主要发生胶结、充填、压实及白云岩化作用使岩石进一步固结，同时使沉积阶段在局部地区形成的溶孔大量充填，孔隙度降低到10%左右。此阶段有机质还未开始生油，未发生油气运移。

晚成岩阶段早期，岩层埋深进一步加大，主要发生压实、重结晶作用，使形成的溶孔进一步充填，孔隙度降低到8%左右。此阶段有机质形成液态烃，少量的液态烃可充填于孔隙内。

晚成岩阶段晚期，主要发生压实、破裂作用。晚燕山运动、喜马拉雅运动，地层褶皱形成圈闭，同时形成大量的断层、裂缝。裂缝主要起到渗滤作用。此阶段有机质形成干气，干气通过断层、裂缝运移至孔隙层内聚集成藏。

例如，宝元、旺隆构造的嘉一段气藏，沉积阶段即发生溶蚀作用，又发生白云岩化作用，形成大量的粒间、粒内溶孔，成岩期孔隙虽受到一定的充填，但孔隙面孔率仍可达18%，下伏天然气通过断层、裂缝运移至孔隙层内成藏，形成岩性—背斜圈闭气藏；太和构造的嘉一段气藏，在沉积期只发生溶蚀作用，形成的粒间、粒内溶孔相对少，气藏储量较宝元、旺隆构造少；旺南等构造，沉积期形成的溶孔在成岩期基本被充填完，故未能形成气藏。

三叠系嘉陵江组的其余储层以及雷口坡组储层，均与嘉一段储层类似，只是相对嘉一段储层，其沉积环境相对较封闭，受石膏影响较大，形成的孔隙如在成岩期充填程度低则能形成气藏，反之则为非气藏。

④ 中—下三叠统裂缝—孔隙型气藏成藏主控因素。赤水地区中—下三叠统气藏主要分布在孔隙发育及裂缝发育的叠加部位，如果没有裂缝的配合，则很难形成工业性气藏。因此，嘉 2_1 亚段—嘉一段气藏中，孔隙型、裂缝型及溶洞型等三种储集类型形成有机配置，是捕获天然气成藏的主要聚集类型，宝元、旺隆等构造嘉 2_1 亚段—嘉一段气藏的分布特点已充分证明了这一点。

有利的沉积相带：对本区影响最大的古构造隆起是泸州古隆起，该隆起开始发育于二叠纪阳新世（P_2）栖霞组沉积期，至阳新世末，泸州古隆起已初具雏形。早三叠世，泸州古隆起继续发展，成为该地区的一水下隆起，其隆起高部位向南延伸到太和以南、宝元以北一带（同时，也还存在有次一级的隆起和沉降区）。在古隆起高部位，随着海平面不断的升降变化，储层遭受同生期白云石化作用、溶蚀作用和紧跟着的混合白云石化作用、表生期溶蚀作用，易形成粒内孔、粒间孔、铸模孔和晶间孔等而成为储层的主要储集空间。

构造裂缝因素：从宝元气田嘉 2_1 亚段—嘉一段气藏、嘉 5_1 亚段气藏及雷 1_1 亚段气藏的空间特征分析，气藏受裂缝发育程度的控制较明显。获得工业产能的井主要分布于高点及断层上盘附近，均是裂缝相对发育的部位。旺隆构造高点沿长轴方向是裂缝的主要发育方向，同时由于断层的分隔，形成东、西两个独立的裂缝—孔隙型气藏，如旺隆构造嘉 2_1 亚段—嘉一段气藏，在两个高点上分别钻获两个气藏系统。中—下三叠统碳酸盐岩气藏受岩相、构造部位及断层控制，裂缝和孔隙配合才能形成气藏，而裂缝和孔隙受岩相和成岩作用及构造作用的控制明显，即气藏受裂缝、构造、岩相共同控制。

四、有利区带及远景评价

赤水地区二叠系茅口组储层发育的主控因素为古岩溶和裂缝，储层属非均质的缝洞类型，缝洞和裂缝是主要储集空间。经储层综合评价参数分析，茅口组的 I 类（有利）储层发育区主要分布在赤水地区北部的五南、太和、旺隆及宝元构造南部的岩溶古地貌高部位和构造裂缝发育区的叠合区，有利区面积 511km²；II 类（较有利）储层发育区处于岩溶古地貌较高部位，但该区域断裂较少，裂缝欠发育，不利于相互独立的岩溶单元沟通，该类储层主要发育在长沙构造、太和构造南部、西门构造北部等地，较有利区面积 378km²。

赤水地区三叠系嘉陵江组储层发育的主控因素为潮上坪—潮间坪上部的有利沉积环境及通源大断裂，其中嘉一段—嘉 2_1 亚段为裂缝—孔隙型储层，嘉 2_3 亚段为孔隙型储层，嘉 4_1 亚段—嘉 3_3 亚段为裂缝—孔隙型储层，嘉 5_1 亚段为裂缝—孔隙型储层，几个亚段的储层厚度均较薄，不足20m。

经储层综合评价参数分析，嘉一段—嘉 2_1 亚段的Ⅰ类（有利）储层发育区主要分布在旺隆构造北部至长沙构造、太和构造及其南部、宝元构造及其北部等通源断裂发育区，有利区面积 518km^2；Ⅱ类（较有利）储层发育区主要分布在Ⅰ类储层发育区外围的赤水地区西北部等沉积相带有利区，较有利区面积 648km^2。

嘉 2_3 亚段—嘉 4_1 亚段的Ⅰ类（有利）储层发育区主要分布在太和构造、旺隆构造、宝元构造，均呈北西向条带展布，有利区面积 43km^2；Ⅱ类（较有利）储层发育区主要分布在太和构造、旺隆和宝元构造的Ⅰ类储层发育区外围，以及五南构造南部、太和构造东南部和官渡构造西北部，较有利区面积 352km^2。

嘉 5_1 亚段的Ⅰ类（有利）储层发育区主要分布在宝元构造及其西部，有利区面积 179km^2；Ⅱ类（较有利）储层发育区主要分布在Ⅰ类储层发育区外围的太和构造大部、旺隆构造西部及雪柏坪构造西北部，较有利区面积 511km^2。

赤水地区三叠系雷口坡组储层发育的主控因素为早期淡水溶蚀的成岩作用，储集空间为晶间孔、晶间溶孔、微裂缝，以溶蚀孔隙为主，主要为浅水受限制潟湖环境沉积，岩性以粒屑白云岩为主，储层厚度小于20m。经储层综合评价参数分析，雷口坡组Ⅰ类（有利）储层发育区主要分布在旺隆构造北部至长沙构造，有利区面积 154km^2；Ⅱ类（较有利）储层发育区主要分布在旺隆构造西南部至雪柏坪构造北部，较有利区面积 151km^2。

第七章　新生界陆相盆地油气地质

滇黔桂地区新生界陆相盆地油气开发区主要分布于广西百色盆地和云南曲靖、陆良、保山、景谷盆地。不同区域的油气藏成因各异，其地质特点和油气藏特征也存在较大差异。

百色盆地的大地构造位置属于华南褶皱系之右江褶皱带，区域构造上位于南盘江坳陷的东南端，它是发育在三叠系褶皱基底上的古近系残留盆地，面积832km²。盆地构造演化经历了断陷期、坳陷期和抬升剥蚀期等三个阶段。盆地的地质条件复杂，具有断裂发育，岩性、岩相变化大，储集体类型多，含油气层系多和油气藏类型丰富等特点。从古近系到基底的中三叠统，均发育含油气层系。储层以碎屑岩为主，其次为石灰岩。主要油气藏类型包括：中三叠统碳酸盐岩潜山油藏、古近系砂岩油气藏。

曲靖盆地、陆良盆地、保山盆地均属新近系残留盆地，盆地面积分别为213km²、325km²和245km²，它们是云南较具代表性的新近系小盆地，面积小、地层新、埋深浅。盆地基底埋深小于2000m，盆地形成演化时间短，有机质处于未成熟阶段，天然气类型为生物气。气藏类型为构造—岩性气藏。

景谷盆地为叠置在兰坪—思茅中生界盆地之上的新近系断陷盆地，结构表现为西断东超，呈箕状，面积88km²。地层沉积类型主要为浅—深湖、河流沉积。储层及含油层系主要为新近系三号沟组。油藏类型为断块—岩性油藏。

截至2017年底，滇黔桂油气区发现油田8个［百色盆地的塘寨、田东（仑圩）、花茶、上法、子寅、雷公、那坤油田，以及景谷盆地的大牛圈油田］，探明石油地质储量1795×10⁴t，技术可采储量为415×10⁴t；发现气田10个［赤水地区的太和（场）、旺隆、宝元、官渡气田，百色盆地的花茶、上法、雷公气田，曲靖盆地的曲靖气田（含凤来村气田和陆家台子气田），陆良盆地的大嘴子气田，以及保山盆地的永铸街气田］，探明常规天然气地质储量61×10⁸m³，技术可采储量32×10⁸m³。

第一节　百　色　盆　地

一、概况

1.地理概况

百色盆地位于广西壮族自治区西南部百色市的右江区、田阳县、田东县境内，分布在东经106°24′—107°21′和北纬23°28′—23°55′之间，呈北西向长条状展布。盆地长109km，宽2～14km，面积832km²。

盆地地处右江两岸，地形为较平坦的河谷平原及低丘陵，海拔一般小于200m。盆地紧邻北回归线，属亚热带温湿季风气候。年平均气温 21～22℃，冬暖夏热，1—2 月平均气温 10℃，夏季气温可高达 40℃。年降雨量为 1000～1170mm，多集中于 5—9 月。4—5 月间局部地区有冰雹和旋风。

盆地内水陆交通便利，有南（宁）—昆（明）铁路、广（州）—昆（明）高速、324 国道（福州—昆明国道）等纵贯盆地，县乡间均可通车，右江河道可通航直达南宁。

2. 勘探概况

百色盆地的地质调查最早始于 1933 年，至今已有 80 多年历史。盆地的调查勘探史，大体上可分为 6 个阶段。

1）零星调查阶段（1933—1948 年）

1933 年，李月三等调查田阳褐煤，给下第三系（现称古近系）创名"那坡系"。1935 年，当地农民和工人在田阳那满和田东林逢发现含油砂岩露头。1936 年起，先后有许多地质学家对盆地进行地质调查，将下第三系和上第三系（现称古近系和新近系）统称"邕宁群"，后又将其底部分出称为"永福群"，继而发现另一油砂露头——田东岩怀含油砂岩。对于含油砂岩的油源问题，调查者倾向于来自第三系（现称古近系—新近系）本身。

2）普查勘探阶段（1954—1962 年）

先后有石油、煤炭、水文等部门在此进行工作，为找油、找煤进行了浅井钻探，分别做了石油地质普查、详查及构造细测，并进行重力、磁力详查及电法普查。发现林逢、新州及那满等含油构造。

1962 年后，由于国民经济调整而中断石油勘探工作。

3）勘探开发阶段（1970—1984 年）

此阶段的特点是：工作连续持久，采用地质、地震、钻井、测井及试油"五位一体"的综合勘探方法。

早期（1970—1975 年），着眼于区域勘探，从盆地整体出发寻找有利油气聚集带，在全盆地进行地震普查（单次覆盖）；然后选择面积最大、沉积最厚和油气远景最好的田东凹陷进行重点勘探。1971 年 8 月，第一口中深井（百深 1 井）开钻。1973 年开始在凹陷中北部勘探，百深 5 井（1973 年 8 月—1974 年 2 月）于井深 1674.4～1830.2m 井段，发现 11 层、总厚 21.8m 的油层和差油层，1974 年 6 月试油获工业油流（日产原油 0.86～1.56m^3）。

后期（1976—1984 年），在田东凹陷北部进一步甩开勘探，继而在北部的仑 2 井（1977 年 3 月—1977 年 6 月）于井深 789.4～800.8m 发现油砂，1977 年 11 月试油获自喷油流（日产 14.5t），从此为田东凹陷找油打开了新局面。继而进行地震详查（6 次覆盖）和局部精查，集中力量在北部勘探；同时为加速油田的勘探与开发，1978 年起对仑圩开发区进行（245～320m 井距）滚动开发，1982 年 6 月建成投产，1984 年已达到年产油 30000t 的能力。

4）综合勘探开发阶段（1985—1989 年）

1985 年以后，石油工业部滇黔桂石油勘探局集中力量在百色盆地开展了石油勘探。至 1989 年底，共完成地震测线 2240km；完钻探井 81 口，总进尺 130841m；对 73 口井、147 层进行了试油，获工业油流井 22 口；控制含油面积总计 6.8km^2。

此阶段在百色盆地投入的工作量相当于1985年以前总的工作量，其特点是：（1）加强了"五位一体"的综合勘探，特别是提高了地震勘探的质量（均为数字地震，30次覆盖）。（2）扩大了勘探范围，除继续在田东凹陷勘探外，还在那笔凸起、头塘凹陷和六塘凹陷进行了综合勘探。（3）见到了成效：在那笔凸起上发现了雷公含油构造；在六塘凹陷中发现了江泽含油气构造；在田东凹陷的花茶油田及仓圩油田中发现了新的含油断块。

与此同时，对盆地的地层、构造、油气生成和分布规律等各方面，先后做了系统的专题研究和综合性研究，为盆地的进一步油气勘探打下较好的基础。

5）滚动勘探开发阶段（1990—1998年）

此阶段的工作方针是以油藏描述为基础，勘探先行，评价跟进，开发随行。通过数字二维地震、三维地震、地质、测井、地震综合勘探，圈闭评价、油藏描述等手段进行滚动勘探，工作目标是寻找古潜山、断块圈闭，在上法古潜山圈闭钻探了百4井、法1井等百吨井并发现了上法油田，在断块圈闭勘探中发现了雷公油田、那坤油田。

6）精细勘探阶段（1999—2015年）

此阶段的工作方针是效益优先，高效勘探。通过高分辨率三维地震采集、处理，开展高分辨率层序地层学等地质综合研究，工作目标是寻找复杂断块、岩性圈闭等隐蔽性油藏，发现了百21块、坤8块、百80块。

百色盆地自1935年在田阳那满发现露头油砂，即已证实为含油气盆地。1954年开始石油地质普查，至今已经历了60多年的普查与勘探。截至2015年底，共完成模拟地震1075km，数字二维地震3508km、三维地震465km^2，地震资料主要分布在东部坳陷，三维地震资料全在东部坳陷；全盆地完钻各类钻井646口，总进尺80×10^4m（其中各类探井315口，总进尺42.8×10^4m），获工业油气流井101口（其中气井11口，油井90口）；钻探成功率为32%；发现上法、子寅、仓圩（田东）、花茶、塘寨、雷公、那坤等7个小型油气田，至2017年底，这7个小型油气田的累计探明石油地质储量1753.91×10^4t，累计探明天然气地质储量7.0×10^8m^3。

二、区域地质

1. 构造

1）区域构造

百色盆地的大地构造位置属于华南褶皱系之右江褶皱带，它是一个受北西向构造控制的、在中三叠统褶皱基底上形成的新生代内陆断陷盆地。

盆地呈狭长形，总体走向为295°。盆地两侧的地质构造存在明显差异：西南侧出露地层较老，为寒武系—三叠系，褶皱紧密，断裂发育，构造线以东西向为主，并为北东向、南北向之其他构造形迹所复杂化；东北侧出露地层较新，主要为中—下三叠统，构造线以北西向为主，褶皱紧密，压扭性断裂发育。三叠系及其下伏地层在此地带组成那丹—果化复向斜，轴向315°左右，轴部地层为中三叠统兰木组及板纳组，其间存在北西向右江大断裂。百色盆地位于复向斜轴部的西南侧，在构造上具有一定的继承性。

盆地的基底地层为三叠系的板纳组和兰木组，前者遍及全盆地，后者主要分布于盆地中北部。据钻探资料，基底岩性大部分为轻变质的砂泥（页）岩互层，局部地段如田阳花茶及田东平马地区分布有石灰岩夹层。

自 1958 年起，盆地内先后作了程度不等的各种地球物理勘探工作。在田东—田阳地区做的电法试验结果表明，盆地内的地电剖面比较简单，垂向电测深曲线基本上为 H 型三层曲线和二层上升曲线两类。下三叠统石灰岩顶界为电测深标准层，当时选取的电阻率（15Ω·m）偏低，解释出的标准层埋藏深度为 2000m，显然偏浅。1982 年据电测井资料取中三叠统平均电阻率 54.5Ω·m 进行重新解释，最大埋深为 4550m，并得出高电阻标准层呈北西走向、南陡北缓的向斜。

盆地内的布格重力异常围绕盆地而变化，总体形态呈北陡南缓的不对称向斜，数值变化在 −62～−84mGal 之间。北缘出现重力异常密集带，反映存在断裂。自东而西有林驮、韦宁、田阳及百色等 4 个重力低，大都呈北西走向。沉积盖层与下伏基底间存在明显密度界面（密度差为 0.35g/cm^3），经推算基底埋深为 2500m，分别出现田东、田阳及百色等 3 个沉降中心。

盆地内部磁场平静，异常幅度不大，总的分布为东部呈正异常，中西部显负异常。据大量样品磁化率数据统计，田东—平果地区泥盆纪至三叠纪沉积岩的磁化率基本上为零，而盆地古近纪和新近纪地层则出现较高的磁化率（15×10^{-6}～1000×10^{-6} SI），因此盆地内正磁异常的出现与古近纪和新近纪沉积的加厚有关。

地震剖面上可分出 4 个反射波组，其中 T$_4$ 波组能在全盆地追踪，相当于古近系的底界，亦即盆地基底面。T$_4$ 构造图（图 7-1）基本上反映了基底的起伏形态，存在田东、田阳和百色 3 个较大的凹陷区，基底埋深分别为 3400m、2000m 和 2300m。

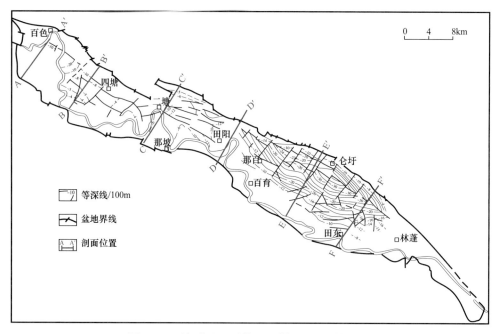

图 7-1 百色盆地地震第四反射层（T$_4$）构造图

综合地质、物探和钻探资料，百色盆地北缘一般以断层为界，呈北断南超不对称向斜，向斜轴偏北，南北翼宽度比为 3：1～7：1。南翼倾角平缓（10°～20°），构造单一；北翼较陡（30°～40°），发育北西西向断层，呈断阶状，近轴部发育早期同生断层，构成中部断陷带（图 7-2）。

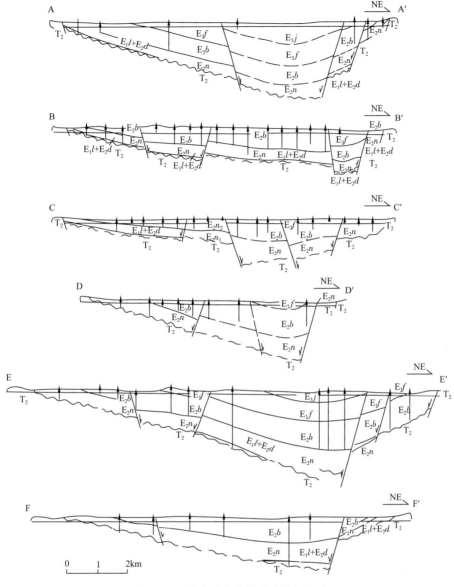

图 7-2　百色盆地代表性构造横剖面图

剖面位置参见图 7-1

盆地内褶皱一般不明显，断裂比较发育。断裂按其方向和性质的不同可分为 4 组：

（1）北西向断裂组。主要分布于盆地东端的北缘，走向 315°，为压扭性逆断层。中三叠统逆覆于新近系之上，断面北东倾，倾角 60° 左右，新近系产状陡立甚至倒转，断距一般在 200m。

（2）北西西向断裂组。走向 290°～300°，和盆地总走向一致，纵贯全盆地，成为盆地的主要断裂。从断裂所在的构造部位和构造特征看，自北而南平面上组合为 4 条：边界断层、分支断层、主干断层及南侧主断层，其中南侧主断层在田东凹陷不甚发育。

边界断层沿盆地北缘展布，全长 60km，走向 290°～295°，据地表槽探及钻探揭示，主要为断面南倾的扭张性正断层，断面倾角 60°～70°，局部亦可见断面北倾的逆断层。垂直断距一般在 500～1000m 之间，最大可达 1600m。

分支断层规模较小、延伸不长，均伴随主干断层出现，属主干断层的派生产物。在田东凹陷称塘浮断层，断距100～200m；在头塘凹陷称那楼断层，断距100～300m；在六塘凹陷称泵当断层，断距较大，约500m；这些断层均为断面南西倾的正断层。

主干断层西起百色经田阳至田东，与北西向压扭性断层相接，全长72km，走向295°左右，为南西倾张性正断层，且被北东向断层一再错移。该断层为那读组沉积期的同生断层，在田东凹陷的许多地震剖面上，T_4波组明显错断，垂直断距可达1000m，而T_3波组则断距甚小，及至T_2波组断层已消失。断层南侧那读组厚达1400m，而北侧仅有170m左右，且向北尖灭，百岗组超覆于三叠系之上。

南侧主断层主要分布于那笔凸起以西地区，长约40km，断面北倾，南升北降，与主干断层相向平行展布，组成地堑，宽1～5km，断距在200～500m之间，亦属同生断层性质，在头塘凹陷YD21地震剖面上显示较明显。

（3）北东向断层组。大小断层30余条，长度0.1～11km，其中有3条横贯盆地，成为二级构造单元的分界线。断层走向一般30°～40°，属张扭性剪切平推断层，以左旋错动为主，水平断距一般为100～200m，个别达500～600m。

（4）东西向断裂组。主要发育于盆地南部，延伸不长，通常成束出现，断面倾向不定，均属张性正断层，断距一般小于200m。

2）构造单元划分

百色盆地构造单元的划分主要依据基底起伏形态、古近系和新近系发育程度，以及构造性质的差异。盆地划分为一级构造单元2个（东部坳陷、西部坳陷），二级构造单元5个，亚二级构造单元12个（表7-1、图7-3），单元之间一般被北东向断层所分隔。

表7-1　百色盆地构造单元划分表

一级构造	二级构造	亚二级构造	面积/km²
东部坳陷	田东凹陷	北部陡坡	77
		中央断凹	61
		南部次凹	37
		南部斜坡	232
	那笔凸起	北部断鼻	36
		南部斜坡	17
	头塘凹陷	北部断阶	38
		中央断凹	14
		南部斜坡	16
西部坳陷	三塘凸起	—	138
	六塘凹陷	北部斜坡	53
		中央断凹	24
		南部斜坡	89

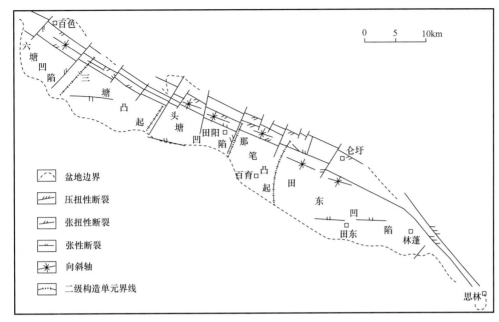

图 7-3　百色盆地构造单元划分图

（1）东部坳陷。

东部坳陷位于墙红断裂以东，面积 528km²，包括田东凹陷、那笔凸起、头塘凹陷。

田东凹陷：平面形态似纺锤，长轴呈北西西—南东东向，与盆地走向一致，面积 407km²。沉降中心偏北，位于东加村北 700m，古近系和新近系的最大埋深大于 3500m。凹陷呈北断南超、北陡南缓的箕状形态。

凹陷以塘浮断裂和那坤断裂为界，划分为北部陡坡、中央断凹、南部次凹和南部斜坡 4 个带。

那笔凸起：在盆地形成初期，那笔隆起并不明显，为一相对较低的洼地，沉积了一套湖相石灰岩。从现今地层、构造特征分析，那笔凸起是在那读组沉积后期，由于南部基底向北顶托而隆升形成。面积 53km²。

头塘凹陷：沉积中心位于头塘镇与墙红村之间，埋深约 2600m。面积 68km²。在中央断凹的北部，被一系列北西向次一级断层分割，使该区的基底逐级抬高，形成断阶带。在中央断凹，由两组近东西的断层切割，形成断槽，最大埋深 2600m，断凹的东段地层西倾，西段地层东倾。从构造发育史看，控制中央断凹的两组断裂均为晚期断裂，它们与整个右江断裂带的走向形成一夹角。

（2）西部坳陷。

西部坳陷可划分为三塘凸起和六塘凹陷。面积 304km²。

三塘凸起：埋深 1000m。地层向西北倾伏，向东南平缓抬起，由一组北西向断层遮挡而形成凤凰断鼻构造和八冬断鼻构造。面积 138km²。

六塘凹陷：为南北较对称的凹陷，被杨屋、冻底南北两断层分成 3 个次一级构造带，分别为北部斜坡带、中央断凹带、南部斜坡带。面积 166km²。中央断凹受北西向杨屋、冻底两断层控制，形成双断式地堑构造，断凹中心位于杨屋北 700m，埋深大于 2700m。由于杨屋、冻底生长断层的作用，使得断槽内 T_g（三叠系顶面）与 $T_{E2.2}$（百岗组内部）界面产状不一致。南北斜坡带地层较对称，由中央断凹带往南、北两侧抬升。

3）局部构造

在石油地质普查、详查工作中，盆地内先后发现地表局部构造 14 个（表 7-2），多数为鼻状背斜，少数为短轴背斜或近穹隆状背斜，大都分布于盆地南半部，走向以北西西向为主，构造面积较小，为 $1\sim2km^2$。组成构造的地层以百岗组为主，倾角平缓，构造轴部或翼部常有断层分布，大部分地表局部构造均已钻探。

地质部中原石油物探队在盆地内圈定出 25 个重力局部正异常，异常形态一般呈椭圆形或长条形，长轴方向分为南东向和近东西向两组，其面积多数小于 $1km^2$。

地震勘探得到 T_1—T_4 四个反射波组，其地质含义分别为伏平组、百岗组上段、百岗组及那读组的底界。T_4 波组在全盆地可追踪，T_1—T_3 波组仅在田东凹陷明显。T_4 波组构造图部分反映了那读组的构造形态，更多的还是代表基底起伏。据地震成果，显示的局部圈闭大体分为背斜构造和断块两类：前者包括基底隆起，共有 11 个（表 7-3），大部分已见油气流或显示；后者是指具封闭形式的大小断块，全盆地已发现 31 个，以田东凹陷为最多。

断块主要发育于北部陡坡带，受北西向、北东向断层控制，断块大都近似长方形，面积一般为 $3\sim4km^2$，沿北西方向的断距较小（$100\sim200m$），沿北东方向的断距较大，尤其是与中央断凹带的交接处，断距可达 1600m。断块内的地层走向一般与断层斜交，倾角 30° 左右，形成不同程度的所谓"墙角构造"，有利于油气聚集。在南部斜坡上的断块，一般形状不规则，地层亦较平缓。

4）构造演化

（1）盆地发育阶段。

百色盆地的形成与北西向构造断裂密切相关。盆地的发育过程可分为断陷（古新世—始新世早—中期）和坳陷（始新世中—晚期至上新世）两个阶段。断陷阶段又可进一步分为局部断陷期（"红色岩"构造期，"红色岩组"现改称为"六吲组"）和断陷发育期（那读构造期）。

"红色岩"构造期（古新世—始新世早期），主要受北西向断裂的控制，在现今盆地的东西两端形成两个彼此分割的、沿北西向断裂分布的狭长形断陷。初期，地壳差异升降幅度较大，东部坳陷接受了红色粗碎屑岩沉积，西部坳陷亦沉积了一套红色为主的砂岩、泥岩，间夹硬石膏和浅色淡水石灰岩。

那读构造期（始新世中期），北西西向拉张性断裂进一步发展，断陷扩大，使东、西坳陷连成一体，形成统一湖盆，沉积了一套浅—深湖相砂岩、泥岩。北西西向的断裂为那读组沉积期的同生断层，在断层两侧造成沉积岩相和沉积厚度的巨大差异，那读组厚度在断层上升盘为 $170\sim200m$，在下降盘一侧可达 1400m，生长指数达 8：1。

那读组沉积期末，湖盆曾一度上升，地层遭受平缓的构造形变和水上、水下的剥蚀—冲蚀作用（百色运动），尔后在渐新世早期再度下降，从而进入坳陷阶段。百色运动所形成的构造形迹在地表、井下以及地震剖面上均可见及。在田东凹陷地震 D6.5 测线时间剖面上，在平缓的 T_3 反射波组（相当于百岗组底界）之下，T_4 波组（相当于那读组底界）在靠近主干断裂附近呈平缓背斜褶曲，背斜顶部具削顶形迹。在 D_{29} 测线、D_{31} 测线及头塘凹陷的 YD_{21} 等测线上，均可见到 T_4 反射层序与上覆 T_3 波组间的交角不整一现象，存在侵蚀不整合关系。田东大塘—子桑一带经地表露头追踪对比后发现，百岗组底部的黄绿色砾岩超覆不整合于那读组和六吲组等不同层位上。

表 7-2 百色盆地地表局部构造一览表

编号	构造名称	地理位置	构造轴轴向	两翼倾角	断层情况	轴部出露地层	构造范围 长/km	构造范围 宽/km	构造范围 面积/km²	完钻井数	含油气情况	备注
1	林逢鼻状构造	田东林逢	近南北，向北倾伏	西翼15°±、东翼13°±	"鼻状"部位有近南北向平稚逆断层	E_2d、E_2n	2	2	4	40	构造东北侧地表见油砂，钻井出油流	
2	那荐鼻状构造	田东那荐以东南1.5km	NW—SE，向NW倾伏	东北翼25°~44°、西南翼15°~30°	东北翼有两条断面NE倾的逆断层	E_2n	1.2	0.7	0.84	3		合乐、那沙及大还三个构造曾统称为"田东构造"的三个高点
3	怀吉背斜	田东巴怀一绿吉间	自西至东由NW渐转为NE	5°~15°	北、东、南三侧均为断层切割	E_2b 上段	2	1	2	3	钻井见油气显示	
4	合乐背斜	田东合乐一大塘	NE—SW	15°~20°	南翼有一条近EW向正断层	E_2b 上段	2	0.8	1.6	4	钻井见微含油砂	
5	那沙背斜	田东那沙一小泷	近东西，向东倾伏		南翼有一条近EW向正断层	E_2b 上段			0.4	4	气显示	
6	大还鼻状构造	田东大还屯	NEE，向近东方向倾伏	20°±	南翼有一条近EW向正断层	E_2b 上段			1	2		
7	祥周鼻状构造	田东祥周以北2km	近东西，向东倾伏	20°		E_2b（为Q所覆盖）	1.3	1	1.3	8	钻井见油砂	地表为第四系覆盖，据井发现
8	新州鼻状构造	田东新州以北2.5km	NWW—SEE，向东倾伏	北翼16°~26°、南翼15°~20°	南翼有一条近EW向正断层	E_2b	2	1	2	33	钻井出油流	

编号	构造名称	地理位置	构造轴向	两翼倾角	断层情况	轴部出露地层	构造范围			完钻井数	含油气情况	备注
							长/km	宽/km	面积/km²			
9	绿托鼻状构造	田东绿托屯	NWW—SEE，向SEE倾状	15°~20°		E_2b			1	2	微含油迹	
10	那满挠曲构造	田阳那满—百育一带	NE倾，单斜挠曲	倾向NE30°~45°倾角由5°变至20°	存在EW向、NW向两组正断层	E_2n（覆盖）			9	52	地表见油砂露头，钻井普遍见油砂	
11	赖毕构造	田阳百峰东北约2km	略呈NW向，近似弯隆状	周翼倾角15°±	东南翼有一个断面NW倾的正断层	E_2b下段			2.5	5		
12	那旺鼻状构造	百色那旺（大和）屯	NE—SE，向NE倾状	东北翼13°~15°西南翼15°~20°	西翼具NW向逆断层，轴部具NNE向正断层	E_2n			6	6		
13	福禄鼻状构造	百色福禄北侧	近东西，向东倾状	10°~25°	北、东、南三侧均为断层切割	E_2b下段	2	1	2	6		
14	百色鼻状构造	百色坡西1km	NW，向SE倾状	15°~20°	西北端为正断层所切割	E_2n上段			0.8			

E_2d—洞均组，E_2n—那读组，E_2b—百岗组。

表 7-3 百色盆地潜伏背斜构造统计表

顺序	名称	位置	地震反射层	轴向	轴长/km	闭合面积/km²	闭合差/m	高点埋深/m	构造特征	含油气情况
1	巴怀断裂背斜	田东凹陷南部斜坡带东端	T₄	东西	2	3.5	200	1350	轴部为东西向断层，东西端被南北向断层所截	钻探见油气
2	上法鼻状构造	田东凹陷南部斜坡带	T₄	北东向倾伏	1.5	3.8	300	1700	西端被南北向断层所截，近轴部有NE向断层	见工业油流
3	却霖鼻状构造	田东凹陷北部陡坡带	T₄	南西向倾伏	1.3	1.2	300	600	北端为边界断层、近轴部被NE向断层分为两部分	见工业油流
4	塘察鼻状构造	田东凹陷北部陡坡带	T₄	南偏西向倾伏	1.2	3.5	300	1100	北端被NWW向断层所截，轴部被NE向断层分隔	见工业油流
5	韦宁背斜	田东凹陷中央断凹带	T₄	北西向倾伏	1.5	2.6	250	2400	基底鼻状隆起，断层遮挡	见油气显示
6	那坤基底隆起	田东凹陷中央断凹带	T₄	近东西		20			南北侧为断层遮挡，被北西向断层分割成3个断鼻	见油砂
7	渌端墙角构造	那笔凸起南部斜坡	T₄	北西		4	500	1300	NE向、NW向断层交会遮挡	见工业气流
8	白果鼻状构造	头塘凹陷北部断阶带	T₄	南西向倾伏	1.5	1.6	130	350	被垂直轴向的3条NWW向断层切割成两部分	
9	头塘鼻状构造	头塘凹陷南部斜坡带	T₄	南北，向北倾伏	3	>1.3	100	1000	被NWW向断层切割成三部分	见油砂
10	八冬—那照鼻状构造	三塘凸起东部南坡	T₄	南北，向北倾伏		9	150	400	由南北向及东西向两个鼻状背斜交错组成	
11	上那爷背斜	三塘凸起西部南坡	T₄	北西	4	10.8	100	500	西北端为断层遮挡	见油气显示

盆地自那读组沉积末期进入坳陷阶段后，断裂活动基本停止，湖盆水体逐渐扩大并向北侵进。在田东凹陷北部由于地形差异大，发育一套泥岩、砾岩互层的洪积相。百岗组沉积期，湖盆水体范围在盆地发展史中达到最大，但其下降幅度则远比那读组沉积期小，水体较浅，沉积了砂质岩比例较高的浅湖相砂泥岩和半沼泽相含煤层。

百岗组沉积末期，盆地坳陷作用发展到高潮，之后相对静止。自新近纪开始，湖盆进入收缩期，由浅湖、滨湖沉积渐转为河流堆积。新近纪末期，以断裂构造为特征的田阳运动结束了百色盆地的湖盆沉积，形成盆地现今构造格局。

（2）沉降中心迁移。

百色盆地发展的另一特征是沉降中心在平面上的迁移。在盆地发育期间，沉降中心在平面上反复摆动。那读组沉积期由于基底不均衡活动和同生断裂作用的影响，沉积中心与沉降中心出现不一致现象。

在东西方向（沿盆地走向），古新世—始新世早期，"红色岩"的早期沉降中心位于东部，中后期西部的四塘地区开始下陷并继而发展成为那读组沉积早期的沉降中心，但此时的沉积中心仍位于盆地东部。那读组沉积中后期沉降中心逐渐转移至田东一带，始新世百岗组沉积期曾一度西移至田阳附近，渐新世又复东移至田东东加一带，与此同时，盆地西部处于不均衡掀斜的抬升端，原属早期坳陷的四塘地区开始上隆，以致在渐新世中期百色盆地被分割。渐新世期间盆地东端稍为抬升，沉降中心又向西移至建都岭一带。

在南北方向（横切盆地走向），以田东凹陷为例，沉降中心在"红色岩"期偏北，那读组沉积期偏南，百岗组沉积期又北移，伏平组沉积期复偏南，建都岭组沉积期再次偏北，尔后又回南，沉降中心往复摆动。

无论在南北方向还是东西方向，沉降中心的周期变迁并非只是作简单的重复，而是在不断地递进转化：一是摆动的幅度由大变小，反映该地区地壳变动的能量处于由"动"到相对"静"的转化过程中；二是沉降中心有一个总的变迁方向，即自西向东和自北向南变迁的总趋势，反映在盆地周边地区，西侧、北侧的抬升比东侧、南侧的为大。

2. 地层

1）前新生界

前新生界分布于盆地外围，计有中—下三叠统及二叠系。中三叠统大面积分布于盆地四周，成为盆地基底的主要地层，下三叠统及二叠系主要出露于盆地南缘，二叠系船山统（P_1）分布于盆地以南地区。

二叠系船山统（P_1）：为浅灰色石灰岩夹白云岩团块，厚137～352m。

二叠系阳新统（P_2）：分栖霞组、茅口组两个组，为深灰色、浅灰色厚层状细晶灰岩间夹白云岩，厚为293～742m。与船山统呈整合接触。

二叠系乐平统（P_3）：灰色中至厚层状石灰岩、含燧石灰岩夹白云岩，底部铁铝岩、铝土质岩夹煤层。厚为83～169m。与阳新统呈整合接触。

下三叠统（T_1）：下部为灰绿色页岩夹火山碎屑岩，中、上部为深灰色薄层状石灰岩夹页岩。厚为83～305m。与二叠系呈整合接触。

中三叠统板纳组（T_2b）：岩性分区明显，盆地西侧为灰绿色中至厚层状粉至细砂岩与页岩互层，底部夹火山碎屑岩。厚为1787～2587m。盆地东侧相变为浅灰色微晶灰岩、白云岩夹深灰色泥质条带灰岩及火山碎屑岩，厚度大于1395m。

中三叠统兰木组（T_2l）：为灰绿色页岩与粉至细砂岩互层，夹灰色至深灰色中至厚层状石灰岩及泥灰岩。厚度大于2070m。

2）新生界

新生界是组成盆地的地层，早在1933年李月三曾将下第三系（现称古近系）创名为"那坡系"，后认为可与南宁盆地对比而统称为"邕宁系"。以后，尤其是在中华人民共和国成立以后，经过多人的研究和对比，古近纪和新近纪地层单元的划分更趋完善，现采用的地层单元如图 7-4 所示。自下而上分述如下。

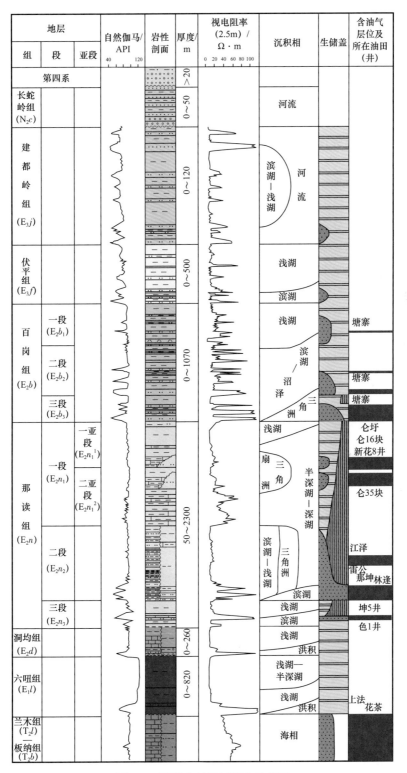

图 7-4　百色盆地地层综合柱状图

（1）古新统六呫组（E_1l）。

六呫组的分布仅限于盆地东部坳陷的田东凹陷北部陡坡带仑圩—子寅—六呫—坡烧—思林一带，在其北缘出露地表。地层在平面上呈北西向狭长的条带状展布；纵向剖面形态为一楔形。钻井已揭示的最大厚度为仑20井的820m（未穿），一般在400~600m；根据地震资料推测的最大视厚度约1100m，换算成真厚度为800~900m。六呫组的岩性主要为紫红色泥岩、含砾泥岩，底部为砂砾岩。

（2）始新统洞均组（E_2d）。

洞均组分布于整个西部坳陷，以及东部坳陷的田东凹陷中部与东南部，是盆地早期沉积充填的产物。地层在平面分布上呈现一种盆山相间的沉积格局，以岩性、岩相、厚度的变化大为特点。

西部坳陷：钻井揭示最大厚度242m，底部岩性为杂色砾岩，中下部为紫红色含砾泥岩与泥岩互层，上部为紫红色泥岩。

东部坳陷：主要分布在两带，即田东凹陷中部的那旺—六晓—公康一带，以及田东凹陷东南部的上法东—梅上—林逢—那读—洞均一带。那旺—六晓—公康一带以法11井为典型，下段岩性主要为紫红色含钙泥岩夹薄层灰绿色泥岩，中段为浅灰色质纯石灰岩、薄层砾岩，上段为紫红色泥岩夹薄层灰绿色泥岩。

洞均组以角度不整合直接覆盖在中三叠统之上，因其分布位置与六呫组不重合，故未见洞均组与六呫组的接触关系，洞均组与上覆的那读组为平行不整合。

（3）始新统那读组（E_2n）。

那读组沉积期是百色盆地基底断陷、沉降最强烈的时期，也是盆地的主要沉积建造期和盆地的主要生、储、盖层发育期；沉积上的总体特点表现为快速沉降、快速堆积；主要物源位于盆地西部，大量的碎屑物随右江古河道入湖，形成冲积扇、泛滥平原、三角洲沉积建造。受沉积环境及物源等因素影响，盆地东部、西部两坳陷沉积差异大，据地震资料推测，西部坳陷最大沉积厚度约2100m，东部坳陷沉积厚度在1100m以上。依据地层的岩性组合、沉积的旋回性和电性特征，可以将那读组划分为3个岩性段，从上往下分别为那读组一段、二段和三段，各岩性段在盆地东、西部坳陷有较大差异。

那读组一段（E_2n_1）的岩性为灰褐色、褐灰色泥岩和钙质泥岩。在西部坳陷已部分或全部遭剥蚀。依据电性、岩性特征，该段从上往下又可细分为一亚段、二亚段。

那读组一段一亚段（$E_2n_1^1$）厚211m，下部以褐灰色钙质泥岩与那读组一段二亚段分界，但钙质泥岩在厚度上较那读组一段二亚段薄，上部为褐灰色泥岩，顶部含砂量逐步增加，渐变为粉砂质泥岩，与上覆的百岗组呈渐变关系。在田东凹陷北部陡坡带，其厚度变化较大，从南往北，地层不断上超。在那读组沉积末期由于湖平面下降，致使盆地北部边缘区带的那读组一段一亚段被剥蚀。

那读组一段二亚段（$E_2n_1^2$）厚309m，以下部发育一套灰褐色、褐灰色钙质泥岩为特点，在田东凹陷北部陡坡带往北地层逐渐上超至尖灭。

那读组二段（E_2n_2）在盆地东部、西部的坳陷有较大的差异。东部坳陷沉积厚度为200~300m，岩性上以一套厚层的褐灰色泥岩、钙质泥岩为主。下部发育一套粉砂岩、砂岩夹煤的沉积。西部坳陷沉积厚度为500~700m，以灰色粉砂岩、褐灰色泥岩与煤层不等厚互层为主。

那读组三段（E_2n_3）的中上部以褐灰色、灰绿色泥岩为主，下部地层岩性变化较大，主要为砾岩、钙质粉砂岩、泥灰岩、石灰岩夹煤层。西部坳陷以石1井（井段816～1218m）为例，厚度402m，中下部为褐灰色泥岩、钙质泥岩与灰白色粉砂岩、钙质粉砂岩不等厚互层，夹多层煤，上部以褐灰色泥岩、粉砂质泥岩为主，夹多层灰白色粉砂岩和少量煤层。东部坳陷以百20井（井段2533～2627m）为例，厚度94m，底部为浅黄色钙质粉砂岩，下部为褐灰色泥岩、灰白色钙质粉砂岩、灰色泥灰岩夹煤层，中、上部为褐灰色泥岩夹钙质泥岩。

在东部坳陷那笔凸起中部，以及西部坳陷三塘凸起南部的百峰、那坡一带，那读组三段下部分布有一套浅湖滩相石灰岩，厚度在20～60m之间，以发育大量螺、蚌等生物碎屑为主要特色，是盆地的主要储层之一。

（4）始新统百岗组（E_2b）。

百岗组在盆地的东部坳陷广泛分布，现今残留范围比那读组的略小，但在田东凹陷北部陡坡带的部分区域，百岗组直接覆盖在六吅组和基底老地层之上，分布范围较那读组的略大；在西部坳陷，大部分被剥蚀，仅在六塘凹陷的中央断凹带有保留。据已有的资料推测，百岗组的厚度，在东部坳陷最大约904m（仑22-8井），一般为500～700m；根据地震资料推算，在西部坳陷六塘凹陷的中央断凹带为700～800m。

百岗组的岩性主要为灰绿色泥岩、粉砂质泥岩、泥质粉砂岩和粉砂岩互层，煤层发育。按岩性组合、沉积的旋回性和电性特征，可将百岗组划分为3个岩性段，从上往下分别为一段、二段和三段。

百岗组一段（E_2b_1）的岩性为灰绿色、黄绿色泥岩，夹褐灰色粉砂质泥岩，底部为粉砂岩、泥质粉砂岩，见少量煤层。在东部坳陷60多口井中均见到绿色蒙皂石泥岩层，它以电阻率低为主要特征，视电阻率小于$5\Omega \cdot m$，一般厚度在0.5～3m，主要矿物成分为蒙皂石，推测其为随河流搬运入湖沉积而成。

百岗组二段（E_2b_2）以灰绿色泥岩为主，夹浅灰色粉砂岩、泥质粉砂岩及煤层，下部砂岩较发育。在凹陷的中部，煤层比较发育，集中分布在该段的中下部。

百岗组三段（E_2b_3）中、下部岩性主要为灰色粉砂岩与褐灰色泥岩互层，其间夹较稳定的煤层；上部以褐灰色、灰褐色泥岩为主，夹薄层粉砂岩。百岗组三段下部的粉砂岩是盆地主要产油层之一。

（5）渐新统伏平组（E_3f）。

伏平组的分布范围比百岗组的略小，主要分布在东部坳陷的田东凹陷大部分地区、头塘凹陷，以及那笔凸起中部，但在田东凹陷的南部斜坡带、头塘凹陷和那笔凸起仅残存下部或底部地层；西部坳陷的六塘凹陷中央断凹带可能残存极少量的该组地层。

伏平组的岩性以灰绿色、杂色、黄绿色的泥岩、粉砂质泥岩为主，夹灰色、灰白色、灰绿色的粉砂岩、泥质粉砂岩、细砂岩，底部煤层较发育，局部砂岩、泥岩互层，或夹煤层，含钙质结核；厚达524～800m，产腹足类、瓣鳃类、孢粉及古脊椎动物等化石，与下伏百岗组和上覆建都岭组均为连续沉积的整合接触关系。在田东凹陷、六塘凹陷，伏平组下部尚夹有0.5～2m的熔岩凝灰岩层1～3层。

（6）渐新统建都岭组（E_3j）。

建都岭组的分布范围仅局限于东部坳陷的田东凹陷中部、北部和头塘凹陷中央断凹带，其顶部都遭受不同程度的剥蚀，上覆地层为第四系砂层、砾层及黏土层。建都岭组钻遇的最大厚度为964m（百5井）。

依据岩性、电性特征，建都岭组可划分为上、下两段。上段为黄绿色、灰绿色的含钙质、铁质泥岩夹少量细砂岩，底部为中层状细砂岩。下段主要为黄绿色、灰绿色的含钙质、铁质泥岩，夹薄层灰绿色粉砂质泥岩，底部为浅灰色、浅灰黄色的粉砂岩、细砂岩与灰绿色泥岩互层，局部地区夹多层薄煤层（如百9井），产螺蚌、龟甲壳、古脊椎动物及植物等化石。

（7）上新统长蛇岭组（N_2c）。

长蛇岭组在全盆地零星分布，主要分布于东部坳陷的田东凹陷新州煤矿以北的长蛇岭地区、上法西南部、那笔地区，头塘凹陷头塘—百东河水库一带，以及西部坳陷的三塘凸起中南部那坡—百峰—百谷一带，厚度10～30m，最厚达50m。该组地层与古近系（那读组—建都岭组）呈角度不整合接触，以田阳河湾地区东部、雷公油田公路旁的一地面露头，以及百东河剖面为代表，岩性为土黄色泥岩与砂岩互层，底部为土黄色砂岩、砾岩。

百色盆地古近系的动植物化石组合特征汇总于表7-4。

3. 沉积相

1）六吧组和洞均组沉积期

六吧组和洞均组是盆地形成初期的产物，此时古气候干燥、氧化程度高，沉积分布受古地貌条件控制，起着填平补齐的作用。岩性、岩相变化较大，受古地貌和物源状况不同的制约，如田东凹陷南部，沉积物主要来自上古生界及中生界的碳酸盐岩，形成了富含钙质的夹层，以至形成了淡水石灰岩夹层；北部的沉积物源主要来自中三叠统砂泥岩，因而为砂泥岩沉积。

2）那读组沉积期

1982年曾对143口井的资料做了岩性统计，依据指相矿物、沉积构造、化石组合、地球化学指标以及电性特征等，把百色盆地那读组划分为6种相。其中：以浅湖相和深湖相最为发育，广布于田东、头塘、六塘等3个凹陷内，为暗色泥质岩沉积，含黄铁矿及菱铁矿，沉积厚度可大于900m；沼泽—浅湖相一般环绕凹陷边缘分布，为暗色泥质岩夹砂岩，螺、鱼类及植物化石丰富，厚度变化较大（30～451m）；沼泽—滨湖相主要分布于盆地东部那读一带，含有多层褐煤，砂岩占有比例亦较大（＞30%）；山麓洪积相仅分布于田东凹陷北缘的仑圩—六吧一带，为一套红色泥质岩与砾岩间互层，磨圆度极差，生物化石稀少，仅见有少许古脊椎动物化石；三角洲相分布于仑圩西南侧，据砂岩粒度分析主要为三角洲分支河道和前缘亚相，推测前缘亚相向南，受同生断层影响可能会发育深水浊积岩。从古生物属性分析，那读组沉积期的古气候属温暖、潮湿、多雨的热带、亚热带气候。

3）百岗组沉积期

对104口井的资料统计分析后，划分为3种沉积相，其中：最为发育的为沼泽—浅湖相，分布于林逢—那百—田阳一带，为灰绿色、深灰色的泥岩、砂岩互层，夹多层褐煤，砂岩含量一般为10%～20%，普遍见黄铁矿、菱铁矿，富产螺、植物及古脊椎动物等化石；沼泽—滨湖相主要分布于盆地中西部，其次为田东新州一带，其特点是褐煤层数多，单层厚度一般小于 1m，个别达 5m，具 3 层可采煤，砂岩较发育，占总厚度的 30%～50%；山麓洪积相仅见于田东凹陷北缘，沉积面积较那读组的为小，且相对往西推移，厚度较大（厚达 700m），偶见煤线。从古生物属性分析，百岗组沉积期的古气候与那读组沉积期的相似，在沉积环境上有一定的继承性。

表 7-4 百色盆地古近系生物化石组合特征表

地层	代号	动物化石 （包括腹足类、介形类、古脊椎动物等化石）	植物化石 （包括植物孢粉及植物化石）	
建都岭组	E_3j	腹足类：瘤田螺、黑螺、广西螺、裸珠蚌等 古脊椎：与伏平组同	植物化石：马甲子、枣、似豆等	
伏平组	E_3f	腹足类：速大广西螺、似瘤田螺、型瘤田螺、短沟螺、椭圆裸珠蚌、珠蚌等 古脊椎：公康石炭兽、澄碧东方石炭兽、中等东方石炭兽、田东沟齿兽、粗壮广西猪等	植物化石：马甲子、朴、肖蒲桃等 24 个属种 孢粉优势组合（第四组合）： 三沟粉—栎粉—松粉—具环水龙骨孢	主要孢粉含量：被子植物 51%～95.2%、裸子植物 4.9%～44%、蕨类植物 7.4%～40.6%、三沟粉 0～38%、小亨氏栎粉和栎粉 4.4%～14.8%、松粉 1.6%～22.3%、具环水龙骨孢 2.1%～32.8%
百岗组	E_2b	腹足类：多旋脊副田螺、朱氏副田螺、卵形副田螺、广西似瘤田螺、李氏中华黑螺、速大广西螺、盘螺等 介形类：小玻璃介、苏氏小玻璃介、湖花介、正星介、丽花介等 古脊椎：缅甸石炭兽、戈壁兽、胡氏华南两栖犀、短翅兽等	植物化石：耐脱樟、枣等 孢粉优势组合（第三组合）： 栎粉—三沟粉—松粉—具环水龙骨孢 孢粉优势组合（第二组合）： 桤木粉—栎粉—三沟粉—松粉	主要孢粉含量：被子植物 63.5%～95.2%、裸子植物 1%～38.7%、蕨类植物 1%～7%、真桤木粉 0.6%～35.6%、变形桤木粉 13%～53.2%、小亨氏栎粉 0～5%、三沟粉 0～25%、松粉 0～11.1%、瘤面纹具环水龙骨孢 0～18.3%
那读组	E_2n	腹足类：李氏田螺近似种、螺蛳形田螺、粗瘤田螺、多旋脊副田螺、朱氏副田螺、广西似瘤田螺、卵形副田螺、残缺副田螺、李氏似瘤田螺、塔黑螺、速大广西螺、那坡短沟蜷螺、小球狭口螺等 介形类：浪游土星介、湖花介、真星介、小玻璃介、苏氏小玻璃介、奇异小玻璃介等 古脊椎：谷氏似原雷兽、红石炭兽、缅甸石炭兽、柯氏印度鼷鹿、新脊犀、胡氏华南两栖犀、小种桂中兽、似方齿始爪兽、秀丽东方红石炭兽	植物化石：北极连香树、红杉、马甲子、枣、栎、爪馥木、桔、樱桃、雀梅藤 孢粉优势组合（第一组合）： 栎粉—榆粉—松粉—杉粉	主要孢粉含量：被子植物 18.5%～99.6%、裸子植物 0.5%～81.5%、蕨子植物 0.6%～3.1%、小栎粉 1.7%～27.4%、小亨氏栎粉 2.5%～45.7%、波形榆粉 0.8%～40%、榆粉 0.9%～13%、松粉 0～18%、破隙杉粉 0～8.5%、长杉粉 0～14%
洞均组— 六吅组	E_2d— E_1l	介形类：浪游土星介、真星介、湖花介 淡水石灰岩层中产：粗壮安氏中兽、粗壮真恐角兽、似原雷兽、后沿雷兽、柯氏兽、双脊齿貘相似种、全脊貘		

三、油气地质

1. 烃源岩

1）油气显示

百色盆地见地面油砂露头 2 处，油气显示井 198 口（包括煤田钻孔），其中田东凹陷见油气显示井 182 口，占总显示井数的 91.9%，为盆地内见油气显示数量最多、分布范围最广的一个凹陷（其中北带油气显示最集中，南带油气显示分布范围广）。头塘、六塘两凹陷由于勘探程度低、钻探少，虽已发现含油气构造，但油气显示井数量明显少。

百色盆地的含油气层位主要有 3 个，自下而上为中三叠统、古近系那读组三段和百岗组三段。中三叠统主要为石灰岩含油，见于田东凹陷北部的花茶及南部的上法等地区，局部为砂岩含油（仑圩地区）；古近系的两个层位为砂岩含油，其中那读组三段的砂岩储油物性较好。

百色盆地的储油气空间类型大体有 4 种，即砂岩孔隙、石灰岩裂隙与晶洞、泥岩裂隙，以及生物化石体腔孔，且以前两种类型为主，工业油流均产于其中。

2）烃源岩层系

从沉积特征分析，百色盆地古近系和新近系的 7 个组中，以那读组和百岗组的生油性能为最好。那读组的深湖—半深湖相灰色—深灰色泥质岩，厚度较大（600～900m），属长期稳定沉积环境下的沉积物，古气候温暖潮湿，各类生物尤其是水生浮游生物繁盛，加之沉积速率大（0.175 mm/a），利于形成还原环境，保存条件较好，有利于生油。百岗组一般为浅湖相含煤碎屑岩，属中等还原环境沉积，生物繁盛，沉积速率亦较大（0.077mm/a），同样具有生油条件，但较那读组的差。

3）有机质丰度

百色盆地的那读组及百岗组中，暗色泥岩的有机质丰度统计见表 7-5，与国内东部地区古近系盆地的烃源岩标准比较，一般为中等，部分达到或接近于优质烃源岩指标。那读组的有机质丰度略高于百岗组。那读组暗色泥岩为盆地的主要烃源岩。在平面分布上，六塘凹陷的有机质丰度略高于田东凹陷，而田东凹陷那读组的烃源岩总烃含量（HC）则高于其他两个凹陷（表 7-5）。

4）有机质类型

有关烃源岩有机质类型方面的研究，先后做了干酪根镜检（显微部分）、元素、热解、红外光谱、碳同位素和热解气相色谱等分析。

（1）干酪根镜下特征。

田东凹陷百 20 井做了较系统（27 个样）的干酪根镜检分析（图 7-5），依干酪根类型大体可分为 3 段：那读组（井深 1750～2658m）为腐殖—腐泥型至腐泥型（II_1 型—I 型）；百岗组下部（井深 1480～1735m）为腐泥—腐殖型（II_2 型）；百岗组上部（井深 1196～1480m）为腐殖型（III 型）。

（2）元素分析。

干酪根元素分析统计（表 7-6）表明，随层位的不同，元素的含量分布具有规律性的变化：随着地层年代由老至新，碳（C）与氢（H）的含量由高变低，（O+N+S）的含量则由低变高。从 H/C 与 O/C 原子比值分析：那读组基本上属于 I 型，烃源岩母质类型好；百岗组属 II_2 型，烃源岩母质类型较差。

表 7-5 百色盆地古近系暗色泥岩有机质及族组分统计表

凹陷	层位	沉积相	TOC/%	氯仿沥青"A"/%	HC/μg/g	族组分/%			烃源岩评价
						饱和烃	芳香烃	非烃+沥青质	
田东	百岗组	沼泽—浅湖	0.76（82）	0.0622（67）	132（24）	17.10（31）	10.53（31）	72.37（31）	差—较好
	那读组	半深湖—深湖	1.19（93）	0.0962（87）	510（50）	27.05（67）	13.03（67）	59.92（67）	好
头塘	百岗组	沼泽—浅湖	0.68	0.0213（14）	151（3）	19.26（4）	5.82（4）	74.92（4）	差—较好
	那读组	半深湖	1.46（18）	0.0559（16）	183（11）	20.46（11）	10.46（11）	69.08（11）	较好—好
六塘	百岗组	浅湖—沼泽	1.43（4）	0.0481（4）	180（5）	23.51（6）	12.76（6）	63.73（6）	差—较好
	那读组	半深湖—深湖	1.79（22）	0.0668（21）	280（13）	27.10（15）	13.03（15）	59.87（15）	较好—好

注：表中数值为平均值，括号内为样品数。

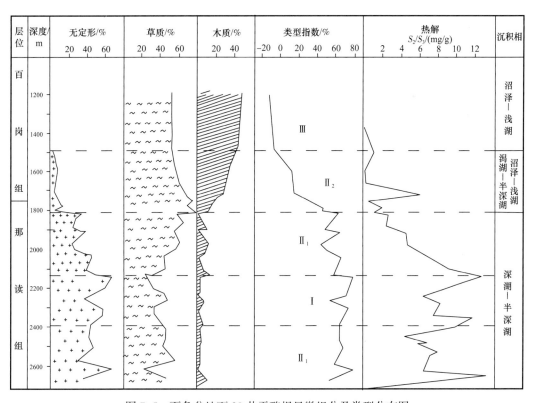

图 7-5 百色盆地百 20 井干酪根显微组分及类型分布图

表 7-6 百色盆地干酪根元素分析统计表

层位	分析样品井号	C/%	H/%	O+N+S/%	H/C 原子比	O/C 原子比
伏平组	百 5 井	9.96	1.85	88.19	0.23	0.193
百岗组	百 26 井、百 22 井、ZK13804 井	33.94～54.1	2.99～4.45	41.45～63.07	0.78～1.06	0.191～1.156
那读组	仑 2-6 井、林 113 井、阳 2 井、ZK14302 井	49.23～61.08	4.32～6.33	33.63～46.45	1.04～1.32	0.085～0.271

（3）热解分析。

由田东凹陷热解分析资料编制成的干酪根热解 X 形图（图 7-6）显示出：百岗组干酪根类型以 II₂ 型或 III 型为主；那读组以 II₁ 型为主，I 型及 II₂ 型次之。百 20 井的热解分析参数统计（表 7-7）反映了其氢、氧指数的分布规律随干酪根类型变化而逐渐过渡，并随沉积相的变化组成一个完整的类型变化系列。

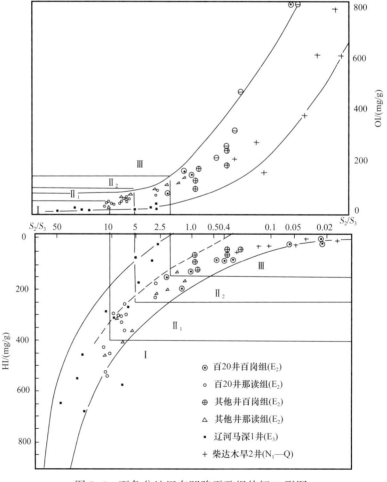

图 7-6 百色盆地田东凹陷干酪根热解 X 形图

表 7-7　百色盆地百 20 井热解分析参数统计

层位	井深 /m	S_2/S_3	HI/（mg /g）	OI/（mg /g）	母质类型
百岗组	1196～1480	0.024～0.811	27～133	130～1766	Ⅲ
百岗组	1480～1750	1.3～2.1	93～216	31～471	Ⅱ₂
那读组	1750～2120	5～9.1	250～380	40～80	Ⅱ₁
那读组	2380～2654	5～9.1	250～380	40～80	Ⅱ₁
那读组	2120～2380	10～13	400～537	<40	Ⅰ

（4）红外光谱分析。

① 干酪根红外光谱。图 7-7 显示：田东凹陷那读组多数点群分布在Ⅱ₁型区域，部分在Ⅰ型区域，反映出脂肪族 C—H 的伸展振动吸收峰（2900cm⁻¹）较强，含氧基团 C=O 的伸展振动吸收峰（1700cm⁻¹）较弱；百岗组多数点群分布在Ⅱ₂型和Ⅲ型区，其 2900cm⁻¹、1700cm⁻¹ 吸收峰的强弱与那读组相反。

② 氯仿沥青"A"红外光谱。从盆地古近系具代表性的烃源岩和煤的氯仿沥青"A"红外光谱（图 7-8）资料得知：那读组的光谱特点是 2900cm⁻¹、1400cm⁻¹、1380cm⁻¹ 及 720cm⁻¹ 等吸收峰强度大，含有较丰富的脂肪族官能团，尤其是长链烷烃（720cm⁻¹），表明其原始有机质更富含类脂化合物；百岗组的光谱特点是 1600cm⁻¹、1000～1300cm⁻¹、1700cm⁻¹、3200～3400cm⁻¹ 等吸收峰较强，富芳香烃结构和含氧基团的各种官能团，芳香烃中氢取代较少，表明在原始有机质中腐殖成分占优势。

（5）干酪根碳同位素分析。

经碳同位素分析（13 个样），百岗组干酪根的 $\delta^{13}C$ 值为 –28.10‰～–26.33‰，属于湖沼相高等植物的范围，而绝大部分那读组干酪根的 $\delta^{13}C$ 值为 –30.44‰～–29.33‰，属于淡水浮游生物的范围。

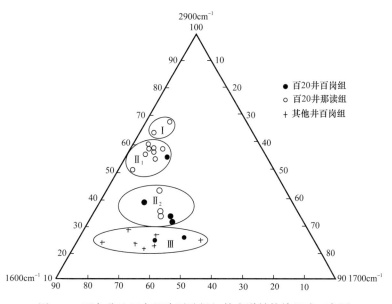

图 7-7　百色盆地田东凹陷干酪根红外光谱结构族组成三角图

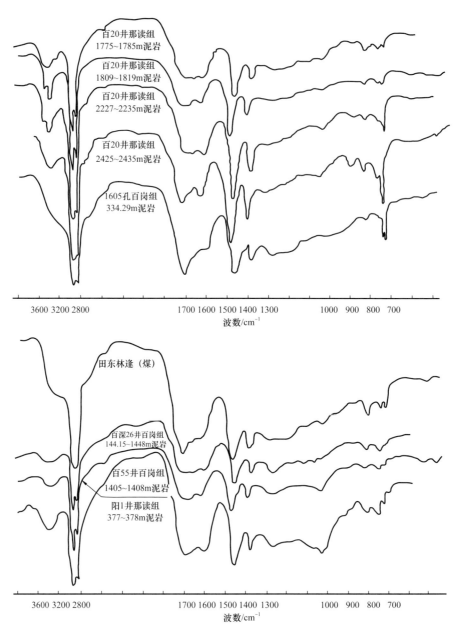

图 7-8 百色盆地烃源岩与煤的氯仿沥青 "A" 红外光谱图

（6）气相色谱分析。

① 干酪根热解气相色谱。那读组和百岗组的干酪根热解产物组成存在着明显的差异，在组成三角图（图 7-9）上的分布是：那读组干酪根以 Ⅱ 型为主，还有部分 Ⅰ 型和 Ⅲ 型；百岗组干酪根主要为 Ⅲ 型，与煤很相似。

② 饱和烃气相色谱。从表 7-8 统计反映出，那读组与百岗组的暗色泥岩饱和烃色谱亦存在明显差异：百岗组的主峰碳数多为 C_{29}，轻烃／重烃值（C_{21-}/C_{22+}）较低，表明其有机母质以陆生植物占优势；那读组的主峰碳数以 C_{21} 为多，轻烃／重烃值一般较高，反映其有机母质以低等浮游生物占优势。此外，在异构烷烃方面，百岗组的姥鲛烷／植烷值大多在 3.0 以上，属弱氧化—弱还原环境；那读组一般为 2.0～2.6，属正常还原环境。

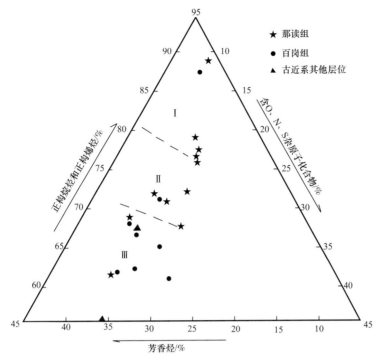

图 7-9　百色盆地干酪根热解产物主要组成三角图

综上所述，百色盆地烃源岩的母岩类型，在纵向上，那读组以腐殖—腐泥型（Ⅱ₁型）为主，腐泥型次之，有机母质主要来自淡水浮游生物；百岗组为腐泥—腐殖型至腐殖型（Ⅱ₂型—Ⅲ型），母质来源以湖沼相高等植物占优势。在横向上，田东凹陷为盆地主要生油凹陷，母岩类型明显优于六塘和头塘两凹陷。同时，干酪根类型的分布与沉积相有着密切关系，深水—半深水的湖泊沉积多属于Ⅰ型—Ⅱ₁型，而浅湖相和湖沼相的沉积则以Ⅱ₂型和Ⅲ型为主。

表 7-8　百色盆地古近系暗色泥岩饱和烃气相色谱分析参数表

层位	主峰碳	Pr/Ph	Pr/n-C$_{17}$	Ph/n-C$_{18}$	C$_{21-}$/C$_{22+}$	$\dfrac{(C_{21}+C_{22})}{(C_{28}+C_{29})}$	OEP
百岗组	C$_{29}$	1.00～4.50	1.80～18.00	0.62～2.00	0.08～0.30	0.23～0.57	1.07～1.55
那读组	C$_{21}$ 为主 C$_{27}$ 次之	1.50～2.68	0.29～14.00	0.10～1.30	0.19～0.90 一般 0.60～0.90	0.69～2.74 多数>2.00	1.08～1.57

5）有机质成熟度

盆地的地温资料不多，曾经有过两种计算方法：一种是以实测井温值计算得到地温梯度，再乘以经验校正值 1.31，换算成为古地温梯度，1981 年、1982 年曾先后以田东凹陷的 5 口井和 4 口井资料，分别计算得出地温梯度为 3.76℃/100m 和 3.37℃/100m（现今一般采用 3.4℃/100m）；另一种是以镜质组反射率换算成古地温，直接计算得出古地温梯度，1984 年曾利用百 20 井资料计算得出古地温梯度值为 2.55℃/100m，与现今平均地温梯度值 2.57℃/100m 相近似，因此认为百色盆地在新近系沉积之后没有经历过重大热事件，其地温场没有大的变化，故不必再乘以经验校正值。

百色盆地有机质成熟度的系统研究工作始于1981年，之后，基于不同的资料，从不同角度进行了分析探讨，所得出的有机质成熟度并不统一，所划分的阶段甚至相差较大。

1981年，应用总烃/有机碳、正烷烃色谱特征、OEP以及R_o等参数指标，研究得出田东凹陷的有机质成熟度为：那读组于埋深1650~2000m为初熟阶段，埋深大于2100m进入高成熟阶段；百岗组于埋深1550~1750m为初熟期，尚未进入高成熟期。

1982年，综合氯仿沥青"A"/有机碳、总烃、饱和烃、非烃、总烃/有机碳、孢粉色变指数及R_o等参数变化特征，研究得出田东凹陷的有机质成熟度为：那读组于埋深1200~2217m为低成熟阶段，埋深2217m以下可能已进入高成熟阶段；百岗组在埋深1400~1750m已进入低成熟阶段早期。

1984年，应用TTI时温指数并参考前述研究成果，得出田东凹陷的有机质成熟度为：那读组在原始埋深1700m、现埋深1200m（以百20井为例，下同）进入低成熟阶段，原始埋深2690m、现埋深2300m进入高成熟阶段，整个盆地均未达到过成熟阶段；百岗组于现埋深1300~1550m进入低成熟阶段。

1985年，综合总烃/有机碳、OEP、R_o、干酪根镜检，以及气相色谱、甾烷和萜烷组成、岩石热解等分析资料进行研究，依据各项参数随深度的变化趋势（表7-9、表7-10），将那读组的热演化程度划分为3个阶段：未成熟阶段（埋深<1800m）、低成熟阶段（埋深为1800~2120m）和成熟阶段（埋深>2120m）。百岗组的芳香烃馏分气相色谱分析缺乏成"簇"出现的规则芳香烃，甾烷、萜烷类组成以代表生物构型、热力学性极不稳定的原生分子（如$5\alpha-C_{29}20R$）占绝对优势，岩石最高热解峰温多低于435℃，氢指数低，氧指数高（表7-9、表7-10），以及干酪根热解产物中含较丰富的姥鲛烯-1（占总组成的1.1%~2.86%，与低阶褐煤的3.1%相似）等，据此认为母质类型主要为腐殖型的百岗组泥岩，其热演化程度较低，在盆地现有埋深（<2000m）状况下均未进入成熟阶段。除此以外，百岗组的Pr/Ph值高达2.61以上，表明其成油环境的偏氧化性（表7-11、图7-10）。

表7-9 百色盆地百岗组、那读组演化成熟度主要参数统计表

层位	埋深/m	氯仿沥青"A"/%	总烃/μg/g	饱和烃/%	非烃和沥青质/%	总烃/有机碳/%	OEP	干酪根颜色	热变指数	R_o/%	HI/mg/g	OI/mg/g	演化阶段
百岗组		<0.06	<180	<23.5	63~72	<3	>1.5	黄—浅橙色	<2.50	<0.7	<100	最高达1766	未成熟
那读组	<1800	<0.08	<200	<25	70±	<3	>1.4	浅黄—浅橙色	<2.50	<0.60	100~200	1300~90	未成熟
	1800~2120	0.08~0.16	700	25~32	50~35	3.2~5.0	1.48~1.26	橙色	>2.5	0.6~0.65	500	100~50	低成熟
	>2120	0.25	1250	50	30~15	12.5	<1.30	橙—橙褐色	2.5~2.75	0.65~0.81			成熟

表 7-10 百色盆地百岗组、那读组甾烷、萜烷类成熟度参数统计表

层位		样品埋深/m	甾烷			萜烷				演化阶段
			$5\alpha-C_{29}\dfrac{20S}{20S+20R}$	$\dfrac{\beta\beta-C_{29}(20S+20R)}{\sum C_{29}}$	$\dfrac{重排甾烷}{5\alpha-(C_{27}+C_{28}+C_{29})20R}$	$\dfrac{T_m}{T_s}$	$\dfrac{17\beta-C_{27}}{T_s}$	$\dfrac{C_{29}降莫烷}{降藿烷}$	$C_{31}\dfrac{22S}{22R}$	
百岗组		1714	12.3	26.7	0.26	15.7	4.6	0.62	1.12	未成熟
那读组		492~1500	0~8.1	17.0~24.5	0~0.21	2.0~3.0	0.67~3.0	0.36~0.67	0.73~0.80	未成熟
		1775~2235	9.4~35.7	20.9~40.0	0.32~0.39	1.2~3.5	0.09~0.75	0.14~0.42	1.17~1.43	低成熟
		2475~2485*	43.2~49.2	49.8~51.1	0.46~0.70	0.88~1.1	0.05	0.09~0.10	1.40~1.56	成熟

* 1059 的样品为原油。

表 7-11 百色盆地百岗组原油甾烷、萜烷类成熟度参数统计表

井号	饱和烃/%	芳香烃/%	总烃/%	非烃/%	沥青质/%	非烃+沥青质/%	饱/芳	主峰	C_{21-}/C_{22+}	Pr/Ph	OEP
百-5井	52.80	16.67	69.47	29.54	2.08	31.62	3.17	C_{23}	0.83	2.61	1.16
百-16井	57.84	17.30	75.14	23.45	1.41	24.86	3.34	C_{23}	0.76	2.83	1.31
百-30井	49.87	14.25	64.12	35.36	0.52	35.88	3.50	C_{21}	0.79	2.82	1.18
百-56-1井	43.50	16.00	59.50	34.00	6.50	40.50	2.72	C_{21}	0.78	2.74	1.29
裂缝油	58.93	15.93	74.86	23.69	1.45	25.14	3.70	C_{21}	0.81	2.84	1.18

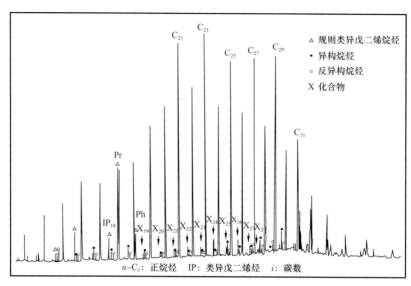

图 7-10　百色盆地百 5 井低成熟油饱和烃色谱图

2. 储层

百色盆地的储层在岩性上有砂岩和碳酸盐岩（石灰岩）两类，前者为孔隙型，后者以裂隙型为主；在层位上已知储层为中三叠统、古近系的那读组和百岗组等 3 个层位。

1）砂岩孔隙型储层

主要是那读组和百岗组的石英细砂岩和粉砂岩，其次为中二叠统的粉—细砂岩及伏平组砂岩。砂岩一般分选中等—较好，石英含量大于 80%，以泥质、钙质胶结为主，那读组以孔隙式胶结、接触式胶结为主，百岗组则以接触式胶结居多。

那读组储层发育在沉积旋回的中下部，多分布于凹陷周围，为洪积区、沼泽区或湖相区所形成的"串珠"状三角洲或水下冲积扇砂体，砂岩最发育区位于田东凹陷仑圩—小塘一线，以及头塘凹陷与三塘凸起间的四塘—二塘地区，厚为 50～100m，最厚达132m。据微相及地震地层学分析，在田东凹陷主干断层下降盘一侧可能发育浊积岩体。那读组砂岩一般单层厚度大，胶结物含量小，孔隙度数值高，以仑圩油田为例，平均孔隙度 21.07%，平均渗透率 264.78mD，储油性较好。

百岗组储层一般分布在各二级构造单元的中间地带，近似条带状纵贯整个盆地，砂岩总厚度较大，最厚达 304.5m（百 10 井），但单层厚度较那读组小，且横向变化大，胶结物含量较高，储油物性相对较差，如百 5 井等，平均渗透率小于 10mD，孔隙度为5%～15%。

2）石灰岩裂隙型储层

主要分布于田东凹陷西北部边缘的花茶—幢曼及南部的平马—上法两地区，属盆地基底中三叠统兰木组及板纳组，在花茶为亮晶藻屑灰岩，裂隙、晶洞、溶洞和缝合线发育，平均每米岩心有裂隙 41.6 条，已获工业油流，属良好储层。

3. 生储盖组合

根据生储盖的配置关系，百色盆地可划分为 3 个生储盖组合。

1）下部新生古储组合

那读组泥岩为生油层和盖层，下伏的中三叠统石灰岩和砂岩（以石灰岩为主）为储层，由于早期的地层不整合接触或后期的断裂，形成油气新生古储组合。钻遇此组合的有仑4井、仑5井、仑22井、百4井、平1井等，其中仑4井和百4井已获工业油流。

2）中部自生自储组合

那读组同时作为生油层、储层和盖层。以那读组泥岩作生油层和盖层，以那读组下部的砂岩作储层，一般以岩性侧向变化方式接触，多分布于凹陷的古隆起和边缘古河湖交汇处，如林逢、仑圩等油田多属于侧变式组合，油源主要由凹陷中心同组生油层侧向运移而来，如田东凹陷仑35块油藏。

3）上部下生上储组合

那读组作生油层，百岗组三段砂岩作储层，上部泥岩为盖层，如新州含油构造、塘寨油田等。

4. 油气藏特征

1）油气水性质

百色盆地的地面原油性质见表7-12，属低硫石蜡基原油，主要物理化学特征为相对密度和黏度较小，凝固点及含蜡量较高。受运移距离和保存条件所控制，以相对密度0.9为界线可分为两类：一类是高密度、低凝固点型，属远离油源、在运移途中蜡质被围岩吸附及氧化变质作用后的原油；另一类为低密度、高凝固点型，属原生型或近原生型原油。据北京石油化工科学研究院（1981年）分析，百色盆地原油最突出的特点是镍含量高（达30.6μg/g），比大庆原油（2.3μg/g）高10多倍，是国内原油中含镍量较高的原油。

表7-12　百色盆地原油性质统计表

地区	层位	原油性质						代表井
		相对密度（d_4^{20}）	黏度 /Pa·s	凝固点 /℃	含蜡量 /%	胶质+沥青质 /%	含硫量 /%	
新州	百岗组	0.9564～0.9804	—	4	10.9	26.66～30.48	0.440	新18井、新23井、新28井
林逢	那读组	0.9393～0.9604	—	4	—	19.00～20.33	0.200	林1井、林14井
那满	那读组	0.9950	—	—	—	—	—	满39井
仑圩	那读组	0.8465～0.8833	6.5～26.0	25.0～35.5	16.2～27.1	19.75（平均值）	0.013～0.132	仑2井
南伍	百岗组	0.8615～0.888	17.4～70.4	32.0～36.1	15.1～29.8	21.40（平均值）	0.152～0.265	百5井、百24井、百31井、百44井
塘寨	百岗组	0.8963～0.9045	72.6～83.6	36.0	15.1～20.1	34.17（平均值）	0.160～0.280	百30井、百32井、百33井
东达	百岗组	0.8764	29.8	35.5	14.5	23.40	0.185	百22井
花茶	中三叠统	0.8710	48.2	38.0～39.0	27.5	26.10	0.121	仑4井
田阳	那读组	0.8733	16.1	34.0	17.4	21.20	0.120	阳2井

百色盆地的井下原油性质具有黏度低、油气比小、地层饱和压差小和压缩系数中等等特点（参见仑圩油田部分）。

百色盆地内的天然气大部分属油藏伴生气（表7-13），部分为煤成气。按成分可分为两类：一类是以甲烷气为主，含乙烷、丁烷极少，主要属前干气期煤成气；另一类则除甲烷外，尚含有明显的乙烷、丁烷，属油藏伴生气；前者分布于田东凹陷的南部斜坡带，后者分布于田东凹陷的中央断凹及北部陡坡带。

百色盆地的地层水均属 $NaHCO_3$ 型（表7-14），可分为高矿化度和低矿化度水两种，前者分布于田东凹陷北部的仑圩一带，后者分布于田东凹陷南部，可能与右江河水等地表水的补给有关。

表 7-13　百色盆地天然气性质统计表

地区	层位	相对密度（d_4^{20}）	甲烷 /%	乙烷 /%	丙烷 /%	丁烷 /%	戊烷 /%	H_2S +CO_2/%	N_2/%	H_2/%
林逢	那读组	0.5722~0.5926	91.68~96.07	0.04~0.57	0.02~0.25	0.01~0.10	0~0.02	1.028	2.657~6.240	0.42
新州	百岗组	0.5804	94.87~98.87	0~0.07	0.01~0.09	0~0.07			0~4.070	0.01~0.12
仑圩	那读组	0.5968~0.7915	76.04~89.41	0.48~11.63	0.07~1.03	0.02~0.10	0.02~0.13	0.260~2.768	0.124~20.412	
南伍	百岗组	0.6746~0.6961	70.68~90.40	0.87~2.30	0.08~2.64	0.02~1.45	0.08~0.84	0.297~3.504	2.459~24.534	0.01
东达	百岗组		80.46	0.35	0.21	0.02~0.04	0.01	1.365	17.536	0.01
香炉			93.47	0.02	0	0		0.219	6.290	0.05
那沙	百岗组	0.5749	92.07~96.85	0.03~0.24	0.02				2.250~6.440	0.04~0.10
花茶	中三叠统	0.6449	90.69	1.43	2.06	0.87~1.06	0.11~0.17	2.540	1.190	
那百	百岗组那读组	0.5579~0.7382	56.22~99.33	0.08~0.94	0.01~0.33	0.02~0.03	0~0.01	0.041~0.127	0.438~42.407	
田阳坡圩			84.90	0.38	0.16	0.08			1.970	

表 7-14 百色盆地地层水性质统计表

地区	总矿化度 / mg/L	Cl⁻/ mg/L	HCO₃⁻/ mg/L	水型
新州	1914.74～2093.62	8.11～14.43	1255.36～1484.58	NaHCO₃
林逢	1886.73	47.50	1263.71	NaHCO₃
那满	144.03	27.33	67.80	NaHCO₃
仑圩	2694.00～3423.42	76.00～122.30	154.99～2239.43	NaHCO₃
南伍	524.40～7756.95	124.24～2218.98	35.22～4686.38	NaHCO₃

2）油气藏类型

百色盆地已发现的油田虽然不多，但其油气藏类型则相当丰富，据王尚文主编的《中国石油地质学》提出的分类原则，大体可分为以下 8 种油气藏类型。

（1）与基底隆起有关的背斜油气藏。

以林逢含油构造为例，它是在基底隆起背景上形成的背斜，并受到后期断裂的分隔。那读组三段在背斜轴部的沉积相对于两翼部位的沉积，厚度变小和岩性变粗，从而发育较好的储层。油气来源方式以侧向运移为主。

那满含油构造亦属此类型，不同的是未能形成背斜，而只是地层挠曲。

（2）受断层切割的背斜油气藏。

如新州含油构造，是一个受断层切割的平缓背斜圈闭，存在气顶和底水，储层较薄但相对稳定，成层状。

（3）断层与鼻状构造组成的油气藏。

例如塘寨油田，它是在单斜背景上发育的南西倾鼻状构造，并在鼻状构造上倾方向被北西向断层所封闭，油气聚集主要受断层因素控制。又如仑圩油田西部仑3井所见的油藏亦属于这一类型。

（4）由交叉断层与倾斜地层组成的断层油气藏。

例如塘寨油田东部的百24、百31断块区域，南倾单斜地层与北东向、北西向交叉断层形成油气圈闭，俗称"墙角构造"圈闭。

（5）由断层、倾斜地层及岩性尖灭组成的油气藏。

例如仑圩油田东部的仑2断块，地层基本上为南倾单斜，其东、西两侧为北东向断层所遮挡，那读组储层上倾方向由于岩相变化（相变为砾岩）而渗透性变差，形成了油气圈闭。子寅油田同样存在这一类型的油气藏。

（6）裂隙性油气藏。

例如花茶油田，基底中三叠统石灰岩前期曾遭受长期的风化溶蚀作用而形成次生缝洞，后期由于断裂作用而发育裂隙，形成良好的储层，断裂活动将其抬升，造成侧向与那读组烃源岩接触，上覆有那读组泥岩作盖层，形成了裂缝性油气藏。

（7）岩性尖灭油气藏。

田东凹陷北缘，那读组发育水下冲积锥砂体，砂体前缘往南大多延伸进入有利生油区，往北上倾方向砂体尖灭形成圈闭。这种油气藏类型是百色盆地所找到的油气最富集的类型，仑圩、子寅油田中的油气藏大部分属于这一类型。

（8）潜伏剥蚀突起地层不整合遮挡（潜山）油气藏。

上法油田属此类型，与基底古隆起有关，中三叠统石灰岩经风化剥蚀后形成相对突起的古地形，在那读组烃源岩覆盖和超覆不整合之下，形成"潜山"油气藏。那坤隆起在不整合面下的基底粉砂质泥岩中含油，亦属于这一类型。

3）油气藏分布特征

从已发现的油气藏来看，在百色盆地内，背斜类型的油气藏并不发育，而主要发育断裂、岩性和地层不整合等类型的油气藏。

结合百色盆地的沉积特征和构造地质特征分析，它们在平面上的分布具有如下特点。

（1）田东凹陷北部那读组发育冲积扇群砂体沉积，从而发育岩性油气藏。由于百色盆地为北断南超，以及原始沉积盆地南部边缘区因后来的抬升而被剥蚀，故水下三角洲砂体主要分布于盆地北缘，其时限可延至百岗组沉积期。南部斜坡带，那读组沉积期在相对隆起区发育沿岸沙坪，有利于油气聚集，形成那满、林逢等含油气构造。从地震资料推测，在主干断层下降盘一侧可能发育浊积型湖底扇砂体。

（2）北部陡坡带断裂发育，平行主干断层的一系列断层与北东向断层交错切割，形成大小不同的断块，与倾斜地层、岩性尖灭等一起，形成各种以断层为主导的构造类型油气藏，特别是在以断裂活动为主要作用下形成的基底石灰岩裂缝性油气藏，是北部陡坡带一个极其重要的油气富集类型。地震资料显示，在主干断层下降盘一侧，可能存在与同生断层有关的逆牵引背斜和断层遮挡的油气藏。此外，在北缘的局部地段还可能存在由逆断层所形成的逆掩构造油气藏。

（3）南部斜坡带存在基底隆起，发育地层不整合基底油气藏，其中石灰岩基底隆起是重要的油气富集类型，隆起中的基底砂岩也同样是良好的油气富集场所。同时环绕基底隆起可能存在那读组超覆不整合型油气藏。

（4）南部斜坡带浅部，百岗组煤层广泛分布，从而可能形成以煤成气为气源的岩性气藏。

百色盆地的油气藏类型在纵向上的分布特征是：古近系底部为裂缝型、地层不整合型油气藏；中部为与岩性、断层相关的油气藏；浅层为岩性油气藏。

百色盆地油气藏的分布规律如图7-11所示。

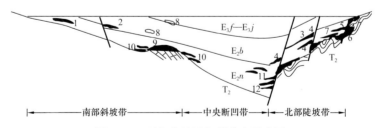

图7-11　百色盆地油气藏分布示意图

1—基底隆起背斜油气藏，2—断层切割背斜油气藏，3—断层封闭鼻状构造油气藏，4—交叉断层与倾斜地层组成的断块油气藏，5—断层、岩性尖灭油气藏，6—古风化壳裂缝性油气藏，7—透镜状岩性油气藏，8—透镜状岩性尖灭气藏，9—潜伏剥蚀突起地层不整合（潜山）油气藏，10—地层超覆油气藏（预测），11—逆牵引背斜油气藏（预测），12—地层上倾断层遮挡油气藏（预测）；E_3j—建都岭组，E_3f—伏平组，E_2b—百岗组，E_2n—那读组

5. 油气田

百色盆地自 1959 年发现林逢含油构造以来，至 2017 年底，已先后发现油田 7 个、气田 3 个，它们集中分布在田东凹陷，各油气田的基本信息列于表 1-3。

1）塘寨油田

塘寨油田位于百色盆地东部坳陷田东凹陷北部陡坡带的中西部，油田主体部位构造上位于塘浮断层和南伍断层之间，含油区被一系列近东西向和南北向的次一级断层划分为若干个小断块，油藏分布于这些小断块内，形成由东向西的百 24 块、百 49 块和百 56 块等 3 个含油区块。1974 年 6 月百深 5 井试获工业油流。截至 2017 年底，塘寨油田已累计产油 22.64×10^4t。

（1）构造。

百 24 块的构造位置位于田东凹陷北部陡坡带的中台阶和百 49 块的东南部，由百 31 块、百 24 块和百 5 块等 3 个小断块组成。百 24 块—百 44 井区构造简单，整个形态呈长条形展布，东西长约 2km，南北宽约 1.1km，地层南倾，倾角 30° 左右。百 5 块为向东南倾斜的受断层切割的单斜构造，地层倾角 23° 左右。百 24 块—百 5 块有一级断层 2 条、二级断层 1 条、四级断层 12 条。一、二级断层为百 5 块和百 24 块的控油断层，其特点是发育时间长、延伸远、落差大，断面分别向东北和西南倾。四级断层落差小，主要对构造起复杂化作用，对油层分布也有一定的影响。

百 49 块东邻百 24 块，为断层切割所形成的圈闭，中部被一条近南北向的西掉正断层将区块分割成东、西两大块，再由次一级小断层将两大块分割成大小不等、油水关系各异的小断块。地层向西南、东南方向倾斜，成一缓鼻状构造，地层倾角 20°～40°。

百 56 块位于百 49 块的北部，主要受北北西向主控正断层控制，内部发育有 3 组次一级正断层，断层切割形成 3 个独立的小断块，地层南倾，成一缓鼻状构造。

（2）储层。

塘寨油田钻遇的地层，自上而下为第四系，古近系建都岭组、伏平组、百岗组和那读组。含油层系主要为百岗组和那读组两个层系。

1989 年，滇黔桂石油勘探局勘探开发科学研究院唐业修、韦全业等人，在开展百色盆地东部地区北部断阶带古近系百岗组油层评价时，将百岗组二段、三段沉积划为扇三角洲前缘亚相，按其沉积特征又细分为水下分流河道沉积、河道间沉积和前缘席状砂沉积。

2000 年，滇黔桂油田分公司勘探开发科学研究院南宁分院彭光明、盘昌林等人与成都理工大学沉积地质研究所彭军、郑荣才等人，组成沉积微相研究项目组，开展塘寨区带的百 49 块、百 56 块、百 24 块的百岗组沉积相研究。研究认为：塘寨油田百岗组储层为扇三角洲—湖泊沉积体系，以发育扇三角洲的前缘亚相为主，其次为前扇三角洲亚相和浅湖亚相，其中百 24 块储层为扇三角洲前缘亚相；百 49 块储层的沉积环境为扇三角洲前缘的河口沙坝、水下分流河道及河道间等微环境；百 56 块储层主要为扇三角洲平原分支河道沉积。

百 24 块储层主要岩性为粉砂岩，其次为细砂岩。据 4 口井的物性分析资料统计，储层孔隙度最小为 12.4%，最大为 20.6%，平均为 14.9%；渗透率最小为 3.2mD，最大为 281.5mD，平均为 44.6mD。储集空间以粒间溶孔为主，面孔率 13%～18%。

百 49 块储层主要岩性为粉砂岩，其次为细砂岩。据 198 块样品物性分析资料统计，储层孔隙度最小为 12.2%，最大为 20.7%，平均为 15.9%；水平渗透率最小为 3.16mD，最大为 458.45mD，平均为 55.2mD；垂直渗透率最小为 9.6mD，最大为 134.93mD，平均为 62.3mD。储集空间以原生粒间孔为主。

百 56 块储层主要岩性为细砂岩，其次为粉砂岩，储层平均孔隙度为 23%，平均渗透率为 186.8mD。储集空间以次生粒间孔为主。

（3）流体。

百 24 块地面原油密度为 0.8630g/cm³，黏度为 18.4mPa·s，凝固点为 32.5℃，含硫量为 0.16%，含蜡量为 13.2%，胶质 + 沥青质含量为 17.5%。地层水矿化度低，总矿化度为 3425～7070mg/L，水型为碳酸氢钠（NaHCO₃）型。百 24 块油层的分布井深在 1512.0～1930.0m 之间，平均油层有效厚度 5.4m，含油砂体分布范围小，呈土豆状和条带状分布，具边水，水线高度基本统一，有 3 套油水系统，油水界面为海拔 –1580m，主要受岩性控制，水体较小。

百 49 块地面原油密度为 0.8900g/cm³，黏度为 20～75mPa·s，凝固点为 32.9℃。地层水矿化度低，总矿化度为 1827～5825mg/L，水型为碳酸氢钠（NaHCO₃）型。百 49 块油层的分布井深在 940.0～1400.0m 之间，平均油层有效厚度 11.3m，分布范围小，具弱边水，水线高度基本统一，有 3 套油水系统，油水界面为海拔 –1200m，主要受岩性控制，水体较小。

百 56 块地面原油密度为 0.8890g/cm³，黏度为 28.6mPa·s，凝固点为 32.8℃，含蜡量为 20.1%，胶质 + 沥青质含量为 31.5%。地层水矿化度低，总矿化度为 3425～7070mg/L，水型为碳酸氢钠（NaHCO₃）型。百 56 块油层的分布井深在 580.0～803.0m 之间，平均油层有效厚度 7.2m，分布范围小，水线高度基本统一，有 4 套油水系统，油水界面为海拔 –580m，主要受岩性控制，水体较小。

（4）压力和温度。

百 24 块油藏属正常压力系统，压力系数为 0.80～0.99，原始地层压力为 11.4MPa，地层温度为 71℃（800m 深处），地温梯度为 3.32℃/100m。

百 49 块油藏属正常压力系统，压力系数为 0.89～0.95，原始地层压力为 11.84MPa，地层温度为 61.3℃（800m 深处），地温梯度为 3.5℃/100m。

百 56 块油藏属正常压力系统，压力系数为 0.85～0.94，原始地层压力为 6.0MPa，地层温度为 47℃（800m 深处），地温梯度为 3.3℃/100m，属正常温度梯度。

2）仑圩油田（田东油田）

仑圩油田位于田东凹陷北部陡坡带西段。

油田构造为南西倾单斜并略显向南倾伏的鼻状封闭断块，一般倾角为 20°～25°。地表出露百岗组，储油层为那读组底部砂岩。那读组在此为水下冲积锥沉积，由棕红色、灰绿色泥岩或含砾泥岩与砾岩交互层组成。

那读组含油层厚为 41～146.5m，可分 3 个砂层组共 16 个小层。自上而下，那 I 砂层组为薄层透镜状砂岩含油，平均孔隙度 15%～26%，渗透率 10～220mD；那 II 砂层组为主力油层，砂岩体呈带状分布，平均孔隙度 15%～23.7%，渗透率 10～1268mD；那 III 砂层组多为底砾岩之上的砂岩及生物碎屑岩，分布范围次于那 II 砂层组。据粒度分析研究，那读组砂体属于三角洲相的分支河道砂及河口沙坝，厚度变化虽大，但储油物性较好。

1977 年，仑 2 井于井深 789.4～800.8m 那读组底部发现油砂 1 层，厚 11.4m，同年 11 月试油，日产 14.5t（6mm 油嘴）。1978 年起按 245～320m 不规则井网进行详探和开发。

原油性质具三高（凝固点高、含蜡量高、胶质 + 沥青质含量高）、二低（密度低、含硫低）的特点（表 7-12）。地下原油具有黏度低、油气比小和地饱压差小等特点（表 7-15）。天然气（表 7-13）为原油溶解气，相对密度平均为 0.6468。油田水属碳酸氢钠型（表 7-14），总矿化度最高达 4139mg/L。

油田东部下倾方向具边水，上倾方向为岩性尖灭，具自喷能力，属断层—岩性油气藏；西部下倾方向不具边水，无自喷能力，部分属岩性封闭油气藏，部分属断层封闭油气藏。

1978 年开始规划开发，同时兴建集输工程。1982 年 6 月建成年产 3×10^4t 产能设施。截至 2017 年底，已累计产油 111.3×10^4t、产气 129×10^4m^3。1986 年 1 月起，仑圩油田移交地方经营管理，后改称为田东油田。

表 7-15 百色盆地仑圩油田原油性质表

项目	仑 13 井	仑 13-8 井	仑 17 井	仑 12-3 井
原始地层压力 /MPa	8.86～8.90	8.51	8.05	8.34
地层温度 /℃	53.0	49.4	48.0	51.9
压缩系数 /（1/at）	10×10^{-5}	10×10^{-5}	8.6×10^{-5}	10×10^{-5}
原始油气比 /（m^3/t）	52.1	58.6	52.9	54.6
脱气原油相对密度	0.863	0.853	0.857	0.860
地层原油密度 /（t/m^3）	0.790	0.776	0.786	0.789
地层原油黏度 /（Pa·s）	4.3	3.2	3.6	3.8
体积系数	1.149	1.167	1.150	1.154
收缩率 /%	13.0	14.3	13.0	13.3

3）花茶油（气）田

花茶油田位于田东凹陷与那笔凸起交界处北端，主体包括仑 4 块、仑 22 块和百 16 块等 3 个断块。储油层为中三叠统石灰岩，属断块油藏。1978 年 7 月，仑 4 井于基底石灰岩中发现油流。仑 4 井在陡坡带高处、靠边界断层南侧，于井深 602m 钻遇断层，进入中三叠统兰木组，见 50m 厚的石灰岩，石灰岩裂隙发育，属裂缝性含油。仑 22 井在陡坡带低处，于井深 1906.8m 进入基底，并在百岗组砂岩中见油气显示，属断层封闭型含油；基底顶面及石灰岩内部裂隙含油，含油井段长达 360m，其中油层 54.3m/8 层。利用原油孢粉对比后认为，三叠系石灰岩中的原油来自古近系，属新生古储式基岩裂隙油气藏。该油田 1978 年投入开发。

下面以仑 22 块为例，对花茶油田略加阐述。

仑 22 块位于田东凹陷北部陡坡带西部。构造形态上，东部为缓鼻状构造，地层向南、西南倾斜，倾角 35° 左右；西部仑 22-9 井以西，地层则向东北倾斜，倾角 20° 左右，为一受北西向断层控制的构造—岩性油藏。

花茶油田从上至下钻遇的地层有第四系，古近系伏平组、百岗组、那读组，以及中三叠统兰木组。含油层系为百岗组、那读组，以及兰木组的石灰岩。

仓22块百岗组油藏的储层主要为百岗组二段和三段，属于扇三角洲水下分流河道、河口坝和前缘席状砂沉积，油层部位的岩性以细砂岩和粗粉砂岩为主，泥质胶结。储集空间以原生粒间孔为主，其次为次生粒间溶蚀孔。储层物性属中低孔、中低渗，孔隙度11%～17%，平均为14%，渗透率主要分布在3～70mD区间。油藏为弹性驱动类型，天然能量不足；地层压力系数0.9，属正常压力系统；油层温度76℃。

仓22块的油层埋深1386.0～1873.0m，油层单层厚0.6～7.2m，一般1～3m，单井平均有效厚度7.2m。油层砂体小，分布不连片，多呈土豆状，同一断块内不同油砂体有不同的油水边界。

4）上法油（气）田

上法油田位于田东凹陷南部斜坡带，为轴向北东倾伏、受断层分隔的基底隆起圈闭。储油层为中三叠统石灰岩。1983年8月百4井在那读组不整合面下（井深1303～1318m）的中三叠统基底石灰岩中见油，经试油，日产原油2.3t。

（1）构造。

1988年以前，百4块只完钻4口井（百4井、法1井、法2井、百4-1井），其中获工业油流井2口、荧光显示井1口、无显示井1口。由于钻井少，当时认为百4块位于潜山中部，周围皆为断层，为地垒式潜山。

至1989年6月，在百4块完成地震测线17条，共完钻12口井（包括探井和开发井），其中：取心井5口；获工业油流井8口。油藏开发初期，利用少量钻井资料和二维地震资料开展了潜山构造形态描述。在此阶段，由中国石油天然气总公司石油勘探开发科学研究院李淑贞、李松泉等与滇黔桂石油局勘探开发科学研究院陈运伟等，共同开展了百4—法1潜山油藏的地质研究工作，认为油藏的潜山构造包括潜山顶面地貌、断层和潜山内幕构造三个部分。

潜山顶面地貌是一座四周被正断层切割的断块山，北西西走向，近似长方形，长3.2km，宽1.35km。山体北低南高、西缓东陡、顶部平坦、腰部陡峭。侵蚀面坡度6°～24°，山体相对高度约225m。

百4块发育着2组断开潜山顶面的正断层：一组走向北西，这组断层形成时间早、活动规模大，对潜山油藏的形成起了主要的控制作用；另一组为北东向，这组断层形成时间稍晚，属后期剪切所致，活动规模小，对潜山油藏的形成作用较次要。

潜山内幕构造是一个比较完整的向斜。法1井最深，处于向斜轴部附近，向四周逐渐抬升。向斜长轴3.2km，走向为北西西向，与盆地走向基本一致；短轴1.35km，走向为北北东向。

1991年，滇黔桂石油勘探局勘探开发科学研究院彭光明、罗超光、李兴洋等开展上法油田百4—法1油藏研究，在消化吸收前人研究成果的基础上，补充、收集、整理了大量的静态、动态资料，修编了潜山顶面构造图，认为潜山顶面构造是一座四周被正断层切割的断块山，北西西走向，长3.2km，宽约1.35km，山体北低南高、顶部平坦、腰部稍陡，油藏南部的北西西向断层对该油藏的形成起到了控制作用。

油藏开发中后期，随着钻井资料的增加、井网的进一步完善、生产动态资料的增加，1995年，卢泽汉、黄宏章等人开展了上法油田潜山内幕与生产接替潜力研究，他们根据石灰岩地层对比结果及综合分析，利用当时的三维地震资料，对潜山构造和内幕进行了深入研究，并对局部构造进行了修编。与1989年的构造认识相比，基本构造形态无大变化：潜山顶面构造是一座四周被正断层切割的断面山，山体北西走向，近似长方形，长约2.5km，宽约1.5km，南高北低；山顶较平缓，腰部稍变陡。断层主要分为两组，一组走向北西，一组走向北东，断层性质为正断层。北西向断层控制了山体的走向，对潜山油藏的形成起了主要的控制作用。

1999年，滇黔桂石油勘探局南宁勘探开发科学研究院罗超光、彭光明、陈珊等开展了百4块地质建模及油藏描述工作。研究认为百4块是一四周被正断层切割、走向北西西、与盆地延伸方向一致的断块山。断块长约2.2km，宽约1.2km，面积约2.6km²，含油面积约1.8km²。山体东北低、西南高，顶部平坦，腰部陡峭，山体相对高度约240m，油柱高度150m。潜山内幕为一断鼻，地层倾角10°。古地貌的高点位于法1井—百4井一带，高点处无砂砾岩沉积，沉积厚度也薄。潜山南部百4-3井处为后期小幅抬升上翘所形成的高点。主要断层均为正断层，可分为两组，一组走向北西—南东，断距50～100m，延伸较远，为3000m左右，其中南面的断层对油藏起到良好的封闭作用；另一组为北东—南西向，断距较小，为20m左右，延伸长度800m左右，属后期剪切性断裂。中部百4-3井附近的断层，将区块分割为东、西两块，西区含油面积1.0km²，东区含油面积0.8km²，油水界线为海拔–1250m。

（2）储层。

① 地层。1988年3月，滇黔桂石油勘探局勘探开发科学研究院对百4块仅有的4口井的钻井资料、二维地震剖面，以及法1井、法2井、百4井等井的试油试采资料，结合野外露头调查，建立了地层标准剖面并进行井间对比，初步分析了潜山内幕情况。

1989年，由中国石油天然气总公司石油勘探开发科学研究院李淑贞、李松泉和滇黔桂石油勘探局勘探开发科学研究院伍德松、陈运伟等人，共同开展了上法油田百4块油藏地质研究，进行层组划分和对比。按地层岩性、物性和电性特征，将油藏自上而下划分为8个层段。

Ⅰ段：主要分布在潜山较低部位，岩性为浅灰色—深灰色石灰岩和紫红色钙质泥岩夹少量棕红色泥岩。测井特征普遍表现为自然伽马值较高、电阻相对较低以及中子孔隙度偏高等特征。

Ⅱ段：主要分布在法1井附近，岩性以灰色薄层团块泥晶灰岩、蓝藻屑泥晶灰岩、粉晶蓝藻泥晶灰岩、栉壳状蓝藻粘结岩及礁角砾岩为主，中间夹薄层泥质岩段，石灰岩较纯，颗粒（主要是生物碎屑）含量较高，颗粒比较粗大，反映高能沉积环境。该层段为主要储层之一。

Ⅲ段：该段中上部的石灰岩与Ⅱ段石灰岩岩性相似，仅分布于法1井附近，溶蚀作用微弱，次生洞、缝、孔隙不发育，储集性能较差。

Ⅳ段：以藻屑粉晶灰岩、粉晶屑灰岩为主，其次为亮晶藻屑灰岩。石灰岩色浅、质纯。

Ⅴ段：为粉晶（泥晶）蓝藻屑灰岩及亮晶蓝藻屑灰岩，石灰岩质纯，次生缝、孔、洞不发育。

Ⅵ段：为灰色石灰岩夹薄层紫红色石灰岩，与前几段相比，泥质含量增加。该段在潜山顶面的出露部分，大部处于古地貌低部位和构造变形部位。

Ⅶ段：泥质含量比Ⅵ段更高，上部为含薄层紫红色石灰岩及钙质泥岩，底部为一厚约17m的深灰色钙质泥岩。

Ⅷ段：在法1井为一套高自然伽马值的灰色及深灰色泥质灰岩夹薄层灰色石灰岩，顶部自然伽马值稍低，石灰岩较纯，白云岩化。在法2井和百4-1井内，下部相变为深水的碎屑岩。

1999年，由滇黔桂石油勘探局南宁勘探开发科学研究院罗超光、彭光明、陈珊等开展百4块地质建模及油藏描述工作，对百4块重新进行层段的划分与对比，根据岩性、电性、物性及含油性，以钻遇三叠系兰木组石灰岩地层较全的法1井作为标准剖面，将该组划分为7个层段。

Ⅰ段：岩性以灰白色、浅灰色蓝藻屑泥晶灰岩、粉晶（亮晶）蓝藻屑灰岩、栉壳状蓝藻屑粘结岩为主，夹薄层泥岩。石灰岩质纯，生物碎屑含量较高，达50%～70%，次生孔、洞、缝发育。该段测井特征为低自然伽马值、高电阻率、缝洞发育处电阻率较低、声波时差较高，且井径扩大。该段大部分井均钻遇，4口边缘井（百4-9井、法2井、法21井、百4-1井）已剥蚀完，地层钻遇率75%，油层钻遇率43.8%。钻厚5.5～30.8m，百4-4x井处最厚，往西北、东南方向减薄，油层仅分布在西区，是百4块的主要产层段。Ⅰ段与上覆那读组呈不整合接触。

Ⅱ段：该段石灰岩与Ⅰ段石灰岩岩性相似，但生物碎屑含量较Ⅰ段低，为30%～50%，溶蚀作用相对较弱，次生洞、缝、孔隙不发育，而位于构造高点及断层附近的百4-13x井、百4-11x井储集性能较好。测井特征表现为自然伽马值较低、电阻率较高、部分井段扩径。除新百4-6井未钻达外，其余井均钻遇，4口井未钻穿。钻厚77.0～105.0m，油层分布范围广，油层钻遇率75%，但产量不高。Ⅱ段与Ⅰ段呈整合接触，两段以灰绿色、紫红色泥岩分隔。

Ⅲ段：大多数井未钻遇或未钻穿。百4-8井见较弱的油气显示，未试油。

Ⅳ—Ⅶ段：大多数井未钻遇或未钻穿。无油气显示，未试油。

② 岩性与物性。百4块油藏储层属于古潜山石灰岩风化壳，为中三叠统礁相灰岩，镜下鉴定岩性主要为藻屑灰岩、海绵藻粘结岩、亮晶生物碎屑灰岩、泥晶—粉晶灰岩，其次为泥质灰岩和泥质白云岩。油层最大孔隙度为6.91%，平均值为2.45%；最大渗透率为532.61mD，平均值为1.10mD。在潜山构造高部位、靠近大断裂的地方，孔隙和裂缝相对较发育，总孔隙度值高；而远离断裂的低部位，孔隙、裂缝发育差，总孔隙度值低。

③ 储集空间。主要有孔隙、裂缝和溶洞三类，其储集空间的组合类型有三种：缝洞—孔隙型、裂缝—孔隙型和单一孔隙型。

缝洞—孔隙型储层在整个风化壳储层中占据主要地位，分布在潜山高部位，以百4-3井为核心，遍及新百4-6、法1、百4等井区，其特点是大缝大洞发育，缝洞孔隙度可达1.4%～9.8%（测井解释），基块孔隙度也相对较大，可达2%～8%。

裂缝—孔隙型储层主要发育在潜山低部位的百4-10井区，以及百4-7井—百4-8

井—百4-9井的边部带状地带，其特点与缝洞—孔隙型的大体相似，但裂缝的发育程度和规模小，溶蚀扩大的小洞穴少。

单一孔隙型储层只在某些井、层上有零星分布，其特点是基块中无微洞和微缝，只有孔隙，岩性比较致密，孔隙度很小，含油饱和度近于零。百4块油藏储层具有双重介质特征，裂缝发育程度及孔渗变化大，在纵横向上表现为较严重的非均质性，主要表现为：孔、缝、洞大小悬殊，分布不均；裂缝发育程度和分布不均；潜山不同部位，储集空间的构成类型不同；油层横向连通性好，纵向连通性变差。

（3）流体。

百4块油藏地面原油密度 $0.8600g/cm^3$，黏度 $28.9mPa \cdot s$，凝固点 $29 \sim 34℃$，含蜡量 26.5%，胶质+沥青质含量 22.1%，含硫量 0.13%，体积系数 1.195，原始气油比 $45.5m^3/t$。含油层系的地层水矿化度低，总矿化度为 $2287mg/L$，水型为碳酸氢钠（$NaHCO_3$）型。

油藏的油水关系简单，只有1个油水系统。含油高度175m，具边水，边水区在油藏东部和东北部，油水界面的海拔为 $-1250m$。

（4）压力和温度。

百4块油藏原始地层压力为 $13.25MPa$，饱和压力为 $7.06MPa$，地层温度为 $81.3℃$，油层压力系数为 1.01，地温梯度为 $4.3℃/100m$，为正常压力、温度系统。

上法气田位于田东凹陷南部斜坡带东段。由于百岗组沉积期南伍断层的走滑牵引，使得南伍断层的南盘地层发生多组北东向拉分断层，形成地堑式的背斜构造，断层分成两组：一组北北东向断层是在左旋应力作用下形成的，呈雁行排列的张剪性断裂，沿北北东向发散，南西西向收敛，是控气的主断层；另一组北东向断层使构造复杂化。上法气田探明天然气含气面积 $10.8km^2$，天然气地质储量 $4.74 \times 10^8 m^3$。

上法浅层气的储层为古近系伏平组、百岗组，属于三角洲水下分流河道、河口坝和前缘席状砂沉积，岩性以细砂岩和粉砂岩为主，从下至上划分为8个单砂体的含气层，气层单层厚 $1.0 \sim 10.4m$。气藏埋深在 $50 \sim 920m$ 之间，储集空间以原生粒间孔为主。砂岩孔隙度 $16\% \sim 30\%$，平均为 22%，渗透率主要分布在 $50 \sim 1100mD$ 之间。据气藏气样分析，C_1—C_4 系列不全，C_1 大于 95%，天然气相对密度 $0.55 \sim 0.58$，成因为生物气，其产出类型为气层气。

5）子寅油田

子寅油田位于田东凹陷北部陡坡带东段，包括仑16块、仑35块两断块。含油层为那读组下部砂岩，为水下扇形砂岩体，埋深 $850 \sim 980m$，主要为岩性尖灭型油气藏。1983年10月于仑16井获工业油流，当年投入开发。

（1）构造。

① 仑16块。随着地震勘探技术的进步，以及钻井和油田开发资料的增加，对仑16块油藏构造研究的认识得以深化和提高。

1983年5月，钻探仑16井时发现古近系那读组油层，后经试油获日产油 18.4t。至1986年底已钻井9口，有4口获工业油流。1987年3月，滇黔桂石油勘探局广西石油勘探开发指挥部科研所罗梦仁、潘海斌在申报仑16块油藏储量时，编制了仑16块那读组底面构造图，认为断块内地层向南偏西方向倾斜，是一个简单的单斜断块构造。

1988 年，新钻滚动开发井 6 口，对油藏地质有了新认识。1989 年 1 月，滇黔桂石油勘探局勘探开发科学研究院在申报仑 16 块油藏储量时，由陈运伟编制了仑 16 块那读组油层顶面构造图，认为仑 16 块构造上是一在地层单斜背景上受北西西向和北东向两组断层切割所形成的、近似平行四边形的断块构造，油藏是在单斜背景上含油砂岩上倾尖灭圈闭的岩性油藏。

1993 年，对仑 16 块油藏加强了综合研究，利用三维地震资料进行标定，在钻井与地震资料相结合的基础上修编了构造图，发现在油藏东北边的仑 16-15 井和东边的仑 16-16 井有断层通过，构造有所变化，认为油藏类型属断块—岩性油藏。

1999 年，滇黔桂石油勘探局南宁勘探开发科学研究院开发室开展分区块地质建模与油藏精细描述研究，对 1994—1997 年仑 16 块油藏新钻井进行钻后评价，根据新的钻探资料重新修编了仑 16 块油藏构造图，认为仑 16 块为构造控制下的岩性油藏。

2000 年后，仑 16 块油藏的构造认识没有变化。

② 仑 35 块。仑 35 块的构造研究经历了三次不同认识。

1987 年 2 月，开始仑 35 块滚动勘探开发，部署了一批评价井和开发井。至 1989 年 2 月，本区块共钻井 10 口，试油 6 口，获工业油流 2 口。1989 年 1 月，滇黔桂石油勘探局勘探开发科学研究院在申报仑 35 块油藏储量时，由陈运伟编制了仑 35 块那读组顶面构造图，认为仑 35 块是在地层单斜背景上受北西西向和北东向两组断层交切形成的、近似平行四边形的断块构造，是一个受岩性控制的油藏。

1993 年，滇黔桂石油勘探局勘探开发科学研究院开发室根据新的地震和钻井资料，对仑 35 块油藏构造进行重新研究和修编，认为仑 35 块是在古近系地层单斜南面西倾的背景上，受 1 条北西向南掉主干断层和 2 条次一级北掉断层交切形成的、近似墙角状的断块构造。油藏类型为断块—岩性油藏。

1999 年，滇黔桂石油勘探局南宁勘探开发科学研究院开发室开展百色油田分区块地质建模与油藏精细描述研究，对 1994—1996 年仑 35 块新钻井进行钻后评价，并根据新的钻探资料重新确定油藏类型和落实含油面积，局部修编了仑 35 块油藏的构造图，认为仑 35 块为构造控制下的岩性油藏。

（2）储层。

2000 年，滇黔桂油田分公司勘探开发科学研究院南宁分院对百色盆地地层进行重新对比划分，认为子寅油田的地层自上而下为古近系建都岭组、伏平组、百岗组一段至三段、那读组一段、六吼组、中三叠统。

仑 16 块含油层位为那 1_1 亚段上部的块状砂体，分 4 个小层，但小层之间无明显的泥岩隔层。油层埋深 741～979m，单层厚度一般 2～3m，最大单层厚度 18m。含油层段的沉积相以发育扇三角洲前缘亚相为主。储层岩性主要为粉砂岩，仑 16 块油藏的储层旋回层序以反韵律为主，在纵向上由下往上物性变好。油层平均孔隙度 19%，平均渗透率 72.8mD。

仑 35 块含油层位为那 1_1 亚段底部的块状砂体，分 4 个小层，无泥岩隔层。油层埋深 1437～1794m，单层厚度一般 2～7m，最大单层厚度 12.8m。含油层段的沉积相为扇三角洲前缘亚相的水下浊流沉积。储层岩性主要为粉砂岩，储层以正旋回层序为特征，在纵向上由下往上物性变差。油层平均孔隙度 20%，平均渗透率 101mD。

仓 16 块、仓 35 块油层中的黏土矿物主要有：伊利石，含量 37%～41%；高岭石，含量 41%～50%；绿泥石，含量 12%～21%。

（3）流体。

仓 16 块、仓 35 块油藏地面原油密度 0.8491～0.8665g/cm³，黏度 9.438～13.410mPa·s，含硫量 0.08%～0.11%，凝固点 31.5～35℃，含蜡量 16.3%～24.9%，胶质 + 沥青质含量 16.32%。地层水的矿化度较低，总矿化度为 2943.98～3293.98mg/L，氯离子含量 241.38～246.98mg/L，水型为碳酸氢钠（NaHCO₃）型。

仓 16 块油藏、仓 35 块油藏同属封闭式岩性油藏。仓 16 块油藏的油层分布井深 700～1500m，含油高度 220m，在平面上的分布呈长 2000m、宽 470m 的长条带。具边水，油水界面高度基本统一，只有 1 套油水系统，油水界面为海拔 –840m，主要受岩性控制，水体较小；仓 35 块油藏的油层分布井深 1500～1680m，具边水，油水界面高度一致，只有 1 套油水系统，油水界面为海拔 –1640m，主要受岩性控制，下倾方向砂岩变厚，有一定的边水能量。

（4）压力和温度。

仓 16 块、仓 35 块的油藏压力均属正常压力系统。按油层中部深度计算，仓 16 块、仓 35 块的油藏压力系数分别为 0.98 和 1.02。仓 16 块油藏原始地层压力为 8.83MPa，仓 35 块油藏原始地层压力为 17.46MPa。

仓 16 块油藏地层温度为 47℃（井深 800m 处），地温梯度为 3.32℃/100m；仓 35 块油藏地层温度为 78℃（井深 1650m 处），地温梯度为 3.34℃/100m，均属正常温度梯度。

6）雷公油（气）田

雷公油（气）田，位于那笔凸起北部断鼻带西部，为一南、北受断层切割的短轴背斜构造，轴向北东，地层倾角 10°～11°，圈闭面积 3.3km²，闭合高度 160m。

1989 年 7 月 28 日，于该背斜北翼钻探雷 1 井，同年 8 月 21 日完钻，完钻井深 1170m，井底层位中三叠统。在井深 967～985.2m 井段、那读组二段砂层组上部发现 6 层、总计厚 8.2m 的粉砂岩油层，单层最大厚度 1.8m。含油砂岩孔隙度为 15.6%～22.3%，渗透率为 257～779mD。经测试获日产原油 14.4m³。

（1）构造。

1989 年之前，对雷公地区地质构造的特征，认为是一鼻状构造，断层较少，构造比较简单。1989 年，在此构造上部署钻探雷 1 井，发现了雷公油田。

至 1990 年底，在雷公构造共钻井 42 口。在此基础上，滇黔桂石油勘探局勘探开发科学研究院潘海斌等人根据钻井和地层对比资料，编制了雷公油田那读组二段顶面构造图，认为断层较发育，油藏构造为一被两条东西向正断层切割所形成的地垒断块，内部又被小断层分割为 10 个断块。

1993 年，针对原井网对储量控制能力差，在没有三维地震资料和二维地震资料品质差的状况下，滇黔桂石油勘探局勘探开发科学研究院疏壮志、庞里波等人，根据钻井和地层对比、小层划分的资料，对雷公油田构造形态进行重新地质认识，认为区内断层发育，油藏在 1.6km² 内被 20 条正断层切割成 19 个断块，为一内幕复杂的断块油藏。

2000 年 12 月，雷公油田已有钻井 79 口。由滇黔桂油田分公司勘探开发科学研究院南宁分院彭光明、罗超光等与濮阳中原石油勘探开发技术有限公司黄飞、刘艳等，利用三维地震解释资料，结合新的钻井资料和生产动态资料，重新进行地质分析研究，对油田内部断层的展布规律及局部构造有了更进一步的认识，认为油藏被29条正断层切割成20个含油小断块，为一复杂小断块构造。

（2）储层。

1991年，滇黔桂石油勘探局勘探开发科学研究院陈珊、马宗贵等，在编制《广西百色盆地雷公油田初步开发方案》研究过程中，根据钻井资料、粒度分析资料、岩矿资料、电测曲线和地震资料，对雷公油田砂岩储层的性质进行分析研究，认为雷公油田钻井所揭示的地层自上而下为古近系伏平组、百岗组、那读组，中三叠统板纳组；含油层系为那读组二段底部的砂岩体，厚度为60～75m，为一套多期发育、分布较广、厚度较稳定的浅湖滩砂沉积，可划分为3个砂层组，Ⅰ砂层组划分为7个小层，Ⅱ砂层组划分为8个小层，Ⅲ砂层组划分为2个小层。3个砂层组均有油层分布，油层单层厚一般1～3m，最大为4.2m。储层岩性主要为溶孔石英粗粉砂岩、溶孔石英细粉砂岩和溶孔细粒石英砂岩。根据7口井共471块样品的含油井段岩心物性分析资料统计，孔隙度最大为23.95％，平均值17.38％，渗透率最大为797.95mD，平均值71.68mD；其中在油层有效厚度范围内的有246块样品，统计孔隙度平均值19.2％，渗透率平均值100.14mD。

2000年，滇黔桂油田分公司勘探开发科学研究院南宁分院彭光明、罗超光等与濮阳中原石油勘探开发技术有限公司黄飞、刘艳等，在前人研究的基础上，利用三维地震解释资料，结合新的钻井资料和生产动态资料，重新对雷公油田开展油藏精细描述研究，其中沉积相研究认为那读组二段的底部砂岩为湖泊三角洲的三角洲前缘亚相，主要发育3种砂体微相组合类型：河口坝型、水下分流河道型及混合型。砂层组划分仍采用1991年划分方案（即3个砂层组），不同的是，在3个砂层组中共分11个小层、27个油层、69个油砂体。

（3）流体。

雷公油田的原油具有中密度、低黏度、较高凝固点等性质。地面原油密度0.8670g/cm³，黏度16.23mPa·s，凝固点33.4℃，含蜡量8.0％，胶质＋沥青质含量23.7％。地层水矿化度低，总矿化度2100～4980mg/L，为碳酸氢钠水型。

雷公油田那读组二段油层的分布广而稳定，纵向上3个砂层组均含油，在钻井中钻遇率均较高，但含油性差异及油层分布差异较大。Ⅰ砂层组油层分布广，是油田的主力油层；Ⅱ砂层组油层，除雷5块外，其他断块均钻遇到。Ⅲ砂层组油层仅分布在雷1、雷1-2、雷2等断块的高部位。油层在纵向上分布较集中，井段较短，各具独立油水系统，平面上油层分布稳定，连通好。

（4）压力和温度。

油藏压力属正常压力系统。按油层中部深度984m计算，压力系数为0.92，原始地层压力为9.0MPa。油层温度为60℃，地温梯度为4℃/100m，属正常温度梯度。

雷公气藏，构造上位于那笔凸起西端，区块整体表现为一北高南低的半背斜构造，它与下伏那读组油藏的背斜构造具有继承性。百岗组中的主断裂为近北西西向，上穿伏平组，下穿基底。平面上，雷公气藏构造受北边一条北掉的、北西西向的正断层所控制，浅层气分布在这条主控断层南部的半背斜上，地层南低北高；气藏被一北东向断层切割成2块，东块（雷2块）有雷2井、雷5-6井等4口含气井，西块（雷7块）有雷7井、雷3-9X井等11口含气井。所有含气井都分布在主断裂南部半背斜的高部位。雷公气藏探明天然气含气面积2.7km²，天然气地质储量0.55×10⁸m³。

雷公气藏的含气层系为百岗组，储层为三角洲水下分流河道砂岩，岩性以细砂岩和粉砂岩为主。气层单层厚1～8m，多为3～6m。气层埋深在290～550m之间。储集空间以原生粒间孔为主。储层孔隙度最大为30.08%，最小为9.7%，一般大于20%。据19口含气井测井解释，孔隙度最大达30.2%，一般大于20%，渗透率一般大于150mD，综合评价为好储层。据气藏气样分析，C_1—C_4系列不全，C_1大于95%，天然气相对密度0.55～0.58，成因为生物气，其产出类型为气层气。

7）那坤油田

那坤油田位于那笔凸起北部断鼻带东部。1991年4月，坤5井获日产2.0m³的工业油流，从而发现了那坤油田。

坤10块位于那笔凸起构造上，区块西南部被一北西西向的南倾断层所遮挡，此断层是该块的主控断层。区块四周均分布断层，形成了断块油藏，内部被一条北东东向的东倾正断层切割成东、西两块（即坤10块和坤12块），地层北倾，倾角15°左右。

钻井揭露的地层自上而下为古近系伏平组、百岗组、那读组、中三叠统板纳组。

坤10块的储层为那读组二段底部砂岩，为浅湖滩沉积，油层埋深820～920m。油层组段分布较稳定，一般为50～60m。共划分为3个砂层组，Ⅰ砂层组厚度约30m，Ⅱ砂层组厚度约20m，Ⅲ砂层组厚度约10m，各砂层组均有油层分布，但以Ⅰ、Ⅱ砂层组为主。储层岩性主要为粉砂岩，其次为细砂岩。油层单层厚一般为1～2m，最厚为3.1m。油层平均孔隙度为19.0%，平均渗透率为106.1mD。

地面原油平均密度0.8580g/cm³，黏度16.6mPa·s，凝固点33℃。地层水矿化度1900～2010mg/L，为碳酸氢钠（$NaHCO_3$）水型。原始地层压力8.1MPa，原始压力系数0.9，地层温度56.5℃，地温梯度3.8℃/100m。

四、有利区带及远景评价

百色盆地这一残留型陆相盆地的地质条件较复杂，具有断裂发育，岩性、岩相变化大，储集体类型多，含油气层系多和油气藏类型丰富等特点。油气富集带不是由单一的含油气层、单一的油气藏类型和规则的油气水关系的油藏所组成，而是由多个含油气层系、多种油气藏类型和多个油气水系统所组成的油藏复合体。这些油气藏都从属于同一的断裂构造带或地层岩性带，其油气圈闭具有相同的地质成因，一般又有相同的油气源和相同的油气运移、聚集过程，形成了以一种油气藏类型为主、其他类型油气藏为辅的多种类型油气藏的复式带。它们在纵向上相互叠置，在平面上又相互连片。

1. 油气富集的有利区带

盆地的油气富集带受区域性断裂带、区域性岩性尖灭带、地层超覆带和地层不整合等多种因素控制，按其成因的主导因素和形成条件，可划分为两种类型。

1）以砂岩上倾尖灭带为主体的油气富集带

该带位于盆地东部坳陷田东凹陷北部陡坡带中段的近盆地边缘处，已在该带发现了仑圩油田仑13块、仑15块，子寅油田仑16块、仑35块，塘寨油田百24块、百21

块，以及百 36 井、百 36-10 井、百 58 井等多口油气显示井。

该带的油藏类型主要以砂岩上倾尖灭油藏为主，同时发育断块油藏或断块—岩性油藏。油气的聚集主要受扇三角洲、近源水下扇砂体的前缘和侧翼砂体尖灭带，或地层上倾方向渗透层相变带的控制，其成因为原生型或次生型油藏。

原生型的砂体一般是在那读组水进体系域早期形成，发育在有效烃源岩体附近，砂岩体前缘直接楔入凹陷烃源岩系中，也就是说岩性圈闭夹持在烃源岩的岩体中，形成了良好的生储盖组合条件，油气经一次运移，直接聚集在岩性圈闭中，油气富集程度高，原油性质具有原生性，如位于该区带的子寅油田仑 35 块油藏、塘寨油田百 24 块断块油藏，其内部砂体都具有上述成因特征。

次生型的油藏中，临近早期盆地边缘的砂体，砂体的上倾尖灭线距有效烃源岩体较远，砂体的围岩一般为非烃源岩或排烃效率较低的烃源岩，岩性圈闭所聚集的油气大部分或全部来自附近生油中心，沿深大断裂，再沿砂体上倾方向，经二次运移聚集在砂岩上倾尖灭带附近，或受断层的遮挡，聚集在断块圈闭中成藏，仑圩油田、子寅油田仑 16 块，以及塘寨油田百 21 块油藏，就是在这一成因背景下形成的岩性油藏和断块油藏。

2）以断裂构造带为主体的油气富集区

该区位于盆地东部坳陷田东凹陷的中央断凹带北部。该区的构造复杂，沿盆地走向延伸的两条区域性断裂——塘浮断裂和南伍断裂交会，因此，本区的断裂发育，构造形态复杂，但整体上使不同储层的层面形成了向凹陷中心节节下掉的台阶状，大体上可划分为高、中、低三个台阶。更重要的特点是，规模较大的断层一般都从坳陷生油中心的基底开始发育，向上延伸，贯穿基底、那读组及百岗组的多套储层岩系，同时该区储层圈闭发育，既有基底石灰岩裂隙储层及那读组水下扇、扇三角洲前缘等砂体类型，形成岩性圈闭，更有百岗组砂体因断裂形成的牵引背斜、断块、岩性等构造圈闭或复合类型圈闭。从储层分布来看，本区的储层具有多套储层平面叠加连片的特征，如补新花 8 井，单井钻遇了百岗组、那读组、基底等 3 个层位的储层，并都发现了油层或较好的油气显示。从所发现的油藏分布来看，纵向上不同层位的油藏，在不同的构造部位成藏，但在平面上却集中分布，形成一个复式油气聚集区。

分析本区之所以形成复式油气聚集区的形成条件和控制因素，主要有以下几点：

（1）区域构造上，分布在盆地东部坳陷两个大断块（北部陡坡断块和南部斜坡断块）的接合部位，受两条以上主要断裂控制，区域上形成了一个较高的台阶形的构造带，有利于油气从深部位向此构造带运移聚集；

（2）多层位、多类型的储层在本区集中发育，并叠加连片；

（3）位于生油凹陷边缘，并有深层断裂形成的、贯穿多套储层的油气运移通道，供油条件充足；

（4）多类型的构造、岩性圈闭集中发育。

百色盆地除上述地区形成了复式油气聚集区带外，还有如那笔凸起、南部斜坡带的上法古潜山至林逢一带，都具有形成油气富集区的石油地质条件，勘探潜力较大，但现今在这一带发现的油气储量还相对较少。

2. 油气勘探的有利目标区带——南伍断裂带

通过对百 43 井及南伍断裂带两侧已有钻井的分析总结，认为该区带的含油气圈闭类型主要为以下两种。

1）断鼻型

A 型：南伍断裂带南侧，发育北掉、北东向的正断层和南伍断层相交、夹持而形成的断鼻圈闭，这是百岗组油层纵向上油气跨度最大（100～150m）、油气充满度最高的圈闭类型，如百 43 块、坤 30 块。这类圈闭的油气充注主要通道是切割到成熟烃源岩的北掉北东向正断层，南伍断层则是构成圈闭的遮挡条件。

B 型：南伍断裂带南侧不发育与南伍断层相交的北掉北东向正断层，但在近南伍断层南侧发育地层向北翘起的断鼻圈闭，这是百岗组油层纵向上油气跨度较大（50～100 m）、油气充满度较高的圈闭类型，如百 69 圈闭、百 5 圈闭。这类圈闭的油气充注主要通道是砂岩输导层，南伍断层则构成圈闭的遮挡条件。

2）地层上倾尖灭型

这是主要发育在南伍断层北侧的岩性圈闭类型。这类圈闭的主要特点是百岗组三段及二段的下部在南北方向上表现为明显的地层往北超覆沉积现象，百三段和百二段下部地层中沉积有多套砂岩。这类圈闭的油气充注主要通道是南伍断层，往北上倾尖灭的砂层和地层构成圈闭的遮挡条件。已发现的油藏有南伍断层北侧的百 44 块。

第二节　景谷盆地

一、概况

1. 地理概况

景谷盆地位于东经 100°38′—100°45′、北纬 23°22—23°35′，属云南省普洱市景谷傣族彝族自治县所辖，交通较为方便，以公路为主，东距昆明市 460km，南离普洱市 130km。该盆地为南北狭长形，长 18km，宽 3.5～5.5km，面积 92km²，四周被中高山环抱，其海拔高度一般多在 1200～1400m 之间，最高山峰海拔 1680m。盆地内地势平缓，海拔高度在 950m 左右，威远江自北向南蜿蜒流经盆地中部。景谷地区属亚热带—热带高原型湿润季风气候，四季变化不明显，无酷暑和严寒，但干湿季分明。平均年气温 19℃左右，平均年降水量 1500mm，但多集中在 5—10 月的雨季，11 月至次年的 4 月为干季。

2. 勘探概况

自 1958 年起，墨江地质队在该盆地进行煤田调查，发现有油气显示，至今先后有贵州石油勘探局、云南省地质局、云南省石油会战指挥部、滇黔桂石油勘探局、中国石化南方勘探开发公司及中国石化西南油气分公司在该盆地进行工作。

1961 年，云南石油勘探处 801 队在景谷盆地钻了 2 口浅井，其中景 1 井在井深 162.5～198m 发现有 3 层含油砂岩，累计提捞原油 1t 左右。

1969 年，云南省地质局物探大队完成了 2km×0.5km 测网、全盆地 1∶10 万的重力普查。

1970—1972 年，云南省地质局十六地质队在该盆地进行石油地质普查勘探时，钻探井 2 口，进尺 2225.8m，其中，油 ZK$_1$ 井井深 1344m，油 ZK$_2$ 井井深 881.8m，发现了不同层位、不同程度的油气显示，填图 $100km^2$（1：2.5 万）。

1970—1975 年，云南省石油会战指挥部在该盆地进行石油普查勘探工作，完成地震测线 91.65km，钻探井 72 口（其中：中深井 6 口），总进尺 41821.05m。44 口井见油气显示。试油 15 口、50 层，累计产油 $69.2m^3$；试采 4 口，累计产油 $108.5m^3$。完成 1：2.5 万野外复查填图 $49km^2$。

1975—1990 年，景谷盆地的石油勘探工作基本停滞。

1991—1993 年，滇黔桂石油勘探局完成主体区域测网密度为 1km×0.5km 的二维地震勘探 32 条，共长 187.375km。

2008—2009 年，中国石化西南油气分公司完成三维地震满覆盖面积 $23.9km^2$。

1992—2009 年，钻井 25 口，总进尺 12324.25m，其中，探井 8 口，进尺 4412.71m。获工业油井 7 口、工业气井 3 口。

2010—2011 年先后部署实施了景谷 3 井、景谷 2 井，总进尺 3600m，未获油气流，勘探随后基本停止（表 7-16）。

表 7-16 景谷盆地探井基础数据表

构造名称	井名	开钻日期	完钻日期	井深/m	完钻层位①	油气显示	测试结果
文帽构造	深 1 井	1971 年 3 月 31 日	1972 年 2 月 7 日	1560	N_1	油浸、沥青	油 $0.8m^3/d$、水 $4.9m^3/d$
	深 2 井	1972 年 5 月 12 日	1973 年 8 月 16 日	2116	N_1	气浸	—
	深 7 井	1973 年 12 月 15 日	1974 年 5 月 10 日	1320	N_1	岩屑含油	—
大牛圈鼻状构造	牛 2 井	1992 年 11 月 3 日	1992 年 11 月 28 日	603.6	N_1s_3		油 $11m^3/d$
	牛 4 井	1992 年 4 月 21 日	1992 年 6 月 1 日	420.27	N_1s_3		自喷，气 $285m^3/d$
	牛 7 井	1993 年 10 月 8 日	1993 年 11 月 16 日	527.31	N_1s_2		油 $4.183m^3/d$
	牛 10 井	1994 年 4 月 5 日	1994 年 5 月 26 日	731	N_1s_2		
中部凹陷带西部斜坡	景谷 3 井	2010 年 8 月 18 日	2010 年 9 月 18 日	1800	E		—
中部凹陷带东部斜坡	景谷 2 井	2011 年 11 月 3 日	2011 年 11 月 27 日	1680	E	油斑	—

N_1s_3—三号沟组三段，N_1s_2—三号沟组二段。

二、区域地质

1. 构造

1）构造演化

景谷盆地的构造演化可分为形成、发展、衰亡三个时期。

（1）盆地形成期（新近纪中新世早期）。

当时地形高差大，河流切割作用强，地形总趋势是东北高、西南低，沉积物源主要来自东北方向。受张应力作用，该盆地形成早期为地堑式的双断陷盆地，中央有一近南北向的隆起，由于中部隆起古地形及物源供给的影响，沉积厚度分布极不均匀。沉积中心主要在东部，如位于东部的浅15井处（图7-12），新近系三号沟组一段（N_1s_1）厚147m左右，为浅灰色—灰色、暗紫杂色含砾砂岩及砂岩夹泥岩的一套滨湖、浅湖沉积，西部的沉积物较东部粒度细、颜色深，为灰色、褐灰色泥页岩及泥粉砂岩、细砂岩的浅湖沉积。以上这套沉积物往南迅速减薄，在浅34井处仅厚9.10m。该时期形成的砾石成分主要为古近系暗紫色砂砾岩，它们均呈次棱角状至次圆状，反映近源搬运。

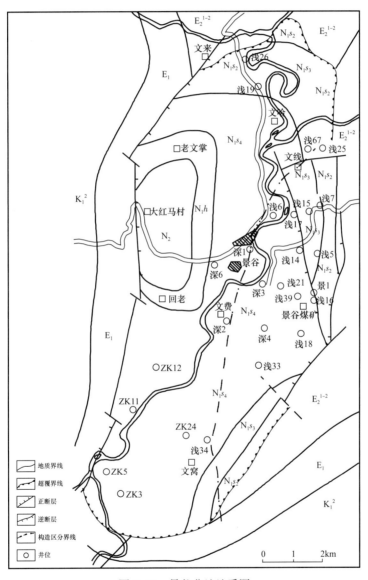

图7-12 景谷盆地地质图

（2）盆地发育期（新近纪中新世中—晚期）。

随着控制盆地的东西断裂活动加剧，盆地继续下沉，地形逐渐变缓，湖面扩大，水体加深。从岩性特征来看，反映的是一套浅湖至深湖相的灰色、灰黑色泥页岩夹砂岩沉积，从下到上泥质成分增加，有机质、星散状黄铁矿、菱铁矿也随之增加，微细层理发育，形成一个正韵律沉积。中—晚期，水面面积最大，沉积物向北、向南超覆。如 ZK11 井、ZK8 井及 ZK3 井，在进入三号沟组四段（N_1s_4）后，分别钻进到井深263.31m、156.75m、255.31m 时已是古近系红层，缺失 $N_1s_1^3$ 相关地层，N_1s_4 直接超覆在古近系红层之上。后期东部断裂发生位移并逐渐停止活动，西部断裂仍剧烈活动，盆地从双断式断陷盆地演化为单断式断陷盆地。

（3）盆地萎缩期（新近纪上新世）。

从上新世早期开始，盆地总体上升，湖水面积缩小，水体变浅，沉积物粒度增大，沉积了一套粗碎屑滨湖—浅湖相的灰黄色、紫红色含砾砂岩、砂岩夹粉砂质泥岩。上新世晚期，整个盆地抬升为陆，结束了盆地发育历史。

综上所述，景谷盆地的形成过程中，在张应力作用下呈振荡式下降，其中有 3 次较大的抬升，造成在 4 个大的沉积旋回中有多个小的沉积旋回。

2）构造特征

从盆地构造发展史和地质图（图 7-12）可以看出，盆内新近系从东至西地层渐新，构成不对称的向斜构造：向斜东翼宽，地层出露齐全，断层及小褶曲比较发育；而向斜西翼窄，地层出露不全。向斜轴线 13km，基本和盆地长轴方向一致，呈南北向延伸，略显"S"形，轴部出露地层为新近系回环组（N_1h）。

在盆地东部发育一些小的不太明显的局部背斜构造，现分述如下。

景谷—文费背斜：轴线呈北东向延伸 2km，轴部和两翼地层均为 N_1s_3，东南翼倾角5°～15°，西北翼倾角 19°～30°，为西陡东缓的不对称背斜。

青年农场鼻状构造：轴线呈南北向，长约 1km，向南倾伏，两翼与轴部的出露地层均为 N_1s_3。

盆地东西两侧断层发育，规模上是西部大于东部，数量上则是东部多于西部，断层可分两大类：

盆地边界断层：盆地东西两侧均与古近系红层呈断层接触，此类断层为同生断层，以高角度正断层为主，断距大，断面倾向盆地。

盆地内部断层：一种是分布在东部、与盆地构造线一致并和盆地边界性质类似的断层，如景谷煤矿断层，这类断层的性质表现为正断层，断层面西倾（倾向盆地），但断距规模均不如边界断层大；另一种是与盆地构造线斜交的横断层，如回老—丙中横断层等，此类断层形成时间相对较晚，它们切割了南北向断层和向斜。

3）构造单元划分

景谷盆地构造走向总体呈南北向，为一较完整的断陷。西部陡，发育的断层少，但规模大，控制了三号沟组的沉积；东部发育断阶式小断层，控制沉积充填。盆地可划分为东部断阶带、中部断凹带、南部高断阶带及北部高断阶带等 4 个二级构造单元（图7-13），下面简单介绍其中的 3 个构造单元。

南部高断阶带：三号沟组的沉积明显受断层控制，该区带地层埋深相对较浅，三号沟组底部最大埋深 1800m，地层产状略向东倾，区内断裂不发育，构造表现为由西、西北、西南向中东部倾斜的单斜构造。回环组的沉积格局在该区有所改变，沉积厚度较大。

中部断凹带：三号沟组在凹陷中厚度较大，地层产状总体向沉积中心倾斜，最大埋深可达 2250m。先期沉积中心的地层在后期受挤压作用，发生褶皱，呈现出正向构造形态。

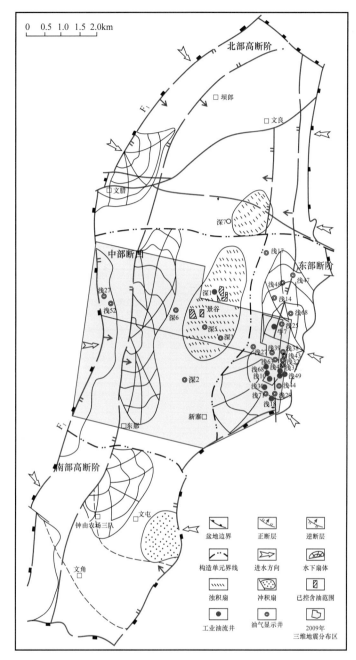

图 7-13 景谷盆地构造区划图

东部断阶带：位于中部凹陷带以东，其西界断层属东倾逆断层，断距可达 40～100m，本区处于断层上升盘，形成局部断垒构造。与中部断凹陷的地层相比，沉积厚度明显减小。

2. 地层

景谷盆地为新近系断陷盆地，区域构造位置处于三江褶皱系兰坪—思茅中—新生代坳陷（盆地）的中部。盆地基底和周边地层均为古近系，盆内地层为新近系，总厚 2500m，与基岩间呈角度不整合。

盆地新近系的中新统、上新统厚为2500m，以砂泥岩为主（图7-14）。自下而上可分为3个组：三号沟组（N_1s）、回环组（N_1h）及大红猫村组（N_2d），在三号沟组中又分4个段。盆地东、西两侧与古近系呈断层接触，其余为高角度不整合接触。第四系仅沿现代河谷威远江等地零星分布，厚几米至几十米。

地层				代号	厚度/m	岩性剖面	生储盖	岩性描述	油层位置
系	统	组	段						
第四系				Q	0～30			灰色含砾石砂层、黏土	
新近系	上新统	大红猫村组	二段	N_2d_2	114			紫红色中厚层细砂岩、粗砂岩、泥质粉砂岩	
			一段	N_2d_1	150			灰白色厚层中粗砂岩、泥质粉砂岩，夹灰色泥岩	
	中新统	回环组	二段	N_1h_2	0～110		盖	灰色、灰黄色砂泥岩呈不等厚互层	
			一段	N_1h_1	50～150			灰色泥岩夹砂岩，下部发育一套正韵律砂岩	
		三号沟组	四段	N_1s_4	90～140		层	含煤系泥岩夹薄层砂岩	
			三段	N_1s_3	50～60		生	灰色泥岩夹薄层砂岩	
					45～55			灰色正韵律砂泥岩互层	牛2块
					65～70			灰色反韵律砂岩、泥岩互层	牛4块
					68～77		储	灰褐色泥岩夹厚层粉砂岩	
								深灰色泥岩与灰色砂岩—细砂岩呈不等厚互层	
			二段	N_1s_2	36		层	泥岩夹细砂岩，含煤系	
					114			灰褐色泥岩与高阻中粒砂岩呈略不等厚互层	
			一段	N_1s_1	100			灰色、紫红色、黄色含石英砂岩夹灰紫色泥岩、紫红色砂砾岩	
古近系	渐新统			E	未穿			紫红色砂岩	

图7-14 景谷盆地地层综合柱状简图

1）基底地层

古近系（E）：紫红色、棕红色砂岩、粉砂质泥岩，过去被误认为白垩系，现据古生物组合改定为古近系。

2）盆内地层

（1）三号沟组（N_1s）。

三号沟组自下而上划分为4段。

一段（N_1s_1）主要为灰色、灰白色、棕灰色、黄褐色厚—块状砂砾岩，夹紫红色与灰色相间的砾岩，偶夹亮煤小条带。下部主要为砾岩、含砂砾岩，上部为细粒石英砂岩夹泥质细砂岩。主要出露于盆地中段东缘，厚度变化较大，一般厚为9～110m，与下伏古近系呈超覆不整合接触或断层接触。

二段（N_1s_2）分为2个砂层组，下部为灰褐色泥岩夹中细砂岩互层，上部为灰褐色泥岩与细砂岩互层，顶部含煤层。厚度在150m左右。

三段（N_1s_3）是烃源岩和储层的主要发育段，分为5个砂层组。第Ⅴ砂层组主要为深灰色泥岩与灰色粉砂岩、细砂岩不等厚互层，厚80～85m；第Ⅳ砂层组主要为灰褐色泥岩夹厚层灰褐色粉砂岩，厚68～77m；第Ⅲ砂层组主要为灰褐色呈反韵律的砂泥岩互层，厚65～70m；第Ⅱ砂层组主要为灰褐色正韵律的砂泥岩，厚45～55m；第Ⅰ砂层组主要为灰褐色泥岩夹薄层砂岩，厚50～60m。

四段（N_1s_4）主要为含煤系泥岩夹薄层砂岩，厚90～140m。

（2）回环组（N_1h）。

全盆地皆有分布。一段为灰色泥岩夹砂岩，厚50～150m；二段为灰色、灰黄色砂泥岩不等厚互层，厚0～100m。

（3）大红猫村组（N_2d）。

仅分布于盆地西部，地层可分为两段。下段以厚层状中粒砂岩、粗砂岩、泥质粉砂岩为主，夹深灰色泥岩，厚度150m；上段由中—厚层细砂岩、粗砂岩、泥质粉砂岩组成，厚约114m，中部为中层状泥岩、粉砂质泥岩。

（4）第四系（Q）。

残积、坡积的碎石、浮土、冲积砂、砾石及耕作土，与下伏地层呈不整合接触，厚为0～30m。

3. 沉积相

景谷盆地中新世早期，其东部大牛圈油田主要为湖相及湖成三角洲沉积，在盆地西部则发育冲积扇、扇三角洲、近岸水下扇等。三号沟组沉积早期（一段沉积期），盆地北部的课里河、欢乐河地区发育冲积扇，其岩相序列为块状砾岩相—递变层理砾岩相—块状砂岩或含砾砂岩相—杂色泥岩相，代表着冲积扇扇面河道沙坝及重力流；三号沟组沉积中期（二段和三段沉积期）主要发育三角洲体系，盆地北部地区先后发育辫状河三角洲，其岩性主要为灰色泥质页岩相—砂泥岩互层相—块状砂砾岩相—具有大型交错层理砂岩相—水平层理砂岩、粉砂岩相—灰色泥岩相序列，该序列总体为一向上变粗然后又变细的正旋回。盆地南部的课里河则发育河流体系。

在三号沟组和回环组沉积的各个时期，湖泊均广泛分布，湖泊体系包括正常浅湖沉积亚相、湖湾沉积亚相及较深水沉积。

景谷盆地内的沉积作用及沉积环境主要受南北向断裂系统的控制，在中新世晚期形成北高南低、西部略陡东部略缓的箕状盆地地貌特征；物源虽来自盆地四周，但远离盆地中心的东北部，更加靠近物源，沉积物粒度更粗；此时的沉积相格局为：盆地中心为深湖沉积，中偏西部为半深湖沉积环境，在其周围为大面积的浅水沉积环境，在浅水区靠盆地西缘发育近岸水下扇，东北部发育湖控三角洲相，即从西到东，盆地依次发育了近岸水下扇—湖泊—湖控三角洲沉积体系。

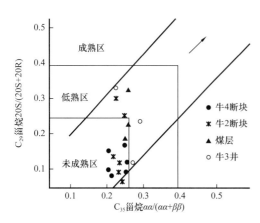

图 7-15　景谷盆地烃源岩甾烷 C_{29} 参数与成熟度关系图

三、油气地质

1. 烃源岩

景谷盆地主要发育两套烃源岩，以三号沟组烃源岩（N_1s_2—N_1s_3 中上部）为主，回环组烃源岩为辅（表 7-17、图 7-15）。三号沟组有机碳为 0.4%～2.4%，最高达 2.36%，平均含量为 1.8%；回环组有机碳含量分布于 0.4%～4.4%，其中 96% 以上的样品有机碳含量大于 0.5%。非煤系烃源岩有机质显微组分以腐泥组、壳质组为主，含量达 70%～95%；惰质组和镜质组含量较低，有机质类型以 II 型居多。煤系显微组分，上煤层壳质组含量高达 53%，镜质组含量为 39%，惰质组含量为 8%；下煤层镜质组含量高达 81%，惰质组含量为 11%，壳质组含量为 8%。煤系烃源岩的镜质组反射率略高于泥质烃源岩，整体为 0.4%～0.84%，油气主要形成于低成熟阶段。

景谷盆地烃源岩样品的饱和烃分析结果表明：主峰碳主要为 C_{29}、C_{27}，少数样品为 C_{17}、C_{15}。碳数分布范围多为 C_9—C_{35}，多数样品为双峰型，第二主峰碳数主要为 C_{15}，其次为 C_{17} 和 C_{13}，显示混源特点。所分析的样品中，孕甾烷的含量相对较低，（孕甾烷 + 升孕甾烷）/C_{27}—C_{29} 规则甾烷值从 0.004 至 0.048 不等。甾烷中谷甾烷含量优势明显，占 C_{27}—C_{29} 规则甾烷的 41%～70%，通常以 $\alpha\alpha\alpha$-20R 规则甾烷为图谱的最高峰，$\alpha\alpha\alpha$-20R 胆甾烷次之。这种保留了甾醇等生物前身物的 $\alpha\alpha\alpha$-20R 生物构型的高含量，表明该烃源岩仍处于低成熟阶段。

景谷盆地牛 4 井 326～328m 的原油与其上 321.27m 的深灰色泥岩，不论是饱和烃色谱图（图 7-16），还是与之相应的甾、萜图（图 7-17），都具有相似性。二者烃类组成的相似性说明了大牛圈地区原油的原生性，以及油源主要来自三号沟组中上部的暗色泥岩。

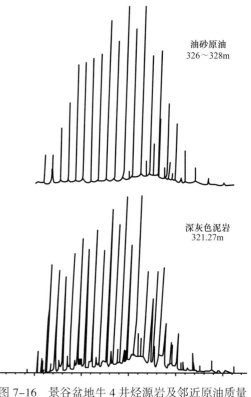

油砂原油 326～328m

深灰色泥岩 321.27m

图 7-16　景谷盆地牛 4 井烃源岩及邻近原油质量色谱对比图

表 7-17 景谷盆地烃源岩地球化学参数表

区块	井号	井段/m	层位	TOC/%	氯仿沥青"A"/%	氯仿沥青"A"/C/%	族组成/% 饱和烃	芳香烃	胶质	沥青质	饱/芳	非/沥	总烃/μg/g	烃/C/%
牛4断块	牛4-1井	307	N_1s_3	2.43	0.1009	4.2	16.41	18.77	34.93	29.89	0.9	1.2	355.0	1.5
	牛4井	134~138	N_1s_4	0.39	0.0174	4.5	30.51	28.49	28.49	12.50	1.1	2.3	102.7	2.6
	牛4井	250	N_1s_3	2.05	0.1430	7.0	13.70	21.66	48.46	16.16	0.6	3.0	505.6	2.5
	牛4井	260	N_1s_3	2.17	0.2410	11.1	26.71	23.05	36.21	14.02	1.2	2.6	1199.2	5.5
	牛4井	280	N_1s_2	3.22	0.1894	5.9	16.81	11.24	23.87	48.07	1.5	0.5	531.3	1.6
	牛4井	300	N_1s_2	1.59	0.0875	5.5	12.69	16.81	53.51	16.98	0.8	3.2	258.1	1.6
	牛4井	420	N_1s_2	1.61	0.0727	4.5	28.00	24.55	30.06	17.37	1.1	1.7	382.0	2.4
	牛4-3井	276~279	N_1s_3	2.22	0.1253	5.6	18.88	25.92	42.93	12.26	0.7	3.5	561.3	2.5
牛2断块	牛2井	304~310	N_1s_3	1.87	0.1004	5.4	18.37	30.34	44.20	7.07	0.6	6.2	489.0	2.6
	新28井	218~220	N_1s_3	4.31	0.3321	7.7	41.64	16.88	26.08	15.38	2.5	1.7	1943.4	4.5
	新28井	238~239	N_1s_3	1.34	0.0939	7.0	13.94	7.15	64.51	14.38	1.9	4.5	198.0	1.5
	新28井	364~369	N_1s_2	1.54	0.1298	8.4	20.07	32.15	43.33	4.43	0.6	9.8	677.8	4.4
	牛2-1井	352.5~353	N_1s_3	6.38	0.1291	2.0	45.47	11.57	25.57	17.38	3.9	1.5	736.4	1.2
	煤矿	碳质泥岩	N_1s_4	5.37	0.082	1.5	33.27	17.51	28.45	20.76	1.9	1.4	416.4	0.8
牛7断块	牛10井	620~633	N_1s_2	2.26	0.2127	9.4	35.15	29.75	27.87	7.22	1.2	3.9	1380.4	6.1
煤层	C1井	上煤层	N_1s_4	65.7	0.3551	0.5	12.19	29.80	32.01	25.99	0.4	1.2	1491.1	0.2
	C2井	泥岩夹层	N_1s_3	66.9	0.6717	1.0	28.50	26.27	25.13	20.03	1.1	1.3	3682.9	0.6
	C3井	下煤层	N_1s_2	22.8	0.8795	3.9	5.35	12.07	39.64	42.93	0.4	0.9	1369.1	0.6
断块外	牛3井	223~226	N_1s_2	27.6	0.2295	0.8	10.42	23.65	34.12	31.80	0.4	1.1	781.9	0.3

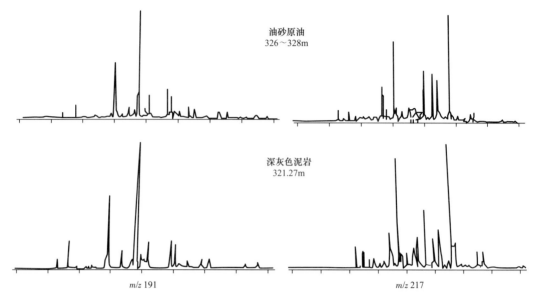

油砂原油
326~328m

深灰色泥岩
321.27m

m/z 191   m/z 217

图 7-17　景谷盆地牛 4 井烃源岩及邻近原油甾烷、萜烷对比图

2. 储层

景谷盆地的储层主要分布在三号沟组二段及三段，主要为浅湖、湖成三角洲砂体。储层砂岩类型主要为中—细粒石英砂岩，其次为细粒砂岩和细—中粒石英砂岩。储层主要储集空间为粒间孔、溶蚀孔和充填残余孔，孔隙度为 18.8%～34.3%，平均有效孔隙度 26.0%，渗透率一般为几十毫达西至上千毫达西，平均值为 560.34mD，属高孔高渗型储层。据 9 口工业油井的统计，三号沟组的储层厚度，单井单层最小为 1.4m，最大为 8.4m，平均为 3.6m；单井储层厚度最小为 5.4m，最大为 12m，平均为 8.5m。景谷大牛圈油田主要储层物性见表 7-18。

3. 盖层

通过景谷 2 井分析，认为本区为泥质岩盖层，岩性包括泥页岩、粉砂质泥岩以及煤层。回环组—三号沟组二段上部，为大套泥岩夹薄层粉细砂岩，沉积相对稳定，泥质岩色调偏暗、质较纯、可塑性较好，分布集中度高，单层及累计厚度大，横向延续广，局部偶见构造小裂缝或微裂隙，但其破坏作用小。因此，回环组和三号沟组封盖条件较好。

4. 储盖组合

根据实钻剖面及油气显示，结合储层和盖层横向分布情况，认为景谷盆地存在 2 套生储盖组合：以三号沟组的暗色泥质岩为烃源岩，三号沟组孔隙型或裂缝—孔隙型砂岩为储层，回环组、三号沟组大套泥岩为盖层的生储盖组合；以三号沟组的暗色泥质岩为烃源岩，回环组孔隙型砂岩为储层，回环组大套泥岩为盖层的生储盖组合。其中，以前者储盖组合最为有利。

5. 圈闭

景谷盆地具备形成岩性圈闭和复合圈闭的条件，油气藏类型见表 7-19。其中，以岩性油藏为主，凡是有生油条件的地方，只要有能够储集油气的砂体就有该种类型油气藏，其规模视砂体大小和储层性能好坏而定。构造油藏类型主要存在于景谷背斜、文费背斜和东部南北向的一些小背斜中，但从钻孔揭露来看，这类油藏含油性的好坏很大程度上取决于储层的物性。复合油藏类型主要为冲积、洪积锥砂体，湖底扇砂体与断裂所形成的断层遮挡—岩性油气藏，它们主要分布在东侧和西侧、走向断裂较发育的地带。

表 7-18 景谷盆地大牛圈油田主要产层段物性一览表

井名	深度 / m	厚度 / m	岩性	孔隙度 / %	渗透率 / mD	含水饱和度 / %	泥质含量 / %
牛 2 井	352~361	9.0	粉砂岩	32.33	650	70.04	0.94
牛 2-1 井	340.2~347.8	7.6	细砂岩为主	33.98	149.6	81.79	1.39
	350~357.8	7.8	粉砂岩	27.63	60.26	67.75	3
牛 2-2 井	307.6~308.6	1	粉砂岩	21.6	110.93	49.4	7.27
	309.6~310.6	1	粉砂岩	22.45	131.43	51.46	19.25
	322.6~324.6	2	粉砂岩	21.17	101.47	37.3	1.55
牛 4-1 井	295.2~296.2	1	粉砂岩	35	106.36	74.2	4.23
	302.4~302.8	0.4	粉砂岩	35.85	114.6	67.3	9.66
	348.0~349.8	1.8	细砂岩	26.75	31.57	72.42	0
	352.6~353.6	1	粉砂岩	34.49	96.6	74.29	23.3
	355~356.4	1.4	粉砂岩	22.39	14.45	52.79	30.5
牛 4-2 井	273.2~275.0	1.8	粉砂岩	30.98	60.24	76.76	1.25
	288.0~289.4	1.4	细粉砂岩	35.7	112.68	78.32	8.44
牛 5 井	316.2~321.2	5	细砂岩	19.96	44	40.78	0
	325.8~327.3	1.5	细砂岩	24.91	120	41.46	0.36
牛 7 井	424.0~425.8	1.8	粉砂岩	23.3	85.5	70.2	37.6
	426.2~434.6	8.4	砂岩	19	387.3	67.2	8.8
	435.8~439.8	4	粉砂岩	18.5	58.7	64.9	16.6
	443.8~445.0	1.2	粉砂岩	16.3	8.9	62.4	17.2

表 7-19 景谷盆地油气藏类型及分布特征表

类型	特征	分布范围
岩性尖灭油藏	含油砂体呈大小不等的透镜状、楔状、舌状等，被泥质烃源岩所包围	全盆地中有生油条件的地方，只要有砂体，均有此类油藏存在
构造油藏	一般呈鼻状，规模小，圈闭条件差	盆地中部和东部
复合油藏	储油砂体与断裂共同形成断层、岩性遮挡式油藏	盆地东西两侧走向断裂带上

　　景谷盆地是一个经历了中新世末期强烈构造变动和改造的残留型盆地，但其油源散失少，油气纵横向运移规模不大，油气后期保存条件较好。大牛圈地区现有的油藏具有"原生性"，其成藏类型主要受构造、断块、地层、岩性控制，尤其是东部紧邻深凹的、斜坡上的三角洲储集体系，以及盆地西部主干断层控制下发育的扇体，它们紧邻烃源

岩，并处于油气运移主要指向位置，是值得重视的寻找岩性油气藏的地区（图 7-18）。

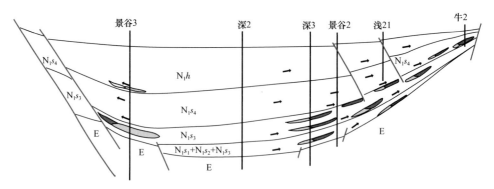

图 7-18　景谷盆地油气成藏模式图

6. 油气田

大牛圈油田位于东部断阶带大牛圈断鼻构造上，该构造南北长 1.5km，东西宽 0.8km，面积 1.2km²。被南北向及东西向两组断层所切割，形成了牛 2、牛 4、牛 7 等西倾含油断块所组成的小型、超小型断块油田（图 7-19、图 7-20）。牛 2、牛 4 断块探明

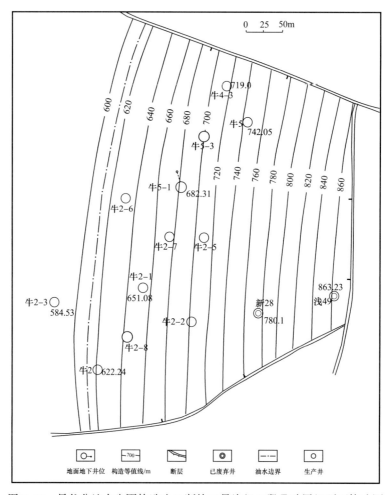

图 7-19　景谷盆地大牛圈构造牛 2 断块三号沟组三段 Ⅱ 砂层组顶面构造图

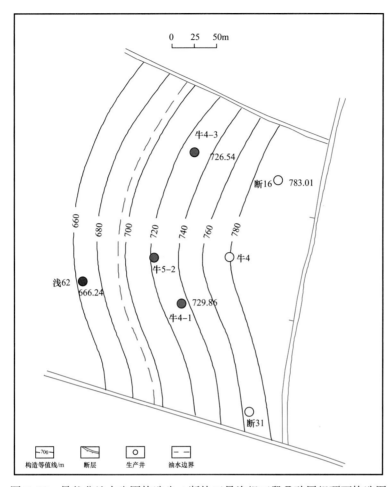

图 7-20　景谷盆地大牛圈构造牛 4 断块三号沟组三段Ⅱ砂层组顶面构造图

了Ⅰ类石油地质储量 41×10^4t，含油面积 0.3km²，可采储量 12.4×10^4t。牛 7 断块获控制储量 27.5×10^4t。大牛圈油田自 1993 年投入开发以来，陆续投产过 20 多口油井，至 2017 年底，累计产油约 0.19×10^4t，属于低产、中丰度、浅层小型油田。

大牛圈油田的生油层、储层主要集中于三号沟组三段，生油层累计厚度达 300m 以上，牛 2、牛 4 断块的储层主要分布在三号沟组三段、四段，为河口沙坝和浅湖滩坝沉积。三号沟组四段以及之上的回环组泥岩为盖层，与断层组合形成了很好的遮挡。

牛 2、牛 4 断块油藏属于岩性断块油藏，地层向西倾斜，倾角 20°～40°，由西向东，倾角逐渐增大。各油藏具有独立的油、气、水系统，油藏驱动类型以边水驱、弹性驱为主，油藏采油指数和采油强度较低，均属于低产能井。油藏压力属于正常压力系统，油层原始压力系数为 0.94～1.0。地温梯度为 5.0～6.0℃/100m，属于高地温梯度。油田地层水有 $NaHCO_3$ 和 $CaCl_2$ 两种类型，$NaHCO_3$ 型水为底水，$CaCl_2$ 型水为边水，两种类型水的总矿化度大于 12000mg/L。

牛 2 断块的砂体在牛 5-1 井、牛 2-3 井、牛 2 井一带发育，为厚层状砂体，向东逐渐分岔、变薄、尖灭。单层砂体最厚 24m，最薄 0.8m。主要产油层为三号沟组三段Ⅱ砂层组，具有一定的边水驱动能量和统一的油水界面。油田主体部位在牛 2 井、牛 5-1 井一带，南、北、东三面被断层封隔。

牛4断块的砂体在牛4-1井、牛4-2井一带发育，为薄层状砂体，向东逐渐变薄、尖灭。主要产油层为三号沟组三段Ⅲ砂层组，油层主体部位在牛4-1井、牛4-2井一带，其北、东、南三面被断层封隔，西面与边水接触。

大牛圈油田的原油属陆相石蜡型原油，原油密度为 $0.87 \sim 0.93 \text{g/cm}^3$，与成熟原油相比，其值偏高。原油黏度为 $46 \sim 78 \text{mPa} \cdot \text{s}$，凝固点在 $27 \sim 37 \text{℃}$ 之间，含硫小于 2.4%，含胶质+沥青质高，为 $19\% \sim 23\%$，含蜡量高，为 $33\% \sim 41\%$，表现为低成熟油特征，而原油伴生气具有典型的低演化阶段同型、同阶段的油气组合，可能有煤型气复合的贡献。

四、有利区带及远景评价

景谷盆地大牛圈地区的油藏主要受构造、断块、地层、岩性控制，如位于大牛圈的曲8井，砂岩不发育，未获产能，而在该井南北方向上的牛5井、牛7井，则砂体发育，获得了工业油流，可见岩性因素对成藏的影响较大。尤其是在盆地西部主干断层控制下发育的岩性，或紧邻深凹、斜坡上的三角洲储集体系，它们紧邻烃源岩，并处于油气运移主要指向位置，是值得重视的寻找岩性油气藏的地区。

盆地内的烃源岩主要发育在盆地中心三号沟组三段，三号沟组二段下部也发育了一些暗色泥岩，也可能成为烃源岩。在三号沟组沉积期，盆地以拉张、断陷作用为主，东部断阶带由于地势高，离物源近，故沉积了一些相对较粗的沉积物；在上新世大红猫村组沉积之后，由于应力改变，东部地区的褶皱、断层发育较强，容易形成一些断挡构造和断背斜构造，此时已开始进入油气运移高峰期，油气沿着东部斜坡、断层运移到圈闭中，由于盆地规模小，运移路径短，容易侧向运移到东部断阶带，因而在东部断阶带只要存在圈闭就容易成藏。

中部断凹带烃源岩最为发育，在整个断陷发育期一直处于沉积中心，沉积地层厚，在盆地改造期，凹陷东部伴随着附近断层的压扭作用，地层出现褶皱，此时进入油气生烃高峰期，凹陷内发育了一些断挡构造和断鼻构造，这些构造规模较小，落实程度不够。相对而言，凹陷内的岩性圈闭可能成为有利的勘探目标，其优越的成藏条件在于靠近烃源岩，有利于优先聚集油气，同时由于凹陷内泥质岩盖层发育，保存条件好。

在油气运移高峰期，南部高断阶带的油气输导主要靠旁边的大断层，由于该区带整体而言岩石孔渗性较差，如没有较落实的构造，就难以形成规模油气藏。该区带油气勘探潜力相对较差，虽有油气显示，但难以形成较大的规模。

综合研究认为景谷盆地资源量较丰富，盆地潜在资源量 $547.8 \times 10^4 \text{t}$，但现仅获探明及控制储量 $68.5 \times 10^4 \text{t}$，所以盆地还有一定的勘探潜力。结合构造、沉积相、储层预测的综合分析，盆地内部具有形成岩性圈闭和复合圈闭的条件，有利目标主要位于三号沟组三段第Ⅱ砂层组和第Ⅲ砂层组，有利勘探区带主要位于中部断凹向东部断阶过渡的中部斜坡带，面积约 18km^2，其构造位置及沉积环境均有利于储层的发育，储层、盖层匹配关系较好，是较有利的勘探目标区。

第三节　曲靖盆地

一、概况

1. 地理概况

曲靖盆地位于东经 103°42′—103°54′、北纬 25°24′—25°32′，属云南省曲靖市麒麟区和沾益区，交通方便，火车通达，南距昆明 130km。曲靖盆地主体呈南北向，长 23.5km，宽 10km，面积 213km²。曲靖市内地形多由山地、丘陵和盆地等组成，喀斯特地貌发育典型，平均海拔 1860m。盆地内地势平坦，南盘江自北向南流经盆地中部。曲靖盆地为亚热带高原季风气候，年平均气温 14.5℃，年平均降水量在 1000mm 以上，降雨多集中在 6 月至 8 月。

2. 勘探概况

曲靖盆地的系统石油地质研究工作始于 1992 年。

1994—1996 年，滇黔桂石油勘探局完成了二维地震勘探测线 26 条、总长 222.2km，平均测网密度为 0.5km×1.5km。2006—2007 年，在原二维基础上加密二维测线 30 条、共长 211.124km，主体测网密度 0.25km×0.25km，其他为 0.25km×0.5km。1997 年，钻探第一口探井——曲参 1 井，井深 1126m，仅钻遇多个含气水层，未获工业性气流，勘探工作暂时停止。

2003 年，中国石化南方勘探开发分公司对前期二维地震资料重新做了处理和解释，深化了对曲靖盆地地质特征的认识。2004 年，钻探了凤 1 井、圩 1 井、凤 2 井、凤 3 井及曲 2 井，其中，凤 1 井和曲 2 井分别获无阻流量为 $10.17×10^4m^3/d$ 和 $25×10^4m^3/d$ 的工业气流，相继发现了凤来村和陆家台子两个浅层生物气藏，取得了曲靖盆地油气勘探突破。2005 年，实施钻探了曲 3 井、曲 5 井。2006 年，实施钻探凤 4 井、曲 2-1 井。至 2008 年，完钻各类井 10 口，获天然气工业气流井 3 口，钻井成功率为 30%。

2009 年，中国石化西南油气分公司采用川西的流程和参数，对曲靖的二维地震资料进行精细处理，建立了含气响应模式。2009 年钻探了圩 2 井、曲 8 井。2010 年钻探了曲 6 井。2011 年钻探了曲 6-1 井、曲 9 井。2012 年钻探了曲 12 井、曲 13 井。2013 年钻探了曲 15 井。2009—2014 年，共实施钻井 8 口，2 口井获工业气流。

截至 2015 年底，在曲靖盆地累计完钻各类井 18 口、进尺 11723m（表 7-20）。

二、区域地质

1. 构造

曲靖盆地处于小江断裂以东、寻甸—宣威断裂以南、师宗—弥勒断裂西北，明显地受到北东走向的师宗—弥勒断裂系和南北走向的小江断裂系的控制。曲靖盆地正处于北东向断裂系和南北向磨夏—堡子上断层带上，由于这两组断裂的控制，在古近纪晚期，在区域性左旋走滑构造应力作用下形成了古近系—新近系拉分断陷盆地。

表 7-20 曲靖盆地探井基本数据表

构造名称	井号	开钻日期	完钻日期	井深/m	完钻层位	油气显示	测试结果
中央断凹带	曲参 1 井	1997 年		1126	D		
	曲 2 井	2004 年		550	E_3c_1		气 $25 \times 10^4 m^3/d$
	曲 2-1 井	2006 年		525	E_3c_1		
	曲 3 井	2005 年		502	E_3c_1		
	曲 5 井	2005 年		535	E_3c_1		
	曲 9 井	2011 年 12 月 31 日	2012 年 1 月 9 日	620	E_3c_1		气 $1.89 \times 10^4 m^3/d$
	曲 12 井	2012 年 12 月 2 日	2012 年 12 月 8 日	440	E_3c_1	气显示 23.3m/9 层	气 $29.3 \times 10^4 m^3/d$
	曲 13 井	2012 年 12 月 15 日	2012 年 12 月 19 日	590	E_3c_1	气显示 27.6m/11 层	气 $3.7 \times 10^4 m^3/d$
	曲 15 井	2013 年 10 月 21 日	2013 年 11 月 9 日	1253	E_3c_2	气显示 82.9m/4 层	获少量天然气
	圩 1 井	2004 年		1000	E_3c_2		获少量天然气
西部褶皱斜坡带	凤 1 井	2004 年		580	D		气 $10.17 \times 10^4 m^3/d$
	凤 2 井	2004 年		640	D		
	凤 3 井	2004 年		770	D		
	凤 4 井	2006 年		390	E_3c_1		

E_3c_1—蔡家冲组一段。

1）构造演化

曲靖盆地的构造演化可划分为 5 个阶段、6 个时期，即早—中渐新世断陷阶段（包括拉分断陷期——小屯组沉积期；箕状断陷期——蔡家冲组沉积期）、渐新世晚期—上新世早期整体抬升萎缩阶段（剥蚀期）、晚上新世坳陷阶段（茨营组沉积期）、上新世末压扭抬升萎缩阶段（构造定型和剥蚀期）和第四纪稳定沉降阶段。

（1）断陷阶段。

① 拉分断陷期：渐新世早期，受喜马拉雅运动Ⅰ幕的影响，师宗—弥勒断裂等北东向断裂系发生强烈的右行走滑运动，沿南北向磨戛—堡子上断裂与北东向断裂的交错部位发生断陷，形成了曲靖盆地东断西超的箕状断陷雏形，开始接受小屯组浅湖相含砾泥岩的沉积，沉积中心位于中央断凹带陈家台子以东一带，最大沉积厚度约 300m，沉积范围很小。

② 箕状断陷期：渐新世中期，曲靖盆地的断陷活动进入稳定阶段，F_1 断层控盆作用明显，盆地的发展具有典型的箕状断陷特征。自蔡家冲组二段沉积期开始，至蔡家冲组一段沉积期末，盆地范围分别向西和向北扩展，盆地沉积中心也逐渐向北迁移，湖水扩张，遍布整个盆地，大面积接受了蔡家冲组的沉积，沉积速率可达 0.1～0.2 mm/a。蔡家冲组二段和一段均以大套深湖—半深湖相泥岩为主，仅在其上部夹薄层的粉砂质泥岩和泥质粉砂岩，其中暗色泥岩的连续最大厚度可达 400m 以上，为盆地的主力气源岩。小

屯组和蔡家冲组在垂向上构成了以正旋回为主的、一个不完整的沉积旋回，这与盆地在该期末遭受的抬升剥蚀作用有关。箕状断陷期是气源岩发育的重要时期。

（2）整体抬升萎缩阶段。

渐新世晚期，即蔡家冲组沉积期末，受喜马拉雅运动Ⅱ幕影响，区域应力场发生转变，北东向断裂系的右旋走滑逐渐停止，盆地受区域应力方向转换所产生的挤压—抬升作用发生了整体的抬升萎缩，湖水逐渐变浅，湖面逐渐缩小，逐渐出现沉积间断。至中新世，持续抬升致使整个盆地的地层遭受不同程度的剥蚀，地层剥蚀厚度在数百米至千米，几乎将曲靖盆地第一个沉积旋回的反旋回沉积地层剥蚀殆尽，盆地面积也大幅减小。本次构造反转使蔡家冲组与上覆的茨营组呈明显的不整合接触。由于该期主要以整体抬升为主，且遭受了从中新世至上新世早期十几百万年的风化剥蚀，故该期断层及褶皱构造不发育。

（3）坳陷阶段。

经过中新世的沉积间断和抬升剥蚀，受喜马拉雅运动Ⅱ幕的持续影响，区域深大断裂的走滑活动又逐渐加强，但运动方向发生了改变，小江断裂等近南北向断裂系开始了左行走滑运动，师宗—弥勒断裂等北东向断裂系也由先期的右行走滑转变为左行走滑。从晚上新世开始，曲靖盆地在区域断裂左行走滑引起的弱拉张作用下再次缓慢沉降，开始沉积茨营组，进入坳陷发育阶段。此时期，湖盆面积较小，湖水较浅，沉积厚度也很薄，沉积中心位置与断陷期相同，但沉积速率很大，可高达 0.5～1.0mm/a，沉积岩相也较蔡家冲组沉积期发生了很大变化，以砂泥互层的三角洲沉积为主。茨营组三段中下部的煤、煤系碳质泥岩及暗色泥岩为曲靖盆地的次要气源岩，该段沉积的 4 个砂层组为盆地的主要储层，而茨营组二段砂泥互层的沉积构成了有利的区域盖层。茨营组三段、二段和一段在垂向上构成了一个粗—细—粗较完整的沉积旋回，控制了次要气源岩、有利储层和区域盖层在垂向上的分布。该期是岩性圈闭的主要形成期。

（4）压扭抬升萎缩阶段。

上新世末，由于喜马拉雅运动Ⅲ幕的影响，盆地受区域压扭作用，早期同生正断层均发生了不同程度的构造反转，且新生了一系列逆断层。盆地内部地层遭受挤压褶皱和冲断破坏，并被抬升和暴露地表，遭受了一定程度的风化剥蚀。盆地东部的挤压变形最为明显，在 F_1 断裂的西侧产生了 2 条大型反冲断层，并伴生了一系列次级断层和牵引褶皱。主、次逆冲断层形成了不规则的"正花状"构造组合，表现出压扭性构造特征，由于逆冲断层的冲断破坏较强烈，因此仅发育少量的断鼻、断背斜圈闭。盆地西部发生了强度相对较弱的褶皱—冲断作用，形成了规模较小的低幅度构造圈闭，F_4 断层的反转也形成了局部的"正花状"构造组合。总之，该期是盆地构造格架定型时期，也是构造圈闭和构造—岩性圈闭的主要发育期。

（5）稳定沉降阶段。

经过上新世末的构造反转，盆地进一步萎缩。进入第四纪，受区域应力场转换和前期挤压应力释放的影响，盆地发生弱沉降，广泛接受了第四系河流相泛滥平原沉积，盆地进入稳定沉降和改造阶段，也进入了生物气晚期成藏阶段。

2）构造单元划分

曲靖盆地是受东部边界正断层控制的单一半地堑，盆内地层呈"楔状"由东向西逐渐减薄并超覆在西部缓坡带之上。构造格架总体向北撒开、向南收敛，断裂系统主要由同沉积正断层和后期反转逆断层组成，断层发育的数量及规模从盆内到边缘、由浅部向深部逐渐增多、增大。由于后期构造挤压作用程度的不一致，导致沿盆地走向方向上的变形强度及构造样式有一定的差异：由北向南，正断层反转的强度逐渐增大，逆冲断层数量明显增加，地层的褶皱幅度也逐渐增大；断层由以正断、逆冲挤压性质为主过渡为以逆冲挤压兼走滑性质为主；断层的剖面组合形式由简单的平行断块、阶梯状、"帚状"、"Y"字形向复杂的"正花状"变化。根据地层的沉积特点及构造展布规律，可将盆地进一步划分为3个二级构造单元，即：东部断褶带、中央断凹带和西部褶皱斜坡带（图7-21）。

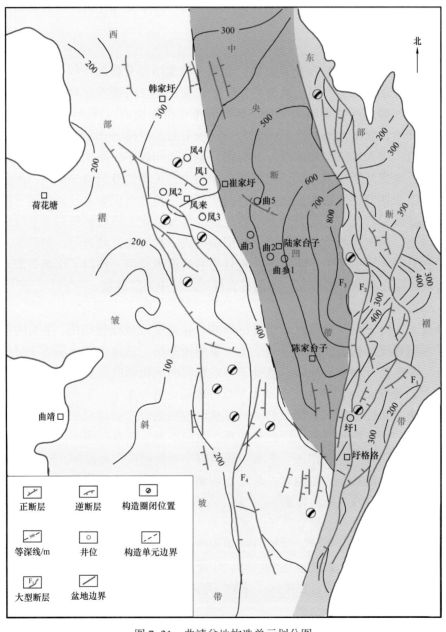

图7-21　曲靖盆地构造单元划分图

东部断褶带位于盆地东部边界的狭长地带，构造最为复杂，以 F_3 断层为界与中央断凹带相接，表现出倾向与东部边界正断层相反的、两条大型反冲逆断层 F_2、F_3 及其伴生的次级逆断层和牵引褶皱的特征。主断层在平面上平行排列，断距大，延伸长，呈向东凸出的"弓形"，主、次断层斜交排列，在剖面上形成"帚状""Y"字形和局部不规则"正花状"组合。该区带发育以断背斜和断鼻为主的构造圈闭。

中央断凹带分布于盆地中部，是盆地沉降和沉积的中心，以"弓形"大断裂的中心位置为凹陷的中心部位。该带东侧以 F_3 断层为界与东部断褶带相隔，西侧与西部褶皱斜坡带直接相接，二者无明显界线。该单元以简单向斜为主要特征，除 Tg 反射层外，其他反射层几乎不发育断层，本区主要以发育岩性圈闭为主。

西部褶皱斜坡带位于盆地西部，面积最大，地层由东向西逐渐向上抬升并超覆于基底之上，断层走向以北西向、北北西向为主，主、次断层在剖面上形成"阶梯状""花状"构造组合，由北向南发育了一系列小幅背斜、断鼻型构造圈闭，这是曲靖盆地的主要勘探目标。

2. 地层

曲靖盆地的基底及周边老地层为前震旦系、寒武系、泥盆系、石炭系和二叠系，盆内泥盆系基底最大埋深可能近 2000m。曲靖盆地几乎被第四系沉积物覆盖，其东、西两侧出露新近系茨营组，盆地腹地以茨营组为主，盆地南部有少量古近系小屯组沉积，为残留的小型陆相古近系、新近系箕状断陷盆地。渐新世末期喜马拉雅运动 II 幕造成盆地整体抬升，缺失中新统沉积。上新统茨营组不整合覆盖在渐新统顶部凹凸不平的古风化面上。钻井揭示盆地的沉积盖层为渐新统小屯组（E_3x）、蔡家冲组（E_3c）、上新统茨营组（N_2c）和第四系沉积（图 7-22）。

1）小屯组（E_3x）

岩性为大套浅湖相浅灰色含砾泥岩，与下伏盆地基底地层呈不整合接触，现只有曲参 1 井钻到该地层。沉积中心在盆地东部中央断凹带的陈家台子以东一带，最大沉积厚度约 300m，陈家台子北侧的崔家圩和南侧的圩格洛分别为两个次沉积中心，沉积厚度为 200m。在曲靖盆地南侧的越州盆地北部，见到蔡家冲组二段中下部有大套泥质粉砂岩，推测曲靖盆地小屯组的沉积中心也存在泥质粉砂岩。小屯组往西至西部褶皱斜坡带尖灭。

2）蔡家冲组（E_3c）

岩性为大套半深湖、深湖相灰绿色—灰褐色泥岩夹粉砂质泥岩。从上往下分为一段和二段。二段为大套半深湖—深湖相深灰褐色泥岩，局部夹薄层状泥质粉砂岩，底部为灰褐色钙质泥岩。一段岩性为灰绿色—灰褐色泥岩夹粉砂质泥岩。蔡家冲组沉积期的沉积延续了小屯组沉积期的沉积，沉积中心也为中央断凹带陈家台子以东一带，最大沉积厚度 800m；次沉积中心位于崔家圩东侧，沉积厚度 700m。

3）茨营组（N_2c）

岩性为灰色粉砂岩、泥质粉砂岩，或粉砂质泥岩与灰色泥岩互层，中部和下部夹黑色褐煤层或碳质泥岩，从上往下分为一段、二段和三段。茨营组三段岩性为三角洲相、沼泽相灰色粉砂岩夹灰色粉砂质泥岩，中上部夹黑色褐煤层和深灰色碳质泥岩，底部为一厚层状粉砂岩。茨营组二段岩性为灰色粉砂岩、泥质粉砂岩，或粉砂质泥岩与灰色泥岩组成的频繁韵律互层，下部偶夹黑色褐煤层。茨营组一段岩性为灰色含砾砂岩、粉

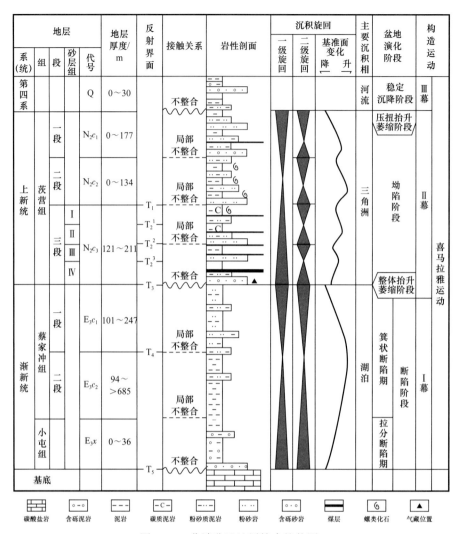

地层				地层厚度/m	反射界面	接触关系	岩性剖面	沉积旋回			主要沉积相	盆地演化阶段	构造运动
系(统)	组	段	砂层组	代号					一级旋回	二级旋回	基准面变化 降 升			
第四系				Q	0～30	不整合				河流	稳定沉降阶段	Ⅲ幕	
上新统	茨营组	一段		N_2c_1	0～177	局部不整合					压扭抬升萎缩阶段		
		二段		N_2c_2	0～134	局部不整合				三角洲	坳陷阶段	Ⅱ幕	
		三段	Ⅰ Ⅱ Ⅲ Ⅳ	N_2c_3	121～211	局部不整合							喜马拉雅运动
					不整合					整体抬升萎缩阶段			
渐新统	蔡家冲组	一段		E_3c_1	101～247	局部不整合				湖泊	箕状断陷期		
		二段		E_3c_2	94～>685	局部不整合						断陷阶段	Ⅰ幕
	小屯组			E_3x	0～36	不整合					拉分断陷期		
基底						不整合							

反射界面: T_1、T_2^1、T_2^2、T_2^3、T_3、T_4、T_5

图例: 碳酸盐岩　含砾泥岩　泥岩　碳质泥岩　粉砂质泥岩　粉砂岩　含砾砂岩　煤层　螺类化石　气藏位置

图7-22　曲靖盆地地层综合柱状图

砂岩、泥质粉砂岩，或粉砂质泥岩及一层杂色细砾岩与灰色泥岩组成的韵律性互层。其中，茨营组三段从上往下又细分为4个砂层组，Ⅳ砂层组为主要的含气砂层组。

3.沉积相

曲靖盆地蔡家冲组和茨营组统一划分为5个三级层序：蔡家冲组为SQ1；茨营组三段划分为两个层序，即SQ2和SQ3，其中SQ2相当于茨营组三段的Ⅲ、Ⅳ砂层组，SQ3则相当于茨营组三段的Ⅰ、Ⅱ砂层组；茨营组二段和一段分别为SQ4和SQ5。根据钻井岩心、测井、地震相及岩石粒度和重矿物分析等方面的综合研究，对盆地5个三级层序进行了沉积相平面展布特征分析。

SQ1层序：主要发育湖泊沉积，零星席状砂发育；北部、西部缓坡带主要发育泛滥平原；东部地区坡度较陡，水体较深，物源直接进入凹陷，发育有扇三角洲沉积，扇前端由于重力流作用，发育许多水下扇沉积（图7-23）。

SQ2层序：北部主要为三角洲沉积，由于发育大量的煤层，认为主要发育三角洲平原相，三角洲前缘及前三角洲不发育；东部地区坡度较陡，水体较深，物源直接进入凹

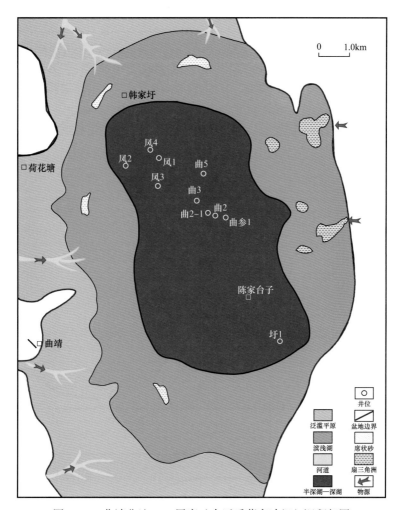

图 7-23　曲靖盆地 SQ1 层序（古近系蔡家冲组）沉积相图

陷，主要发育冲积扇、扇三角洲沉积体系，局部发育三角洲体系，同时发育有近岸水下扇沉积；西部斜坡带由于坡度较缓，主要发育冲积平原、三角洲平原沉积；盆地的中心主要发育滨浅湖相（图7-24）。

SQ3 层序：层序的沉积相演变具有一定的继承性，沉积相变化不大。冲积扇、扇三角洲、水下扇规模减小，并向物源方向迁移。湖盆开始变深，面积扩大，沉积相带均不同程度地向陆迁移，较深湖位于凹陷的中央，沿盆地长轴呈条带状分布（图7-25）。

SQ4 层序：该时期凹陷的沉积格局未发生很大的变化，但在局部地区沉积体系的空间展布略有不同。主要发育三角洲平原及三角洲前缘亚相。东部陡坡带由于缺乏充足的物源供给，仅发育少量冲积扇、扇三角洲及水下扇沉积体系；而在盆地西部、北部缓坡带则广泛发育三角洲沉积体系。该时期湖盆面积进一步扩大，达到鼎盛期。滨浅湖、较深湖位于凹陷的中央，沿盆地长轴呈条带状分布（图7-26）。

SQ5 层序：该时期湖泊范围缩小，凹陷的沉积格局发生很大的变化，湖盆处于萎缩阶段。主要发育泛滥平原、三角洲平原及滨浅湖沉积亚相（图7-27）。

从盆地茨营组 SQ2—SQ5 层序平面沉积相演化过程来看，SQ2—SQ3 层序为湖盆扩

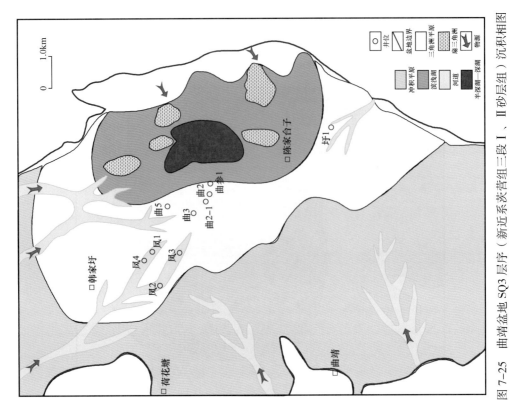

图 7-25 曲靖盆地 SQ3 层序（新近系茨营组三段 I、II 砂层组）沉积相图

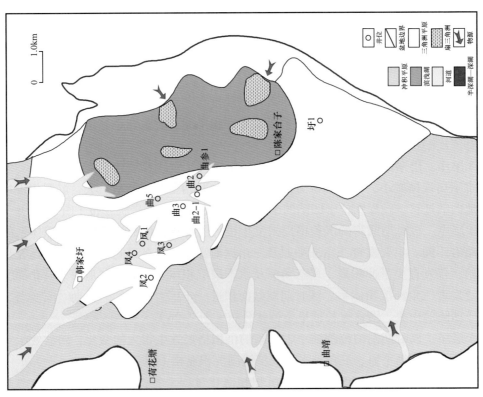

图 7-24 曲靖盆地 SQ2 层序（新近系茨营组三段 III、IV 砂层组）沉积相图

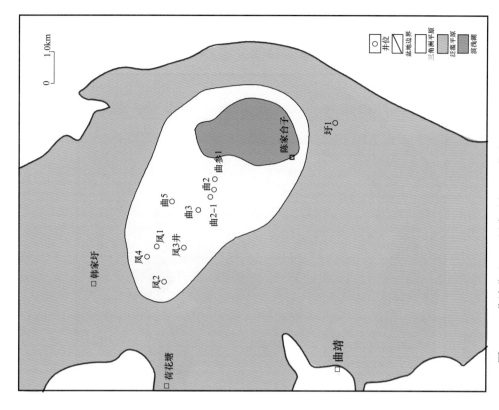

图 7-27　曲靖盆地 SQ5 层序（新近系茨营组一段）沉积相图

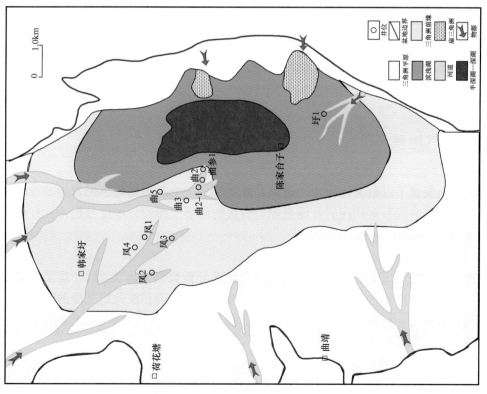

图 7-26　曲靖盆地 SQ4 层序（新近系茨营组二段）沉积相图

张期，SQ4 层序为湖盆鼎盛期，SQ5 层序为湖盆逐渐萎缩期，然后进入区域抬升剥蚀期。曲靖盆地茨营组的总体沉积格局，符合在陡坡发育冲积扇和扇三角洲、在缓坡发育冲积（泛滥）平原和三角洲的沉积模式（图 7-28）。

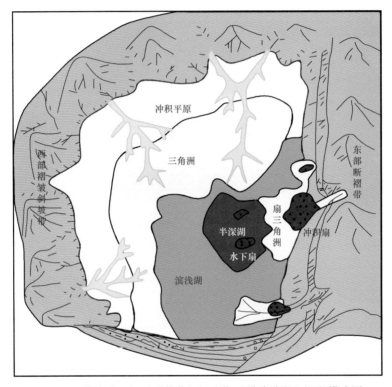

图 7-28　曲靖盆地新近系茨营组沉积期（坳陷阶段）沉积模式图

茨营组沉积期，盆地演化进入坳陷阶段，盆地东缘的断层对沉积的控制作用已经不是很明显，沉积中心也逐渐偏离东部断褶带，在盆地东部既发育冲积扇、扇三角洲、水下扇沉积体系，还发育有三角洲沉积体系；而在盆地的北部、西部缓坡带则主要发育三角洲沉积体系（图 7-28）。

三、油气地质

1. 烃源岩

曲靖盆地发育了以蔡家冲组（一段及二段）深湖—半深湖相暗色泥岩为主、以茨营组三段湖沼相煤和煤系碳质泥岩及暗色泥岩为次的两套气源岩，厚度分别占各自地层厚度的 90% 和 60% 以上。

1）有机碳丰度

根据曲参 1 井、凤 1 井和圩 1 井的实测有机碳分析数据（表 7-21），蔡家冲组二段的暗色泥岩有机碳平均含量最高，为 3.58%；蔡家冲组一段和茨营组三段的暗色泥岩有机碳平均含量次之，分别为 1.75% 和 1.64%；茨营组二段和一段的暗色泥岩有机碳平均含量相对较低，分别为 0.8% 和 0.61%。

曲靖盆地泥岩的氯仿沥青 "A" 含量分布在 0.0177%～0.3964% 之间，绝大多数分布于 0.03%～0.10% 之间（表 7-21），属于中等到差的烃源岩。3 口井泥岩样品的生烃潜量（S_1+S_2）基本都大于 0.5mg/g，达到了烃源岩标准。蔡家冲组泥岩样品的生烃潜量（S_1+S_2）全部大于 2mg/g，属于较好的烃源岩，其中蔡家冲组二段样品的生烃潜量（S_1+S_2）普遍大于 6 mg/g，属于好的烃源岩范畴。

表 7-21　曲靖盆地有机碳、氯仿沥青"A"、热解及镜质组反射率统计表

井名	层位	深度 /m	岩性	TOC/ %	氯仿沥青 "A" / %	热解分析						R_o/ %
						S_1/ mg/g	S_2/ mg/g	S_1+S_2/ mg/g	T_{max}/ ℃	HI/ mg/g	C_p/ %	
曲参 1井	N_2c_1	100.00	灰色泥岩	0.77								
	N_2c_2	272.00	灰色泥岩	0.71								
	N_2c_3	378.50	浅灰色泥岩	0.32		0.01	0.05	0.06	434	16		
		482.50	灰色泥岩	11.08		1.13	25.81	26.94	433	233		
		489.00	深灰色泥岩	9.06		0.37	17.12	17.49	433	189		0.33
		498.00	黑色碳质泥岩	23.34		2.24	44.95	47.19	411	193		0.30
	E_3c_1	608.50	浅灰色泥岩	2.02	0.0727	0.07	4.77	4.84	435	236		0.47
		760.00	褐灰色泥岩	1.89								
	E_3c_2	846.00	灰色泥岩	2.91		0.06	12.87	12.93	436	440		
		1040.00	深灰色泥岩	3.45		0.07	16.01	16.08	439	464		
		1043.13	灰黑色泥岩	3.34	0.1930	0.35	8.99	9.34	471		0.78	0.60
	E_3x	1060.00	灰黑色泥岩	3.40								
凤 1井	N_2c_2	136～138	浅灰色泥岩	1.17	0.0177	0.08	0.58	0.66	441	49.57	0.05	
	N_2c_3	225～228	灰色泥岩	1.01	0.0343	0.21	0.89	1.10	441	88.12	0.09	0.34
		247～249	煤	8.99	0.3964	1.37	12.59	13.96	434	140.04	1.16	0.35
	E_3c_1	395～398	褐灰色泥岩	1.77	0.0778	0.27	3.21	3.48	439	181.36	0.29	0.38
		446～450	灰褐色泥岩	1.99	0.0506	0.33	4.54	4.87	436	278.14	0.4	0.38
	E_3c_2	497～501	灰褐色泥岩	1.55	0.0450	0.29	3.26	3.55	430	210.32	0.29	0.40
		547～551	灰褐色泥岩	5.17	0.0993	1.31	29.29	30.6	429	566.54	2.54	0.41
圩 1井	N_2c_3	143～144	灰黑色碳质泥岩	5.98	0.1967	2.26	7.17	9.43	424	119.4	0.78	0.31
	E_3c_1	230～233	灰褐色泥岩	2.53	0.0612	3.01	6.03	9.04	424	119.4	0.78	0.31
		280～283	灰褐色泥岩	2.06	0.0536	0.81	5.37	6.18	433	260.68	0.51	0.34
		580～583	深褐色泥岩	1.85	0.0485	0.84	5.7	6.54	440	308.11	0.54	0.37
		679～683	深褐色泥岩	2.15	0.0494	0.85	5.94	6.79	430	276.28	0.56	0.39
		858～861	灰褐色油页岩	4.51	0.0960	2.16	8.05	10.21	434	178.49	0.85	
		997～1000	灰褐色泥岩	6.96	0.1651	2.57	8.47	11.04	397	121.7	0.92	0.50

2）有机质类型

通过对曲靖盆地 27 个暗色泥岩样品和 2 个褐煤样品的干酪根显微组分鉴定（表 7-22），显示茨营组三段的干酪根类型主要为 II_2 型，蔡家冲组主要为 II_1 型和 II_2 型。

表 7-22 曲靖盆地泥岩和褐煤干酪根镜检统计表

| 井名 | 层位 | 井深 /m | 岩性 | 组分百分比 /% | | | | 类型指数 | 干酪根类型 |
				腐泥质	壳质组	镜质组	惰质组		
凤 1 井	N_2c_3	276~278	煤	47	7	30	16	12.0	II_2
		321~327	煤—碳质泥岩	45	9	27	19	10.3	II_2
		320~323	灰黑色碳质泥岩	61	5	20	14	34.5	II_2
	E_3c_1	372~375	褐灰色泥岩	70	2	15	13	46.8	II_1
		422~425	灰褐色泥岩	69	4	16	11	48.0	II_1
		473~475	灰褐色泥岩	71	2	17	10	49.3	II_1
	E_3c_2	522~526	灰褐色泥岩	73	3	12	12	53.5	II_1
圩 1 井	N_2c_3	183~184	灰黑色碳质泥岩	57	6	22	15	28.5	II_2
		192~195	浅灰色泥岩	69	4	17	10	48.3	II_1
	E_3c_1	255~258	灰褐色泥岩	73	1	14	12	51.0	II_1
	E_3c_2	330~333	灰褐色泥岩	70	2	15	13	46.8	II_1
		424~427	深褐色泥岩	71	4	11	14	50.8	II_1
		630~633	深褐色泥岩	70	2	13	15	46.3	II_1
		730~733	深褐色泥岩	67	5	16	12	45.5	II_1
		830~833	深褐色泥岩	72	2	15	11	50.8	II_1
		869~871	灰褐色油页岩	74	3	13	10	55.8	II_1
		924~926	灰褐色油页岩	75	2	10	13	55.5	II_1
		972~975	灰褐色泥岩	68	3	17	12	44.8	II_1
曲参 1 井	N_2c_3	476.13	灰黑色碳质泥岩	32.8	26.9	40.2	—	16.1	II_2
		478.33	灰黑色碳质泥岩	40.1	32.3	27.5	—	35.7	II_2
		497.22	粉砂质泥岩	35.0	31.9	33.1	—	26.2	II_2
	E_3c_1	608.46	灰色泥岩	32.6	30.3	37.1	—	20.0	II_2
		943.37	灰色泥岩	47.4	23.1	29.5	—	36.9	II_2
		1037.90	泥岩	40.0	32.7	27.3	—	35.9	II_2
	E_3c_2	1038.60	深灰色泥岩	38.9	26.7	34.4	—	26.5	II_2
		1042.45	灰黑色泥岩	39.4	26.5	34.1	—	27.1	II_2
		1043.13	灰黑色泥岩	37.1	28.8	34.1	—	25.9	II_2
		1044.90	灰黑色泥岩	34.4	26.9	35.7	—	21.1	II_2

3）有机质成熟度

曲靖盆地泥岩和煤样品的实测镜质组反射率分布于0.30%～0.60%（表7-21），烃源岩都处于未成熟阶段。根据烃源岩热解分析数据（表7-21），岩石的热解参数（S_2、HI等）与其相应的深度之间并没有表现出明确的变化关系，表明盆地的有机质演化程度低，埋深还没有成为控制岩石热解而产生显著变化的主导因素。烃源岩最大峰温T_{max}为397～471℃，大部分低于435℃（表7-21），均表明其以未成熟为主要特征，而未成熟气源岩是生物气产生的物质基础。

4）烃源岩饱和烃特征

从曲靖盆地2个泥岩样品的分析结果（表7-23）来看：正构烷烃曲线全部显示为后峰型；碳数范围宽，多为C_{16}—C_{34}；主峰碳数，堡子上的样品为C_{27}，曲参1井的样品为C_{29}；奇偶优势明显，OEP值为3.90～4.63；这都反映了低等水生生物不占优势，原始母质偏腐殖型的混合型有机质特点。

表7-23　曲靖盆地泥岩和褐煤干酪根特征

取样位置	深度	层位	岩性	主峰碳	OEP	Ph/n-C_{18}	Pr/Ph	Pr/n-C_{17}	C_{22+}/C_{21-}
曲参1井	498m	N_2c_3	泥炭层	C_{29}	4.63	0.635	0.913	0.681	3.530
堡子上	露头	N_2c	黑色碳质泥岩	C_{27}	3.90	0.583	1.051	0.735	3.473

2. 储层

曲靖盆地的储层主要发育于上新统茨营组二段、三段，总体上岩性偏细，以粉砂岩、泥质粉砂岩为主，少量含砾砂岩，主要为三角洲平原砂体及三角洲前缘水下砂体，含砂率约46%。由于盆地小、物源多、沉积水体频繁进退，储层具有横向上岩性变化快、单层厚度小、纵向上发育层数多的特点。

由于处于早期成岩阶段，压实程度低，储层的储集空间以原生粒间孔隙为主。储层普遍具有高孔隙度，一般为23%～30%，但孔隙半径普遍较细（一般仅1～2μm），同时因黏土和一些易动颗粒部分堵塞孔隙或喉道，故渗透率并不很高，一般为1.96～953mD，平均为138.8mD。

上新统茨营组二段储层的上部为粗—中孔喉的高孔中渗型，具有中等渗流条件；中部孔喉偏细，渗流条件较差；底部属于极粗孔喉的高孔高渗—中渗型，渗流条件最好。上新统茨营组三段的下部属粗—中孔喉的高孔—中渗型；底部孔喉偏细，渗流条件较差。

3. 盖层

曲靖盆地的区域盖层为茨营组一段、二段的泥岩，泥岩的累计厚度占所在段总厚度的78%和49%左右。茨营组三段的泥岩厚度占所在段总厚度的56%左右。泥岩作为直接盖层的单层厚度为1～10m，一般在5m以下，但层数多，累计厚度可达220～300m，孔隙度可达30%，渗透率为2.4～22.2mD，比表面积为4.84～8.93m²/g，平均为6.46m²/g，流体能平均仅为0.45J/g，突破压力仅为0.8～3.2MPa。孔隙度高、渗透率低、突破压力低、单层厚度小、层数多，是该区盖层最为显著的特点。

除了泥岩累计厚度较大可以弥补盖层封盖能力不足以外，曲靖盆地泥岩中的黏土矿物以伊/蒙混层和伊利石为主，含少量高岭石和绿泥石。在古近系和新近系高含水饱和度的地层条件下，黏土矿物遇水膨胀造成孔喉的严重堵塞，使泥质岩细小的孔隙喉道更加狭小，从而导致了砂岩、泥质岩渗透能力的巨大差异，形成了曲靖盆地高孔隙泥岩盖层最基本的封盖机理，即物性差异封闭，这提高了泥岩的封盖能力。

4. 储盖组合

曲靖盆地具有3类生储盖组合：下生上储、自生自储及上生下储。

下生上储：烃源岩为蔡家冲组泥岩，储层为茨营组砂岩，盖层为茨营组泥岩。

自生自储：包括2套组合，一是烃源岩和盖层均为蔡家冲组泥岩，储层则为蔡家冲组砂岩；二是烃源岩和盖层均为茨营组泥岩，储层则为茨营组砂岩。

上生下储（新生古储）：烃源岩和盖层均为蔡家冲组泥岩，储层则为基底泥盆系含缝、洞的石灰岩和白云岩。

迄今为止，仅在茨营组三段IV砂层组获得工业气流，认为其烃源岩主要为蔡家冲组泥岩，茨营组三段泥岩为次要的烃源岩。自生自储的蔡家冲组合仅见少量天然气。上生下储的古近系—泥盆系组合，发现了含气水层和油迹粉砂岩，含气水层中的天然气来自上覆的渐新世—上新世地层。

5. 圈闭

曲靖盆地的主要成藏时间为第四纪喜马拉雅运动Ⅲ幕至今。气源岩主要为蔡家冲组暗色泥岩，其次为茨营组三段泥岩。生物气源岩持续高效的产气作用是生物气成藏的物质保障，气藏的形成是生物气连续的补充大于逸散这一动态平衡的产物。背斜构造、砂岩上倾尖灭和砂岩透镜体圈闭是该区主要的圈闭类型，天然气主要通过地层不整合面、基底断裂、砂岩输导层向上运移，进入圈闭聚集成藏，部分天然气沿盆地断裂系统向上运移散失，而茨营组一段和二段作为区域盖层，茨营组三段可以作为直接盖层（图7-29）。

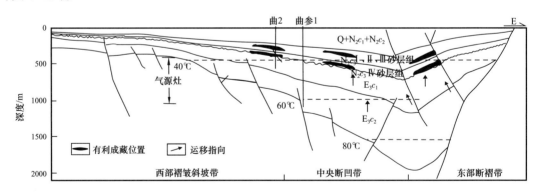

图7-29 曲靖盆地生物气成藏剖面图

蔡家冲组大套湖相暗色泥岩的生物产气效率、断裂的垂向输导能力、圈闭的保存条件以及在时空上的动态配置，是生物气晚期成藏的主控因素。中央断凹带及其与断褶带和斜坡带的过渡区带具有良好的生物气生成、运聚和保存条件，为生物气藏富集区带。

6. 油气田

2006年，曲靖气田上报崔家圩等5个区块天然气预测储量的含气面积4.61km^2，预

测地质储量为 $4.55 \times 10^8 m^3$，预测技术可采储量为 $2.28 \times 10^8 m^3$。截至 2017 年底，曲靖气田累计生产天然气 $2100 \times 10^4 m^3$。

据曲靖盆地天然气分析数据可知（表 7-24），其天然气组分以甲烷占绝对优势为特征，甲烷在烃类组分中的含量多大于 98%，乙烷含量多小于 0.04%，CO_2 气含量明显偏大，可能与采集气样时不同程度地混入空气有关。浅层天然气干燥系数（C_1/C_{2+}）在 140～4285 之间，大部分大于 300，且甲烷碳稳定同位素（$\delta^{13}C_1$）分布在 -72.49‰～-62.62‰，证实了曲靖盆地浅层天然气属于典型的原生生物成因天然气。

表 7-24 曲靖盆地天然气地球化学分析表

井名	井深 /m	层位	天然气组分 /%				碳同位素 /‰		临界温度 / K	临界压力 / MPa	相对密度
			CH_4	C_2H_6	C_3H_8	CO_2	$\delta^{13}C_1$	$\delta^{13}C_2$			
凤 1 井	325～329	N_2c_2	98.56	0.02		1.42	-68				
凤 2 井	307～309	N_2c_3	80.48	0.26		19.26	-68.6				
	545～550	D	94.14	0.67		5.19	-62.62	-27.91			
曲 2 井	457～460	N_2c_3	99.97	0.03			-67.14		189.2	4.577	0.5598
圩 1 井	195.3～200.8	N_2c_3	99.69	0.03	0.02	0.25	-72.49		182.48	4.444	0.573
曲参 1 井	492～493	N_2c_3	99.65	0.033		0.32					
	524～531	N_2c_3	75.37	0.021		24.61					
	546.6～555.4	N_2c_3	72.4	0.043		27.54					

1) 凤来村背斜气藏

凤来村气藏位于曲靖盆地西部褶皱斜坡带，已钻探的凤 1 井和凤 4 井均获工业气流。含气构造为凤来村背斜，轴向为北北西，两翼基本对称。含气层位属上新统茨营组三段Ⅳ砂层组，储层为三角洲平原分支河道砂岩沉积。凤 1 井综合解释气层 1 层，厚 10.0m；气水同层 1 层，厚 4.9m；差气层 1 层，厚 4.7m(表 7-25)。气藏有底水和边水，气藏高点埋深 320m，闭合度 20m，气藏面积 $0.3km^2$，探明储量为 $0.25 \times 10^8 m^3$。

凤来村背斜圈闭的储层为河道砂体，岩性以粗—细砂岩为主，其次为细砾岩、粗粉砂岩。含气砂体解释井段 324.0～338.9m，孔隙度高达 25.17%～25.78%，渗透率为 502.97～608.31mD，深侧向电阻率 30～100Ω·m，属于高孔特高渗储层（表 7-25 ）。

曲靖盆地的生物气为晚期成藏。上新世末期，受喜马拉雅运动Ⅲ幕的影响，盆地受到东西向挤压兼走滑作用，西部褶皱斜坡带发生了一定的褶皱—冲断作用，形成了一定规模的低幅度构造圈闭，凤来村背斜即形成于该阶段，其形成时间与生物气大量生成的时间有良好的匹配关系。凤来村背斜距盆地生物气生成中心较远，但茨营组三段Ⅳ砂层组紧邻下伏的蔡家冲组气源岩，从剖面上看又有断层与蔡家冲组沟通，蔡家冲组与茨营组之间的不整合面可能也起到较长距离从盆地腹部输导生物气的作用，使得生物气运移汇聚于凤来村背斜圈闭（图 7-30）。茨营组下部煤系地层可能也提供了一定的气源。

表 7-25　曲靖盆地凤 1 井综合解释成果表

层位	解释井段 / m	厚度 / m	岩性	深侧向电阻率 / $\Omega \cdot m$	孔隙度 / %	渗透率 / mD	含气饱和度 / %	泥质含量 / %	综合解释
N_2c_3	302.2～306.9	4.7	浅灰色细砂岩	22.77	6.37	154.80	40	52.05	差气层
N_2c_3	309.0～311.5	2.5	浅灰色泥质粉砂岩	24.43	16.93	57.94	10	16.07	含气水层
N_2c_3	324.0～334.0	10.0	浅灰色粗砂岩	100.52	25.17	502.97	65	12.67	气层
N_2c_3	334.0～338.9	4.9	浅灰色粗砂岩	30.23	25.78	608.31	35	11.74	气水同层
E_3c_1	347.4～348.8	1.4	浅灰色泥质粉砂岩	17.75	12.90	122.25	30	28.97	含气水层
E_3c_1	477.0～479.7	2.7	浅灰色泥质粉砂岩	12.43	12.76	170.61	5	34.74	含气水层

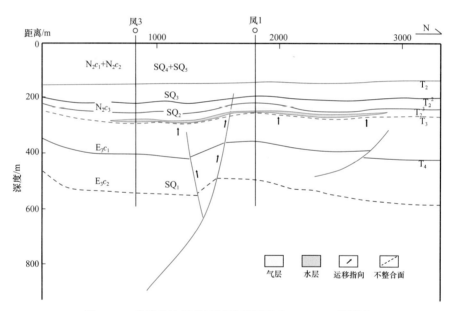

图 7-30　曲靖盆地凤来村气藏剖面图（QJ96-03.5 测线）

2）陆家台子岩性气藏

陆家台子岩性气藏，发现井为曲 2 井，含气层位属上新统茨营组三段Ⅳ砂层组。气藏位于曲靖盆地中央断凹带西部单斜，曲 2 井东西两侧分别钻有曲参 1 井和曲 2-1 井，曲参 1 井发现气层 1 层，厚 1m，而曲 2-1 井在相应层位未获发现。陆家台子岩性圈闭的地层东倾，倾角 8°～12°，砂岩储层往西很快尖灭。储层为三角洲平原分支河道砂岩沉积。

曲 2 井茨营组三段Ⅳ砂层组综合解释气层 1 层，厚 15.6m，在 457.6～460.6m 井段测试，为具有工业气流的纯气层；差气层 1 层，厚 3.8m；气水同层 1 层，厚 2.4m（表 7-26）。气藏有边水，气藏高点埋深 280m，闭合度 280m，气藏面积 3.5km²。

表 7-26　曲靖盆地曲 2 井综合解释成果表

层位	解释井段 / m	厚度 / m	岩性	深侧向电阻率 / $\Omega \cdot m$	孔隙度 / %	渗透率 / mD	含气饱和度 / %	泥质含量 / %	综合解释
N_2c_3	447.7～451.5	3.8	浅灰色细砂岩	13.35	23.0	227	32.6	20.26	差气层
N_2c_3	456.0～471.6	15.6	浅灰色细砂岩	42.60	29.1	613	65.6	11.77	气层
N_2c_3	471.6～474.0	2.4	浅灰色细砂岩	17.01	30.7	434	47.2	10.51	气水同层

曲靖盆地在经过中新世的喜马拉雅运动Ⅱ幕的抬升剥蚀后，在盆地东部边界断层以走滑为主、拉张为辅的背景下，盆地进入整体坳陷发育时期。茨营组三段沉积期，湖水浅，陆家台子一带为三角洲平原沉积，分支河道砂岩发育，其所在地层的西抬东掉可能主要发生在喜马拉雅运动Ⅲ幕时期。茨营组沉积末期—第四纪以来，是生物气大量生成时期，该生物气大量生成时期与岩性圈闭形成时期相匹配，属晚期成藏。岩性圈闭在剖面上和平面上邻近生气中心，河道砂体储集物性好，电测解释的气层孔隙度为23.0%～30.7%，渗透率为 227～613mD，深侧向电阻率为 13～42$\Omega \cdot m$。发育与下伏蔡家冲组气源岩垂向沟通的断层，并有茨营组与蔡家冲组之间的不整合面作为侧向输导通道，使该岩性圈闭得以富集成藏（图 7-31）。

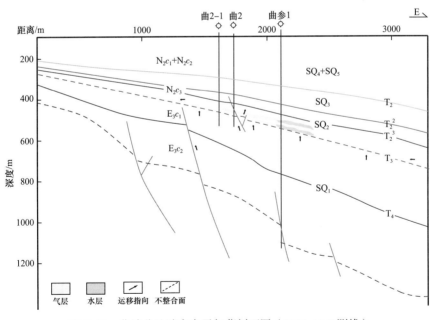

图 7-31　曲靖盆地陆家台子气藏剖面图（QJ96-18.5 测线）

四、有利区带及远景评价

处于油气运移主要指向区之一的中央断凹带岩性圈闭群，以及西部褶皱斜坡带背斜圈闭群和岩性圈闭群，将是天然气最有利的聚集和富集区，同时，西部褶皱斜坡带由于其埋藏浅，亦是勘探的最有利区带，而东部断褶带则不利于天然气的保存和聚集成藏。

第四节 陆良盆地

一、概况

1. 地理概况

陆良盆地位于东经103°36′48″—103°51′00″、北纬24°53′26″—25°11′40″，属云南省曲靖市陆良县所辖，构造位置处于扬子准地台滇东隆起东部边缘上，为发育于滇东台褶带曲靖台褶束上的新生界断陷型构造残留盆地（图7-32）。盆地呈北北东走向，南宽北窄，南北长33.5km，东西宽5~15km，面积325km²。盆地内地势平坦，北部略高，西南部略低，平均海拔1830m，地表大多为农田覆盖。

陆良地区属亚热带季风气候，温和湿润，年最高气温33.9℃，最低气温-3℃，平均气温14.7℃；一般6—9月为雨季，10月至次年5月为旱季，年平均降雨量为1000mm，南盘江由南向北流经盆地中部。陆良县县城位于盆地西南缘。大嘴子气田位于盆地东南部，西距陆良县城11.5km，面积1.4km²。

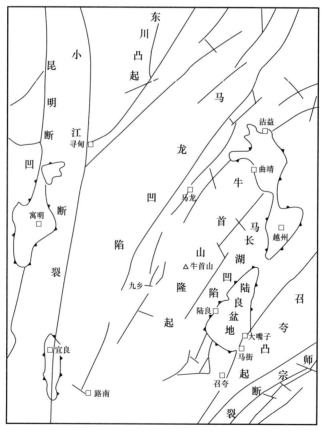

图7-32 陆良盆地区域构造位置图

2. 勘探概况

陆良盆地的系统石油地质研究、评价工作始于1992年。

1993 年底部署二维地震概查测线，在 LL93-13 线发现盆地东侧大嘴子附近有较完整的背斜构造迹象，并在构造部位见到天然气地震异常显示。

1994 年及时部署了二维加密测线，在落实构造、评价圈闭的基础上部署钻探陆参 1 井。1994 年 6 月 1 日，陆参 1 井钻至井深 595.34m 时，发生了强烈天然气井喷并着火，烧毁了钻机，日喷气估计为 $100 \times 10^4 m^3$，抢险 18 天，该井被喷塌；之后钻陆 2 井，又获日产无阻流量 $105 \times 10^4 m^3$ 的高产气流，发现了陆良气田，结束了云南没有工业性气流的历史。1994 年 8 月提交了大嘴子构造 $18.2 \times 10^8 m^3$ 天然气预测储量，预测含气面积 $2.1 km^2$。

1995 年部署实施了三维地震 $155.04 km^2$，基本全盆覆盖。针对大嘴子构造开展了以地震气藏预测为目标的特殊处理解释工作（亮点、波阻抗、AVO 等），进行了大规模钻探工作。至 2015 年底，共完成钻井 26 口，总进尺 22414.14m，其中工业气井 13 口（图 7-33）。探明三个含气圈闭，东部断阶带的大嘴子背斜气藏、马街背斜气藏和中部凹陷带的陆 9 块岩性气藏；探明储量 $3.94 \times 10^8 m^3$，探明含气面积 $1.4 km^2$（图 7-34），可采储量 $1.27 \times 10^8 m^3$。

1996 年 3 月提交基本探明储量 $12.81 \times 10^8 m^3$，探明含气面积 $6.2 km^2$，可采储量 $8.96 \times 10^8 m^3$。

二、区域地质

1. 构造

1) 构造特征及演化

陆良盆地构造上表现为一小型拉分盆地，北北东向断层控制着盆地的构造格局及沉积体系；受边界压扭性主断裂影响，盆地东部地层褶皱变形明显，并形成北北东向褶皱构造带。边界大断裂位于陆良盆地东侧，形成于喜马拉雅运动的第 II 幕期间，为一张扭性断裂，其倾向向西，走向近南北，断距大，是青藏高原东南缘的主要控制断裂系统，属右旋扭断层。

陆良盆地的演化过程经历了初始断陷期、强烈断陷期、坳陷期和萎缩充填期。

盆地在初期为断陷期（上新统茨营组一段、二段沉积期），表现为张扭性质，沉降较为剧烈，盆地深而范围较小，所沉积的泥质岩是本区良好的气源岩。茨营组一段为明显的充填超覆期沉积，斜坡基本无沉积。茨营组二段沉积末期，盆地边部沉积了低水位的冲积扇、三角洲沉积，北部陆 7 井一带普遍为三角洲前缘的分支河道、河口坝沉积，南部为浅湖—半深湖相泥岩。

茨营组二段沉积后，经历了一次回返构造运动，盆地北部保存了完好的角度不整合，茨营组三段超覆在茨营组二段之上，水体变浅。由于内陆盆地水量较稳定，沉积范围变大，水体向缓坡方向扩展，形成了典型的东断西超的箕状断陷盆地，开始普遍发育湖相浊积扇、三角洲沉积。该期的回返，带有右旋挤压，南部大嘴子一带形成了断鼻发育带，北部为宽缓褶皱，西部断层发育。

茨营组三段、四段为坳陷期沉积，盆地进入稳定阶段，除湖面有升降外，以张扭为主，沉积了厚的湖泊沉积，没有明显的不整合。茨营组四段沉积末期，湖盆开始萎缩，沉积变粗。

第四纪湖盆消亡，为河流泛滥平原。

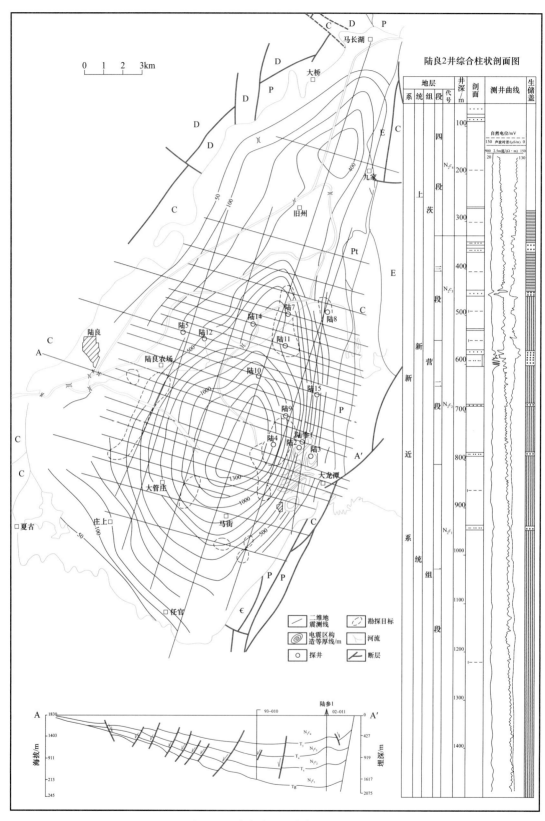

图 7-33　陆良盆地油气勘探成果图

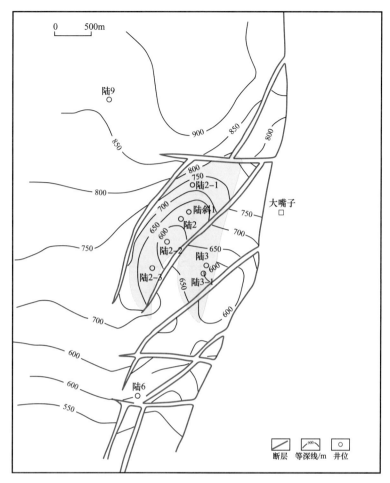

图 7-34 陆良盆地大嘴子构造含气面积图

2）构造单元划分

陆良盆地为一东断西超的、轴向呈近南北向的、较为典型的箕状断陷残留盆地（图7-33），盆地呈南宽北窄的梨形。盆地东界为师宗—弥勒断裂，该断裂自喜马拉雅期以来一直活动，控制着盆地的形成和演化。根据盆地的构造形态、地震反射特征、构造样式及断层发育规律，可将盆地划分为东部断阶带、中部凹陷带、北部斜坡带、西部斜坡带等4个次级构造单元（图7-35），各构造单元的特征简述如下。

（1）东部断阶带。

位于盆地东部三岔河、大嘴子、马街一带，面积约 25km²。受边界大断层的影响，发育一系列北东向正断层和褶皱，是盆地构造的主要发育区，已落实的构造圈闭有：大嘴子背斜、马街北断鼻、三岔河断鼻。该带为盆地油气聚集的最有利地带。

（2）中部凹陷带。

位于盆地中部金家村一带，面积约 65km²。凹陷中心位于河口村南部一带，基底最大埋深约 2500m，是盆地主要的烃源岩发育区。该区构造圈闭欠发育。

（3）北部斜坡带。

位于盆地北部，为单斜构造带，在该带北部边缘发育一系列相互切割的北东向和北西向断层，形成一些小规模断块。

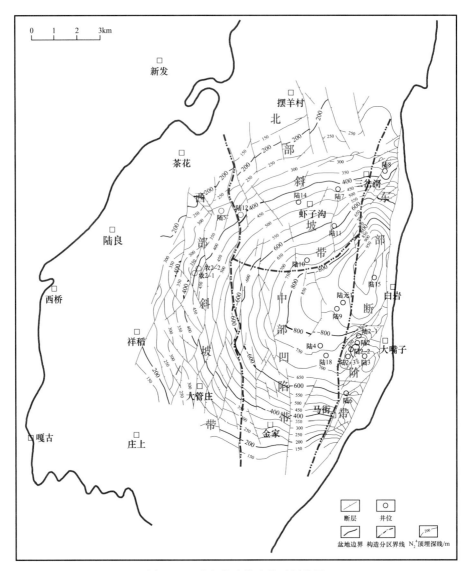

图 7-35　陆良盆地构造单元划分图

（4）西部斜坡带。

位于盆地西部，该带反向屋脊断层极为发育，断距不大，但延伸较长，把地层切割成诸多断阶。基底大部分为石灰岩，受风化剥蚀影响，形成如常家潜山、长塘里潜山、摆羊河潜山等，潜山的面积、幅度都比较小。从凹陷中心往西，地层逐渐抬升至地表。

2. 地层与沉积相

陆良盆地的基底及周边地层为前震旦系、震旦系及中泥盆统至二叠系，缺失下古生界部分地层及中生界。新生界沉积主要有古近系、新近系上新统茨营组、第四系，总厚度达 2000m，沉积中心在中南部陆 9 井一带。

盆地主要评价层系为新近系上新统茨营组，沉积环境以浅湖—半深湖相为主，局部见河流—三角洲平原相、三角洲前缘—滨湖沼泽相。茨营组自下而上根据岩性组合特征划分为 4 段。

茨营组一段（N_2c_1）：以湖相浅灰色钙质泥岩、灰色泥岩为主，间夹泥质粉砂岩、粉砂岩及薄煤层。为盆地主要烃源岩发育层段。自然伽马上部为箱形,下部呈微幅指形;地层电阻率明显升高。厚为70~320m。与下伏的基底地层呈不整合接触。

茨营组二段(N_2c_2):分布于盆地中部,以浅灰色—褐色钙质泥岩、泥岩为主,夹粉砂质泥岩、泥质粉砂岩、细砂岩和煤线等,南部夹泥灰岩,北部发育有一套三角洲相的砂岩,富含螺壳碎片。为本盆地内的良好储层。自然伽马为微幅指形,呈弹簧状。产介形类、腹足类、孢粉化石。厚为0~520m。

茨营组三段(N_2c_3):分布在全盆地,岩性以浅灰色、褐灰色钙质泥岩与泥质粉砂岩和粉砂质泥岩互层为主。盆地北部为细砂岩,见鲕粒层,夹碳质泥岩及褐煤层等,富含螺壳碎片。自然伽马以齿化箱形为主,电阻率相对略有增加。产介形类、腹足类、孢粉化石。厚为40~400m。

茨营组四段(N_2c_4):分布在全盆地,岩性以浅灰色、褐灰色钙质泥岩与泥质粉砂岩和粉砂质泥岩互层为主。盆地北部为细砂岩,见鲕粒层,夹碳质泥岩及褐煤层等,富含螺壳碎片。为本盆地内的良好储层。自然伽马以齿化箱形为主,电阻率相对略有增加。产介形类、腹足类、孢粉化石。厚为250~500m。

陆良盆地是一个小型的新近系内陆湖相断陷盆地,新近系主要发育了一套陆相扇三角洲沉积,沉积相类型多且复杂。上新统茨营组沉积期,陆良盆地进入断陷期,茨营组一段为明显的充填超覆期沉积,盆地内随着水体的加深,沉积物快速向岸边超覆。茨营组二段沉积末,盆地东北部和北部边缘发育低水位的冲积扇、三角洲沉积,在东部断阶带,发育近岸水下扇沉积。茨营组三段超覆在茨营组二段之上,水体变浅,盆地稳定沉降,水体向缓坡方向扩展,形成了典型的东断西超的箕状断陷盆地,发育湖相浊积扇、三角洲沉积及近岸水下扇沉积。茨营组四段沉积末,湖盆开始萎缩,沉积变粗,近岸水下扇演化为扇三角洲。

三、油气地质

1. 烃源岩

陆良盆地的烃源岩纵向上主要发育于新近系茨营组一段(N_2c_1),烃源岩平均厚度约350m,平面上烃源岩主要分布于盆地深湖—半深湖相带中,盆地中部凹陷带是烃源岩主要发育区。北部和西部的斜坡带水体相对较浅,烃源岩厚度较中部薄。

1)有机质丰度

陆良盆地的烃源岩为新近系茨营组深湖—半深湖相暗色泥岩。样品分析结果统计表明:茨营组暗色泥岩有机碳含量在0.6%~1.0%之间,平均有机碳含量0.86%,达到了较好烃源岩的范围;氯仿沥青"A"平均值为0.0189%,生烃潜量除茨营组三段的均值为2.4mg/g外,其他各层段都小于2mg/g,属于差烃源岩级别;烃源岩有机质中属于可溶烃类的部分所占比例小,烃转化率低,是有机质热演化程度不高的表现;整体属于较好—差烃源岩(表7-27)。

2)有机质类型

根据干酪根显微组分特征分析,陆3井新近系茨营组干酪根显微组分中,腐泥组介于50.2%~69.3%,壳质组介于12.9%~26.0%,镜质组介于13.1%~23.8%,有机质类型偏于腐泥型,以II_1型为主(表7-28)。

表 7-27　陆良盆地新近系有机质丰度指标平均值

层位	TOC/%	氯仿沥青 "A" /%	生烃潜量 /（mg/g）
N_2c_3	0.7	0.0217	2.40
N_2c_2	0.8	0.0147	1.13
N_2c_1	0.9	0.0202	0.92

表 7-28　陆良盆地茨营组泥岩干酪根显微组分统计表

层位	岩性	腐泥组 /%	壳质组 /%	镜质组 /%	惰质组 /%	孢粉颜色指数（SCI）	类型指数（Ti）	干酪根类型
N_2c	泥岩	58.0	24.5	17.5	未见	2.7	57.2	II_1
N_2c	泥岩	69.3	12.9	17.5	未见	2.7	62.4	II_1
N_2c	泥岩	59.6	21.3	19.1	未见	2.7～2.8	55.9	II_1
N_2c	泥岩	53.5	25.8	20.7	未见	2.8	50.9	II_1
N_2c	泥岩	67.9	19.0	13.1	未见	2.9	67.6	II_1
N_2c	泥岩	57.8	22.3	19.8	未见	2.7～2.8	54.1	II_1
N_2c	泥岩	50.2	26.0	23.8	未见	2.7～2.8	45.3	II_1

盆地烃源岩总体上以腐泥—腐殖型和腐殖型为主。在盆地不同沉积相带，烃源岩有机质类型有所不同，靠近盆地深湖相，有机质类型偏向于腐泥型，而在浅湖相、沼泽相则偏向于腐殖型。

3）有机质成熟度

陆良盆地井下烃源岩样品的镜质组反射率分析结果表明，盆地烃源岩有机质成熟度低，镜质组反射率一般小于 0.4%（表 7-29），总体上盆地大部分烃源岩仍处于未成熟阶段，以生成生物甲烷气为主。

4）烃源岩饱和烃特征

根据陆良盆地 8 个样品饱和烃色谱分析参数，其主峰碳均为 C_{29}（表 7-30），碳数范围较宽，多为 C_{15}—C_{36}，中分子量以上正构烷烃含量高，$\sum n\text{-}C_{21\text{-}}/\sum n\text{-}C_{22+}$ 介于 0.08～0.51，（$n\text{-}C_{21}+n\text{-}C_{22}$）/（$n\text{-}C_{28}+n\text{-}C_{29}$）介于 0.11～0.57，这说明低等水生生物和藻类不占优势，显示原始母质来源富含高等植物的特征。

整体而言，陆良盆地新近系茨营组烃源岩的有机质类型好，丰度较高，但由于盆地埋藏浅，热演化程度低，处于未成熟—低成熟阶段，故资源类型以浅层生物气为主（表 7-31）。

2. 储盖组合

大嘴子气田的生储盖组合以自生自储为主，主要烃源岩为茨营组一段（N_2c_1）半深湖相泥岩，储层为茨营组二段、三段的河流三角洲前缘砂体，盖层为茨营组三段的浅湖—半深湖相泥岩（图 7-36）。

表 7-29　陆良盆地新近系泥岩镜质组反射率数据表

井名	井深 /m	岩性	测点数	R_o/%
陆 3 井	349.0	褐灰色泥岩	21	0.312
	578.4	灰褐色泥岩	25	0.382
	604.0	灰褐色泥岩	25	0.326
陆 10 井	423.3	灰褐色泥岩	10	0.361
	642.3	灰褐色泥岩	10	0.363
陆 4 井	434.7	灰褐色泥岩	21	0.326
	635.5	灰褐色泥岩	10	0.369
	756.0	灰褐色泥岩	7	0.384
	1512.6	含碳泥岩	12	0.438
	1515.8	褐灰色泥岩	25	0.441
陆 7 井	539.3	碳质粉砂岩	25	0.354
	337.3	煤	14	0.288
	334.4	碳质粉砂质泥岩	11	0.356
	312.6	碳质泥岩	25	0.266
	307.3	碳质泥岩	24	0.310
陆 9 井	502.1	泥岩	25	0.413
	1687.1	碳质沥青质泥岩	25	0.482

表 7-30　陆良盆地饱和烃参数统计表

井名	深度 /m	主峰碳	碳数范围	Pr/Ph	Pr/n-C_{17}	Ph/n-C_{18}	OEP	C_{21-}/C_{22+}
陆 3 井	350	n-C_{29}	n-C_{15}—n-C_{36}	0.55	0.33	0.44	3.06	0.21
陆 3 井	413	n-C_{29}	n-C_{15}—n-C_{36}	0.34	0.30	0.48	2.96	0.20
陆 3 井	432	n-C_{29}	n-C_{15}—n-C_{36}	0.25	0.11	0.14	3.11	0.51
陆 3 井	578	n-C_{29}	n-C_{15}—n-C_{36}	0.45	0.44	0.55	4.11	0.08
陆 10 井	420	n-C_{29}	n-C_{15}—n-C_{36}	0.67	0.39	0.53	3.16	0.14
陆 10 井	483	n-C_{29}	n-C_{15}—n-C_{36}	0.29	0.35	0.49	3.40	0.22
陆 10 井	500	n-C_{29}	n-C_{15}—n-C_{36}	0.23	0.35	0.47	3.93	0.13
陆 10 井	642	n-C_{29}	n-C_{15}—n-C_{36}	0.78	0.42	0.39	2.29	0.24

表 7–31　陆良盆地天然气同位素分析表（据王大锐，张抗，2003）

井名	层位	深度 /m	$\delta^{13}C$（PDB）/‰	$^3He/^4He$	R/Ra
陆参 1 井	N_2c_2	595.34	–73		
陆参 2 井	N_2c_2	572～603	–72	（0.93±0.32）×10^{-8}	0.03
陆参 6 井	N_2c_2	330～332	–71.8		

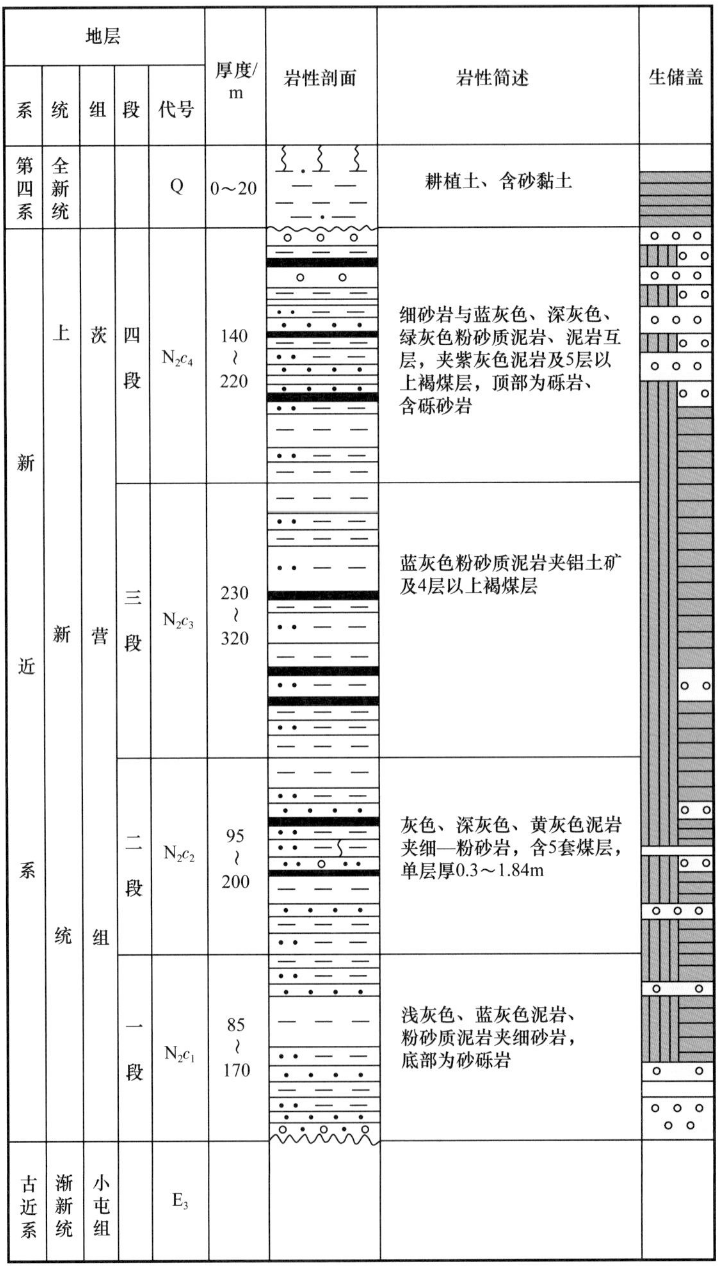

图 7–36　陆良盆地上新统茨营组生储盖组合柱状图

新近系茨营组二段是盆地主要含气层段，为泥岩与粉砂岩的不等厚互层段，向南含砂量减少，自上而下可分为Ⅰ、Ⅱ、Ⅲ、Ⅳ、Ⅴ等5个砂层组。沉积环境以河流三角洲为主，沉积微相以河流三角洲前缘水下分流河道、河口沙坝为主。含气砂体规模小，平均0.4km²，气层厚度平均6.4m。

储层岩性主要为粉砂岩，石英含量80%，分选好—中等，次圆状—次棱角状，胶结物以泥质为主，其次为钙质。胶结类型以孔隙式为主，其次为基底式，胶结疏松。储层孔隙度在21.5%～42.9%之间，平均孔隙度为31.4%，渗透率变化大，为0.78～1186mD，大多数岩样渗透率小于100mD。

大嘴子气田的储层孔隙类型以粒间孔、泥质杂基孔为主，少量生物体腔孔、晶内溶孔、粒内溶孔。

在气田气层中，茨营组二段Ⅱ砂层组、Ⅴ砂层组在平面上的有效厚度展布连续性好，砂层分布系数大于0.8，非均质程度低，而Ⅳ砂层组有效厚度平面展布的连续性较差，非均质程度较高。纵向上有效砂岩系数主要在0.3～0.7之间，储层泥质含量高，物性变差，非均质程度较高。

多年勘探实践表明，陆良盆地的油气地质条件具有如下特点：

（1）陆良盆地烃源岩为新近系茨营组深湖—半深湖相暗色泥岩，有机质类型好、丰度较高，但由于盆地埋藏浅，热演化程度低，处于未成熟—低成熟阶段，故以形成浅层生物成因气藏为主。

（2）陆良盆地面积小，烃源岩体积小，资源规模小。

（3）陆良盆地地层埋藏浅、成岩性差、泥岩盖层封盖能力差、保存条件较差。

（4）陆良盆地构造圈闭不发育，仅在东部断阶带发育小型构造圈闭，盆地北部斜坡带、中部凹陷带及西部斜坡带以发育岩性圈闭为主，岩性圈闭规模小、识别难度大、勘探潜力较小。

3. 油气田

1）气藏类型

陆良盆地大嘴子气田共有5个气藏：陆2块、陆3块有3个气藏，陆6块和陆9块各有1个气藏。气藏大致可分为两种类型：一类为构造气藏，有陆2块断背斜、陆3块断鼻等3个气藏，位于构造高部位的断层附近，主要受构造因素的控制，陆6块气藏与此属同类气藏，构造气藏占已知气藏的绝大多数；另一类为陆9块气藏，是受构造和岩性因素共同控制的气藏。这两类气藏都发育在茨营组二段。气田的气水关系较复杂，每个气藏均为独立的气水系统，整个气田没有统一的气水界面。

2）气藏特征

陆良盆地大嘴子气田的天然气属于由甲烷菌产生的生物成因的天然气（即生物气），生物气是沉积物中的有机质在还原环境下经厌氧生物作用而形成的富含甲烷的气体，它是在未成熟阶段、微生物分解有机质的过程中产生的。

陆良盆地大嘴子气田的生物气相对密度为0.5598～0.5714，甲烷含量95%以上，乙烷以上的重烃含量均小于5%，属干气。地层水总矿化度较低，均小于3000mg/L，水型为碳酸氢钠（$NaHCO_3$）型。气层在纵向上的分布井深为420～710m，压力系数为

1.0～1.13，属于正常压力系统。地温梯度为 3.67℃/100m，属正常的地温系统。

3）气藏分布

从已经探明的气藏综合分析，盆地生物气主要形成于小于 1000m 的深度范围并富集成藏，不同类型生物气藏分布广泛，但圈闭规模小，储量规模小，一般在 $2×10^8～4×10^8m^3$。纵向上主要探明的气藏均分布于茨营组二段的 5 套砂层组中，平面上盆内气藏的分布基本上在邻近生烃洼陷的东部断阶带，少数在深凹带的岩性圈闭砂体中。西部斜坡和北部斜坡多口完钻井见到良好的显示，但尚未获得工业气流。气藏基本围绕深洼陷分布，东、西、北三分天下，南部储层不发育，完钻的盆地基底中均未见到气显示。

大嘴子背斜上完钻的气井，主要钻遇了 Ⅱ 砂层组、Ⅴ 砂层组气藏，只在陆 2-1 井钻遇了部分 Ⅲ 砂层组、Ⅳ 砂层组气藏，且厚度很薄，分别为 3.4m 和 2.1m。

大嘴子背斜气藏往北发育较好，厚度增大，往南泥质含量变大，物性变差，气层变薄且逐渐尖灭。总体上，气田砂体规模很小，且大嘴子背斜被北东向断层切割成陆 2 块和陆 3 块。陆 9 块气藏为位于中部凹陷带的岩性气藏，其含气高度、气层厚度、产层物性均差于大嘴子背斜气藏。

气层在空间上的展布基本平行于构造面的展布，分布较稳定。大嘴子背斜构造高部位气层厚、物性好，而在构造低部位（靠南面、西面）气层变薄、物性变差，砂体下部含水。陆 3 块的气层厚度、物性相应地比陆 2 块差。

四、有利区带及远景评价

陆良盆地面积小，烃源岩成熟度低，生烃潜力有限，资源类型以生物甲烷气为主。前期勘探实践表明，盆地成藏主控因素为烃源岩及储层，油气成藏以近源成藏为主，油气藏主要形成于邻近盆地的生烃中心，同时处于背斜、断块、岩性构造复合圈闭等高部位砂体中。

前期研究成果表明，东部断阶带为主要的油气聚集区，但勘探程度已较高，故滚动勘探潜力小。盆地下一步的勘查方向主要为勘探程度较低的西部斜坡带、中部凹陷带及北部斜坡带，有利勘探目标主要以岩性构造复合圈闭及岩性圈闭为主，目的层为茨营组二段和三段。

西部斜坡岩性圈闭发育区带：位于盆地西部金家村—陆 12 井以西地区，发育一系列小规模正断层，走向北西与北东，其中深凹带为负花状构造带，中间为反向正断层发育带，外坡为正向正断层。北北西走向的断层为反向正断层，有利于发育断层—岩性复合圈闭。本区靠近气源中心，亮点较为集中，具有较明显的低频、极性反转等明确的气异常，该区块内的断块圈闭、岩性圈闭为下一步勘探的首选目标。

中部凹陷带：位于盆地中部，为盆地烃源岩发育区，气源较充足，保存条件较好。该区带泥岩发育，砂岩向南尖灭，具有发育一些小规模岩性气藏的条件。

北部斜坡带：基本保持了原斜坡的面貌，为单斜构造，砂岩较发育，在盆地北部边缘发育一系列相互切割的北东向和北西向断层，有可能形成一些小规模的断块气藏。

第五节 保山盆地

一、概况

1. 地理概况

保山盆地为滇西的一个小型新近系盆地，地处云南省保山市境内，构造位置属三江褶皱系保山褶皱带北部，位于东经99°08′—99°16′、北纬24°56′—25°14′。盆地呈南北走向的近椭圆形，长轴33km，短轴7～10km，面积245km²（图7-37）。盆内除东部有丘陵分布外，其他地区地势平坦，海拔1640～1730m。盆地周边为高山环抱，打秋山一带最高海拔为2300m。全区交通以公路为主，四通八达，另有民航可通昆明。

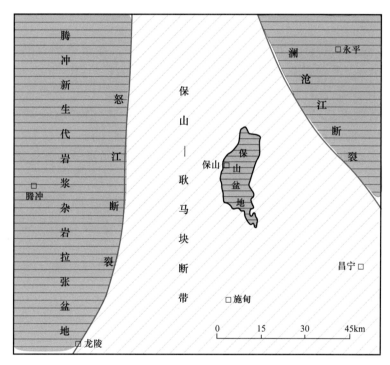

图7-37　保山盆地区域构造位置图

保山地区属亚热带季风气候，温暖湿润，年最高气温32.2℃，最低气温-3.5℃，平均气温15.6℃；雨季集中在5—10月，11月至次年4月为旱季，年平均降雨量1621.5mm。常年风向以西南风为主。东河是盆地内的主要河流，流向由北向南。保山市位于盆地西缘，永铸街气田位于盆地西部，西距保山市4km，面积2.5km²。

2. 勘探概况

保山盆地的石油勘探始于1982年，经历了石油普查（1982—1992年）、滚动勘探开发（1993年以后）两个阶段。

（1）石油普查阶段（1982—1992年）。

工作方针：地面调查为主，非地震物化探为辅，选凹定带，优选勘探层系。

在该阶段是通过重力、电法进行石油地质普查，工作目标是寻找地表构造并在附近进行勘探。

（2）滚动勘探开发阶段（1993年以后）。

工作方针：以油藏描述为基础，勘探先行，评价跟进，开发随行。

在该阶段是通过数字二维地震、三维地震，地质、测井、地震综合勘探，圈闭评价，油藏描述等手段进行滚动勘探开发，工作目标是寻找背斜构造和岩性圈闭。

1994年11月10日，滇黔桂石油勘探局在保山盆地永铸街背斜钻探第一口探井——保参1井，12月29日完钻，完钻井深1786m。该井综合解释气层7层共34.7m。

1995年2月13日，对新近系595～599.5m井段用12.4mm孔板测试，在生产压差0.924MPa条件下，日产天然气$2.048 \times 10^4 m^3$，从而发现了永铸街气田。

在随后钻探的保2井中，对456～478m井段用9.74mm孔板测试，在生产压差0.269MPa条件下，日产天然气$1.304 \times 10^4 m^3$。天然气成分以CH_4为主，含量大于95%，密度0.575～0.586。

至2015年底，永铸街气田共完成二维地震467km，在永铸街背斜一带测网密度为0.25km×0.5km，其他地区的测网密度为0.5km×1.0km，其中1992—1993年滇黔桂石油勘探局在保山盆地采集二维地震35条，合计367km，1995年再采集12条，合计100km；完钻各类井22口，其中探井8口、开发井14口，合计进尺17337m；获工业气井17口，钻井成功率77%，其中15口气井位于永铸街背斜，仅有2口井位于小官庙墙角构造。基本查明永铸街背斜是天然气富集区。钻探圈闭类型主要为背斜圈闭、岩性圈闭。

保山盆地为一西断东超的箕状断陷盆地。永铸街气田位于西部坳陷永铸街凸起构造上，含气区主要受背斜和岩性控制。永铸街气田的含气面积为4.4km²（图7-38）。2006年储量套改后的天然气探明储量为$4.54 \times 10^8 m^3$。

二、区域地质

1. 构造

1）构造特征及演化

保山盆地的发展经历了3个构造期次：盆地生成期（拉张断陷期）、盆地稳定扩展期（坳陷期）、盆地收缩消亡期（抬升期），形成了西断东超的箕状断陷盆地（图7-39），西陡东缓，南北走向。

（1）盆地生成期。

喜马拉雅期Ⅱ幕构造运动在云南地区整体表现为强烈的断裂活动。在此背景下，保山盆地受西部控盆断裂拉张下陷，盆地雏形形成。沉积物特征表现为：断裂拉张初期，盆地周缘的松散沉积物以磨拉石—洪积扇形式进入盆地，形成了南林组二段的杂色砾岩层；控盆断裂持续拉张下陷，水体相对集中，形成了南林组一段滨浅湖—滨湖沼泽相的细砂岩、泥岩和泥质粉砂岩。古地理面貌表现为西陡东缓，沉积物源以西部和东部为主。在西部靠近断层一侧以冲洪积扇相为主，局部地区发育水下扇；盆地中部水体较深，以滨浅湖相为主；向东部缓坡过渡，发育三角洲前缘和三角洲平原相。

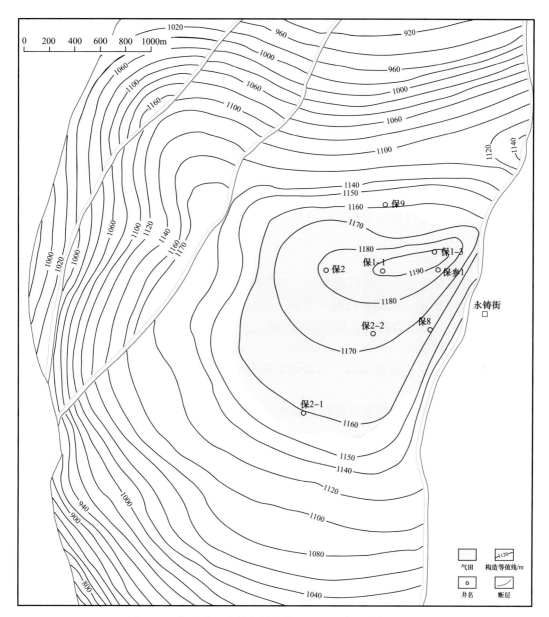

图 7-38　保山盆地永铸街构造羊邑组二段底界含气面积图

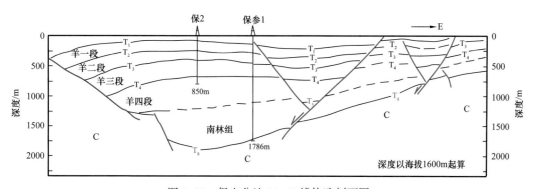

图 7-39　保山盆地 93-17 线构造剖面图

（2）盆地稳定扩展期。

控盆断裂稳定，盆地进入坳陷期，沉积物特征以羊邑组一段—五段灰色泥岩、泥质粉砂岩为主。坳陷早期，盆地水体范围扩大，在东部缓坡和南部地区形成滨湖沼泽，可见多层褐煤，物源以西部和北部为主。坳陷晚期，盆地形态发生变化，由于坳陷程度的差异，形成了摆宴屯凹陷、岔河凹陷和永铸街凸起，构成了两凹夹一隆的沉积格局。在深部凹陷区水体较深，沉积了半深湖相暗色泥岩，在凸起区水体较浅，以浅湖相泥岩和泥质粉砂岩为主。盆地西部以冲洪积平原相砂砾岩为主，盆地东部以三角洲平原和滨湖相细砂岩、泥岩为主。

（3）盆地收缩消亡期。

上新世末，受喜马拉雅期Ⅲ幕构造运动的影响，盆地抬升，结束了盆地的沉积史并遭受剥蚀。

2）构造单元划分

保山盆地划分为 2 个一级构造单元，即西部坳陷带和东部斜坡带。西部坳陷带进一步划分为摆宴屯凹陷、永铸街凸起（背斜）、岔河凹陷等 3 个二级构造单元；东部斜坡带进一步划分为北部断裂构造带和南部单斜带（图 7-40）。

（1）西部坳陷带。

摆宴屯凹陷：位于盆地南部，为盆地最深部分，烃源岩发育。该区沉积相对稳定，构造圈闭不发育。

永铸街凸起：为一宽缓的穹隆状背斜构造，位于摆宴屯凹陷与岔河凹陷之间，是盆地最有利于烃类聚集的部位。

岔河凹陷：位于盆地北部，由于靠近盆地的物源区，沉积物相对较粗。尚未发现构造圈闭。

（2）东部斜坡带。

北部断裂构造带：该区发现有一系列南北向断层和近东西向断层存在的迹象，两组断层交切，可能形成一些小规模的断块圈闭或断块—岩性复合圈闭，如已钻获工业气流的小官庙墙角构造圈闭。

南部单斜带：该区为单斜构造，断层不发育，难以形成有效的构造圈闭。

2. 地层与沉积相

根据保参 1 井钻井揭示，保山盆地内主要沉积新近系，大部分为第四系覆盖。盆地周边出露寒武系、奥陶系、志留系、泥盆系、石炭系、二叠系和三叠系等古生代、中生代地层，除寒武系有浅变质外，基本上是未变质的碳酸盐岩、碎屑岩。

保山盆地的地层由上新统羊邑组（N_2y）和中新统南林组（N_1n）组成（图 7-41），最大沉积厚度 2000m 左右。两个组的接触关系为平行不整合接触。从上往下，羊邑组划分为 5 个段，分别为一段、二段、三段、四段和五段，二段底界相当于地震波 T_3 界面，三段底界相当于地震波 T_4 界面。南林组划分为一段和二段。

羊邑组根据岩性特征可分为 5 段：

一段以灰色泥岩和粉砂质泥岩为主，间夹泥质粉砂岩、粉砂岩，底部见砾岩层。厚233m。

二段以灰色泥岩、粉砂质泥岩为主，底部为含砾砂岩。厚141m。

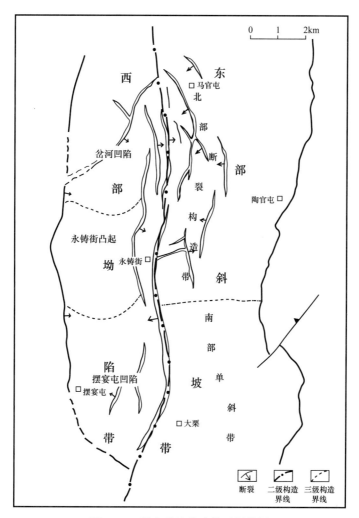

图 7-40 保山盆地构造单元划分图

三段为灰色粉砂质泥岩、泥岩，与泥质粉砂岩、粉砂岩互层。厚 204m。

四段下部为灰色粉砂质泥岩与灰色细砾岩互层，上部为灰色泥岩、粉砂质泥岩与泥质粉砂岩等厚互层，含丰富孢粉化石。厚 204m。

五段为灰色泥岩、粉砂质泥岩与灰色泥质粉砂岩、粉砂岩不等厚互层，夹数层砾岩。厚 293m。

南林组根据岩性特征可分为 2 段：

一段为灰色泥岩夹灰色细砂岩、泥质粉砂岩，间夹数层褐煤，上部以灰色泥岩为主，含微体植物化石。厚 329m。

二段以灰白色块状砾岩和紫红色含砾泥岩为主，代表了盆地形成期的磨拉石充填特征。厚 251m。

保山盆地主要沉积了一套砂泥岩地层，并且具有明显的旋回性，在每期旋回内，粒度从下到上整体是由粗变细，岩性是从砾岩—含砾砂（泥）岩—粗（细）砂岩—粉砂岩—泥质粉砂岩—粉砂质泥岩—泥岩，沉积相主要是扇三角洲相—浅湖相。

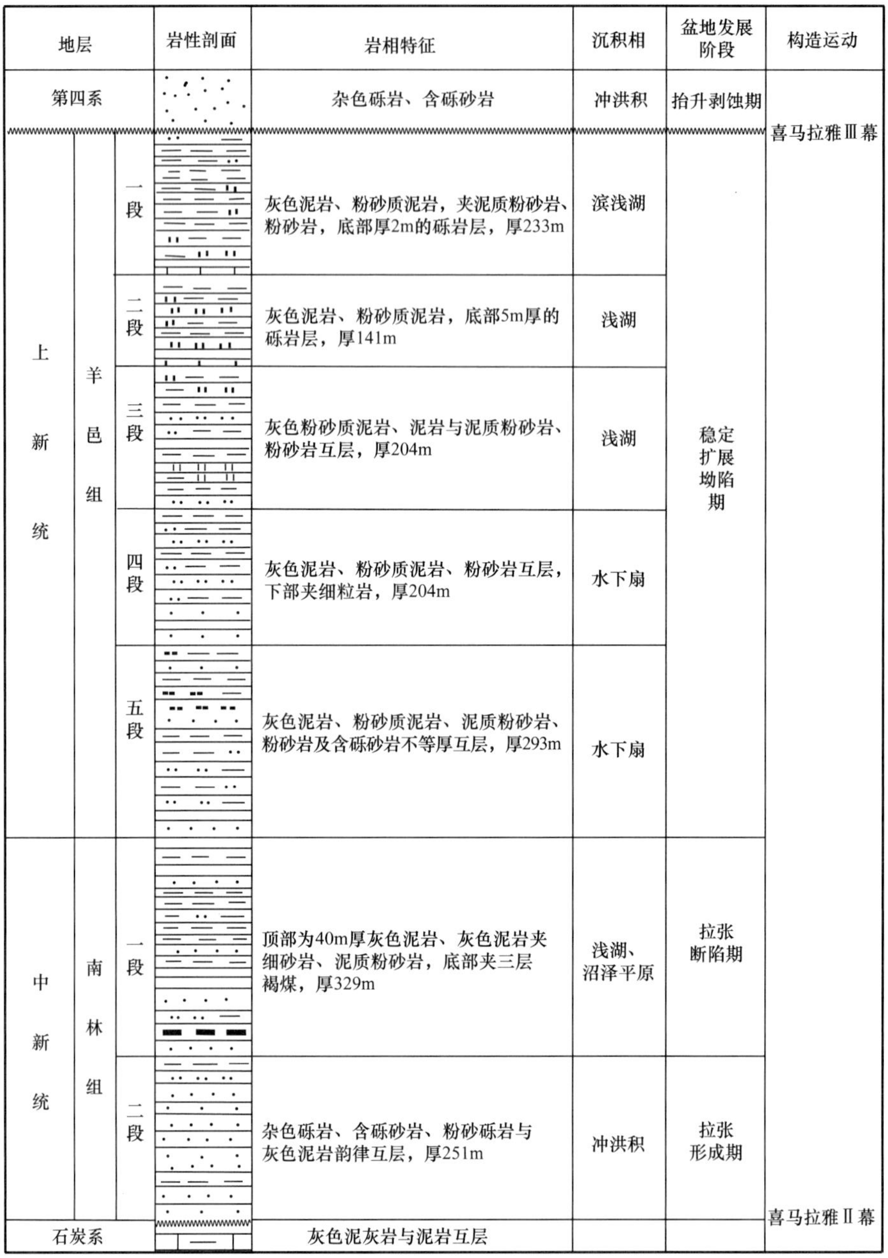

地层			岩性剖面	岩相特征	沉积相	盆地发展阶段	构造运动
第四系				杂色砾岩、含砾砂岩	冲洪积	抬升剥蚀期	
							喜马拉雅Ⅲ幕
上新统	羊邑组	一段		灰色泥岩、粉砂质泥岩，夹泥质粉砂岩、粉砂岩，底部厚2m的砾岩层，厚233m	滨浅湖	稳定扩展坳陷期	
		二段		灰色泥岩、粉砂质泥岩，底部5m厚的砾岩层，厚141m	浅湖		
		三段		灰色粉砂质泥岩、泥岩与泥质粉砂岩、粉砂岩互层，厚204m	浅湖		
		四段		灰色泥岩、粉砂质泥岩、粉砂岩互层，下部夹细粒岩，厚204m	水下扇		
		五段		灰色泥岩、粉砂质泥岩、泥质粉砂岩、粉砂岩及含砾砂岩不等厚互层，厚293m	水下扇		
中新统	南林组	一段		顶部为40m厚灰色泥岩、灰色泥岩夹细砂岩、泥质粉砂岩，底部夹三层褐煤，厚329m	浅湖、沼泽平原	拉张断陷期	
		二段		杂色砾岩、含砾砂岩、粉砂砾岩与灰色泥岩韵律互层，厚251m	冲洪积	拉张形成期	
							喜马拉雅Ⅱ幕
石炭系				灰色泥灰岩与泥岩互层			

图 7-41　保山盆地地层综合柱状图

三、油气地质

1. 烃源岩

新近系上新统羊邑组四段（N_2y_4）和中新统南林组（N_1n）是烃源岩发育主要层位。由于盆地西部坳陷带的摆宴屯凹陷在盆地演化中水体始终较深且较大（深湖—半深湖相），所以摆宴屯凹陷是烃源岩主要发育区。西部坳陷带的岔河凹陷也是主要沉积区，但沉积物相对较粗，为盆地烃源岩次要发育区。

1）有机质丰度

根据保参1井、保2井、保3井、保4井等8口井共89个泥岩岩屑样品和10个岩心样品的有机碳含量分析结果统计，有机碳含量为0.71%～3.73%，平均值为1.43%（图7-42）。从层位上看，南林组泥岩有机碳含量相对较高，为0.58%～2.67%，平均值为1.65%（16个样品）；羊邑组除四段的有机碳含量平均值为1.59%外，其余层段的有机碳含量都基本相似，为0.94%～1.15%。按照中国东部陆相盆地烃源岩评价标准，保山盆地羊邑组和南林组在西部主要为半深湖—深湖亚相，大多数样品属于好的烃源岩级别（TOC＞1.0%），少数为中等（TOC为0.5%～1.0%）；盆地东部主要为浅湖—滨湖亚相，大多数样品有机碳含量较低，属于中等，少数达到好的级别。

2）有机质类型

新近系羊邑组和南林组干酪根的有机质显微组分以腐泥组和壳质组为主，含量分别为14.29%～73.91%和4.52%～41.46%；镜质组和惰质组其次，含量分别为12.56%～36.99%和5.29%～26.79%。干酪根显微镜检类型主要为Ⅱ₁型和Ⅱ₂型，Ⅲ型次之，缺乏Ⅰ型有机质，表现出山间小盆地陆源有机质来源丰富、短距离搬运、形成混合型—腐殖型有机质的分布特征。烃源岩热解的氢指数（HI）为80～273mg/g。根据氢指数与T_{max}判断，烃源岩有机质类型以Ⅱ₂型为主，少量为Ⅲ型（图7-43）。此外，甾烷生物标志物中C_{27}、C_{28}、C_{29}规则甾烷的生物构型比值一般具有$C_{29}＞C_{27}＞C_{28}$的分布特征，主要呈不对称"V"形分布或反"L"形分布特征，说明陆源有机质占绝对优势。

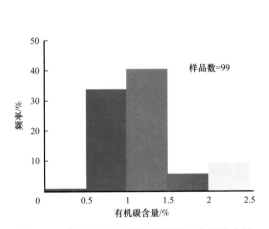

图7-42　保山盆地上新统羊邑组和中新统南林组有机碳含量分布直方图

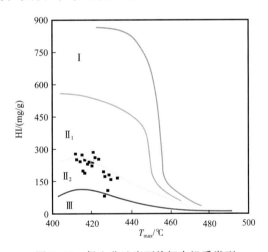

图7-43　保山盆地岩石热解有机质类型

3）有机质成熟度

保山盆地羊邑组和南林组的泥岩干酪根与煤的镜质组反射率（R_o）为0.31%～0.45%。热解温度（T_{max}）参数范围为411～429℃，也表明有机质处于未成熟状态（图7-44）。通过羊邑组实测的11个R_o与深度（H）的关系进行回归计算，干酪根成烃门限（R_o为0.6%）深度大约为1700 m。根据地震反射资料分析，盆地内羊邑组均处于未成熟阶段，南林组除盆地西部坳陷中心一带进入生烃门限、达到低成熟阶段外，其余大部分地区在生物甲烷气阶段。

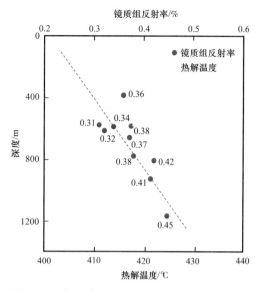

图 7-44 保山盆地干酪根镜质组反射率、热解
温度与深度的关系

4）烃源岩饱和烃及生物标志化合物特征

保山盆地饱和烃色谱曲线的双峰特征明显（图 7-45），主峰碳为 $n\text{-}C_{27}$、$n\text{-}C_{29}$，以 $n\text{-}C_{29}$ 为主；$\Sigma n\text{-}C_{21-}/\Sigma n\text{-}C_{22+}$ 值小，说明高等植物有机质输入比例占绝对优势；姥植比为 $0.518 \sim 1.881$（表 7-32），表明有机质主要沉积在弱氧化—弱还原环境。

保山盆地烃源岩的生物标志物一般具有 Ts＜Tm、$17\beta（H）21\alpha（H）$-莫烷含量高、C_{30}-藿烯含量高、$17\beta（H）21\beta（H）$-生物藿烷含量高及 $17\alpha（H）21\beta（H）$-藿烷含量低的特点，说明烃源岩成熟度低（表 7-33）。C_{27}、C_{28}、C_{29} 规则甾烷具有 $C_{29}＞C_{27}＞C_{28}$ 的分布特征，为不对称"V"形与反"L"形，表现了陆源有机质输入为主的特征；甾/萜值小（表 7-34），说明细菌对有机质改造强烈。

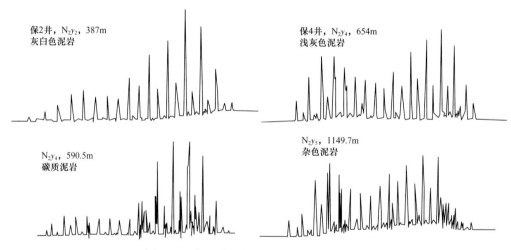

图 7-45　保山盆地烃源岩饱和烃气相色谱图

表 7-32　保山盆地烃源岩饱和烃色谱参数统计表

井名	井深 / m	层位	岩性	CPI	OEP	R_t/%	Pr/Ph	Pr/$n\text{-}C_{17}$	Ph/$n\text{-}C_{18}$	$\Sigma n\text{-}C_{21-}/\Sigma n\text{-}C_{22+}$	主峰碳
保 2 井	387	N_2y_2	灰白色泥岩	3.337	4.295	0.36	0.518	0.475	0.513	0.172	$n\text{-}C_{29}$
保 2-1 井	927	N_2y_5	浅灰白色泥岩	4.629	4.939	0.41	0.637	0.442	0.534	0.117	$n\text{-}C_{29}$
保 3 井	576.8	N_2y_4	浅灰色泥岩	3.188	3.757	0.34	1.088	1.115	0.938	0.190	$n\text{-}C_{29}$
保 3 井	590.5	N_2y_4	碳质泥岩	5.398	5.563	0.31	1.090	0.734	0.688	0.087	$n\text{-}C_{29}$
保 3 井	596.5	N_2y_4	粉砂质泥岩	3.387	3.619	0.32	1.053	0.876	0.846	0.122	$n\text{-}C_{29}$

井名	井深/m	层位	岩性	CPI	OEP	R_o/%	Pr/Ph	Pr/n-C$_{17}$	Ph/n-C$_{18}$	Σn-C$_{21}$/Σn-C$_{22+}$	主峰碳
保3井	773.6	N$_2$y$_4$	煤	4.179	4.933	0.38	1.417	1.173	0.794	0.194	n-C$_{27}$
保3井	774.5	N$_2$y$_4$	煤	4.706	5.006	0.38	1.881	1.332	0.640	0.083	n-C$_{29}$
保4井	654	N$_2$y$_4$	浅灰色泥岩	4.109	4.492	0.37	1.237	0.608	0.608	0.479	n-C$_{29}$
保参1井	789.5	N$_2$y$_4$	灰绿色泥岩	3.217	2.988	0.42	0.672	0.633	0.624	0.142	n-C$_{27}$
保参1井	1149.7	N$_2$y$_5$	杂色泥岩	2.122	1.898	0.45	1.591	1.139	0.808	0.648	n-C$_{27}$

N$_2$y$_4$—羊邑组四段。

表 7-33 保山盆地烃源岩萜烷部分参数统计表

井名	保2井	保2-1井	保3井	保3井	保3井	保3井	保4井	保参1井	保参1井
井深/m	387	927	576.8	590.5	773.6	774.5	654	789.5	1149.7
层位	N$_2$y$_2$	N$_2$y$_5$	N$_2$y$_4$	N$_2$y$_4$	N$_2$y$_4$	N$_2$y$_4$	N$_2$y$_4$	N$_2$y$_4$	N$_2$y$_5$
岩性	灰白色泥岩	浅灰白色泥岩	浅灰色泥岩	碳质泥岩	煤	煤	浅灰色泥岩	灰绿色泥岩	杂色泥岩
Ts/Tm	0.74	0.26	0.25	0.29	0.75	0.49	0.64	0.4	0.19
MC$_{29}$/HC$_{29}$①	0.39	0.42	0.43	0.37	0.19	0.17	0.5	0.52	0.36
MC$_{30}$/HC$_{30}$②	0.41	0.61	1.03	1.45	3.02	4.62	0.42	0.51	0.43
C$_{30}$-藿烯/HC$_{30}$	0.51	1.33	2.3	3.18	0.57	0.98	1.16	0.88	0.12
C$_{29}$生物藿烯/HC$_{29}$	1.22	1.19	1.19	1.05	0.32	0.29	1.69	1.65	0.53
C$_{30}$生物藿烯/HC$_{30}$	1.56	1.4	3.23	2.63	3.48	4.17	1.94	2.39	0.57
γ-蜡烷/HC$_{30}$	0.31	0.32	0.28	0.56	0.83	0.71	0.12	0.19	0.22
生物藿烷/H	0.89	0.81	0.78	0.61	0.34	0.43	1.05	1.2	0.35
22S/（22S+22R）C$_{31}$	0.39	0.46	0.15	0.33	0.04	0.16	0.23	0.45	0.29
22S/（22S+22R）C$_{32}$	0.70	0.44		0.44	0.45		0.43	0.54	0.38

① MC$_{29}$/HC$_{29}$—17β，21β降莫烷/17α，21β降藿烷。

② MC$_{30}$/HC$_{30}$—17β，21α莫烷/17α，21β藿烷。

表 7-34 保山盆地烃源岩甾烷参数统计表

井名	保2井	保2-1井	保3井	保3井	保3井	保3井	保3井	保4井	保参1井	保参1井
井深/m	387	927	576.8	590.5	596.5	773.6	774.5	654	789.5	1149.7
层位	N$_2$y$_2$	N$_2$y$_5$	N$_2$y$_4$	N$_2$y$_4$	N$_2$y$_4$	N$_2$y$_4$	N$_2$y$_4$	N$_2$y$_4$	N$_2$y$_4$	N$_2$y$_5$
岩性	灰白色泥岩	浅灰色泥岩	浅灰色泥岩	碳质泥岩	粉砂质泥岩	煤	煤	浅灰色泥岩	灰绿色泥岩	杂色泥岩
孕甾烷/升孕甾烷	1.04	1.13	—	0.58	—	1.01	—	1.41	0.74	0.78

井名	保2井	保2-1井	保3井	保3井	保3井	保3井	保3井	保4井	保参1井	保参1井
（孕＋升孕）甾烷／规则甾烷	0.05	0.06	0.01	0.06	0.02	0.03	—	0.06	0.04	0.08
重排甾烷／规则甾烷	0.28	0.26	0.08	0.15	—	0.05	—	0.04	0.04	0.20
4-甲基甾烷／规则甾烷	0.06	0.09	0.08	0.16	0.14	0.05	0.04	0.08	0.09	0.03
$C_{29}\alpha\alpha 20S/$（$20S+20R$）	0.34	0.38	0.14	0.12	0.05	0.18	0.18	0.19	0.19	0.34
$C_{29}\beta\beta/$（$\alpha\alpha+\beta\beta$）	0.31	0.33	0.21	0.18	0.15	0.25	0.20	0.24	0.24	0.31
甾／萜	0.21	0.16	0.09	0.09	0.08	0.08	0.07	0.12	0.10	0.33

2. 储盖组合

新近系羊邑组泥岩（主要是羊邑组一段和二段）是盆地的区域盖层，总体评价为Ⅲ—Ⅳ级（中等—差）盖层，盖层条件相对较差，但在整个盆地，泥岩厚度均较大，可达200～500m，这在一定程度上弥补了泥岩盖层质量较差的不足。

羊邑组二段、三段的砂层和四段的部分砂层是良好的储层，储层空间类型有溶孔、微孔隙、粒间孔和裂缝等4种；孔隙度高，一般为25%～37%，平均达32%；渗透率平均为25mD左右；属于高孔低渗储层，部分为高孔中渗储层。

羊邑组四段、五段是烃源岩发育的主要层位，羊邑组二段、三段的泥岩也是较好的烃源岩。

以上这些岩层自下而上形成了完好的生储盖组合。

3. 油气田

1）气藏类型

保山盆地的主要成藏控制因素为构造和沉积，即主要成藏在有利沉积相带的局部构造较高部位。气藏往往富集在构造的高部位，构造因素是保山盆地最主要的成藏控制因素。气藏类型为构造—岩性气藏。

保山盆地的生烃中心有两个，即摆宴屯凹陷和岔河凹陷。盆地的天然气主要自生烃中心沿断裂、不整合面和储层连通孔隙等，向西部坳陷带的永铸街凸起以及东部斜坡带两个方向运移。

保山盆地天然气运移的主要指向：一是沿盆地长轴方向，主要由两个凹陷中心向永铸街凸起运移；二是垂直于盆地长轴方向，从两个凹陷中心向东部斜坡带和盆地东侧运移。

永铸街背斜气藏中的羊邑组烃源岩是盆地断陷期沉积的产物，相对埋藏较深。气藏中天然气运移主要有两种方式：一是部分天然气直接从深部沿断层面垂向运移至浅层圈闭中聚集成藏，垂向运移距离不到千米；二是部分天然气沿不整合面侧向运移至圈闭中聚集成藏。

2）气藏特征

保山盆地中的天然气属生物气，相对密度 0.5598～0.5714，甲烷含量平均在 94% 以上，乙烷以上重烃含量多小于 5%，为干气，不含硫化氢。气田的地层水矿化度低，小于 3000mg/L，水型为碳酸氢钠（$NaHCO_3$）型。气藏类型为构造—岩性气藏。储层埋深浅（190～700m），胶结疏松，成岩性差；由西向东，厚度变薄，岩性变细，泥质含量增大，高达 30% 左右，储层一般为高孔—中低渗储层。气藏规模小，横向变化较快，纵向上产层多且厚度薄，砂体含气高度小，一般在 10～30m。储量分布散，相对集中在几个大的含气砂体中。气田的气水关系较复杂，无统一气水界面，气藏水体较小且封闭，能量较弱，主要靠气体弹性能量衰竭式开采，驱动类型主要为边水水驱。气藏压力系数一般为 1.0～1.1，属正常压力系统。地温梯度 6～8℃ /100m，属高地温梯度。

3）气藏分布

保山盆地中气田的含气砂体数量多，共有 36 个，主要分布在永铸街背斜高部位的羊邑组二段和三段，往南和往北含气砂体逐渐减少和变薄。含气砂体规模小，在纵向上数量多，单井钻遇砂体多。含气砂体厚度小，一般 1.2～7.0m，平均 3.28m；面积一般 0.175～1.914km^2，平均 0.604km^2，有 8 个含气砂体的面积大于 1.0km^2。在现有井距下（一般 150～800m，平均 500m），有 18 个含气砂体被多井钻遇，占总含气砂体的 50%，其余均为单井控制。

保山盆地已开采的永铸街气田的羊邑组气藏。至 2015 年 12 月底，该气藏总井数 15 口，开采井 3 口（保 2-4 井、保 2-9 井、保 2-10 井），月产气量 11.94×10^{4}m^3，月产水 72.4m^3，月出砂 0.724m^3，累计产气 0.8245×10^{8}m^3；至 2017 年 12 月底，累计产气 1.27×10^{8}m^3。由于砂体小、薄、连通性差，气井单井产能低、见水早、易出砂，气田采气速度、采出程度均较低。

四、有利区带及远景评价

保山盆地新近系已经发现了 22 个圈闭，主要分布在永铸街凸起。钻探的圈闭类型主要为背斜圈闭、岩性圈闭。已探明的 2 个含气圈闭分别为永铸街凸起上的背斜构造和东部斜坡带上的小官庙岩性圈闭。

保山盆地东部斜坡带主要为滨湖—沼泽沉积，暗色泥岩的有机碳含量低，并且由于埋藏较浅，生物气的生成与保存条件较差。在东部斜坡带的北部，断裂相对发育，不仅可为盆地西部坳陷带的生物气向上运移提供通道，而且可形成一些小规模的断块圈闭或断块—岩性复合圈闭，具有一定的勘探前景。

保山盆地西部坳陷带物源发育，在近物源区形成多种类型的砂体，往东沉积水体变深，烃源岩发育，有机质丰度较高，生气强度较大。现已发现的永铸街气田为一宽缓的穹隆状背斜构造，位于摆宴屯凹陷与岔河凹陷之间，是盆地最有利于烃类聚集的部位。永铸街凸起钻井较多，勘探程度相对较高；岔河凹陷沉积物相对较粗，储层条件较差；而摆宴屯凹陷沉积水体深，水下扇相对发育，有利于岩性圈闭的形成。因此，根据生物气的成藏特征，盆地西部的摆宴屯凹陷具有较好的生、储、盖条件，其岩性圈闭（包括上倾尖灭型岩性圈闭和透镜状岩性圈闭）或构造—地层（岩性）复合圈闭是较有利的勘探目标。

第八章 非常规天然气地质

第一节 滇黔北坳陷页岩气

一、勘探历程

2009 年 7 月，中国石油浙江油田公司向国土资源部申请获得了国内首个页岩气勘查矿权区块，包含川滇的筠连—威信地区天然气页岩气勘查（面积 7540.059km^2）及滇黔的镇雄—毕节地区天然气页岩气勘查（面积 7537.953km^2）两块。

2010 年 1 月 17 日，中国石油天然气集团公司在北京召开了"中国石油页岩气产业化示范区工作启动会"，昭通页岩气产业化示范区建设工作正式启动，会上提出了"落实资源、突破产能、攻克技术、效益开发"要求。

2012 年 3 月 21 日，经国家发展和改革委员会、国家能源局审查批准，确立昭通为国家级页岩气示范区，目标是建立中国南方海相页岩气勘探开发技术及装备体系，探索形成市场化、低成本运作的页岩气效益开发模式，2015 年建成 $5 \times 10^8 m^3/a$ 的产能。

昭通示范区至"十二五"末已实现页岩气井的商业突破，共优选甜点区 4 个，落实 $5 \times 10^8 m^3$ 建产区 1 个（筠连黄金坝），初步形成了"有序选区→阶段评价→分区建产→效益开发"的南方海相页岩气勘探开发技术体系，起到了在南方海相山地页岩气勘探开发的示范引领作用；总结出了"整体评价、突出重点，由易到难、以点带面，突破产能、落实资源，聚焦甜点、一体化研究，创新集成、形成技术，市场化运行、精细项目管理，平台化设计、工厂化作业，提速提效、规模经营，降本增效、效益开发"的示范区一体化高效建设经验与工作思路，总体进程分为前期评价、甜点区优选及产能建设三大阶段。

1. 前期评价阶段（2009—2010 年）

本阶段，中国石油浙江油田公司主要在中国石油天然气集团公司所属的 15078km^2 探区内，进行地面地质调查及二维地震概（普）查、页岩气地质浅井和评价井钻探，探索页岩气地质评价技术方法和勘探评价工作程序，提出保存条件和成熟度是页岩气评价的重要参数。

2008 年 10 月提出了滇黔北坳陷页岩气勘查区块矿权申报的设想。

2009 年 7 月 7 日，在国内取得第一块页岩气专项矿权。

2009 年 12 月 4 日，在探区内第一口资料井（YQ1 井）的志留系龙马溪组（S$_1$l）—奥陶系五峰组（O$_3$w）发现了页岩气，这是国内首次见到页岩气的专项井。

2010 年 1 月中国石油页岩气产业化示范区工作启动。

2010 年 4 月 2 日，示范区第一口评价井（昭 101 井）开钻。

2010 年 8 月，示范区 2009 年度二维地震采集通过竣工验收，2010 年 9 月通过了示范区 2011—2012 年二维地震勘探总体部署和采集技术设计，示范区前期评价工作已全面展开，选区工作经历了由南（云南镇雄）往北（四川筠连）、选层工作经历了由老（寒武系筇竹寺组$\in_{1-2}q$）至新（志留系龙马溪组S_1l）的筛选历程。

2. 甜点区优选阶段（2011—2013 年）

在前期评价工作基础上，中国石油浙江油田公司通过选区，进入四川盆地南缘的页岩气有利保存区进行钻采试验工作，在建武向斜区部署与实施了三维地震和直井、水平井，开展了页岩气钻采工程技术探索工作，进而优选出了（筠连）黄金坝、（叙永）太阳这两个超压甜点区，落实了页岩气建产区，逐步总结与形成了南方海相页岩气勘探开发工作流程和思路。

在此阶段中，标志性的工作包括：

2011 年 4 月 3 日，成功进行了示范区第一口龙马溪组页岩气评价井（昭 104 井）的大型水力压裂，并突破页岩气流；

2011 年 5 月 20 日，完成示范区昭 104 井区三维地震采集；

2011 年 9 月 14 日，示范区第一口水平井（YSH1-1）完钻；

2012 年 1 月 14 日，成功进行了示范区第一口水平井（YSH1-1）的大型水力压裂并获得页岩气流；

2013 年 9 月 26 日，成功完成 YS108 井大型水力压裂，获得 $1.63 \times 10^4 m^3/d$ 测试产量等试验工作；

2014 年 1 月 11 日，实施黄金坝建产区三维地震勘探采集任务；

2014 年 2 月 28 日，完成 YS108H1-1 井水平井分段改造，获得 $20.86 \times 10^4 m^3/d$ 测试产量，获得水平井产能突破，为规模开发奠定了基础。

3. 产能建设阶段（2014 年至今）

经过近一年半的页岩气钻采试验，中国石油浙江油田公司已逐步掌握与形成了适用于示范区的有效钻采工程核心技术系列，形成了具特色的、适用的技术和管理模式。在黄金坝超压甜点区进行页岩气藏地质评价研究和开发方案编制，强力推进黄金坝 YS108 井区页岩气 $5 \times 10^8 m^3$ 产能建设，逐步形成了适用有效的水平井钻井、分级体积压裂等钻（完）井工程核心技术系列，探索并形成了水平井组工厂化作业技术和一体化项目管理模式。

此阶段的主要工作包括：

2014 年 2 月，黄金坝 YS108 井区 $5 \times 10^8 m^3$ 页岩气产能建设开发方案通过中国石油天然气集团公司审查；

2014 年 3 月和 5 月，YS108H1 平台和 H6 平台分别实现单平台双钻机和单平台 3 钻机的钻井工厂化作业；

2014 年 6 月，YS108 井区 5 个平台、9 台钻机全部到位作业；

2014 年 6 月，黄金坝页岩气 $5 \times 10^8 m^3$ 外输管线初设通过中国石油天然气股份有限公司审查；

2014 年 9 月 27 日，H6-8 井完钻水平井段长度为 1902m；

2014 年 10 月，H1 平台 1-3 水平井和 1-5 水平井进行拉链式压裂作业；

2014 年 11 月 22 日，H6-6 井水平段完钻长度达 2005m；

2015 年 2 月 26 日，H1 平台至宁 201 站外输干线投入运行；

2015 年 7 月 27 日，正式提交黄金坝建产区页岩气储量；

2015 年 9 月，黄金坝建产区日产量达百万立方米以上，气田正式进入快速投产开发；

2018 年，已建成了 $10 \times 10^8 m^3$ 产能。

在多年的实践探索、试验攻关、技术准备与积累过程中，中国石油浙江油田公司通过联合国内外多家单位，从选区评价，到钻采试验，再到气田建产与集输，形成了具南方海相山地页岩气特色的、一体化组织的项目管理模式，有效地规避了南方海相页岩气地质、工程与产量的不确定性风险，大大提高了示范区工程建设品质与成效，有效地降低了成本，在短时间内实现了南方海相页岩气从无到有、从小到大的发展，突破了商业气流关。

二、页岩气勘探主要目的层

滇黔北坳陷的中—古生界海相沉积发育较全，自下而上发育了寒武系纽芬兰统—第二统筇竹寺组（往东相当于牛蹄塘组）、上奥陶统五峰组—志留系兰多维列统龙马溪组、下石炭统旧司组、二叠系乐平统等 4 套海相、海陆过渡相黑色页岩目的层，其中，奥陶系五峰组—志留系龙马溪组和寒武系筇竹寺组分布稳定，厚度大，有机碳丰度高，保存较好，是现今勘探评价的主要层系。

1. 寒武系筇竹寺组

筇竹寺组（$\in_{1-2}q$）形成于寒武纪早期，岩性在纵向上具有一定的渐变性，可分为上下两段。下段岩性主要为深灰色、灰黑色粉砂质页岩、泥岩等，局部地区夹少量的粉砂质泥岩、钙质泥岩、泥质粉砂岩等，普遍含黄铁矿晶粒，常呈星点状或纹层状；上段岩性主要为灰色、深灰色、灰黑色含灰质泥岩、泥岩，夹深灰色灰质泥岩、粉砂质泥岩薄层，含黄铁矿。岩层中含生物群化石门类较单一，主要为三叶虫化石。

筇竹寺组中的黑色页岩具有分布广、有机质丰度高、类型好（为腐泥型）的特点。黑色页岩段厚度 385～750m，由西向东逐渐增厚。其中，灰黑色泥页岩所占比例为 60%～95%，厚度 230～400m。筇竹寺组页岩的热演化程度很高，R_o 为 2.0%～3.75%，达到过成熟阶段，属于过成熟的干气；有机碳含量 0.1%～9.37%，平均为 1.84%；有机质类型为 I 型、II 型；具有明显的分段性，下部层位的有机碳丰度较高（多大于 2%）（图 8-1）；根据孔坝背斜带的全岩矿物组成分析，矿物组分中石英占 32%～45%，黏土矿物含量 25%～55%，总体上较为稳定，纵向变化不大。核磁共振分析表明，页岩气储层致密，孔隙度、渗透率都较低。筇竹寺组孔隙度为 0.8%～5.8%，平均值 2.7%，其中大于 4% 的占 14.1%；渗透率分布范围为 0.000001～0.0041mD，平均为 0.00014mD，其中大于 0.0002mD 的占 11.3%。从昭 101 井及昭 103 井看，筇竹寺组含气量很低，普遍低于 $1m^3/t$，且以非烃类气体为主。据第四次资源评价预测，筇竹寺组页岩气资源总量为 $9837.51 \times 10^8 m^3$。

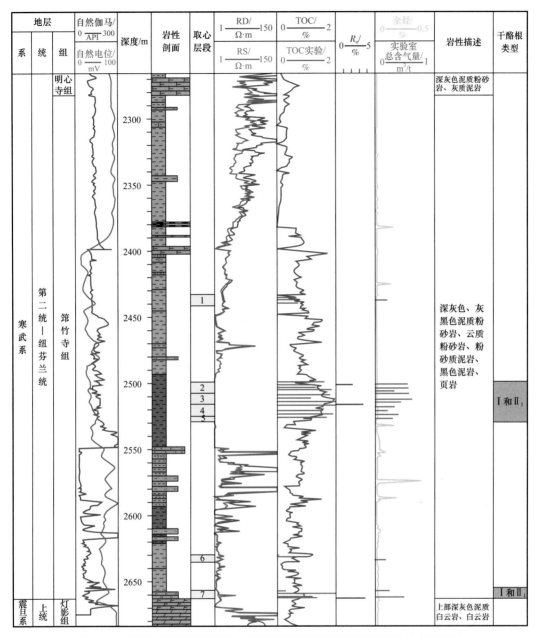

图 8-1　滇黔北坳陷昭通昭 103 井寒武系筇竹寺组有机地球化学综合柱状图

2. 奥陶系五峰组—志留系龙马溪组

五峰组（O_3w）—龙马溪组（S_1l）形成于奥陶纪晚期至志留纪早期。五峰组主要为黑色、灰黑色碳质、灰质或粉砂质页岩，水平纹层发育，处于最顶部的观音桥段为薄层、含 *Hirnantia* 和 *Dalmanitina* 动物群化石的泥灰岩；与下伏涧草沟组整合接触。龙马溪组的岩性主要为黑色、灰黑色碳质、灰质或粉砂质含笔石页岩，见黄铁矿结核，向上颜色变浅，粉砂质、灰质含量增多，局部地区演变为泥灰岩、石灰岩；古生物除笔石外，还有三叶虫、腕足类、苔藓虫、珊瑚等；与下伏的上奥陶统五峰组整合接触。

本套地层分布于坳陷北部，残留分布面积约 9000km²，中间厚两侧薄，中部暗色泥岩厚度 200～350m；主体埋深 1000～3500m，面积约 5500km²。根据筠连落木柔地层剖面资料和 YQ1 井、昭 104 井、YS112 井的实测数据（图 8-2），有机碳含量 0.8%～4.9%（下部大于 0.96%），类型为型 I 型—II₁ 型；R_o 为 2.6%～3.4%；孔隙度 1.56%～7.9%，渗透率分布范围为 0.000043～0.0042mD，平均为 0.00019mD；含气量高，介于 2.0～4.5m³/t，平均 3.5m³/t。天然气组分分析，甲烷占 97.59%，乙烷占 0.41%，二氧化碳占 1.47%，氮占 0.48%，不含硫化氢。第四次资源评价预测本套地层的页岩气资源总量为 10261.65×10^8m³，是滇黔北坳陷最有利的勘探开发目的层。

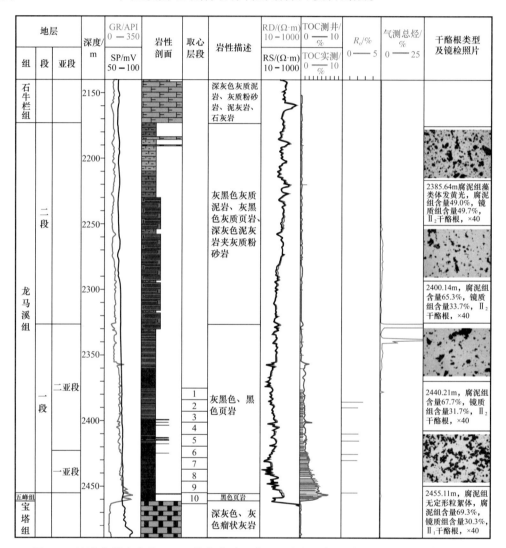

图 8-2　滇黔北坳陷珙县 YS112 井奥陶系五峰组—志留系龙马溪组地球化学综合柱状图

3. 下石炭统旧司组

滇黔北坳陷的旧司组主要为灰黑色—黑色碳质泥页岩、粉砂质泥页岩和煤层发育的富含有机质页岩，为海陆过渡相沉积。该套页岩单一层厚 5～65m，累计厚度可达 200m以上，主要分布在昭阳—彝良小草坝一带，分布范围较局限；有机质类型较好，有机碳含量为 4%～12%，热演化程度高，生气潜力大；作为储层，页岩中孔隙和裂缝发育，为页岩气提供了充足的储集空间，且具有较强的气体吸附能力。

4. 二叠系乐平统

二叠系乐平统（P_3）发育于海陆过渡相带，主要岩性为灰黑色碳质泥岩、褐灰色粉砂岩夹薄煤层，地层厚度100～200m，其中暗色页岩厚度在20m左右；有机碳含量0.7%～4.93%，平均为2%；煤岩碳含量为88.21%～91.12%（图8-3）；孔隙度0.44%～5.07%；岩心均见明显气泡且可燃，现场解吸气量0.02～5.16m³/t，平均为1.16m³/t。但乐平统分布不稳定，多呈条带状分布于向斜内，在坳陷北部筠连—叙永地区和南部镇雄地区产状较平缓，为有利分布区。

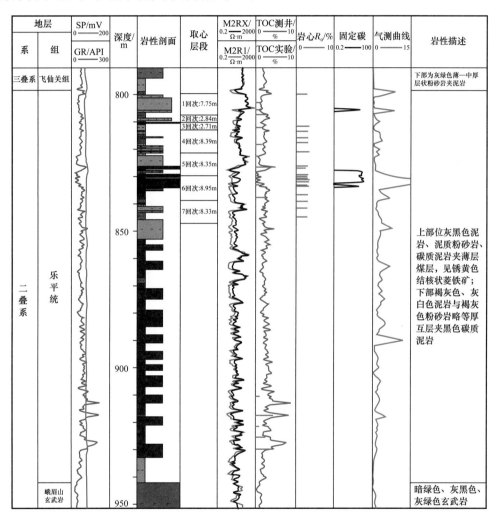

图8-3　滇黔北坳陷 YS107 井乐平统地球化学综合柱状图

与美国5大页岩气盆地对比，滇黔北坳陷的筇竹寺组、龙马溪组资源潜力较大，是页岩气赋存的有利层系，也是页岩气勘探突破的现实层系。筇竹寺组厚度大、分布稳定、有机碳含量高，地质条件基本相似，但演化程度较高；龙马溪组页岩埋深适中，含气量和储层物性较好，是现实勘探开发的主要目的层；旧司组、乐平统页岩有机碳含量较高，成熟度适中，乐平统页岩在昭105井气测显示强烈，是潜在的有利层位（表8-1）。

表 8-1　滇黔北坳陷与美国页岩气盆地页岩主要特征对比表

盆地 （坳陷）	页岩 名称	年代	埋藏深度 / m	厚度 / m	干酪根 类型	有机碳 含量 / %	镜质组 反射率 / %	总孔隙度 / %	含气量 / m³/t
阿巴拉契亚 （Appalachian） 盆地	Ohio 页岩	D_3	610～1524	91～610	II	0.5～2.1	0.4～4.0	2～11	1.7～2.8
福特沃斯 （Fort Worth） 盆地	Barnett 页岩	C_1	1981～2591	61～152	II	1.0～13.0	1.0～2.1	1～6	8.49～9.9
圣胡安 （San Juan） 盆地	Lewis 页岩	K_2	914～1829	152～579	III 为主， 少量 II	0.5～3.0	1.6～1.9	0.5～55	0.37～1.3
滇黔北坳陷	龙马溪组	S_1	500～3000	30～40	I—II	2.1～6.7	2.5～3.0	0.3～7.9	2～7.5
	筇竹寺组	$\in_{1-2}$	500～4500	20～60	I—II	1.1～9.4	2.9～3.8	0.8～5.8	0.13～1.1
	乐平统	P_3	561～705	15～30	III	0.7～4.8	2.2～2.8	0.58～9.49	0.02～5.1
	旧司组	C_1	0～2000	50～300	II	0.13～15.9	1.9～2.9	0.44～5.07	0.1

三、构造与沉积特征

滇黔北坳陷的页岩发育经历过古生代以来的多期成盆与多期造山历程，具有"强改造、过成熟、高杂应力"的山地页岩气特征，页岩气成藏条件复杂，富集与保存控制因素多。该区跨越多个构造单元，地处复杂构造带，页岩气资源的分布、赋存和保存同时受到构造和沉积相多重地质因素制约。按照"构造控盆、盆控相、相控储层与成藏"的评价思路，中国南方海相残留盆地的页岩储层主要受控于沉积环境与后期改造等两方面因素，沉积相分布是基础；气藏富集与保存受控于页岩变形程度与改造强度。

1. 构造特征及影响

扬子地台区自早古生代两套页岩（$\in_{1-2}q$、O_3w—S_1l）沉积之后，先后经历了广西（加里东）运动、印支运动、燕山运动与喜马拉雅运动等 4 期造山事件的改造。其中，广西期、印支期表现出弱造山、弱改造特征，页岩及围岩以褶皱变形为主，同时伴有局部的隆起与剥蚀；燕山期、喜马拉雅期表现出强造山、强改造特征，页岩及围岩除遭受了广泛的冲断与褶皱变形外，普遍遭受区域性隆升剥蚀作用，局部还伴随有断陷与岩浆侵入活动。

广西造山期与印支造山期的页岩改造主要局限于扬子地台区的东南部、西部及北部边缘，陆块中西部（即中上扬子区）的改造相对较弱，主要形成相对宽缓的褶皱（包括古隆起）；燕山期与喜马拉雅期的改造则波及全区，除上扬子区（即建始—彭水—贵定断裂与彭县—灌县断裂所围限的四川盆地中生代前陆盆地覆盖区域）变形相对较弱、以隔挡式构造样式为主外，其他地区均遭受了断裂改造，以冲断褶皱（断层相关褶皱）变形，且以扬子陆块周缘及东部、东南部区域变形改造最为强烈，发育有大量深大断裂与逆冲推覆变形构造，并伴随有大量岩体侵入与火山活动，页岩地层的连续性与完整性被严重损坏，页岩气保存条件明显变差。总体而言，扬子陆块下古生界页岩，现今以上扬子区及中扬子区中西部改造作用相对较弱，变形叠加次数最少（2～3期造山），页岩连续性与完整性相对较好，地层相对平缓，多埋藏于中生界与上古生界淡水自由交替带之下，页岩气保存条件较好。

滇黔北坳陷位于扬子陆块西南隅，处于四川盆地向黔中隆起褶皱带过渡区，坳陷内地层多变形褶皱，呈低陡断褶型隔槽组合样式。寒武系筇竹寺组、奥陶系五峰组—志留系龙马溪组总体上改造作用相对较弱，连续性与完整性相对较好，地层相对平缓，页岩气保存条件相对较好，但由于遭受过多期变形改造与叠加，记录有近EW、NE、NW及近SN向等4组构造形迹与4组节理。构造形迹的交切关系表明：近EW向构造形迹形成最早（广西期）；NEE—NE向形迹形成期其次（印支期—燕山期）；NWW—NW向形迹形成期第三（晚燕山期—早喜马拉雅期）；近SN向形迹形成最晚（喜马拉雅中—晚期）。对应的作用力次序为：近SN向最早，但主要局限于坳陷北部地区；NW—SE向其次，范围已扩展至坳陷东南；NE—SW向第三，主要局限于坳陷西南；近EW向最晚，发育于定型期，广布整个坳陷。这些特征总体反映了滇黔北坳陷的应力环境出现过多期转换与多期调整，今构造格局与应力环境极为复杂，使得滇黔北坳陷的水平井钻探工程遭遇极大挑战。

2. 沉积及地层分布特征

1）筇竹寺组沉积及地层展布

受南华纪以来罗迪尼亚（Rodinia）超大陆裂解以及扬子区广西运动造山事件影响，上扬子区相继发育了下古生界寒武系筇竹寺组（$\in_{1-2}q$）与奥陶系五峰组（O_3w）—志留系龙马溪组（S_1l）两套页岩，其中筇竹寺组页岩以硅质、碳质页岩为主，富有机质页岩具有厚度大（累计厚度40～200m）、分布广的特征，平面上主要富集于上扬子区西缘德阳—安岳陆内裂陷及其向南延伸的威远—珙县—镇雄深水陆棚相区内，总体呈北北西—南南东至近南北向展布，沉积中心区页岩分布面积达$5 \times 10^4 \sim 6 \times 10^4 km^2$，是上扬子区筇竹寺组页岩主要富集区之一；中心区页岩具有有机质丰度高（TOC含量1.5%～5.0%）、类型好（Ⅰ型为主）、演化程度高（R_o为2.9%～4.5%）等优势，总生气量远大于上覆的五峰组—龙马溪组页岩；但由于后期经历的地质事件多、改造期次多，筇竹寺组页岩的储层物性与保存条件相对较差，表现出超低孔超低渗、比表面积及吸附能力下降等特征，加上扬子区东南部遭受过多期抬升与剥蚀，页岩多已出露或近地表，地层变形、变位强烈，通天断层发育，页岩气保存条件总体较五峰组—龙马溪组差，但滇黔北坳陷仍不失为上扬子区及周缘较有利的页岩气保存区。

滇黔北坳陷筇竹寺组下段沉积期为海平面快速上升的时期，可容纳空间迅速增大，水体加深，且海水处于相对滞留、贫氧的状态，因此有利于富含有机质泥页岩的沉积；除阳1井附近发育泥质浅水陆棚微相外，大部分地区均发育深水陆棚亚相的泥质深水陆棚微相，这些地区同时也是优质泥页岩的主要发育区；由于古地貌等因素的影响，在坳陷中部的YS106井、YQ2井及昭103井附近主要发育砂泥质深水陆棚；昭101井及芒1井区，砂质含量较高，主要发育浊积砂微相。筇竹寺组上段沉积期，盆地相对变浅，水体随之变浅且富氧，水动力条件也相对增强，总体上不利于有机质的形成与保存，为陆棚相的浅水陆棚亚相，优势微相仍然是泥质浅水陆棚微相；在YQ2井、昭101井、阳1井等局部地区，粉砂质含量很高，主要发育砂质浅水陆棚微相（图8-4）。

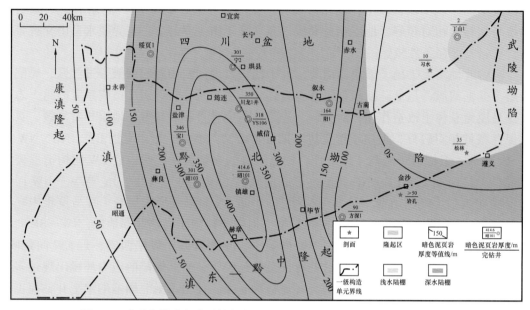

图8-4　滇黔北坳陷寒武系筇竹寺组沉积岩相古地理及暗色泥页岩厚度图

筇竹寺组遭受过剥蚀，地层厚度整体上具由东南往西北方向递减的趋势，其中镇雄地区昭101井处最厚，为727m；YS106井、芒1井区，筇竹寺组的厚度分别达386m、513.5m；镇雄羊场剖面的筇竹寺组厚度最薄，仅为190m，可能是受到一定程度的剥蚀；东北部的阳1井区厚度为214m。筇竹寺组下段的地层厚度与筇竹寺组总地层厚度具有大致相似的展布规律，呈现出东南部最厚、向西北方向减薄的趋势。其中昭101井区筇竹寺组下段厚度最大，厚385.35m；镇雄羊场剖面筇竹寺组厚度最薄，仅为131m；往东北方向的阳1井区也仅为147m。筇竹寺组上段的地层厚度与筇竹寺组总地层厚度的展布规律也大致相似，呈现由东南向西北方向减薄的趋势。其中昭101井区最厚，为341.65m，可能是受到逆断层或者地层倾角的影响；往东北方向的阳1井区厚度仅为67m。

2）五峰组—龙马溪组沉积及地层展布

进入早古生代末的广西期，受扬子区与周缘康滇、华夏等微陆块拼贴碰撞的影响，扬子区东南因江南—雪峰造山作用，逐渐被挤压形成了近东西向的黔中古陆与乐山—龙女寺古陆，川南及滇黔北坳陷由此形成，晚奥陶世—志留纪开始出现了被三面古陆所围限的古地理格局，五峰组—龙马溪组页岩因此沉积于"北海南陆、北深南浅"的浅海陆棚相环境，页岩由北向南逐渐减薄、尖灭，其中深水陆棚相黑色页岩呈现"北厚南薄"的趋势。本套地层砂质页岩较为发育，分布范围较广，平面上以滇黔北坳陷北部最为发育，厚度最厚，中上扬子区以东南部（川渝东南、湘鄂西）及北部（川北渝北、鄂北）山前区砂质页岩最厚、分布最稳定，累计厚度300～600m，坳陷内TOC含量一般为1.5%～3.5%，向扬子陆块西缘、南缘隆起区则逐渐相变为滨岸及三角洲相砂砾岩夹泥页岩。本套页岩底部富有机质页岩段（TOC 达 2.5% 以上）以中上扬子区东南部厚度最大，达 30～50m；扬子区内部总体呈现由上扬子区的川东南向下扬子区的苏北，富有机质层段逐渐减少、厚度减薄的趋势。

在龙马溪组沉积早期，滇黔北坳陷海平面上升，水体容纳空间增大，坳陷内环境为闭塞缺氧的深海陆棚环境，沉积了较厚的黑色与灰黑色泥页岩，广泛发育深水泥质陆棚沉积，局部地区发育微型浊流沉积，如昭 104 井、YS106 井、YS107 井仍发育有深水浊流沉积。龙马溪组沉积晚期，随着前陆隆起的抬升，海盆相对变浅，原先缺氧的环境逐渐变为富氧的环境，广泛发育有泥质浅水陆棚、灰泥质浅水陆棚、灰质浅水陆棚、砂质浅水陆棚、砂泥质浅水陆棚等 5 种沉积微相，其中以灰泥质浅水陆棚微相为主。沿着北西—南东走向，发育泥质浅水陆棚微相，而坳陷东北部则发育砂质浅水陆棚微相与砂泥质浅水陆棚微相（图 8-5）。

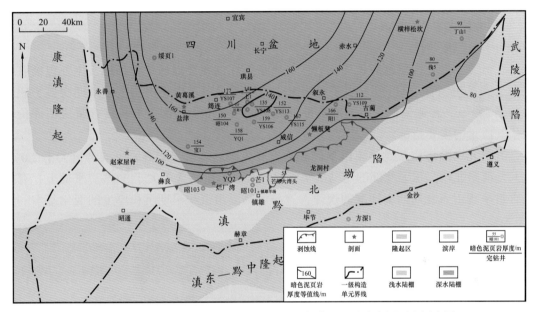

图 8-5　滇黔北坳陷志留系龙马溪组沉积岩相古地理及暗色泥页岩厚度图

五峰组—龙马溪组分布于坳陷中北部，残留分布面积约 8700km²，地层厚度呈南薄北厚的特点，其中在坳陷最北部的筠连—（珙县）上罗场—（珙县）洛亥—（兴文）响水滩一带最厚，在 250m 以上。由于受到黔中古隆起的影响，地层厚度向南减薄，其中芒部大湾头剖面的地层厚度减薄到 52.95m，而地层发生尖灭的地方大致出现在（彝良）龙街—（镇雄）盐源—（镇雄）芒部—（威信）水田—（叙永）摩尼一线。

龙马溪组下段地层厚度与整个龙马溪组总地层厚度具有相似的展布规律，总体上呈现出由南向北增厚的趋势，在坳陷北部的兴文响水滩一带最厚，在 220m 以上；在筠连巡司场一带最薄，分布在 75～80m 之间。龙马溪组上段地层厚度展布特征则明显不同，呈现出地层厚度由南向北先增厚、再减薄、再增厚的特点，呈现出两个沉积中心，其中中西部的盐津黄果树—盐津李家湾—彝良牛街—宝 1 井、东北部的 YS102 井—阳 1 井—叙永一带以及其北部大片区域，地层厚度相对较厚，主要分布在 150～175m 之间。

五峰组在坳陷内均有分布，地层厚度总体上呈现出由南向北增厚的趋势，在北部的盐津—筠连—叙永一带最厚，为 11～13m，其中盐津老母城剖面、盐津黄果槽剖面、阳1井可达到 13m；向南部，五峰组厚度逐渐减薄，在中部的芒部大湾头剖面仅为 4m，在东部的古蔺大坪上剖面仅为 2m。

四、页岩储层特征

1. 龙马溪组页岩储层特征

下面从页岩的地球化学特征（有机质丰度、类型、成熟度指标）、岩石矿物特征、储层物性特征（孔隙度、渗透率、含气饱和度、敏感性指标）、含气性评价（总含气量、吸附气含量、游离气含量指标）、岩石力学与地应力特征（裂缝发育程度、裂缝发育方向、主应力大小和方向、泊松比、杨氏模量、纵横波传播速度、抗压强度、脆性矿物含量指标）等方面论述。

1）地球化学特征

（1）有机质丰度。

有机质丰度是衡量富有机质页岩生气质量好坏的重要地球化学指标，主要包括有机碳含量和氯仿沥青"A"等，由于五峰组—龙马溪组泥页岩经历构造运动期次多、残留氯仿沥青"A"普遍偏低，不能准确反映泥页岩生气能力，因此有机碳含量成了评价页岩生气质量的主要指标。

滇黔北坳陷志留系龙马溪组下段泥页岩有机碳总体含量较高，平均含量大于 2.0%，尤其是滇黔北坳陷探区北部的龙马溪组下段泥页岩有机碳含量大于 3.0%。平面上，有机碳含量呈现由东北向西南递减的规律，这与龙马溪组沉积早期沉积厚度的变化基本一致（图 8-6）。

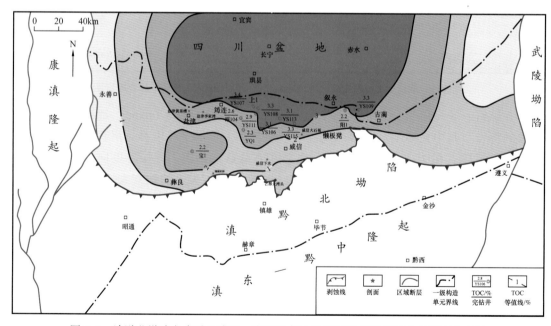

图 8-6 滇黔北坳陷奥陶系五峰组—志留系龙马溪组下段总有机碳含量平面分布图

（2）有机质成熟度。

滇黔北坳陷五峰组—龙马溪组泥页岩热演化程度总体较高，R_o值一般超过2.0%，主要分布在2.0%～3.5%之间，少数地区（YS111井周围）超过3.0%。平面上，五峰组—龙马溪组泥页岩成熟度具有东南略高、西北略低的变化趋势，这可能与西北部康滇隆起长期处于相对浅埋藏以及峨眉地幔柱的影响等因素有关（图8-7）。按照Tissot生油理论，五峰组—龙马溪组泥页岩均达到了以生干气为主的过成熟演化阶段，反映了五峰组—龙马溪组具有页岩气产出的良好潜力。

（3）有机质类型及显微组分。

有机质类型是评价富有机质页岩生气质量的重要指标之一，它对页岩的生气潜力和性质起决定性作用。

根据滇黔北坳陷五峰组—龙马溪组泥页岩样品的显微组分分析及荧光特征，其干酪根显微组分主要以腐泥组为主，包括腐泥不定型和碎屑体，所占比例主要介于73%～88%，少数井样品腐泥组含量小于70%；其次为镜质组，含量一般为1%～23%，主要分布于YS106井、YS109井；壳质组主要分布在YS109井，含量1%～17%；惰质组分布较为普遍，含量一般为1%～20%。

根据干酪根镜检类型指数（TI）主要在41～82之间，属于II₁型干酪根，少量样品的TI达到90～100，属于I型干酪根。

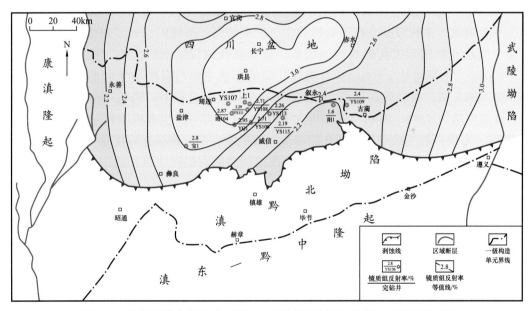

图8-7　滇黔北坳陷奥陶系五峰组—志留系龙马溪组镜质组反射率平面图

2）岩石矿物特征

五峰组—龙马溪组的岩石矿物成分由石英、长石、方解石、白云石、黄铁矿和黏土等矿物构成，其中黏土矿物主要为伊利石、伊/蒙混层和绿泥石。脆性矿物主要包括石英、长石、方解石、白云石和黄铁矿，含量40.1%～86%，平均为70%，具有自上而下逐渐增高的特点，其中石英含量占主导，平均含量54%，较高的脆性指数有利于压裂而形成人工裂缝。黏土矿物含量总体较低，在纵向上的变化特征与脆性矿物的含量呈"镜像"，具有从上至下逐渐减少的特点，含量58.2%～5.1%。

3）储层物性特征

页岩气储层特征主要包括储集空间类型和孔隙结构特征。页岩储集空间主要为基质孔隙和裂缝，基质孔隙分为原生孔隙和次生孔隙，原生孔隙较少，次生孔隙是页岩气的主要储集空间，它主要为有机质微孔隙和黏土矿物层间孔。孔隙结构特征主要涉及不同尺寸孔隙的比例以及比表面积。页岩气除了以游离气的形式存在外，吸附气也是一种重要的存在方式，吸附气是甲烷气体以吸附状态保存在有机质等颗粒的表面，因此页岩孔隙结构对甲烷吸附能力具有一定的影响，有机孔隙的吸附能力强于无机孔隙。有机碳含量、黏土矿物类型及含量、干酪根类型及演化程度是控制页岩气储层微观孔隙结构的主要因素。

（1）储集空间类型。

通过对钻井岩心的详细描述，选取五峰组—龙马溪组富有机质页岩、粉砂质泥岩、泥质粉砂岩、灰质泥岩等不同岩性样品，利用高倍扫描电镜进行观察，识别出7种成因类型的微米—纳米级微观储集空间，即残余粒间孔、有机质微孔隙、黏土矿物层间微孔缝、粒内孔、生物体腔孔、黄铁矿晶间孔以及残余基质孔；宏观页岩储集空间为裂缝，主要发育构造剪裂缝和页理缝两类裂缝。储层基质孔隙以有机孔为主，孔径介于5～200nm，主体在150nm左右，在五峰组下部最发育。裂缝密度达8～12条/m，裂缝宽度一般为0.1～2cm不等，裂缝基本被方解石充填。

五峰组—龙马溪组泥页岩的有机质微孔以"蜂窝"状、"串珠"状、圆形或椭圆形、不规则状等多种形态分布于有机质中，轮廓清晰。不规则状和"串珠"状微孔隙是由多个圆形或椭圆形微孔破裂连通而成，该类微孔隙以纳米级为主，孔隙直径一般为20～800nm，个别可达1～4μm。有机质孔隙的形成主要与有机质生成的液体或气体聚集产生气泡有关。有机质含量为7%的页岩在生烃演化过程中，消耗35%的有机碳可使页岩孔隙度增加4.9%。有机质成熟度大于0.6%时，即可产生有机质孔隙，当R_o值大于2.4%时，可供页岩气吸附的微观孔隙减少，有机质含量和热演化程度是控制这类孔隙发育的重要因素。滇黔北坳陷五峰组—龙马溪组较高的有机碳含量和适中的热演化程度为页岩有机质微孔发育提供了有利条件。

（2）储集物性特征。

通过泥页岩物性数据统计，五峰组—龙马溪组泥页岩有效孔隙度为3.1%～6.3%，龙马溪组底部页岩层孔隙度较高，平均孔隙度达到4.4%；渗透率在0.0044～0.0111mD之间，平均值为0.00664mD，其中渗透率小于0.008mD的样品占近90%。

4）含气量分布特征

页岩气以游离气、吸附气以及溶解气的形式储存在页岩中，根据现场含气量测定结果，YS108井龙马溪组2387～2515m现场解吸气量为0.42～0.73m³/t（平均0.55m³/t），总含气量2.56～3.48m³/t（平均3.11m³/t），并随着井深加深呈现逐渐增高的趋势。根据页岩气储层测井解释结论，龙马溪组优质页岩层在YS108井区总含气量为4.66m³/t；YS108H1-1井水平段总含气量为5.6～7.5m³/t，平均5.9m³/t；YS112井区总含气量为3.77m³/t；YS117井区总含气量为4.49m³/t；平面上具有由南向北增大的趋势。

5）储层敏感性

龙马溪组黏土矿物主要为伊利石、伊/蒙混层和绿泥石。伊利石含量为47.3%，伊/蒙混层为 36.2%，绿泥石为 14.7%，高岭石为 2.8%，属于正常转化型，表现为弱水敏特征。

6）岩石力学与地应力

滇黔北坳陷由于地处印支期以来多期造山运动叠加的区域挤压和走滑应力背景，地下断层、派生的微构造及天然裂缝发育，地应力状态复杂（高应力值的挤压走滑构造应力结构），尤其是页岩层水平方向的应力差大，表现为特殊的南方海相盆地外山地页岩气特点，由此造成了地质评价、水平井钻井、储层改造难度大与技术挑战强。

通过对比四川盆地龙马溪组页岩的岩石力学特征，滇黔北坳陷龙马溪组页岩总体显示较高的杨氏模量和较低的泊松比特征，具有较高的脆性。

根据快慢横波测井方位、钻井诱导缝及井壁崩落，综合分析了最大主应力方位，其中叙永大寨地区和筠连黄金坝、珙县紫金坝地区相比，最大主应力方向发生了明显偏转（表 8-2），黄金坝地区最大主应力方向为北西西—南东东向（100°～120°，平均 114°），紫金坝地区为北西西—南东东向（120°～130°，平均 125°），大寨地区为北东东—南西西向（220°～230°，平均 225°）。

根据 Eaton 公式，用纵波时差预测，经钻井液密度、气测显示等钻井信息佐证，黄金坝地区龙马溪组的孔隙压力系数为 1.75～1.80，五峰组的孔隙压力系数为 1.95～1.98，YS108 井压裂后测压值与此相似；紫金坝地区优质储层段上部的孔隙压力系数为 1.35～1.40，下部的孔隙压力系数为 1.75～1.80；大寨地区优质储层段上部的孔隙压力系数为 1.03～1.13，储层段下部的孔隙压力系数为 1.56～1.60（表 8-2）。

根据三轴应力呈走滑断层特征（垂向应力居中），最小水平主应力为 50～56MPa，最大、最小水平主应力差别较大（表 8-2）。奥陶系宝塔组碳酸盐岩地层的水平应力差别更大，应力遮挡明显。选择最小水平主应力较低的层段射孔，利于压裂缝开启和缝高控制。

表 8-2　滇黔北坳陷奥陶系五峰组—志留系龙马溪组岩石力学、地应力参数对比表

地区	杨氏模量 / GPa	泊松比	脆性指数 / %	地层压力系数	最小主应力 / MPa	水平应力差 / MPa	脆性	最大主应力方位 / (°)
筠连黄金坝	22～40	0.17～0.24	53～67	1.75～1.98	56.17	19.7	49.0	114
珙县紫金坝	30～48	0.17～0.28	49	1.35～1.80	51.30	20.9	52.0	125
叙永大寨	40～60	0.21～0.30	55	1.03～1.60	49.90	24.5	51.5	225

7）保存条件

滇黔北坳陷发育了多套厚层富含有机质的泥页岩，由于经历了多次构造活动、多期生排烃以及多幕次的油气充注和破坏，故油气的保存条件是决定是否存在具有经济价值页岩气藏的关键。

在构造活动不强烈的地区，油气藏的保存条件主要取决于盖层的有效性；在断裂发育地区，油气藏的保存条件取决于断裂发育程度、金属矿床及地下水的状况。

（1）盖层封盖作用。

龙马溪组厚度 260～300m，其下段泥页岩厚度 120～150m。对上覆泥页岩的突破压力进行分析测试，泥页岩渗透率极低，为 0.000111～0.000145mD；突破压力较大，为 9.6～14.5MPa；突破时间相对较长，为 0.0149～0.0305a；总体反映了泥页岩非常致密，自身条件对页岩气具有良好的封盖条件。

（2）地壳运动的上升剥蚀作用。

构造运动能够直接影响泥页岩的沉积作用和成岩作用，进而对泥页岩的生烃过程和储集性能产生影响；构造运动可造成泥页岩层的抬升和下降，从而控制页岩气的成藏过程；构造运动还可以产生裂缝，有效改善泥页岩的储集性能。宏观裂缝不利于页岩气的保存，强烈的构造活动不利于页岩气气藏的保存，通天断层对页岩气的保存起到破坏作用。

滇黔北坳陷的西南部断裂非常发育，北部及中东部断裂较少，构造较为稳定，可作为有利的构造选区方向。

（3）断裂及其伴生热液矿脉的影响。

地表构造主要由北北东向、北东东向及近东西向的构造组成，交会部位构造形态较复杂。地层褶皱幅度不等，断层较为发育，据不完全统计，主要断层多为高角度、呈北东向的逆断层，断距不大。区内二叠系峨眉山玄武岩广泛分布，伴生的热液矿脉主要分布于探区的东南方和西南方，北部区块未见，推测北区影响较小。

（4）区域热演化影响。

有机质深埋地腹，随埋深的增加，古地温升高，加之二叠纪中期的剧烈岩浆活动，有机质逐渐成熟并向烃类转化。当古地温进一步增加，烃类不断裂解，趋向甲烷化及石墨化，即有机质从未成熟—成熟—高成熟—过成熟以至变质消失。

2. 筇竹寺组页岩储层特征

1）TOC 分布特征

滇黔北坳陷寒武系筇竹寺组（或牛蹄塘组）页岩有机碳含量分布范围为 0.09%～5.18%，属于较好烃源岩，其中筇竹寺组底部属好烃源岩。南部区域的泥页岩有机碳含量相对较高，总体上，有机碳含量在平面上呈自东南向西北递减的规律（图 8-8）。

2）R_o 分布特征

筇竹寺组页岩的镜质组反射率普遍较高，介于 2.14%～4.43%，均已演化至过成熟生干气阶段，总体上，R_o 在平面上呈自东南向西北递减的规律。

3）岩石矿物特征

筇竹寺组泥页岩的矿物成分以黏土矿物、石英为主，长石次之，见少量方解石、白云石及黄铁矿等碎屑矿物和自生矿物，黏土矿物以伊利石和绿泥石为主。脆性矿物中石英含量占 9.0%～52.0%，黏土矿物含量占 5.0%～41.0%。总体上，筇竹寺组的脆性矿物含量较大，利于页岩气的压裂与开采。

4）储集空间类型

筇竹寺组的储集空间可分为基质孔隙和裂缝，其中基质孔隙是甲烷富集和储集的主要空间，裂缝则是甲烷渗流的通道。基质孔隙以晶间孔为主，其孔径多分布在100～500nm 之间。

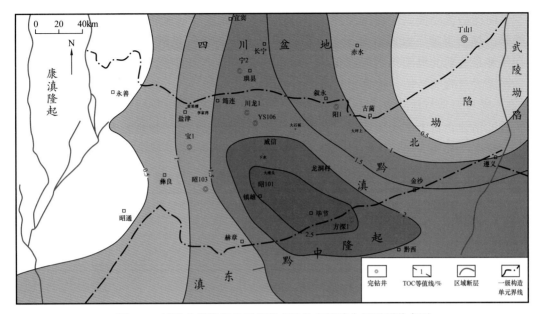

图 8-8　滇黔北坳陷寒武系筇竹寺组总有机碳含量平面分布图

5）储层物性

筇竹寺组的孔隙度为 0.885%～4.061%，峰值区间为 2%～3%，平均值为 2.4%。钻井资料表明，筇竹寺组含气页岩的常规物性普遍较差。

6）含气量分布特征

岩心含气量测试表明，彝良小草坝地区明显要好于叙永太阳地区和筠连地区。小草坝地区现场测试的含气量在 0.27～1m³/t 之间，均值为 0.55m³/t。YS106 井含气量在 0.06～0.43m³/t 之间，均值为 0.25m³/t。太阳地区样品的解吸气量几乎为零，总含气量为 0.04～0.10m³/t，均值为 0.08m³/t。

筇竹寺组含气量较低可能存在以下 3 个原因：

（1）北美的页岩盆地为北美环加拿大克拉通盆地所形成的一系列沉积盆地，它们基本保留了原型—近原型盆地，而滇黔北坳陷的地层较老，经历的构造活动较强，对保存条件要求较严格。孔坝背斜带的芒部背斜在喜马拉雅运动期间抬升剥蚀了近 5000m，强烈的抬升剥蚀，造成了筇竹寺组发育了不整合、断层和裂缝，部分地层直接出露地表，喜马拉雅运动前深埋的、过成熟的页岩气通过断层、裂缝等逸散了。

（2）强烈的成岩作用使岩石变脆，易破碎、断裂。昭 101 井筇竹寺组页岩的 X 射线衍射表明，黏土矿物主要为伊利石和绿泥石，其次是少量的伊/蒙混层，镜下特征为颗粒间呈缝合接触，并见自生云母呈定向排列，表现出石墨化特征，属晚成岩 C 期。强烈的成岩作用使页岩特性发生变化，塑性变差，脆性增强，在强烈的构造挤压下，易产生大量复杂的断裂、裂缝和地层泄压，导致气体大量散失。

（3）过高的成熟度使页岩吸附能力降低，造成解吸气含量偏低。由 YQ2 井等温吸附实验统计，在压力达到 10.83MPa 时，页岩的甲烷吸附能力达到 0.96～2.14m³/t，其最大的吸附能力为 1.18～2.71m³/t，同美国五大页岩气盆地含气量相对比，测试值明显偏低。

多期构造运动使高成熟度和强成岩作用的页岩储层易形成断层和裂缝发育，保存条件变差，加上受地下水冲洗和地表水淋滤，造成页岩含气量低、烃类气体散失，因此，保存条件是滇黔北坳陷筇竹寺组页岩气成藏的主控因素，那些远离断层发育区、构造稳定、埋深适当的地区是寻找页岩气藏的有利区。

7）岩石力学与地应力

通过钻井岩石力学实验表明，滇黔北坳陷筇竹寺组页岩的弹性模量变化较大，泊松比变化较小（表8-3）。

表8-3 滇黔北坳陷寒武系筇竹寺组页岩岩石力学参数表

井名	层位	深度/m	抗压强度/MPa	弹性模量/10^4MPa	泊松比
昭101井	筇竹寺组	1568	156	2～3	0.28～0.30
昭103井	筇竹寺组	2516～2524	263	3.5～4.0	0.21～0.25

3. 龙马溪组和筇竹寺组特征对比

（1）对龙马溪组和筇竹寺组的烃源岩特征进行了对比，认为两组暗色泥页岩厚度均较稳定，厚度范围分别为30～190m和30～350m，龙马溪组具由南向北增厚的趋势，筇竹寺组具东南厚、西北薄的趋势。两组地层现今埋深范围跨度较大，龙马溪组主要介于500～3000m，筇竹寺组介于2000～6000m。两组烃源岩的TOC分别为0.17%～5.91%和0.39%～2.79%，其中二者底部层的TOC含量明显增高。龙马溪组的有机质类型以Ⅰ型、Ⅱ$_1$型为主，见少量Ⅲ型；筇竹寺组的有机质类型均为Ⅰ型。两组烃源岩的热演化程度均较高，龙马溪组的R_o主要在2.07%～3.25%之间，筇竹寺组的R_o主要在3.06%～4.43%之间，都处于过成熟阶段；二者现今的生烃潜力均已很小，热解生烃潜量普遍小于0.1mg/g。

（2）龙马溪组和筇竹寺组的泥页岩中，硅质和其他脆性矿物总体含量较高，这反映了泥页岩的硬度较高、脆性和造缝能力较强，压裂改造时有利于裂缝网络的产生。

（3）龙马溪组泥页岩的矿物成分主要为黏土矿物和石英，石英以碎屑成因为主，平均含量为26.2%～33.4%；筇竹寺组泥页岩的矿物成分主要为黏土矿物、石英和长石，黏土矿物平均含量为26.3%～35.9%，石英平均含量为27%～39.3%，石英和长石总含量的平均值为44.3%～64%，方解石平均含量为3.5%～17.5%；二者的脆性矿物总体含量较高。龙马溪组储层孔隙度为0.8%～4.9%，渗透率变化较大，总体表现为特低孔、特低渗特征；残余原生粒间孔、晶间孔、矿物铸模孔、次生溶蚀孔、黏土矿物间微孔、有机质孔等基质孔隙，以及构造裂缝、成岩收缩微裂缝、层间页理缝和超压破裂缝等裂缝为主要的储渗空间。筇竹寺组以残余原生粒间孔、晶间孔、矿物铸模孔、次生溶蚀孔、黏土矿物间微孔、有机质孔等基质孔隙，以及构造裂缝、成岩收缩微裂缝、层间页理缝和超压破裂缝等裂缝为主要储集空间。

（4）利用液氮吸附实验原理，对龙马溪组和筇竹寺组泥页岩的BET比表面积和BJH孔体积进行了研究，发现龙马溪组和筇竹寺组泥页岩的比表面积和孔体积都较大且具有良好的正相关性。微孔隙越发育、泥页岩的孔体积越大，就越有利于泥页岩对页岩气的吸附和储集。

（5）通过泥页岩的孔隙模型，并利用吸附脱附曲线，分析了龙马溪组和筇竹寺组泥页岩的微孔隙结构特征。根据孔隙形态将孔隙模型划分为一端封闭的圆筒状孔、两端开口的圆筒状孔、一端封闭的平行板状孔或尖劈形孔、四边都开口的平行板状孔以及细颈瓶状（或墨水瓶状）孔等类型，分析了各类孔隙能否产生吸附回线。吸附脱附曲线特征表明，区内龙马溪组和筇竹寺组泥页岩以极为发育的微孔为主，平均孔径分别为2.12～2.61nm 和0.55～2.00nm。孔径小于3.3nm 的微孔隙主要为一端封闭的圆筒状孔和平行板状孔或尖劈形孔；孔径不小于3.3nm 的微孔隙以细颈瓶状（墨水瓶状）孔为主，这类孔隙有利于页岩气的吸附，但透气性较差，不利于页岩气的解吸与扩散。

（6）对龙马溪组泥页岩的含气性及吸附性进行了评价分析，发现龙马溪组泥页岩含气量总体较低，但底部黑色页岩段含气量明显较高，多在 1.0m^3/t 以上，具有形成页岩气藏的可能。泥页岩的兰氏体积（V_L）较大，平均为 1.808m^3/t，兰氏压力（p_L）平均为1.413MPa，总体较低，反映了泥页岩对页岩气的吸附能力较强，具有良好的储气能力，但不利于解吸。泥页岩的吸附能力受到压力、温度、有机碳含量、黏土矿物类型及含量（尤其是伊/蒙混层含量）、热演化程度等因素的影响。

（7）通过对龙马溪组泥页岩的盖层封盖条件、构造保存条件以及水文地质保存条件的分析，对页岩气气藏保存条件进行了研究，认为上覆区域性的盖层、无通天断层、浅层具备承压水文地质环境，以及整体封闭保存体系这"三大要素"并存，是优选页岩气有利区十分重要的条件。

五、有利区优选

1.页岩气富集主控因素

滇黔北坳陷页岩气富集主要受三方面因素控制，即黑色页岩发育程度、页岩热演化程度以及后期保存条件。

（1）富有机质页岩是页岩气高产的基础。富有机质页岩既是页岩气生成的基础，也是页岩气储集岩层，因此页岩厚度大、TOC 值高，有利于页岩气富集。

（2）页岩气演化程度一方面控制了页岩的生气能力，另一方面也控制了页岩的储集性能。页岩演化程度一般不宜过高，随着 R_o 的增大，大比表面积的伊/蒙间层矿物含量逐渐减少，而小比表面积的伊利石、绿泥石含量增多，从而会导致黏土矿物间微孔比表面积和孔体积的大大减小。与龙马溪组相比，筇竹寺组的成熟度明显更高，因此其比表面积和孔体积均远小于龙马溪组，这也因此导致了其页岩气勘探效果差于龙马溪组。

（3）后期保存是页岩气高产的关键。具有稳定的上覆有效盖层和远离断层，是后期保存的关键，高产页岩气往往具有"异常高压"特点，这反映出有利的保存条件是控制现今页岩气分布的关键因素。

因此，滇黔北坳陷演化程度相对合适的龙马溪组，页岩气显示较好，而演化程度过高的筇竹寺组，页岩气显示一般。平面上，滇黔北坳陷的北部和南部小草坝地区沉积时水体深、富有机质页岩发育，且后期构造相对稳定，是页岩气富集的主要区域。

2.评层选区标准、方法

滇黔北坳陷由于构造复杂，加上经历过多期、多组构造挤压与走滑作用的叠加与联合作用，构造形迹总体呈北东东向至近东西向展布。除受沉积期深水陆棚相环境因素控制外，页岩均经历了印支期以来的多期造山事件改造，地层形变强度大且横向多变，地质应力背景和天然裂缝复杂，页岩气储层也因较早进入生烃渐趋停滞的过成熟阶段，气藏赋存主要以原生气藏的再聚集与保存为主，页岩气藏也因多遭逸散破坏而出现非连续性分布格局，因而页岩气富集与赋存单元连片面积小、分布分散，明显有别于构造相对稳定区的四川盆地页岩气藏连续性分布的特征。

勘探成果表明：在区域盖层剥露缺失区、通天断层发育带和水文地质淡化带，页岩气藏往往遭受破坏而变成无气赋存区或无气赋存带，地层压力系数明显偏低；在整体封闭保存完好的斜坡带，页岩气保存条件好，页岩气井产能随页岩地层压力系数增高而增大。因此，页岩气甜点选区评价，应首先优选区域盖层保存完好，并有一定厚度、远离通天断层、水文地质呈现停滞或缓慢微渗还原环境、构造相对稳定的区带。以滇黔北坳陷为代表的中国南方海相页岩气甜点选区评价，除引用国内外常规的页岩气八大评价指标（页岩厚度与埋深、有机质丰度与成熟度、页岩物性与含气性、页岩矿物成分组成和页岩力学性质）外，需要因地制宜地补充页岩气保存条件、地层孔隙压力和地形地貌等关键评价指标（表8-4）。

表8-4　滇黔北坳陷页岩气选区评价优选参数表

序号	优选项目	参数指标
1	页岩厚度	大于15m，富含有机质泥页岩在区域上分布广泛且厚度较大
2	页岩埋深	目的层埋深适中，一般为700～4500m
3	有机质丰度	泥页岩有机质丰度高，TOC含量大于1%
4	有机质成熟度	R_o介于1.2%～3.5%
5	页岩含气性	泥页岩层含气量较好，含气量大于1.0m³/t
6	岩石力学性质	泊松比为0.235～0.27，杨氏模量为27～33GPa；具有低泊松比、高杨氏模量特征
7	页岩物性	渗透率大于100nD，孔隙度大于3%，含水饱和度小于50%；泥页岩层理和微裂隙发育
8	页岩矿物成分	硅质含量大于30%；黏土矿物含量中等，一般小于40%
9	保存条件	区域构造相对简单，地层产状较平缓，以宽阔的大中型向斜和宽缓的构造斜坡地带为优；存在盖层封闭保存条件，远离通天断层，不受地表淡水淋滤干扰；沉积承压的水文地质系统具体指标是：海相地层水的水型（苏林分类）为$CaCl_2$型，变质系数$[\gamma(Na^+)/\gamma(Cl^-)] \leqslant 0.87$，脱硫系数$[\gamma(SO_4^{2-})/\gamma(Cl^-)] \leqslant 2.0$
10	地层压力	以高于静水地层压力系统的页岩层为宜，越是高压力系数，产能潜力越好，最好能大于1.25
11	地貌与地理条件	平坝广布、道路交通便利、水源较丰富，有利于开发井网的建设

3. 有利区带优选

1）龙马溪组

参照有利区优选的评价标准，重点考虑沉积岩相、TOC、厚度、埋深、保存条件以及地形地貌条件，依据龙马溪组厚度（TOC>1%）大于50m、优质页岩段TOC大于

2%、埋深 1500～4000m、深大断裂少且有一定的区域保存条件，综合评价优选出 3 个有利区，由好到差依次是筠连—威信的黄金坝—紫金坝区带、叙永的云山坝—大寨区带及彝良的小草坝区带，总面积 3500km²，预测资源量为近万亿立方米（图 8-9）。

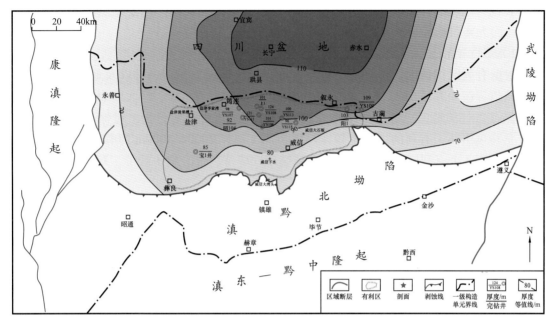

图 8-9　滇黔北坳陷志留系龙马溪组有利区分布图

（1）黄金坝—紫金坝区带：主体构造比较平缓、区域展布稳定，地层总体倾向北东，地层倾角较小，区块内断裂不发育，地腹主要断层以逆断层为主；五峰组—龙马溪组泥页岩埋深适中，以 2000～3000m 为主；TOC 在 1% 以上的层段厚度 85～105m，富有机质页岩（TOC＞2%）厚度较大，基本在 30～45m 之间；有机碳含量整体较高，平均值达到 3.27%；R_o 平均值为 2.67%；含气量相对较高，为 2.78～3.48m³/t；地形地貌条件较好，交通方便，河流发育。

（2）云山坝—大寨区带：构造形变相对简单，地层横向展布稳定，龙马溪组泥页岩埋深适中，在 200～2500m 范围之间；通天大断层少，保存条件好且有利于开发；TOC 在 1% 以上的层段厚度 80～105m，优质页岩（TOC＞2%）较厚，基本在 25～46m 范围内；优质页岩有机碳含量较高，在 2.6%～3.7% 之间；R_o 在 2.7%～3.3% 之间；含气量相对较高，主要分布在 1.0～3.4m³/t 之间；地形地貌条件相对较好，主体属于丘陵地貌，且道路交通便利。

（3）小草坝区带：以小草坝背斜带为主，构造形变有所增强，地层稳定，道路交通方便；泥页岩埋深在局部地区相对较深，主体主要分布在 200～4000m；TOC 在 1% 以上的层段厚度 75～90m，优质页岩厚度相比云山坝—大寨区带略有减薄，厚 15～35m；有机碳含量同样略有降低，主要分布在 2.0%～2.5% 之间；R_o 主要分布在 2.3%～3.0% 之间；含气量在 1.0～2.5m³/t 之间。

黄金坝—紫金坝区带、云山坝—大寨区带总体呈宽阔的向斜，区域保存条件好，页岩气层埋藏深度多为 1800～3000m，页岩储层厚度 80～110m，其中优质页岩厚度

30～45m，TOC 为 2%～3.58%，R_o 为 2.8%～3.2%。通过综合地质研究、地震反演、钻采试气等，在有利区优选基础上，选择了黄金坝、紫金坝、大寨、云山坝和沐爱五个甜点区（图 8-9），总面积 1300km²，地质储量 6000×10⁸m³ 以上，其中黄金坝、紫金坝甜点区表现为超压、高脆性特点，已建成 10×10⁸m³/a 产能规模，沐爱甜点区表现为塑性特点，而大寨甜点区介于二者之间，表现为高 TOC、超压特点。

2）筇竹寺组

根据有利区优选的评价标准，重点考虑 TOC、埋深、保存条件以及地形地貌条件，选择筇竹寺组全井段 TOC 大于 1%、优质页岩段 TOC 大于 2%、深大断裂少、有一定的区域保存条件的地区；考虑到筇竹寺组经历的地质历史时期更长，对保存条件的要求也较龙马溪组高，有利的埋深也较龙马溪组深（选择 2000～4000m 为有利埋深），综合评价优选了 3 个有利区，由好到差依次是赫章—毕节区带、叙永区带、筇连—威信区带（图 8-10）。

（1）赫章—毕节区带：地层横向展布稳定，筇竹寺组泥页岩埋深在 2000～4000m 之间；通天大断层少，保存条件好；泥页岩总厚度以及优质页岩厚度较厚，基本在 150～300m 和 50～100m 范围内；优质泥页岩的有机碳含量较高，在 2.0%～4.05% 之间；R_o 值较低，在 2.2%～4.0% 之间；地形地貌条件相对较好，道路交通便利。

（2）叙永区带：筇竹寺组泥页岩埋深在 1000～7000m 之间；通天大断层少，保存条件好；泥页岩总厚度及优质页岩厚度较厚，基本在 150～300m 和 0～50m 范围内；优质泥页岩的有机碳含量较高，在 1.5%～3.5% 之间；R_o 在 1.5%～4.0% 之间；地形地貌条件相对较好，道路交通便利。

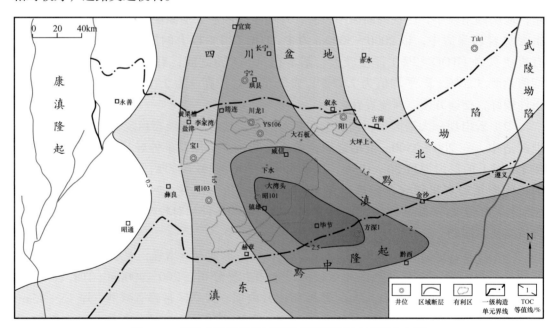

图 8-10　滇黔北坳陷寒武系筇竹寺组页岩气有利区分布图

（3）筇连—威信区带：以宽阔的沐爱向斜构造带为主，构造形变相对简单，地层横向展布稳定；筇竹寺组泥页岩埋深在 2500～5500m 之间；通天大断层少，保存条件好；泥页岩总厚度及优质页岩厚度较厚，基本在 230～340m 和 0～50m 范围内；优质泥页岩的有机碳含量较高，在 2.5%～3.5% 之间；R_o 在 3.5%～4.0% 之间；地形地貌条件相对较好，道路交通便利。

六、黄金坝—紫金坝页岩气田

1. 概况

1）交通地理概况

黄金坝—紫金坝气田位于四川省宜宾市的筠连县、珙县、兴文县和云南省昭通市的威信县境内，面积 245km² （图 8-11）。公路、铁路干线贯穿全境，交通条件相对较好。宜（宾）—威（信）公路从气田中部通过，四通八达的乡村公路网直通各村镇。

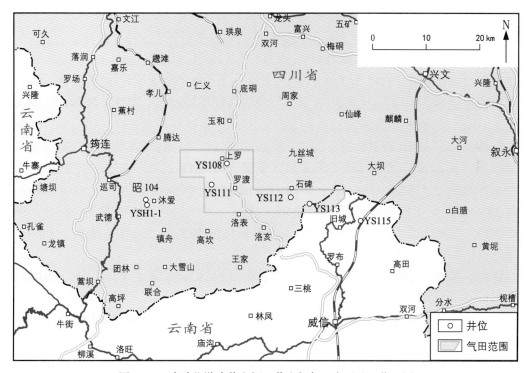

图 8-11　滇黔北坳陷黄金坝—紫金坝气田交通地理位置图

黄金坝—紫金坝气田属于山地地形，境内重峦叠嶂、沟壑纵横，海拔相差悬殊，以低山为主，间有丘陵槽坝；区内年平均气温 13.1～17.8 ℃，年平均降雨量 750～1200mm；区内和周边发育有南广河、赤水河、长宁河等河流。

2）气田勘探开发历程

滇黔北坳陷自 2009 年开始页岩气勘探，勘探前期主要围绕坳陷南部的镇雄、赫章地区进行寒武系筇竹寺组勘探，钻探实施了昭 101 井、昭 103 井，通过钻探揭示了筇竹寺组具备暗色页岩厚度大、TOC 值高、岩石脆性大等良好的静态地质条件，但由于受保存条件和成熟度过高的影响而未获可燃气流，据此首次提出了大面积分布的海相页岩不等于就是页岩气层，筇竹寺组"高演化、强改造"页岩气的赋存规律主要受控于"动态保存"条件，靠近古隆起边缘的"晚成熟、晚抬升"区域是页岩气有利区的认识。

2010 年 1 月开始转战坳陷北部进行勘探，针对志留系龙马溪组先后实施了昭 104 井、YSH1-1 井、YS108 井、YS108H1-1 井、YS112 井、YS113 井等井，开展了钻采工程技术试验，优选出了黄金坝、紫金坝、太阳等超压甜点区，落实了页岩气开发的规模建产区域，为开展页岩气产能建设奠定了基础。昭104井位于巧家—筠连背斜带的沐爱向斜，是滇黔北坳陷内第一口获气的评价井，2011年2月5日完钻，井深2117.5m，揭示了志留系龙马溪组和奥陶系五峰组优质黑色页岩储层厚度18m，具有良好的含气性，岩心含气实验表明含气量为0.55～2.23m³/t，平均为1.34m³/t；测井资料解释含气量为1.9～3.8m³/t，平均为3.2m³/t。2011年4月3日进行压裂施工，注入地层总液量2213.3m³，总砂量104.2m³，测试产量1.12×10⁴m³/d。据此实施了YSH1-1井，该井是坳陷内第一口页岩气水平井，于2011年10月11日完钻，井深3167.62m，水平段长895.73m，页岩气储层平均孔隙度为5%，平均TOC为3%，总含气量为3m³/t，2012年1月14日至1月20日进行分段压裂施工（8级压裂），注入地层总液量15802m³，累计砂量1020t，测试产量3.6×10⁴m³/d。沐爱向斜龙马溪组页岩气获得气流突破之后，又开始在巧家—筠连背斜带的建武向斜钻探实施了YS108井和YS108H1-1井。YS108井揭示优质页岩储层35m、TOC为3.7%、含气量4.1m³/t、孔隙度5.4%、硅质含量50%、黏土矿物含量36%。2013年9月26日对该层段分3簇压裂改造，共注入液体2533.66m³，砂量170.88t，初期测试页岩气日产量1.63×10⁴m³，最高日产量3.61×10⁴m³/d，无阻流量4.5×10⁴m³/d。鉴于YS108井（直井）良好的试气效果，针对龙马溪组底部优质页岩气储层段在同井场又部署实施了第一口水平井YS108H1-1井，该井完钻井深4115m，其中水平段长度1353m。2014年1月28日完成15级压裂改造，共注入液体27842m³，砂量1080t，获得了初期测试日产量20.86×10⁴m³。该区后期实施的水平井钻井，全烃9%～37%，气测异常明显，TOC大于3%，硅质含量50%以上，含气量大于3m³/t，主要储层评价参数与YS108H1-1井相当。

随后，由黄金坝地区向东扩展至紫金坝地区，实施了YS112井、YS113井、YS113H1-7井（水平井）。YS112井于2015年4月20日完钻，井深2520m，揭示了龙马溪组和五峰组页岩厚度230m，其中2374.6～2405.6m优质黑色页岩储层厚度31m。根据测井解释分析结果，页岩储层的特征与YS108井相当。YS113井于2016年8月19日完钻，井深2390m，揭示了龙马溪组和五峰组页岩厚度284.9m，其中2315.3～2350.9m优质黑色页岩储层厚度35.6m，同平台实施了YS113H1-7井，A靶着陆点定于YS113井五峰组底界之上7.06m处，水平井靶体为龙马溪组龙1_1^2小层中下部，水平段长2512m。解释水平段伽马值平均约218.9API，电阻率108.7Ω·m，密度2.55g/cm³，共解释页岩储层2469m/12层，其中：一类页岩气储层2298.8m/6层，占比93.1%；二类页岩气储层152.6m/5层，占比6.2%；三类页岩气储层17.6m/1层，占比0.7%。平均黏土矿物含量21%；有效孔隙度1.0%～5.2%，平均4.5%；TOC 3.5%～8.1%，平均4%；总含气量平均5.5m³/t。经45级压裂施工，总用液量88060m³，平均单级1957m³；总加砂量4440t，平均单级加砂量98.7t。该井施工排量平均在9～13m³/min之间，选取了7mm、8mm、9mm、10mm等4个不同气嘴测试流动阶段的产量，其最高产量为26.7×10⁴m³/d，套压平均为7.8MPa。

YS108井、YS108H1-1井、YS113井获得高产页岩气，表明了建武向斜具备良好的页岩气开发基础。2014年2月，开始了黄金坝—紫金坝地区10×10⁸m³/a产能建设，针对盆外山地页岩气开发所面临的地质工程和施工管理挑战，通过山地页岩气一体化高效开发对策，逐步形成了适用有效的钻采工程核心技术系列，探索并形成了水平井组工厂化作业模式，投产开发水平井 68 口，建成了 $10 \times 10^8 m^3/a$ 的产能。

2. 基本地质条件

黄金坝—紫金坝气田地处四川盆地南部边缘向云贵高原的过渡区，山地地形地貌复杂，交通道路不便，水源分布不均，人多地少，井场优选困难。区域构造上位于巧家—筠连背斜带建武向斜南翼斜坡地带，这里的页岩气目的层五峰组—龙马溪组，与周边长宁、威远、富顺以及（涪陵）焦石坝页岩气开发区的目的层，同属于川渝南部的深水陆棚沉积。

黄金坝—紫金坝气田龙马溪组页岩储层埋深 2100～2800m，地层压力系数 1.5～2.0，优质页岩厚度平均 36.3m，TOC 为 3.3%，黏土矿物含量 26.2%，石英含量 44.4%，脆性指数达到 50% 以上，孔隙度 3.2%～5.2%，含气量平均 3.8%，杨氏模量 30～35GPa，泊松比 0.2 左右，最小水平主应力 50～55MPa，水平主应力差达 20～28MPa，天然裂缝较发育。与北美及相邻的页岩气开发区相比，黄金坝—紫金坝气田储层评价的静态参数基本相当，但由于地处多期叠加的区域挤压和走滑应力背景下的向斜斜坡地带，这里的断裂和天然微裂缝系统相对发育，纵横向地应力系统复杂，尤其是水平方向的应力差，相比焦石坝、长宁开发区要高，总体表现为"强改造、高演化、山地"特征。

1）构造特征

黄金坝—紫金坝气田位于建武向斜的西翼和南翼，构造形态表现为北倾的单斜构造，应力场呈现一个挤压的环境，由于受多期构造挤压作用，南部断层较为发育，北部构造较为稳定，断层较少，区域上断层多呈剪切或共轭关系，断层走向以北东及北西方向为主，也存在东西向延伸的断层，断距 100～200m，部分断层断距较大，延伸较远。

区内五峰组底界共解释了 16 条规模断层（图 8-12），主要分布在气田外的西南部和东南部，为盖层滑脱构造样式，部分断层延伸长度超过了 6km，但气田内断裂系统整体不发育，较大型断裂发育在气田东部，呈近东西向，断开龙马溪组—筇竹寺组，断层长度为 14km，落差范围为 30～110m，向上消失于志留系，向下消失于寒武系。

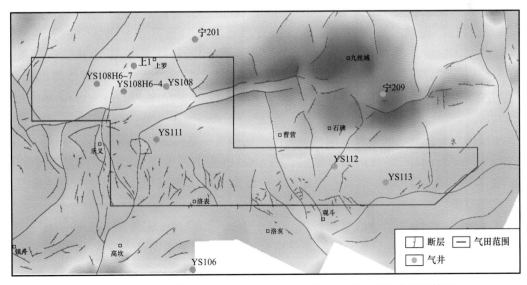

图 8-12 滇黔北坳陷黄金坝—紫金坝气田志留系龙马溪组底界断裂系统图
底图颜色由红至蓝代表构造位置由浅至深的变化

区内压扭性质的逆断层、走滑断层对页岩气保存条件影响较小，尚未因断层造成页岩气勘探落空的情况，但对产量有一定的影响，并且造成了钻井压裂施工难度加大。

2）优质储层段精细划分

黄金坝—紫金坝气田龙马溪组—五峰组含笔石暗色泥页岩地层纵向上具有一定的渐变性，总体上具有向上颜色逐渐变浅、碳质含量逐渐减少以及粉砂质和灰质含量逐渐增加的特征，自下而上划分为龙马溪组一段、二段。

龙马溪组一段岩性主要为黑色页岩、碳质页岩、硅质页岩，局部含薄层泥质粉砂岩，底部与奥陶系五峰组观音桥段介壳灰岩和五峰段分界。发育厘米级和毫米级的微细纹层，含黄铁矿团块、晶粒，常呈星点状或纹层状，地层视厚度 108m。测井特征表现为中高伽马、低电阻，GR 为 105.9～219.4API（平均值为 155.9API），RD 为 3.3～61.1Ω·m（平均值为 18.2Ω·m）。

龙马溪组二段岩性主要为灰色、灰黑色泥质灰岩、黑色灰质页岩，局部夹薄层灰质泥岩，顶部见薄层石灰岩条带，以块状灰岩出现而与上覆的石牛栏组分界，下部为黑色页岩，地层视厚度 177m。自下而上泥岩颜色逐渐变浅，灰质含量逐渐升高，泥质含量降低，与龙马溪组一段呈渐变式过渡。

五峰组—龙马溪组一段生物属种多，富含笔石、放射虫、海绵骨针等，龙马溪组二段则属种相对单一，以笔石为主；自下而上可划分 11 个笔石带，整体呈现"双列式为主—过渡带—单列式为主"的渐变、向上笔石富集程度逐渐降低的变化特征。

综合岩性、电性、含气性特征，结合有机碳及硅质含量等参数，将龙马溪组一段进一步划分为龙 1_1、龙 1_2 两个亚段。由龙 1_2 亚段到龙 1_1 亚段，自然伽马曲线仍呈逐渐上升趋势，有机碳含量、电阻率值也是相应升高。龙 1_2 亚段自然伽马值相对较低，主要介于 115～140API，电阻率值较低，结合无铀伽马曲线，判断该亚段有机碳含量较低，基本小于 1.5%。在龙 1_1 亚段上部，自然伽马值主要介于 130～150API，电阻率相比龙 1_2 亚段略高，有机碳含量在 1.5%～2%；在龙 1_1 亚段下部，自然伽马值基本在 150API 以上，无铀伽马曲线数值降低，显示较高的有机碳含量，主体大于 2%。

根据岩性、电性和含气性特征，将主力产层段龙 1_1 亚段细分为 4 个小层：龙 1_1^1 小层、龙 1_1^2 小层、龙 1_1^3 小层、龙 1_1^4 小层（表 8-5）。五峰组—龙 1_1 亚段的厚度为 33～37m，厚度分布稳定。平面上龙 1_1 亚段具有向北侧的向斜内部逐渐增厚的趋势，龙 1_1^1 小层厚度 3～6m，龙 1_1^2 小层厚度 5～6m，龙 1_1^3 小层厚度 5～7m，龙 1_1^4 小层厚度 10～15m。

小层的划分主要是根据伽马曲线、密度曲线和电阻率曲线的响应特征。

龙 1_1^4 小层：自然伽马值相对稳定，在 150API 左右，密度 2.65g/cm³ 左右，有机碳含量在 1.5%～2.5%，由于黏土矿物含量相对较高，电阻率值相对较低，岩心观察见三角半耙笔石带。

龙 1_1^3 小层：自然伽马值整体较高，介于 160～200API，密度值在 2.59g/cm³ 左右，有机碳含量大于 3%，由于黏土矿物含量相对减少，电阻率值略高于龙 1_1^4 小层，岩心观察见轴囊笔石—曲背冠笔石带。

龙 1_1^2 小层：由于硅质和钙质含量较高，自然伽马值波动变化，介于 180～280API，电阻率值与龙 1_1^3 小层相当，有机碳含量大于 3%，岩心观察见原始笔石。

表 8-5　滇黔北坳陷黄金坝—紫金坝气田奥陶系五峰组—志留系龙马溪组龙 1_1 亚段页岩气储层小层划分方案

界	系	统	组	段	亚段	小层
古生界	志留系	兰多维列统	龙马溪组	一段	二亚段	—
					一亚段	4
						3
						2
						1
	奥陶系	上统	五峰组	观音桥段	—	
				五峰段	—	

龙 1_1^1 小层：与下伏的五峰组观音桥段介壳灰岩整合接触，自然伽马值 300API 以上。该小层硅质含量、碳酸盐含量较高，黏土矿物含量较低，电阻率值较高，总有机碳含量 4%～7%，平均为 5% 左右，为当前页岩气开发的最优小层。

3）储层综合评价

针对气田三轴应力状态复杂、天然裂缝发育的难点和特点，采用地—工程一体化的技术路线，开展了"品质三角形"（储层品质、钻井品质、完井品质）综合评价。

（1）地球化学特征。

龙马溪组底部黑色页岩有机质丰度高，有机质类型主要为 I 型干酪根，显微组分中腐泥组含量最高，镜质组次之，惰质组含量低。镜质组反射率 R_o 为 2.2%～3.2%，平均为 2.7%，处于过成熟干气阶段。有机质丰度的表征参数主要包括有机碳（TOC）、氯仿沥青"A"及总烃含量，在此主要采用有机碳含量进行表征与评价：TOC 整体分布较为均匀，其中五峰组—龙 1_1 亚段的 TOC 大于 2%，在 2.2%～3.6% 之间，平均为 2.7%，评价为高—特高有机碳含量；龙 1_2 亚段的 TOC 明显变小，介于 0.12%～1.92%，平均为 0.78%，评价为低—中等有机碳含量。

岩石物理实验结果证实，页岩层的纵横波速度比与总有机碳含量、总含气量之间均存在负相关关系，即低泊松比对应高总有机碳含量和高总含气量，且总有机碳含量与纵横波速度比的相关性较好，相关系数达到 0.8 以上，可以用来预测龙马溪组优质页岩段的平均有机碳含量，并据此编制 TOC 平面分布图。受沉积相带的控制，黄金坝—紫金坝气田的有机碳含量具有北高南低的特点，并整体呈现出随埋藏加深，有机碳含量逐渐升高，五峰组—龙 1_1 亚段 TOC 含量高值区主要分布在 YS108 井—YS111 井—YS112 井—YS113 井等靠近向斜区的区域（图 8-13）。

（2）矿物组分。

五峰组—龙马溪组主要为呈薄层或块状产出的暗色细颗粒的沉积岩，它们在化学成分、矿物组成、古生物、结构和沉积构造上丰富多样。含气岩石类型主要为含放射虫碳质笔石页岩、碳质笔石页岩、含骨针放射虫笔石页岩、含碳含粉砂泥页岩。这些岩性的矿物成分组成在一定程度上决定了后期的压裂改造效果。

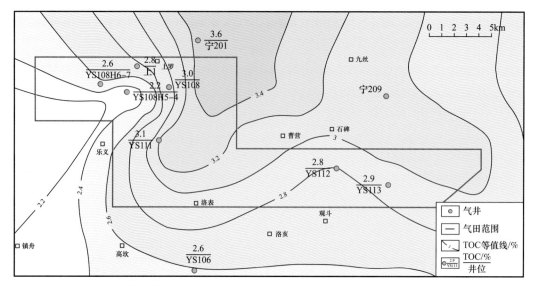

图 8-13　滇黔北坳陷黄金坝—紫金坝气田五峰组—龙马溪组龙1_1亚段 TOC 含量等值线图

脆性矿物含量自上而下逐渐增高。页岩中的脆性矿物一般指石英、长石等碎屑岩矿物，方解石、白云石等碳酸盐类矿物，以及黄铁矿等矿物。YS108 井、YS111 井、YS112 井、YS113 井和 YS115 井在五峰组—龙马溪组共测试 234 个全岩 X 射线衍射样品。结果显示，五峰组—龙马溪组脆性矿物以硅质矿物为主，介于 2%～64.5%，平均 34.6%；钾长石矿物含量介于 0～6.2%，平均 0.8%；钠长石矿物含量介于 0～20%，平均 6.1%；方解石矿物含量介于 0.3%～49.2%，平均 14.46%；黄铁矿矿物含量介于 0～36.7%，平均 2.44%；黏土矿物含量介于 4.8%～64.4%，平均 33.4%，以伊利石（63.3%）和伊/蒙混层（22.9%）为主，其次为绿泥石（8.9%）和高岭石（4.9%）。

脆性矿物和硅质矿物的含量总体具有自上而下逐渐增高的特点，其中五峰组—龙马溪组龙1_1亚段中脆性矿物含量明显较高。龙1_1亚段的碳酸盐岩含量为 17%，QFM（石英、长石、云母）含量 45%，黏土矿物含量 38%，脆性指数 45%～65%，碳酸盐岩含量较低，黏土矿物含量较高，多为泥质硅质页岩和混合型页岩。龙马溪组二段的碳酸盐岩含量为 54%，QFM 含量 36%，黏土矿物含量 26%，碳酸盐岩含量较高，硅质含量低，多为碳酸盐质页岩和泥质碳酸盐质页岩。一般认为，石英、长石、碳酸盐矿物含量越高，蒙皂石含量越低，岩石的脆性就越强。黄金坝—紫金坝气田的脆性指数〔（硅质矿物＋碳酸盐岩）/（硅质矿物＋碳酸盐岩＋黏土矿物）〕为 44%～78%（平均 59.8%），底部优质页岩平均为 64%，有利于增产体积改造和商业开采。

（3）储层物性特征。

①储集空间类型。根据镜下观察，气田五峰组—龙马溪组页岩储层的孔隙类型可分为晶间孔、矿物铸模孔、粒间溶孔、粒内溶孔、黏土矿物粒间微孔和有机质孔，其中以有机质孔、黏土矿物粒间微孔、矿物铸模孔最为发育。根据孔隙直径大小可将基质孔隙分为大孔（孔径＞50nm）、中孔（孔径为 20～50nm）、微孔（孔径＜20nm）三级，龙马溪组的基质孔隙以大—中孔为主。

②孔渗特征。页岩中的孔隙空间是页岩气的重要储集空间，基质孔隙的发育程度直接关系到页岩气的资源评价及勘探开发价值。从实测孔隙度统计结果看，储集性能

在纵向上整体表现出自上而下逐渐增强的趋势。龙马溪组龙 1_2 亚段至龙 1_1 亚段的上部，孔隙度在 1.3%~2.6% 之间，往下孔隙度逐渐增大，至龙 1_1 亚段的底部和五峰组，最高可达 5.2%。有效孔隙度分布在 2.6%~5.2% 之间，以纳米级中孔为主，天然微裂缝较发育，有利于烃类气体的储集。渗透率分布在 0.0044~0.0111mD 之间，平均值为 0.00664mD。

根据测井计算的孔隙度结果，气田内五峰组—龙 1_1 亚段平均孔隙度的平面分布大体呈现西北高东南低的特点，北部上 1 井最高，平均为 4%，西部 YS108H5-4 井最低，为 2.4%，南部 YS106 井为 3.2%，YS112 井、YS113 井平均在 3.3% 以上。

（4）含气特征。

页岩含气量是指每吨页岩中所含天然气折算到标准温度和压力条件下（101.325kPa，0℃）的天然气总量。

① 等温吸附特征。通过 Langmuir 等温模型，对 YS108 井、YS112 井、YS113 井和 YS115 井的 66 个页岩样品进行了等温吸附测试，结果表明五峰组—龙马溪组一段页岩吸附能力强，兰氏体积（V_L）为 0.68~5.35m^3/t，平均为 2.69m^3/t，其中 V_L 大于 2m^3/t 的占总样品数的 69.7%；兰氏压力（p_L）为 1.25~8.16MPa，平均为 3.81MPa，反映了页岩在低压区对页岩气的吸附气量增速相对较大，而在高压范围吸附气量增速明显变小。

吸附气量除受温度影响外，还受压力的控制，气藏地层压力平均为 57.4MPa，气藏在地层状态下，已达到最大饱和吸附气量，因此，在实验得出兰氏体积和兰氏压力的情况下，利用 Langmuir 等温方程求出了地层状态下的吸附气量，为 2.27~2.69m^3/t，平均为 2.50m^3/t，表明页岩具有较强的吸附能力（表 8-6）。

表 8-6　滇黔北坳陷黄金坝—紫金坝气田奥陶系五峰组—志留系龙马溪组龙 1_1 亚段
实验计算吸附气量统计表

井名	兰氏体积 / m^3/t	兰氏压力 / MPa	地层压力 / MPa	吸附气量 / m^3/t
YS108 井	2.36	2.42	61.23	2.27
YS112 井	2.60	1.51	63.10	2.54
YS113 井	2.69	4.25	59.50	2.51
YS115 井	2.91	4.71	57.00	2.69

② 含气性特征。经含气量实验测定，龙马溪组页岩现场解吸气量为 0.42~0.84m^3/t，平均为 0.66m^3/t，总含气量为 1.95~5.56m^3/t。五峰组—龙马溪组下部的黑色页岩段含气量明显较高，样品含气量在 2.38~5.56m^3/t 之间，平均含气量为 3.11m^3/t。

通过井震联合反演，预测气田总含气量为 2.9~5.3m^3/t，平均为 4m^3/t。受构造、沉积相带与储层特征控制，YS108 井的总含气量高达 5.2m^3/t，紫金坝地区的 YS112 井、YS113 井和 YS115 井一线含气量均在 4m^3/t 左右，呈东西向带状展布，自南向北呈现升高趋势，整体呈南低北高的特点（图 8-14）。

总含气量是孔隙压力、孔隙度、TOC、含气饱和度、岩石密度等多种储层品质属性综合影响的结果。根据各层的含气量特点，垂向上总含气量主要受控于 TOC 含量与孔隙压力，总含气量在平面上的分布趋势则主要与孔隙压力有关，另外，孔隙压力对于其他储层品质参数有"补偿"作用，即孔隙压力高的区域，对于TOC、孔隙度等参数的要求可适当降低。

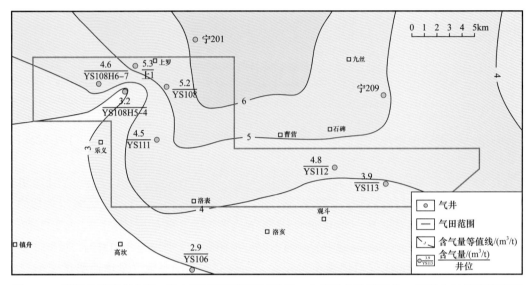

图8-14　滇黔北坳陷黄金坝—紫金坝气田奥陶系五峰组—志留系龙马溪组龙 1_1 亚段含气量等值线图

（5）优质页岩厚度。

黄金坝—紫金坝气田龙马溪组一段至五峰组主要是深水泥质陆棚沉积，向上沉积水体逐渐变浅，至龙马溪组二段则以浅水陆棚沉积为特征。根据五峰组—龙马溪组页岩的岩相及含气性特征，龙马溪组一段可细分为优质页岩发育段（龙 1_1 亚段）、砂质页岩发育段（龙 1_2 亚段），总体以富有机质页岩发育段（龙 1_1 亚段）含气性最好，并将其细分为龙 1_1^4 小层、龙 1_1^3 小层、龙 1_1^2 小层、龙 1_1^1 小层等4个小层（表8-7）。

其中，龙 1_1^3 小层、龙 1_1^2 小层、龙 1_1^1 小层和五峰组含气性最好，脆性指数最高，最易于压裂采气，龙 1_1^4 小层储层品质最差。不同的井区各小层评价略有差异，黄金坝YS108井区，龙 1_1^3 小层紧随龙 1_1^1 小层其后，再次为龙 1_1^2 小层和五峰组；而到了紫金坝YS112–YS113井区，龙 1_1^2 小层的储层品质则要略优于龙 1_1^3 小层和五峰组。

根据井震联合反演预测，黄金坝—紫金坝气田五峰组—龙马溪组龙 1_1 亚段的优质页岩（含气量>2m³/t）厚度在32～45m之间，平均厚度36.2m，表现为由南至北逐渐增大的趋势（图8-15）。

（6）岩石力学及地应力特征。

储层的岩石力学特征及地应力特征是页岩气井完井品质评价的核心，也是地质、工程一体化评价最为关键的内容之一。通过地震反演结果及一维岩石力学研究成果，采用三维有限元方法确定三维岩石力学参数，包括杨氏模量、泊松比、单轴抗压强度、摩擦角及抗拉强度，集成断层及裂缝带，确定三维孔隙压力体。在此基础上，再利用一维地应力剖面标定、测试压裂数据的校核，建立原场应力，包括最小水平主应力、最大水平主应力及上覆岩层压力，刻画储层三维应力场及岩石可压性、非均质性，可为布井优化、井壁稳定分析、钻井优化、增产改造提供依据。

表 8-7　滇黔北坳陷黄金坝—紫金坝气田奥陶系五峰组—志留系龙马溪组龙 1_1 亚段含气页岩小层划分表

小层	矿物组成 /%					有机碳 /%	孔隙度 /%	测井特征			
	黏土矿物	石英	长石	方解石	白云石			自然伽马 / API	深侧向 / $\Omega \cdot m$	声波时差 / $\mu s/m$	补偿中子 / %
龙 1_1^4	>30	30~40	10	>10	<5	$\dfrac{1.2\sim2.6}{2.0}$	$\dfrac{1.8\sim3.7}{2.7}$	$\dfrac{130\sim150}{140}$	$\dfrac{2\sim52}{17}$	$\dfrac{69\sim83}{76}$	$\dfrac{12\sim18}{16}$
龙 1_1^3	15~30	30~40	<10	>10	5~10	$\dfrac{2.6\sim4.2}{3.5}$	$\dfrac{2.9\sim4.3}{3.6}$	$\dfrac{140\sim220}{180}$	$\dfrac{5\sim99}{25}$	$\dfrac{67\sim84}{74}$	$\dfrac{7\sim17}{12}$
龙 1_1^2	19	45	<5	>20	10	$\dfrac{2.8\sim4.0}{3.3}$	$\dfrac{2.5\sim4.2}{3.6}$	$\dfrac{152\sim242}{194}$	$\dfrac{18\sim70}{42}$	$\dfrac{65\sim82}{72}$	$\dfrac{7\sim15}{11}$
龙 1_1^1	17	46	<5	>20	10	$\dfrac{3.6\sim5.2}{4.3}$	$\dfrac{2.2\sim5}{3.7}$	$\dfrac{186\sim337}{284}$	$\dfrac{18\sim126}{60}$	$\dfrac{65\sim80}{72}$	$\dfrac{8\sim14}{10}$
五峰组	20~35	20~30	5~10	<10	10~15	$\dfrac{2.1\sim3.2}{2.8}$	$\dfrac{2.6\sim4.1}{3.4}$	$\dfrac{65\sim239}{157}$	$\dfrac{12\sim99}{20}$	$\dfrac{52\sim77}{69}$	$\dfrac{4\sim17}{11}$

注： $\dfrac{1.8\sim3.7}{2.7}$ 表示 $\dfrac{最小值\sim最大值}{平均值}$ 。

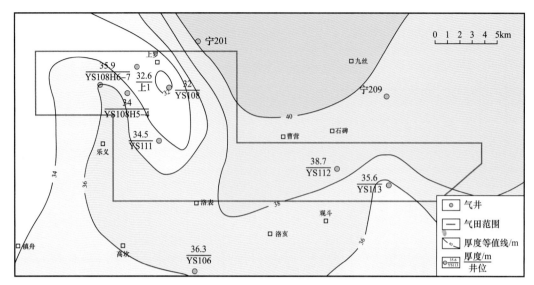

图 8-15　滇黔北坳陷黄金坝—紫金坝气田五峰组—龙马溪组龙 1_1 亚段优质页岩厚度等值线图

① 岩石力学特征。五峰组—龙马溪组页岩总体显示出较高杨氏模量以及较低泊松比的特征，其中杨氏模量为 28.70～34.26GPa，平均为 31.92GPa；泊松比为 0.19～0.27，平均为 0.22。利用 Rickman 公式计算的页岩储层岩石力学脆性指数介于 39.26～58.66，平均为 51.66，表明五峰组—龙马溪组龙 1_1 亚段优质页岩具有较强的脆性，这和利用矿物分析的结果一致。

② 地应力特征。依据地应力大小的结果表明（表 8-8）：最大水平主应力为 71.7～79.6MPa，平均为 75.35MPa；最小水平主应力为 47.43～55.7MPa，平均为 52.53MPa；水平应力差为 18.6～26.5MPa，平均为 22.78MPa，主应力分布规律为水平最大主应力 $\sigma_H >$ 垂向应力 $\sigma_v >$ 水平最小主应力 σ_h，三轴应力呈走滑断层特征，应力差较大，反映了较强的区域构造应力。

根据井壁崩落和钻井诱导缝的特征，分析了气田内及周边 6 口井的最大水平主应力方位（表 8-8），结果表明紫金坝和黄金坝的构造位置基本相同，最大水平主应力方位基本一致，以北西西—南东东方向为主。YS106 井由于构造位置较高，处于单斜往正向构造转换的过渡地带，应力方向与斜坡带不一致，最大水平主应力方位为近东西向。YS115 井区与太阳背斜的现今最大水平主应力方向相近，但与黄金坝—紫金坝气田完全不同，表明气田周边构造复杂，地应力方向变化较大。地层压力系数和埋深具有吻合较好的趋势，表现为由南至北、由西至东逐渐增大的趋势。

表 8-8　滇黔北坳陷黄金坝—紫金坝气田龙马溪组—五峰组地应力参数统计表

参数	YS108 井	YS111 井	YS112 井	YS113 井	YS115 井	YS106 井
最大水平主应力 /MPa	75.5	79.6	71.7	76.0	73.9	—
最小水平主应力 /MPa	55.7	54.4	53.1	52.0	47.4	—
水平应力差 /MPa	19.8	25.2	18.6	24.0	26.5	—
水平应力差比值 /%	26	31	26	32	36	—
最大水平主应力方向 /（°）	100～120	100～120	120～130	120～130	30～40	90～100

总的来看，水平应力差比值在 30% 左右，不利于人工裂缝的转向，较难形成复杂的缝网系统。目的层段上部普遍无明显应力遮挡层，底部碳酸盐岩应力大幅增加，顶底板的隔挡应力差在 10～15MPa 之间，对人工裂缝向下延伸有较好的遮挡作用。基于地层评价和岩石力学结果，优选应力较低、可压性高的井段作为射孔段，利于裂缝的开启和横向延伸。

4）气藏特征与资源评价

组分分析表明，黄金坝—紫金坝气田的烃类组成以甲烷为主，重烃含量低。烃类组分中甲烷含量为 96.76%～98.66%，平均为 97.62%；乙烷含量为 0.28%～1.11%，平均为 0.58%；丙烷含量为 0.01%，CO_2 含量为 0.04%～0.49%，平均为 0.15%。天然气成熟度高，干燥系数（C_1/C_{2+}）为 189.13～220.24。页岩气 $\delta^{13}C_1$ 主要分布在 −28.8‰～−23.9‰ 之间，平均为 −26.78‰。根据干酪根碳同位素区分烃源岩类型的标准，并结合干酪根镜检结果及热演化程度，分析页岩气为烃源岩的热裂解成因气。

五峰组—龙马溪组龙 1_1 亚段的页岩气为较高成熟度的高温高压干气，具体为中深层（2100～2800m）、弹性气驱为主、高温（平均地层温度为 92.5℃）、高压（压力系数为 1.3～2.1）、干气（甲烷 >95%）。

黄金坝—紫金坝气田整体具备千亿立方米级的储量规模，为高 TOC、高 R_o、高脆性矿物、特低渗、中产、中深层、低技术可采储量丰度的大型气藏。2015 年 5 月，黄金坝—紫金坝气田 YS108 井区五峰组—龙马溪组提交新增页岩气探明储量 $527.16×10^8 m^3$、新增探明含气面积 $68.47 km^2$。

5）高产主控因素分析

页岩气勘探表明，含气页岩层能否产气，产气量是高还是低，常常还需要结合页岩地层压力与压裂后的储层改造效果，并需要结合试气成果进行分析与评价。据黄金坝—紫金坝气田页岩气生产井的试气成果统计资料分析（表 8-9），影响产区页岩气产量的关键因素是地层压力，通常超压层段页岩气高产，常压层段页岩气低产或仅有显示，如北部 YS108 井区及上 1 井区，五峰组—龙马溪组龙 1_1^3 小层的页岩测试地层压力系数为 1.90～1.96，接近 2.0，综合试气成果呈现典型的超压、高产气层特征。

表 8-9　滇黔北坳陷黄金坝—紫金坝气田及邻区五峰组—龙马溪组页岩气生产井试气成果统计表

井名	地层压力系数	单井产量/ $10^4 m^3/d$	含气量/ m^3/t	产气页岩段 TOC/ %
YS108 井	1.96	压后试气 20.86	5.2	3.05
上 1 井	1.90	未试气	5.3	2.98
YS108H6-7 井	1.94	12.6	4.6	3.23
YS108H5-4 井	1.85	7.2	3.2	3.20
YS111 井	1.62	初产 >1.0	4.5	3.48
YS107 井	1.00	未试气	2.0	3.59
昭 104 井	1.10	压后试气 1.2	2.6	0.88

黄金坝—紫金坝气田试气成果的宏观分析表明，向斜内同一套含气页岩层段通常在核心区显现超压、高产特征，而在外围区则表现为常压、低产或仅有气显示，这表明页岩气藏的压力与保存条件密切相关。如罗场向斜龙马溪组龙 1_1^1 小层—龙 1_1^3 小层在向斜轴部（YS108 井区及上 1 井区），由于断层少、顺层裂隙发育，因而储层与保存条件良好，气层呈现超压、高产特征。而在向斜轴部向南翼转折的部位（即 YS111 井区），由于含气页岩小断层及穿层裂隙发育，气藏保存条件差，气层显现超压，但多中—低产。至向斜南翼翼部（即 YS106 井区），则由于局部地层遭受过剥露，并有通天断层发育，故常常表现为常压、非产气层特征，气层压力系数亦由 YS108 井区和上 1 井区的 1.96～1.90，至 YS111 井区降为 1.62，至 YS106 井区则为 1.0，总体显现向斜区气藏压力系统复杂，除与页岩储层非均质性有关外，可能主要与页岩气藏的封存条件关系密切。一般在构造活动相对稳定、埋藏相对适中的复向斜轴部区，由于气藏具有抗风化、低扩散与水封作用，因而保存条件较好；至向斜翼部由于气藏埋深变浅、断层发育，气藏抗风化能力逐渐降低，水封作用减弱，气藏气体也易于扩散，因而整体保存能力降低。压裂改造与试气也表明，向斜轴部地层相对平缓的 YS108 井区 3 口水平井压裂后造缝效果最好，试气与采气效果最佳，单井压后产量均在 $20 \times 10^4 m^3/d$ 以上；至向斜轴部向南翼过渡的转折端部位，则由于地层产状转陡、埋藏变浅，YS111 井区页岩气保存条件变差，单井压后试气采气，初产仅 $1.0 \times 10^4 m^3/d$ 左右。

页岩储层总有机碳含量决定了生烃潜力和吸附气的多少，黄金坝—紫金坝气田 TOC 含量高，具有较强的生烃能力。等温吸附实验表明，平均兰氏体积达 $2.69 m^3/t$，储层吸附性较好。页岩储层孔隙度与含气饱和度决定了游离气的含量，紫金坝 YS112 井区优质页岩段平均孔隙度稍低于 YS108 井区，含气饱和度二者相当，因而整体含气量略低于黄金坝，但主要差距在龙马溪组龙 1_1^3 小层，黄金坝地区整体要优于紫金坝地区。脆性矿物含量、地层两向应力差和裂缝发育程度决定了体积改造形成复杂缝网的能力，紫金坝 YS112 井区优质页岩段储层脆性较高，但地层两向应力差较大（20～30MPa），可能对人工裂缝的复杂程度产生一定的限制，需要在压裂工艺上采取针对性的措施。压力系数反映了气藏的保存条件和地层的能量，黄金坝五峰组—龙马溪组龙 1_1 亚段的地层压力系数为 1.5～2.1，紫金坝的推测地层压力系数在 1.5～1.6 之间。

6）气藏地质特征

黄金坝—紫金坝气田五峰组—龙马溪组页岩气藏可归纳出 4 方面特征：

（1）气藏产气层主要集中于富有机质页岩发育段——龙马溪组龙 1_1 亚段和五峰组，且 TOC 含量高的高碳页岩段页岩气含量高、气层压力高，TOC 含量低的层段页岩气含量低、气层常压。

（2）气藏甜点主要集中于五峰组与龙马溪组一段深水陆棚沉积中心区的残留向斜区主体部位，即向斜区轴部。具体体现为向斜轴部地层平缓、埋藏适中、断层少、顺层裂缝发育，气藏储层与封存条件好，页岩气含量及地层压力高，易于气藏富集与保存。

（3）受五峰组顶部观音桥段泥质生物灰岩分隔，建产区气藏被分隔为龙马溪组一段与五峰组上、下两套，具体表现为气藏压力在测井曲线上呈现出五峰组中下部与龙马溪组底部的两段式特征。

（4）经结合压裂试采成果与微地震监测分析，向斜区两套气藏中以龙马溪组底

部气藏龙 1_1^1 小层—龙 1_1^3 小层储层物性最好、含气量最高，最易于压裂，气层产量最高。

第二节　滇黔北坳陷煤层气

一、概述

1. 勘探历程及勘探程度

2010 年前，本区基本上没有进行过煤层气勘探，煤层气资料主要基于滇黔川三省的煤田勘探，以各煤田矿井瓦斯治理和再利用的附带产品出现。

四川省筠连区块自 1975 年开始由四川省煤田地质局进行煤田普查，1979 年开始煤田详查、精查勘探。1992 年，四川省煤炭工业管理局开展了部分大矿区煤层气资源调查。1996 年四川省煤田地质局开展了全省煤层气资源评价，川南煤田的主要矿区为此次评价的重点；2001 年，进行了川南煤田煤层气资源评价，较全面地评价了煤层气资源情况，确定了二叠系乐平组是煤层气的富集层位。2001—2002 年，由四川省发展计划委员会、四川省煤炭工业管理局和四川省煤田地质局共同完成了"四川省煤层气开发利用研究"课题，初步明确了四川省煤层气资源的赋存特征、分布特征及开采技术条件等，重新核实了全省煤层气资源量，并指出川南煤田是四川省煤层气资源最丰富、最集中和开发条件最好的地区，同时对煤层气的开发及利用方向提出了初步的规划意见。2002 年 3—9 月，四川省煤田地质局完成了"四川省煤层气预探区选择研究"课题，确定了筠连矿区鲁班山井田、古（蔺）叙（永）矿区石屏井田、岔角滩井田及大村矿段等 4 个重点靶区的 8 口参数预探井井位，但只在大村矿实施了 3 口（DCMT-3 井、DC-1 井、DC-2 井），2010 年 3 口井的单井日产气量在 530~1650m³ 之间，最高达 2000m³。

1958 年，云南省地质局开始在昭通地区进行煤矿普查工作，初步建立了地层层序，确定了煤系地层。1959 年，在永乐煤矿马家祠堂至城坡一带进行稀疏钻孔控制，计算煤炭储量 $4.29 \times 10^8 t$。1963—1981 年，云南省一四三煤田地质勘探队对昭通盆地进行了全面系统的勘查工作，提交了《昭通褐煤盆地详查地质报告》，获得储量 $80.56 \times 10^8 t$，基本查明了昭通全盆地褐煤储量。20 世纪 60 年代后期，普查重点主要集中于镇雄—威信的煤田地区，于 1976—1987 年间先后完成"云南省镇雄—威信煤田镇雄煤矿区南部中段地质普查""云南省镇雄—威信煤田镇雄煤矿区南部东段地质普查""云南省镇雄县镇雄煤矿北部井田西段详细勘探"等项目。2007 年中国煤炭地质总局航测遥感局实施《云南省昭通市煤炭资源调查评价》项目，完成调查区 1∶100000 煤田遥感地质调查 3000km²、1∶50000 煤田地质填图 1000km²，实测剖面 40.8km。2010—2014 年，云南省煤田地质局在彝良向斜南翼东段，昭阳的石垭口煤矿和黄家山煤矿，镇雄的长岭一号煤矿和牛场、以古，以及彝良的洛旺等勘查区开展了一系列的普查、详查及勘探工作，取得了大量实测数据及钻井测井资料。

1957 年 4 月至 1960 年 8 月，贵州省煤田地质局先后动用 5 支队伍，开展了桐梓煤田地质勘查，毕节、大方、黔西、赫章等地的综合找矿踏勘，赫章妈姑煤田精查以及大方煤炭踏勘等工作。1965 年 9 月至 1982 年 12 月，基本完成了桐梓、赫章以及仁怀地区各区块的普查找煤工作。1990 年，贵州省地质矿产局提交《贵州省毕节煤田煤炭资源远景调查报告》，毕节煤田总探明储量 $4.97 \times 10^8 t$，全煤田预测储量（E+F 级）$115.8 \times 10^8 t$。1991—2000 年，贵州省煤田地质局完成比例尺 1∶50000、面积 $6.8 km^2$ 的毕节垭关煤田详查及煤田地质填图。2003 年 3 月至 2007 年 2 月，完成大方、桐梓以及毕节分区块井田煤炭详查与勘探。2005 年 6 月，贵州煤矿地质工程咨询与地质环境检测中心提交了《贵州省黔北矿区毕节市煤炭资源普查总体地质报告》，全区煤炭总资源量 $35.97 \times 10^8 t$，其中已勘查工作区的资源总量为 $17.42 \times 10^8 t$。2006—2013 年，贵州省地矿局、贵州煤矿地质工程咨询与地质环境监测中心等单位在赫章矿区、桐梓矿区及大方矿区的 40 余个煤矿及勘查区，开展了大量的地质普查、详查及勘探工作，取得了大量煤孔资料、实测剖面以及分析化验数据。

滇黔北坳陷煤层气的系统勘探评价工作始于 2010 年，同年 10 月中国石油天然气股份公司浙江油田分公司在钻探页岩气评价井昭 104 井时，发现二叠系乐平组煤层气并进行深入研究；2011 年 5 月开始开展煤层气专项勘探评价，部署实施了 2 口煤层气评价参数井，并对其中的 YSL1 井压裂试气，YSL1 井在压后返排第 37 天见到煤层气，2012 年 1 月煤层气日产量突破 $1000 m^3$，该井日产量稳定在 $1500 m^3$ 达 51 个月，累计产气 $249.74 \times 10^4 m^3$，表明该区具有较好的煤层气勘探开发前景。

2012—2014 年，浙江油田分公司针对四川筠连、珙县一带开展系统的煤层气评价，完成浅层二维地震 261km、评价井 45 口，并在四川古蔺，云南镇雄、威信，贵州赫章开展煤层气区域勘探，完成探井 5 口，另有大量页岩气地震资料（二维地震 4762.54km、三维地震 $526 km^2$）可为煤层气勘探评价选区提供支撑。

在选区评价基础上，2013—2015 年，浙江油田分公司实施了"筠连区块 2 亿立方米／年煤层气勘探开发一体化方案"。以筠连的沐爱—武德地区三维地震范围作为开发试验区，动用面积 $64.8 km^2$，动用地质储量 $97.2 \times 10^8 m^3$，鉴于区块内的 C_2、C_3、C_7、C_8 等 4 个主力煤层性质相近，故将 4 层组合为一套试采层系，采用一套井网进行煤层气开发试验。开发方式为丛式井，压裂后排水降压采气。截至 2015 年底，完成评价井 14 口，开发试验井组 53 个、井 249 口，其中产气量达到 $3000 m^3/d$ 以上的井有 7 口，$2000 \sim 3000 m^3/d$ 的有 21 口，$1000 \sim 2000 m^3/d$ 的有 53 口。煤层气日总产气量约 $30.56 \times 10^4 m^3$，累计产气量达 $1.28 \times 10^8 m^3$，随着排水采气的持续进行，试验区的产量正稳步上升，初步建成了中国南方首个商业开采的煤层气田。

经过几年的煤层气勘探开发，探索形成了南方海相强改造区煤层气富气高产优选评价技术、地面地下一体化部署与滚动优化设计实施技术、"工厂化"优快高效钻井压裂技术、低渗薄煤层体积压裂改造技术、智能化精细排采技术和山地煤层气连续生产综合管理技术等独具特色的山地煤层气开发配套技术系列，取得较好的开发效果，为规模开发煤层气奠定了坚实基础。

2. 地层及沉积特征

区内有煤层气勘探潜力的地层主要有海陆过渡相的下石炭统旧司组和二叠系乐平组煤系地层；乐平组主要残存于向斜区，坳陷西北部的保存总体上好于东南部；旧司组仅局限于坳陷中南部威宁—小草坝一带。

1）二叠系

（1）二叠系阳新统（P_2）。

梁山组（P_2l）：主要为海陆交互相含煤岩系，以灰色、深灰色泥岩及砂质泥岩为主，常含硫铁矿、赤铁矿、菱铁矿及黏土矿，偶夹石灰岩透镜体。

栖霞组（P_2q）：顶部为深灰色厚层状含泥灰岩、含生物碎屑灰岩；上部为浅灰色、灰白色中—厚层状、块状灰岩，质纯性硬，部分结晶好；中、下部为深灰色、棕灰色厚层状灰岩，含燧石结核及沥青质。

茅口组（P_2m）：灰色、深灰色中厚层状灰岩，局部含燧石结核。底部为深灰色中—厚层状钙质泥岩、薄层状泥灰岩及生物碎屑灰岩。

（2）二叠系乐平统（P_3）。

峨眉山玄武岩组（P_3e）：暗绿色、灰黑色、灰绿色玄武岩，主要分布于该地区西部，向东逐渐减薄，到叙永地区已不可见。

乐平组（P_3l）/ 龙潭组（P_3l）+ 长兴组（P_3c）：乐平组为区内西部的海陆交互相含煤地层，与区内东部的龙潭组、长兴组为同期异相沉积。

乐平组根据沉积特征又可分为上下两段，上部为灰黑色泥岩、泥质粉砂岩、细—粉砂岩、碳质泥岩夹薄煤层，见褐黄色结核状菱铁矿及黄铁矿，产植物化石碎片和海相动物化石；下部为褐灰色、灰白色泥岩与褐灰色粉砂岩、细砂岩略等厚互层，夹黑色碳质泥岩，产植物化石。

东部的龙潭组岩性主要为泥岩、砂质泥岩、泥质粉砂岩、粉砂岩、细砂岩，夹碳质泥岩和煤层，含丰富的植物化石及少量动物化石，局部含鲕状、团块状菱铁矿结核。底部含星散状、结核状、树枝状黄铁矿，富集成层，形成具有工业价值的矿层。

长兴组为深灰色中—厚层状生物碎屑灰岩、块状泥晶生物碎屑灰岩，夹薄层钙质泥岩、页岩，偶夹煤线，含沥青质，局部见燧石结核，缝合线构造发育。含黄铁矿晶粒及薄膜，局部见植物化石叶片及碎屑。

二叠纪阳新世末期，川黔滇大部分地区抬升为陆地，茅口组在各地遭受不同程度的风化剥蚀。随后，在西部地区发生大规模玄武岩喷发，在茅口组石灰岩风化平面上堆积了玄武岩楔状层。在此之后，地壳运动由抬升逐渐转为沉降，开始了二叠纪乐平世主体地层的沉积。

东吴运动后，二叠纪乐平世初期，川黔大片地区开始沉降，海水由东南经黔东南侵入四川东部，黔西北和川东南为浅海滩地与滨海平原交替环境，发育了典型的海陆交互相含煤建造。古蔺—兴文一带由于泸州和黔中隆起的影响，煤系中典型的浅海石灰岩缺失，主要属滨海平原与过渡带交替环境。而筠连—珙县一带则属近海山前平原，地势由西南向东北倾斜，海侵范围局限在兴文以东。此时，兴文以西地区形成了以湖泊相和闭水沼泽相为主的陆相砂泥岩沉积。但由于地壳脉动沉降速度较快，地形分异较大，基底不平，难以形成稳定的沼泽，加之地表水流情况复杂，水动力较强，碎屑岩厚度和相变比较频繁，因此旋回发育较差。

二叠纪乐平世晚期，随着海侵范围增大，海岸线逐渐向西推进。兴文以东完全为海水所淹没，兴文以西地区发展为潮坪与滨海浅滩交替环境。此时，地形进一步平坦化，地壳缓慢的脉动沉降对海水进退影响很大，从而形成了旋回对称性和完整性都较好的潮坪含煤沉积，并在沉降速度相对减慢的构造稳定阶段形成了有价值的煤层。

2）石炭系

在区内分布面积较小，集中分布在（威宁）龙街—彝良一线的西南部。此外，在彝良的火烧坝、龙海两地也有零星出露，主要由碳酸盐岩组成，下部为砂页岩夹煤沉积，总厚度74～669m，假整合覆于上泥盆统之上，被二叠系阳新统梁山组超覆，各地残存厚度不一。

（1）大塘阶（C_1d）。

集中分布在（威宁）龙街—彝良一线以南，在彝良的火烧坝、龙海两地有零星出露。可分为上下两段：下段为旧司组，主要为滨海沼泽相砂页岩及煤岩；上段为上司组，由浅海相石灰岩、白云岩组成。总厚度213～625m。

（2）旧司组（C_1j）。

该组岩性自下而上分为3部分，下部为砂页岩夹煤层及煤线，中部为含燧石灰岩，上部为砂页岩与石灰岩互层。厚度30～274m。在彝良小发路一带沉积厚度最大，层序最全，厚达274m。由于后期剥蚀程度不同，并承袭了泥盆纪海湾的古地理面貌，向南至（彝良）龙街一带变薄，厚度小于100m；向西北至（彝良）龙海一带残存厚度仅30～50m。总体来说，岩性和厚度变化大，煤层薄，且多呈透镜状、扁豆状，稳定性差，以煤线为主，可达7层，单层厚0.1～0.35m，无可采煤层。旧司组盛产生物化石。下部砂页岩含煤岩系以产植物化石及双壳类、腕足类、腹足类为主；上部富含珊瑚、腕足类化石。

二、煤层气资源情况

根据滇黔北坳陷内煤矿的钻井和采煤资料，本区二叠系乐平统共发育25套煤层，东部地区主力煤层主要发育在乐平组中下部，至西部威信、筠连、赫章一带发育在乐平组上部。全区煤岩热演化程度高，均处于过成熟阶段，煤质多为无烟煤，高煤阶煤岩含气性较好，煤层气资源与煤层的发育程度息息相关。

1. 煤层发育情况

1）四川筠连区块

根据区块内50余口已钻评价井的测井资料以及41口煤田钻孔资料，本区乐平组上段属含煤潮坪相泥炭沼泽微相，含煤层段厚度19～42m，共揭示C_2、C_3、C_4、C_7、C_8、C_9共6个煤层，其中C_2、C_3、C_7、C_8煤层普遍发育，C_4、C_9煤层局部发育。

煤层发育表现为横向连续且较稳定展布。$C_2+C_3+C_7+C_8$煤层有效厚度介于4.0～13.1m，平均6.6m。含煤地层多小于40m，层内存在稳定的隔水层，可作为一套层系进行煤层气开发试验。

筠连区块C_2、C_3、C_7、C_8煤层埋藏深度的变化趋势总体一致，大部分地区埋深300～1000m。C_2与C_3煤层间距2.4～10.2m，C_3与C_7煤层间距15～21.5m，C_7与C_8煤层间距2.6～15.9m。

2）云南威信区块

根据云南威信的区域地质资料，乐平组为一套海陆交互的滨海相或湖泊沼泽相含煤建造，含煤12～17层，可采煤层3～5层。上段含煤线或薄煤层2～4层，无可采煤层；下段含煤线及煤层10～13层，可采煤层3～5层（C_5^a、C_5^b、C_6、C_9为局部可采煤层，其余煤层一般不可采）。

C₅煤层位于乐平组下段顶界，厚1.7～1.9m，平均1.81m。煤岩类型为半暗型煤。一般含夹矸1层，厚0.02～0.2m，岩性为高岭石质泥岩。煤层顶板一般为泥质灰岩或粉砂质泥岩，底板为粉砂质泥岩。该煤层层位稳定，结构简单，厚度变化小，全区可采，属稳定煤层。

C₉煤层位于乐平组下段底部，C₁₀煤层之上的2.5～4.5m，煤层厚度0.8～1.73m，多为1.0～1.5m。上部煤岩类型以暗淡型为主，下部为半亮煤夹半暗煤。煤层上部常夹2层灰色泥岩或高岭石质泥岩夹矸，夹矸厚0.05～0.1m，局部变薄尖灭。煤层顶板、底板的岩性均为含粉砂泥岩。

3）四川古蔺—叙永区块

根据四川古蔺—叙永矿区资料，本区乐平组下段为一套海陆交互相沉积，含煤6～15层（一般为9层），大部分区域可采煤层为4层，均分布于含煤层系下部，中上部仅有零星可采点。煤层总厚5.14m，可采煤层厚度3.37m。煤层具体描述如下：

C₁₉煤层，位于乐平组下段底部，距乐平组上段底界平均67.38m。该煤层结构简单，不含夹矸，厚0.3～1.27m，平均0.9m。

C₂₀煤层，距C₁₉煤层平均3.29m。煤层结构简单，偶含夹矸，厚0.57～1.15m，平均0.81m。

C₂₄煤层，距C₂₀煤层平均11.93m。全层厚0.44～2.53m，平均1.06m。煤层结构多数复杂，少数简单，含夹矸0～3层，一般2层。纯煤总厚平均0.95m。

C₂₅煤层，距上部C₂₄煤层平均7.27m，距下部茅口组石灰岩平均4.87m。煤层结构简单，偶含1层薄层碳质泥岩夹矸，厚0.21～1.06m，平均0.6m。

4）贵州赫章区块

根据赫章县六曲河镇兴达煤矿资料，乐平组有可采煤层4层，自上而下编号为K₁、K₂、K₃、K₄号煤层。K₁、K₃、K₄号煤层全区可采，K₂号煤层大部可采，均为较稳定煤层。4层煤均为无烟煤；K₁、K₂、K₄号煤层为高灰煤，K₃号煤层为中灰煤；K₁、K₂号煤层为高硫煤，K₃、K₄号煤层为低硫煤。4层煤的瓦斯含量分别为7.01～15.09m³/t（平均12.20m³/t）、11.14～16.46m³/t（平均13.75m³/t）、10.88～23.99m³/t（平均17.92m³/t）、19.24～20.34m³/t（平均19.79m³/t）。

K₁煤层，位于乐平组顶部，距飞仙关组2.7m。全层厚度0.94～1.76m，平均1.21m；可采厚度0.92～1.38m，平均1.11m；含夹石0～1层。顶板为泥质粉砂岩，底板为细砂岩或粉砂岩。

K₂煤层，位于乐平组下段顶部。全层厚度0.73～2.80m，平均1.55m；可采厚度0.73～2.53m，平均1.50m；含夹石0～1层。顶板为粉砂岩或细砂岩，底板为泥岩。

K₃煤层，位于乐平组下段上部，距K₂煤层35.86m。全层厚度1.92～3.34m，平均2.89m；可采厚度1.76～2.99m，平均2.52m；含夹石1层，为深灰色泥岩，单层厚度0.16～0.35m，平均0.28m，结构简单。顶板为粉砂岩或细砂岩，底板为泥岩。

K₄煤层，位于乐平组下段的上部，距K₃煤层10.97m。煤层厚度0.80～1.65m，平均1.00m；可采厚度0.80～1.65m，平均1.00m，结构简单。顶板为泥岩，底板为泥岩或泥质粉砂岩。

2. 煤层气资源分布情况

根据中国石油第四次油气资源评价结果，川南黔北盆地群面积 19115.66km²，煤炭储量 674.94×10⁸t，煤层气地质资源量为 11158.5×10⁸m³，可采资源量 3698.2×10⁸m³。川南黔北盆地群主要含煤地层为二叠系，其次为三叠系和石炭系，其中，二叠系煤层气的地质资源量为 11134.24×10⁸m³，可采资源量为 3685.5×10⁸m³。深度分布上，川南黔北含气盆地群在风化带底界至 1000m 范围内的煤层气地质资源量为 4360.42×10⁸m³，可采资源量为 1458.50×10⁸m³；1000～1500m 范围内的地质资源量为 3120.27×10⁸m³，可采资源量为 1587.81×10⁸m³；1500～2000m 范围内的地质资源量为 2212.33×10⁸m³。

三、煤岩储层特征

1. 煤岩煤质

1）煤岩热演化程度

根据滇黔北坳陷煤层气评价井的煤岩镜质组反射率测试资料，该区煤变质程度较高，镜质组反射率（R_{omax}）为 2.21%～3.88%，均为高煤阶无烟煤。

2）煤岩宏观特征

根据宏观煤岩成分分析，宏观煤岩类型以半亮煤—暗淡煤为主，煤体结构以原生结构、碎裂结构为主，局部可见构造煤。

对于原生结构或碎裂结构的煤岩，割理密度一般随着割理规模变小而加大。中小型割理的密度较大，为 31～57.7 条 /10cm。割理的形态在层面上主要为网状，连通性较好，有利于煤层气的吸附与解吸。

3）煤岩显微特征

资料显示，煤岩显微组分中，镜质组含量 20.95%～87.4%，惰质组含量 12.6%～79.05%。总体以镜质组为主，煤岩煤质较好。

4）煤层微观裂隙特征

滇黔北坳陷的煤岩微裂隙较发育，连通性以中等为主，少量为差或好。根据煤岩显微裂隙统计结果，主、次裂隙近直角相交，裂隙走向大体一致；主裂隙长度为 0.01～2.2cm，宽度为 1～260μm，密度为 4.7～8.7 条 /cm；次裂隙长度为 0.01～1.1cm，宽度为 1～180μm，密度为 3.3～7.3 条 /cm。

5）煤质特征

（1）煤的工业分析。

根据煤层的煤质分析，滇黔北坳陷煤岩工业成分中灰分含量 21.62%～36.87%，平均为 28.76%，属富灰—高灰煤；水分含量 0.46%～2.09%，平均为 1.09%；挥发分含量 5.36%～12.44%，平均为 8.34%。

（2）煤的发热量。

根据煤的发热量测试，滇黔北坳陷煤岩发热量为 24.17～24.89MJ/kg。

（3）煤的元素分析。

根据煤岩元素成分分析，滇黔北坳陷煤岩的碳含量为 88.21%～91.12%，平均为 88.73%；氢含量为 2.70%～3.66%，平均为 3.19%；氮含量为 0.95%～1.09%，平均为 0.97%；氧含量为 0～2.71%，平均为 0.44%。

（4）煤的密度。

滇黔北坳陷煤岩的相对真密度为 $1.75\sim2.21g/cm^3$，平均为 $1.85g/cm^3$；相对视密度为 $1.55\sim1.85g/cm^3$，平均为 $1.68g/cm^3$。

（5）煤的二氧化碳和全硫。

滇黔北坳陷煤层中的二氧化碳含量为 $0.88\%\sim3.93\%$，平均为 2.22%；全硫含量为 $0.48\%\sim6.53\%$，平均为 3.32%。

2. 煤岩物性特征

1）煤层孔渗性

根据滇黔北坳陷的钻井岩心资料，煤层孔隙度为 $0.01\%\sim0.20\%$，渗透率为 $0.02\sim0.76mD$，按煤层原始渗透率分类标准（表8-10），滇黔北坳陷的煤层渗透率属于低—较高渗透率，但总体上看，多数区块孔渗极低，属低孔低渗煤层。

表8-10　煤层原始渗透率分类标准　　　　　　　　　　　　　　　单位：mD

高渗透率	较高渗透率	中等渗透率	低渗透率
>5	5~0.5	0.5~0.1	<0.1

2）煤层含气性

（1）煤层含气量分布特征。

根据滇黔北坳陷煤层含气量测试，主力煤层含气量主要介于 $8\sim18.66m^3/t$。从钻井资料分析来看，川南的筠连—（叙永）大寨一线，煤层含气性优于云南镇雄、贵州赫章等区域，而筠连—大寨一线，又以（筠连）沐爱一带最好。

（2）煤层含气饱和度。

根据资料计算，滇黔北坳陷主力煤层的吸附饱和度为 $70.43\%\sim98.46\%$，含气饱和度较高。

3）煤层封盖条件

煤层顶底板的岩性是影响煤层封盖条件的重要因素。通过对滇黔北坳陷煤层顶底板的取心分析，主力煤层顶底板的岩性以泥岩、碳质泥岩为主，厚度较大，顶板厚度在 $1.49\sim8.09m$ 之间，底板厚度一般为 $1.18\sim11.70m$。测井解释表明，泥岩的含水性及渗透性差，而砂岩或粉砂岩的含水性略强，由于孔隙多被杂基或方解石充填，导致孔渗较差，因而有利于煤层气的保存。根据生产井的排采情况，大多数井产水量在 $210m^3/d$ 以下，一般多小于 $10m^3/d$，说明煤层含水性较弱，顶底板为较好的隔水层，它们对煤层气藏有良好的封盖作用。

3. 等温吸附特征

煤层气以游离、吸附和溶解三种状态赋存于煤层中，主要为吸附态。滇黔北坳陷煤层气中，吸附气占 90% 以上。按照传统的煤层气理论，当温度一定时，煤岩对甲烷的吸附量服从 Langmuir 等温吸附方程。根据已有实验数据，滇黔北坳陷煤层空气干燥基兰氏体积为 $25.69\sim34.08m^3/t$；兰氏压力为 $2.18\sim2.78MPa$。

4. 煤层压力及温度

根据煤层注入／压降测试，滇黔北坳陷煤层的温度为 $28.60\sim33.39\,^\circ\!C$，平均为

29.37℃。地温梯度多小于3℃/100m，主要分布在1.48～2.04℃/100m，煤层压力为3.40～9.07MPa，平均为5.80MPa。压力梯度为0.72～1.19MPa/100m，平均为0.96MPa/100m，属正常压力梯度的煤层气藏。

四、有利区优选

1. 滇黔北坳陷煤层气富集主控因素

滇黔北坳陷煤层气具有"高煤阶、低渗透、薄煤层"的特点，影响煤层气富集的因素较多，但总体上受构造、沉积及水文地质条件控制。煤层气虽为自生自储型气藏，且煤层本身致密、气体被吸附于煤层表面，但煤层气能否富集、能否成为煤层气藏有利区块，保存条件仍十分重要。

（1）煤层的上部是否有较好的盖层，目的层及上部地层是否有断层发育，这是煤层气能否富集、含气饱和度高不高的重要因素。

（2）滇黔北坳陷的煤层气主要发育于海陆过渡的潮坪环境。不同时期，煤层的发育层位不同；同一时期的不同平面位置，因沉积相带不同，所形成煤层的品质就不同。煤层总厚度小、单层薄、夹矸多、灰分高，则其产气能力低，含气性会相应差，开发效果会受到影响；反之，煤层总厚度大、单层厚、夹矸少、灰分低，则产气能力强，含气性会相应好，开发相对容易，最终产气效果也好。

（3）就水文地质因素而言，一方面因为水的滞留，会对已形成的气藏起到封存作用；另一方面因为水的流动、泄流，会携带气体，造成气体的缓慢逸散。总体来讲，径流区、滞留区的煤层含气性较好，但滞留区往往水量较大，会对开采带来一定难度；而水源的补偿区和泄流区，因靠近剥蚀区，加上长期的大量水体流动，故含气性较差，因此，有利区应尽可能远离水源的补偿区和泄流区。

2. 选区标准

根据煤层气富集规律及煤岩储层地质指标，综合各项指标与煤层气藏富集的关系，认为滇黔北坳陷煤层气的有利区块应满足以下条件：埋深300～1000m；主力煤层总厚度大于4m，单层厚度大于0.5m；含气量大于10m³/t；灰分含量小于30%。

3. 优选结果

根据上述的评层选区原则和标准，优选出滇黔北坳陷煤层气有利区面积近8700km²。根据已有井资料，采取体积法，初步估算的煤层气资源量近14000×10⁸m³。平面上，北部主要分布于（云南）盐津—（四川）筠连—叙永—古蔺一线，面积约1250km²，预测资源量2100×10⁸m³；南部主要分布于（云南）镇雄—（贵州）赫章—仁怀—桐梓一线，面积约3000km²，预测资源量4800×10⁸m³。垂向上，受埋深及沉积因素控制，主力煤层气层为二叠系乐平组煤层。东部地区煤层主要发育于乐平组下部—中部；往西逐渐上移，至西部威信、筠连、赫章一带，煤层发育于乐平组上部（图8-16）。

五、沐爱煤层气田

1. 概况

沐爱煤层气田位于四川省宜宾市筠连县，面积63.015km²，主力气层为二叠系乐平组C_2、C_3、C_7、C_8等4套煤层。

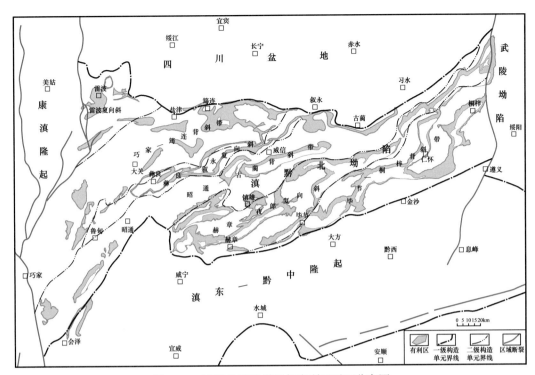

图8-16 滇黔北坳陷煤层气有利区平面分布图

2010年，中国石油天然气股份公司浙江油田分公司在昭通页岩气示范区的页岩气钻探评价过程中，发现了乐平组强烈的气测显示，后经评价，落实为煤层气。本着油气资源综合利用、三气（页岩气、煤层气、常规气）立体勘探开发的原则，在全力推进页岩气勘探开发的同时，积极兼顾煤层气勘探评价工作。通过有利区评价优选，部署实施的第一口评价井YSL1井于2011年8月14日压裂完成，排采37天后见气，稳产气量1500m³/d，截至2015年12月31日，累计产气249.74×10⁴m³。

2012年，对筠连区块开展开发试验工作，取得了较好效果，并于2013年3月通过了"筠连区块2亿立方米/年煤层气勘探开发一体化方案"，正式开始了沐爱煤层气田的开发。截至2015年底，共完成评价井14口，开发试验井组53个、井249口，其中产气量达到3000m³/d以上的井有7口，2000～3000m³/d的有21口，1000～2000m³/d的有53口。煤层气日总产气量约30.56×10⁴m³，累计产气量达1.28×10⁸m³，单井平均日产气量超900m³/d，单井最高日产量达9000m³/d。

2. 构造特征

沐爱煤层气田位于滇黔北坳陷川南低陡褶带，属四川盆地南缘构造坳陷。由于本区位于川黔古坳陷的北缘，沉积地层厚达万余米，除缺失泥盆系、石炭系外，其余各系地层均较发育。加里东期、海西期、印支期及燕山早期的构造运动虽波及本区，但多表现为平缓的整体抬升或沉降，只有燕山期Ⅲ幕使白垩纪以前的地层全面褶皱成山，并经喜马拉雅期的继承性活动，发展成现今的构造形态。区内构造线方向为东西向、南北向、北西向和北东向，其中东西向和南北向构造形成较早，影响地层老，规模大；而北东向构造形成较晚，影响地层新，规模小，系浅层褶皱。

沐爱煤层气田主要处于压性构造背景，局部构造形态为被断层进一步复杂化的断块、背斜及向斜。区内分为 3 个构造带，即南北向构造带、东西向构造带和北东向构造带（图 8-17）。

1）南北向构造带

南北向构造带包括双河背斜、扎子坳断层（F₃）等（图 8-17）。双河背斜发育在筠连地区的西部边缘，延伸长达 10km，褶皱强烈，背斜核部出露寒武系娄山关群。扎子坳断层北起上罗南部，经乐义、扎子坳曲折延伸至落木柔背斜而消失，局部形成一些断块构造，长达 20km。

2）东西向构造带

东西向构造带构成了区域构造的基本格架，包括落木柔背斜、沐爱向斜、乐义背斜、顶古山背斜、玉和背斜、巡司断层（F₁）、云台寺断层（F₂）及落木柔断层（F₄）等（图 8-17），这里的背斜紧凑、向斜宽缓，背斜北翼缓、南翼陡且局部倒转。东西向断层为走滑断层，西起南北向的双河背斜核部，向东经巡司、云台寺，沿乐义背斜北翼延至 F₃ 断层止，长约 30km。F₁、F₂ 断层在叶家坝呈左行斜列，断层面呈舒缓波状，倾向多变，倾角大，破碎带宽 10～50m，其中构造透镜体、碎裂岩、糜棱岩化十分普遍，断面上具有大量顺扭型水平擦痕，显示 F₁、F₂ 断层先压后扭，具有复性结构面特征。

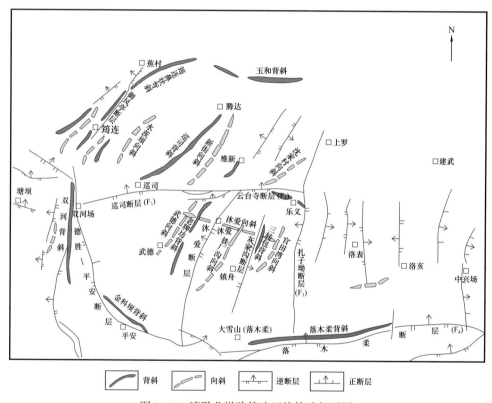

图 8-17　滇黔北坳陷筠连区块构造纲要图

3）北东向构造带

北东向构造主要有筠连背斜、巡司背斜、新街向斜、老牌坊背斜、武德向斜、三转包背斜、铁厂沟向斜、官田湾向斜、御风亭断层、沐爱断层、灰家沟断层等，主要分布在筠连和沐爱两个区块，呈北东向斜列展布。

筠连背斜位于筠连县城的东北部,轴向北东,长约14km,西北翼缓,倾角30°左右,东南翼陡,倾角40°左右;核部地层为二叠系栖霞组和茅口组石灰岩,局部出露志留系顶部地层;该背斜是筠连地区的主体构造。沐爱断层是沐爱区块的主要断层,延伸长约16km,走向北东,倾向北西,倾角60°左右,破碎带宽10~20m,由碎裂岩组成,构造透镜体的长轴走向近南北,显示压扭性特征。

筠连区块的地质构造以东西向沐爱向斜为骨架,伴生有F_1、F_2、F_3断层,发育2条东西向大断裂和1条南北向大断裂,以及伴生的一系列北东向次级构造。区内东西向、南北向的构造控制了本区北东向构造的形成和发展。燕山期由于南东向应力的叠加和改造,形成了区内北东向构造的压性形迹,在东西向的沐爱向斜与北东向的老牌坊背斜、三转包背斜的衔接复合部位出现了鞍状及鼻状构造。

3. 地层特征

区内除缺失泥盆系、石炭系外,震旦系—第四系均有沉积(图8-18),沐爱煤层气田分布于三叠系覆盖区域。

二叠系平行不整合于志留系兰多维列统(S_1)之上,厚约1000m。二叠系栖霞组(P_2q)、梁山组(P_2l)和茅山组(P_2m)以碳酸盐沉积为主,底部为海陆交互相;二叠系峨眉山玄武岩组(P_3e)和乐平组(P_3l)下部为玄武岩,上部为潮坪相含煤沉积,由沙坪、泥坪、泥炭沼泽、边滩及河漫滩等微相组成,煤层发育在乐平组上段泥炭沼泽沉积环境中,含煤地层厚度40m左右。

三叠系连续沉积于二叠系之上,厚1000m以上。下三叠统下部以紫色砂泥岩为主,上部为石灰岩、白云岩;中三叠统以膏盐、白云岩为主,顶部遭受不同程度的剥蚀;上三叠统平行不整合于中三叠统之上,为陆相砂泥岩含煤线沉积,厚500m左右,为气田很好的区域盖层。

4. 气藏特征

在整体构造相对复杂的背景下,沐爱煤层气田目的层所处的向斜构造相对简单,煤层区域分布较稳定,4套主力煤层——C_2、C_3、C_7、C_8煤层普遍发育。煤层埋深适中,C_8煤层埋深主要介于400~830m。主力煤层累计厚度4.7~13.05m,单层厚度0.5~3m(图8-19)。煤岩镜质组反射率平均为3.19%,属无烟煤。基质储层致密,孔隙度为0.01%~0.2%,渗透率为0.02~0.18mD,平均为0.087mD,局部割理发育。含气量10.94~18.66m³/t,平均为15.4m³/t(图8-20)。临界解吸压力3.07~5.91MPa,地解压差(原始地层压力与临界解吸压力之差)为1~2MPa,临储比(临界解吸压力/储层压力)为0.65~0.98,利于气体解吸产出。各项参数表现为"高阶、低渗、薄层"的山地煤层气特点。

1)气藏地质

(1)煤层分布与煤质特征。

筠连区块的煤层一般为简单—复杂结构的薄煤层和中厚煤层,根据区内评价井及40余口煤田钻孔的资料得知,本区乐平组上段属含煤潮坪相泥炭沼泽微相,煤层段厚度19~42m,共揭露C_2、C_3、C_4、C_7、C_8、C_9煤层。区域内C_2、C_3、C_7、C_8煤层普遍发育,局部发育C_4、C_9煤层。从煤层有效厚度等值线图可以看出,煤层分布表现为横向连续、厚度变化较小,$C_2+C_3+C_7+C_8$煤层有效厚度介于4.7~13.05m,YSL1井区平均为7.5m,YSL15井区平均为6.8m,煤层在YSL1-YSL11、YSL15等区域相对较厚,大于7.0m。4

地层		代号	岩性剖面	岩性简述	接触关系
第四系全新统		Q_4		松散冲积、坡积、残积和洞穴堆积	不整合
白垩系夹关组		K_2j		浅紫红色砂岩、粉砂岩夹泥岩，底部为砾岩	假整合
侏罗系	蓬莱镇组	J_3p		紫红色、暗紫色泥岩夹砂岩	整合
	遂宁组	J_3sn		暗红色泥岩	
	沙溪庙组	J_2s		中上部为紫红色泥岩及砂岩互层，下部以暗紫红色泥岩为主，夹灰绿色砂岩	整合
	自流井组	J_1z		杂色泥岩夹粉砂岩	整合
三叠系	须家河组	T_3x		灰色、黄色细—粗粒砂岩夹薄层泥岩及煤线	假整合
	雷口坡组	T_2l		灰色石灰岩，夹白云质灰岩和泥灰岩，底部有一层蓝绿色水云母泥岩	整合
	嘉陵江组	T_1j		灰色石灰岩，夹白云岩及灰质角砾岩	整合
	铜街子组	T_1t		紫灰色石灰岩为主，顶、底部为紫灰色泥岩及粉砂岩互层	整合
	飞仙关组	T_1f		顶部为紫色泥岩及粉砂岩互层，夹生物碎屑灰岩，中、上部为灰紫色粉砂岩	整合
二叠系	乐平组	P_3l		上部以深灰色泥岩、粉砂岩为主，夹细粒砂岩，含可采煤层2～7层；下部为灰色泥岩，夹细砂岩和菱铁矿层	假整合
	峨眉山玄武岩组	P_3e		灰绿色玄武岩，局部夹泥岩及煤透镜体	假整合
	茅口组	P_2m		深灰色、浅灰色厚层石灰岩	整合
	栖霞组、梁山组	P_2q+P_2l		灰色厚层燧石灰岩，梁山组厚8m左右，以细砂岩、粉砂岩为主，夹泥岩及薄煤层	假整合
志留系	韩家店组	S_1h		灰绿色泥岩，粉砂岩及泥灰岩	整合
	石牛栏组	S_1s		灰色石灰岩、泥灰岩，夹绿色泥岩、粉砂岩	整合
	龙马溪组	S_1l		黑色页岩、碳质页岩，夹薄层泥灰岩	整合
奥陶系	五峰组	O_3w		黑色碳质页岩	假整合
	宝塔组、十字铺组	O_{2-3}		灰色龟裂灰岩及瘤状灰岩	整合
	湄潭组、红花园组、桐梓组	O_{1-2}		以浅黄色、灰绿色页岩为主，夹细砂岩，顶、底部为泥灰岩	整合
寒武系	娄山关群	$\mathcal{E}_{3-4}L$		灰色白云岩夹泥质白云岩	

图 8-18 滇黔北坳陷沐爱煤层气田地层柱状图

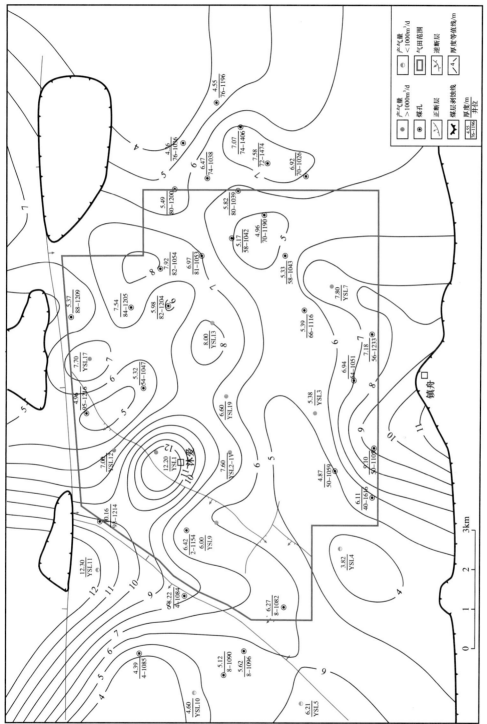

图 8–19 滇黔北坳陷沐爱煤层气田二叠系乐平组煤层层厚度平面图

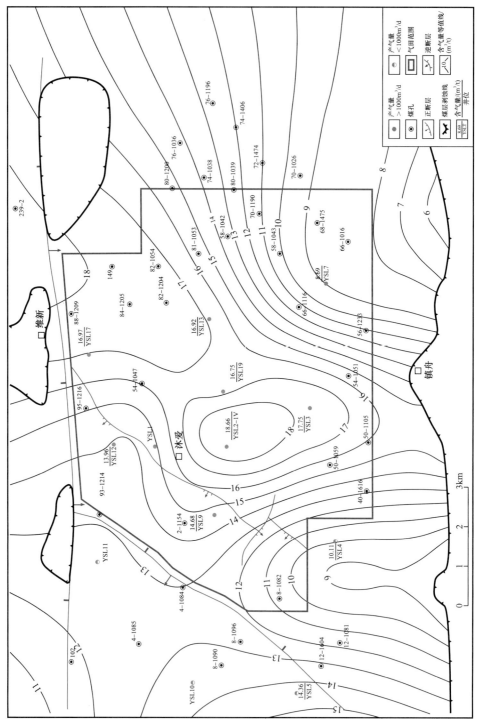

图 8-20　滇黔北坳陷沐爱煤层气气田二叠系乐平组煤层含气量平面图

套煤层的含煤井段多小于 40m，层内之间存在稳定的隔水层，可作为一套层系进行煤层气开发试验。主力煤层 C_2、C_3、C_7、C_8 煤层的上下标志层清楚，煤层连续性好，横向分布稳定，可对比性强，埋深介于 400～830m。YSL3 井以南、YSL13 井以东，煤层埋深小于 450m；西南部及 YSL1—YSL2 井区，埋深在 600～750m；北部 YSL16 井埋深最大，但是小于 850m。

区内煤变质程度较高，均为高煤阶无烟煤 I 号，煤体结构以原生结构为主，碎裂结构煤分布较少，割理发育，形态在层面上主要为网状，连通性较好，有利于煤层气的吸附与解吸。煤质总体较好，以镜质组含量为主。微裂隙较发育—发育，连通性属于中等。从煤的工业组分来看，区内属于富灰—高灰煤。

（2）煤层含气性及物性特征。

煤层含气量主要介于 10.94～18.66m³/t，其分布主要呈现向斜核部富气的特点，高值区主要分布在区内中部井区。对 C_{2+3} 煤层和 C_{7+8} 煤层的吸附饱和度进行了计算，C_{2+3} 煤层为 81.8%～95.87%，C_{7+8} 煤层为 70.43%～98.46%，均为饱和度较高的煤层。根据等温吸附试验结果，煤层空气干燥基兰氏体积为 20.09～35.05m³/t，平均为 28.68m³/t；兰氏压力为 2.1～2.98MPa，平均为 2.46MPa。

根据参数井样品测试数据计算得到的煤层平均孔隙度为 5.34%。试井测试数据表明，煤层渗透率整体偏低，为 0.02～0.18mD，平均为 0.087mD，但与开发效益较好的沁水高煤阶煤层气田樊庄区块对比，本区的储层物性优于樊庄。按煤层原始渗透率分类标准，筠连区块煤层渗透率属于低—中等渗透率。区内主力煤层埋深适中，主要在 900m 以浅，实测储层温度为 18～40.86℃，地温梯度多小于 3℃/100m，主要分布在 1.92～2.59℃/100m，说明为正常的地温条件。结合试井资料，煤层压力为 3.40～9.07MPa，平均为 5.80MPa；压力梯度为 0.72～1.19MPa/100m，平均为 0.96MPa/100m，属正常压力梯度的煤层。地层倾角大的区域，其煤层压力高于地层倾角平缓区域。

（3）封盖条件。

煤层的含气量与盖层品质有关联。与常规气藏的盖层一样，分布稳定和物性封盖性好的盖层，有利于煤层气的保存。通过筠连区块实际资料分析，下三叠统飞仙关组在本地区稳定分布，与下伏的二叠系乐平组整合接触。飞仙关组一段底部普遍发育一套灰绿色、深灰色泥岩，厚度在 10m 左右，测井解释该套泥岩孔渗性很差，具有一定的封盖作用；该套泥岩上覆的粉砂岩，基本没有气测显示，这也进一步验证了该套泥岩具有一定的封盖作用，它对煤层气的富集是有利的。

筠连区块内，主力煤层的顶底板均为含水性和渗透性弱的岩性，有利于煤层气的富集、成藏和保存，同时也有利于煤层气的抽采，具备很好的封盖条件。从探井和生产试验井组的排采情况看，产水量一般小于 10m³/d，不仅说明煤层含水性弱，而且也说明顶底板是很好的隔水层，对煤层气藏有很好的封盖作用。煤层顶板、底板的岩石抗压强度差异较大，软化系数为 0.43～0.80，弹性模量为 5650～45680MPa，泊松比为 0.16～0.26。

（4）流体特征。

筠连区块内煤层气的成分主要为甲烷，含量为 95.66%～98.33%，平均为 97.18%，属干气；一般不含乙烷以上组分；含少量的氮气和二氧化碳，氮气含量 1.28%～3.85%，平均为 2.52%，二氧化碳含量 0.07%～0.49%，平均为 0.30%。天然气平均相对密度为 0.572，平均临界温度为 188.2K，平均临界压力为 4.59MPa。

根据煤层产出水的化学分析资料，地层水总矿化度较高，达 19295.7mg/L，水型主要为 $NaHCO_3$ 型，少量为 $CaCl_2$ 型，表明该区煤层大部分处于弱径流—滞流水环境，封闭性较好。

2）气藏工程

（1）钻井。

考虑到筠连区块的实际情况，目的层段煤层较多，煤层属薄—中厚煤层；同时由于地表条件复杂（西南低中山—峡谷带地貌区域，山区起伏，农居密集，可供钻井实施的井场有限），直井无法大规模部署，本区块主要采用丛式井组进行开发试验，在储层有利和地面条件限制的区域，可以补充水平井进行开发试验以提高资源动用水平。在区内现已成熟的丛式井部署主要是梅花形和矩形井网。丛式井的靶点间距（井距）为 200～300m，矩形井网比梅花形井网稍大，但也不超过 300m。

（2）试采。

中国石油天然气股份公司浙江油田分公司在筠连区块已建成产能 $3 \times 10^8 m^3/a$，实现了 400 多口井排采，并形成了好的经验与认识。

大部分井已达到工业气流，部分井生产时间短、井底流压高、产气前景较好。

筠连区块煤层的临界解吸压力为 2.89～5.92MPa，平均解吸压力为 4.60MPa，地层平均压力为 5.8MPa，地解压差平均为 1.2MPa，吸附气较早解吸，气井较早见气，见气时间平均只有 67 天，根据沁水气田的开发经验，解吸压力越高，后期产气的潜力越大。

依靠单井排水降压可以获得高产，但见气慢、不易长期稳定高产，井组开发整体面积降压后，形成压降漏斗，有利于形成井间干扰，利于获得持续的高产。

软煤层是煤粉的主要来源，筠连地区乐平组煤层以亮煤为主，气井煤粉含量一般为 0.1%～0.5%，煤粉产出量明显低于软煤层地区。大多数井返排液不含煤粉，对气井的连续排采有利。

此外，沐爱区块根据煤层气的生产特点，将生产过程划分为排水降压、憋压、提产、稳产和递减等 5 个阶段，根据不同阶段、不同水气流态特征，抓住解吸、渗流特点，分析排采风险，把握控制要点，制定合理排采制度。在防伤害、促解吸、扩范围的基础上合理缩短见气、达产时间，加快资金回收，降低生产成本。

煤层气井对压力变化较为敏感，生产管理难度相对较大。由于停电、卡泵、偏磨、杆断等原因引起的煤层气井不连续排采，均会降低煤层气井的产能。沐爱区块煤层气生产采用专业化的智能排采控制设备，实现智能化、模块化精细控制，保障了煤层气排采的"连续、缓慢、稳定"。

随着沐爱煤层气田的持续开发，煤层气开发技术不断进步，形成了南方强改造背景下"高阶、低渗、薄层"山地煤层气勘探开发的五大技术系列，包括构造改造型山地煤层气富集高产优选和立体勘探评价技术，地面地下地质工程一体化部署与滚动优化设计实施技术，工厂化优快高效钻井压裂技术，"数字远程、智能诊断、立体监控、无人值守"智能化精细排采管理技术和山地煤层气连续生产配套工艺技术，保障了滇黔北地区煤层气规模效益开发。

第三节　黔西南坳陷煤层气

一、概述

1. 自然地理

黔西南坳陷位于贵州省西南的六盘水市、安顺市及黔西南布依族苗族自治州境内，地跨东经103°11′—106°48′、北纬25°04′—26°32′，总面积2.15×10^{4}km^2。黔西南地区属低纬度高原型亚热带季风湿润气候，年平均气温13～14℃，年平均降水量1200～1400mm；地貌以山地为主，海拔多在1000～2000m，西高东低，北高南低，相对高差1000m以上。境内水陆空交通便利，分布有南盘江、北盘江及红水河等水系，通航河道50余条；多条铁路干线、高速公路贯穿全区；兴义机场、六盘水机场可直达北京、成都、上海等地。黔西南地区矿产资源丰富，以煤、金、锑、铅锌矿、硫铁矿及萤石为主，煤主要产于二叠系龙潭组及长兴组，控煤构造为盘县复向斜、格目底向斜、六枝向斜、郎岱向斜、青山向斜等大型向斜和复向斜，为我国南方最重要的煤炭工业基地，也是未来煤层气开采的理想区域。

2. 勘探历程及勘探程度

黔西南坳陷煤层气的地质调查和勘探工作始于20世纪80年代初，截至90年代末先后开展了不同程度的选区评价工作，目的层主要为二叠系乐平统龙潭组及长兴组，共施工煤层气参数井和排采试验井40余口，未取得明显进展。2000年，中国石化西南石油局在盘关向斜打了5口浅层煤层气井，但由于施工工艺问题，获得的数据较差。2006年，贵州煤田地质局开展了保田—青山煤层气区块地质研究，完成了65km二维地震勘探，并实施了6口参数井和4口试验井，取得了马依、忠义两个区块的煤层气评价参数，随后在2007年完成了4口生产试验井，其中最深的ACE-LH01井，完井深度1121m，为该地区煤层气的商业开发积累了经验。2007年10月，贵州煤田地质局完成化乐3603号煤层气参数井，并开展了中岭、老屋基、山脚树、安顺等煤矿地面抽采的踏勘、设计、论证等工作。2008年，部署第一口煤层气预探井，简称"格试1井"，井深950m，未遇煤层。2011—2014年，中国石化所属单位在织纳探区内完成煤层气参数及试验井20口，单井日产气量1137～5800m^3。2013年，贵州省煤层气页岩气工程技术研究中心在盘州松河矿区完成2个井组、9口丛式井，单井日产气量1500～2000m^3。

根据中国石油第四次油气资源评价结果，滇东黔西地区含煤面积为16055.23km^2，2000m以浅范围内煤层气地质资源量为3.47×10^{12}m^3，可采资源量为1.18×10^{12}m^3，剩余资源量为2.29×10^{12}m^3，主要集中在格目底向斜、盘关向斜、青山向斜、六枝向斜、郎岱向斜、旧普安向斜、照子河向斜等构造单元，约占全区总资源量的87%。

二、区域地质概况

1. 构造特征

1）构造单元划分

黔西南坳陷地处扬子陆块南缘，位于特提斯构造域和滨太平洋构造域的结合地带，为南盘江—右江盆地的3个一级构造单元之一，形成于海西晚期至印支期，南以南盘江断裂为界与南盘江坳陷相连，西以师宗—弥勒断裂与滇东隆起相邻，东北以垭紫—都安断裂与黔南坳陷相接。

区内构造变形强烈，根据现今构造变形特征，将黔西南坳陷划分为5个二级构造单元：郎岱复向斜、发耳背斜带、盘县复向斜、晴隆复向斜、兴义—兴仁复向斜（图8-21）。

2）构造演化

黔西南地区构造演化主要经历了以下阶段。

（1）陆内裂陷阶段（D—P）。泥盆纪开始，中国南方进入古特提斯洋扩张阶段，为古特提斯构造域发展阶段，随着洋盆的扩张，大部分地区发生裂陷作用。滇黔桂地区从早古生代到晚古生代复杂的海陆变迁，由"滇黔桂古陆"变为"滇黔桂盆地"。

（2）稳定台地阶段（T_1—T_2）。三叠纪开始，由于东吴运动后的岩石圈热收缩效应，贵州地区整体沉陷，形成海进序列沉积。

（3）陆相坳陷阶段（T_3—J_2）。印支运动结束了古特提斯洋盆的发育历史，中国南方大陆形成，外围形成新特提斯洋。黔西南地区中—晚三叠世之间发生安源运动，进入全面挤压阶段，形成陆相坳陷盆地。

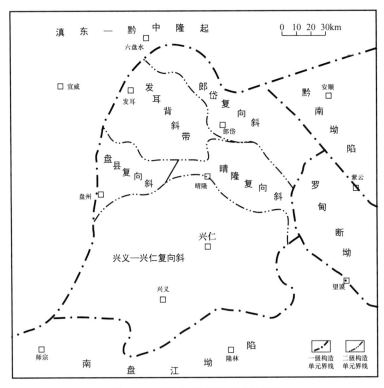

图8-21　黔西南坳陷构造区划图

2.地层及沉积特征

黔西南坳陷属扬子地层区兴义—开远分区，自泥盆纪以来长期下沉，石炭系、二叠系及三叠系发育完整，二叠系和三叠系分布广泛，厚度可达6000m以上。出露地层有泥盆系、石炭系、二叠系、三叠系、侏罗、古近与第四系，多地缺失白垩系和新近系。各系地层特征简述如下。

泥盆系：主要由半深海—深海相泥岩、碳酸盐岩及硅质岩组成，厚度790～1800m。

石炭系：以浅海—半深海相碳酸盐岩为主，夹少量碎屑岩，厚度980～2160m，与下伏泥盆系呈假整合接触。

二叠系：总厚度1350～1970m。阳新统（P_2）主要为开阔台地相碳酸盐岩，厚度100～1200m。乐平统（P_3）相变显著，底部为峨眉山玄武岩，局部缺失，中上部发育海陆交互相含煤碎屑岩及石灰岩，厚度80～1000m，阳新统、乐平统之间呈假整合接触。

三叠系：分布范围最广，以海相、海陆交互相砂岩、泥页岩夹碳酸盐岩为主，局部含煤，厚度2900～5000m，与下伏二叠系多呈假整合接触关系。

侏罗系：分布极少，中统上部及上统均遭剥蚀，主要为紫红色陆相碎屑岩沉积，残余厚度大于600m。

古近系：零星分布，为陆相盆地堆积，由紫红色砾岩、含砾砂岩组成，最大厚度170m左右，与下伏地层呈角度不整合接触。

第四系：分布普遍，主要为坡积、残积，其次为冲积及洞穴堆积，厚度0～18m，不整合于下伏地层之上。

三、煤层分布及煤质特征

1. 主力煤层分布特征

黔西南地区主要含煤地层为二叠系乐平统的龙潭组及长兴组，属上扬子聚煤沉积盆地的一部分，形成于海陆交互相沉积环境，龙潭组含煤性好于长兴组。上扬子聚煤沉积盆地的主要聚煤区位于安龙—贞丰—关岭—安顺—平坝—息烽—遵义以西的广大地区，总体呈北东向展布，喜马拉雅期的隆升作用使背斜的煤系被大量剥蚀，主要控煤构造为大型向斜和复向斜。

黔西南坳陷二叠系乐平统煤系地层厚240～560m，含煤13～90层，平均37层，煤层总厚度为7～70m，平均为28.9m；可采煤层14～28层，单层厚度1.3～2.0m，总厚度为1.5～66.0m，整体呈由西北向东南逐渐减薄的趋势，埋深一般小于1500m（图8-22）。其中，盘县复向斜预测含煤面积1159km²，可采煤层14～33层，总厚度3.4～59.8m，平均大于20m；格目底向斜预测含煤面积523km²，可采煤层16～29层，总厚度21.0～45.4m，平均32m；六枝向斜预测含煤面积259km²，可采煤层2～10层，总厚度4.0～36.3m，平均16.2m；郎岱复向斜预测含煤面积235km²，可采煤层7～18层，总厚度8.51～30.0m，平均16m；青山向斜预测含煤面积1160km²，可采煤层7～12层，总厚度5.8～46.6m，平均10m。

另外，黔西南地区下石炭统旧司组、二叠系阳新统梁山组（P_2l）及上三叠统火把冲组亦有煤层发育，但可采煤层少且厚度较薄，有经济价值的煤层分布范围较小，现尚未开展大规模的煤层气勘探及评价工作。

2. 煤体结构及热演化程度

1）煤岩宏观特征

宏观煤岩以半亮型—半暗型为主，含少量半暗型和半亮型。宏观煤岩组分主要为亮煤及暗煤，夹镜煤条带及线理状丝炭；结构以细条带状、中—细条带状、线理状为主，其次为均一状及鳞片状等。煤岩构造多为块状，构造转折部位可见碎块状或碎粒状。部分煤层裂隙发育，利于压裂改造。

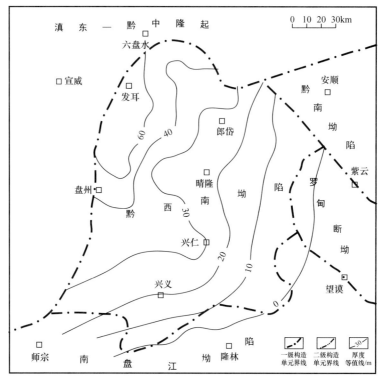

图8-22 黔西南坳陷二叠系乐平统煤层总厚度分布图

2）煤岩物理性质

黔西南地区二叠系乐平统（P_3）的煤岩多呈黑色、灰黑色，条痕褐黑色；常见玻璃光泽，煤化程度较低的气煤或肥煤显沥青光泽或油脂光泽；断口多为贝壳状、不平坦状，少见参差状、阶梯状或棱角状断口；质脆易碎，硬度2～2.5，相对密度1.40～1.45。

3）煤岩显微特征

煤岩有机显微组分总量为75%～91%，平均值为83.4%，其中镜质组含量最高，介于71.4%～90.3%，平均含量为79.8%；其次为惰质组，含量为9.7%～24.5%，平均含量为18.1%；壳质组含量为5.6%～7.2%，平均含量为6.2%。随着煤层埋藏深度的增加，镜质组含量有增加的趋势，而惰质组含量有降低的趋势。无机显微组分总量为9%～25%，平均值为16.6%，以黏土矿物为主，其次为氧化物类，含少量硫化物类及碳酸盐矿物。显微煤岩类型为树皮体亮暗型煤或角质亮暗型煤。

4）煤岩热演化程度

黔西南地区煤种齐全，从气煤到无烟煤都有，主要为高煤阶烟煤，局部地区热演化程度较高，其中盘县复向斜的西部为气煤、肥煤，向东逐渐变为焦煤、瘦煤和贫煤，复向斜的东南翼发育贫煤和Ⅲ号无烟煤；格目底向斜、六枝向斜及郎岱复向斜以焦煤—贫煤为主；青山向斜及补郎向斜多为Ⅲ号无烟煤。煤岩的镜质组反射率（R_{omax}）在烟煤区为0.7%～1.4%，在无烟煤区为2.5%～3.4%。

3. 煤层含气量

1）煤层含气性

黔西南地区二叠系乐平统（P₃）煤层的含气量介于6.33～29.16m³/t，平均含气量为17.67m³/t，由浅至深逐渐增高，埋深至800～1000m，煤层含气量得以稳定。各聚煤构造带埋深500m以浅主采煤层的煤层气含量多大于15m³/t，其中盘关向斜为15.59m³/t，土城向斜为15.0m³/t，旧普安向斜为26.55m³/t，格目底向斜为21.01m³/t，六枝向斜为21.05m³/t，郎岱复向斜为20.3m³/t，青山向斜为12.35m³/t。

2）等温吸附特征

区内煤层的煤质较好，变质程度较高，等温吸附试验结果显示，平衡水煤样兰氏压力和兰氏体积变化范围较大：兰氏压力介于1.78～3.04MPa，平均值为2.39MPa，总体来说兰氏压力中等偏高，具备高产条件；兰氏体积介于12.74～31.34m³/t，平均为20.94m³/t，吸附能力较强，且规律性明显——随煤阶的增高而增大。

4. 储层其他特征

1）稳定碳同位素 $\delta^{13}C_1$ 特征

二叠系乐平统（P₃）煤层气的 $\delta^{13}C_1$ 值为 –55.83‰～–34.10‰，随煤阶的增高，$\delta^{13}C_1$ 值变重，这与腐殖型常规气的稳定碳同位素演化相似，正处于热解气阶段。现存煤层气来源于相应煤阶下生成的热解气（大部分）和少部分裂解气，基本没有生物成因气。

2）煤的工业分析

区内煤岩总体属于低水分、中灰分、中挥发分、中高硫煤。盘县复向斜二叠系乐平统（P₃）煤层的水分平均含量为1.39%；灰分含量为9%～24%，平均为22.26%；挥发分含量为11%～35%，平均为27.31%；全硫含量为0.7%～2.3%，平均为1.44%。六枝向斜和郎岱复向斜煤层的水分平均含量为1.38%；灰分含量为21%～29%，平均为23.74%；挥发分含量为10%～27%，平均为21.31%；全硫含量为3.8%～5.3%，平均为4.15%。水城矿区煤层的水分平均含量为1.09%；灰分含量为21%～27%，平均为25.6%；挥发分含量为11%～25%，平均为17.90%；全硫含量为1.52%～2.65%，平均为1.98%。

3）物性特征

根据压汞实验数据，黔西南坳陷煤岩的储层孔隙度介于2.52%～8.42%，平均值为5.45%；渗透率普遍偏低，介于0.0078～0.48mD，平均值为0.098mD，且具有随深度增大而减小的趋势；储层压力接近于正常或微欠压；平均孔径16.1～22.3nm，微孔—小孔最为发育，中孔发育一般，大孔发育程度最差；总孔比表面积为10.005～44.496m²/g，平均值为19.832m²/g，其中，微孔比表面积最大，为8.407～40.960m²/g，平均为17.708m²/g，占总比表面积的90%以上；大部分样品排驱压力较小，孔隙结构较好。

4）割理发育特征

二叠系乐平统（P₃）煤层割理、裂隙的发育多与次生构造线有关，主割理长度5～15mm，宽度0.01～0.11mm，割理间距1～11mm；次割理长度1～11mm，宽度0.01～2.6mm，割理间距0.5～7mm。割理密度平均为4条/cm。主割理方位与主构造线方向夹角较小，介于9°～13°；次割理方位与次构造线夹角也较小，介于5°～8°，割理方向基本上随构造线方向的改变而改变。割理密度大的发育3组裂隙，割理密度小的为

2 组裂隙。

四、封盖条件

黔西南地区二叠系乐平统（P₃）煤系地层被下三叠统飞仙关组所覆盖，这是一套连续稳定分布的粉砂质泥岩及钙质泥页岩，厚度数十至数百米，为良好的区域性盖层。同时，各主采煤层间有泥岩层发育，厚度一般为 5～10m，粒度细且物性差，实测孔隙度约 2%，渗透率 0.1～1mD，突破压力大于 3MPa，也可起到良好的封盖作用。另外，峨眉山玄武岩、飞仙关组等多套优质隔水层，与横向上的向斜、封闭性断层等非渗透边界组合，可有效阻碍地层水活动，形成滞流带承压水封堵环境，使煤层气藏得以富集和保存。

五、有利区优选

黔西南地区工业煤层气可采资源分布于一些构造盆地（复式向斜）之中，通过对含煤面积、煤层总厚度及可采总厚度、煤层稳定性、煤质特征、煤层含气量、物性特征、割理发育程度、含气饱和度、煤层压力、水文地质条件、盖层条件、埋藏深度等参数进行综合统计，在风险分析的基础上，对黔西南坳陷重点煤层气区带及勘探目标进行了评价，排队如下：（1）盘县复向斜；（2）郎岱复向斜；（3）兴义—兴仁复向斜；（4）晴隆复向斜；（5）发耳背斜带。

第四节　武陵坳陷页岩气

一、概述

1. 自然地理

武陵坳陷为长期沉降的新元古代震旦纪—古生代坳陷，与滇黔北坳陷、黔中隆起、黔南坳陷、雪峰隆起等构造相邻。武陵坳陷横跨贵州、重庆、湖南三省市，介于东经 106°20′—109°30′、北纬 27°10′—29°05′，大部在贵州东北部，贵州境内面积约 40350km²，行政区主要包括贵州省遵义市的桐梓县、绥阳县、正安县、凤冈县、湄潭县、余庆县、道真仡佬族苗族自治县、务川仡佬族苗族自治县，以及铜仁市的江口县、石阡县、思南县、德江县、松桃苗族自治县、玉屏侗族自治县、印江土家族苗族自治县、沿河土家族自治县等市县。

武陵坳陷处于云贵高原向湖南丘陵和四川盆地过渡的斜坡地带，地形起伏大，地貌类型复杂；海拔高度一般在 800～1300m，处于全国地势第二级阶梯，海拔最高处为梵净山区主峰凤凰山，海拔 2572m，海拔最低处为 205m；发育典型的喀斯特地貌。境内乌江、赤水河等水系均属长江流域。属中亚热带季风湿润气候区，主要表现为季风气候明显，气候的垂直差异显著，有"一山有四季，十里不同天"的气候特征。年日照 1040～1260 小时，年平均气温 13～17℃。年平均降水量 1100～1400mm，无霜期270～310 天，冬无严寒，夏无酷暑，雨热同季。全区交通便利，杭（州）—瑞（丽）高速、沪昆高速，以及湘黔铁路、渝怀铁路等干线横贯全区；遵义新舟机场、铜仁凤凰机场先后开通了贵阳、长沙、重庆、广州、上海、北京、深圳、桂林等航线。

2. 勘探历程

2009 年起，贵州在全省开展了页岩气资源评价与勘探工作，2010 年制定的《关于实施工业强省战略的决定》和《贵州省工业十大产业振兴规划》，将页岩气作为本省战略性新兴产业，提出要做好页岩气、煤层气新能源的开发与利用。

2010 年，随着国家重点项目"全国油气资源战略选区"子项目"黔北地区页岩气资源战略调查与选区"的开展，完成了部分剖面观察与测绘，并实施了岑页 1 井和松浅 1 井。岑页 1 井位于贵州省黔东南自治州岑巩县羊桥乡大屯的一座小山上，处于烂泥干背斜东北部倾没端，目的层为寒武系牛蹄塘组（$\epsilon_{1-2}n$），设计为垂深 1500m 的直井，于 2011 年 4 月 13 日开钻，同年 8 月底完钻，完钻井深 1526m，完钻层位为震旦系老堡组，2012 年 3 月 19 日压裂，4 月 29 日开始产气，5 月 3 日成功试气点火。

2012 年 11 月，国土资源部在全国范围进行第二批页岩气勘查区块的招标，其中贵州省推荐的 5 个区块（绥阳区块、凤冈一区块、凤冈二区块、凤冈三区块、岑巩区块）分别由 5 家企业中标，探矿有效期 3 年。2013 年 1 月，国土资源部与贵州省签署了《关于共同推进页岩气勘查开发合作协议》，决定设立页岩气勘查开发示范区，建设一批勘查开发示范井。贵州省国土资源厅组织对页岩气勘查开发示范区和勘查开发试验井的设置进行了论证，并在正安—道真地区设置第一个示范区，面积约 5800km^2，主攻志留系龙马溪组页岩气，兼顾寒武系牛蹄塘组页岩气。

其后，在 2013—2015 年间，陆续实施了天星 1 井、天马 1 井、道页 1 井、桐页 1 井、凤参 1 号井、安页 1 井等一批探井，取得了宝贵的第一手资料，为武陵坳陷页岩气评价提供了依据。其中，安页 1 井获得重要发现，该井位于贵州省正安县安场镇，构造上位于武陵山复杂构造带安场向斜西翼，是中国地质调查局部署的一口页岩气参数井，于 2015 年 10 月 2 日开钻，2016 年 7 月 7 日完钻，完钻井深 2900.17m，主要勘探目标为志留系龙马溪组和奥陶系五峰组的页岩气，同时，兼探二叠系栖霞组、茅口组和志留系石牛栏组，以及奥陶系宝塔组的常规天然气。该井获得了 4 个层系的油气重大发现：

一是二叠系栖霞组有油气显示。全烃由 0.83% 迅速蹿升至 85.93%，甲烷由 0.35% 蹿升至 62.18%，全烃大于 1% 的地层厚度大于 200m，有机质含量（TOC）最高达 5% 以上。

二是志留系石牛栏组（井深 2100～2200m）获得气流。经压裂获得日产 6×10^4～16×10^4m^3 天然气。

三是志留系龙马溪组发现高含气量页岩气。在 2325m 左右，钻遇含气黑色页岩，累计厚度约 20m，全烃最高 7.56%，岩心浸水后气泡溢出剧烈，解吸气可燃，火焰呈淡蓝色。现场解吸气量为 0.99～2.36m^3/t，最高可达 6.49m^3/t。

四是奥陶系宝塔组钻遇高压气层。在井深 2333m 钻遇马蹄状灰岩时，气测异常，全烃升至 7.73%，钻到井深 2346m 时发生钻井液溢流，气液分离器管线点火，火焰高 20m。

3. 构造及沉积特征

武陵坳陷的基底为新元古界板溪群变质岩。晋宁运动—四堡运动形成中上扬子区统一的变质基底后，南华纪时期，随着罗迪尼亚大陆（Rodinia）的解体，构造环境由挤压转为伸展，扬子南、北缘陆壳基底拉张开裂，形成大陆边缘裂谷盆地并出现快速沉降，本区及邻区发育了一套磨拉石（碎屑岩）—冰碛岩沉积建造序列。

震旦纪以来的沉积构造演化是在南华纪裂陷盆地基础上发展起来的，主要经过了震旦纪—早奥陶世克拉通及其边缘裂陷、中奥陶世—志留纪隆后盆地、泥盆纪—石炭纪隆起与裂陷、二叠纪—中三叠世碳酸盐岩台地与裂陷、晚三叠世—侏罗纪前陆盆地与陆内坳陷盆地等构造沉积演化阶段，形成了多套分布广泛或分布局限的富有机质泥页岩层系，预示了较好的页岩气资源勘探潜力。其中：震旦纪—早奥陶世初期，继承了南华纪构造古地理格局，在先期裂陷盆地范围内沉积了下震旦统陡山沱组富有机质页岩层系（本区内分布广泛）；并在灯影组沉积期碳酸盐岩台地的基础上，全区发生了大范围快速海侵，沉积了分布广泛而稳定的寒武系牛蹄塘组富有机质页岩层系。中奥陶世—志留纪，由于加里东运动的影响，中上扬子区边缘发生大规模隆升运动，邻区川中古隆起、黔中隆起和雪峰隆起等相继形成，本区则形成了局限滞留浅海盆地，沉积了区域稳定分布的上奥陶统五峰组—志留系兰多维列统龙马溪组（S_1l）富有机质页岩层系。泥盆纪—石炭纪，本区大部分地区处于隆起剥蚀阶段。二叠纪—中三叠世，本区主体为碳酸盐岩台地，局部发育台盆沉积，从而形成了局部分布的二叠系梁山组、龙潭组富有机质页岩层系。

二、页岩气储层特征

武陵坳陷属上扬子地层区，除了缺失志留系中上部地层（S_{2-4}）—石炭系外，从南华系—三叠系均有发育，局部覆盖第四系，地表以出露古生代地层为主。早古生代地层为一套较为稳定的海相沉积，区内黑色页岩主要发育在寒武系牛蹄塘组（$∈_{1-2}n$）和奥陶系五峰组（O_3w）—志留系龙马溪组（S_1l）中，因此，武陵坳陷的页岩气勘探主要针对这两套层系开展工作。通过几年的勘探评价，取得了一定的勘探成果。

1. 牛蹄塘组（$∈_{1-2}n$）

该组整合或假整合覆于震旦系灯影组之上，厚度 0～259m，为一套海相碎屑岩，其中碳质页岩、页岩和泥岩微细纹层发育，黄铁矿含量高，呈星点状分布。产海绵骨针、海绵体以及大量菌藻类，主要为陆棚相，局部可能过渡到斜坡相。

自 2009 年以来，在武陵坳陷针对牛蹄塘组已开展了大量工作，在岑巩、凤冈、正安、镇远、湄潭、遵义等地区，对牛蹄塘组的黑色页岩露头进行了岩性观察和取样分析，并钻探了岑页 1 井、松页 1 井、镇页 1 井、德页 1 井、湄页 1 井等，证实牛蹄塘组中上部为黑色碳质页岩夹灰绿色砂质页岩，下部为黑色碳质页岩，底部为黑色硅质页岩、硅质岩夹黑色磷块岩和黑色多金属层。

牛蹄塘组黑色页岩厚度一般在 30～120m 之间，除隆起区被剥蚀外，其他区均有分布，厚度大于 20m，如岑页 1 井钻遇黑色页岩 56m。牛蹄塘组暗色泥页岩沉积中心位于武陵坳陷的松桃以及周边的织金、麻江、都匀、凯里一带，厚度可达 100～120m，向东南变薄，且变化较快，向黔西北及黔西南地区也呈减薄趋势，总体认为，牛蹄塘组富有机质泥页岩厚度大、分布范围广。样品分析结果表明，牛蹄塘组黑色页岩的有机质类型主要为 I 型，镜质组反射率为 2.67%～5.59%，处于高成熟—过成熟热演化阶段。

牛蹄塘组页岩露头样品的有机碳含量分布在 0.22%～22.15% 之间，平均值 4.73%。根据所测样品的平均有机碳含量，松桃盘石的暗色泥页岩平均有机碳含量较高，可达 8.76%；湄潭暗色泥页岩的有机碳含量为 1.68%，绝大多数有机碳含量已达生烃下限。

从平面分布来看，牛蹄塘组暗色泥页岩在印江等地区，有机碳含量高达 7.0% 以上，其他地区有机碳含量一般为 2.0%～6.0%。实验结果表明，牛蹄塘组泥页岩吸附气含量一般为 1.41～3.97m³/t，平均为 2.59m³/t，吸附能力整体较强，且吸附气量与有机碳含量呈明显的正相关。

露头样品和取心样品的分析结果表明，牛蹄塘组的石英、长石等碎屑矿物含量为 46%～78%，平均为 62%；自生脆性矿物含量为 0～8.8%，平均为 4.4%；黏土矿物含量为 17%～47%，平均为 38%，主要以伊利石为主，含量超过 95%，另见少量绿泥石和高岭石。脆性矿物含量高，有利于页岩气的后期开发。

通过扫描电镜和显微镜观察，牛蹄塘组黑色页岩的孔隙主要为晶间孔、粒间孔、粒间溶孔、粒内溶孔、气胀孔、填隙物内孔和微裂隙等，微孔隙常呈"蜂窝"状。页岩内部裂隙主要为微裂隙，多被填充，缝宽一般为 0.1～1μm，部分为 1～10μm，细微裂缝的缝宽一般为 10～23μm。压汞资料表明，牛蹄塘组样品的孔隙度为 0.71%～1.09%，平均为 0.83%；比表面积为 0.56～1.43m²/g，平均为 0.91m²/g；主体孔径主要分布在 5～70nm 之间。这种孔隙结构有利于游离气的赋存及渗流，同时也给吸附气提供了较好的吸附空间，是页岩气勘探开发较有利的储层。

2. 五峰组—龙马溪组（O_3w—S_1l）

上奥陶统五峰组—志留系兰多维列统龙马溪组，泥页岩有机质含量普遍较高，主要发育于深水陆棚沉积，厚度 0～827m。五峰组以灰黑色碳质页岩和硅质页岩为主，厚度虽然不大，但分布稳定，富含笔石化石。龙马溪组下部岩性为灰黑色碳质页岩，上部为灰绿色、黑色页岩，夹少量薄—中层砂岩、厚层粉砂岩。页岩气主要赋存在五峰组黑色页岩与龙马溪组下部灰黑色碳质页岩中。

自 2009 年以来，在武陵坳陷开展了大量针对性工作，在岑巩、凤岗和正安等地，对五峰组—龙马溪组的黑色页岩进行露头观察、取样分析，并钻探了道页 1 井、桐页 1 井等。通过野外地质调查及钻探工作，认为五峰组—龙马溪组主要分布于遵义—铜仁一线以北，地层多沿向斜翼部出露，页岩有利层段厚度由北向南呈减薄趋势，其中，道真附近厚度为 56.4m，至绥阳仅有 7.7m，至湄潭抄乐未发育。道真一带以北，龙马溪组页岩有利层段最厚，高达 60～80m；务川—正安一带，厚度为 40～60m；绥阳—印江一带仅不到 20m（图 8-23）。

根据露头及岩心样品分析，泥页岩中有机质显微组分主要为沥青质，多呈块状、条带状，少量呈碎屑状，干酪根类型以 Ⅰ 型和 Ⅱ 型为主，有机碳含量普遍介于 2%～6%，平均约 3.0%，R_o 为 1.5%～3.39%，下部有机质成熟度明显高于上部，总体上处于成熟—过成熟阶段。总含气量分布在 0.63～2.81m³/t 之间，平均为 2.13m³/t。道页 1 井 15 个样品分析化验结果表明，腐泥组组分为 94%～98%，干酪根类型为 Ⅰ 型，有机碳含量平均为 3.3%，R_o 为 1.51%～2.78%，平均为 1.79%，总含气量为 1.84～2.69m³/t。

页岩矿物组分以石英和黏土矿物为主，含有少量的长石、方解石、白云石和黄铁矿。黏土矿物含量为 20%～64%，平均为 43.2%，以伊利石为主，其次为伊/蒙混层，有少量绿泥石。伊利石相对含量为 42%～72%，伊/蒙混层 29%～46%，绿泥石为 4%～22%。脆性矿物含量为 28%～79%，平均约 54%；石英总含量 25%～73%，平均为 42.6%；长石主要为钾长石和斜长石，含量 3.2%～15%，平均为 9.3%；碳酸盐矿物含量较少，介于3%～18%，平均为4.0%。因泥页岩沉积于深水还原环境，故黄铁矿相对丰富。道页1井脆性矿物含量32.6%～83.9%，平均为55.6%。因而，五峰组—龙马溪组表现出较强的脆性，有利于后期的压裂改造。

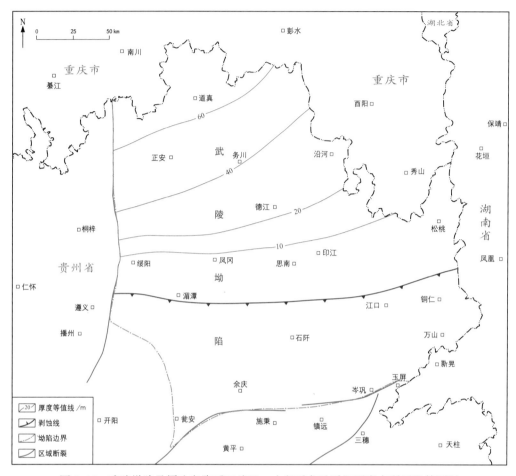

图8-23 武陵坳陷及周边奥陶系五峰组—志留系龙马溪组页岩有利层段等厚图

测试资料表明，五峰组—龙马溪组页岩储层的孔隙相对发育，孔隙度4%～10%，渗透率0～0.913mD，平均渗透率为0.088mD。道页1井储层孔隙度为0.87%～6.58%，平均为4.37%，渗透率为0.0049～0.0212mD，平均渗透率为0.0128mD；桐页1井储层孔隙度为0.60%～5.4%，平均为3.11%，渗透率为0.0066～0.0196mD，平均渗透率为0.0101mD。储层类型以孔隙型、孔隙—裂缝型为主，主缝、微缝以及黏土矿物层间孔缝共同形成了理想的解吸—渗流通道。

三、有利区优选

利用地震、钻井及实验测试等资料，根据页岩埋深和沉积、构造、地球化学特征，以及含气量、储层特征等参数，来估算资源潜力，进行有利区优选（表8-11）。但由于武陵坳陷勘探程度相对较低，资料有限，在参考表8-1主要参数的基础上，初步优选出了武陵坳陷页岩气勘探有利区。

表 8-11　页岩气有利区优选参数表（据 Q/SY 1849—2015）

主要参数	变化范围
地表条件	相对简单
保存条件	构造相对简单，保存条件有利
泥页岩厚度 /m	分布稳定，厚度≥30
有机碳含量 /%	≥2.0
有机质成熟度 R_o/%	Ⅰ型—Ⅱ型干酪根 R_o≥1.3；Ⅲ型干酪根 R_o≥1.1
埋深 /m	1000～4500
总含气量 /（m^3/t）	≥1.0
资源丰度 /（$10^8 m^3/km^2$）	>2

1. 牛蹄塘组（$\in_{1-2}n$）

根据已有区域地质及钻井等资料，初步评价认为务川—湄潭、道真—正安—绥阳、沿河—印江三个向斜带的志留系中上部（S_{2-4}）—二叠系出露区是寒武系牛蹄塘组页岩气的勘探有利区域，三叠系出露区因埋深大，可作为远景勘探区（图 8-24）。

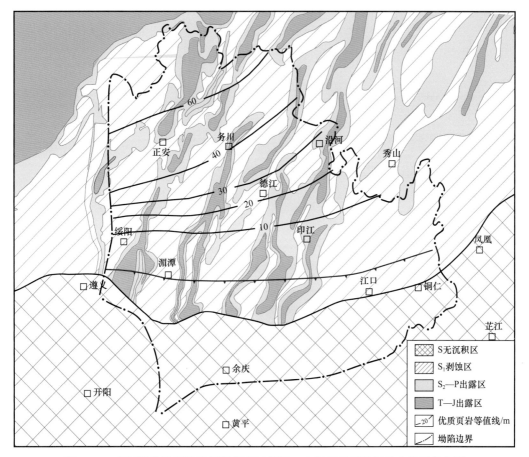

图 8-24　武陵坳陷及周边地区奥陶系五峰组—志留系龙马溪组残余地层分布图

2. 五峰组—龙马溪组（O_3w—S_1l）

根据已有区域地质及钻井等资料，初步评价认为绥阳北—德江—沿河一线以北，五峰组—龙马溪组优质页岩厚度大于30m，此区域内有二叠系—三叠系覆盖的向斜带是武陵坳陷五峰组—龙马溪组页岩气勘探潜力区（图8-24），面积约1200km²，包含5个向斜，单个向斜面积100～550km²，多数向斜狭窄，宽度仅2～5km；条件最佳的为正安向斜，面积550km²，最宽处近15km，可作为武陵坳陷页岩气勘探首选区块。

第九章 油气资源评价与勘探方向

虽然自 1992 年《中国石油地质志·卷十一 滇黔桂油气区》出版之后，针对滇黔桂地区含油气盆地的资源评价已开展过多轮，但每轮评价都不是全面系统的评价，而是选择一些油气地质条件较好、有油气发现或有新的勘探突破的盆地来进行评价。

1999—2000 年，中国石化集团开展了"中国石油化工股份有限公司探区油气资源评价项目"研究（简称"中国石化第三次油气资源评价"），在滇黔桂地区中主要评价了百色盆地、南宁盆地、合浦盆地、宁明盆地、上思盆地等 5 个陆相盆地，以及赤水地区、楚雄盆地、南盘江坳陷、十万大山盆地、兰坪—思茅盆地等 5 个海相区块。

2003—2007 年，国土资源部、国家发展和改革委员会及财政部组织开展了"新一轮全国油气资源评价"，在滇黔桂地区中主要评价了景谷盆地、保山盆地、楚雄盆地、百色盆地、陆良盆地、兰坪—思茅盆地。

2013—2015 年，中国石油天然气股份有限公司开展了"中国石油第四次油气资源评价"，在滇黔桂地区中主要评价了滇黔北坳陷、黔南坳陷和桂中坳陷。

按照从新的原则，本章对滇黔北坳陷、黔南坳陷、桂中坳陷的资源潜力评价，主要引用"中国石油第四次油气资源评价"的成果；对百色盆地、陆良盆地、景谷盆地、保山盆地、楚雄盆地的资源评价，主要引用"新一轮全国油气资源评价"的成果；对合浦盆地、十万大山盆地、南盘江坳陷、赤水凹陷的资源潜力评价，主要引用"中国石化第三次油气资源评价"的成果。

第一节 海相地层常规油气资源评价与勘探方向

中国石油 2013—2015 年对滇黔北坳陷、黔南坳陷、桂中坳陷的资源评价采用面积—丰度类比法，以构造稳定性和保存条件相近、已取得油气发现的川东高陡构造带和石柱复向斜作为一级构造单元和二级（次级）构造单元的类比刻度区。

中国石化 1999—2000 年对百色盆地、十万大山盆地、南盘江坳陷、赤水地区的评价，采用有机碳法和类比法进行了资源量计算。

一、滇黔北坳陷

滇黔北坳陷划分为牛街复背斜、彝良—叙永向斜带、孔坝—二郎复背斜、六曲河—夜郎复向斜、金沙—仁怀复背斜等 5 个二级构造单元。震旦系—下古生界按主要勘探目的层系确定了 3 个评价层系：震旦系灯影组、寒武系和志留系。滇黔北坳陷整体按层系划分为 3 个评价单元，根据成藏条件和评价标准进行赋分、计算，得到滇黔北坳陷分层系的类比综合评分（表 9-1）。再以次级构造单元＋层系划分出 13 个评价单元，根据成藏条件和评价标准进行赋分、计算，得到滇黔北坳陷次级构造单元分层系的类比综合评分（表9-2）。

以一级构造单元类比川东高陡构造带，得到滇黔北坳陷的天然气资源量为 $2442 \times 10^8 m^3$（表9-1）；以二级构造单元类比石柱复向斜，得到滇黔北坳陷的天然气资源量为 $1742 \times 10^8 m^3$（表9-2）；将一级构造单元的类比计算结果和二级构造单元的类比计算结果各按50%加权计算，最终得到滇黔北坳陷的天然气资源量为 $2092 \times 10^8 m^3$；再将最终加权计算的总资源量按二级构造单元所占的资源量百分比进行劈分，得到各二级构造单元的资源量。

表9-1 滇黔北坳陷一级构造单元分层系类比法资源量计算表

评价单元				刻度区			相似系数	资源量/ $10^8 m^3$	总资源量/ $10^8 m^3$
一级构造单元	评价层系	综合评分	评价单元面积/ km^2	名称	资源丰度/ $10^8 m^3/km^2$	综合评分			
滇黔北坳陷	震旦系灯影组	0.002683	28938	川东高陡构造带	0.206	0.019	0.141208	842	2442
	寒武系	0.000000	28938				0.208076	1240	
	志留系	0.000000	28938				0.060404	360	

表9-2 滇黔北坳陷二级构造单元分层系类比法资源量计算表

一级构造单元	评价单元			刻度区		相似系数	资源量/ $10^8 m^3$	评价区资源量合计/ $10^8 m^3$
	二级构造单元	层系	评价单元面积/ km^2	名称	资源丰度/ $10^8 m^3/km^2$			
滇黔北坳陷	牛街复背斜	震旦系灯影组	3065	石柱复向斜	0.134	0.143421	59	1742
	彝良—叙永向斜带		1811			0.251349	61	
	孔坝—二郎复背斜		10817			0.132328	192	
	六曲河—夜郎复向斜		4976			0.130781	87	
	金沙—怀仁复背斜		8270			0.070837	79	
	牛街复背斜	寒武系	3065			0.667190	274	
	彝良—叙永向斜带		1811			0.386089	94	
	孔坝—二郎复背斜		10817			0.240647	349	
	六曲河—夜郎复向斜		4976			0.163476	109	
	金沙—怀仁复背斜		8270			0.066867	74	
	牛街复背斜	志留系	3065			0.175076	72	
	彝良—叙永向斜带		1811			0.233631	57	
	孔坝—二郎复背斜		10817			0.162409	235	

滇黔北坳陷资源量在层系上主要集中于寒武系，其次是震旦系灯影组和志留系；在次级构造单元上主要集中于孔坝—二郎复背斜，其次是牛街复背斜。震旦系灯影组的地质资源量为 $574 \times 10^8 m^3$，主要分布于孔坝—二郎复背斜及六曲河—夜郎复向斜，分别为 $231 \times 10^8 m^3$ 及 $104 \times 10^8 m^3$；寒武系地质资源量为 $1081 \times 10^8 m^3$，主要分布于孔坝—二郎复背斜及牛街复背斜，分别为 $419 \times 10^8 m^3$ 及 $329 \times 10^8 m^3$；志留系资源量为 $437 \times 10^8 m^3$，主要分布于孔坝—二郎复背斜。

滇黔北坳陷重点勘探层系应锁定寒武系娄山关组和震旦系灯影组，储层类型主要为孔洞型白云岩储层。牛街复背斜、彝良—叙永向斜带北部、孔坝—二郎复背斜西南部构造较稳定，保存条件比较有利，是下一步勘探需要重点关注的有利区带。勘探目标要重点评价宽缓背斜构造围斜部位的低幅度构造、鼻状构造以及构造—岩性复合型圈闭。滇黔北坳陷北部的志留系发育碳酸盐岩和碎屑岩两类储层，油气显示较好，也是值得关注的领域。

二、黔南坳陷

黔南坳陷划分为黄平浅凹、贵定断阶、安顺凹陷、独山鼻状凸起、长顺凹陷等 5 个次级构造单元。震旦系—下古生界，按照主要勘探目的层系确定了震旦系灯影组和寒武系 2 个评价层系。黔南坳陷整体按层系划分为 2 个评价单元，根据成藏条件和评价标准进行赋分、计算，得到了黔南坳陷分层系类比综合评分（表 9–3）。以次级构造单元 + 层系划分为 7 个评价单元，根据成藏条件和评价标准进行赋分、计算，得到了黔南坳陷次级构造单元分层系类比综合评分（表 9–4）。

表 9–3　黔南坳陷一级构造单元层系类比法资源量计算表

评价单元				刻度区			相似系数	资源量 / $10^8 m^3$	总资源量 / $10^8 m^3$
一级构造单元	评价层系	综合评分	评价单元面积 / km^2	名称	资源丰度 / $10^8 m^3/km^2$	综合评分			
黔南坳陷	寒武系	0.005104	30420	川东高陡构造带	0.206	0.019	0.268657	1684	1837
	震旦系灯影组	0.000943	15000				0.049611	153	

以一级构造单元层系类比法得到的黔南坳陷天然气资源量为 $1837 \times 10^8 m^3$；以次级构造单元层系类比法得到的黔南坳陷天然气资源量为 $1029 \times 10^8 m^3$；用加权平均法综合，黔南坳陷的天然气资源量为 $1433 \times 10^8 m^3$。

黔南坳陷资源量在层系上主要集中于寒武系，在次级构造单元上主要集中于长顺凹陷，其次是独山鼻状凸起。震旦系灯影组的地质资源量为 $240 \times 10^8 m^3$，主要分布于黄平浅凹和独山鼻状凸起。寒武系的地质资源量为 $1193 \times 10^8 m^3$，主要分布于长顺坳陷、安顺凹陷，分别为 $433 \times 10^8 m^3$、$269 \times 10^8 m^3$。

黔南坳陷的重点勘探层系为寒武系娄山关组和震旦系灯影组，储集体主要为孔洞型白云岩储层。长顺坳陷比较有利，勘探目标应重点关注和评价构造稳定区的深层低幅度构造和继承性隆起的低凸带。

表 9-4　黔南坳陷二级构造单元层系类比法资源量计算表

一级构造单元	评价单元			刻度区		相似系数	资源量 / $10^8 m^3$	评价区资源量合计 / $10^8 m^3$
	二级构造单元	层系	评价单元面积 / km^2	名称	资源丰度 / $10^8 m^3/km^2$			
黔南坳陷	黄平浅凹	震旦系灯影组	3667	石柱复向斜	0.134	0.199032	98	1029
	独山鼻状凸起		8625			0.064028	74	
	黄平浅凹	寒武系	3667			0.173390	85	
	贵定断阶		7564			0.131120	133	
	安顺凹陷		4854			0.296724	193	
	独山鼻状凸起		8625			0.116548	135	
	长顺凹陷		5710			0.406984	311	

三、桂中坳陷

桂中坳陷划分为环江浅凹、罗城低凸起、柳城斜坡、宜山断凹、马山断凸、红渡浅凹、柳江低凸起、象州浅凹等 8 个次级构造单元。按照主要勘探目的层系，确定了泥盆系 1 个评价层系。以桂中坳陷泥盆系整体作为一个评价单元，并根据成藏条件和评价标准进行赋分、计算，得到桂中坳陷的泥盆系类比评分（表 9-5）。以次级构造单元 + 层系划分出 8 个评价单元，并根据成藏条件和评价标准进行赋分、计算，得到桂中坳陷次级构造单元的泥盆系类比评分（表 9-6）。

表 9-5　桂中坳陷一级构造单元层系类比法资源量计算表

一级构造单元	评价单元			刻度区			相似系数	总资源量 / $10^8 m^3$
	评价层系	综合评分	评价单元面积 / km^2	名称	资源丰度 / $10^8 m^3/km^2$	综合评分		
桂中坳陷	泥盆系	0.001524	43876	川东高陡构造带	0.206	0.019	0.080202	725

以一级构造单元层系类比法得到的桂中坳陷天然气资源量为 $725 \times 10^8 m^3$；以二级构造单元层系类比法得到的桂中坳陷天然气资源量为 $739 \times 10^8 m^3$；再用加权平均法综合，得到的桂中坳陷天然气资源量为 $732 \times 10^8 m^3$。资源量主要分布于柳江低凸起和环江浅凹，它们分别为 $155 \times 10^8 m^3$ 和 $124 \times 10^8 m^3$。

桂中坳陷资源的规模小、丰度低，勘探前景总体不利。柳江低凸起和环江浅凹相对较有利。

四、南盘江坳陷

中国石化南盘江坳陷第三次资源评价（2000 年）注重保存条件，通过保存条件

表 9-6 桂中坳陷二级构造单元层系类比法资源量计算表

一级构造单元	评价单元			刻度区		相似系数	资源量 / $10^8 m^3$	评价区资源量合计 / $10^8 m^3$
	二级构造单元	层系	评价单元面积 / km^2	名称	资源丰度 / $10^8 m^3/km^2$			
桂中坳陷	环江浅凹	泥盆系	7617	石柱复向斜	0.115	0.142816	125	739
	罗城低凸起		1901			0.235574	52	
	柳城斜坡		5136			0.150007	89	
	宜山断凹		4803			0.162399	90	
	马山断凸		4011			0.151973	70	
	红渡浅凹		4713			0.162732	88	
	柳江低凸起		8450			0.160947	156	
	象州浅凹		7245			0.082816	69	

研究，剔除了南盘江坳陷中保存条件较差的地区，划分和确定了油气资源评价的范围为保存条件较好的地区，评价区面积从全国第二次油气资源评价时（1994 年）的 66710km² 减小到 32956km²。评价区在印支期—燕山期—喜马拉雅期一直处于受力最弱的"中央稳定带"，其褶皱隆起相对较低、剥蚀量少、中三叠统区域盖层保存较好，属于有利油气保存单元。南盘江坳陷独有的沉积环境有利于烃源岩的形成和油气的聚集：一是具"多槽围台""槽台相间"的沉积格局，盆地相烃源岩发育，台缘（内）礁（丘）相储层发育，纵向上形成泥盆系、二叠系等两套含油气系统；二是有泥盆纪和二叠纪两次成礁期，广泛分布的生物礁是本区重要的勘探目标；三是构造具有继承性，现今背斜构造位置大多与礁丘位置一致，有利于油气的运移和聚集成藏。

用类比法评价的南盘江坳陷天然气资源量为 $4479 \times 10^8 m^3$，用有机碳法评价的为 $6455 \times 10^8 m^3$，用特尔菲法计算的为 $5875 \times 10^8 m^3$（表 9-7）。从平面上各区带的分布来看，向阳凹陷的资源量为 $3647 \times 10^8 m^3$，秧坝凹陷的资源量为 $1291 \times 10^8 m^3$，这两个凹陷的资源量占南盘江坳陷总资源量的 84%（表 9-8）。从两套含油气系统的分布来看，泥盆系含油气系统的资源量大于二叠系含油气系统，它占总资源量的 80%，而二叠系含油气系统仅占 20%（表 9-9）。

表 9-7 南盘江坳陷用不同方法计算的资源量

盆地		天然气资源量 /$10^8 m^3$								
		特尔菲法			类比法			有机碳法		
名称	面积 / km^2	5% 概率	50% 概率	95% 概率	5% 概率	50% 概率	95% 概率	5% 概率	50% 概率	95% 概率
南盘江坳陷	32956	10478	5875	1346	8051	4479	1407	11819	6455	2493

表 9-8　南盘江坳陷各区带的资源量分布　　　　单位：$10^8 m^3$（气当量）

区带 *	秧坝凹陷	板街凹陷	向阳凹陷	西林—潞城凹陷	坝林凹陷	乐业凸起	隆林凸起	温浏凸起
区带资源量	1291	44	3647	564	186	21	49	73
总资源量	5875							

* 此资源评价区带与重点盆地章节中的区域划分有所不同。

表 9-9　南盘江坳陷不同含油气系统的资源量　　　　单位：$10^8 m^3$（气当量）

含油气系统	有机碳法		
	5% 概率	50% 概率	95% 概率
泥盆系	9779	5304	1993
二叠系	2040	1151	500
合计	11819	6455	2493

　　总体而言，南盘江坳陷属于勘探程度较低地区，但资源评价结果显示该地区资源丰富，特别是向阳凹陷和秧坝凹陷，资源潜力大，且已证实存在秧坝、双江、花冗等局部构造和圈闭，具有较好的勘探前景。

五、十万大山盆地

　　十万大山盆地地处广西南部，它是在古生代晚期至中生代（P₂—K）发育、在古近纪抬升剥蚀而形成的残留型前陆盆地。盆地残留面积 11525km²。

　　通过对烃源岩特征的研究及油源对比分析，确定本区发育 5 套烃源岩（T_3、T_1、P_3、P_2、D_1），而且有利于成烃的有机岩相带大部分处于盆地区域盖层的有效封盖之下。盆地发育 5 大套储层（D_{2+3} 白云岩、C_{1+2} 白云岩及颗粒灰岩、P_2 颗粒灰岩和礁灰岩、P_3 细—粗砂岩、T_1 颗粒灰岩），厚度多在 100～477m 之间，储集类型多，物性好。多层系储集岩中均发现有大量的沥青及原油充填，说明了储集空间的有效性。盆地区域盖层主要是侏罗系和上二叠统的泥岩层，分布广泛且具良好的封盖性。地表露头发现油苗及沥青 100 余处、古油藏 5 个，说明本区地史上曾经有过烃类大量生成与运聚过程，即存在有效的成藏组合。

　　从时空配置关系分析，十万大山盆地可划分为两个含油气系统：（D_1+P_2）—（$D+C+P_2$）—（P_2）含油气系统和（$P_3+T_1+T_3$）—（$P_2+P_3+T_1+T_3$）—（T_3+J+K）含油气系统。第一个含油气系统由于系统演化程度较高，故以天然气为主要勘探对象。据热演化史推断，第二个含油气系统可能油气并存。

　　用类比法评价的十万大山盆地资源量为 $11030 \times 10^8 m^3$，用有机碳法评价的资源量为 $9022 \times 10^8 m^3$，用特尔菲法评价的资源量为 $8021 \times 10^8 m^3$（表 9-10）。从平面上各区带的分布来看，南部区带的资源量为 $5625 \times 10^8 m^3$，北部区带的资源量为 $2396 \times 10^8 m^3$。

表 9-10　十万山盆地用不同方法计算的资源量

盆地		天然气资源量 /$10^8 m^3$								
		特尔菲法			类比法			有机碳法		
名称	面积 /km^2	5%概率	50%概率	95%概率	5%概率	50%概率	95%概率	5%概率	50%概率	95%概率
十万大山盆地	11525	87535	8021	103	—	11030	—	25832	9022	4415

根据评价结果，优选盆地南部为重点勘探区带，其中，又以峙浪—上思冲断褶皱带为重点，并以渠围—白更背斜带以及板岸—扶隆推覆隆起带上的龙因附近为重点目标区。

六、赤水地区

赤水地区在地质构造上称赤水凹陷，属四川盆地川南坳陷伸入贵州的部分，面积 3200km^2。

赤水地区存在海相和陆相两大油气系统，以及原生型、次生型、残存型、复合型等多种油气子系统。海相油气的产层及岩性主要有：二叠系阳新统（P_2）茅口组的微晶灰岩、微晶生物灰岩、亮晶生物灰岩；中—下三叠统嘉陵江组、雷口坡组的亮晶鲕粒白云岩、石灰岩及生物碎屑灰岩、白云岩、泥粉晶—细晶白云岩。茅口组气藏主要为原生型油气子系统，储层类型主要为缝洞型。嘉陵江组、雷口坡组气藏属原生型、次生复合型的构造—岩性气藏，储层类型主要为裂缝—孔隙型。陆相油气的产层及岩性是上三叠统须家河组以及中侏罗统沙溪庙组的砂岩，储层类型主要为孔隙—裂缝型。须家河组气藏是以海相气源为主、陆相气源为辅的混源气藏；沙溪庙组油藏为原生型油气子系统。

赤水地区对气藏贡献最大的烃源岩是二叠系阳新统（P_2）栖霞组—茅口组的灰色、深灰色石灰岩，以及乐平统（P_3）龙潭组的灰色、深灰色泥岩、页岩、煤系地层；对油藏贡献最大的烃源岩是中侏罗统凉高山组的深灰色、黑色泥页岩。

赤水地区的区域盖层主要是侏罗系的砂质泥岩和泥岩，直接盖层是下三叠统嘉陵江组的石膏和二叠系乐平统（P_3）龙潭组的泥岩。赤水地区已发现构造圈闭 20 多个，并在太和（场）、旺隆、宝元、官渡等 4 个构造圈闭中获得探明储量共计 44.91×$10^8 m^3$，截至 2017 年底，这 4 个气田累计采出天然气 21.37×$10^8 m^3$（表 9-11）。

表 9-11　赤水地区太和（场）、旺隆、宝元、官渡气田已探明储量和累计产量表　单位：$10^8 m^3$

气田名称	发现年份	探明储量（达到年份）	合计	累计产量（达到年份）	合计
太和（场）气田	1966 年	7.04（2006）		5.22（2016）	
旺隆气田	1966 年	14.52（2006）	44.91	9.85（2015）	21.37
宝元气田	1992 年	13.19（2006）		5.63（2015）	
官渡气田	2003 年	10.16（2005）		0.67（2015）	

1991—1994 年，中国石油天然气总公司组织开展了第二次全国油气资源评价，赤水地区的天然气资源量为 $1724 \times 10^8 m^3$。1999—2000 年，中国石化第三次油气资源评价，对赤水地区采用类比法，得到的天然气资源量（50% 概率值）为 $1210 \times 10^8 m^3$，这与此前的评价结果相比，天然气资源量减少了 30%。两次评价资源量相差较大的原因，主要是勘探程度和认识程度提高了，另外，资源评价的方法和计算参数的取值也更趋合理了。

1999—2000 年的资源评价，未对赤水地区进行分区带的资源量估算，而仅对官北中、官南、雪柏坪、西门、五南、复兴和旺南等 7 个圈闭进行了资源量估算，预测它们的潜在资源量为 $84.57 \times 10^8 m^3$，这些资源量主要分布在官北中、西门圈闭（构造）中—下三叠统和二叠系阳新统（P_2）的储层中（表 9-12）。

表 9-12　赤水地区部分构造（圈闭）预测资源量汇总表　　　单位：$10^8 m^3$

层系	构造（圈闭）							
	官北中	官南	雪柏坪	西门	五南	复兴	旺南	合计
中—下三叠统（T_{1+2}）	12.88	6.38	7.22	11.48	2.48	2.39	3.41	46.24
二叠系阳新统（P_2）	13.85	3.15	4.39	10.85	—	6.09	—	38.33
合计	26.73	9.53	11.61	22.33	2.48	8.48	3.41	84.57

据 1999—2000 年的资源评价结果，赤水地区的天然气资源量有 $1210 \times 10^8 m^3$，其中二叠系、三叠系中的天然气资源量有 $621 \times 10^8 m^3$，而太和（场）、旺隆、宝元、官渡这 4 个气田在二叠系、三叠系中已探明的天然气储量合计只有 $44.91 \times 10^8 m^3$（表 9-11），探明储量不到赤水地区总资源量的 4%，也不到赤水地区二叠系、三叠系中天然气资源量的 8%，因此，赤水地区的剩余资源潜力仍很可观。若以川南坳陷作为类比刻度区，采用类比法计算，赤水地区二叠系、三叠系的最终探明储量可达 $94 \times 10^8 \sim 98 \times 10^8 m^3$，按此推算，赤水地区二叠系、三叠系中尚有 $49 \times 10^8 \sim 53 \times 10^8 m^3$ 的天然气储量有待探明。

未来赤水地区的勘探方向是：在北部老区滚动勘探；在新区积极寻找局部目标，落实圈闭和发现圈闭，并进行钻探。值得注意的构造（圈闭）有：龙爪构造、长沙构造、旺东南构造、太和北潜高、雪柏坪构造、官北中构造。

第二节　陆相地层油气资源评价与勘探方向

2000 年，"中国石化第三次油气资源评价"对合浦盆地的古近系，用 H—R_o—R_t 方法作了评价。

2005 年，"新一轮全国油气资源评价"对百色盆地、陆良盆地、景谷盆地、保山盆地、楚雄盆地的评价，以类比法为主，以统计法和成因法为辅：百色盆地东部坳陷采用油藏规模序列法，西部坳陷采用类比法；陆良盆地、保山盆地采用类比法，以百色盆地东部坳陷浅层气区为类比刻度区；景谷盆地采用类比法，以百色盆地东部坳陷石油刻度区为类比对象；楚雄盆地用成因法（运聚系数法）及类比法开展资源量计算，类比法以川西前陆盆地为刻度区。

一、合浦盆地

合浦盆地为发育在华南褶皱带西南部六万大山隆起区之上的裂陷盆地，分布面积1200km^2。盆地主要沉积层系为古近系，沉积厚度最大4300m、平均2000m。盆地划分为"三凹两凸"5个次级构造单元，自西向东依次为：西场凹陷、上洋凸起、常乐凹陷、新圩凸起和石埇凹陷。

烃源岩为酒席坑组（与"建都岭组E$_3$j"为同物异名），全盆地分布，为最主要生油岩系。酒席坑组的厚度，在西场凹陷为200～500m，其中含暗色泥岩150～300m；在常乐凹陷厚600～1300m，其中暗色泥岩300～900m。酒席坑组中的暗色泥岩，有机碳平均含量为2.18%～4.07%；氯仿沥青"A"含量为0.097%～0.200%。烃源岩在西场凹陷以未成熟油—低成熟油为主，而在常乐凹陷则已全部进入成熟油门限。

储层主要为酒席坑组三段和二段的低位—湖进体系域，以及酒席坑组一段湖进体系域的河道、扇三角洲、水下扇、湖底扇和滨浅湖滩坝砂。沙岗组（与"南康组Nn"为同物异名）下部的高位体系域也有相应的砂体沉积。

酒席坑组暗色泥岩既为生油层又可作盖层。此外，沙岗组二段、三段也发育湖进体系域所形成的泥岩，能构成较好的上覆盖层。

"中国石化第三次油气资源评价"以古近系为评价层系，评价区块面积1200km^2，通过H—R_o—R_t方法计算的盆地石油资源量为7859×10^{4}t，其中，常乐凹陷石油资源量为7100×10^{4}t，西场凹陷为700×10^{4}t。

常乐凹陷为盆地古近系的沉降、沉积中心，在深凹陷（即生油中心部位）两侧发育有多个圈闭，可能为油气富集区。西场凹陷，与主力烃源岩酒席坑组有关的5套生储盖组合中，以酒席坑组一段组合、酒席坑组二段组合和酒席坑组三段组合的找油前景最佳，即应以自生自储型油气藏为主要勘探目标，其中又以西场凹陷中部断裂构造带为该区较有利的勘探目标。

二、百色盆地

百色盆地位于南盘江中生代早期坳陷区的东南端，为古近系断陷残留盆地，分布面积830km^2。盆地主要沉积层系为古近系，沉积厚度最大3500m、平均2055m。盆地划分为东部坳陷和西部坳陷两个次级构造单元。

那读组浅—深湖相暗色泥岩是盆地主力烃源岩。储层自基底至古近系伏平组各层段均有分布。基底中三叠统主要为碳酸盐岩储层，东部坳陷那坤地区那读组三段发育淡水石灰岩储层，此外那读组、百岗组、伏平组各层段主要发育碎屑岩储层。那读组厚层泥岩在全盆地皆有分布，为盆地的区域盖层；百岗组泥岩盖层在东部坳陷有分布。盆地发育那读组—基底石灰岩潜山（新生古储）、那读组（自生自储）、那读组—百岗组（下生上储）等3套生储盖组合。

"中国石化第三次油气资源评价"采用了胜利油田计算中心的SLBSS盆地模拟软件进行了模拟评价，烃源岩有机碳丰度下限取0.4%，烃源岩产烃率数据采用本盆地上3井那读组和百512-5井百岗组烃源岩样品的热压模拟实验结果，共模拟评价了那读组三段（E$_2$n$_3$）、那读组二段（E$_2$n$_2$）、那读组一段（E$_2$n$_1$）和百岗组三段（E$_2$b$_3$）等4个生烃层系。在盆地模拟计算的生烃量、排烃量基础上，针对各个区带石油地质条件的不同，赋予不同的聚集系数，分别计算了盆地 6 个区带的油气资源量。模拟结果全盆地生油量为 $10.0955 \times 10^8 t$，排油量为 $2.1773 \times 10^8 t$，石油总资源量为 $0.7316 \times 10^8 t$。

"新一轮全国油气资源评价"将上述盆地模拟计算的资源量，作为百色盆地的石油远景资源量。根据"新一轮全国油气资源评价"项目实施方案的要求，对盆地东部坳陷采用油藏规模序列法进行地质资源量的计算；西部坳陷由于勘探程度较低，则采用类比法进行类比评价。首次计算了盆地浅层生物气的地质资源量，盆地浅层生物气主要富集在百岗组和伏平组中，该两组地层仅在东部坳陷有残留，因此盆地浅层生物气资源只评价了东部坳陷一个单元，采用概率为 5% 时的地质资源量作为远景资源量，浅层生物气的地质资源量则采用统计法（油藏规模序列法）进行评价。具体评价结果：百色盆地的石油远景资源量为 $0.73 \times 10^8 t$，天然气远景资源量为 $81.4 \times 10^8 m^3$；石油地质资源量为 $0.41 \times 10^8 t$，天然气地质资源量为 $41.17 \times 10^8 m^3$；石油可采资源量为 $0.10 \times 10^8 t$，天然气可采资源量为 $25.94 \times 10^8 m^3$。

根据百色盆地已取得的勘探发现、油气成藏规律及资源评价结果，主要勘探层系和目标为古近系碎屑岩油气藏、基底中三叠统石灰岩潜山油藏、百岗组—伏平组浅层生物气藏等勘探层系。盆地的有利勘探区带主要为东部坳陷田东凹陷北部陡坡带、那笔凸起雷公—那坤地区、基底中三叠统石灰岩潜山以及田东凹陷中央断凹带领域，西部坳陷六塘凹陷作为盆地下部勘探的有利接替区带。

三、陆良盆地

陆良盆地位于扬了准地台滇东隆起的东部边缘，属滇东台褶带曲靖台褶束，盆地结构表现为东断西超，为新近系断陷型构造残留盆地。盆地面积 $325 km^2$，沉积厚度最大 $2200 m$、平均 $1500 m$。盆地划分为 4 个次级构造单元：东部断阶带、中部凹陷带、北部斜坡带、西部斜坡带。新近系茨营组二段（$N_2 c_2$）是盆地含气层段，主要烃源岩为茨营组一段（$N_2 c_1$），储层为茨营组二段砂体，盖层为茨营组三段（$N_2 c_3$）浅湖—半深湖相泥岩，生储盖组合以自生自储为主。

陆良盆地的地质资源量采用类比法，与百色盆地东部坳陷浅层气刻度区进行类比评价计算；技术可采资源量及经济可采资源量的计算，首先通过类比法求取可采系数，然后将可采系数乘以地质资源量，得出可采资源量。

陆良盆地属于中国南方新近系小型断陷残留型盆地，天然气可采系数取低值 63%。百色盆地东部坳陷浅层气刻度区 95%、50%、5% 概率下的资源丰度分别为 $0.0428 \times 10^8 m^3/km^2$、$0.0780 \times 10^8 m^3/km^2$、$0.1072 \times 10^8 m^3/km^2$。陆良盆地与刻度区的相似系数为 1.1745，评价单元面积为 $325 km^2$。评价结果：50% 概率下陆良盆地的天然气地质资源量为 $29.76 \times 10^8 m^3$，可采资源量为 $18.75 \times 10^8 m^3$（表 9–13）。

表 9–13　陆良盆地天然气资源评价结果

评价单元名称	面积 / km^2	远景资源量 / $10^8 m^3$	地质资源量 / $10^8 m^3$				可采资源量 / $10^8 m^3$				
			95% 概率	50% 概率	5% 概率	期望值	可采系数 / %	95% 概率	50% 概率	5% 概率	期望值
陆良盆地	325	40.93	19.34	29.76	40.93	29.76	63	10.29	18.8	25.79	18.75

陆良盆地面积小，烃源岩有机质类型好、丰度高、热演化程度低，仍处于低成熟阶段，生成液态烃的潜力不大，但其地温梯度、沉积速率及沉积环境都有利于浅层生物气的形成。盆地现已探明天然气地质储量 $12.81 \times 10^8 m^3$。

盆地石油地质综合研究和资源评价结果表明：中部凹陷带和西部斜坡带是盆地下一步勘探的有利地区。中部凹陷带位于盆地中部，为盆地烃源岩发育区，气源较充足，保存条件较好，此区带尚未发现构造圈闭，但泥岩发育，砂岩向南尖灭，具有发育一些小规模岩性气藏的条件。西部斜坡带位于盆地西部金家村—陆 12 井以西地区，发育一系列小规模正断层，走向北西与北东，其中深凹带为负花状构造带，中间为反向正断层发育带，外坡为正向正断层带；北北西走向断层为反向正断层，有利于发育断层—岩性复合圈闭。本区靠近气源中心，亮点较为集中，具有较明显的低频、极性反转等明确的气异常，为下一步勘探的首选区块。

四、景谷盆地

景谷盆地为叠置于兰坪—思茅中生代盆地中部之上的新近纪断陷残留型盆地，分布面积 $88 km^2$，沉积厚度最大 2430m、平均 1000m。盆地西断东超，呈箕状不对称构造格局，可划分为东部断阶带、中部断凹带、南部高断阶带及北部高断阶带等 4 个二级构造单元。

盆地烃源岩主要为三号沟组（$N_1 s$）深灰色—褐灰色—灰黑色泥岩夹少量灰质岩、碳质页岩，为湖湾—浅湖沉积，厚 200～500m。有机碳含量最高达 4.73%，平均为 1.0%；氯仿沥青 "A" 平均为 0.10088%；总烃平均为 523.23μg/g；有机质类型为 II_1 型—II_2 型。根据大牛圈油田牛 2 断块钻井资料：地温梯度为 5.21℃/100m，属于高地温梯度；烃源岩 R_o 最高达 0.84%，已进入低成熟—成熟阶段。

盆地的储层主要分布在三号沟组二段、三段，为浅湖相、湖相三角洲砂体，储层砂岩类型主要为中—细粒石英砂岩，其次为粉—细粒含杂基石英砂岩。孔隙类型为原生粒间孔、溶蚀孔和充填残余孔。储层孔隙度值在 18.8%～34.4% 之间，平均有效孔隙度为 26%，渗透率最大值为 4047.3mD，平均为 560mD，属高孔、高渗型储层，具有良好的储集性能。

盆地内普遍分布的三号沟组四段及回环组的泥岩厚几十米至 300 多米，是有利的区域性盖层。

三号沟组暗色泥岩，三号沟组二段、三段的浅湖相、湖相三角洲砂体，与三号沟组三段及回环组的泥岩，形成了良好的自生自储型生储盖组合。

本次评价的远景资源量采用 "全国第二次油气资源评价" 的计算结果；地质资源量采用类比法，与百色盆地东部坳陷石油刻度区进行类比计算；技术可采资源量及经济可采资源量的计算，首先通过类比法求取可采系数，然后将可采系数乘以地质资源量得出可采资源量。

景谷盆地属于中国南方新近纪小型断陷残留型盆地，可采系数统一取低值 15%。

百色盆地东部坳陷石油刻度区 95%、50%、5% 概率下的资源丰度分别为 $5.01 \times 10^4 t/km^2$、$6.84 \times 10^4 t/km^2$、$8.42 \times 10^4 t/km^2$。景谷盆地与刻度区的相似系数为 0.2192，评价单元面积 $88 km^2$。评价结果：50% 概率下景谷盆地的石油地质资源量为 $132 \times 10^4 t$，可采资源量为 $20 \times 10^4 t$（表 9–14）。

表 9-14 景谷盆地石油资源评价结果

评价单元名称	面积 / km²	远景资源量 / 10⁸t	地质资源量 /10⁴t				可采资源量 /10⁴t				
			95%概率	50%概率	5%概率	期望值	可采系数 / %	95%概率	50%概率	5%概率	期望值
景谷盆地	88	0.2359	97	132	162	132	15	15	20	24	20

景谷盆地面积小，埋藏浅，烃源岩总体上仍处于低成熟—成熟阶段，油源不足，且后期抬升遭受剥蚀，保存条件较差。在盆地的中部斜坡，由于埋藏较深，烃源岩发育且已达成熟阶段，油源较为充沛，构造位置及沉积环境均有利于储层的发育，储盖层匹配关系较好，是下一步勘探最为有利的地区。

五、保山盆地

保山盆地是三江褶皱系保山褶皱带之上的一个新近纪断陷盆地，分布面积 245km²，沉积厚度最大 2500m、平均 900m。盆地可划分为 2 个一级构造单元，即西部坳陷带和东部斜坡带。西部坳陷带可进一步划分为摆宴屯凹陷、永铸街凸起、岔河凹陷等 3 个二级单元；东部斜坡带可进一步划分为北部断裂构造带和南部单斜带。

盆地的主要烃源岩为新近系羊邑组四段（N_2y_4）的深湖—半深湖相暗色泥岩，有机碳含量在 1.0%～2.0% 之间，平均为 1.05%，有机质类型为腐泥型和腐殖型，整体达到了较好烃源岩标准，烃源岩成熟度低，镜质组反射率一般小于 0.4%，处于未成熟阶段（生物甲烷气带）。

盆地的储层主要为新近系羊邑组四段的近岸水下扇和扇三角洲砂体，孔隙度在 14.69%～33.7% 之间，一般大于 20%，渗透率为 10～30mD，具有高孔、低中渗特征。

盆地的区域盖层为新近系羊邑组四段的泥岩，总体评价为 Ⅲ—Ⅳ 级（中等—差）盖层，盖层条件差，但在整个盆地，泥岩厚度均较大，可达 200～500m，在一定程度上弥补了泥岩盖层质量较差的不足。

保山盆地的地质资源量，采用类比法与百色盆地东部坳陷浅层气刻度区进行类比评价计算；技术可采资源量及经济可采资源量的计算，首先通过类比法求取可采系数，然后将可采系数乘以地质资源量得出可采资源量。

保山盆地属于中国南方新近纪小型断陷残留型盆地，天然气可采系数取低值 63%。

百色盆地东部坳陷浅层气刻度区 95%、50%、5% 概率下的资源丰度分别为 $0.0428 \times 10^8 m^3/km^2$、$0.0780 \times 10^8 m^3/km^2$、$0.1072 \times 10^8 m^3/km^2$。保山盆地与刻度区的相似系数为 1.4397，评价单元面积 245km²。评价结果：50% 概率下保山盆地的天然气地质资源量为 $27.50 \times 10^8 m^3$，可采资源量为 $17.33 \times 10^8 m^3$（表 9-15）。

表 9-15 保山盆地天然气资源评价结果

评价单元名称	面积 / km²	远景资源量 / 10⁸m³	地质资源量 /10⁸m³				可采资源量 /10⁸m³				
			95%概率	50%概率	5%概率	期望值	可采系数 / %	95%概率	50%概率	5%概率	期望值
保山盆地	245	37.82	15.10	27.50	37.82	27.50	63	9.51	17.33	23.83	17.33

根据资源评价结果，保山盆地西部坳陷带永铸街凸起的南北两翼还有一定的扩边潜力。另外，东部斜坡带的勘探程度尚较低，董家坡南圈闭、小官庙圈闭为被 F_3 断层与 F_4 断层切割所形成的高断块圈闭，后又被两条北东东向断层分割成 3 个断块圈闭。保 3 井钻探于面积相对较小、低断块的小官庙南圈闭上，已获工业气流。董家坡南圈闭、小官庙圈闭面积都大于小官庙南圈闭，且又处于较高的断块上，含气条件应更为有利。

六、楚雄盆地

楚雄盆地主体属中生代沉积盆地，在中生代盆地之上，沿断裂带局部地带叠置有新近纪的小型盆地，现今盆地内主要沉积盖层为中生界三叠系上统至新生界新近系，盆地面积 $36500km^2$，沉积厚度最大达 $12000m$，平均为 $6000m$。

楚雄盆地由于其特殊的构造位置决定了盆地的性质和特点，它既受特提斯开合的影响，又受扬子克拉通隆坳和断陷的制约，它是在古特提斯洋消亡和扬子板块西缘山转盆过程中发展起来的中—新生代前陆盆地。

楚雄盆地的发育演化大致经历了下述几个阶段：震旦纪—二叠纪被动大陆边缘演化阶段；三叠纪弧后盆地发展阶段；晚三叠世—侏罗纪周缘前陆盆地发展阶段；成盆期后形变改造阶段。

楚雄盆地的烃源岩主要为上三叠统，沉积厚度 $1000\sim4000m$，其次为中—下泥盆统（D_{1+2}）和寒武系纽芬兰统（ϵ_1）。上三叠统烃源岩分为 3 个层组：云南驿组、罗家大山组、干海资组—舍资组。

储层研究成果表明，楚雄盆地的储层主要为上三叠统干海资组—舍资组（T_3g+T_3s），其次为古生界。上三叠统砂岩储层几乎全区都有分布，一般厚度 $200m$，最厚可达 $600\sim1000m$。古生界砂岩储层据现有勘探程度的认识，主要分布于云龙凹陷及东山凹陷。

楚雄盆地已发现 76 个背斜构造圈闭（其中地震查实的圈闭 15 个），总圈闭面积 $1800km^2$，占盆地面积的 5%。

楚雄盆地的区域盖层，在盆地的北部多数地区由侏罗系、白垩系、古近系的泥岩、致密砂泥岩及膏盐岩组成；在盆地的南部则由侏罗系的巨厚泥岩、致密砂泥岩互层组成。盖层的厚度一般为 $1000\sim2500m$，最厚可达 $4000m$。

构造研究认为，燕山期、喜马拉雅期是主要的构造形成期。楚雄盆地油气系统的演化与燕山期及喜马拉雅早期这两期构造运动相关，表现为：97Ma，第一次抬升褶皱，发育圈闭，产生油气势差，油气运移、聚集、成藏；45Ma，第二次抬升褶皱，早期形成的油气藏被改造或发生再配置，形成次生油气藏。

2005 年，"新一轮全国油气资源评价"以成因法（运聚系数法）及类比法对楚雄盆地进行了资源量计算。

成因法资源量计算的参数获取：烃源岩厚度，在等厚图上读取；烃源岩面积，指有机碳等值线图上达到下限所包围的面积，用网格法统计；烃源岩密度、残余有机碳含量、累计产烃率，采用"新一轮全国油气资源评价"统一的产烃率图版读取；有机碳恢复系数，根据前人研究得出的有机碳恢复系数曲线，选定为 1.22；排聚系数，通过借用四川盆地具有代表性的刻度区解剖研究成果做类比而获得。

类比法资源量计算的参数获取：研究区的主要烃源岩为上三叠统海陆交互相和湖相的泥岩；储层为全盆地分布的上三叠统干海组和舍资组，其次为侏罗系、白垩系和古生界的储层，储集岩类型以砂岩为主，其次为碳酸盐岩；成藏条件与川西前陆盆地的成藏类型相似，故以川西前陆盆地做类比。相似系数：以四川盆地已有地质类比参数取值方法计算出的楚雄盆地的地质特征参数，与四川盆地相应标准区地质评价系数相比较，求出相似系数，最后求取类比系数。类比计算面积：以区块勘探有效面积作为类比计算面积，面积为 $36500km^2$。

可采系数：采用"新一轮全国油气资源评价"的成果——《油气资源可采系数研究与应用报告（阶段成果）》，本区的可采系数取值为63%，可采资源量为 $1203 \times 10^8 m^3$（表9-16）。

表9-16　楚雄盆地油气资源评价结果

评价单元名称	面积/km²	计算方法	资源量分类	资源量 /10⁸m³		
				概率值		
				95%	50%	5%
楚雄盆地	36500	成因法（运聚系数法）	远景资源量	1959	6368	13461
			地质资源量	588	1910	4038
			可采资源量	370	1203	2544
		盆地类比法	地质资源量	1399	2106	2954
			可采资源量	881	1327	1861

楚雄盆地是在扬子板块西缘发育的一系列盆地中的一个，这一系列盆地彼此间都有许多相似之处，尤其是自印支期以来，扬子板块从被动大陆边缘演化为主动大陆边缘，进入了前陆盆地发展阶段，各盆地之间更具有统一的演化过程。自北部龙门山前四川盆地的西部坳陷区至攀西地区，再至楚雄盆地，都是从弧后大陆边缘盆地演化为周缘前陆盆地的，只是燕山期以来的构造活动才将它们彼此分割开来而成为各自独立的盆地。

在四川盆地西部坳陷区，在以上三叠统为烃源岩的、属于前陆沉积的致密岩石层系中，无论是在盆地内还是在其西缘的推覆构造体系中，都发现了一批重要的天然气藏，从而证实了这一类盆地的勘探前景和含油气潜力。

第三节　非常规油气资源评价与勘探方向

根据现有勘探成果与地质认识，滇黔桂地区已发现有页岩气和煤层气这两种类型的非常规天然气资源，并都已实现效益开发，这表明滇黔桂地区的非常规油气具有良好的勘探开发前景。

一、页岩气资源评价

本区的震旦系陡山沱组、寒武系牛蹄塘组、奥陶系五峰组—志留系龙马溪组、泥盆系—石炭系和二叠系乐平组等5个层段，暗色泥页岩发育，是具有页岩气资源潜力的地层。现已在上奥陶统五峰组—志留系兰多维列统（S_1）龙马溪组的富含有机质页岩地层中实现了商业开发，在寒武系芬兰统—第二统牛蹄塘组（$\mathcal{C}_{1-2}n$）和下石炭统这两套富含有机质页岩地层中见到了页岩气显示。

1. 寒武系牛蹄塘组

寒武系组芬兰统—第二统牛蹄塘组（$\mathcal{C}_{1-2}n$）主要分布于贵州省大部和云南省东北部，岩性主要为一套深水陆棚—深水盆地沉积的黑色、灰黑色泥页岩和灰色粉砂质泥岩，暗色页岩厚度多在50～200m之间，厚度中心位于云南省东北部—贵州省西北部的交界地区，最大厚度达400m（参见图8-4）。

牛蹄塘组的有机质丰度较高，在滇黔桂地区有机碳含量介于1%～5%（参见图8-8），各剖面（井）点的最大值在2.54%～15.40%之间。有机碳含量在区内总的趋势是东部高、西部低，贵州东北部的凯里到印江一带平均值超过5%，而云南东部因临近康滇古陆物源区，有机碳平均值不到1%。

区内牛蹄塘组的镜质组反射率（R_o）普遍都高，大部分地区在3.0%～4.0%之间，处于过成熟演化阶段。贵州中东部的黔中继承性古隆起及周缘，烃源岩成熟度较低，部分区域R_o小于2.0%，处于高成熟演化阶段。

在滇黔桂地区牛蹄塘组分布广泛，分布面积约为$12 \times 10^4 km^2$，暗色泥页岩厚度大，页岩气资源量大。

2. 奥陶系五峰组—志留系龙马溪组

五峰组—龙马溪组形成于湘西—黔北前陆盆地和中上扬子克拉通盆地的深水陆棚和浅水陆棚环境，岩性主要为龙马溪组沉积早期海侵体系域的灰黑色、黑色泥页岩，夹少量粉砂质泥岩，常常富含笔石。志留纪兰多维列世早期，滇黔桂地区存在着康滇古陆和滇东、黔中等几大古隆起，造成五峰组—龙马溪组分布局限，主要分布于云南东北部和贵州北部的滇黔北坳陷，以及贵州北部的武陵坳陷，厚度在20～130m之间。受印支期—燕山期—喜马拉雅期等多期构造影响，区内五峰组—龙马溪组遭受了较严重剥蚀，滇黔北坳陷东部和武陵坳陷仅在向斜区有保存（参见图8-5）。

龙马溪组烃源岩有机碳含量较高，平均值为0.5%～4.0%。古隆起周缘泥页岩颜色变浅，厚度减薄，有机碳含量降低。滇黔北坳陷北缘至武陵坳陷西北部，深水陆棚相的有机碳含量高，平均值在2.0%～4.0%之间，武陵坳陷西北部至焦石坝一带，平均值甚至超过4.0%。区内黑色页岩热演化程度较高，镜质组反射率在2.0%～3.5%之间，为高—过成熟阶段。

在中国石油浙江油田公司的滇黔北探区内，因勘探程度较高，故采用体积法来计算资源量：龙马溪组的分布面积为$6780 km^2$，平均厚度为120m，含气量为$1.2 m^3/t$，密度为$2.6 t/m^3$，采用体积法计算的页岩气资源量为$2.49 \times 10^{12} m^3$，资源丰度为$3.67 \times 10^8 m^3/km^2$。在探区以外，因勘探程度低而采用资源丰度类比法来计算资源量：页岩残留面积约$7400 km^2$，有机碳含量处于1%～2%范围内，类比滇黔北探区内龙马溪组有机碳含量相近的资源丰度，为$1.13 \times 10^8 m^3/km^2$，由此估算滇黔北探区以外龙马溪组页岩气资源量为$0.84 \times 10^{12} m^3$。探区内和探区外合计，滇黔桂地区五峰组—龙马溪组的页岩气资源量为$3.33 \times 10^{12} m^3$。

3. 下石炭统

下石炭统在滇黔桂地区分布局限，主要沿垭紫罗断坳—威宁海槽发育，厚度变化大（100~600m）。暗色泥页岩有机碳的高值区主要位于黔南坳陷、桂中坳陷北部和滇东—黔中隆起北部。黔南坳陷发育有大面积、较好以上级别的烃源岩，有机碳的最大值为2.3%。桂中坳陷烃源岩的有机碳高值异常区主要位于坳陷的北部；坳陷东部的高值区有机碳的最大值只有0.72%，仅为较好的烃源岩；坳陷西部的高值区有机碳的最大值为3.27%。滇东—黔中隆起北部的威宁海槽区，有机碳也能够达到2%左右。下石炭统暗色泥页岩的有机质类型主要为II_2型和III型，个别为II_1型。

石炭系烃源岩的成熟度R_o值介于1.3%~3.7%，处于高成熟—过成熟阶段。黔南坳陷南部以及南盘江坳陷，烃源岩的演化程度最高，处于过成熟阶段晚期。石炭系烃源岩分布区的东部和西部，演化程度略低，处于过成熟阶段早—中期。

二、二叠系乐平统煤层气资源评价

滇黔桂地区二叠系乐平统（P_3）广泛发育一套以海陆交互相为主的含煤地层，滇黔北坳陷之内亦称为乐平组（乐平煤系），坳陷之外称为龙潭组和长兴组，它们属同期异相沉积。

区内煤系地层主要残存在贵州西部和云南东北部，广西西北部局部发育。滇东、黔西的煤层厚度最大，一般大于15m，且分布面积广，达16055km²；而川南、黔北，虽然煤层的分布面积也广，达19115km²，但煤层厚度小，一般小于10m，因此就煤层气的地质资源量以及剩余煤层气的分布而言，滇东、黔西要明显高于川南、黔北。黔南、桂中的煤层总厚度小（一般小于10m），且分布面积窄，因此煤层气的地质资源量较小。

川南、黔北的盆地群，面积达19115km²，煤炭储量为674.94×10^8t，煤层气的地质资源量为11158.5×10^8m³，可采资源量为3698.2×10^8m³。川南、黔北盆地群的主要含煤地层为二叠系，其次为三叠系和石炭系，其中，二叠系煤层气的地质资源量为11134.24×10^8m³，可采资源量为3685.5×10^8m³。在深度分布上，川南、黔北盆地群在风化带底界至1000m范围内，煤层气的地质资源量为4360.42×10^8m³，可采资源量为1458.50×10^8m³；1000~1500m范围内，地质资源量为3120.27×10^8m³，可采资源量为1587.81×10^8m³；1500~2000m范围内，地质资源量为2212.33×10^8m³。

滇东、黔西地区，含煤面积为16055km²，2000m以浅范围内，煤层气的地质资源量为3.47×10^{12}m³，可采资源量为1.18×10^{12}m³，剩余资源量为2.29×10^{12}m³。在深度上，煤层气主要分布在1000m以浅的深度范围内。深度小于1000m的煤层气资源量为22723×10^8m³；1000~1500m的资源量为7032×10^8m³；1500~2000m的资源量为4968×10^8m³。煤层气资源量主要集中在黔西的格目底向斜、盘关向斜、青山向斜、六枝向斜、郎岱向斜、旧普安向斜、照子河向斜等构造单元，约占全区总资源量的87%。

黔南、桂中地区的含煤面积为1514km²；煤层气资源量为201.95×10^8m³，其中桂中北含气区带为195.35×10^8m³，百色含气区带为6.44×10^8m³，南宁盆地为0.16×10^8m³；煤层气资源丰度为0.1333×10^8m³/km²；埋深小于1000m的煤层气资源量为172.26×10^8m³，占总资源量的85.3%。黔南坳陷、桂中坳陷的主要含煤地层为二叠系和石炭系，其次为古近系。其中，二叠系煤层气的地质资源量为99.82×10^8m³，可采资

源量为 $49.40 \times 10^8 m^3$。二叠系煤层气的地质资源量主要分布在桂中北的中南部地区，如合山煤田、百旺煤田等地。

三、非常规油气勘探方向

1. 寒武系牛蹄塘组页岩气

滇黔北坳陷北部的四川盆地内，金页1井的震旦系灯影组（Z_2d）产气 $4 \times 10^4 m^3/d$，荷深1井的灯影组产气 $12.91 \times 10^4 m^3/d$，证实了寒武系牛蹄塘组（$\in_{1-2}n$）是一套有利的烃源岩，具有较好的页岩气勘探潜力。滇黔北坳陷南部的方深1井，在寒武系牛蹄塘组 $1723.4 \sim 1726.7m$ 井段见气测异常，钻井泥浆见雨状气泡，全烃 $19\% \sim 38\%$，气测后效见可燃气体，火焰呈蓝色，中途测试未获油气流，2011年测试仍点火可燃。方深1井揭示的牛蹄塘组暗色泥页岩厚 $100 \sim 400m$，TOC平均为 2.80%，品质优越。

经过综合评价，优选了滇黔北坳陷牛蹄塘组的页岩气有利区带3个，由好到差依次是镇雄区带、叙永区带、筠连—罗布区块；优选了武陵坳陷牛蹄塘组的页岩气有利区带3个，初步评价认为务川—湄潭、道真—正安—绥阳、沿河—印江这三个向斜带的志留系（S_{2-4}）—二叠系出露区是牛蹄塘组页岩气勘探的有利区域，而三叠系出露区因埋深大，可作为远景勘探区。

2. 志留系龙马溪组页岩气

经过综合评价，优选出滇黔北坳陷志留系龙马溪组（S_1l）的页岩气有利区带3个，由好到差依次是筠连、威信境内的黄金坝—紫金坝区带，叙永境内的云山坝—大寨区带，以及彝良境内的小草坝区带，总面积 $3500km^2$，预测资源量为近万亿立方米；优选出武陵坳陷龙马溪组的页岩气有利区带1个，初步评价认为，绥阳北—德江—沿河一线以北的奥陶系五峰组—志留系龙马溪组优质页岩，厚度大于 $30m$，此区域内有二叠系—三叠系覆盖的向斜带是武陵坳陷五峰组—龙马溪组页岩气勘探的潜力区，面积约 $1200km^2$，包含5个向斜，单个向斜面积 $100 \sim 550km^2$，多数向斜狭窄，宽度仅 $2 \sim 5km$，条件最佳的为正安向斜，面积 $550km^2$，最宽处近 $15km$，可作为武陵坳陷页岩气勘探首选区块。

3. 下石炭统页岩气

下石炭统分布局限，以狭窄海槽沉积为主，相变快，页岩气勘探的有利区带主要沿垭紫罗断坳—威宁海槽分布。

4. 二叠系乐平组煤层气

根据有利区的选择标准，在川南、黔北研究区选取了7个有利区，分别为筠连、威信、古（蔺）叙（永）、镇雄、赫章、松藻（煤矿，属重庆綦江）、芙蓉（煤矿，属四川珙县）。滇东、黔西优选了2个有利含气区：六盘水含气区和织（金）纳（雍）含气区。

川南、黔北地区包括9个含气区带，其中中国石油浙江油田公司所属的滇黔北探区包含筠连、威信、镇雄、赫章等4个含气区带，滇黔北探区的外围地区包括芙蓉、南桐、南武、松藻、古（蔺）叙（永）等5个含气区带。

根据煤岩发育程度、含气性、埋藏深度等，优选出了未来勘探有利区7个：筠连、威信、镇雄、赫章、古（蔺）叙（永）、松藻、芙蓉，其中筠连、威信、镇雄、赫章、古（蔺）叙（永）有利区分布于探区内，松藻、芙蓉分布于探区外围地区。中国石油浙江油田公司在筠连地区已经实现了煤层气 $1 \times 10^8 \mathrm{m}^3$ 的年产能力。

　　滇东、黔西的煤层气主要分布在织纳煤田、六盘水煤田、恩洪煤矿、贵阳煤田。可将滇东、黔西划分为 4 个含气区带，分别为织（金）纳（雍）含气区带、六盘水含气区带、贵阳含气区带、（曲靖）恩洪含气区带。整体上滇东、黔西地区 2000m 以上的地层中，煤层气资源量为 $3.47 \times 10^{12} \mathrm{m}^3$，该地区是华南煤层气资源量最大的地区，煤层气资源丰富且集中，资源丰度高，尤其是六盘水含气区和织（金）纳（雍）含气区，为勘探最有利区。

第十章 油气勘探技术进展

随着非常规油气的快速发展，特别是页岩气资源的异军突起，对勘探技术提出了全新要求。几年来通过滇黔北页岩气、煤层气的勘探开发实践，通过借鉴、引进和自主创新，初步形成了物探工程技术、测井工程及储层评价技术、储层改造裂缝监测技术、油气勘探评价研究技术和地质工程一体化技术等一系列适合滇黔北坳陷页岩气、煤层气勘探开发实际的配套新技术。

第一节 物探工程技术

滇黔桂油气勘探属海相勘探领域，主要物探技术为地震，辅以大地电磁测深（MT）、垂直地震剖面测井（VSP）。经过多年的攻关、探索、总结，基本形成了适合该技术领域的采集、处理、解释技术系列。

一、地震勘探技术

1. 采集技术

滇黔桂地区地震地质条件总体较差：一是地表多为碳酸盐岩出露区，溶蚀孔洞发育，且岩性变化大，地震采集的激发、接收效果差；二是地形高差变化大，在黔南—桂中坳陷以典型的喀斯特地貌为主，峰丛林立，山体起伏大，沟壑纵横，表层散射及干扰发育，波场复杂；三是海相地层经多期构造运动，地腹构造复杂。上述因素导致地震资料信噪比低、静校正问题严重、资料品质差。围绕勘探地质任务，经多轮次的地震勘探，特别是昭通页岩气示范区进行的多轮次目标三维地震勘探，基本形成了一套适合南方山地特点、以提高地震资料信噪比为核心的二维及三维地震采集技术方法，资料品质持续改进，施工效率也不断提高。

1）观测系统设计优化技术

二维观测系统设计优化：采用宽线＋弯线或单线、小道距、长排列、大基距检波器组合、适中覆盖次数的二维采集技术，克服地形带来的不利影响，有效压制各种干扰，提高了成像效果。

三维观测系统设计优化：形成以宽方位＋中覆盖＋单点接收的三维地震采集技术，满足了页岩气储层及裂缝叠前预测的需要，地震资料品质及施工效率大幅提高。

2）数字影像信息的布线选点技术

利用工区的数字高程模型（DEM）数据、高清卫星照片，使用地理信息分析软件，在部署测线的两侧 1km 范围内，按 100m 一条平行线，统计测线周围的高程和坡度，在设计和规程允许的前提下，遵循"避高就低、避老就新、避碎就整、避陡就缓、避干就湿"原则，避开高大陡峭的山体，合理布设炮点、检波点，改善激发、接收条件，提高地震勘探部署、施工的生产效率和采集资料品质。

3）激发、接收技术

（1）激发参数优化技术。

综合高清航空照片、DEM、坡度、岩性、表层调查等多信息的炮检点布设和激发分区，分析激发子波的动力学特征，合理设计井深，实现宽频激发，同时结合系统点试验和段试验，加强能量、信噪比估算、道集间频率、道集间时频等定量定性分析，并选择类似考核点，检验地震参数适用性，总结和实施了合理有效的地震激发参数，确保了单炮信噪比和资料品质。具体激发参数主要有：砂泥岩及泥页岩区（包括白垩系、侏罗系、三叠系、志留系、奥陶系湄潭组及寒武系金顶山组），采用激发井深12m，药量10kg；石灰岩出露区（主要是二叠系出露区），采用激发井深12～15m，药量10kg；第四系垮塌区（分布在冲沟断崖处），采用3口井组合，总药量18kg；玄武岩出露区（工区广泛分布），采用激发井深12m，药量12kg；障碍物区，测线需穿过村镇、煤矿、工厂等较大障碍物而无法避开时，根据实际情况采用小药量激发。

（2）接收参数优化技术。

二维地震勘探：针对工区侧面干扰发育的特点，采用检波器横向拉开，通过较大的横向组合基距，压制侧面散射干扰；配备防水检波器和防串感干扰性能强的地震仪，避免漏电、串感干扰而影响采集资料品质。

三维地震勘探：单只低频宽频高精度检波器接收，消除检波器组合效应，避免因组合而降低地震信号频率，拓宽资料频带；合理控制组合高差，保护高频信息。

4）新设备新工艺的应用

运用视频记录仪，进行排列、井深等检查，实施质量监控；利用智能手机定位软件，进行野外现场踏勘、轨迹导航、激发分区设计；在穿越河流、跨越断崖时，架设无线数据接收器，以提高施工效率，降低安全风险；专业登山培训，提高施工效率；利用实时质量控制（RTQC），监控环境噪声和单炮品质，避免强干扰时段放炮。

2. 处理技术

针对中国南方海相地层地震资料静校正问题严重、信噪比低和构造复杂等特点，应用配套的静校正技术、叠前去噪技术及精细速度分析，建立了适合南方海相特点的处理流程，获得了较好的处理效果。

1）综合静校正技术

充分利用已获取的各项表层资料和工区各类钻井成果资料，采用微测井求取的低频分量、折射波求取的高频分量，进行近地表模型反演，在此基础上综合优势频带反射波剩余静校正＋高精度速度分析与校正＋全局寻优剩余静校正，进一步提高剩余静校正精度，较好地解决了长、短波长静校正问题，提高了资料的信噪比、道集质量及成像精度。

2）叠前多域保真去噪技术

针对不同的噪声类型有不同的特征，选取各自的去噪方法，采用渐进的、多域的去噪思路。在叠前道集，应用单频波压制方法剔除50Hz工业干扰，用线性干扰压制方法去除规则干扰，用自适应面波压制面波干扰，用分频异常振幅压制方法去除强振幅干扰，用叠前随机噪声压制方法压制随机干扰，这些去噪方法的迭代应用，有效提高了叠前数据信噪比，以此为叠前反演提供高品质道集，提升成像精度。

3）拓频处理技术

井控—Q 相位补偿后使得浅中深相位更加合理，可以更好地满足反褶积的输入；通过串联反褶积，有效地拓宽资料的高低频成分；通过低频补偿，使得低频成分更加丰富。通过拓频处理，提高了资料的分辨率，满足了资料解释时的宽频反演需求。

4）精细速度分析技术

针对资料信噪比较低、速度谱上没有可靠的能量显示、速度空间变化剧烈等问题，主要采取以下措施，以提高拾取速度和精度：首先通过试验，优化速度谱参数，提高速度谱的质量，然后对全区速度资料进行分析，了解工区速度的变化规律，最后选择不同构造部位、有代表性的测线作为主要速度控制线，进行常速扫描。

5）叠后 / 叠前时间偏移交互技术

从理论上说，叠前时间偏移有利于构造细节、构造形态及陡倾角界面的成像。但是叠前时间偏移处理对数据有一定的要求：较高信噪比；数据孔径能量均衡、数据空间采样均匀；能从偏移道集上提取到高精度的偏移速度。因此，针对不同区块，偏移成像方法有所不同。

（1）黔南—桂中坳陷区：资料信噪比较低，难以满足叠前时间偏移的条件，采用叠前时间偏移的方法很难达到很好成像的效果，因此在处理中以做叠后时间偏移为主，同时开展叠前时间偏移作为试验线，用于与叠后时间偏移对比，以寻求更好的处理配套技术。经过叠前时间偏移与叠后时间偏移剖面对比，可以得出以下结论：

① 信噪比较高、反射点分布均匀的测线段，叠前时间偏移成像效果更好；

② 浅层及信噪比低的测线段，叠前时间偏移的成像效果较叠后时间偏移差；

③ 由于勘查区低信噪比资料较多，低信噪比数据在叠前时间偏移过程中产生大量的噪声；

④ 叠后偏移是在叠加数据基础上的偏移，叠加过程中资料信噪比有了很大提高，因此总体成像效果较好。

（2）滇黔北坳陷区：叠前时间偏移处理已作为常规处理方法，能够较大地提高地层、断层的成像精度，进而最终提高构造解释精度。

6）滇黔北探区 OVT 域全方位处理技术

利用各向异性 OVT 域（炮检距矢量片，offset vector tile）全方位处理技术，进一步提高叠前偏移质量，且偏移后道集可用于求取方位各向异性和预测裂缝方向、密度，满足叠前裂缝预测需求。

3. 解释技术

滇黔北坳陷页岩气勘探以来，中国石油浙江油田公司在解释技术方面取得较好效果。

1）形成了以地质、测井、地震资料为核心的页岩气甜点综合评价技术流程

具体技术流程如图 10-1 所示。

2）叠前地震属性反演与页岩气储层预测

（1）叠前同步 AVO 反演：以测井、地震和层位等信息为基本输入，以优质页岩段

为目标层，通过利用目标区三维地震道集的 AVO 特征，开展建产区测井质控及岩石物理分析、地震数据质控及预处理、各种反演方案测试等研究，计算获取纵波阻抗、v_p/v_s、泊松比等弹性参数数据体。

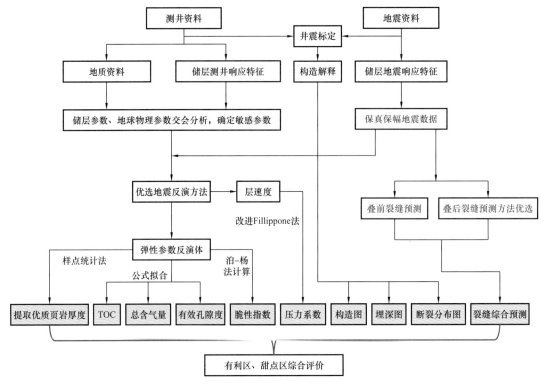

图 10-1　中国石油浙江油田公司页岩气甜点综合评价技术流程图

（2）储层属性预测：基于叠前同步 AVO 反演结果，通过多轮反演测试和参数优化，在目的层处纵波阻抗和 v_p/v_s 与井取得较高的一致性后，确定反演三维弹性体可靠性；在综合分析关键测井孔隙度、TOC、含气量等与阻抗及 v_p/v_s 相关性的基础上，通过交会图确认岩石属性分离程度良好性，运用地震反演参数进行储层属性预测。储层属性包括孔隙度、TOC、含气量及脆性指数等，属性预测为储层裂缝发育和地质力学建模提供了三维趋势约束。

3）多级别断裂、裂缝识别技术

在页岩 TOC 一定的条件下，保存条件的好差是影响页岩气富集的重要因素，不同级别的断裂、裂缝对保存条件的影响也不同，同时对水平井钻探、储层体积压裂改造等都有较大的影响，因此落实探区内裂缝发育强度及裂缝走向，对页岩气储层评价、钻探及后期压裂改造具有重要作用。

断裂、裂缝的识别技术：一是应用构造导向滤波对叠后数据体进行处理，进一步提高成果资料的信噪比，提高断裂、裂缝的预测精度；二是应用相干、曲率等属性的分析技术，识别大断层、小断层在平面上的展布；三是应用蚂蚁体追踪技术，进一步追踪大断层、小断层和裂缝在空间的展布；四是应用 OVT 域处理的偏移距 / 方位角道集，预测微裂缝方向、密度（图 10-2）。

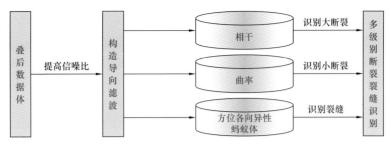

图 10-2 多级别断裂、裂缝识别技术流程图

4）页岩气甜点评价的综合压力预测技术

页岩气的压力系数除了与速度有关，还与目的层埋深和断层发育程度有关。通过改进的 Fillippone 法和埋深法进行量化预测，根据两种方法与实际压力系数的相关性，给出二者所占的权系数，通过融合处理最终得到压力系数平面分布图（图 10-3）。

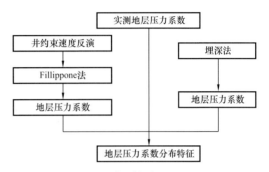

图 10-3 压裂系数平面预测流程图

5）井下、地面多种微地震监测技术

利用井下、地面多种微地震监测技术，指导致密储层压裂施工及压裂效果评估。技术详见本章第三节。

二、其他物探技术

1. 大地电磁测深（MT）

大地电磁测深（MT）是通过观测天然变化的电磁场水平分量，将电磁场信号转换成视电阻率曲线和相位曲线，然后反演求得各地层的电阻率和厚度值的一种物探方法。由于该方法勘探精度低、成本小，多用于区域勘探或构造复杂区，作为地震勘探的一种辅助方法。该方法在黔南—桂中坳陷油气评价项目中得到了较好的应用，取得了较好的效果，并形成了一套适合中国南方地质、地貌特点的 MT 采集处理解释技术系列。

1）采集技术

（1）通过详细的野外踏勘，优化点位布设，避开或远离地表溶洞、地下河、断崖或陡立地层及干扰源；结合已知地质、物探资料，了解主要断层分布，一般不能跨断层布极，选择在断层的一盘（上盘或下盘）上布站。

（2）施工前试验，优化电极距、电道与磁道距离、观测时间等采集参数。

黔南—桂中地区最佳采集参数：仪器采样格式为 1 : 8 : 5，使用"低增益、强滤波、低电阻、稳电压"的参数，采集时长大于 10h，电极距长度一般为 50～100m，特殊地形时不小于 30m，磁道与电道距离不大于 1000m，即能保障野外采集的资料质量。

（3）针对复杂的施工环境及干扰，深埋电极、磁棒，采用旋转观测方式和延长观测时间等方案，增强抗干扰性。

（4）在岩石出露区，采用搬运加含盐水的泥土上山和多极并联等方法，降低接地电阻。

2）处理技术

（1）采用远参考处理技术压制近场干扰，提高中高频数据质量。

（2）采用远参考技术、相位校正技术以及最大后验拟合法剔除飞点技术（即圆滑）等多方法去噪处理技术，从多方面消除资料中的不同干扰；TE、TM极化方式识别和有效视电阻率处理，分析其在复杂石灰岩地质构造中的利弊。

（3）采用单点平移方法和剖面低通滤波（平面汉宁法）以及阻抗张量分解的方法，消除静态位移对后续资料处理解释的影响，视电阻率断面图上"挂面条"现象得到明显的压制。

（4）应用多种反演方法试验对比，优选适合本区特点的综合信息二维反演成像处理技术，应用效果较好，其结果与实际地质结构较吻合。

（5）根据井旁测深反演、首枝电阻率统计、测井电阻率统计结果，并结合前期研究资料，在纵向上由浅至深的电性结构表现如下。

桂中坳陷可划分为5个电性层：三叠系至上泥盆统（T—D$_3$）为高阻层（部分浅层为低阻）；中泥盆统（D$_2$）为中阻层；下泥盆统（D$_1$）为中低阻层；奥陶系至寒武系（O—Є）为低阻层；前寒武系（AnЄ）为中阻或中高阻变化层。

黔南坳陷也可划分为5个电性层：三叠系至上泥盆统（T—D$_3$）为高阻层；泥盆系中、下统（D$_2$—D$_1$）为中低阻变化层；志留系至奥陶系（S—O）为中阻层；寒武系至震旦系（Є—Z）为低阻层；前震旦系（AnZ）为高阻层。

2. 垂直地震剖面测井技术（VSP）

垂直地震剖面（vetical seismic profile）测井技术就是垂直地震剖面，即把震源放在井中、检波器放地面，或者把震源放地面、接收器放井中所进行的地球物理勘探技术。在垂直地震剖面中，因为检波器置于地层内部，资料噪声小，所以不仅能接收到自下而上传播的上行纵波和上行转换波，而且还能接收到自上而下传播的下行纵波及下行转换波，甚至能接收到横波。

中国石油浙江油田公司的主要探井和评价井，多开展VSP测井，但一般仅开展零偏VSP和非零偏VSP两种方法测量，其他方法使用较少。主要用于落实各井区地质层位与地震反射层的对应关系，建立井旁各地质层位的地震波传播速度参数、地震子波、时深转换关系，及各地层弹性参数、物性参数，探明井旁构造细节，为进一步地震资料处理、解释及反演提供基础性资料。

1）VSP零偏处理关键技术

（1）预处理。

观测系统定义：根据该井VSP资料野外采集班报，建立处理时所需要的观测系统。观测系统数据主要包括井口坐标、海拔高程、观测井段、激发井深、方位角、观测点距、井源距等。

去噪处理：在原始记录中存在的高频和低频干扰，降低了原始记录的信噪比。利用GEOEAST软件中带通滤波和单频陷波的处理功能，衰减噪声，提高信噪比，使初至起跳点更清楚，上行波、下行波波组特征更明显。

（2）初至拾取与速度模型。

在VSP资料处理过程中，初至拾取的精度直接影响速度的准确性。为了减小初至拾取的误差，采用了放大初至显示比例的方法，利用自动拾取与人机交互拾取相结合的方式，确保对该井资料的初至进行精细拾取。

将以初至拾取为基础所建立的速度模型应用于 VSP 处理的每一步骤。准确的速度模型决定着获得的地层平均速度和层速度的精度；利用速度模型可以正演出各种类型的波场，不仅有助于对实际波场进行正确分析，而且也可以通过它与实际资料的对比，判断速度模型的正确性；另外，速度模型在上行纵波的动校拉平、偏移成像中均起着关键作用。

（3）波场分离。

VSP 测井资料中除包含上行波外，还包含下行波，这是 VSP 的一个特点。由于上行波和下行波互相重叠在一起，有效地分离上行波和下行波是 VSP 资料处理的一个关键步骤。

（4）反褶积处理。

反褶积是地震数据处理中的主要部分，其目的在于压缩地震子波，消除多次波干扰，提高纵向分辨率。VSP 资料处理所使用的反褶积方法不同于地面地震资料处理，它是利用分离得到的下行波计算反褶积算子，分别对下行波和上行波作反褶积，以提高上行波的分辨率、消除多次波，分离得到反褶积后的上行波场记录。上行波能量较强，资料的连续性较好，波场清晰，信噪比高。经过反褶积处理后，资料的频率有明显的提高，多次波得到压制。

（5）走廊切除、叠加。

对上行波场记录进行动校正，上行波得到了排齐。通过截取井附近的窄走廊，将其叠加并重复多道，得到走廊叠加结果。沿着井口截取走廊可以避免多次波等干扰波参与叠加运算，保证 VSP 成果的可靠性。

2）VSP 非零偏处理关键技术

（1）非零偏资料预处理。

将解编后的 VSP 记录根据处理要求按深度、分量等排序，给道头置入相应内容，并分别抽出 Z、X、Y 分量，备后续处理。

（2）三分量极化旋转。

与零偏相比较，非零偏 VSP 由于偏移距的增加，使下行 P 波在地下某些反射点产生转换波成为可能，这样在三分量记录上又增加了转换波，进而使波场分离更加困难。通过利用不同类型波的质点运动方向的差异，采取极大能量矢量合成的方法，将不同传播方向的各种类型的波分解到各自的分量上，这就使极化旋转成为非零偏 VSP 资料处理中波场分离的基础，极化旋转的准确性将直接影响波场分离的效果。地震波纵波在传播过程中其质点的震动方向与波的传播方向一致，所以初至（下行 P 波）的矢量应在炮点和检波器的连线方向能量最强。VSP 采集时，Z 分量方向、检波点深度及炮点位置是已知的，X、Y 分量的方位角是随机的。

（3）反褶积处理。

非零偏反褶积处理基本同零偏反褶积处理，不同的是非零偏是从旋转后的 P 分量分离出下行波场，再从下行波场中提取反褶积算子。由于 4 个非零偏点的偏移距均为 1000m 左右，偏移距较小，所以利用反褶积算子对 Z 分量进行反褶积处理。

（4）波场分离方法。

对旋转后的 P 分量，采用中值滤波方法分离下行纵波。对反褶积后的 Z 分量，采用中值滤波方法分离上行纵波波场。

（5）VSP 偏移成像。

成像处理是 VSP 资料处理的关键步骤，偏移成像是非零偏移距 VSP 资料处理的最终成果，运用带地层倾角与各向异性参数的模型准确计算地下反射点的反射位置，从而使所接收到的所有反射点信息准确归位，得到正确归位的偏移成像结果。

第二节　测井工程及储层评价技术

几年来，非常规油气勘探开发的新需求以及相关领域的技术进步推动了测井技术的迅速发展，主要表现为传统技术的性能提升、新型技术系列的完善，以及前沿技术的探索研究等。以高分辨率阵列感应测井、阵列侧向测井、阵列声波测井、远探测声波测井、微电阻率成像测井、核磁共振测井、高精度岩性扫描测井等为代表的成像测井新技术，以其针对性强、测井信息量大且精度高的特点，在滇黔桂地区非常规油气勘探的储层识别评价、地质工程应用中正日益发挥着重要作用。

一、非常规油气藏测井资料采集新技术

1. 发展历程

滇黔桂地区的非常规油气主要是页岩气、煤层气等。特殊的储层特征，以及油气勘探开发不同阶段的地质工程需求，促进了测井采集技术的发展。滇黔北坳陷页岩气勘探开发大致经历了页岩气前期评价（2009 年 9 月—2010 年 12 月）、甜点区评价优选（2011 年 1 月—2013 年 9 月）、页岩气产能建设（2013 年 10 月以来）三个阶段。不同阶段，测井需要解决的地质任务不同，测井的仪器系列和采集技术也不同。

1）页岩气前期评价阶段（2009 年 9 月—2010 年 12 月）

2009 年，滇黔北的页岩气进入前期评价阶段。这一阶段测井的主要任务是快速发现气藏，为气藏综合评价提供丰富的基础数据，测井资料采集主要以斯伦贝谢的 MAXIS500 测井系列为主，主要测井项目包括：井径、自然伽马能谱、中子、密度、阵列声波、阵列侧向、元素俘获、微电阻率成像 FMI、核磁共振 CMR 等。

2）甜点区评价优选阶段（2011 年 1 月—2013 年 9 月）

随着对气藏的认识不断加深，页岩气"甜点"的评价与优选成了测井储层评价的首要目标，这对测井仪器与测井解释精度提出了更高要求。这一阶段新型高分辨率岩性扫描成像测井仪 Litho Scanner 逐渐取代了元素俘获谱测井仪 ECS；新一代核磁共振仪器 CMR-Plus，由于其更强的小尺寸孔隙探测能力而取代了原有的核磁测井 CMR；由于油基钻井液在保持页岩储层井壁稳定性中的出色能力，新型高分辨率油基钻井液微电阻率成像测井仪 Quanta Geo 逐渐取代了传统的微电阻率成像 FMI；同时，随着国产化仪器的快速发展，中国石油集团测井有限公司的 EILog 测井系列也在油田大规模应用。这些先进的测井技术和丰富的测井资料，为解决非常规油气藏勘探开发过程中遇到的地质工程

难题发挥了重要作用。

3）页岩气产能建设阶段（2013 年 10 月以来）

由于水平井在非常规油气藏开发中独到的优势，以及页岩气开发建产工作的持续深入，测井的首要地质任务由储层综合评价转变为以水平井地质导向和射孔层位优选、储层压裂改造方案优化等工程应用为主，兼顾储层综合评价。相应的测井仪器也由传统的电缆测井过渡到随钻测井，这一阶段主要的测井仪器有 NeoScope 随钻测井仪、SonicVISION 随钻阵列声波、ThruBit 过钻头测井组合、Compact 过钻杆测井组合等。测量项目主要包括：伽马能谱、偶极子声波、阵列感应、井径、中子、密度、元素俘获、电磁波电阻率等。随钻测井的大规模应用圆满解决了这一阶段的地质、工程任务需求，为页岩气高效开发提供了强有力的技术支撑。

2. 主要新技术

1）新型高分辨率岩性扫描成像测井仪 Litho Scanner

斯伦贝谢公司推出的新型高分辨率岩性扫描成像测井仪 Litho Scanner，可提供高分辨率能谱测井数据，实时定量分析复杂岩性地层的矿物成分及有机碳含量。该仪器主要技术特点包括：（1）准确的总孔隙度定量分析和储层质量量化评价；（2）俘获谱和非弹性伽马谱成功组合使用，精确确定总有机碳参数；（3）提供准确的镁含量，区分白云岩和方解石；（4）仪器的测量值不受岩心标定和复杂解释模型限制。

2）新一代核磁共振测井仪 CMR-Plus

核磁共振测井是近年来飞速发展的一门测井技术，它可以测量地层中的流体体积，即孔隙度的大小，且其测量的有效孔隙度不受岩性影响，同时还可以得到孔隙尺寸大小及孔隙结构的信息。根据岩性的不同，采用适当的自由流体截止值，从处理得到的横向弛豫时间分布谱上，可以区分毛细管束缚流体及自由流体，从而了解地层潜在的产液能力。

斯伦贝谢新一代核磁共振测井仪 CMR-Plus 采用现代脉冲回波测量技术，仪器硬件及信号处理技术进行了更新，由于采用了新的接收天线，其信噪比提高了 50%，最小的脉冲回波间距从 0.32ms 提高至 0.2ms，从而提高了探测小尺寸孔隙的能力。

3）新一代阵列声波扫描仪 SonicScanner

声波扫描测井仪 SonicScanner 是由斯伦贝谢公司推出的新一代阵列声波测井仪器，采用全评论扫描信号发射，信号频率为 300～9000Hz，对 2 个正交方向均有信号发射补偿，涵盖了低频单极子发射和近源单极子发射。SonicScanner 声波扫描测井可通过测量快、慢横波的速度来确定地层各向异性的程度及方位，其探测深度最深可达井径的 4 倍。

SonicScanner 声波扫描测井所测量的地层信息在测井、地质、地震、钻井和油藏工程方面具有重要的价值和广泛的应用，测井主要应用包括纵波、横波、斯通利波的时差提取，岩石力学参数计算，各向异性分析，裂缝有效性分析等。

二、非常规油气藏储层测井综合评价

1. 储层定性识别

储层识别与划分是测井解释评价的核心，也是测井资料处理解释的基础。不同类型的储层在测井曲线上的响应特征各有差异，因此综合运用这些特征曲线的定性指示，明确储层测井的响应特征，建立储层识别与划分的标准，是测井储层评价的首要任务。

1）储层识别与划分

（1）页岩气储层识别与划分。

滇黔北坳陷优质页岩储层主要发育在奥陶系五峰组—志留系龙马溪组龙1亚段，该页岩气储层段黏土矿物含量低，碳酸盐岩矿物含量增高，有机碳含量较高且含气性好。储层具有"四高两低"的测井响应特征，即高铀、高伽马、高声波时差、中高电阻率、低密度、相对低中子值，测井响应特征明显，易于识别。

（2）煤层识别与划分。

二叠系乐平组煤层在测井曲线上具有独特的"三高二低"的特征，即高声波时差、高补偿中子值、中高电阻率、低伽马、低密度，煤层的测井响应特征明显，易于识别。

2）储层裂缝识别

微电阻率成像是识别裂缝强有力的测井资料。特别是在非常规储层孔隙度低、渗透率特低的现状下，天然裂缝是油气的重要通道，同时也是水力压裂时必须要考虑的重要地质条件之一。在电成像处理成果图上，一般常见的裂缝包括高导缝、高阻缝和钻井诱导缝。

高导缝属于以构造作用为主所形成的天然裂缝，它对于储层的形成和改造具有重要作用，对油气的储渗具有现实意义，动态图像上往往表现为褐黑色正弦曲线，有的连续性较高，有的呈半闭合状，图像上的褐黑色表明此类裂缝未被方解石等高阻矿物完全充填，属于有效缝，但部分高导缝也不排除被低阻泥质充填的可能性。

高阻缝属于以构造作用为主所形成的天然裂缝，但裂缝间隙已被高电阻率矿物（如方解石）部分或全部充填，有可能为闭合缝，裂缝有效性差，它的图像特征表现为亮黄色—白色的正弦曲线条纹。

钻井诱导缝属于钻井过程中所产生的人工缝，呈羽状，它对储层原始的储渗空间没有贡献，但可用于现今地应力分析和为后期的射孔、压裂等工程作业提供指导。钻井诱导缝的最大特点是沿井壁的对称方向出现，不连续。诱导缝的走向能很好地反映现今最大水平主应力的方向。

分析识别裂缝的类型，一方面是为了统计不同类型裂缝的产状或走向，以推断构造应力与裂缝的关系，进而预测有效的天然裂缝的发育范围或裂缝发育的构造部位；另一方面，对有效的天然裂缝进行定量计算，可为储层评价提供定量依据。

2. 储层定量评价

1）矿物含量计算

矿物组分及其含量变化是页岩储层重要的评价指标，其中脆性矿物（硅质矿物及碳酸盐矿物）和黏土矿物的成分和含量是影响后期储层射孔压裂改造的重要因素之一。同时页岩储层物性（孔隙度、渗透率、含水饱和度）的优劣，对页岩储层产能评价及储量（游离气部分的储量）研究至关重要。

（1）最优化分析模型计算矿物成分。

最优化处理原理是基于常规测井资料，采用最小二乘法，完成地层矿物组分及流体体积含量的计算。通过不断地"反演"到"正演"，最终使计算出的曲线与原始曲线间的误差达到最小（满足误差要求），此时"反演"计算出的地层组分即为常规测井解释计算的地层各组分的百分含量。

（2）岩性扫描测井计算矿物含量。

对岩性扫描测井经过剥谱得到地层中硅（Si）、钙（Ca）、铁（Fe）、硫（S）、钛（Ti）、钆（Gd）等元素的相对含量，应用氧化物闭合模型将元素的相对含量转换成元素的绝对含量百分比，最后根据元素含量将其转化为矿物含量。

2）有机碳含量计算

国内外利用测井资料评价烃源岩最常用的方法是埃克森（Exxon）公司和埃索（Esso）公司研发的 ΔlgR 方法。该方法是将一种孔隙度测井曲线（一般是声波时差曲线）叠合在一条电阻率曲线上，并以细颗粒的非烃源岩为基线，基线存在的条件是二条曲线"轨迹"一致，或在一个有意义的深度范围内重叠，两条曲线的幅度差定义为 ΔlgR。

3）孔隙度、渗透率、含水饱和度参数计算

孔隙度、渗透率等参数在常规储层中是重要的参数。在页岩气地层中，游离气的含量主要通过孔隙度及含水饱和度得到，因而含水饱和度也是非常重要的储层参数；而渗透率指示的是地层的基质渗透性，但由于在页岩气储层中渗透率低至 $10^{-5}mD$，因而计算出的渗透率只能供参考。

（1）孔隙度计算。

页岩储层孔隙度低，一般无自由可动水，故所求得的含水饱和度为束缚水饱和度。斯伦贝谢的多矿物模型，其原理是将各种测井响应方程联立求解，并利用优化技术，通过调节各种输入参数，如矿物测井响应参数，输入曲线权值等，使方程矩阵的非相关性达到最小，从而计算出各种矿物和流体的体积。它可同时求解多个模型，按照一定的组合概率，组合得到最终模型，即地层岩石（或矿物）、流体体积，并计算得到储层参数。

（2）渗透率计算。

渗透率指示了地层的基质渗透性，但由于在页岩气储层中渗透率低至 $10^{-5}mD$，故渗透率准确计算的难度很大，现今主要的计算方法是采用岩心分析孔隙度与渗透率拟合方法。

（3）含水饱和度计算。

页岩储层中的流体主要为束缚水、吸附气和游离气，基本上没有可动水，因此测井计算出的含水饱和度就是束缚水饱和度。饱和度的计算采用 Simandoux 方程。

4）总含气量计算

页岩储层的含气量是评价页岩气的重要参数之一，对于游离气而言，有效孔隙度和含气饱和度是评价游离气的主要参数。对于页岩地层吸附气含量而言，主要的控制因素为地层总有机碳含量及有机质成熟度，并且受地层压力、地层温度的影响。

现今国内外一般利用 Langmuir 方程来研究地层吸附气含量，并通过实验和测井资料建立吸附气含量计算模型。

游离气含量主要与有效孔隙度和含气饱和度有关，它与地层的压力和温度以及天然气的压缩因子等有关。

由于吸附态甲烷是占一定孔隙空间的，因此在计算游离气含量时，需要剔除吸附态甲烷所占的孔隙空间。

5）岩石力学参数计算

岩石的力学性质参数包括岩石的弹性模量和岩石强度，它们是地应力计算和井眼稳定性分析以及压裂模拟的基础。根据纵、横波传播方程给出的纵、横波速度与岩石动力学参数之间的理论关系，用 SonicScanner 测井资料得到纵波时差 Δt_c、横波时差 Δt_s，用密度测井得到体积密度 ρ_b，就可计算各种岩石力学参数。

第三节　储层改造裂缝监测技术

储层改造裂缝监测技术是页岩气压裂改造领域中的一项重要技术，它可通过对采集的数据进行处理，确定岩石破裂位置，动态展示页岩压裂改造缝网形成过程，优化压裂施工参数，评估压裂改造效果，为油气田开发提供重要依据。常见的方法有井中微地震裂缝监测、地面微地震裂缝监测、地面测斜仪裂缝监测等。

一、主要技术方法

1. 井中微地震裂缝监测

井中微地震裂缝监测是在压裂作业井的邻井（称为监测井）中，放置一定数量的三分量井中检波器，并记录压裂时页岩（围岩）破裂所产生的微地震波信号，通过现场处理数据求解微地震事件，分析压裂产生的裂缝特征。井中监测避免了地面的随机噪声，记录信号的信噪比相对较高，监测精度较高。

井中微地震裂缝监测的主要流程是：在确定压裂目的层段后，选定合适距离的监测井，根据监测井的固井质量，尽量把检波器放置在邻近目的层的深度，以便更有效监测岩石破裂所释放的微地震波信号；利用采集到的射孔信号，获得检波器的方位信息，同时优化速度模型；压裂作业时，同步采集记录微地震信号，利用微地震软件进行滤波处理，精确拾取纵波、横波初至，对纵波作极化分析确定震源方向，采用射线追踪法、双差定位法、线性定位法等联合确定微地震事件空间位置。计算裂缝网络的方位、长度、宽度、高度，实时分析事件的时间与空间分布规律，结合压裂施工曲线、微地震事件的能量，解释裂缝的连通性，计算储层改造体积（stimulated reservoir volume，SRV），评估压裂效果。

2. 地面微地震裂缝监测

地面微地震裂缝监测是在压裂井口或者水平井压裂段上方地表埋置数十个 GPS 授时台站（地面散点监测）或几千道地面检波器（地面大排列监测），采用无线或有线地震仪器接收监测压裂施工所产生的破裂信号，并通过微地震反演定位，研究地下产生的微小裂缝。根据观测方式不同又可分为放射状观测、矩形观测、散点观测、片状观测、多浅井观测等。

由于微地震能量小、地面监测距离远、地表检波器接收到的信号非常弱、干扰又较强、信噪比很低，故 P 波或 S 波初至拾取较难。在事件定位之前，由于地表高差和低减速带对微地震波旅行时影响较大，故需要先进行静校正处理。地面监测定位主要采用能量扫描法，就是先将微地震事件可能出现的地层区域网格化，再将地表采集到可能事件的振幅值能量按射线旅行路径逐网格扫描，能量最聚集的网格单元为微地震事件震源位置。

地面微地震监测由于不受监测井的限制，因而是一种重要的微地震监测补充方法，特别适用于单口页岩气评价直井或单口页岩气评价水平井。基于后期对微地震事件的识别、处理，能够预测地层最大主应力方向，解释裂缝发育的长度、高度、方位角、增产储层体积（SRV），为压裂后评价提供参考依据。

3. 地面测斜仪裂缝监测

地面测斜仪裂缝监测法，是将一组测斜仪布置在压裂层位在地面垂直投影周围，来测量在裂缝位置以上接近地面的多点处由于压裂引起岩石变形而导致的地层倾斜，经过地球物理反演，来确定造成大地变形场的压裂参数。简单来说，就是通过采集压裂裂缝引发的地面观测点处的倾斜信号，并通过数据解释软件来反演获得裂缝的形态、方位和倾角。

地面测斜仪监测随着深度增加，分辨率下降，它主要用于解释压裂裂缝的方位、倾角和体积。

4. 井中微地震同井裂缝监测

井中微地震同井裂缝监测技术不需要在压裂井周围寻找监测井，它可通过在压裂井压裂段上方的油管或套管外固定检波器，即可监测水力压裂所产生的微地震活动，其缺点是：需要将价格昂贵的检波器固定在油管或套管外壁，施工工艺复杂，而且容易造成检波器损坏或数据传输出现故障而导致同井监测失败；压裂施工时，记录的都是油管或套管流体的噪声，只能等到压裂结束后才能记录到少量的微地震事件，难以满足评估需要和指导压裂施工。

二、应用效果

在滇黔北的昭通示范区，先后应用井中微地震裂缝监测 24 井次、地面微地震裂缝监测 13 井次、地面测斜仪裂缝监测 2 井次，其中，井中（邻井）微地震裂缝监测技术较成熟，能保证监测结果的及时性和可靠性，可实现对现场压裂的实时指导，取得了较好的应用效果。

1. 描述裂缝网络形态

微地震监测事件点展示了水力压裂各段形成裂缝网络的空间形态，能够度量主裂缝的走向，裂缝网络的长、宽、高等几何参数，定性显示缝网密度，指导优化压裂参数。

页岩气压裂的规模大、事件点较多，事件点的大小表示微地震能量的强弱，颜色表示时间的先后顺序。大量微地震事件重叠，可能存在部分重复改造。随压裂进程，实时三维显示微地震位置，可为压裂决策者直观地展示缝网形态，及时调整压裂参数，更充分地去人工改造页岩储层。

2. 分析压裂工艺效果

结合压裂参数（如排量、压力、加砂量）、簇间距、段间距，或者前置液、顶替液等不同的压裂液体，以及停泵转向和支撑剂暂堵等不同工艺，利用微地震事件点的时间与空间分布特征，可以分析裂缝网络空间形态，判断压裂不同工艺的效果。

排量、压力、加砂量与微地震事件数量的多少及裂缝网络的长、宽、高有较大的关系；簇间距、段间距小，微地震事件点交叉重叠就多；根据压裂时间变化，可以分析前置液、顶替液等造缝的位置和形态，以及判断是否采用停泵转向和支撑剂暂堵等压裂工艺，及时调整压裂参数，提高改造效果。

3. 识别天然裂缝

利用岩石破裂所产生的微弱地震波，可以定位微地震事件的空间位置，分析裂缝延展的方向。在各向同性均匀介质的岩石中，仅在水力压裂作用下，事件的空间位置相对分散，能量相差不大。由于天然裂缝和水力压裂诱发岩石破裂的机理不同，由此造成的微地震事件的一些属性也存在差别，因此，利用微地震事件点的震级、密度、b 值（一个经验常数），以及时间与空间分布规律等，可以识别天然裂缝。

相同条件下，天然裂缝诱发的单个微地震事件的能量是纯水力压裂的几十倍，它的事件云形态密度大，线性程度高，b 值约为 1，而水力压裂的 b 值约为 2。事件点空间分布与天然裂缝的形状有关，而与压裂参数或时间关系不大。

4. 预测套损

压裂前，先对压裂井区域目的层的高精度地震资料进行深度域叠前非常规处理，形成深度域杨氏模量、横波阻抗、蚂蚁体、曲率等地震属性数据体，粗略认识目的层的天然裂缝分布，再结合钻井和测井资料、压裂曲线，利用微地震事件点的时间与空间分布异常性，综合分析、预测套损的具体位置。

页岩的各向异性强，四川筠连黄金坝地区天然裂缝发育，表现为杨氏模量、横波阻抗、蚂蚁体、曲率等属性的相关性较差，结合测井曲线的岩性或泥质等含量可能不同，存在钻井困难、固井质量差等现象。利用微地震事件，预测天然裂缝的特征，可以预测套损的位置（已成功预测 20 多段套损位置），经现场及时调整压裂参数，有效降低了压裂风险。

5. 监测地层变形

以滇黔北坳陷昭 104 井为例，从地面侧斜仪监测的结果，可得出垂直缝、水平缝的方位、倾角，以及垂直裂缝体积百分数、水平裂缝体积百分数等。裂缝呈现水平缝与垂直缝交互的复杂系统，从地面变形场看，既不是对称双驼峰的垂直缝特征，也不是单驼峰隆起的单纯水平缝特征，呈现出非常复杂的水平缝与垂直缝交互、有隆起也有下凹的复杂变形场。

第四节　非常规油气勘探评价研究技术

2009 年中国石油浙江油田公司在滇黔北坳陷开展油气勘探以来，重点针对志留系龙马溪组页岩气与二叠系乐平组煤层气开展勘探评价工作。根据云南昭通地区非常规天然气成藏特征，结合天然气富集主控因素分析，开展了综合地质评价与有利区优选研究。根据评价研究进展与勘探实践，现阐述页岩气和煤层气勘探评价研究内容和选区评价技术与方法如下。

一、非常规天然气地质评价研究

非常规天然气评价与常规油气评价一样，主要依靠地质、地球物理与地球化学等进行多学科综合，对勘探开发目标进行评价与识别。

1. 页岩气地质评价主要内容

页岩气评价主要由页岩层的厚度、埋藏深度，有机质的丰度、类型、热演化程度，页岩的含气性、矿物成分、力学性质、储层物性等要素体现。针对滇黔北坳陷山地页岩过成熟、强改造和复杂地应力的特点，开展了有机地球化学评价、储层物性评价、含气性评价、可压性评价等 4 大类页岩气地质评价研究。

1）有机地球化学评价

页岩的有机地球化学评价，主要是评价页岩层中有机质的类型、含量以及成熟度，依据总有机碳含量、成熟度、有机质类型和富有机质页岩厚度等指标，评价其生气能力，确定富有机质页岩层段及空间展布特征。

不同沉积环境的有机质形成不同类型的干酪根，不同类型的有机质具有不同的生烃潜力，形成不同产物，这与有机质的化学组成和结构有关。有机质类型影响页岩生烃潜力，也对天然气的吸附能力有一定影响。岩石中有机质含量是生烃强度的主要影响因素，有机质丰度越高则表明页岩层生烃潜力越大，有机质含量的多少也直接影响岩石对天然气的吸附与储集能力。镜质组反射率作为成熟度指标，除了进行现今成熟度确定，仍需重点关注有机质的热演化史及其与构造演化史的关系，这与页岩气的保存密切相关。

2）储层物性评价

页岩气储层是以细粒沉积为主的泥页岩，储集空间主要由微米级、纳米级的内部孔隙和微裂缝组成。与常规储层相比，页岩储层的孔隙直径更加细小，储层的几何形态、分布、成因及控制因素更加复杂。随着页岩气储层精细评价技术的进展，页岩微观孔隙结构的研究得到发展，已从微米级进展到纳米级。孔隙类型多样化，有机孔的发育程度起着重要作用。页岩的微观储层物性评价主要包括孔隙类型、孔隙结构、孔隙度、渗透率、敏感性等方面。

3）含气性评价

页岩中包含游离气与吸附气，含气性评价是指评价二者的总和。与常规气藏不同的是，页岩气藏中除存在着聚集在页岩基质孔隙、裂缝中的游离气外，还存在着由于分子引力作用而吸附在干酪根和黏土颗粒表面的吸附气。页岩中含气量的高低是评价页岩气储层质量、资源潜力以及页岩气藏产能的一项重要指标。

4）可压性评价

可压性是表征页岩储层能被有效改造的难易程度。根据页岩储层的缝网压裂施工实践，形成了具体化的页岩储层"有效压裂"概念：即在相同压裂工艺技术条件下，页岩气储层中形成复杂裂缝网络并获得足够大的储层改造体积的概率以及获取高经济效益的能力。可压性的主要评价内容包括岩石的泊松比、杨氏模量、抗压强度、脆性矿物含量等。通过矿物组成测试、岩石力学实验、测井和地震解释等，可确定脆性矿物含量、泊松比与杨氏模量等岩石力学参数，以评价页岩脆性。

2.煤层气地质评价主要内容

影响煤层气资源的地质因素主要包括煤层地质特征、煤层物性及封盖情况三个方面。每个方面又由多个因素决定。

1）煤层地质特征

主要开展了煤层厚度、连续性、煤岩变质程度、煤相、煤岩成分等研究。煤层厚度与连续性是煤层气高产、富集的前提，煤层是煤层气赋存的场所，煤层越发育，其勘探前景就越广阔。四川筠连沐爱煤层气田的勘探实践表明，单层煤厚大于3m就具有高产可能。

2）煤储层特征

主要涵盖孔隙度、渗透率、兰氏压力、含气量等4个参数。含气量是进行煤层气资源评价的最基本指标，也是直接影响煤层气储量评估结果的关键参数。含气煤层的渗透率是衡量煤层气开发难易程度的重要指标，它对于含气煤层的采收率和产量起着决定性作用，煤层渗透率越大，气井的泄气范围就越宽阔，产量也就越高。

3）煤层气封盖特征

需评价埋深、顶底板岩性、构造特征、水文地质特征等4个条件。有效地应力与区域地应力场和煤层埋深有关，煤层气多富集于低地应力区；同时，煤层有效地应力低的地区，煤层的渗透率较高，煤层有效地应力越大，其压裂难度越大。

二、非常规天然气选区评价研究

非常规天然气的选区评价是在页岩气层、煤层气层识别的基础上，运用非常规油气成藏地质理论及分析技术，加上含气分析技术与表征技术，进行勘探区生气能力、储气能力与采气潜力等三方面的评估，并利用三维地震资料，准确识别开发区宏观构造、储层非均质性和裂缝发育带，进行页岩气层、煤层气层平面表征与描述，划分出核心区、探边区、周边区域，评价与优选出甜点区与有利层段。

1.山地页岩气选区评价技术

滇黔北坳陷的山地页岩气具有过成熟、强改造的特点，其有利区的优选评价主要包含两个方面：一是对储层进行纵向评价，优选有利储层发育区带；二是结合构造开展横向保存条件评价，优选页岩气富集区带。主要有以下两个选区评价技术方法。

1）页岩气优质页岩储层精细评价技术

优质页岩储层的发育是页岩气富集的物质基础。页岩储层评价是通过一系列参数对储层进行定性和定量的描述，查明页岩储层的空间展布特征，为页岩气选区提供充分依据。主要包括3项技术：（1）实验分析技术，包括精细岩心物性分析、地球化学基本参数分析、岩石矿物组成分析、数字岩心实验测试与分析等技术；（2）含气量分析测试技术，包括等温吸附曲线与现场岩心解吸与吸附测试；（3）实验分析数据与测井解释数据相结合的页岩储层综合评价技术。

页岩实验分析技术中，有机碳含量、类型及成熟度等的求取方法与常规油气一致。作为页岩储层评价的关键参数——页岩单井含气量的测试，主要是对页岩的解吸气与吸附气含量的测定，它有通过罐解气测试（游离气）与等温吸附曲线测试（吸附气）两种方法。对页岩储层孔隙及微裂缝结构的全面准确描述，则可通过数字岩心分析技术，建立三维数字岩石孔隙网络模型，其核心技术多尺度—高精度岩心扫描，由宏观到微观，包括全岩心三维CT扫描、微米CT扫描、高分辨率二维背散射电子（BSE）扫描、聚焦离子束扫描（FIB-SEM）。通过纳米级的扫描分析，可提取矿物成分、孔隙、裂缝及孔喉的尺寸范围大小等参数，最终建立三维数字化岩石及孔隙网络模型，计算孔隙度和连通性。

开展页岩储层综合评价选区的流程如下：（1）对所有样品进行分析（包括计算的各种物性参数，如孔隙度、TOC含量等），并做结果标定，对单井整个井段进行预测；（2）基于测井（常规测井和特殊测井）数据的岩心标定技术，初步建立各种解释模型，研究分析单井储层的常规特征，包括储层、厚度、物性和有机质含量等；（3）利用建立的模型对研究层段的井进行分析预测，并根据分析结果进行综合评价并优选地质甜点；（4）利用连井对比分析技术、井震联合反演技术，刻画优质页岩储层空间展布。

2）山地页岩气富集主控因素评价技术

滇黔北坳陷是在经历印支期以来多期造山事件改造后而残留的构造坳陷，地层形变强度大、横向多变，地质应力背景和天然裂缝复杂，主要页岩气已进入过成熟阶段。后期构造运动改造形成的破碎带是页岩气逸散的主要通道，构造强度是油气藏破坏与散失的重要因素。燕山期以来复杂的压扭应力场带来逆冲加走滑断层的复合构造变形，断裂系统相对复杂，断层的发育期次、断距、延伸长度、断层性质等综合影响着保存条件。

滇黔北坳陷页岩气保存条件的分析方法，主要是依托页岩气保存（逸散）模式，开展页岩层埋藏史与构造演化史相结合的保存有利区优选。燕山期以来，地层发生持续的抬升，特别是燕山晚期—喜马拉雅期，构造改造时间较晚（约为85Ma），多期挤压走滑构造使得断裂复杂化，形成破碎带，造成气体散失，这是页岩气逸散的主要原因。利用地震数据体，在页岩气散失模式指导下，结合试气评价成果，开展断裂对保存条件的影响分析，再优选保存有利区，实现定量—半定量化选区评价。

2. 煤层气选区评价技术

煤层气选区评价的一般步骤为：第一步，单一煤层气区块，对主要评价因素进行评价，确定是否为煤层气开发的有利目标；第二步，多个煤层气区块的优选，对于多个有利目标，综合考虑所有关键因素，并根据这些因素的影响程度进行综合评价，确定近期最有利的开发目标。

煤层气有利区块优选，就是解决评价参数的多指标性，选择相应的数据处理方法对参数进行处理；建立综合评价指标体系，得到各目标区的综合评价指标值；以半定量性质的"综合评价标准"为核心，根据标准将评价单元对号入座，筛选出具有开发前景的评价单元。综合评价值即是该目标区的综合评价结果，综合评价值越大，表明其煤层气开发的资源与地质条件越好。用于综合评价工作的数学方法很多，如加权求和法、模糊数学方法、灰色系统方法、层次分析方法等。

三、非常规天然气选区评价标准

根据中国石油浙江油田公司2009年以来在滇黔北坳陷昭通示范区进行的页岩气、煤层气的勘探开发实践，提出了中国南方页岩气、煤层气等非常规天然气选区的综合评价标准（表10-1、表10-2）。

表 10-1　中国南方页岩气选区综合评价标准

序号	评价指标	有利区	建产区
1	有机碳 /%	>1	>3
2	成熟度 /%	>1.35	1.35～3.5
3	脆性矿物 /%	>35	>40
4	黏土矿物 /%	<30	<30
5	孔隙度 /%	>2	>4
6	渗透率 / nD	>100	>100
7	含气量 / (m³/t)	>2	>3
8	埋深 /m	500～4500	700～3500
9	页岩厚度 /m	>50	>50
10	优质页岩厚度 /m	>20	>30
11	压力系数	>1.2	>1.2
12	保存条件	好	好
13	构造条件	较平缓	平缓
14	距剥蚀线距离 /km	>1	>3
15	距通天断层距离 /km	>1	>3

表 10-2　中国南方煤层气选区综合评价标准

序号	评价指标	有利区	建产区
1	煤层总厚度 /m	>3	>4
2	单层厚度 /m	>0.5	>0.5
3	成熟度 /%	>1.35	2.0～3.5
4	含气量 / (m³/t)	>8	>10
5	灰分含量 /%	<30	<30
6	埋深 /m	300～2000	500～1500
7	保存条件	较好	好
8	构造条件	较平缓	平缓

第五节　地质工程－体化技术

针对滇黔北坳陷页岩气特殊的地质背景和复杂的地表条件，以中国石油滇黔北页岩气勘查区黄金坝 YS108 井区为代表的页岩气开发区，在一体化高效开发技术、基本做法与生产实践方面，经引进、消化、吸收，开展了积极探索，并形成了适合中国南方海相山地页岩气高效开发的技术体系和管理模式，有效地支撑了黄金坝页岩气的产能建设。

一、地质工程一体化理念

在黄金坝 YS108 井区地质工程一体化实践中，首次提出了"钻井品质"概念，以及适应中国页岩气开发特点的"品质三角形"理念。实践证明地质工程一体化具有很强的前瞻性、针对性、预测性、指导性、实效性和时效性，它在黄金坝页岩气开发实践中应用效果显著。地质工程一体化动态综合研究和三维储层模型的及时有效应用，是非常规油气实现效益开发、高效开发的最佳途径。以地质工程一体化核心技术为基础，强调页岩气开发全过程的一体化项目组织管理，运用地质工程一体化研究评价成果现场实时指导工程实施，运用信息反馈迭代更新模型、工厂化作业模式、一体化项目组织模式为核心的页岩气高效开发模式，可以有效规避在复杂的地质、工程条件下页岩气钻采工程的实施隐患与气井产量的不确定性风险，提高钻采工程建设的品质、成效和作业效率，有效地降低页岩气开发成本。

二、基于三维地质建模技术的地质工程一体化研究技术

页岩气藏不同于常规气藏。页岩层系的海域沉积相带、整体封闭保存条件以及有机质成熟度，严格控制了中国南方海相山地页岩气的分布格局，而水平井的钻井、完井技术和储层改造技术则是制约页岩气获得高产的决定性因素。有鉴于此，以多学科一体化系统研究为龙头，以储层品质评价、钻井品质评价和完井品质评价这一"品质三角形"为核心的地质工程一体化综合评价为关键方法，综合研究页岩储层、钻井工程和储层改造工程中的关键评价参数是评价研究的落脚点。"品质三角形"评价，一是研究、查明优质页岩深度、厚度、展布特征，寻找页岩层内有机质丰度高、含气量高、渗透性好、裂缝发育的优质储层，即进行储层品质评价，优选储层甜点；二是开展钻井品质和完井品质评价，即通过岩石力学、地应力和裂缝分析，研究钻井工程和压裂工程所涉及的储层工程参数特征，寻找和落实与工程条件相符的钻采工程技术对策。通过"品质三角形"评价，可为开展甜点预测、水平井轨迹优化设计、水平井导向，提高储层钻遇率、井筒完整性，以及储层改造实时监测调整等关键环节，提供三维可视化的地质工程一体化储层研究成果（图 10-4）。

地质工程一体化评价体系中，地球物理技术是核心，三维地质建模技术是手段，钻井、完井实时反馈和模型迭代更新是关键。一是利用地球物理技术，即通过三维地震数据目标处理与精细解释来预测工区的微构造、页岩 TOC、含气量、地层压力系数、天然（微）裂缝和杨氏模量、泊松比、地应力等，各关键参数可达到地震面元级别的横向分辨率和 $10\sim20m$ 的垂向分辨率。二是以岩心分析和测井资料为基础，通过井控和地震协同地质建模，可以达到 1m 以内的属性垂向分辨率。地震属性储层反演成果可以很好地控制储层特征参数的区域分布趋势，将其作为"软约束"，而大量钻井数据是"硬约束"，融合地震储层反演与钻井测井，即利用"软约束"与"硬约束"数据进行三维地质建模，可以得到比单纯利用井数据建模和预测更为合理的结果。三是钻井、完井工程

实施效果资料实时反馈到研究中，并对储层模型持续深化研究，实现储层地质模型的迭代更新，即通过钻井、压裂、测试生产跟踪，实时更新动态模型，最终得到一个精度越来越高的三维模型，可实时指导页岩气钻井、完井施工，降低开发风险。

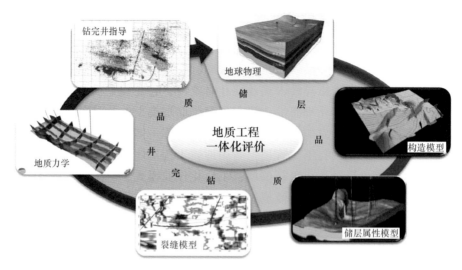

图 10-4　滇黔北坳陷黄金坝页岩气建产区地质工程一体化评价流程图

1. 地震精细解释及地质储层建模

以建产区的测井—地震标定为基础，通过三维地震资料的构造精细解释，将目的层优质页岩段进一步细分至米级小层，并解释各级断层。建模平面网格采用三维地震采集面元，垂向网格：目的层 0.5m，并向上、向下逐渐变大。结合地震反演属性，建立储层品质属性模型和完井优化属性模型，主要包括总有机碳 TOC、孔隙度、弹性参数、脆性指数、裂缝发育强度等模型。

2. 断层及裂缝系统建模

准确预测天然断层和微裂缝，对钻井完井和压裂改造作业至关重要。针对页岩储层垂向和水平方向各向异性均较强的特点，采用蚂蚁追踪识别技术进行不同尺度的断层—裂缝（或微断层、微褶皱、裂缝带）预测。定量识别 3 种不同尺度的断层—裂缝系统（Ⅰ为大断层，Ⅱ为小断层，Ⅲ为微裂缝带）。大、小断层可用于指导开发井位部署，避免因钻遇断层而造成井漏；微裂缝带对优化压裂方案设计参数更为重要。

3. 三维岩石力学建模

以页岩岩心岩石力学分析数据为基础，结合地震、地质、测井及一维岩石力学模型，建立了包括页岩气储层弹性模量、岩石力学、地应力在内的 12 个模型，全面刻画储层三维应力场及岩石可压性非均质性，为优化布井、井壁稳定分析、钻井优化、增产改造提供了依据。

三、一体化研究实施效果

利用三维地质建模技术、地质工程一体化综合研究成果，及时指导页岩气产能建设。用生产的成果资料、数据、信息，实时反馈到研究，持续迭代、更新三维动态模型，形成一套精度和准确度越来越高的系统成果，实时有效地指导钻采工程实施，从而有效地规避和降低开发风险，这是非常规气勘探开发常态化的做法。水平井的井位部署和水平井的轨迹优化、旋转地质导向、钻井液密度安全窗口预测优化及安全高效钻井、井中微地震裂缝实时监测可视化调整压裂作业方案、气藏生产制度优化和高效生产，是体现科研生产一体化结合的关键环节。

（1）地质工程一体化技术及其在井位部署优化中的应用。

中国南方海相盆外典型的山地页岩气常表现出地质条件和山地地形地貌复杂、道路条件较差、井场面积有限、施工用水缺乏等特点，井位部署和水平井轨迹设计需要充分考虑地质、工程、地形特点，可采用基于高清卫星照片的三维地理信息系统来"找水源、寻道路、定井场"，"地下 + 地上"一起综合部署平台，用"产量—压裂—钻井—设计"逆向评价来优化水平井轨迹设计。

① 采用基于高清卫星照片的三维地理信息系统"找水源、寻道路、定井场"。

针对滇黔北坳陷地处四川盆地与云贵高原的过渡带，这里属山地地貌，间有丘陵槽坝，具有地形地貌复杂多变的特点，为快速了解总体地形地貌、道路、水系、行政区域划分、居民及建筑物分布等情况，先利用高清卫星照片和高精度高程模型，建立数字化地理信息系统，提前优选井场，再经联合队伍现场多次踏勘，为二维地震、三维地震、井位部署及设计、开发区建设和地面建设提供有力的保障。

②"地下 + 地上"综合部署平台。

页岩气的特点决定了其开发要大规模布井，唯有钻井和压裂涉及的区域才能动用储量和获得产量，否则地下的资源是动用不了的，因此合理的井位部署是实现累计产量最大化的关键。通过前期多专业的详细踏勘，寻找到地面适合做井场的位置，结合地下甜点位置的优选，在地下储层品质、完井品质、钻井品质和地面条件都较好的区域进行部署。部署时利用"地下 + 地上"联动平台，充分考虑部署井点的页岩储层构造部位、断层、TOC、含气量、天然裂缝、岩石力学和地应力特征，还要考虑地面的井场建设可行性、道路的便利性、水源获得的难易程度等因素，以实现地下页岩气甜点区域整体部署和资源充分利用。

③"产量—压裂—钻井—设计"逆向评价，优化水平井轨迹设计。

页岩气水平井的轨迹优化设计，是继平台整体部署之后所进行的精细单井轨迹优化，它需要利用邻井的钻井、压裂和生产测试情况及地区经验，确定设计关键参数，并在此基础上，根据邻井的认识，从产量、压裂、钻井出发，合理地进行针对性的优化设计。

水平井关键参数优化：考虑到滇黔北坳陷地下地质条件和页岩气开发时钻井、完井工程的特殊性，需重点论证水平井巷道位置、方位、间距、长度，并结合地面条件进行交叉布井，力求以较少的井数实现较大的资源控制程度。

个性化"逆向"水平井轨迹优化：在水平井轨迹方位、长度，巷道间距、靶体的优化论证基础上，通过单井点附近断层、天然裂缝、地应力情况分析，结合邻井产量、压裂改造人工裂缝延伸和分布情况对单井轨迹进行个性化"逆向"优化。

（2）实时指导水平井地质导向，预测钻井液密度窗口，优化钻井工程参数。

页岩气的产能建设一般采用多井式、丛式水平井组开发，采用井口位置近、地下轨迹穿插的交叉布井方式，存在着轨迹倾角变化大、微构造发育、水平井呈三维勺型、大偏移距井眼及长水平段、靶体段微构造起伏多和变化大等情况，易导致钻井地质导向困难、防碰风险大、井壁稳定周期短、套管下入困难。

建立工程与地质相结合的水平井旋转地质导向模式，以确保水平井钻井轨迹平滑和提高储层钻遇率。特别是在局部构造复杂地区，钻井设计轨迹又是先下倾、后上翘，构造反转的具体位置也不确定，这时根据地质工程一体化成果和钻进过程中的认识，利用地层真厚度对比及模拟、下探目的层（奥陶系五峰组）高 GR 标志层、成像测井等来卡准地层，实时预测了水平井区域的地层倾角和走向变化趋势，最终实现了设计水平段箱体钻遇率，钻井轨迹控制在狗腿度 3° 以内。

页岩气开发前期，考虑到页岩地层易垮塌的风险，优质页岩段钻井液密度多在 2.2g/cm³ 以上，但部分钻井仍频繁出现漏失，造成随钻设备故障频发。通过利用岩石力学、天然微裂缝等一体化模型成果，开展井壁稳定性分析，预测安全合理的钻井液密度窗口，从而提出了降低钻井液密度的作业设计。通过优化钻井液密度至 1.85g/cm³ 以下，有效降低了水平井段井漏和页岩气溢涌的发生，提高了水平井钻井效率。

（3）利用一体化综合模型和微地震监测成果，优化压裂设计，实时调整优化压裂施工。

受走滑构造高应力背景以及水平应力差大、天然微裂缝发育、储层非均质性强的影响，盆外构造坳陷的页岩气压裂中普遍存在施工压力高、加砂困难、人工裂缝展布复杂的情况，结果是不同的构造位置、不同的平台、不同的井，甚至单井的每一级，压裂施工参数都有较大差异，表现出"一井一藏、一级一策"的特点。因此，需要综合分析储层品质、钻井品质和完井品质的特征，进行每个级段的个性化压裂设计与方案优化，同时以区域平台／单井的储层三维模型为基础，充分利用井中微地震裂缝实时监测成果，实时有效地研判压裂形势与决断、调整作业方案，可视化地适时调整压裂泵注作业方案与指导压裂施工。

参 考 文 献

包家捷，2010. 赤水地区二、三叠系潜力井层分析［J］. 内蒙古石油化工（18）：136-138.

包家捷，吴蕾，2010. 赤水地区官渡构造下三叠统嘉陵江组勘探潜力分析［J］. 贵州地质，27（4）：272-277.

包建平，斯春松，蒋兴超，等，2016. 黔北坳陷过成熟烃源岩和固体沥青中正构烷烃系列的双峰态分布［J］. 沉积学报，34（1）：181-190.

包建平，斯春松，蒋兴超，等，2016. 黔北坳陷小草坝古油藏储层沥青来源与成因研究［J］. 地球化学，45（3）：315-328.

蔡勋育，罗毅，陈元状，2002. 百色盆地古潜山成藏条件与有利区带分析［J］. 南方油气，15（3-4）：31-38.

蔡勋育，黄仁春，2003. 桂中坳陷构造演化与油气成藏［J］. 南方油气，16（3）：6-9.

曹成润，韩春花，郑大荣，2003. 构造变动对油气藏保存的影响［J］. 海洋地质与第四纪地质，23（4）：95-98.

陈汉军，叶泰然，郭伟，等，2011. 云南曲靖盆地浅层气藏地震储层预测及勘探前景分析［J］. 石油与天然气地质，32（2）：207-213.

陈洪德，田景春，刘文均，等，2002. 中国南方海相震旦系—中三叠统层序划分与对比［J］. 成都理工学院学报，29（4）：355-379.

陈洪德，侯明才，刘文均，等，2004. 海西—印支期中国南方的盆地演化与层序格架［J］. 成都理工大学学报（自然科学版），31（6）：629-635.

陈洪德，覃建雄，田景春，等，2004. 中国南方古生界层序格架中的生储盖组合类型及特征［J］. 石油与天然气地质，25（1）：62-69.

陈洪德，倪新锋，田景春，等，2006. 华南海相下组合层序地层格架与油气勘探［J］. 石油与天然气地质，27（3）：370-377.

陈洪德，侯明才，许效松，等，2006. 加里东期华南的盆地演化与层序格架［J］. 成都理工大学学报（自然科学版），33（1）：1-8.

陈静，李建明，陈军，2008. 陆良盆地新近系茨营组三段 T—R 旋回层序研究［J］. 内蒙古石油化工，20：103-105.

陈跃昆，陈昭全，段华，等，2005. 云南第三系盆地油气资源潜力与前景分析［J］. 中国工程科学，7（增刊）：97-101.

陈义才，沈忠民，罗小平，等，2008. 保山盆地上第三系烃源岩地化特征及气源潜力评价［J］. 断块油气田，15（1）：5-8.

陈义才，罗小平，沈忠民，等，2008. 保山盆地新近系生物气资源及勘探前景［J］. 天然气地球科学，19（5）：618-622.

陈元壮，刘洛夫，蔡勋育，等，2004. 广西百色盆地油气勘探潜力分析［J］. 西南石油学院学报，26（3）：1-4.

陈元壮，吴明荣，刘洛夫，等，2004. 广西百色盆地古近系始新统沉积相特征及演化［J］. 古地理学报，6（4）：419-433.

陈昭全，1999. 景谷盆地大牛圈油田油井潜力分析［J］. 云南地质，18（3）：307-318.

陈昭全，2000.景谷盆地储层敏感性研究及其在油田开发中的应用［J］.云南地质，19（4）：449-459.

陈子炶，徐政语，马立桥，等，2008.中国南方海相碳酸盐岩油气勘探战略选区评价［J］.世界石油工业，中国油气论坛（油气勘探新领域与新技术专题论文）：179-184.

陈子炶，姚根顺，郭庆新，等，2010.桂中坳陷海相地层油气成藏与热作用改造［J］.海相油气地质，15（3）：1-10.

陈子炶，姚根顺，楼章华，等，2011.桂中坳陷及周缘油气保存条件分析［J］.中国矿业大学学报，40（1）：80-88.

陈章明，吴元燕，吕延防，2003.油气藏保存与破坏研究［M］.北京：石油工业出版社.

程克明，1995.烃源岩地球化学［M］.北京：科学出版社.

程克明，1996.碳酸盐岩油气生成理论及实践［M］.北京：石油工业出版社.

崔建，李建明，居亚娟，2008.云南陆良盆地新近系茨营组近岸水下扇沉积特征［J］.石油地质与工程，22（2）：4-6.

戴金星，戚厚发，宋岩，等，1986.我国煤层气组分碳同位素类型及其成因和意义［J］.中国科学（B辑）（12）：1317-1326.

戴金星，王庭斌，宋岩，等，1997.中国大中型天然气田形成条件与油气分布规律［M］.北京：地质出版社.

党洪艳，沈忠民，刘四兵，等，2010.保山盆地生物气地球化学特征［J］.四川地质学报，30（1）：91-93.

《滇黔桂石油地质志》编写组，1992.中国石油地质志（卷十一）滇黔桂油气区［M］北京：石油工业出版社.

《滇黔桂地区油气田开发若干问题的回顾与思考》编写组，2004.滇黔桂地区油气田开发若干问题的回顾与思考［M］.北京：石油工业出版社.

付广，陈章明，吕延防，等，1998.泥质岩盖层封闭性能综合评价方法探讨［J］.石油实验地质，20（1）：80-86.

付孝悦，高林，2003.南方海相叠加改造油气盆地类型与勘探目标评价［J］.南方油气，16（1）：8-11.

高建昆，罗槐章，1999.景谷盆地低熟油的特征及对云南第三纪盆地勘探的启示［J］.云南地质，18（3）：291-306.

高瑞祺，赵政璋，2001.中国南方海相油气地质及勘探前景［M］.北京：石油工业出版社.

广西地质地矿局，1985.广西壮族自治区区域地质志［M］.北京：地质出版社.

广西壮族自治区地质矿产局，1987.广西泥盆纪沉积相古地理及矿产［M］.南宁：广西人民出版社.

广西壮族自治区地质矿产局，1997.广西壮族自治区岩石地层［M］.武汉：中国地质大学出版社.

广西壮族自治区地质矿产厅，1994.广西区域地质志［M］.武汉：中国地质大学出版社.

贵州省地质矿产局，1997.贵州省岩石地层［M］.武汉：中国地质大学出版社.

郭福祥，1998.广西及邻区地台盖层和中新生代盆地地层褶皱过程［J］.广西地质，11（3）：5-12.

郭彤楼，楼章华，马永生，2003.南方海相油气保存条件评价与勘探决策中应注意的几个问题［J］.石油实验地质，25（1）：3-9.

顾家裕，范土芝，2001.层序地层学回顾与展望［J］.海相油气地质，6（4）：15-25.

顾家裕，张兴阳，2003.油气沉积学发展回顾和应用现状［J］.沉积学报，21（1）：137-141.

顾家裕，2007.南方油气勘探的突破贵在坚持不懈［J］.海相油气地质，12（4）：7-9.

顾家裕，马锋，季丽丹，2009.碳酸盐岩台地类型、特征及主控因素［J］.古地理学报，11（1）：21-27.

龚一鸣，吴诒，杜远生，1994.黔桂泥盆纪层序地层及海平面变化的频幅、速度和相位［J］.地球科学，19（5）：575-586.

国土资源部油气资源战略研究中心编，2013.南方海相碳酸盐岩和东秦岭—大别造山带两侧油气资源战略调查与选区［M］.北京：地质出版社.

韩世庆，1989.滇黔桂油气远景评价研究中的若干特点——油气勘查的回顾与再认识［J］.海相沉积区油气地质，13（2）：71-76.

郝石生，陈章明，高耀斌，等，1995.天然气藏的形成和保存［M］.北京：石油工业出版社.

贺训云，姚根顺，贺晓苏，等，2010.桂中坳陷桂中1井沥青成因及油气成藏模式［J］.石油学报，31（3）：420-425.

侯明才，陈洪德，田景春，2005.泥盆纪右江盆地演化与层序充填响应［J］.地层学杂志，29（1）：62-69.

侯宇光，何生，唐大卿，2006.曲靖盆地构造演化及其对生物气成藏条件的控制［J］.现代地质，20（4）：597-604.

侯宇光，2007.曲靖盆地古近—新近纪构造演化与生物气成藏的关系［J］.新疆石油地质，28（5）：549-553.

侯宇光，何生，2008.曲靖盆地生物气成藏条件及主控因素分析［J］.地质科技情报，27（1）：53-58.

侯宇光，汪新文，吴立群，等，2009.桂中坳陷北部河池—宜山褶皱—冲断带分析［J］.现代地质，23（3）：401-408.

侯宇光，何生，唐大卿，2012.滇东北新生代盆地构造反转与生物气藏的形成［J］.中南大学学报（自然科学版），43（6）：2238-2246.

胡国艺，罗霞，李志生，等，2010.生物气中轻烃分布特征及其成因［J］.中国科学（地球科学），40（4）：426-438.

胡见义，2004.石油地质学前沿和勘探新领域［J］.中国石油勘探，9（1）：8-14.

胡见义，2006.中国天然气发展战略的若干问题［J］.天然气工业，26（1）：1-3.

胡见义，2007.石油地质学理论若干热点问题的探讨［J］.石油勘探与开发，34（1）：1-4.

胡见义，吴因业，张静，2009.高海拔与超深地层石油地质若干问题［J］.石油学报，30（2）：159-167.

胡南方，2000.贵州赤水气田三叠系储层物性及孔隙结构特征［J］.贵州地质，17（2）：103-108.

黄宏伟，杜远生，2007.广西丹池盆地晚古生代震积岩及其构造意义［J］.地质论评，53（5）：592-599.

黄启勋，2000.广西若干重大基础地质特征［J］.广西地质，13（3）：3-12.

黄世伟，张廷山，王顺玉，等，2004.四川盆地赤水地区上三叠统须家河组烃源岩特征及天然气成因探讨［J］.天然气地球科学，15（6）：590-592.

姬小兵，尚应军，张帆，2005.山地地震勘探采集技术研究［J］.天然气地球科学，16（1）：114-116.

金之钧，庞雄奇，吕修祥，1998.中国海相碳酸盐岩油气勘探［J］.勘探家，3（4）：66-68.

金之钧，2005.中国海相碳酸盐岩层系油气勘探特殊性问题［J］.地学前缘，12（3）：15-22.

金之钧，蔡立国，2006.中国海相油气勘探前景、主要问题与对策［J］.石油与天然气地质，27（6）：

722-730.

康玉柱，1995. 中国古生代海相成油特征［M］. 乌鲁木齐：新疆科技卫生出版社.

康玉柱，蔡希源，张传林，等，2002. 中国古生代海相油气田形成条件与分布［M］. 乌鲁木齐：新疆科技卫生出版社.

康玉柱，2006. 中国古生界油气勘探前景展望［J］. 地质力学学报，12（1）：1-5.

康玉柱，2007. 中国古生代大型油气田成藏条件及勘探方向［J］. 天然气工业，27（8）：1-5.

康玉柱，2008. 我国古生代海相碳酸盐岩成藏理论的新进展［J］. 海相油气地质，13（4）：8-11.

邝国敦，李家骧，钟铿，等，1999. 广西的石炭系［M］. 武汉：中国地质大学出版社.

李昌全，2000. 赤水地区碳酸盐缝、洞型气藏地质模型讨论［J］. 贵州地质，17（2）：71-78.

李建忠，董大忠，陈更生，等，2009. 中国页岩气资源前景与战略地位［J］. 天然气工业，29（5）：11-16.

李明诚，李伟，蔡峰，等，1997. 油气成藏保存条件的综合研究［J］. 石油学报，18（2）：41-48.

李思田，2000. 盆地动力学与能源资源——世纪之交的回顾与展望［J］. 地学前缘，7（3）：1-9.

李思田，2004. 大型油气系统形成的盆地动力学背景［J］. 地球科学，29（5）：505-512.

李思田，2006. 活动论构造古地理与中国大型叠合盆地海相油气聚集研究［J］. 地学前缘，13（6）：22-29.

李廷栋，2003. 加强基础地质研究 推动地质工作可持续发展［J］. 地质通报，22（9）：647-650.

李细光，史水平，黄洋，等，2007. 广西及其邻区现今构造应力场研究［J］. 地震研究，30（3）：235-240.

李兴平，孟宪武，刘特明，2008. 贵州赤水地区油气成藏特征及勘探潜力分析［J］. 贵州地质，25（4）：265-269.

梁狄刚，陈建平，2005. 中国南方高、过成熟区海相油源对比问题［J］. 石油勘探与开发，32（2）：8-14.

梁狄刚，郭彤楼，陈建平，等，2008. 南方四套区域性海相烃源岩的分布［J］. 海相油气地质，13（2）：1-16.

梁狄刚，郭彤楼，陈建平，等，2009. 南方四套区域性海相烃源岩的地球化学特征［J］. 海相油气地质，14（1）：1-15.

梁狄刚，郭彤楼，边立曾，等，2009. 南方四套区域性海相烃源岩的沉积相及发育的控制因素［J］. 海相油气地质，14（2）：1-19.

梁秋源，陈坚，2001. 楚雄盆地云龙凹陷石油地质特征及勘探目标［J］. 天然气工业，21（2）：22-27.

梁新权，李献华，杨东生，2005. 华南印支期碰撞造山——十万大山盆地构造和沉积学证据［J］. 大地构造与成矿学，29（1）：99-112.

梁兴，叶舟，马力，等，2004. 中国南方海相含油气保存单元的层次划分与综合评价［J］. 海相油气地质，9（1-2）：59-76.

梁兴，叶熙，张介辉，等，2011. 滇黔北坳陷威信凹陷页岩气成藏条件分析与有利区优选［J］. 石油勘探与开发，38（6）：693-699.

梁兴，叶熙，张介辉，等，2011. 滇黔北下古生界海相页岩气藏赋存条件评价［J］. 海相油气地质，16（4）：11-21.

梁兴，张廷山，杨洋，等，2014. 滇黔北地区筇竹寺组高演化页岩气储层微观孔隙特征及其控制因素［J］. 天然气工业，34（2）：18-26.

梁兴，叶熙，张朝，等，2014. 滇黔北探区 YQ1 井页岩气的发现及其意义［J］. 西南石油大学学报（自然科学版），36（6）：1-8.

梁兴，王高成，徐政语，等，2016. 中国南方海相复杂山地页岩气储层甜点综合评价技术——以昭通国家级页岩气示范区为例［J］. 天然气工业，36（1）：33-42.

梁兴，王高成，张介辉，等，2017. 昭通国家级示范区页岩气一体化高效开发模式及实践启示［J］. 中国石油勘探，22（1）：29-37.

梁兴，陈科洛，张廷山，等，2019. 沉积环境对页岩孔隙的控制作用——以滇黔北地区五峰组—龙马溪组下段为例［J］. 天然气地球科学，30（10）：1393-1405.

梁兴，张廷山，舒红林，等，2020. 滇黔北昭通示范区龙马溪组页岩气资源潜力评价［J］. 中国地质，47（1）：72-87.

梁兴，徐政语，张介辉，等，2020. 浅层页岩气高效勘探开发关键技术——以昭通国家级页岩气示范区太阳背斜区为例［J］. 石油学报，41（9）：1033-1048.

梁兴，徐政语，张朝，等，2020. 昭通太阳背斜区浅层页岩气勘探突破及其资源开发意义［J］. 石油勘探与开发，47（1）：11-28.

梁兴，张朝，单长安，等，2021. 山地浅层页岩气勘探挑战、对策与前景——以昭通国家级页岩气示范区为例［J］. 天然气工业，41（2）：27-36.

廖永胜，2005. 高—过成熟气源岩评价的若干问题［J］. 石油勘探与开发，32（4）：147-152.

廖宗廷，江兴歌，李冉，等，2005. 广西百色盆地构造——热演化初步研究［J］. 石油实验地质，27（1）：18-24.

刘光鼎，2001. 中国油气资源期盼二次创业［J］. 地球物理学进展，16（4）：1-3.

刘宝珺，许效松，1994. 中国南方岩相古地理图集（震旦纪—三叠纪）［M］. 北京：科学出版社.

刘四兵，沈忠民，罗小平，等，2008. 保山盆地新近系生物气源岩地球化学特征［J］. 新疆石油地质，29（2）：198-201.

刘洋，2006. 高速层出露区常规地震勘探存在的问题及对策［J］. 石油学报，57（1）：53-57.

刘映辉，李秀梅，余成文，2001. 楚雄盆地乌龙一井上三叠统有机质丰度热演化特征及其成熟度的划分［J］. 滇黔桂油气，14（3）：38-43.

林良彪，陈洪德，陈子炌，等，2009. 桂中坳陷中泥盆统烃源岩特征［J］. 天然气工业，29（3）：45-47.

楼章华，兰翔，卢庆梅，等，1999. 地形、气候与湖面波动对浅水三角洲沉积环境的控制作用［J］. 地质学报，73（1）：83-92.

楼章华，马永生，郭彤楼，2006. 中国南方海相地层油气保存条件破坏因素评价技术研究［J］. 天然气工业，26（8）：1-7.

楼章华，马永生，郭彤楼，等，2006. 中国南方海相地层油气保存条件评价［J］. 天然气工业，26（8）：8-11.

楼章华，朱蓉，2006. 南方海相地层水文地质地球化学特征与油气保存条件［J］. 石油与天然气地质，27（5）：584-593.

楼章华，金爱民，付孝悦，2006. 海相地层水文地球化学与油气保存条件评价［J］. 浙江大学学报（工学版），40（3）：501-505.

罗槐章，齐敬文，杨芝林，1991. 南盘江坳陷安然构造生物礁中的沥青及油源对比［J］. 西南石油学院学报，13（4）：21-30.

罗槐章，1992. 滇黔桂南盘江坳陷上古生代碳酸盐岩中的中间相沥青及其地质意义［J］. 地球化学，4：391-399.

罗槐章，齐敬文，杨芝林，1993. 滇黔桂南盘江坳陷安然构造生物礁中的沥青及沥青对比. 石宝珩主编. 扬子海相地质与油气［M］. 北京：石油工业出版社.

罗群，孙宏志，2000. 断裂活动与油气藏保存关系研究［J］. 石油实验地质，22（3）：225-231.

罗毅，李学著，薛秀丽，2003. 百色盆地油气运聚特征分析［J］. 沉积与特提斯地质，23（2）：76-81.

罗毅，蔡勋育，吕立勇，2011. 百色盆地东部坳陷终极资源量预测与勘探方向［J］. 石油实验地质，33（2）：215-218.

陆黄生，周荔青，2004. 滇黔桂地区新生代盆地生物气成藏分区性［J］. 石油实验地质，26（6）：525-529.

吕儒明，陈宗太，汪彦，等，2006. 保山盆地永铸街气田沉积物源分析［J］. 西南石油学院学报，28（3）：48-52.

吕延防，王振平，2001. 油气藏破坏机理分析［J］. 大庆石油学院学报，25（3）：5-9.

马力，陈焕疆，甘克文，等，2004. 中国南方大地构造和海相油气地质［M］. 北京：地质出版社.

马立桥，董庸，屠小龙，等，2007. 中国南方海相油气勘探前景［J］. 石油学报，28（3）：1-7.

马永生，2000. 中国海相碳酸盐岩油气资源、勘探重大科技问题及对策［J］. 世界石油工业，7（2）：11-14.

马永生，郭彤楼，付孝悦，等，2002. 中国南方海相石油地质特征及勘探潜力［J］海相油气地质，7（3）：19-27.

马永生，楼章华，郭彤楼，等，2006. 中国南方海相地层油气保存条件综合评价技术体系探讨［J］. 地质学报，80（3）：406-417.

马永生，陈洪德，王国力，等，2009. 中国南方层序地层与古地理［M］. 北京：科学出版社.

梅冥相，李仲远，2004. 滇黔桂地区晚古生代至三叠纪层序地层序列及沉积盆地演化［J］. 现代地质，18（4）：555-562.

梅冥相，曾萍，初汉明，等，2004. 滇黔桂盆地及邻区泥盆纪层序地层格架及其古地理背景［J］. 吉林大学学报（地球科学版），34（4）：546-554.

门玉澎，余谦，牟传龙，等，2015. 云南喜山期断陷盆地特征与油气勘探方向——以保山盆地和曲靖盆地为例［J］. 沉积与特提斯地质，35（3）：51-55.

门玉澎，牟传龙，许效松，等，2015. 云南保山盆地新近纪岩相古地理特征与油气地质条件［J］. 煤炭技术，34（11）：115-117.

门玉澎，许效松，牟传龙，等，2015. 云南曲靖盆地岩相古地理特征与油气地质条件［J］. 西部探矿工程（9）：18-22.

彭军，郑荣才，陈景山，2002. 百色盆地那读组层序分析与生储盖组合［J］. 沉积学报，20（1）：106-111.

彭军，汪彦，游李伟，等，2006. 陆相断陷湖盆扇三角洲高分辨率层序分析——以保山气田羊邑组2-3段为例［J］. 天然气工业，26（5）：24-26.

蒲勇，赵霞飞，1999. 景谷盆地上第三系构造特征与油气聚集［J］. 云南地质，18（1）：67-71.

丘元禧，梁新权，2006. 两广云开大山—十万大山地区盆山耦合构造演化——兼论华南若干区域构造问题［J］. 地质通报，25（3）：340-347.

覃建雄，陈洪德，田景春，等，2000. 川滇黔桂地区泥盆系层序地层分析［J］. 沉积学报，18（2）：172-179.

卿淳，刘四兵，2009. 云南保山盆地生物气成藏特征［J］. 成都理工大学学报（自然科学版），36（1）：35-39.

全国地层委员会编，2014. 中国地层表［M］. 北京：地质出版社.

全国地层委员会编，2018. 中国地层表［M］. 北京：地质出版社.

沈安江，陈子炓，寿建峰，1999. 相对海平面升降与中国南方二叠纪生物礁油气藏［J］. 沉积学报，17（3）：367-373.

沈安江，陈子炓，2001. 南盘江地区二叠纪生物礁成因类型及潜伏礁预测［J］. 石油勘探与开发，28（3）：29-32.

沈平，徐永昌，郑建京，2002. 景谷盆地低演化油气的同位素地球化学特征［J］. 沉积学报，20（1）：141-155.

沈忠民，罗小平，刘四兵，2007. 云南保山盆地生物气源岩地球化学特征及环境指示意义［J］. 石油天然气学报（江汉石油学院学报），29（4）：52-56.

沈忠民，印大彬，刘四兵，等，2011. 云南保山盆地生物气源岩生物标志化合物特征［J］. 成都理工大学学报（自然科学版），38（1）：1-6.

斯春松，张润合，姚根顺，等，2016. 黔北坳陷及周缘构造作用与油气保存条件研究［J］. 中国矿业大学学报，45（5）：1010-1021.

苏培东，秦启荣，黄润秋，等，2008. 赤水地区二叠系、三叠系构造期次探讨［J］. 西南石油大学学报（自然科学版），30（3）：33-36.

汪啸风，陈孝红，等，2005. 中国各地质时代地层划分与对比［M］. 北京：地质出版社.

汪彦，彭军，赵冉，等，2007. 断陷湖盆陡坡边缘沉积体系研究——以保山气田羊邑组二段—三段为例［J］. 天然气勘探与开发，30（4）：22-26.

汪彦，彭军，赵冉，等，2008. 保山气田新近系羊邑组二—三段沉积微相［J］. 天然气工业，28（4）：29-32.

王大锐，罗槐章，2000. 云南陆良盆地天然气及烃源岩地球化学特征——兼论滇黔桂地区寻找生物气田的可能性［J］. 天然气工业，20（3）：12-15.

王大锐，高建昆，罗怀章，等，2001. 云南景谷盆地低熟石油地球化学特征与意义［J］. 石油学报，22（5）：11-15.

王大锐，张抗，2003. 云南地区新生代盆地含油气性［M］. 北京：地质出版社.

王根海，赵宗举，李大成，等，2001. 中国油气新区勘探（第五卷）［M］. 北京：石油工业出版社.

王国芝，胡瑞忠，苏文超，等，2002. 滇黔桂地区南盘江盆地流体流动与成矿作用［J］. 中国科学（D辑），32（Sup）：78-86.

王海涛，孙元林，陆济璞，2006. 桂北地区早石炭世杜内期长身贝类的发现及其生物古地理意义［J］. 古地理学报，8（4）：539-550.

王汉荣，2004. 广西基础地质若干问题［J］. 南方国土资源，3（1）：20-22.

王连进，吴冲龙，李绍虎，等，2006. 广西百色盆地油气系统［J］. 石油实验地质，28（2）：113-116.

王良军，张国常，李昌全，2004. 贵州赤水宝元构造三叠系嘉二[1]—嘉一气藏储层特征［J］. 贵州地质，

21（2）：94-98.

王明磊，张廷山，2009. 赤水地区下三叠统嘉陵江组嘉五¹亚段岩相古地理研究［J］. 天然气地球科学，20（1）：70-75.

王嫩范，2004. 陆良与保山盆地第三系浅层气田开发规律探讨［J］. 西南石油学院学报，26（2）：29-33.

王鹏万，徐政语，陈子炓，等，2010. 黔南坳陷构造变形特征与油气保存有利区评价［J］. 西南石油大学学报（自然科学版），32（5）：36-40.

王鹏万，姚根顺，陈子炓，等，2011. 桂中坳陷泥盆纪生物礁储层特征及演化史［J］. 中国地质，38（1）：170-179.

王鹏万，陈子炓，贺训云，等，2011. 黔南坳陷下寒武统页岩气成藏条件与有利区带评价［J］. 天然气地球科学，22（3）：518-524.

王鹏万，陈子炓，李娟静，等，2011. 黔南坳陷上震旦统灯影组地球化学特征及沉积环境意义［J］. 现代地质，25（6）：1059-1065.

王鹏万，陈子炓，贺训云，等，2012. 桂中坳陷泥盆系页岩气成藏条件与有利区带评价［J］. 石油与天然气地质，33（3）：353-363.

王鹏万，张润合，斯春松，等，2014. 滇黔川地区灯影组储层特征及其主控因素［J］. 西安石油大学学报（自然科学版），29（6）：35-41.

王鹏万，斯春松，张润合，等，2016. 滇黔北坳陷寒武系碳酸盐岩古海洋环境特征及地质意义［J］. 沉积学报，34（5）：811-818.

王鹏万，李昌，张磊，等，2017. 五峰组—龙马溪组储层特征及甜点层段评价——以昭通页岩气示范区A井为例［J］. 煤炭学报，42（11）：2925-2935.

王鹏万，张磊，李昌，等，2017. 黑色页岩氧化还原条件与有机质富集机制——以昭通页岩气示范区A井五峰组—龙马溪组下段为例［J］. 石油与天然气地质，38（5）：933-943.

王鹏万，邹辰，李娟静，等，2018. 昭通示范区页岩气富集高产的地质主控因素［J］. 石油学报，39（7）：744-753.

王鹏万，邹辰，李娟静，等，2021. 滇黔北地区筇竹寺组元素地球化学特征及古环境意义［J］. 中国石油大学学报（自然科学版），45（2）：51-62.

王庭斌，2000. 天然气运移理论对我国天然气地质学建立的重要贡献［J］. 石油大学学报（自然科学版），24（4）：4-10.

王庭斌，2002. 中国天然气地质理论进展与勘探战略［J］. 石油与天然气地质，23（1）：1-7.

王庭斌，2003. 中国气田的成藏特征分析［J］. 石油与天然气地质，24（2）：103-110.

王庭斌，2004. 新近纪以来中国构造演化特征与天然气田的分布格局［J］. 地学前缘，11（4）：403-416.

王庭斌，2005. 中国大中型气田分布的地质特征及主控因素［J］. 石油勘探与开发，32（4）：1-8.

韦宝东，2004. 桂中坳陷泥盆系烃源岩特征［J］. 南方油气，17（2）：19-21.

魏祥峰，张廷山，黄世伟，等，2009. 赤水地区下三叠统嘉陵江组嘉二¹—嘉一段及嘉五¹亚段沉积相分析［J］. 中国地质，36（2）：334-343.

魏祥华，廖冲，叶玉娟，等，2011. 赤水地区下三叠统嘉陵江组嘉二¹—嘉一段有利储层研究［J］. 四川地质学报，31（2）：157-161.

沃玉进，周雁，肖开华，2007. 中国南方海相油气成藏条件地区差异性［J］. 成都理工大学学报（自然科学版），34（5）：519-526.

吴川，陈广浩，何家雄，等，2007. 曲靖盆地浅层生物气成藏要素及运聚特征初步分析［J］. 天然气地球科学，18（5）：673-677.

吴东芳，曾福斌，黄勇，2008. 陆良盆地北部虾子沟岩性圈闭带含气性分析［J］. 天然气技术，2（6）：15-18.

吴东芳，2012. 曲靖盆地第三系气藏要素分析［J］. 天然气技术与经济，6（3）：27-30.

吴根耀，吴浩若，钟大赉，等，2000. 滇桂交界处古特提斯的洋岛和岛弧火山岩［J］. 现代地质，4（4）：93-400.

吴根耀，2001. 滇桂交界区印支期前陆褶皱冲断带［J］. 地质科学，36（1）：64-71.

吴国干，门相勇，李小地，等，2006. 中国石油油气勘探面临的形势与陆上油气资源战略选区的五大领域［J］. 地质通报，25（9-10）：1017-1021.

吴国干，姚根顺，徐政语，等，2009. 桂中坳陷改造期构造样式及其成因［J］. 海相油气地质，14（1）：33-40.

吴浩若，2003. 晚古生代—三叠纪南盘江海的构造古地理问题［J］. 古地理学报，5（1）：63-76.

吴奇，梁兴，鲜成钢，等，2015. 地质—工程一体化高效开发中国南方海相页岩气［J］. 中国石油勘探，20（4）：1-23.

肖芝华，胡国艺，李剑，2006. 云南保山、陆良和曲靖盆地低演化天然气轻烃分布特征及其意义［J］. 天然气地球科学，17（2）：173-176.

谢刚平，王玉静，余宏忠，等，2003. 百色盆地古近系层序地层模式与油气勘探［J］. 大地构造与成矿学，27（4）：378-383.

徐永昌，沈平，郑建京，等，1999. 云南中、小盆地低演化天然气地球化学特征［J］. 科学通报，44（8）：887-889.

徐胜林，尚云志，陈安清，2007. 黔南—桂中地区泥盆系沉积体系研究［J］. 四川地质学报，27（1）：7-12.

徐政语，姚根顺，郭庆新，等，2010. 黔南坳陷构造变形特征及其成因解析［J］. 大地构造与成矿学，34（1）：20-31.

杨传忠，1994. 赤水凹陷石油地质基本特征及钻探目标［J］. 石油勘探与开发，21（6）：21-27.

杨方之，马永生，付孝悦，2002. 南方海相天然气成藏地质特征与勘探评价［J］. 南方油气，15（3-4）：2-15.

杨惠民，1999. 滇黔桂海相碳酸盐岩地区最佳油气保存单元的评价与选择［M］. 贵阳：贵州科技出版社.

杨晓宁，沈安江，陈子炓，等，2002. 中国南方二叠纪生物礁油气系统成因类型［J］. 石油学报，23（3）：6-11.

袁鹤然，乜贞，刘俊英，等，2007. 广西百色盆地古近系沉积特征及其古气候意义［J］. 地质学报，81（12）：1692-1697.

叶晓斌，2005. 黔南桂中坳陷油气保存条件分析［J］. 南方油气，18（1）：16-20.

曾凡刚，安进才，李原，等，1998. 百色盆地低熟油的地球化学特征及成因机制［J］. 沉积学报，16（1）：92-97.

曾允孚，刘文均，陈洪德，等，1995. 华南右江复合盆地的沉积构造演化［J］. 地质学报，69（2）：113-124.

曾允孚，张锦泉，刘文均，等,1993.中国南方泥盆纪岩相古地理与成矿作用［M］.北京：地质出版社.

张成弓，陈洪德，董桂玉，等,2009.百色盆地东部四陷北部陡坡带东段百岗组二段沉积特征分析［J］.吉林大学学报（地球科学版），39（3）：369-378.

张大伟，2006.中国油气资源战略选区若干问题的思考［J］.地质通报，25（9-10）：1013-1016.

张国常，王良军，冯明刚，等,2008.赤水地区官南构造须四段气藏成藏条件分析［J］.天然气工业，28（8）：32-36.

张介辉，徐云俊，邹辰，等,2021.浅层页岩气成藏地质条件分析——以昭通国家级页岩气示范区麟凤向斜为例［J］.天然气工业，41（增刊1）：36-44.

张锦泉，蒋廷操，1994.右江弧后盆地沉积特征及盆地演化［J］.广西地质，7（2）：1-14.

张抗，2000.盆地的改造及其油气地质意义［J］.石油与天然气地质，21（1）：38-41.

张抗，2002.从已发现的油气田看中国海相油气勘探［J］.海相油气地质，7（2）：1-14.

张抗，王大锐，2003.中国海相油气勘探的启迪［J］.石油勘探与开发，30（2）：9-16.

张抗，2004.世界巨型气田近十年的变化分析［J］.天然气工业，24（6）：127-130.

张抗，2004.中国克拉通盆地油气成藏特点和勘探思路［J］.石油勘探与开发，31（6）：8-13.

张抗，2007.中国海相油气演化成藏特点研究［J］.石油与天然气地质，28（6）：713-720.

张抗，谭云冬，2009.世界页岩气资源潜力和开采现状及中国页岩气发展前景［J］.当代石油石化，17（3）：9-12.

张连进，彭军，耿梅，等,2008.保山盆地永铸街凸起羊邑组三段砂体时空展布规律研究［J］.特种油气藏，15（4）：28-32.

张凌云，吴小梅，陈海红，2012.百色盆地田东油田优质储层低产原因探讨［J］.国外测井技术，5：44-46.

张润合，斯春松，黄羚，等,2017.黔北坳陷小草坝古油藏储层沥青成因及演化［J］.石油实验地质，39（1）：99-105.

张水昌，梁狄刚，张大江，2002.关于古生界烃源岩有机质丰度的评价标准［J］.石油勘探与开发，29（2）：8-12.

张淑品，赵孟军，张水昌，等,2005.南盘江盆地秧1井天然气地球化学特征及成因分析［J］.天然气地球科学，16（6）：797-803.

张廷山，陈晓慧，姜照勇，等,2008.泸州古隆起对贵州赤水地区早、中三叠世沉积环境和相带展布的控制［J］.沉积学报，26（4）：583-591.

赵宗举，范国章，吴兴宁，2007.中国海相碳酸盐岩的储层类型、勘探领域及勘探战略［J］.海相油气地质，12（1）：1-11.

赵宗举，朱琰，王根海，等,2002.叠合盆地油气系统研究方法——以中国南方中、古生界为例［J］.石油学报，23（1）：11-18.

赵孟军，张水昌，赵陵，等,2006.南盘江盆地古油藏沥青地球化学特征及成因［J］.地质学报，80（6）：894-901.

赵孟军，张水昌，赵陵，等,2007.南盘江盆地古油藏沥青、天然气的地球化学特征及成因［J］.中国科学（D辑）：地球科学，37（2）：167-177.

钟大赉，1998.滇川西部古特提斯造山带［M］.北京：科学出版社.

钟端，陈跃昆，周明辉，等,1999.滇黔桂地区海相地层油气成藏地质特征及最佳油气保存单元［J］.

石油化工动态，7（4）：40-44.

《中国油气田开发志》总编纂委员会，2011. 中国油气田开发志·卷22·南方（中国石化）油气区卷［M］. 北京：石油工业出版社.

钟铿，吴诒，殷保安，等，1992. 广西的泥盆系［M］. 武汉：中国地质大学出版社.

周荔青，刘池阳，2004. 滇黔桂地区新生代走滑拉分裂陷盆地生物气成藏规律［J］. 天然气工业，24（12）：10-13.

周明辉，麻建明，郑冰，2005. 滇黔桂海相油气成藏条件及勘探潜力分析［J］. 石油实验地质，27（4）：333-337.

朱扬明，王青春，邹华耀，等，2006. 百色盆地原油成因类型及聚集特征［J］. 石油学报，27（2）：28-33.

附录 大事记

1954 年

是年 燃料工业部所属 101、113 地质队，分别在广西百色盆地和贵州炉山县（现改为凯里市）的虎庄、翁项油苗点周邻地区进行 1：10 万地质填图。

1955 年

是年 地质部中南地质局田阳普查队对百色盆地及桂西地区开展石油普查；1956 年该队扩大，更名为四八七队。

1956 年

是年 地质部在贵州成立五四八队，在炉山、安顺、关岭间开展 1：20 万石油普查，并在虎庄背斜上进行了名为"56/CK₁ 井"的浅井钻探。

1957 年

7 月 地质部石油局派出云南踏勘队，对滇东及楚雄盆地进行路线踏勘。

11 月 四川石油管理局在贵州组建石油勘探大队。

是年 广西的四八七队更名为广西石油普查大队；贵州的五四八队扩建为贵州石油普查大队（后更名为地质部第八石油普查勘探大队）。

1959 年

2 月 18 日 百色盆地钻第一口探井——林 1 井开钻，完井测试获得油流。

9 月 桂中坳陷钻探洛 1 井，井口喷出天然气，完钻后未测试。

是年 贵州石油勘探局成立，下设黔东、黔西和云南三个勘探大队，统筹贵州、云南的石油勘探工作。同年，四川石油管理局组建广西石油勘探大队。至此，石油工业部和地质部两个系统的石油勘探队伍，在滇黔桂地区分别有了相对稳定的建制。从此，这两支石油勘探力量协同工作，在滇黔桂地区的丛山峻岭中，展开了全面的石油地质普查和勘探。

1961 年

9 月 贵州石油勘探局缩编为云贵石油勘探大队。

1963 年

5 月 云贵石油勘探大队变更为云贵石油勘探处。

1966 年

3 月 14 日 黔中隆起大方背斜带钻探底 1 井，经测试灯影组日产水 3300m³。

8 月 9 日 赤水凹陷太和场背斜第一口探井——太 1 井获日产 $10.16 \times 10^4 m^3$ 的工业天然气流，从而在赤水凹陷发现了第一个气田——太和场气田。

10 月 7 日　赤水凹陷旺隆背斜构造高点上钻探的第一口探井——旺 1 井获得日产 $116.32 \times 10^4 m^3$ 的工业天然气流，从而发现了旺隆气田。

1970 年

是年　云南、贵州和广西的石油勘探队伍相继恢复。

1971 年

1 月　旺隆气田旺 1 井投产。

2 月　旺隆气田旺 2 井投产。

3 月 30 日　楚雄盆地会基关钻探第一口探井——会 1 井，井深 2891.65m，事故完钻。

8 月　百深 1 井开钻，百色盆地勘探正式恢复。

1972 年

9 月 19 日　黔南坳陷虎庄背斜钻探庄 1 井，1974 年 7 月 29 日完钻，井深 2945m，层位寒武系牛蹄塘组。1976 年 1 月 30 日测试，无油气水产出。

是月　太和场气田太 7 井投产。

1973 年

3 月　贵州石油勘探指挥部在赤水地区组织天然气勘探会战。

8 月　百色盆地百深 5 井开钻。

11 月　楚雄盆地乌浪岔河构造钻探乌 1 井，井深 2172.1m，事故完钻。

1974 年

3 月　贵州、四川两省协商并征得燃料化学工业部同意，贵州石油勘探指挥部接管四川石油管理局泸州气矿在贵州境内钻探的太和、旺隆两个气田。

6 月 4 日　百色盆地百深 5 井试油获工业油流，这是百色盆地获得的第一口工业油流井，同时也标志着塘寨油田的发现。

1976 年

5 月 8 日　太和场气田太 3 井投产。

1977 年

2 月 17 日　在赤水地区旺隆构造钻探的旺 3 井钻遇超高压天然气流，发生强烈井喷，曾组织了包括遵义地区运输力量在内的等多家单位参与抢险，历时 1 个多月抢险成功，没有造成人员伤亡。

11 月 7 日　百色盆地仑 2 井试油，射孔后即时发生井喷，用 6mm 油嘴求产，日产原油 14.5t。这是百色盆地第一口自喷油井，从而发现了仑圩油田。

1978 年

2 月 4 日　旺隆气田旺 4 井投产。

6 月 24 日　旺隆气田旺 3 井投产。

是月　太和场气田和旺隆气田地面集输系统建成投入运行。太和场气田建有集输站 1 座，单井计量站 2 座，1 条太和场至赤水的输气管线，全长 4km，以及相应的集气支线。旺隆气田建有集输站 2 座，单井计量站 4 座，1 条旺隆气田至赤水的输气管线，全长 21.2km。年产天然气量 $1.2 \times 10^8 m^3$。

8 月 30 日　石油工业部文件（78）油政字第 495 号，决定成立滇黔桂地区石油勘探开发会战指挥部。

9 月 8 日　石油工业部在成都组织召开滇黔桂石油勘探开发会战指挥部领导小组第一次会议，宣布指挥部成立。

1979 年

1 月 1 日　石油工业部文件（79）油人教字第 692 号对滇黔桂石油勘探开发会战指挥部组织机构设置进行了批复。同时，贵州、广西等地区石油勘探业务上划归滇黔桂石油勘探开发会战指挥部管理，广西石油勘探大队更名为广西石油勘探开发指挥部。

8 月　太和场气田太 12 井投产。

是月　云南地质科研所成立。

12 月　赤水地区天然气勘探会战结束。

1980 年

1 月　贵州赤水气矿成立。

1982 年

4 月　化学排水采气工艺在旺隆气田的旺 1 井、旺 8 井试验获得成功。

6 月 11 日　广西百色盆地发现的第一个油田——仑圩油田建成投产。

1983 年

7 月 6 日　百色盆地百 51 井获日产 3.5t 的工业油流，从而发现百 51 块油藏。

8 月 20—30 日　百色盆地百 4 井试油，折算获日产原油 $2.7m^3$。从而发现百 4 块油藏。

10 月 2 日　百色盆地仑 16 井获日产 18.4t 的工业油流，从而发现仑 16 块油藏。

1984 年

1 月 1 日　滇黔桂石油勘探局在昆明正式挂牌成立。

3 月 26 日　滇黔桂石油勘探局广西前线指挥部成立。

1985 年

12 月 9 日　根据上级有关指示，滇黔桂石油勘探局与广西壮族自治区石油化工厅在南宁协议，从 1986 年 1 月 1 日起将仑圩油田移交地方。

1986 年

5 月 26 日—6 月 1 日　百色盆地仑 35 井试油，累计产油量 $19.20m^3$。从而发现了仑 35 块油藏。

是月　滇黔桂石油勘探局在石油工业部的大力支持下，集中全局绝大部分人力、物力和财力，组织了百色盆地石油会战。

9 月 7 日　百色会战第一口井——仑 21 井开钻。

1987 年

5 月　百色盆地上法地区百 4 井进行大型酸化压裂，获 241.45m³/d 的高产油流，成为百色盆地第一口百吨井。

6 月 21 日　百色盆地法 3 井试油，获日产原油 11.37t，从而发现法 3 块油藏。

6 月 23 日　百色盆地上法地区法 1 井进行酸化压裂后，获 482.00m³/d 的高产油流。

是月　百色会战指挥部成立，勘探局机关从昆明迁至百色会战前线。

7 月 12 日　人民日报以"广西百色盆地打出高产油气井"为题，在头版头条报道了百色盆地找油取得重要突破的消息。

9 月 9 日　滇黔桂石油勘探局勘探开发科学研究院在南宁成立。

12 月 28 日　滇黔桂石油勘探局百色采油厂成立。

1988 年

5 月　百色盆地上法—子寅油田 7.5×10⁴t/a 原油产能建设工程工作启动。

7 月 5 日　广西百色盆地上法地区百 4-6 井钻至 1269.5m 时发生井喷，喷出时间持续 51 小时 5 分钟，井喷未造成人员伤亡。估算喷出总液量 4000m³，其中原油 3000m³，水 1000m³，天然气 14.4×10⁴m³。

1989 年

3 月 16 日　滇黔桂石油勘探局百色盆地滚动勘探开发项目经理部和赤水凹陷油气勘探项目经理部同时成立。

7 月　百色盆地子寅油田、花茶油田、上法油田和塘寨油田油气地面集输系统工程开始建设。

9 月 4 日　百色盆地雷公构造第一口探井——雷 1 井获日产油 14.4m³，从而发现了雷公油田。

12 月　百色盆地上法—子寅油田 7.50×10⁴t/a 原油产能建设工程、上法—子寅—塘寨—花茶油田 30.00×10⁴t/a 原油产能地面系统骨架工程竣工。

是月　百色盆地《广西百色盆地子寅油田仑 16、仑 35 油藏开发方案》编制完成。

1990 年

2 月 9 日　在广西百色盆地雷公地区钻探雷 7 井的过程中发生强烈天然气井喷着火烧毁井架，15 日抢险压井成功。

是月　由中国石油天然气总公司石油勘探开发科学研究院和滇黔桂石油局勘探开发科学研究院共同编制完成《百色盆地百 4—法 1 潜山油藏开发方案》。

3 月　百色盆地《广西百色盆地子寅油田仑 16、仑 35 油藏开发方案》《百色盆地百 4—法 1 潜山油藏开发方案》开始实施。

6 月 19 日　雷公油田雷 4-6 定向井顺利完钻，开创了百色盆地油田定向井的历史。

7 月　百色盆地子寅油田、花茶油田、上法油田、塘寨油田油气地面集输系统工程竣工。

9 月　百色石油会战结束。

10 月 8 日　滇黔桂石油勘探局百色采油厂自行设计施工的第一口压裂井仑 16-20 井

压裂试验成功。

是月　楚雄盆地钻探科探井——楚参 1 井，完钻井深 5286m，层位下侏罗统，未钻达上三叠统目的层。

1991 年

3 月　百色盆地仑 16 块油藏正式注水开发。

4 月 13 日　百色盆地坤 5 井进行加砂压裂后，获日产 2.0m³ 的工业油流，从而发现坤 5 块油藏。

5 月 16 日　百色盆地坤 10x 井试油获日产 5.02m³ 的工业油流，从而发现坤 10 块油藏。

是月　百色盆地雷公油田开始建设地面集输系统工程。

是月　《广西百色盆地雷公油田初步开发方案》编制完成。

6 月　百色盆地仑 35 块油藏正式注水开发。

8 月 16 日　百色盆地百 55-5 井百岗组油层密闭取心试验喜获成功，取心收获率达 93.6％，密闭率为 98.2％，达到和超过设计要求。这是滇黔桂石油勘探局勘探开发史上首次依靠自己的力量自己设计、自行组织施工的。

10 月　旺隆气田旺 6 井机抽排水采气试验获得成功。

12 月 14 日　滇黔桂石油勘探局勘探开发技术服务处成立。

12 月 31 日　百色盆地雷公油田 3.0×10⁴t/a 产能建设工程竣工。

是月　百色盆地雷公油田地面集输系统工程竣工，建成接转站 1 座、计量站 1 座，铺设接转站至联合站输油管线 11.6km，接转站至计量站站间油气集输管线 3.64km。

1992 年

3 月　《广西百色盆地雷公油田初步开发方案》开始实施。

6 月 2 日　赤水凹陷宝元构造第一口探井——宝 1 井获日产气 51.7×10⁴m³，无阻流量为 152.30×10⁴m³/d，从而发现了宝元气田。

9 月 20 日　旺隆气田旺 9 井投产。

11 月 26 日　景谷盆地牛 2 井试油，获 20.0t/d 油流。

1993 年

5 月 8 日　百色盆地百 49-39 井分层加砂压裂获得成功，这是滇黔桂石油勘探局引进大庆油田先进分层加砂压裂工艺技术的一次有益尝试。

7 月 30 日　贵州宝元—赤水输气管线铺设工程竣工，全长 27.31km。

8 月 12 日　宝元气田宝 1 井投产。

10 月 6 日　宝元气田宝 2 井投产。

12 月 1 日　宝元气田宝 3 井投产。

是年　百色油田年产量 17.23×10⁴t 创历史最高。

是年　赤水气田天然气年产量达到 1.8×10⁸m³ 的历史最高水平。

1994 年

1 月 7 日　滇黔桂石油勘探局将区域项目经理部、云南石油科研所和广西十万山项目经理部三个局属单位合并组建为滇黔桂石油勘探局石油天然气勘探公司；百色采油厂和百色项目经理部合并组建为滇黔桂石油勘探局百色石油勘探开发公司；贵州石油指挥部和赤水天然气勘探项目部合并组建为贵州天然气勘探开发公司。

1月25日　百色石油勘探开发公司生产信息计算机网络系统投入运行。

6月1日　陆良盆地陆参1井钻至井深595.34m新近系茨营组时发生强烈天然气井喷，喷后着火，日喷气估算为$100.00 \times 10^4 m^3$，抢险18天，井被喷塌报废，从而发现大嘴子气田，结束了云南没有工业性天然气的历史。

6月3日　中国石油天然气总公司得知陆参1井井喷、着火后，十分关切。就抢险工作做了重要指示，并要求四川石油管理局给予支援。

1995年

2月13日　云南保山盆地永铸街背斜第一口探井——保参1井获日产天然气$2.048 \times 10^4 m^3$，从而发现了永铸街气田。

3月10日　滇黔桂石油勘探局云南天然气开发公司成立。

5月30日　贵州天然气勘探开发公司赤水探区遭受53年以来第二次自然灾害，降雨量81mm/h，风速8级以上，太19井损失严重，造成直接经济损失41.5万元。

7月25—30日　百色盆地法8井酸化试油，获日均产油31.9m³，从而发现法8块油藏。

1996年

1月　云南陆良盆地大嘴子气田地面天然气集输工程开始建设。

6月　云南保山盆地永铸街气田地面天然气集输工程开始建设。

是月　大嘴子气田地面天然气集输工程竣工，建有天然气集输站1座、配气站1座，铺设集输站至销售站输气管线12.03km，以及4口井集气管线共7.5km。

9月　云南陆良盆地大嘴子气田正式投入开发。

12月　永铸街气田地面天然气集输工程竣工，建成天然气集输站1座，铺设集输站至配气站临时输气管线3.2km，2口井采气管线共1.47km。

1997年

10月　由贵州石油天然气开发公司自行设计、自行施工，重新建设一条新的太和场—赤水的输气管线竣工并投入运行。

1998年

3月19日　滇黔桂石油勘探局勘探开发科学研究院重组设在昆明成立。原滇黔桂石油勘探局勘探开发科学研究院变更为滇黔桂石油勘探局南宁勘探开发科学研究院。

7月30日　滇黔桂石油勘探局划归中国石油化工集团公司。

10月　赤水地区旺隆气田旺3井电潜泵排水采气试验获得成功。

1999年

8月10日　楚雄盆地北部盐丰凹陷乌龙口背斜高部位的乌龙1井开钻，开孔层位上侏罗统蛇店组（J_3s），2000年11月28日完钻，完钻井深4620m，完钻层位上三叠统干海资组（T_3g）。

12月1日　楚雄盆地云龙凹陷发窝构造上的云参1井开钻，开孔层位古近系始新统赵家店组（E_2z），2000年12月5日钻至井深3500.6m完钻，层位寒武系筇竹寺组（$\in_{1\text{-}2}q$）。

2000 年

3月　滇黔桂石油勘探局百色石油勘探开发公司变更为滇黔桂油田分公司广西石油天然气开发公司。滇黔桂石油勘探局贵州天然气勘探开发公司变更为滇黔桂油田分公司贵州石油天然气开发公司。滇黔桂石油勘探局云南天然气开发公司变更为滇黔桂油田分公司云南石油天然气开发公司。

5月15日　南盘江坳陷秧坝凹陷中部的秧1井开钻，开孔层位中三叠统兰木组（T_2l），2001年2月25日钻至井深4450.00m完钻，完钻层位上泥盆统融县组（D_3r）。

8月6日　赤水气田卤水回注工程通过中国石油化工集团公司验收组验收，正式投入运行，气田采气污水实现零排放。

11月　宝元气田宝8井投产。

2001 年

3月17日　旺隆气田旺18井投产。

7月5日　因连续暴雨，广西右江上游水库泄洪，右江河水暴涨，田阳县遭遇历史上罕见的大洪灾，县城有一半的街道被淹。广西石油天然气开发公司管理雷公油田开发生产的采油三队队部也被淹至2～3m深，全部职工被迫迁出，停电停水，靠近江边的输油管和注水管线被冲断，24口油水井被洪水淹没，造成雷公油田油井停产24天，累计影响原油产量492.0t，直接经济损失达400余万元。

11月11日　旺隆气田旺6井投产。

2002 年

2月24日　南盘江坳陷秧坝凹陷双江构造高点的双1井开钻，开孔层位中三叠统兰木组（T_2l），2003年2月21日钻至井深5500.55m完钻，完钻层位上泥盆统响水洞组（D_3x）。

4月11日　中国石油化工股份有限公司南方勘探开发分公司成立。

是月　滇黔桂油田分公司广西石油天然气开发公司变更为南方勘探开发分公司广西石油天然气开发分公司。滇黔桂油田分公司贵州石油天然气开发公司变更为南方勘探开发分公司贵州石油天然气开发分公司。滇黔桂油田分公司云南石油天然气开发公司变更为南方勘探开发分公司云南石油天然气开发分公司。

5月1日　百色盆地祥浅1井在取心后的钻进过程中发生强烈井喷，喷出气流高达15m，井场周围几百米范围内的稻田、池塘中有十几处出现窜气现象，最高水柱有5m左右，经多方努力，于5月3日压井成功。

6月15日　赤水地区第一口水平试验井——宝平1井开钻。

2003 年

1月23日　赤水凹陷官南构造官8井，在钻至设计目的层三叠系上统须家河四段（T_3x_4）储层段发生强烈井喷，中途测试日产天然气$9.92 \times 10^4 m^3$，从而发现了官渡气田。

10月9日　贵州石油天然气开发分公司成功修复了因水淹关井长达27年的太7井，获日产天然气 $4.00 \times 10^4 m^3$。

2004 年

11月4日　官渡气田官10井投产。

11月6日　南方勘探开发分公司赤水探区官渡构造带上的官9井在井深 $1774.2 \sim 1778.0m$ 的下沙溪庙组碎屑岩储层中喜获日产 $90.00m^3$ 的高产工业油流，该发现改变了赤水地区无工业油井的历史。该井同时获得日产 $0.60 \times 10^4 m^3$ 的天然气流。

是年　曲靖盆地钻探了凤1井和曲2井，分别获无阻流量为 $10.17 \times 10^4 m^3/d$ 和 $25 \times 10^4 m^3/d$ 的工业气流，相继发现了凤来村和陆家台子两个浅层生物气藏，取得了曲靖盆地油气勘探突破。

2005 年

6月　南方勘探开发分公司储量套改工作开始启动。

2006 年

10月28日　桂中坳陷柳江低凸起大塘背斜带上的桂中1井开钻，开孔层位上石炭统南丹组（$C_2 n$），2007年9月5日完钻，完钻井深 5151.86m，完钻层位下泥盆统那高岭组（$D_1 n$）。

2007 年

1月28日　十万大山盆地南部坳陷峙浪—百包凹陷带那瑞潜伏构造高点的瑞参1井开钻，开孔层位中侏罗统那荡组（$J_2 n$），2008年5月29日钻至井深 4810.01m 完钻，完钻层位为印支期花岗岩。

2009 年

7月7日　获得了国土资源部颁发的首批两个页岩气专属探矿权证，开启了滇黔北坳陷页岩气勘探开发工作。

12月4日　滇黔北坳陷首口专项页岩气资料井 YQ1 井完钻井深 296.70m，在奥陶系五峰组—志留系龙马溪组发现页岩气，回答了页岩气"有与无"的问题。

12月7日　开始实施滇黔北坳陷山地页岩气二维地震勘探，第一期 567km。

2010 年

4月2日　滇黔北坳陷第一口页岩气评价井昭101井开钻，开启了滇黔北坳陷页岩气钻探工作。

2011 年

4月　滇黔北坳陷评价井昭104井直井段压裂试气取得了较好的页岩气流，测试产量 $1.12 \times 10^4 m^3/d$。

是月　滇黔北坳陷实施第一块昭104井区三维地震，面积 102.7km^2。

8月　滇黔北坳陷第一口煤层气评价井 YSL1 井进行压裂试气，排采37天后见气，日产气量达 1500m^3。

9月　位于滇黔北坳陷威信凹陷盐源背斜带太阳背斜高点的阳1井于9月3日开钻，

开孔层位二叠系茅口组；于 2012 年 2 月 10 日完钻，完钻井深 3623m，完钻层位为上震旦统灯影组二段。

2012 年

1 月　滇黔北坳陷第一口页岩气产能评价井、水平井 YSH1-1 井压裂试气效果良好，测试产量 $3.56 \times 10^4 m^3/d$，为龙马溪组页岩气勘探奠定了基础。

3 月 18 日　浙江油田分公司成立西南采气厂，负责昭通示范区天然气生产管理。

是月　国家发展和改革委员会、国家能源局批复同意中国石油设立"滇黔北昭通国家级页岩气示范区"，由浙江油田分公司负责承建，示范区总面积 $15078.012km^2$。

2013 年

3 月　审查通过滇黔北坳陷筠连区块 $2 \times 10^8 m^3/a$ 煤层气勘探开发一体化方案，并于 2015 年完成全部产建工作。

9 月 26 日　滇黔北坳陷页岩气评价井 YS108 井龙马溪组压裂获气 $1.63 \times 10^4 m^3/d$，第一口页岩气直井获稳定工业气流。

2014 年

2 月 18 日　滇黔北坳陷 YS108H1-1 产能评价水平井取得了 $20.86 \times 10^4 m^3/d$ 的页岩气工业气流，确定了黄金坝龙马溪组页岩气甜点区，为该区页岩气开发方案编制提供了依据。

是月　中国石油批复通过滇黔北坳陷黄金坝建产区 $5 \times 10^8 m^3/a$ 开发方案，开启了黄金坝页岩气田建设。

6 月　中国石油浙江油田分公司率先开展页岩气地质工程一体化综合研究，第一个在页岩气领域引入地质—工程一体化理念，并提出适合中国页岩气开发特点的储层品质、钻井品质和完井品质"品质三角形"概念。

2015 年

2 月 26 日　滇黔北坳陷 YS108H1—宁 201H1 井站外输干线建成。

5 月　提交滇黔北坳陷黄金坝 YS108 井区页岩气探明储量 $527.16 \times 10^8 m^3$。

12 月 31 日　滇黔北昭通国家级示范区页岩气累计产量 $1.66 \times 10^8 m^3$，日产量达 $150 \times 10^4 m^3$，建成了 $5 \times 10^8 m^3/a$ 产能规模黄金坝气田，并初步形成了有特色的山地页岩气地质综合评价技术系列。

12 月 31 日　滇黔北昭通国家级示范区煤层气累计产量 $0.8 \times 10^8 m^3$，建成了 $2 \times 10^8 m^3/a$ 产能规模，2017 年在筠连区块新开展 $1 \times 10^8 m^3/a$ 煤层气产能建设，并初步形成了有特色的山地煤层气地质综合评价技术系列。

2016 年

1 月 28 日　滇黔北坳陷紫金坝 YS112 井区 $4.8 \times 10^8 m^3/a$ 开发方案获批并开展产能建设。

8 月　提交滇黔北坳陷筠连沐爱井区煤层气探明地质储量 $93.84 \times 10^8 m^3$。

2017 年

7 月　滇黔北坳陷威信凹陷盐源背斜带太阳背斜高点的阳 1 井、阳 102 井千米以浅浅层页岩气试气获工业产能，开启了浅层页岩气勘探开发序幕。

2018 年

8 月 15 日　审查通过滇黔北坳陷太阳—大寨区块龙马溪组 $8 \times 10^8 m^3/a$ 浅层页岩气开发方案，开启了浅层页岩气产能建设。

2019 年

4 月　通过 YS112H4 平台试验和工艺技术的集成，形成了压裂 2.0 工艺，提升了压裂改造参数，在成本未增加的情况下大幅提升了单井产量。

9 月　提交滇黔北坳陷太阳—大寨区块浅层页岩气探明储量 $1359.5 \times 10^8 m^3$。

2020 年

12 月 31 日　建成滇黔北坳陷页岩气 $20.3 \times 10^8 m^3/a$ 产能，实现年产气 $15 \times 10^8 m^3$，累计产量 $54.5 \times 10^8 m^3$。

《中国石油地质志》

（第二版）

编辑出版组

总 策 划：周家尧

组　　　长：章卫兵

副 组 长：庞奇伟　　马新福　　李　中

责任编辑：孙　宇　　林庆咸　　冉毅凤　　孙　娟　　方代煊

　　　　　王金凤　　金平阳　　何　莉　　崔淑红　　刘俊妍

　　　　　别涵宇　　邹杨格　　潘玉全　　张　贺　　张　倩

　　　　　王　瑞　　王长会　　沈瞳瞳　　常泽军　　何丽萍

　　　　　申公晁　　李熹蓉　　吴英敏　　张旭东　　白云雪

　　　　　陈益卉　　张新冉　　王　凯　　邢　蕊　　陈　莹

特邀编辑：马　纪　　谭忠心　　马金华　　郭建强　　鲜德清

　　　　　王焕弟　　李　欣